Optimierung und optimale Steuerung

Herausgegeben von

A. GÖPFERT, L. BITTNER, K.-H. ELSTER
F. NOŽIČKA, J. PIEHLER, R. TICHATSCHKE

Lexikon der Optimierung

AKADEMIE-VERLAG BERLIN
1986

Herausgeber:

Prof. Dr. sc. nat. Alfred Göpfert (federführend)
Technische Hochschule „Carl Schorlemmer" Leuna-Merseburg
Prof. Dr. sc. nat. Leonhard Bittner
Ernst-Moritz-Arndt-Universität Greifswald
Prof. Dr. rer. nat. habil. Karl-Heinz Elster
Technische Hochschule Ilmenau
Prof. Dr. rer. nat. habil. František Nožička
Humboldt-Universität zu Berlin
Prof. Dr. sc. nat. Joachim Piehler
Technische Hochschule „Carl Schorlemmer" Leuna-Merseburg
Prof. Dr. sc. nat. Rainer Tichatschke
Pädagogische Hochschule „Nadeshda Konstantinowna Krupskaja" Halle

Autoren:

Dr. sc. nat. H. Abeßer, Dr. rer. nat. P. Aumüller, Dr. sc. nat. B. Bank,
Prof. Dr. sc. nat. K. Beer, Prof. Dr. sc. nat. G. Bieß, Prof. Dr. sc. nat. L. Bittner,
Dr. sc. nat. R. Deumlich, Dr. rer. nat. H. Dietrich,
Prof. Dr. rer. nat. habil. K.-H. Elster, Prof. Dr. sc. nat. A. Göpfert,
Dr. sc. nat. W. Grecksch, Prof. Dr. sc. nat. Ch. Großmann,
Dr. rer. nat. H. Hartwig, Dr. sc. nat. B. Hofmann, Dr. rer. nat. A. Hofmann,
Dr. rer. nat. W. Kampowski, Dr. rer. nat. J. Käschel, Dr. sc. nat. D. Klatte,
Dr. sc. nat. H. Kleinmichel, Prof. Dr. sc. nat. R. Klötzler,
Dr. sc. nat. B. Kummer, Dr. rer. nat. O. Lange, Dr. rer. nat. U. Langer,
Dr. sc. nat. K. Lommatzsch, Prof. Dr. rer. nat. habil. P. H. Müller,
Prof. Dr. sc. nat. R. Nehse, Prof. Dr. rer. nat. habil. F. Nožička,
Prof. Dr. sc. nat. J. Piehler, Dr. rer. nat. R. Reinhardt,
Prof. Dr. sc. nat. C. Richter, Dr. sc. nat. H. Rudolph, Dr. rer. nat. H. Schmeling,
Dr. rer. nat. W. Schmidt, Prof. Dr. sc. nat. M. Schoch, Dr. sc. nat. B. Schwartz,
Dr. sc. nat. J. Seeländer, Prof. Dr. sc. nat. E. Seiffart, Dr. sc. nat. K. Tammer,
Prof. Dr. sc. nat. V. Thämelt, Dr. rer. nat. J. Thierfelder,
Prof. Dr. sc. nat. R. Tichatschke, Dr. rer. nat. M. Wagenknecht,
Dr. rer. nat. R. Werner, Dr. rer. nat. J. Willöper

ISBN 3-05-500031-5

Erschienen im Akademie-Verlag Berlin, DDR-1086 Berlin, Leipziger Straße 3–4

Lizenznummer: 202 · 100/415/86
Printed in the German Democratic Republic
Gesamtherstellung: VEB Druckerei „Thomas Müntzer", 5820 Bad Langensalza
Lektor: Dr. Reinhard Höppner
LSV 1087
Bestellnummer: 763 534 5 (6919)

03800

Vorwort

Das Lexikon Optimierung und optimale Steuerung soll dazu dienen, das Grundwissen der Optimierung und optimalen Steuerung samt der zugehörigen numerischen Verfahren anhand alphabetisch geordneter Sachbegriffe zu vermitteln. Es führt damit das Anliegen des ebenso im Akademie-Verlag Berlin 1961 erschienenen Mathematischen Wörterbuches fort. In diesem Wörterbuch sind die klassischen Disziplinen der Theorie der Extremalaufgaben gründlich, die erst in jüngerer Zeit entwickelten Disziplinen wie Optimierung und optimale Steuerung nur in Ansätzen dargestellt. Dies ist u. a. auch der Grund dafür, daß in dem vorliegenden Lexikon auf Optimierung und optimale Steuerung ausführlich, dagegen auf Approximationstheorie, Variationsrechnung, Spieltheorie und Graphentheorie nur in Übersichtsartikeln eingegangen wird. Auch die an die Stochastik angrenzenden modernen Entwicklungen zur stochastischen Optimierung und zu stochastischen Steuerproblemen werden nur in Übersichtsartikeln erfaßt. Hierzu liegt seit einigen Jahren das Lexikon der Stochastik vor.

Eine Reihe von Begriffen benötigt zur Erklärung Grundkenntnisse der Funktionalanalysis. Die wichtigsten dieser benötigten Aussagen der Funktionalanalysis werden in entsprechenden Artikeln kurz dargestellt.

Das Lexikon dankt sein Zustandekommen einer guten Zusammenarbeit der Herausgeber. Für wertvolle zusätzliche Hinweise bei der Endredaktion möchte ich vor allem Herrn Prof. Piehler und Herrn Prof. Bittner danken, weiter Herrn Prof. Erfurth und Herrn Dr. Wanka, die größere Teile des Manuskripts durchgelesen haben sowie den Herren Prof. Thämelt, Dr. sc. Benker und Prof. Piehler für die Mitarbeit am viersprachigen Wörterverzeichnis.

Für die präzise und termingerechte Durchführung der Schreibarbeiten und das Einschreiben der Formeln möchte ich Frau Hoffmann, Frau Kießling, Frau Wallrodt und meiner Frau herzlich danken. Besonderer Dank gebührt dem Verlag, insbesondere Herrn Dr. Höppner, für die gute Zusammenarbeit, das gründliche Studium und viele wertvolle Hinweise.

Kritische Hinweise aus dem Nutzerkreis werden von den Herausgebern gern entgegengenommen.

Merseburg, April 1985 A. Göpfert

Hinweise für den Benutzer

Die Stichwörter des Lexikons sind streng alphabetisch geordnet, d. h. bei zusammengesetzten Stichwörtern kommt z. B. „eigentliche Trennbarkeit“ vor „eigentliches Funktional“. Auf Umstellungen der Worte wurde weitgehend verzichtet. Lediglich bei Sätzen, Verfahren u. ä., die mit Namen zusammenhängen, wurde in der Regel der Name vorangestellt, z. B. „Ljapunow, Satz von“. Zu einem Stichwort gehört entweder ein Artikel, oder es wird hinter dem Stichwort mit › auf einen anderen Artikel verwiesen, in dem zur weiteren Information nachgelesen werden kann. In den einzelnen Artikeln werden der mit dem jeweiligen Stichwort genannte Begriff und eventuell weitere mit ihm in Zusammenhang stehende (und dann kursiv gedruckte) Begriffe erläutert. Wörter, auf die an anderer Stelle ausführlicher eingegangen wird, sind durch › gekennzeichnet. Hinter Wörtern, die unter einem anderen Stichwort ausführlicher erklärt werden, ist dieses Stichwort mit › in Klammern angegeben. Verweise auf Literatur erfolgen in eckigen Klammern durch Buchstaben (diese betreffen zum Artikel gehörende Spezialliteratur, die am Artikelende aufgeführt ist) bzw. durch Zahlen (diese betreffen das dem Lexikon angefügte allgemeine Literaturverzeichnis auf den Seiten 296–298).

Es wurde ein Symbolverzeichnis aufgenommen (Seiten V–VI). Da sich für einen mathematischen Begriff oft mehrere Bezeichnungsweisen herausgebildet haben, wie z. B. für Optimierungsaufgaben oder für den Ableitungsbegriff, werden im Symbolverzeichnis mitunter auch mehrere Möglichkeiten zugelassen.

Insbesondere soll auf die Schreibweise von Vektoren hingewiesen werden. Sie sind i. allg. Spalten. Es ist aber für Gradienten auch die Deutung als Zeile einer Jacobi-Matrix vorteilhaft. Diese letztere Möglichkeit wurde in den Artikeln zur Steuerung und Variationsrechnung angewendet.

Symbolverzeichnis

$\forall$	für alle, für jedes
aff	affine ›Hülle einer Menge
a. r. i.	›algebraisch relativ Inneres einer Menge
$\mathfrak{B}$	zulässiger Bereich einer ›Optimierungsaufgabe
$\mathbf{C}[0, 1]$, $\mathbf{C}(K)$	Raum der stetigen Funktionen über $[0, 1]$ bzw. einer kompakten Menge K (›Banach-Raum)
$\mathbf{C}(S; H)$, $\mathbf{L}_p(S; V)$	›Sobolew-Räume
$\mathring{\mathbf{C}}^\infty(\Omega)$	Raum der auf einem Gebiet $\Omega \subseteqq \mathbb{R}^n$ beliebig oft differenzierbaren Funktionen mit beschränktem Träger
$\mathbf{C}^{(n)}(K)$	Raum der n-mal stetig differenzierbaren Funktionen über K
$\mathbb{C}$	Menge aller komplexen Zahlen
$\mathbb{C}^n$	Menge aller n-dimensionalen komplexen Vektoren
card	Kardinalität = Mächtigkeit
cl M (oder $\overline{M}$)	Abschluß einer Menge M
codim	Codimension
conv	konvexe ›Hülle einer Menge
cone	Kegelhülle (›Hülle einer Menge)
$D(T)$	Definitionsbereich einer ›Abbildung T
dim	Dimension
dom	›effektiver Definitionsbereich
∂	Rand eines Gebietes, Subdifferential (›Ableitungsbegriffe)
$\partial/\partial x$	partielle Ableitung nach x
∇	Gradient
∇^2	Hesse-Matrix (›konvexe Funktion)
$\exists$	es existiert
$F: X \to Y$	›Abbildung oder Operator mit Urbildraum X und Bildraum Y, $D(F) = X$
int	Inneres
lin oder span	lineare Hülle
$\mathbf{L}_2$, $\mathbf{L}_p$	›Banach-Raum
L	Menge der linearen beschränkten ›Abbildungen $A: B_1 \to B_2$ (B_1, B_2 Banach-Räume)
$M = \{x: ...\}$	Menge aller x mit den Eigenschaften ...
$\overline{M}$	Abschluß von M

$\mathbb{N}$	Menge der natürlichen Zahlen
p, P	Wahrscheinlichkeiten
$\mathfrak{P}M$	Potenzmenge der Menge M
$\mathbb{R}$	euklidischer Raum mit der Dimension Eins
$\overline{\mathbb{R}}$	$= \mathbb{R} \cup \{-\infty, \infty\}$ (›Abbildung)
$\mathbb{R}_+$	$= [0, \infty)$
$\mathbb{R}^n$	n-dimensionaler euklidischer Raum
$\mathbb{R}^n_+$	nichtnegativer Orthant des $\mathbb{R}^n$ (alle Koordinaten $\geqq 0$)
$r(A)$	Rang der Matrix A
$R(A)$	von A erzeugter Raum, Wertebereich der Abbildung A
Re	Realteil
r.i.	relativ Inneres
$\operatorname{sgn} \alpha$	$\operatorname{sgn} \alpha = +1$, falls $\alpha > 0$, $\operatorname{sgn} \alpha = -1$, falls $\alpha < 0$ (Vorzeichen von α)
span	siehe lin
supp	Träger
^{T}	Vertauschung von Zeilen mit Spalten (bei Vektoren, Matrizen)
u	Steuervariable
U	Steuerbereich (›Steuerproblem)
$U(x)$	Umgebung von x
$\mathring{\mathbf{W}}^1_2$, $\mathring{\mathbf{W}}^{1,2}$ oder $\mathbf{W}^{0,1}_2$	›Banach-Raum, ›Sobolew-Räume
$\mathbb{Z}$	Menge der ganzen Zahlen
$[\cdot, \cdot]$	abgeschlossenes Intervall
$(\cdot, \cdot]$	links offenes Intervall
$[\cdot, \cdot)$	rechts offenes Intervall
$(\cdot, \cdot)$	offenes Intervall
$\to$, $\xrightarrow{X}$	Konvergenz, Konvergenz in der Norm $\|\cdot\|_X$
$\Rightarrow$	Implikationszeichen (es folgt)
$\|\cdot\|$, $\|\cdot\|_X$	Norm, Norm in einem ›Banach-Raum X
$f(x) \to \min$, $x \in \mathfrak{B}$, oder $\min \{f(x) : x \in \mathfrak{B}\}$	›Optimierungsaufgabe
$\inf\limits_{x \in \mathfrak{B}} f(x)$	Infimum von f über $\mathfrak{B}$
$\min\limits_{x \in \mathfrak{B}} f(x)$	Minimalwert von f über $\mathfrak{B}$ $\left(\exists x_0 \in \mathfrak{B} \text{ mit: } f(x_0) = \min\limits_{x \in \mathfrak{B}} f(x)\right)$
$\langle \cdot, \cdot \rangle$	Skalarprodukte und Linearformen, im $\mathbb{R}^n$: $c^{\mathsf{T}}x$ statt $\langle c, x \rangle$
$\leqq_K$	Kegelhalbordnung (›halbgeordneter linearer Raum)
$[\cdot]$	ganzer Anteil einer reellen Zahl, $[x]$ ist die ganze Zahl mit $x - 1 < [x] \leqq x$
*	Kennzeichnung dualer Größen (dualer Raum E^* zu E, adjungierter Operator T^* zu T ...; ›Dualität)
$\emptyset$	leere Menge
$:=$	es wird gesetzt (vor allem bei Algorithmen $k := k + 1$)

Vektoren sind im $\mathbb{R}^n$ Spalten (vgl. aber Hinweise für den Benutzer), untere Indizes bezeichnen dabei Vektorkomponenten. Folgenindizes werden bei Vektoren i. allg. oben angegeben.

A

Abadie-Bedingung ›Regularitätsbedingungen

Abbildung: Sind X, Y gegebene nichtleere Mengen, und wird jedem $x \in X$ ein Element $y \in Y$ eindeutig zugeordnet, so ist eine Abbildung $T : X \to Y$ gegeben. T heißt auch *Operator*, X ist dann der *Definitionsbereich* $D(T)$ von T, und

$$R(T) = \{y \in Y : \exists x \in X \text{ mit } T(x) = y\}$$

der *Wertebereich* von T. Wird jedem $x \in X$ eine Teilmenge von Y zugeordnet, so spricht man von ›Punkt-Menge-Abbildungen.

Für spezielle X bzw. Y verwendet man oft spezielle Bezeichnungen für T:

(i) $X \subseteqq \mathbb{R}^n$, $Y \subseteqq \mathbb{R}$ oder $Y \subseteqq \mathbb{C}$: *Funktion,*

(ii) $X \subseteqq \mathbb{R}^n$, $Y \subseteqq \mathbb{R}^m$ oder $Y \subseteqq \mathbb{C}^m$: *Vektorfunktion,*

(iii) X beliebig, Y ›Banach-Raum: *banachraumwertige Funktion,*

(iv) X beliebig, $Y \subseteqq \mathbb{R}$ oder $Y \subseteqq \mathbb{C}$: *Funktional,*

und spricht bei (i) und (iv) im Falle $Y \subseteqq \mathbb{R}$ von *reellwertigen* Funktionen bzw. Funktionalen. In der modernen Literatur findet man häufig den Begriff „Funktion" sehr allgemein verwendet (wie etwa in (iii)). Besonders wichtig in der Optimierung und Steuerung sind Funktionen (Funktionale), für deren Wertebereich auch ∞ und $-\infty$ zugelassen sind. Man spricht von *erweitert reellwertigen Funktionen* (oder Funktionalen). Ein wichtiges Beispiel ist das ›Indikatorfunktional. Man definiert $\overline{\mathbb{R}} = \mathbb{R} \cup \{\infty\} \cup \{-\infty\}$ und rechnet mit Funktionen $f : X \to \overline{\mathbb{R}}$ in folgender Weise [50] ($f : X \to \mathbb{R}$ heißt dann *endlich*):

$$\begin{aligned}
&\alpha + \infty = \infty + \infty = \infty \quad \text{für} \quad -\infty < \alpha \leqq \infty ,\\
&\alpha - \infty = -\infty + \alpha = -\infty \quad \text{für} \quad -\infty \leqq \alpha < \infty ,\\
&\infty\alpha = \alpha\infty = \infty , \quad \alpha(-\infty) = (-\infty)\alpha = -\infty \quad \text{für} \quad 0 < \alpha \leqq \infty ,\\
&\alpha\infty = \infty\alpha = -\infty , \quad \alpha(-\infty) = (-\infty)\alpha = \infty \quad \text{für} \quad -\infty \leqq \alpha < 0 ,\\
&0 \cdot \infty = \infty \cdot 0 = 0 = 0(-\infty) = (-\infty)\,0 ,\\
&-(-\infty) = \infty ,\\
&\inf \emptyset = \infty , \qquad \sup \emptyset = -\infty .
\end{aligned}$$

$-\infty + \infty$ bzw. $+\infty - \infty$ hat keinen Sinn.

Seien X, Y reelle Banach-Räume. In Steuerung und Optimierung werden insbesondere folgende spezielle A. benötigt:

a) Sei $D(T) = X$, $Y = X^*$. Eine A. $T : X \to X^*$ heißt *monoton*, falls

$$\langle T(x) - T(y), x - y\rangle \geqq 0 \qquad \forall x, y \in X \tag{1}$$

gilt. T heißt *stark monoton* mit der Konstanten $\mu > 0$, falls

$$\langle T(x) - T(y), x - y\rangle \geqq \mu \, ||x - y||^2 \qquad \forall x, y \in X \tag{2}$$

gilt. T heißt *koerzitiv*, falls eine Funktion γ existiert mit

$$\gamma : [0, \infty) \to \mathbb{R} \quad \text{und} \quad \gamma(s) \to \infty \quad \text{für} \quad s \to \infty ,$$

so daß gilt

$$\langle A(x), x\rangle \geqq \gamma(||x||) \, ||x|| \qquad \forall x \in X; \tag{3}$$

mitunter nennt man eine A. schon koerzitiv, falls

$$\langle A(x), x\rangle / ||x|| \to \infty \quad \text{für} \quad ||x|| \to \infty .$$

Eine A. heißt *radialstetig*, falls aus $(s_n) \to s$ mit $s_n, s \in \mathbb{R}$ für $n = 1, 2, \ldots$, folgt

$$\langle A(x + s_n y) - A(x + sy), y\rangle \to 0 \qquad \forall x, y \in X . \tag{4}$$

b) Eine A. $T : D(T) \subseteqq X \to Y$ heißt *lipschitzstetig* mit der Lipschitz-Konstanten $L > 0$, falls die *Lipschitz-Bedingung*

$$||T(x) - T(y)|| \leqq L \, ||x - y|| \qquad \forall x, y \in D(T) \tag{5}$$

gilt. T heißt *lokal lipschitzstetig*, falls für jedes $x_0 \in D(T)$ eine Umgebung $U(x_0)$ existiert, so daß (5) für alle $x, y \in U(x_0) \cap D(T)$ mit einer von x_0 und $U(x_0)$ abhängigen Konstanten L gilt. T heißt *abgeschlossen*, falls aus $(x_n) \to x$, $x_n \in D(T)$, $n = 1, 2, \ldots$, und $y_n = T(x_n)$, $(y_n) \to y$, folgt $x \in D(T)$ und $y = T(x)$.

c) Für den Übergang von Operatorgleichungen zu Variationsaufgaben haben *Potentialoperatoren* wichtige Bedeutung (›Extremalprinzipien der Physik). Es gilt: Ist X ein linearer normierter Raum, F ein Funktional über X, $M \subseteqq X$, dann heißt ein Operator $P : M \to X^*$ Potentialoperator mit dem *Potential* F über der Menge $M \subseteqq X$, wenn für alle $x^0 \in M$ gilt:

$$\lim_{t \to 0} \frac{F(x^0 + th) - F(x^0)}{t} = \langle P(x^0), h\rangle_X \qquad \forall h \in X ,$$

wenn also $P(x^0)$ der Gâteaux-Gradient von F im Punkt x^0 ist (›Ableitungsbegriffe).

d) Zu adjungierten A. ›duale Räume, zu Dualitätsabbildungen ›Banach-Raum, ›Punkt-Menge-Abbildung.

e) Sei X ein ›lokalkonvexer Raum. Ein konvexes Funktional (›konvexe Funktion) $f : X \to \overline{\mathbb{R}}$ heißt *unterhalbstetig* (*nach unten halbstetig*, *abgeschlossen*), wenn sein ›Epigraph epi f *abgeschlossen* ist. Schließt man epi f (im Sinne der Topologie (›lokalkonvexer Raum) von $X \times \mathbb{R}$) ab, so sagt man, man hätte die *unterhalbstetige Hülle* $\bar{f}$ von f gebildet. Es gilt $\overline{\text{epi}\, f} = \text{epi}\, \bar{f}$. Ist f^* die Fenchel-Konjugierte von f (›konjugierte Funktion), so ist $f^{**} = \bar{f}$ (falls $f > -\infty$, ›eigentliches Funktional).

f) Sei X ein Banach-Raum. Ein Funktional $f : X \to \mathbb{R}$ heißt *schwach folgenunterhalbstetig* an der Stelle $x_0 \in X$, wenn für alle schwach gegen x_0 konvergenten Folgen (x_n) gilt

$$\underline{\lim}_{n\to\infty} f(x_n) \geqq f(x_0) \,. \tag{6}$$

Ist $D(f)$ eine Teilmenge von X, so muß $x_0 \in D(f)$, $x_n \in D(f)$, $n = 1, 2, \ldots$, sein. Man benötigt schwach unterhalbstetige Funktionale beim Beweis der ›Existenz von Lösungen von Optimierungsaufgaben.

Lit. [29], [30], [50], [53], [56], [60].

[a] LANGENBACH, A.: Vorlesungen zur höheren Analysis. VEB Deutscher Verlag der Wissenschaften, Berlin 1984.

abgeschlossene konvexe Funktion ›konjugierte Funktion, ›Abbildung
abgeschlossener Epigraph ›Abbildung
abgeschlossenes Funktional ›Abbildung

Ableitungsbegriffe: A. werden in der Optimierung zur Formulierung von ›Optimalitätsbedingungen, zur Beschreibung von ›Abstiegsverfahren zur Lösung von Minimalaufgaben sowie bei der Behandlung von Steueraufgaben (›Steueraufgaben mit Evolutionsgleichungen, ›Dualität in der Steuertheorie) benötigt.

Sei B ein ›Banach-Raum und $f: B \to \overline{\mathbb{R}}$ ein Funktional (›Abbildung) auf B, $x_0 \in B$, $f(x_0)$ endlich.

1. *Fréchet-Ableitung*: Falls $\forall h \in B$ gilt

$$f(x_0 + h) - f(x_0) = \langle f^{\mathrm{F}}(x_0), h\rangle + \omega(x_0, h) \tag{1}$$

mit

$$f^{\mathrm{F}}(x_0) \in B^* \,, \qquad \lim_{\|h\|\to 0} \frac{|\omega(x_0, h)|}{\|h\|} = 0 \,,$$

so heißen $\langle f^{\mathrm{F}}(x_0), h\rangle$ das *Fréchet-Differential in Richtung h*, $\langle f^{\mathrm{F}}(x_0), \cdot\rangle$ das *Fréchet-Differential* und $f^{\mathrm{F}}(x_0)$ der *Fréchet-Gradient* (manchmal *Fréchet-Ableitung*) von f im Punkt x_0. f heißt dann in x_0 fréchetdifferenzierbar.

Ist $B = \mathbb{R}^n$, so ist die Fréchet-Differenzierbarkeit gleichbedeutend mit der totalen Differenzierbarkeit, und (1) geht über in

$$f(x_0 + h) - f(x_0) = (\nabla f(x_0))^{\mathrm{T}} \cdot h + \omega(x_0, h) \,, \qquad \nabla f(x_0) = f^{\mathrm{F}}(x_0) \,.$$

Ein auf einer offenen Menge $D \subseteqq B$ fréchetdifferenzierbares Funktional ist auf D stetig.

Da insbesondere bei Optimierungsaufgaben in allgemeinen Räumen, z. B. in der ›Variationsrechnung und bei ›Steueraufgaben mit Evolutionsgleichungen, die Forderung der Stetigkeit des Zielfunktionals häufig nicht erfüllt ist (oft liegen nur unterhalbstetige Funktionale (›Abbildung) vor), werden schwächere Ableitungsbegriffe benötigt, welche die Stetigkeit nicht implizieren (vgl. 2.—8.).

2. *Gâteaux-Ableitung*: Falls $f^{\mathrm{R}}(x_0, h) = \lim_{t\to 0} \frac{1}{t}[f(x_0 + th) - f(x_0)]$ existiert, heißt f im Punkt x_0 in Richtung h differenzierbar, $f^{\mathrm{R}}(x_0, h)$ die *Richtungsableitung* von f an der Stelle x_0 in Richtung h. Existiert der obige Grenzwert nur für $t \to +0$, so heißt er *einseitige Richtungsableitung* $f^{\mathrm{R}}_{+}(x_0, h)$. Existiert

$f^R(x_0, h)\ \forall h \in B$, so heißt $f^R(x_0, \cdot)$, also die ›Abbildung $h \to f^R(x_0, h)$, $h \in B$, die *1. Variation* von f an der Stelle x_0. Gilt zusätzlich mit einem Element $f^G(x_0) \in B^*$ die Gleichheit

$$f^R(x_0, h) = \langle f^G(x_0), h \rangle \qquad \forall h \in B\,,$$

so heißt $f^G(x_0)$ die *Gâteaux-Ableitung* oder der *Gâteaux-Gradient* von f an der Stelle x_0, und die Abbildung $h \to \langle f^G(x_0), h \rangle$, $h \in B$, das *Gâteaux-Differential* von f an der Stelle x_0, und f heißt an der Stelle x_0 gâteauxdifferenzierbar.

Für $f^G(x_0)$ schreibt man oft $\nabla f(x_0)$, wenn keine Verwechslungen mit $f^F(x_0)$ von 1. zu befürchten sind.

Manchmal heißt schon die 1. Variation Gâteaux-Differential. Ist $B = \mathbb{R}^n$ und f partiell differenzierbar, so ist $f^R(x_0, h) = \frac{\partial f}{\partial h}(x_0)$ die Richtungsableitung von f an der Stelle x_0 in Richtung h und $f^G(x_0) = \nabla f(x_0)$ der Vektor der partiellen Ableitungen bzw. $f^G(x_0) = f'(x_0)$ bei $n = 1$.

Über die Beziehung zwischen Fréchet- und Gâteaux-Ableitung gilt folgender Satz: *Falls $f^G(x)$ auf einer Umgebung $U(x_0)$ existiert und $f^G(\cdot) : U(x_0) \to B^*$ stetig ist, gilt $f^G(x_0) = f^F(x_0)$.*

3. *Subgradient eines konvexen Funktionals*: Für die bei ›Optimierungsaufgaben auftretenden eigentlichen ›konvexen Funktionale f sind Subgradienten adäquat. Sei f ein eigentliches konvexes Funktional auf B, $f(x_0)$ endlich.

Gilt für $x^* \in B^*$ $f(x_0 + h) - f(x_0) \geqq \langle x^*, h \rangle\ \forall h \in B$, so heißt x^* ein *Subgradient* von f an der Stelle x_0. Die Menge

$$\partial f(x_0) = \{x^* \in B^* : f(x_0 + h) - f(x_0) \geqq \langle x^*, h \rangle\ \forall h \in B\}$$

heißt das *Subdifferential* von f an der Stelle x_0 (bez. unteres Subdifferential ›konjugierte Funktion). Der Begriff „Differential" wird hier gegenüber 1. und 2. in einem anderen Sinn gebraucht; $\partial f : B \to \mathsf{P}(B^*)$ ist eine monotone ›Punkt-Menge-Abbildung (monotoner Operator).

Es gelten folgende Aussagen:

a) Ist f unterhalbstetig, so ist ∂f ein maximal monotoner Operator (›Punkt-Menge-Abbildung).
b) Ist f stetig in x_0, so ist $\partial f(x_0) \neq \emptyset$.
c) Ist f gâteauxdifferenzierbar in x_0, so ist $\partial f(x_0) = \{f^G(x_0)\}$ eine einelementige Menge.
d) $f(x_0) \leqq f(x)\ \forall x \in B \Leftrightarrow 0^* \in \partial f(x_0)$.

Die letzte Aussage ist nützlich vor allem für die Formulierung notwendiger und hinreichender ›Optimalitätsbedingungen bei Minimierungsaufgaben.

$x^* \in B^*$ heißt *ε-Subgradient* des eigentlichen, konvexen, an der Stelle x_0 endlichen Funktionals f, wenn bei gegebenem $\varepsilon > 0$ gilt:

$$f(z) \geqq f(x_0) + \langle x^*, z - x_0 \rangle - \varepsilon \qquad \forall z \in B\,.$$

Die Menge aller ε-Subgradienten von f an der Stelle x_0 heißt *ε-Subdifferential* $\partial_\varepsilon f(x_0)$ von f an der Stelle x_0. Solche Subgradienten werden bei Lösungsverfahren (›numerische Verfahren) von Optimierungsaufgaben benutzt.

4. *Clarke-Gradient*: Das Funktional $f : B \to \mathbb{R}$ sei lokal lipschitzstetig in x_0 (›Abbildung), dann existiert der Limes

$$f^0(x_0; h) = \limsup_{\substack{v \to 0 \\ t \to +0}} \frac{1}{t} [f(x_0 + th + v) - f(x_0 + v)]$$

und heißt verallgemeinerte Richtungsableitung (*Clarke-Ableitung*) von f an der Stelle x_0 in Richtung h (›[b]). $f^0(x_0; h)$ ist als Funktion von h konvex. Ein Element $x^* \in \partial f^0(x_0, \cdot)$ für $k = 0$ heißt *Clarke-Gradient* von f an der Stelle x_0. Ist f konvex und lokal lipschitzstetig, so ist jeder Clarke-Gradient ein Subgradient und umgekehrt.

5. *Verallgemeinerte* (*schwache*) *Ableitung einer Funktion*: In der modernen Theorie der Differentialgleichungen (›Evolutionsgleichungen) werden weitere Ableitungsbegriffe benötigt. Es sei $\Omega \subseteqq \mathbb{R}^n$ ein (i. allg. unbeschränktes) Gebiet, $\mathbf{L}_1^{\text{loc}}(\Omega)$ der Raum der auf dem Gebiet $\Omega \subseteqq \mathbb{R}^n$ definierten meßbaren Funktionen mit $\int_{\Omega'} |f(x)| \, dx < \infty$ für jedes beschränkte Gebiet $\Omega' \subseteqq \Omega$, $f \in \mathbf{L}_1^{\text{loc}}(\Omega)$. Gilt für eine Funktion $g \in \mathbf{L}_1^{\text{loc}}(\Omega)$

$$\int_\Omega f(x) \, D^\alpha \varphi(x) \, dx = (-1)^{|\alpha|} \int_\Omega g(x) \, \varphi(x) \, dx \qquad \forall \varphi \in \mathring{\mathbf{C}}^\infty(\Omega) ,$$

so heißt $g = D^\alpha f$ die *verallgemeinerte* (*schwache, distributionelle*) *Ableitung* von f bez. des Multiindex α (›Sobolew-Raum). Hat f über Ω stetige partielle Ableitungen $D^\alpha f$, so stimmen diese mit den entsprechenden verallgemeinerten Ableitungen von f überein.

6. *Ableitung einer Distribution*: Sei $\mathring{\mathbf{C}}^\infty(\Omega)$ mit folgender Konvergenz versehen und danach mit $\mathbf{D}(\Omega)$ bezeichnet: φ_m, $\varphi \in \mathring{\mathbf{C}}^\infty$, Ω wie bei 5.,

$(\varphi_m) \to \varphi \Leftrightarrow$ a) $(D^\alpha \varphi_m) \to D^\alpha \varphi$ $\forall \alpha \geqq 0$, ganz, gleichmäßige Konvergenz, (α Multiindex, ›Sobolew-Raum)

b) Es existiert eine beschränkte Menge $U \subseteqq \Omega$ mit $\operatorname{supp} \varphi_m \subseteqq U$ $\forall m$.

Dann heißt ein stetiges lineares Funktional L auf $\mathbf{D}(\Omega)$ eine *Distribution* (oder eine *verallgemeinerte Funktion*). Gilt für eine Distribution $D^\alpha L$

$$(D^\alpha L)(\varphi) := (-1)^{|\alpha|} L(D^\alpha \varphi) \qquad \forall \varphi \in \mathring{\mathbf{C}}^\infty(\Omega) ,$$

so heißt $D^\alpha L$ die (distributionelle) *Ableitung* der Ordnung α von L.

7. Bei ›Evolutionsgleichungen spielen banachraumwertige Funktionen $f : [0, T] \subseteqq \mathbb{R} \to V$, V reeller Banach-Raum, eine Rolle. f heißt an der Stelle $t_0 \in [0, T]$ differenzierbar, falls ein Element $f'(t_0) \in V$ und für jedes $\varepsilon > 0$ eine Zahl $\delta(\varepsilon, t_0)$ existieren mit

$$\left\| \frac{f(t_0 + h) - f(t_0)}{h} - f'(t_0) \right\|_V < \varepsilon \tag{2}$$

für alle $|h| < \delta(\varepsilon, t_0)$, $t_0 + h \in [0, T]$. Als Definitionsbereich von f ist statt $[0, T]$ auch $[0, \infty)$ möglich. Mitunter muß man die Ableitung einer banachraumwertigen Funktion auch im distributionentheoretischen Sinne auffassen.

Sei dazu $S = [0, T]$ und V ein reflexiver ›Banach-Raum. Dann erzeugt f eine Distribution L_f auf S mit Werten in V durch $L_f(\varphi) = \int_S f(t)\, \varphi(t)\, dt$ für jedes φ aus $\mathbf{D}((0, T))$. Analog zu 6. bilden dann die linearen stetigen Abbildungen L von $\mathbf{D}((0, T))$ in V (versehen mit der schwachen Topologie (›duale Räume)) die Distributionenmenge $\mathbf{D}^*(S, V)$ auf S mit Werten in V. Es gilt für die Ableitung L' einer Distribution $L \in \mathbf{D}^*(S, V)$ (also insbesondere für L_f):

$$L'(\varphi) = -L(\varphi')\ \forall \varphi \in \mathbf{C}^\infty((0, T))\ .$$

Bemerkung 1: Ist $t_0 \in S$ fest, u demistetig (›[20]) über S, so besitzt die durch

$$v(t) = \int_{t_0}^{t} u(s)\, ds$$

definierte Funktion $v \in \mathbf{C}(S, V)$, aufgefaßt als Distribution, die (distributionelle) Ableitung $v' = u$. v ist sogar im Sinne von (2) f. ü. über S differenzierbar, und es ist $v'(t) = u(t)$ für fast alle $t \in S$ (›[20, S. 140]).

Bemerkung 2: Bei ›Evolutionsgleichungen muß man auch Distributionen aus $\mathbf{D}^*(S, V^*)$ betrachten, wobei $V \subseteqq H \subseteqq V^*$ ein Evolutionstripel ist (›Sobolew-Räume).

8. *Quasidifferenzierbarkeit*: Ein Funktional f über B heißt an der Stelle $x_0 \in B$ quasidifferenzierbar, wenn eine nichtleere, konvexe und schwach*-abgeschlossene (›duale Räume) Menge $M(x_0) \subseteqq B^*$ existiert, so daß gilt

$$f_+^{\mathrm{R}}(x_0, h) = \max \{\langle x^*, h\rangle : x^* \in M(x_0) \subseteqq B^*\}\ . \qquad (1)$$

In [a] wurde die Quasidifferenzierbarkeit allgemeiner definiert.

Lit.: [11], [20], [29], [31], [48], [50]

[a] *Demjanow*, W. F., und A. M. *Rubinow* (В. Ф. Демьянов и А. М. Рубинов): О квацидифференцируемых функционалах ДАН 250 (1980) 1, 21- 25.

[b] Rockafellar, R. T.: Generalized directional derivatives and subgradients of nonconvex functions. Can. J. Math. XXXII (1980) 2, 257–280.

[c] Wainberg, M. M. (Ваинберг, М. М.): Вариационный метод и метод монотонных операторов. Nauka, Moskau 1972.

ableitungsfreie Verfahren: a. V. zur Lösung des unrestringierten Minimierungsproblems

$$f(x) \to \min\ , \qquad x \in \mathbb{R}^n\ ,$$

sind Verfahren, die ausschließlich mit Funktionswerten von f arbeiten. Ein Weg zur Konstruktion von a. V. besteht darin, in den ›Abstiegsverfahren (die ohne Hesse-Matrix (›konjugierte Funktion) arbeiten) die Gradienten durch geeignete Diskretisierungen zu ersetzen. So erhält man z. B. ableitungsfreie Varianten der ›Gradientenverfahren, der ›konjugierten Gradientenverfahren oder der Quasi-Newton-Verfahren (›Newton-Verfahren), wenn man

$\frac{\partial f}{\partial x_j}$ durch zentrale Differenzenquotienten approximiert:

$$\frac{\partial f(x)}{\partial x_j} \approx \frac{f(x + h_j e_j) - f(x - h_j e_j)}{2h_j}, \qquad j = 1, \dots, n.$$

Dabei ist e_j der j-te Koordinateneinheitsvektor, und die Diskretisierungsschrittweite h_j sollte man etwa gemäß $h_j = \varepsilon_1 |x_j| + \varepsilon_2$, $j = 1, \dots, n$, (mit rechnerabhängigen Konstanten $\varepsilon_1, \varepsilon_2 > 0$) wählen.

Eine andere Möglichkeit zur Entwicklung a. V. beruht auf dem Prinzip der Konstruktion *konjugierter Richtungen*, falls f quadratisch (mit positiv definiter Hesse-Matrix) ist. Solche Richtungen sind auch ohne Benutzung von Gradienten (also nur unter Verwendung von Funktionswerten) konstruierbar. Mit diesem Zugang zur Konstruktion konjugierter Richtungen lassen sich auch Algorithmen zur Minimierung nichtquadratischer Funktionen begründen. Verfahren dieses Typs haben folgenden Algorithmus:

S0: Wähle einen Startpunkt x^0 und n linear unabhängige Richtungen $s_i^0 = e_{i+1}$, $i = 0, \dots, n-1$. Berechne $\Delta_0 = \det(s_0^0, \dots, s_{n-1}^0)$, wähle $\varepsilon > 0$ mit $\varepsilon \leqq \Delta_0$, setze $k := 0$.

S1: Setze $x_0^k := x^k$ und berechne für $i = 0, \dots, n-1$:

$$x_{i+1}^k = x_i^k + \alpha_i^k s_i^k,$$

wobei α_i^k so gewählt wird, daß $\varphi(\alpha_i^k) = \min f(x_i^k + \alpha s_i^k)$. Dabei muß für α die ganze reelle Achse zugelassen werden, da über die Orientierung von s_i^k nichts bekannt ist.

S2: Setze $s_n^k = \frac{x_n^k - x_0^k}{\|x_n^k - x_0^k\|}$ und berechne $x_{n+1}^{k+1} = x_n^k + \alpha_n^k s_n^k$, wobei α_n^k so bestimmt wird, daß $\varphi(\alpha_n^k) = \min f(x_n^k + \alpha s_n^k)$.

S3: Es sei $\alpha_r^k = \max\{\alpha_i^k : i = 0, \dots, n-1\}$ und $\delta_k = \alpha_r^k \Delta_k / \|x_n^k - x_0^k\|$. Falls $\delta_k \geqq \varepsilon$: setze

$$s_i^{k+1} := \begin{cases} s_i^k & \text{für } i \neq r \\ s_n^k & \text{für } i = r \end{cases} \quad \text{und} \quad \Delta_{k+1} := \delta_k .$$

Falls $\delta_k < \varepsilon$: setze $s_i^{k+1} := s_i^k$, $i = 0, \dots, n-1$ und $\Delta_{k+1} := \Delta_k$.

S4: Setze $k := k + 1$ und gehe zu S1.

S2 und S3 garantieren, daß die Vektoren s_i^k, $i = 0, \dots, n-1$, im Verlauf der Iteration linear unabhängig bleiben. Man erhält $\Delta_k = \det(s_0^k, \dots, s_{n-1}^k) \geqq \varepsilon$ für jedes $k = 0, 1, 2, \dots$ Es empfiehlt sich, die Startvektoren s_i^0, $i = 0, \dots, n-1$, als orthonormale Basis im $\mathbb{R}^n$ zu wählen.

Vgl. auch ›koordinatenweiser Abstieg.
Lit.: [49]

Abstandsfunktion ›Zentrenverfahren
Abstiegsfunktion ›Abstiegsverfahren
Abstiegsrichtung ›Abstiegsverfahren

Abstiegsverfahren: A. sind Iterationsverfahren des Typs

$$x^{k+1} = x^k + \alpha_k s^k \tag{1}$$

zur Minimierung restringierter oder unrestringierter ›Optimierungsaufgaben. Dabei ist x^k eine Näherung für die Lösung der Optimierungsaufgabe, s^k ein geeignet zu wählender *Richtungsvektor* und $\alpha_k > 0$ die *Schrittweite*. Das Verfahren (1) heißt A., wenn für jede Näherung x^k bez. der Zielfunktionswerte gilt:

$$f(x^{k+1}) < f(x^k) . \tag{2}$$

1. A. für unrestringierte Probleme sind Iterationsverfahren vom Typ (1) zur Lösung des unrestringierten Problems $f(x) \to \min$, $x \in \mathbb{R}^n$, ($f: \mathbb{R}^n \to \mathbb{R}$, genügend glatt). Die Abstiegsforderung (2) ist mindestens für hinreichend kleine $\alpha_k > 0$ erfüllbar, wenn der Richtungsvektor s^k der Bedingung

$$\nabla f^T(x)^k \, s^k < 0 \tag{3}$$

genügt. Ist die Bedingung (3) im Punkt x^k (mit $\nabla f(x^k) \neq 0$) erfüllt, dann heißt $s^k \in \mathbb{R}^n$ *Abstiegsrichtung* für f im Punkt x^k. Die Berechnung der Schrittweite α_k erfolgt i. allg. über einen geeigneten ›Schrittweitenalgorithmus. Durch Verwendung unterschiedlicher Methoden bei der Wahl der Abstiegsrichtung s^k und des Schrittweitenparameters α_k erhält man verschiedene konkrete Verfahren (›Gradientenverfahren, ›konjugierte Gradientenverfahren, ›Newton-Verfahren, ›ableitungsfreie Verfahren), die jedoch alle von der folgenden Grundstruktur sind ([49], [55]):

S0: Wähle einen Startpunkt $x^0 \in \mathbb{R}^n$, setze $k := 0$.
S1: Falls $\nabla f(x^k) = 0$, setze $x^* = x^k$. Stop. (x^* stationär).
S2: Wähle $s^k \in \mathbb{R}^n$ mit $\nabla f^T(x^k)\, s^k < 0$.
S3: Bestimme $\alpha_k > 0$ nach einem geeigneten Schrittweitenalgorithmus.
S4: Setze $x^{k+1} = x^k + \alpha_k s^k$, $k := k + 1$, gehe zu S1.

2. A. für restringierte Probleme sind Iterationsverfahren vom Typ (1) zur Lösung des restringierten Problems

$$f(x) \to \min , \qquad x \in \mathfrak{B} , \tag{4}$$

wobei $\mathfrak{B} = \{x \in \mathbb{R}^n : g_i(x) \leqq 0, i = 1, \ldots , m\} \neq \emptyset$ und $g_1, \ldots , g_m, f: \mathbb{R}^n \to \mathbb{R}$ stetig differenzierbare Funktionen sind. Das Verfahren (1) heißt A. für restringierte Probleme (4), wenn für jeden nichtstationären Punkt (›stationärer Punkt) $x^k \in \mathfrak{B}$ die Bedingungen

$$f(x^{k+1}) < f(x^k) \quad (\textit{Abstiegsforderung}), \tag{5}$$

$$x^{k+1} \in \mathfrak{B} \quad (\textit{Zulässigkeitsforderung}) \tag{6}$$

gelten. Durch die Forderungen (5) und (6) wird das Konzept der A. für unrestringierte Probleme auf den hier vorliegenden Fall erweitert. Wegen der Zulässigkeitsforderung (6) kann dann als Maß für den Abstieg die Zielfunktion f des Problems (4) selbst benutzt werden. Andere A. zur Lösung von (4) verzichten auf die Zulässigkeitsforderung (6) und verwenden dann allgemeinere Abstiegsfunktionen in (5), z. B. Straffunktionen bei ›Linearisierungsverfahren, quadratischen ›Approximationsverfahren. Die Forderungen (5) und

(6) sind zumindest für hinreichend kleine Schrittweiten $\alpha_k > 0$ erfüllbar, wenn im Verfahren (1) der Richtungsvektor s^k den Bedingungen

$$\nabla f^{\mathrm{T}}(x^k)\, s^k < 0\,, \tag{7}$$

$$\nabla g_i^{\mathrm{T}}(x^k)\, s^k < 0 \quad \text{für} \quad i \in I_0(x^k) \tag{8}$$

genügt, wobei $I_0(x) = \{i \in \{1, \ldots, m\} : g_i(x) = 0\}$ die Indexmenge der in $x \in \mathfrak{B}$ ›aktiven Restriktionen ist. Sind die Bedingungen (7) und (8) erfüllt, dann heißt $s^k \in \mathbb{R}^n$ *zulässige Abstiegsrichtung* im Punkt x^k. (Für lineare Restriktionen $g_i(x) = (a_i)^{\mathrm{T}} x - b_i \leqq 0$ kann in (8) auch die Relation „$\leqq$" zugelassen werden). I. allg. kann jedoch die Berechnung von s^k nach (7) und (8) zu kleinen Schrittweiten α_k in (1) führen, und die Folge (x^k) kann ein *Zickzack-Verhalten* (d. h. ein Oszillieren in der Menge der aktiven Restriktionen) aufweisen. Aus theoretischen und numerischen Gründen wird daher in der Bedingung (8) die Indexmenge $I_0(x^k)$ durch die Indexmenge der in x^k *ε_k-aktiven Restriktionen*

$$I_{\varepsilon_k}(x^k) = \{i \in \{1, \ldots, m\} : -\varepsilon_k \leqq g_i(x^k) \leqq 0\}$$

ersetzt. Dabei ist ε_k ein Parameter, der in bestimmter Weise vom Iterationsindex k abhängig sein kann (diese Verfahren werden als *P1-Typ-Verfahren* bezeichnet), oder ε_k kann konstant bleiben (*P2-Typ-Verfahren*). Durch die Verwendung unterschiedlicher Berechnungsmethoden für s^k erhält man verschiedene konkrete Verfahren (z. B. ›Verfahren der zulässigen Richtungen, ›reduziertes Gradientenverfahren, ›projiziertes Gradientenverfahren, ›Newton-Verfahren für Gleichungsrestriktionen usw.), die jedoch alle von folgender Grundstruktur sind:

S0: Wähle einen Startpunkt $x^0 \in \mathfrak{B}$ und einen Parameter $\varepsilon_0 > 0$, setze $k := 0$.

S1: Berechne eine zulässige Abstiegsrichtung $s^k \in \mathbb{R}^n$ und einen Qualitätsparameter σ_k (für σ_k soll $\nabla f^{\mathrm{T}}(x^k)\, s^k \leqq \sigma_k \leqq 0$ gelten).

S2: Optimalitätstest.

S3: Bestimme ε_{k+1}.

S4: Berechne α_k nach einem ›Schrittweitenalgorithmus.

S5: Setze $x^{k+1} = x^k + \alpha_k s^k$, $k := k + 1$ und gehe zu S1.

Bei den P1-Typ-Verfahren haben S2 und S3 folgende Struktur: Sei $\varrho \in (0, 1)$ fest vorgegeben:

S2: Falls $\sigma_k = 0$ und $I_{\varepsilon_k}(x^k) = I_0(x^k)$, setze $x^* := x^k$. Stop.

S3: Falls $\sigma_k = 0$ und $I_{\varepsilon_k}(x^k) \neq I_0(x^k)$, bestimme j_0 als die erste der Zahlen $j = 1, 2, \ldots$, für die die Ungleichung $\varrho^j \varepsilon_k < \min\{-g_i(x^k) : i \notin I_0(x^k)\}$ erfüllt ist. Setze $\varepsilon_{k+1} = \varrho^{j_0}\varepsilon_k$, $x^{k+1} := x^k$, $k := k + 1$ und gehe zu S1.
Falls $\sigma_k < 0$, setze

$$\varepsilon_{k+1} = \begin{cases} \varepsilon_k\,, & \text{falls} \quad \varepsilon_k \leqq -\sigma_k\,, \\ \varrho\varepsilon_k\,, & \text{falls} \quad 0 < -\sigma_k < \varepsilon_k\,. \end{cases}$$

Bei den P2-Typ-Verfahren haben S2 und S3 die Form:

S2: Falls $\sigma_k = 0$, setze $x^* := x^k$. Stop.

S3: Setze $\varepsilon_{k+1} := \varepsilon_k$.

Für Aufgaben mit linearen Gleichungsrestriktionen lassen sich spezielle A. konstruieren (›Verfahren für Aufgaben mit linearen Gleichungsrestriktionen).

Lit.: [26], [49], [55], [63]

additiver Algorithmus: Der a. A. ist ein auf BALAS zurückgehender Algorithmus zur Lösung von linearen ›0-1-Optimierungsproblemen, der wegen der Vermeidung von Divisionen keine Anfälligkeit gegen Rundungsfehler aufweist. Eine Weiterentwicklung besteht in der *Filtermethode*. Durch Einführung eines Filters in Gestalt einer linearen Ungleichung wird eine große Zahl von Lösungen bereits von vornherein ausgeschlossen, weil sie der Filterbedingung nicht genügen. Der a.A. ist vom Typ der ›Enumerationsverfahren und kann durch Benutzung des Filters wesentlich beschleunigt werden.

Lit.: [45]

adjungierte Abbildung ›duale Räume
adjungierte Gleichung ›Steueraufgaben mit Evolutionsgleichungen
adjungierter Raum ›Banach-Raum
adjungiertes Differentialgleichungssystem ›optimale Prozesse
affine Funktion ›konvexe Funktion
affine Hülle ›Hülle einer Menge

affine Menge: Eine Teilmenge A eines ›linearen Raumes E heißt affin, wenn für $x^1, x^2 \in A$ stets $\lambda_1 x^1 + \lambda_2 x^2 \in A$ für alle $\lambda_1, \lambda_2 \in R$ mit $\lambda_1 + \lambda_2 = 1$ gilt.

affin-lineare Funktion ›konvexe Funktion

Aggregation: Die A. ist ein Verfahren der ganzzahligen linearen Optimierung (›diskrete Optimierung) zur Verringerung der Anzahl der Nebenbedingungen. Das Prinzip besteht in der ganzzahligen Linearkombination linearer diophantischer Gleichungen (d. h. Gleichungen, für die ganzzahlige Lösungen gesucht sind), so daß die entstehende diophantische Gleichung dieselbe Lösungsmenge in nichtnegativen ganzzahligen Variablen hat wie das gegebene System. Ein prinzipielles Problem besteht darin, daß die Koeffizienten der aggregierten Gleichung wesentlich größer sind als die Koeffizienten des gegebenen Systems, wodurch die numerische Behandlung sehr schwierig werden kann.

Lit.: [46]

aktive Restriktion: In einem Raum X sei der zulässige Bereich $\mathfrak{B} \subseteqq X$ einer ›Optimierungsaufgabe gegeben durch $\mathfrak{B} = \{x \in X : g_i(x) \leqq 0,\ i \in I = \{1, \ldots, m\}\}$ mit $g_i : X \to R$, $i \in I$. Dann nennt man $I_0 = \{i \in I : g_i(x^0) = 0\}$ die *Indexmenge* der im Punkt $x^0 \in \mathfrak{B}$ a. R.; x^0 erfüllt also die Restriktionen $g_i(x) \leqq 0$ für $i \in I_0$ als Gleichung.

Aktive-Restriktionen-Strategie ›Verfahren für Aufgaben mit linearen Ungleichungsrestriktionen
akzessorisches Variationsproblem ›Variationsrechnung

algebraisch relativ Inneres einer Menge: Ist A Teilmenge eines reellen Vektorraumes X und aff (A) die affine ›Hülle von A, so versteht man unter dem a. r. I. von A die folgende Menge: a. r. i. $(A) = \{x \in X : \forall y \in \text{aff}(A) \; \exists \varepsilon(x, y) > 0$ mit der Eigenschaft $x + r(y - x) \in A \; \forall r \in (-\varepsilon, +\varepsilon)\}$.

Ist $A =$ a. r. i. (A), so heißt A *algebraisch relativ offen*. Beispielsweise ist eine einelementige Menge $A = \{x_0\}$, $x_0 \in X$ fest, algebraisch relativ offen in X.

algebraisch relativ offen ›algebraisch relativ Inneres einer Menge
Alternante ›Approximationstheorie
Alternantensatz ›Approximationstheorie

Alternativsätze: A. sind eine Sammelbezeichnung für eine Klasse von Aussagen der Gestalt „die Menge M ist nichtleer dann und nur dann, wenn die Menge M^* leer ist“. M^* ist dabei in einem festzulegenden Sinne dual zu M.

A. sind z. T. schon im 19. Jahrhundert aufgestellt worden, besondere Bedeutung gewannen sie jedoch erst mit der Entwicklung der ›Dualitätstheorie. Hier werden überwiegend A. angewandt, in denen die Menge M durch ein homogenes oder inhomogenes ›lineares Ungleichungssystem bestimmt wird.

Es sei A eine $m \times n$-Matrix, B eine $m_2 \times n$-Matrix und C eine $m_3 \times n$-Matrix, A^T, B^T, C^T seien die zugehörigen transponierten Matrizen. Dann können folgende Beispiele für A. formuliert werden:

1. *Satz von Stiemke* (1915):

$\exists x > 0, Ax = 0 \Leftrightarrow$ Es existiert kein $u : A^T u \geqq 0 \; A^T u \neq 0$. Ergibt sich als A. aus

$$M = \{x \in R^n : x > 0, Ax = 0\}, \quad M^* = \{u \in R^m : A^T u \geqq 0, A^T u \neq 0\}.$$

2. *Satz von Gordan* (1873):

$\exists x \geqq 0, x \neq 0, Ax = 0 \Leftrightarrow$ Es existiert kein $u : A^T u > 0$. Dieser A. ist dual zum Satz von Stiemke und ergibt sich aus

$$M = \{x \in R^n : x \geqq 0, x \neq 0, Ax = 0\}, \quad M^* = \{u \in R^m : A^T u > 0\}.$$

3. *Lemma von Farkas* (1902):

$\exists x \geqq 0, Ax = b \Leftrightarrow$ Es existiert kein $u : A^T u \geqq 0, b^T u < 0$. Ergibt sich als A. aus

$$M = \{x \in R^n : x \geqq 0, Ax = b\}, \quad M^* = \{u \in R^m : A^T u \geqq 0, b^T u < 0\},$$

wobei $b \in R^m$ fest ist.

4. $\exists x \geqq 0, Ax \leqq b \Leftrightarrow$ Es existiert kein $u \geqq 0 : A^T u \geqq 0, b^T u < 0$, ergibt sich als A. aus

$$M = \{x \in R^n : x \geqq 0, Ax \leqq b\},$$
$$M^* = \{u \in R^m : A^T u \geqq 0, b^T u < 0, u \geqq 0\}.$$

Die Beispiele 1 und 2 sind Lösungsaussagen für homogene lineare Ungleichungssysteme, die Beispiele 3 und 4 solche für inhomogene lineare Ungleichungssysteme.

5. *Alternativsatz von Motzkin*: Sei A eine $m_1 \times n$-Matrix.

$\exists x : Ax > 0,\ Bx \geqq 0,\ Cx = 0 \Leftrightarrow$

Es existiert kein $(y^1, y^2, y^3) \in \mathbb{R}_+^{m_1} \times \mathbb{R}_+^{m_2} \times \mathbb{R}^{m_3} : A^\mathsf{T} y^1 + B^\mathsf{T} y^2 + C^\mathsf{T} y^3 = 0$, $y^1 \neq 0$. Ergibt sich als A. aus

$$M = \{x \in \mathbb{R}^n : Ax > 0,\ Bx \geqq 0,\ Cx = 0\},$$

$$M^* = \{(y^1, y^2, y^3) \in \mathbb{R}^{m_1} \times \mathbb{R}^{m_2} \times \mathbb{R}^{m_3} : A^\mathsf{T} y^1 + B^\mathsf{T} y^2 + C^\mathsf{T} y^3 = 0\ ,\ y^1 \neq 0,\ y^1 \geqq 0\ ,\ y^2 \geqq 0\}\,.$$

6. Es sei K eine nichtleere konvexe Teilmenge des $\mathbb{R}^n$, $f : K \to \mathbb{R}^m$ eine m-dimensionale konvexe Vektorfunktion auf K,

$$M = \{x \in \mathbb{R}^n : f(x) < 0,\ x \in K\},$$

$$M^* = \{u \in \mathbb{R}^m : u^\mathsf{T} f(x) \geqq 0\ \ \forall x \in K,\ u \geqq 0,\ u \neq 0\}\,.$$

Man erhält folgenden A. über die Lösbarkeit nichtlinearer Ungleichungssysteme (›konvexe Ungleichungen):

$\exists x \in K : f(x) < 0 \Leftrightarrow$ Es existiert kein $u \geqq 0 : u \neq 0,\ u^\mathsf{T} f(x) \geqq 0\ \ \forall x \in K$.

7. *Satz von Tucker* über den *komplementären Schlupf* (1956):
Die zueinander dualen linearen homogenen Ungleichungssysteme

$x \geqq 0\,, \qquad Ax = 0$ und $A^\mathsf{T} u \geqq 0$

besitzen Lösungen $x_0 \in \mathbb{R}^n$ und $u_0 \in \mathbb{R}^m$ mit

$$A^\mathsf{T} u_0 + x_0 > 0\,.$$

Ist A schiefsymmetrisch, d. h. $A^\mathsf{T} = -A$, so ist das Ungleichungssystem

$$Ax \geqq 0\,, \qquad x \geqq 0$$

zu sich selbst dual, und aus dem Satz von Tucker folgt die Existenz einer Lösung x_0 mit

$Ax_0 + x_0 > 0$ und $x_0^\mathsf{T} A x_0 = 0\,.$

Die letzte Gleichung enthält ein spezielles ›Komplementaritätsproblem, für das der Satz von Tucker also eine Lösungsaussage macht.

Die angegebenen endlichdimensionalen A. wurden in verschiedene Richtungen durch Betrachtung beliebiger ›halbgeordneter linearer Räume, komplexer ›linearer Räume, linearer Abbildungen spezieller Struktur und nichtlinearer Abbildungen verallgemeinert. Ist z. B. (Y, Q) ein halbgeordneter linearer Raum mit dem Ordnungskegel Q, (Y^*, Q^*) ein zugehöriger dualer Raum mit dem zu Q dualen Ordnungskegel Q^*, $C \subseteqq Y$ ein konvexer Kegel, und ist

$$M = \mathrm{cl}^*\,(C \cap Q - Q) \cap Q = \mathrm{cl}^*\,(C - Q) \cap Q\,,$$

wobei cl* die Abschließung bez. $\sigma(Y, Y^*)$ ist (›duale Räume), so gilt

$y \in M \Leftrightarrow$ Es existiert kein $y^* \in C^* \cap (-Q)^* : y^* y \neq 0\,.$

Wählt man $Y = \mathbb{R}^m$ mit der üblichen Halbordnung und $C = A^{-1}(0)$, so läßt sich hieraus der Satz von Tucker herleiten, für die Randfälle $C \cap Q = \{0\}$ bzw. $C^* \cap (-Q)^* = \{0\}$ folgen hieraus die Sätze von Gordan bzw. von Stiemke.

A. finden Anwendung bei der Überprüfung der Lösbarkeit homogener Ungleichungssysteme, bei der Herleitung von Dualitätssätzen (›Dualitätstheorie) und bei der Diskussion der ›Struktur optimaler Lösungen.

Lit.: [a] TUCKER, A. W.: Dual systems of homogeneous linear relations. In: Linear inequalities and related systems, KUHN, H. W., und A. W. TUCKER (ed.), Princeton University Press, Princeton 1956.
[b] MANGASARIAN, O. L.: Nonlinear programming. McGraw-Hill Book Comp., New York-St. Louis- San Franzisco-London-Sydney-Toronto-Mexico-Panama 1969.

Alternativsätze konvexer Ungleichungen ›konvexe Ungleichungen
Anfangslagenbedingung ›optimale Prozesse
antagonistisches Spiel ›Spieltheorie
Approximation ›Approximationsverfahren, ›Approximationstheorie
Approximationsfehler ›Approximationstheorie, ›Galerkin-Verfahren

Approximationstheorie: Die A. ist gekennzeichnet durch drei Problemstellungen, die chronologisch den Etappen ihrer Entwicklung entsprechen. Sei X ein beliebiger normierter Raum mit der Norm $\|\cdot\|$.

Problem A: Approximation eines fixierten Elements $x \in X$ durch Elemente einer fixierten Menge $F \subseteq X$.

Als Maß der Approximation wird die Größe

$$\varrho(x, F) = \inf \{\|x - u\| : u \in F\} \tag{1}$$

gewählt, die als *Minimalabstand* oder *Defekt* des Elements x zur Menge F bzw. als *Approximationsfehler* bezeichnet wird. Als *approximierende* Menge F kann ein Unterraum (endlicher oder unendlicher Dimension), aber auch eine konvexe abgeschlossene Menge betrachtet werden. Wenn ein Element $u_0 \in F$ existiert, welches in (1) das Infimum realisiert, d. h. $\|x - u_0\| = \varrho(x, F)$, so heißt u_0 *beste Approximation* für x bez. der Menge F. Damit entstehen folgende Probleme, die Gegenstand der A. sind:

a) Existiert für jedes $x \in X$ ein Element bester Approximation $u_0 \in F$? Ein u_0 existiert z. B., falls X ein Hilbertraum und F abgeschlossen ist.

b) Vorausgesetzt, die Existenz ist geklärt, wann ist die beste Approximation u_0 eindeutig? Die Antwort hängt sowohl von der Struktur der Menge F als auch von der Metrik des Raumes X ab.

c) Welche Charakterisierung gibt es für die Elemente bester Approximation? Das ist die Frage nach notwendigen und hinreichenden Optimalitätsbedingungen.

Problem B: Approximation einer fixierten Menge $M \subseteq X$ durch eine fixierte Menge $F \subseteq X$.

Von (1) ausgehend, kann auf natürliche Weise als Maß der Approximation in Problem B die Größe

$$\varrho(M, F) = \sup \{\varrho(x, F) : x \in M\} = \sup_{x \in M} \inf_{u \in F} \|x - u\| \tag{2}$$

definiert werden. Ein Element $x_0 \in M$ (wenn es existiert), für das $\varrho(x_0, F) = \varrho(M, F)$ gilt, heißt extremales Element in M bez. F (im gegebenen Fall ist es das entfernteste). $\varrho(M, F)$ garantiert eine minimale Abschätzung des Approximationsfehlers für ein beliebiges Element aus M zur Menge F.

Die Probleme A und B werden verallgemeinert, wenn die Approximation eines Elements $x \in X$ bzw. einer Menge $M \subseteqq X$ durch eine aufsteigende Folge sich umfassender approximierender Mengen $F_1 \subseteqq F_2 \subseteqq \ldots \subseteqq F_n \subseteqq \ldots$ betrachtet wird, wobei der Index n z. B. die Dimension der Menge F_n bezeichnen kann. In diesem Fall folgt

$$\varrho(x, F_1) \geqq \varrho(x, F_2) \geqq \ldots \geqq \varrho(x, F_n) \geqq \ldots$$

Dies führt auf die Untersuchung der Zahlenfolgen $\varrho(x, F_n)$ bzw. $\varrho(M, F_n)$, insbesondere auf die Fragen der Asymptotik für $n \to \infty$, bzw. auf das Problem, bei vorgegebenem Minimalabstand eine approximierende Menge minimaler Dimension auszuwählen.

Problem C: Approximation einer fixierten Menge $M \subseteqq X$ durch eine gegebene Klasse von Mengen $\{F\} \subseteqq \mathfrak{P}X$.

Hier gilt es, eine beste approximierende Menge F^0 für die gegebene Menge M zu finden. Im Spezialfall $\{F\} = \{F_n\}$, wobei $\{F_n\}$ die Menge aller Unterräume der festen Dimension n in X ist, wird

$$\varrho_n(M, X) = \inf_{F_n} \varrho(M, F_n), \qquad n = 1, 2, \ldots, \tag{3}$$

bestimmt, wobei sich das Infimum über alle Unterräume F_n der Dimension n erstreckt. Wenn ein Unterraum F_n^0 existiert, auf dem das Infimum realisiert wird, so bezeichnet man diesen als *extremalen Unterraum* für die Menge M im Raum X.

Für praktische Anwendungen interessieren besonders Approximationsprobleme des Typs A. Sei $B \subseteqq \mathbb{R}^m$ kompakt, $X = \mathbf{C}(B)$ und $\|\cdot\|$ eine Norm auf $\mathbf{C}(B)$. $F \subseteqq \mathbf{C}(B)$ sei eine gegebene Funktionenfamilie und $f \in \mathbf{C}(B)$ eine fixierte Funktion. Da auf $\mathbf{C}(B)$ in verschiedener Weise eine Norm definiert werden kann, erhält man verschiedene Aufgabenstellungen für Problem A. Die drei wichtigsten benutzten Normen sind:

a) Die *Maximumnorm* $\|g\|_{L_\infty} = \max_{t \in B} |g(t)|$, eventuell auch mit einer Gewichtsfunktion $w(t) > 0$, $w \in \mathbf{C}(B)$: $\|g\|_{L_\infty}^{w} = \max_{t \in B} |w(t)\, g(t)|$, führt auf das Problem der (gewichteten) *Tschebyscheff-Approximation*: Zu minimieren ist das über B erstreckte Maximum des Betrages der Fehlerfunktion $g - f$:

$$\inf_{g \in F} \{\max_{t \in B} |g(t) - f(t)|\} = \varrho(f, F). \tag{4}$$

b) Die $\mathbf{L}_1$-*Norm* $\|g\|_{\mathbf{L}_1} = \int_B |g(t)|\,\mathrm{d}t$ führt auf die Minimierung des Volumens zwischen f und der Approximationsfunktion, und man spricht von einer $\mathbf{L}_1$-*Approximation*:

$$\inf_{g \in F} \{\int_B |g(t) - f(t)|\,\mathrm{d}t = \varrho(f, F)\,. \tag{5}$$

c) Die $\mathbf{L}_2$-*Norm* $\|g\|_{\mathbf{L}_2} = (\int_B g^2(t)\,\mathrm{d}t)^{1/2}$ führt zur *Approximation im Sinne der kleinsten Quadrate*, auch *Gauß-Approximation* genannt:

$$\inf_{g \in F} \{(\int_B |g(t) - f(t)|^2\,\mathrm{d}t)^{1/2}\} = \varrho(f, F)\,. \tag{6}$$

In (5) und (6) wird B als meßbarer Bereich mit $\int_B \mathrm{d}t > 0$ angenommen, und analog wie in a) kann auch die gewichtete Approximation in diesen beiden Problemen betrachtet werden.

Ist B endlich, $B = \{t_1, \ldots, t_N\}$, so spricht man bei den Problemen (4) bis (6) von *diskreter Approximation*, wobei in (5) bzw. (6) die Integrale durch Summen zu ersetzen sind. Ist B ein Kontinuum, spricht man von *kontinuierlicher Approximation*.

Für die Optimierung von Bedeutung sind Approximationsprobleme mit Restriktionen, bei denen die ursprüngliche Funktionenfamilie F durch spezielle Forderungen weiter eingeschränkt wird. Diese können den Wertebereich der approximierenden Funktion betreffen wie auch deren Ableitungen. Diese Approximationsprobleme führen auf Aufgaben der ›semi-infiniten Optimierung. Beispiele hierfür sind die für Integralabschätzungen, aber auch die im Zusammenhang mit monotonen Randwertproblemen wichtige *einseitige Approximation*, bei der g immer unterhalb oder oberhalb von f verlaufen soll, wie auch die Approximation mit positiven, monotonen oder konvexen Funktionen g.

Im weiteren werde das spezielle Problem der *Polynom-Approximation* betrachtet: $F = \mathcal{P}_n = \{P(t) = a_0 + a_1 t + a_2 t^2 + \ldots + a_n t^n\}$, $B = [a, b] \subseteqq \mathbb{R}$.

1. Die kontinuierliche polynomiale Tschebyscheff-Approximation sucht zu einer in B gegebenen stetigen Funktion f ein Polynom

$$P^0(t) \in \mathcal{P}_n \quad \text{mit} \quad \varrho(f, \mathcal{P}_n) = \min_{P \in \mathcal{P}_n} \max_{a \leqq t \leqq b} |f(t) - P(t)| = \max_{a \leqq t \leqq b} |f(t) - P^0(t)|.$$

Nach dem Existenz- und Eindeutigkeitssatz für dieses Problem gibt es bei fest gegebenem Polynomgrad n genau ein Minimalpolynom $P^0(t) \in \mathcal{P}_n$. Der Charakterisierungssatz (*Alternantensatz*) sichert die Existenz einer Menge von $n + 2$ Punkten $a \leqq t_0 < t_1 < \ldots < t_{n+1} \leqq b$, die als *Alternante* bezeichnet wird, mit

$$|f(t_j) - P^0(t_j)| = \|f - P^0\|_{\mathbf{L}\infty}\,, \qquad j = 0, \ldots, n+1,$$
$$f(t_{j+1}) - P^0(t_{j+1}) = -\big(f(t_j) - P^0(t)\big)\,, \qquad j = 0, \ldots, n.$$

Obwohl P^0 eindeutig bestimmt ist, kann es mehrere Alternanten geben. Der Charakterisierungssatz wird im *Remes-Algorithmus* zur Konstruktion von

$P^0(t)$ benutzt, indem, ausgehend von einer Punktmenge $T_0 = \{t_0^0, \dots, t_{n+1}^0\}$, durch gezielten Austausch von Punkten schließlich eine bessere Näherung der Alternante konstruiert wird, so daß das zugehörige $P(t)$ innerhalb der Rechengenauigkeit mit $P^0(t)$ übereinstimmt. Die kontinuierliche polynomiale Tschebyscheff-Approximation ist äquivalent zur Lösung der semi-infiniten linearen Optimierungsaufgabe

$$\min \{\delta : \sum_{j=0}^{n} a_j t^j - f(t) + \delta \geqq 0, - \sum_{j=0}^{n} a_j t^j + f(t) + \delta \geqq 0 \quad \forall t \in [a, b]\}.$$

Ihre Lösung $(a_j^*)_{j=0,\dots,n}$ liefert die Koeffizienten des Minimalpolynoms $P^0(t)$.

2. Werden $f(t)$ und $P(t)$ nur an diskreten Stützstellen betrachtet, und wird die diskrete Norm in (4) verwendet, so entsteht das Problem der diskreten polynomialen Tschebyscheff-Approximation. Für $N > n + 1$, N-Stützstellenanzahl, gelten dann analoge Sätze bez. Existenz und Eindeutigkeit wie im kontinuierlichen Fall. Für $N \leqq n + 1$ handelt es sich um ein *Interpolationsproblem*, das für $N = n + 1$ eindeutig lösbar ist. Analog führt die Lösung der diskreten polynomialen Tschebyscheff-Approximation auf eine gewöhnliche lineare Optimierungsaufgabe und der Remes-Algorithmus ist äquivalent zum ›Simplexverfahren.

3. Bei der polynomialen Kleinste-Quadrate-Approximation besteht die Besonderheit darin, daß, das zur verwendeten Norm $||g||_{L_2}^2 = \langle g, g \rangle$ gehörige Skalarprodukt $\langle g, h \rangle := \int_a^b g(t)\, h(t)\, dt$ benutzt wird.

Existenz und Eindeutigkeitssatz: Zu jedem f gibt es bei gegebenem n genau ein Minimalpolynom $P^0(t) \in \mathcal{P}_n$.

Charakterisierungssatz: Die Koeffizienten a_j^* von $P^0(t)$ sind Lösungen folgenden Normalgleichungssystems:

$$\begin{aligned}
a_0(1, 1) + a_1(1, t) + \dots + a_n(1, t^n) &= (f, 1)\\
a_0(t, 1) + a_1(t, t) + \dots + a_n(t, t^n) &= (f, t)\\
\dots\dots\dots\dots\dots\dots\dots\dots\dots\\
a_0(t^n, 1) + a_1(t^n, t) + \dots + a_n(t^n, t^n) &= (f, t^n).
\end{aligned}$$

Die Menge der Polynome $\mathcal{P}_n$ kann nicht nur durch die Potenzfunktionen $\{1, t, t^2, \dots, t^n\}$ als Basis aufgespannt werden, sondern durch jedes andere maximale System $\{Q_0(t), Q_1(t), \dots, Q_n(t)\}$ linear unabhängiger Polynome aus $\mathcal{P}_n$.

Ein Beispiel für eine polynomiale Approximation mit Restriktionen ist die Kleinste-Quadrate-Approximation mit monotonen Polynomen:

$$\min \{\int_a^b (f(t) - \sum_{j=0}^{n} a_j t^j)^2\, dt : a_1 + 2a_2 t + \dots + n a_n t^{n-1} \geqq 0 \quad \forall t \in [a, b]\}.$$

Dies ist eine Aufgabe der quadratischen ›semi-infiniten Optimierung.

Lit.: [a] Achieser, N.: Vorlesungen über Approximationstheorie. Akademie-Verlag, Berlin 1953.

[b] MEINARDUS, G.: Approximation von Funktionen und ihre numerische Behandlung, Springer-Verlag, Berlin-Göttingen-Heidelberg-New York 1964.
[c] KRABS, W.: Optimierung und Approximation. Teubner-Verlag, Stuttgart 1975.

Approximationsverfahren der nichtlinearen Optimierung: Das sind Verfahren zur Lösung der Aufgabe

$$\min \{f(x) : g_i(x) \leqq 0, i = 1, \dots, m\}, \tag{1}$$

bei welchen in jedem Iterationsschritt ein einfacher geartetes Problem

$$\min \{f_k(x) : g_{ik}(x) \leqq 0, i = 1, \dots, m\} \tag{2}$$

gelöst wird. Die Funktionen f_k und g_{ik} stellen dabei geeignete Approximationen von f und g_i dar. Besonders untersucht wurden:

1. *Lineare Approximationsverfahren* (›[a], [b])

Sind die f und g_i stetig differenzierbar, so stellen f_k und g_{ik} lineare Approximationen der Funktionen f und g_i im Iterationspunkt x^k dar:

$$\begin{aligned} f_k(x) &= f(x^k) + \nabla f^{\mathrm{T}}(x^k)\,(x - x^k)\,, \\ g_{ik}(x) &= g_i(x^k) + \nabla g_i^{\mathrm{T}}(x^k)\,(x - x^k)\,, \qquad i = 1, \dots, m\,. \end{aligned} \tag{3}$$

Die Näherung x^{k+1} ergibt sich aus der Lösung der durch (2) und (3) erklärten linearen ›Optimierungsaufgabe und stellt die Projektion von $x^k - \nabla f(x^k)$ auf den zulässigen Bereich dar:

$$x^{k+1} = P_{\mathfrak{B}_k}(x^k - \nabla f(x^k))\,,$$
$$\mathfrak{B}_k = \{x \in \mathbb{R}^n : g_i(x^k) + \nabla g_i^{\mathrm{T}}(x^k)\,(x - x^k) \leqq 0, i = 1, \dots, m\}\,.$$

Hieraus wird die Beziehung zum ›Gradientenverfahren ersichtlich. Das Verfahren ist hinsichtlich Durchführbarkeit und Konvergenz an die Konvexität der Problemfunktionen f und g_i gebunden. Es konvergiert lokal linear (›Konvergenzbegriffe).

2. *Linearisierungsverfahren von Pšeničnyi* (›[49])

Dies ist ein spezielles Iterationsverfahren zur Lösung von (1), dabei wird in der Iterationsvorschrift

$$x^{k+1} = x^k + \alpha_k s^k$$

die Richtung s^k als Lösung des quadratischen Optimierungsproblems

$$\min \{\nabla f^{\mathrm{T}}(x^k)\, s + \tfrac{1}{2}\, ||s||^2 : g_i(x^k) + \nabla g_i^{\mathrm{T}}(x^k)\, s \leqq 0, i \in I_\varepsilon(x^k)\} \tag{4}$$

berechnet, wobei $||\cdot||$ die euklidische Norm bedeutet und für vorgegebenes $\varepsilon > 0$ gilt:

$$I_\varepsilon(x) = \{i \in \{1, \dots, m\} : F(x) - \varepsilon \leqq g_i(x)\}$$

mit

$$F(x) = \max \{0, g_1(x), \dots, g_m(x)\}.$$

Für $x \in \mathfrak{B}$ ist $F(x) = 0$, und $I_\varepsilon(x)$ ist dann die Indexmenge der in x ε-aktiven Restriktionen (›Abstiegsverfahren).

Es bestehen gewisse Ähnlichkeiten zum P2-Typ-Verfahren (›Abstiegsverfahren). Während in den ›Verfahren der zulässigen Richtungen die Lösbarkeit der Richtungssuchaufgabe durch eine Normierungsbedingung $||s|| \leqq 1$ ($||\cdot||$ beliebig) sichergestellt wird, ist in (4) anstelle der Normierungsbedingung das quadratische Regularisierungsfunktional hinzugefügt worden. Die durch (4) zu berechnende Richtung s^k ist i. allg. keine zulässige Richtung (›Abstiegsverfahren). Die Zielfunktion f ist daher i. allg. keine geeignete Abstiegsfunktion (›Abstiegsverfahren). Zur Berechnung der Schrittweite α_k kann jedoch die Straffunktion (›Strafverfahren)

$$\Phi_r(x) = f(x) + rF(x)$$

als Abstiegsfunktion verwendet werden. Der Strafparameter r ist dabei so zu wählen, daß für jedes x^k die Ungleichung $\sum_{i \in I_\varepsilon(x^k)} u_i(x^k) \leqq r$ erfüllt ist, wobei $u_i(x^k)$ für $i \in I_\varepsilon(x^k)$ die Lagrange-Multiplikatoren (›Lagrange-Funktion) in der Lösung von (4) sind.

Algorithmus:

S0: Wähle $x_0 \in \mathbb{R}^n$ und die Parameter $r > 0$, $\varepsilon > 0$, $q \in (0, 1)$, $\varkappa \in (0, 1)$, setze $k := 0$.

S1: Berechne s^k und $u_i(x^k)$ als Lösung von (4).

S2: Berechnung von α_k nach dem Goldstein-Armijo-Prinzip (›Schrittweitenalgorithmen) mit $\Phi_r(x)$ als Abstiegsfunktion: Bestimme

$$\alpha_k = \max \{1, \varkappa, \varkappa^2, \ldots\}$$

so, daß

$$\Phi_r(x^k + \alpha_k s^k) \leqq \Phi_r(x^k) - \alpha_k q \, ||s^k||^2 .$$

Setze $x^{k+1} = x^k + \alpha_k s^k$, $k := k + 1$. Gehe zu S1.

Es wird empfohlen, den Strafparameter r wie folgt zu steuern: Ist nach einem Iterationsschritt $r \leqq \sum_{i \in I_\varepsilon(x^k)} u_i(x^k)$, so sollte $r := 2r$ gesetzt werden.

Unter geeigneten Voraussetzungen wie Kompaktheit der Niveaumengen

$$N_r = \{x \in \mathbb{R}^n : \Phi_r(x) \leqq \Phi_r(x^0)\},$$

›Lipschitz-Bedingungen für ∇f und ∇g_i, $i = 1, \ldots, m$, Lösbarkeit der Teilprobleme (4) und Beschränktheit der Lagrange-Multiplikatoren $u_i(x)$ für $x \in N_r$ kann gezeigt werden, daß jeder Häufungspunkt der vom Algorithmus erzeugten Iterationsfolge (x^k) ein ›stationärer Punkt von (1) ist.

3. *Quadratische Approximationsverfahren* (›[c], [d])

Ausgehend von einer Näherung $z^k = (x^k, u^k)^\mathrm{T}$ für einen ›Kuhn-Tucker-Punkt $z^* = (x^*, u^*)^\mathrm{T}$ der Aufgabe (1) werden im k-ten Schritt der Iteration die

Funktionen f_k und g_{ik} wie folgt verwendet:

$$f_k(x) = f(x^k) + \nabla f^{\mathsf{T}}(x^k)(x - x^k) + \tfrac{1}{2}(x - x^k)^{\mathsf{T}} \nabla_x^2 L(z^k)(x - x^k)\,,$$
$$g_{ik}(x) = g_i(x^k) + \nabla g_i^{\mathsf{T}}(x^k)(x - x^k)\,. \qquad (5)$$

Hierbei ist $\nabla_x^2 L(z^k)$ die Hesse-Matrix der ›Lagrange-Funktion von (1). Die Näherung z^{k+1} für z^* ergibt sich als ›Kuhn-Tucker-Punkt der durch (2) und (5) erklärten quadratischen Aufgabe. Das quadratische Approximationsverfahren ist (unter gewissen Voraussetzungen) im Punkt z^* lokal quadratisch konvergent (›Konvergenzbegriffe).

Modifikationen dieser von *Robinson* und *Wilson* entwickelten *Verfahren* gehen in zwei Richtungen:

a) Globalisierung, d. h. Sicherung der Konvergenz der Iterierten z^k gegen z^* von jedem Startpunkt z^0 aus.
b) Approximation der Hesse-Matrix in (5): $\nabla_x^2 L(z^k)$ wird durch eine konsistente Approximation (›Gauß-Newton-Verfahren) bzw. durch eine mit einem Quasi-Newton-Verfahren (›Newton-Verfahren) erzeugte Matrix H_k ersetzt.

Das quadratische Approximations-Verfahren für

$$\min \{f(x) : g_i(x) = 0,\ i = 1, \dots, m\} \qquad (6)$$

ist gleichbedeutend mit der Anwendung des ›Newton-Verfahrens auf die ›Kuhn-Tucker-Bedingungen für (6). Die dadurch festgelegte Vorgehensweise kann auch als Minimierung der Lagrange-Funktion über geeigneten Unterräumen interpretiert werden und wird als projizierte Lagrange-Methode bezeichnet (›Lagrange-Newton-Verfahren).

Lit.: [49], [63]

[a] Griffith, R. E., und R. A. Steward: A non-linear programming technique for the optimization of continuous processing systems. Manag. Science **7** (1961), 379–392.

[b] Künzi, H. P., und W. Oettli: Nichtlineare Optimierung, Neuere Verfahren, Bibliographie. Lecture Notes in Oper. Research 16, Springer Verlag, Berlin-Heidelberg-New York 1969.

[c] Robinson, S. M.: Perturbed Kuhn-Tucker-points and rates of convergence for a class of nonlinear programming algorithms. Math. Programming **7** (1974), 1–16.

[d] Kleinmichel, H., K. Schönfeld und C. Richter: On the global and superlinear convergence of a discretized version of Wilson method. Computing **29** (1982), 289–307.

approximierende Menge ›Approximationstheorie
Äquivalenzbedingungen von Kegeln ›Regularitätsbedingungen
Arrow-Hurwicz-Algorithmus ›Lagrange-Methoden
asymptotisch zulässig ›asymptotische Konsistenz

asymptotische Konsistenz: Liegt bei zwei zueinander dualen ›Optimierungsaufgaben eine Dualitätslücke (›Dualitätstheorie) vor, d. h. gilt

$$\alpha = \inf_{x \in \mathfrak{B}} f(x) > \sup_{y \in \mathfrak{B}_D} g(y) = \beta\,,$$

so kann man versuchen, den zulässigen Bereich $\mathfrak{B}$ des primalen Problems zu erweitern ($\overline{\mathfrak{B}} \supseteqq \mathfrak{B}$), so daß gilt

$$\alpha > \bar{\alpha} = \inf_{\xi \in \overline{\mathfrak{B}}} f(\xi) = \beta . \qquad (1)$$

In [25] wird in großer Allgemeinheit dargelegt, daß man $\bar{\alpha} = \beta$ unter einigen Konvexitätsvoraussetzungen und Forderungen an die Räume, in denen $\mathfrak{B}$ und $\mathfrak{B}_D$ liegen, erreicht, indem zu $\mathfrak{B}$ ein erweiterter zulässiger Bereich $\overline{\mathfrak{B}}$ konstruiert wird. Hat $\mathfrak{B}$ die Gestalt

$$\mathfrak{B} = \{x \in G : \Phi(x) \in \mathbb{R}^m_+\}$$

mit $\mathfrak{B} \neq \emptyset$, $G \subseteqq \mathbb{R}^n$, $\Phi : G \to \mathbb{R}^m$, so ist $\overline{\mathfrak{B}}$ die Menge aller Folgen $\xi = (x^k) \subseteqq G$, so daß

(i) eine weitere Folge (y^k) mit $y^k \in \mathbb{R}^m_+$ existiert mit $\lim\limits_{k\to\infty} (\Phi(x^k) - y^k) = 0$,

(ii) $\lim\limits_{k\to\infty} f(x^k)$ existiert oder gleich ∞ oder $-\infty$ ist.

Dann heißt $\xi \in \overline{\mathfrak{B}}$ *asymptotisch konsistent* (oder synonym *asymptotisch zulässig*, weil die Zulässigkeitsforderung $\Phi(x) \in \mathbb{R}^m_+$ asymptotisch erfüllt ist). Der (eigentliche oder uneigentliche) Grenzwert bei (ii) wird als der Wert von f für das asymptotisch zulässige Element $\xi \in \overline{\mathfrak{B}}$ definiert.

Jetzt wird $\mathfrak{B}$ in $\overline{\mathfrak{B}}$ eingebettet, indem man $x \in \mathfrak{B}$ mit der Folge $\xi = (x^k)$, $x^k = x \; \forall k$, identifiziert und für die Folge (y^k) wählt man $y^k = \Phi(x) \; \forall k$. Dann ist

$$\alpha \geqq \bar{\alpha} = \inf \{f(\xi) : \xi \in \overline{\mathfrak{B}}\} .$$

$\bar{\alpha}$ wird (vor allem bei linearen Aufgaben ›[24]) als *Subwert* bezeichnet. $\bar{\alpha} = \beta$ wird bei konvexen Aufgaben bei $\overline{\mathfrak{B}} \neq \emptyset$ mit der lagrangedualen Aufgabe (›Lagrange-Funktion) erfüllt.

Lit.: [24], [25]

asymptotische Konvergenz ›Konvergenzbegriffe

asymptotischer Algorithmus: Der a. A. liefert eine Möglichkeit zur Lösung rein ganzzahliger linearer Optimierungsprobleme (›diskrete Optimierung) der Gestalt

$$z = c^{\mathrm{T}}x \to \min , \qquad Ax = b , \qquad x \geqq 0 \qquad \text{und ganz}$$

mit ganzer $m \times n$-Matrix A und ganzen Vektoren c, b entsprechenden Formats. Ist B die Basismatrix im Optimum des stetigen Problems, N die aus den übrigen Spalten der Koeffizientenmatrix gebildete Matrix, so erhält man die übliche Darstellung des Restriktionssystems $Bx_B + Nx_N = b$ und daraus (›Simplexverfahren) $x_B = B^{-1}b + B^{-1}N(-x_N)$. Wegen der Ganzzahligkeitsforderung für alle Variablen muß dann bei der ganzzahligen Lösung die Beziehung

$$B^{-1}Nx_N \equiv B^{-1}b \bmod 1$$

gelten. Geht man bei allen Koeffizienten zu den gebrochenen Anteilen über und bezeichnet die entstehenden Vektoren mit $g_1, \dots, g_n$ bzw. auf der rechten Seite mit g_0, so kann das System in

$$\sum_{i=1}^{n} g_i x_i \equiv g_0 \bmod 1$$

umgeformt werden, wobei der Einfachheit halber die Variablen von x_N mit $x_1, \dots, x_n$ bezeichnet wurden. Die Vektoren $g_0, g_1, \dots, g_n$ sind Elemente einer additiven abelschen Gruppe bez. der Addition mod 1, die zur Gomory-Gruppe (›Gomory-Schnitt) isomorph ist. Statt der Kongruenz schreiben wir $\sum_{i=1}^{n} g_i x_i = g_0$ und nennen diese Gleichung eine *Gruppengleichung*. Nach entsprechender Umformung der Zielfunktion erhält man ein Optimierungsproblem mit der Gruppengleichung als Nebenbedingung. Wegen der Nichtberücksichtigung der Forderung $x_B \geqq 0$ ist dieses eine Relaxation des ursprünglichen Problems. Die Lösung ergibt für hinreichend großes b eine Lösung des ursprünglichen Problems, daher der Name a. A.

Die konvexe ›Hülle aller nichtnegativen Lösungen der Gruppengleichung heißt *Eckenpolyeder* (obwohl diese konvexe Hülle nicht beschränkt ist). Ein *irreduzibler Punkt* ist eine Lösung $x^T = (x_1, \dots, x_n)$ der oben genannten Gruppengleichung mit der Eigenschaft, daß alle Gruppenelemente $\sum_{i=1}^{n} g_i t_i$ für $t \leqq x$ paarweise verschieden sind. Ist d die Gruppenordnung, so ist $\prod_{i=1}^{n} (x_i + 1) \leqq d$ notwendige Bedingung für einen irreduziblen Punkt. Die Eckpunkte des Eckenpolyeders sind irreduzibel, jedoch gibt es im allgemeinen noch weitere irreduzible Punkte im Eckenpolyeder. Die *Randflächen* des Eckenpolyeders ($(n-1)$-dimensionale Hyperebenen) liefern scharfe Schnitte; sie können durch Parallelverschiebung nicht weiter verschärft werden. Zur Lösung des Problems mit der Gruppengleichung (*Gruppenknapsackproblem*, ›Knapsackproblem) benutzt man Methoden der ›dynamischen Optimierung.

Lit.: [46]

Aufdatierungsformel ›Newton-Verfahren
Auflösungsvektor ›Simplexverfahren
Auswahlfunktionen ›parametrische Optimierung
autonomes Steuerproblem ›optimale Prozesse, ›Steuerproblem

B

Bahn ›Graphentheorie
balanciertes Spiel ›Spieltheorie

Banach-Raum: B. sind vollständige, normierte, reelle oder komplexe lineare Räume. Ein ›linearer Raum X heißt dabei *normiert*, falls eine Abbildung $\|\cdot\| : X \to \mathbb{R}$ mit folgenden Eigenschaften gegeben ist:

1. $\|x\| = 0 \Leftrightarrow x = 0$;
2. $\|\lambda x\| = |\lambda| \cdot \|x\| \; \forall x \in X, \quad \forall \lambda \in \mathbb{R}$ oder $\lambda \in \mathbb{C}$;
3. $\|x + y\| \leqq \|x\| + \|y\| \quad \forall x, y \in X$.

Ein normierter Raum heißt *vollständig*, falls in ihm jede Cauchy-Folge konvergiert.

Beispiele:

1. $X = \mathbb{R}^n$ mit $\|x\| = \sqrt{\sum_{i=1}^{n} \xi_i^2} \quad (x = (\xi_i))$ (*euklidische Norm*);
2. $X = \mathbb{R}^n$ mit $\|x\| = \max_i |\xi_i|$;
3. $X = \mathbb{R}^n$ mit $\|x\| = \sum_{i=1}^{n} |\xi_i|$;
4. $X = \mathbf{C}(K)$; Raum aller reellen stetigen Funktionen auf dem metrischen Kompaktum K:
   $\|x\| = \max_{t \in K} |x(t)|$ (*Maximumnorm*);
5. $X = \mathbf{L}_p(T, \Sigma, \mu)$, $1 \leqq p < \infty$, Raum aller Klassen äquivalenter p-fach integrierbarer reeller Funktionen auf dem Maßraum (T, Σ, μ) (›[42]):
   $\|x\| = (\int_T |x|^p \, d\mu)^{1/p}$
6. $X = \mathbf{M}(K)$, Raum aller σ-additiven, endlichen, regulären Maße auf den Borel-Mengen des metrischen Kompaktums K:
   $\|x\| = \int_K d\,|x|$ (*Variationsnorm*);
7. X sei ein ›Hilbert-Raum: $\|x\| = \sqrt{\langle x, x \rangle}$;
8. $X = Y^*$, der *adjungierte Raum* (Raum aller stetigen linearen Funktionale) zu einem Banach-Raum Y:
   $\|x\| = \sup_{\substack{\|y\|=1 \\ y \in Y}} |x(y)|$;
9. $X = \mathcal{L}(Y, Z)$, der Raum aller stetigen linearen Abbildungen des Banach-Raumes Y in den Banach-Raum Z.
   $\|x\| = \sup_{\substack{\|y\|=1 \\ y \in Y}} \|x(y)\|_Z$.
   Diese Norm wird auch als *Operatornorm* bezeichnet.
10. $X = \mathbf{W}_p^l(D)$ (›Sobolew-Räume).

Für die Optimierungstheorie ist die explizite Kenntnis adjungierter Räume häufig ein wertvolles Hilfsmittel. Es gilt z. B.

a) Ist X ein reeller ›Hilbert-Raum, so gilt der *Satz von Riesz*: Es existiert für jedes stetige lineare Funktional $x^* \in X^*$ genau ein $y \in X$ mit

$$x^*(x) = \langle y, x \rangle, \qquad ||x^*|| = ||y||; \qquad (*)$$

umgekehrt entspricht jedem $y \in X$ genau ein stetiges lineares Funktional gemäß (*). Die hierdurch erklärte Abbildung $J: X \to X^*$ mit $J(y) = x^*$ heißt *Dualitätsabbildung* (in einem Hilbert-Raum). J ist stetig, linear, isometrisch und eineindeutig. Damit sind X und X^* isometrisch isomorph, und man *identifiziert* deshalb häufig den adjungierten Raum X^* mit dem gegebenen Hilbert-Raum X.

b) $\mathbf{L}_p^*(T, \Sigma, \mu)$ ist isometrisch isomorph zu $\mathbf{L}_q(T, \Sigma, \mu)$ mit $1/p + 1/q = 1$, $1 < p < \infty$. Jedem $f \in \mathbf{L}_p^*(T, \Sigma, \mu)$ entspricht genau ein $g \in \mathbf{L}_q(T, \Sigma, \mu)$ mit $f(x) = \int\limits_T x(t)\, g(t)\, \mathrm{d}\mu$ für beliebiges $x \in \mathbf{L}_p(T, \Sigma, \mu)$ und $||f|| = ||g||$.

c) $\mathbf{C}^*(K)$ ist isometrisch isomorph zu $\mathbf{M}(K)$. Jedem $f \in \mathbf{C}^*(K)$ entspricht genau ein $\mu \in \mathbf{M}(K)$ mit

$$f(x) = \int\limits_K x(t)\, \mathrm{d}\mu \quad \forall \quad x \in \mathbf{C}(K)$$

und $||f|| = ||\mu||$.

Banach-Räume sind spezielle ›lokalkonvexe Räume. Ein Banach-Raum X heißt *reflexiv*, falls sich für jedes stetige lineare Funktional x^{**} auf dem adjungierten Raum X^* zu X genau ein $x \in X$ mit

$$x^{**}(x^*) = x^*(x) \qquad \text{für beliebiges} \qquad x^* \in X^*$$

finden läßt. X und sein zweiter adjungierter Raum X^{**} sind dann isometrisch isomorph und werden deshalb häufig *identifiziert*. Hilbert- und $\mathbf{L}_p$-Räume sind Beispiele reflexiver Banach-Räume.

Ist X ein Banach-Raum, so ist die Einheitskugel $\{x^* \in X^* : ||x^*|| \leqq 1\}$ des zu X adjungierten Raumes X^* $\sigma(X^*, X)$-kompakt (›duale Räume). Für reflexive Räume folgt hieraus, daß die Einheitskugel $\{x \in X : ||x|| \leqq 1\}$ des gegebenen Banach-Raumes $\sigma(X, X^*)$-kompakt ist. Diese Eigenschaft ist auch hinreichend dafür, daß ein Banach-Raum reflexiv ist.

Lit.: [30]

bang-bang-Steuerwert ›optimale Prozesse
Barrierefunktion ›Barriereverfahren
Barriereparameter ›Barriereverfahren

Barriereverfahren: Mit Hilfe des B. kann ein Optimierungsproblem

$$f(x) \to \min, \qquad x \in \mathfrak{B} = \{x \in \mathbb{R}^n : g_i(x) \leqq 0,\ i = 1, \dots, m\} \qquad (1)$$

mit stetigen Funktionen $f, g_i : \mathbb{R}^n \to \mathbb{R}$, $i = 1, \dots, m$, in eine Folge von Minimierungsaufgaben ohne Restriktionen übergeführt werden (Analogie zu ›Strafverfahren).

Es sei ψ eine für $t < 0$ stetige Funktion mit

$$\lim_{t \to -0} \psi(t) = \infty. \qquad (2)$$

Damit läßt sich die durch

$$B(x) = \sum_{i=1}^{m} \psi(g_i(x)) \tag{3}$$

auf der Menge

$$\mathfrak{B}^0 = \{x \in \mathbb{R}^n : g_i(x) < 0,\, i = 1, \ldots, m\} \tag{4}$$

definierte Funktion als *Barrierefunktion* auffassen, denn es gilt

$$\lim_{l \to \infty} B(x^l) = \infty \tag{5}$$

für jede Folge $(x^l) \in \mathfrak{B}^0$ mit $\lim\limits_{l \to \infty} x^l = \bar{x} \notin \mathfrak{B}^0$.

Die von FRISCH (1955) bzw. FIACCO/McCORMICK (1964) vorgeschlagenen Funktionen

a) $\psi(t) = -\ln(-t)\,, \quad t < 0$
b) $\psi(t) = |t|^{-p}\,, \quad t < 0$

mit $p > 0$ genügen z. B. der Voraussetzung (2) und werden zur Erzeugung von Barrierefunktionen eingesetzt.

Als Ersatzprobleme werden die Aufgaben

$$T(x, r) = f(x) + rB(x) \to \min\,, \qquad x \in \mathfrak{B}^0\,, \tag{6}$$

gewählt. Dabei bezeichnet $r > 0$ einen festen, aber beliebigen Parameter (*Barriereparameter*).

Wegen (5) sind die Optimallösungen $x^*(r)$ in $\mathfrak{B}^0$ enthalten und lassen sich folglich mit einem Verfahren zur unrestringierten Minimierung bestimmen (›numerische Verfahren, 2.).

Unter zusätzlichen Bedingungen wie z. B. der ›Regularitätsbedingung: $\text{cl}\,(\mathfrak{B}^0) = \mathfrak{B}$ läßt sich bei einer vorgegebenen Genauigkeit $\varepsilon > 0$ ein $\bar{r} = \bar{r}(\varepsilon) > 0$ angeben, so daß für den Abstand der Lösung $x^*(r)$ des Ersatzproblems zur Lösung x^* des Ausgangsproblems $\|x^* - x^*(r)\| \leqq r$ gilt, falls nur $r \in (0, \bar{r}]$ gewählt wird. Wegen der zu erwartenden schlechten Kondition der Ersatzprobleme (6) (›schlecht konditionierte Aufgabe) für $r \to +0$ benutzt man folgende iterative Vorgehensweise:

Barriereverfahren:

S1: Vorgabe von $x^0 \in \mathfrak{B}^0$, $r_1 > 0$ und eines $c \in (0, 1)$. Setze $k := 1$.

S2: Bestimme von x^{k-1} ausgehend eine Lösung x^k des Ersatzproblems

$$T(x, r_k) \to \min\,, \qquad x \in \mathfrak{B}^0\,. \tag{7}$$

S3: Setze $r_{k+1} := cr_k$ und gehe mit $k := k + 1$ zu S2.

Unter den gestellten Voraussetzungen gilt, daß jeder Häufungspunkt der erzeugten Folge (x^k) das Ausgangsproblem (1) löst. Die in (7) auftretende Bedingung $x \in \mathfrak{B}^0$ schließt wegen (5) zwar den Einsatz von Verfahren der unrestringierten Optimierung nicht aus, doch muß $x^k \in \mathfrak{B}^0$ gesichert werden, was in der Regel Modifikationen an den verfügbaren Computerprogrammen erfordert. Ein Vorzug des B. besteht darin, daß alle erzeugten Iterierten zulässig sind, da $x^k \in \mathfrak{B}^0 \subseteqq \mathfrak{B}$ gilt.

Eine spezielle Modifikation des B. wurde in der Form der ›Zentrenverfahren von HUARD (1967) vorgeschlagen [b, § 5]. Man kann darüber hinaus die Barrieretechnik auf geeignet gestörte Aufgaben (›Stabilität von Optimierungsproblemen) anwenden und erhält damit z. B. *Barriereverschiebungsverfahren* als Analogon zu den mit den modifizierten ›Lagrange-Methoden verwandten Strafverschiebungsverfahren (›Strafverfahren) [b, § 6].

Lit.: [63]
[a] FIACCO, A. V., und G. P. MCCORMICK: The sequential unconstrained minimization techniques. John Wiley & Sons, New York-London-Sydney-Toronto 1968.
[b] GROSSMANN, CH., und A. A. KAPLAN: Strafmethoden und modifizierte Lagrangefunktionen in der nichtlinearen Optimierung. Teubner-Texte zur Mathematik Bd. 22, BSB B. G. Teubner Verlagsgesellschaft, Leipzig 1979.

Barriereverschiebungsverfahren ›Barriereverfahren
Basisindexmenge ›lineare Optimierung
Basislösung ›lineare Optimierung, ›Simplexverfahren
Basismatrix ›lineare Optimierung, ›Simplexverfahren
Basismenge ›unscharfe Menge
Basisvariable ›lineare Optimierung, ›Simplexverfahren
Baum ›Graphentheorie

Beale-Verfahren: Das B. ist ein Verfahren zur Lösung einer Aufgabe der konvexen ›quadratischen Optimierung der Gestalt

$$f(x) = \tfrac{1}{2}\, x^{\mathrm{T}}Cx + p^{\mathrm{T}}x \to \min\,, \qquad x \in \mathfrak{B} = \{x : Ax = b,\, x \geqq 0\}\,, \tag{1}$$

wobei A eine $m \times n$-Matrix mit $n \geqq m$ ist, $p \in \mathbb{R}^n$, $b \in \mathbb{R}^m$, $x \in \mathbb{R}^n$. Die Gleichungsnebenbedingungen von (1) lassen sich zu einer Basisdarstellung (›Simplexverfahren)

$$x_{\mathrm{B}} = B^{-1}b - B^{-1}Nx_{\mathrm{N}} \tag{2}$$

umformen, welche dazu genutzt werden kann, den Vektor x_{B} der Basisvariablen aus der Zielfunktion zu eliminieren. Es ergibt sich die Aufgabe

$$\begin{aligned} &\varphi(x_{\mathrm{N}}) = x_{\mathrm{N}}^{\mathrm{T}}Dx_{\mathrm{N}} + d^{\mathrm{T}}x_{\mathrm{N}} + q \to \min\,,\\ &x_{\mathrm{N}} \geqq 0\,, \qquad x_{\mathrm{B}} = B^{-1}b - B^{-1}Nx_{\mathrm{N}} \geqq 0\,, \end{aligned} \tag{3}$$

wobei x_{N} der Vektor der Nichtbasisvariablen ist. Die Optimalitätsbedingungen für (3) haben eine besonders einfache Gestalt: Der Vektor $\begin{pmatrix} x_{\mathrm{B}} \\ x_{\mathrm{N}} \end{pmatrix} = \begin{pmatrix} B^{-1}b \\ 0 \end{pmatrix}$ ist genau dann eine Optimallösung, wenn

$$B^{-1}b \geqq 0 \quad \text{und} \quad \frac{\partial \varphi}{\partial x_{\mathrm{N},i}}(0) = d_i \geqq 0\,, \qquad i = 1, \dots, n - m\,, \tag{4}$$

gelten. Die Bestimmung einer ersten Basis mit $B^{-1}b \geqq 0$ kann unter Verwendung der ›Zwei-Phasen-Methode erfolgen.

Hat man eine Basis mit $B^{-1}b \geqq 0$ konstruiert, so sind also die Koeffizienten d_i zu überprüfen.

Fall 1: $d_i \geqq 0 \Rightarrow$ Optimallösung liegt vor.

Fall 2: $i_0 : d_{i_0} < 0 \Rightarrow$ Durch Vergrößerung einer Nichtbasisvariablen x_{N,i_0} kann der Zielfunktionswert verringert werden.

Für die Vergrößerung der Variablen x_{N,i_0} gibt es zwei Beschränkungen:

a) Die Vergrößerung darf nicht aus dem zulässigen Bereich herausführen, d. h., es darf keine Komponente von x_B negativ werden.

b) Es ist nur sinnvoll, den Wert der Variablen x_{N,i_0} so weit zu vergrößern, bis $\frac{\partial \varphi}{\partial x_{N,i_0}} = 0$ wird.

In Abhängigkeit davon, welche der beiden Bedingungen wirksam wird, unterscheidet man:

a) vor b): Der Austausch wird analog zum ›Simplexverfahren durchgeführt. Das Restriktionensystem ist nach der neuen Basisvariablen aufzulösen, und diese ist aus der Zielfunktion zu eliminieren.

b) vor a): Es wird eine neue freie Variable $u_1 = \frac{1}{2} \frac{\partial \varphi}{\partial x_{N,i_0}}$ eingeführt. Dadurch vergrößert man die Anzahl der Nebenbedingungen um eine weitere und zwar um

$$u_1 = \sum_{j=1}^{n-m} d_{i_0 j} x_{N,j} + \tfrac{1}{2} d_{i_0} .$$

Durch Austausch von x_{N,i_0} und u_1 verschwindet u_1, und es ergibt sich eine neue Basis. Die Betrachtungen über das Vorliegen eines Optimums können erneut durchgeführt werden.

Beim Test auf Optimalität ist zu beachten, daß für die freie Variable u_1 im Optimalpunkt

$$\frac{\partial \varphi}{\partial u_1} = 0$$

gilt. Unter der Zusatzregel „Wenn möglich, tausche man zuerst freie Variable" zeigte Beale [a] die Endlichkeit des Verfahrens.

Die Methode von Beale läßt sich in Tableauform beschreiben. Die Austauschregeln besitzen dann eine recht einfache Gestalt. Für das B. wurde von Land und Morton eine revidierte Fassung angegeben (›[b]).

Lit.: [a] Beale, E. M. L.: On minimizing a convex function subject to linear inequalities. J. Roy. Stat. Soc. **17B** (1955), 173—184.

[b] Land. A.-H., und G. Morton: An inverse basis method for Beale's quadratic programming algorithm. Man. Science **19** (1973), 510—516.

begrenzende Hyperebene ›polyedrische Menge
Bellman-Funktion ›dynamische Optimierung
Bellmansche Gleichungen ›dynamische Optimierung
Bellmansches Optimalitätsprinzip ›dynamische Optimierung
benachbarte Basislösung ›lineare Optimierung, ›Simplexverfahren
Beobachtbarkeit ›Beobachtung

Beobachtung: In der Theorie der ›optimalen Prozesse nennt man eine Abbildung $D : X \to Y$ aus einem Raum X von Trajektorien in einen Raum Y von Meßwerten oft B. Rückschlüsse aus beobachteten Meßwerten auf bestimmte Zustände, etwa den Anfangszustand, fallen unter das Stichwort *Beobachtbarkeit.* Es gibt enge Zusammenhänge zwischen ›Steuerbarkeit und Beobachtbarkeit, vgl. auch ›stochastische Steuerprobleme.

Lit.: [a] Curtain, R. F., und A. J. Pritchard: Infinite dimensional linear system theory. Lecture Notes in Control and Information Sciences 8, Springer-Verlag, Berlin-Heidelberg-New York 1978.

[b] Lions, J. L.: Optimal control of systems governed by partial differential equations. Springer-Verlag, Berlin-Heidelberg-New York 1970.

[c] Rolewicz, S.: Funktionalanalysis und Steuerungstheorie. Springer-Verlag, Berlin-Heidelberg-New York 1976.

Beobachtung eines Zustands ›stochastische Steuerprobleme

Berge, Satz von ›konvexe Menge

beschränkt konvexes Funktional ›stark konvexes Funktional

beschränkte Bilinearform ›Ritz-Verfahren

beste Approximation ›Approximationstheorie

BFGS-Verfahren (Broyden/Fletcher/Goldfarb/Shanno) ›Newton-Verfahren

Bifunktion ›Dualität in der Optimierung

Bipolare ›duale Räume

Bipolarensatz ›duale Räume

Bisektionsverfahren ›Verfahren zur Minimierung einer Funktion einer reellen Veränderlichen

Bogen ›Graphentheorie

Bolza-Funktional ›optimale Prozesse, ›Variationsrechnung

Bolza-Problem ›Variationsrechnung, ›Steuerproblem

Boolesche Optimierung: Der Begriff bezeichnet im weiteren Sinne die Null-Eins-Optimierung; im engeren Sinne die Behandlung von Problemen der 0-1-Optimierung mit Methoden der Booleschen Algebra, d. h. Methoden der mathematischen Logik.

Brachistochrone ›Variationsrechnung

branch-and-bound-Verfahren: Das b. ist eine konkrete Realisierung des ›Verzweigungsprinzips.

Lit.: [35], [45], [57]

Brouwer, Fixpunktsatz von ›Fixpunktsätze

Broyden-Klasse ›Newton-Verfahren

C

Carathéodory, Satz von ›konvexe Menge
Carathéodory-Funktion ›verallgemeinerte Steuerung
Carathéodorysche Methoden ›Variationsrechnung
Cauchy-Prinzip ›Schrittweitenalgorithmus
Céa, Lemma von ›Galerkin-Verfahren
chance-constrained programming ›stochastische Optimierung

Charakterisierungssatz von Kolmogoroff ›Charakterisierungssätze

Charakterisierungssätze: In der ›Approximationstheorie werden notwendige oder/und hinreichende Optimalitätsbedingungen oft als C. bezeichnet (›[28]). C. lassen sich auch für Steuer- und Optimierungsprobleme vorteilhaft nutzen (z.B. ›[a]). Ein typischer C. ist der *C. von Kolmogoroff*: Ist V ein linearer Teilraum von $\mathbf{C}(\Omega)$, $a \in \mathbf{C}(\Omega)$, so ist $\bar{x} \in V$ genau dann eine Lösung von

$$||a - x||_{\mathbf{C}(\Omega)} \to \min , \qquad x \in V ,$$

falls für jedes $y \in V$ gilt:

$$\inf_s \{(a - \bar{x})(s)\, y(s) : s \in \Omega, |(a - \bar{x})(s)| = ||a - \bar{x}||_{\mathbf{C}(\Omega)}\} \leqq 0 .$$

Lit.: [28], [38], [39]
[a] Benker, H.: Anwendung der Approximationstheorie auf ein spezielles Problem der optimalen Steuerung. Beitr. z. Anal. **14** (1979) 85–91.

charakteristische Funktion ›Indikatorfunktional
Chatschijan-Algorithmus ›Ellipsoid-Verfahren
Cholesky-Verfahren ›Verfahren zur Lösung von Gleichungssystemen
Choquet, Satz von ›Darstellungssätze konvexer kompakter Mengen
Clarke-Ableitung ›Ableitungsbegriffe
Clarke-Gradient ›Ableitungsbegriffe
Cogerüst ›Zyklus
Cokreis ›Zyklus
Condensing-Technik ›geometrische Optimierung
constraint qualification ›Regularitätsbedingungen
cozyklomatische Zahl ›Zyklus
Cozyklus ›Zyklus

D

Darstellungssätze konvexer kompakter Mengen: Solche Sätze beschreiben die Erzeugung kompakter ›konvexer Mengen K durch die Menge ext K ihrer ›Extremalpunkte. Sei X ein separierter ›lokalkonvexer Raum und $K \subseteqq X$ eine kompakte konvexe Menge.

Satz von Minkowski: Ist $X = \mathbb{R}^n$, so gilt $K = \operatorname{conv} \operatorname{ext} K$, und jede Konvexkombination (›konvexe Menge) von Punkten aus K enthält höchstens $(n + 1)$ Extremalpunkte.

Ist X nicht mehr endlichdimensional, so gilt unter den obigen generellen Annahmen der *Satz von Krejn/Milman*: $K = \operatorname{cl} \operatorname{conv} \operatorname{ext} K$.

Selbst in (unendlichdimensionalen) ›Hilbert-Räumen gilt nicht allgemein $K = \operatorname{conv} \operatorname{ext} K$.

Einen anderen Charakter haben die Integraldarstellungsformeln vom Choquet-Typ: Ein Wahrscheinlichkeitsmaß μ auf K stellt $z \in K$ dar, falls

$$\langle x^*, z \rangle = \int_K \langle x^*, x \rangle \, d\mu \quad \forall x^* \in X^*$$

gilt, wobei X^* der zu X adjungierte Raum (›Banach-Raum) ist. Man sagt, μ sei auf ext K konzentriert, falls $\mu(K \setminus \operatorname{ext} K) = 0$ ist.

Satz von Choquet: Ist K metrisierbar, so existiert für jedes $z \in K$ ein den Punkt z darstellendes Maß μ, welches auf ext K konzentriert ist.

Lit.: [39]
[a] KLEE, V. L.: Some new results on smoothness and rotundity in normed linear spaces. Math. Ann. **139** (1959), 51–63.

Defekt ›Approximationstheorie
Defektminimierung ›nichtkorrekte Aufgabe
Defektprinzip ›Regularisierungsmethoden

Dekompositionsverfahren: Das D. ist ein Lösungsprinzip für Optimierungsaufgaben, bei dem der Ausgangsaufgabe eine äquivalente Ersatzaufgabe zugeordnet wird, die bei einer konkreten Struktur im Ausgangsproblem in eine Reihe i. allg. kleinerer Optimierungsaufgaben zerfällt. Von der grundsätzlichen Herangehensweise werden zwei Prinzipien unterschieden: primales D. (*Ressourcenzerlegung*) und duales D. (*Zielfunktionssteuerung*). Dazu betrachtet man eine bereits strukturierte, in den Variablengruppen x_i ›separable Optimierungsaufgabe

$$\min \{ \sum_{i=1}^{k} f_i(x_i) : \sum_{i=1}^{k} g_i(x_i) \leqq 0, h_i(x_i) \leqq 0, i = 1, \dots, k \} \tag{1}$$

mit $x_i \in \mathbb{R}^{n_i}$, $f_i : \mathbb{R}^{n_i} \to \overline{\mathbb{R}}$, $g_i : \mathbb{R}^{n_i} \to \overline{\mathbb{R}}^m$, $h_i : \mathbb{R}^{n_i} \to \overline{\mathbb{R}}^{s_i}$.

1. *Das primale D.* (*Ressourcenzerlegung*)

Ein k-Tupel $u = (u_i)_{i=1,\dots,k}$ von Vektoren $u_i \in \mathbb{R}^m$ heißt *Ressourcenzerlegung*, wenn $\sum_{i=1}^{k} u_i = 0$ gilt. Man definiert

$$\mathfrak{B}_i(u_i) = \{x_i \in \mathbb{R}^{n_i} : g_i(x_i) \leqq u_i, h_i(x_i) \leqq 0\}, \qquad i = 1, \dots, k,$$

$$\varphi_i(u_i) = \begin{cases} \inf \{f_i(x_i) : x_i \in \mathfrak{B}_i(u_i)\}, & \text{falls } \mathfrak{B}_i(u_i) \neq \emptyset, \\ \infty, & \text{falls } \mathfrak{B}_i(u_i) = \emptyset, \end{cases} \tag{2}$$

$$\Phi(u) = \sum_{i=1}^{k} \varphi_i(u_i)$$

und formuliert die zu (1) im Sinne des globalen Minimums äquivalente Optimierungsaufgabe

$$\min \{\Phi(u) : \sum_{i=1}^{k} u_i = 0\}\,. \tag{3}$$

Die Aufgabe (3) ist mit ›Verfahren für nichtglatte Aufgaben zu lösen, wobei dort in jeder Iteration Aufgaben vom Typ (2) zu lösen sind. Aus der Lösung der Aufgabe (3) gewinnt man unmittelbar die Lösung des Problems (1) über die Teilaufgaben (2). Startlösung der Ressourcenzerlegung: Zur Bestimmung einer ersten Ressourcenzerlegung u mit $\mathfrak{B}_i(u_i) \neq \emptyset$, $i = 1, \ldots, k$, löst man zuerst die Aufgaben

$$\min \{f_i(x_i) : h_i(x_i) \leqq 0\}\,, \qquad i = 1, \ldots, k\,,$$

wobei hier bereits zulässige Lösungen $\bar{x}_i$ genügen. Dann löst man an Stelle der Aufgabe (1)

$$\begin{aligned} \min \{ &\sum_{i=1}^{k} f_i(x_i) : \sum_{i=1}^{k} g_i(x_i) + t \sum_{i=1}^{k} g_i(\bar{x}_i) \leqq \sum_{i=1}^{k} g_i(\bar{x}_i)\,, \\ &h_i(x_i) \leqq 0, i = 1, \ldots, k\,, t \geqq 0\}\,. \end{aligned} \tag{4}$$

Für diese Aufgabe kann eine Startlösung $x_i = \bar{x}_i$, $t = 0$ bzw. eine Ressourcenzerlegung $u = (\bar{u}_i)_{i=1,\ldots,k}$ mit $\bar{u}_i = g_i(\bar{x}_i)$ und $\sum_{i=1}^{k} \bar{u}_i = \sum_{i=1}^{k} g_i(\bar{x}_i)$ angegeben werden. Bei der Verwendung der Zielfunktion $t \to \max$, der Anwendung der Ressourcenzerlegung auf diese Aufgabe und einem Abbruch bei $t = 1$ erhält man mit den nachfolgend beschriebenen Verfahren eine Startlösung für die Ressourcenzerlegung des eigentlichen Problems. Wird der Wert $t = 1$ nicht erreicht, so ist das Ausgangsproblem unzulässig.

1.1. *Das primale D. in der linearen Optimierung*

Die Aufgabe (1) konkretisiert sich im linearen Fall zu

$$\min \{ \sum_{i=1}^{k} c_i^{\mathsf{T}} x_i : \sum_{i=1}^{k} A_i x_i \leqq a,\ B_i x_i \leqq b_i,\ i = 1, \ldots, k\}\,, \tag{5}$$

und $u = (u_i)_{i=1,\ldots,k}$ ist eine Ressourcenzerlegung, wenn $\sum_{i=1}^{k} u_i = a$ gilt. Die Teilaufgaben nehmen die Gestalt

$$\min \{c_i^{\mathsf{T}} x_i : A_i x_i \leqq u_i,\ B_i x_i \leqq b_i\}\,, \qquad i = 1, \ldots, k\,,$$

an. Die Ersatzzielfunktion $\Phi(u)$ ist eine stückweise affin-lineare ›konvexe Funktion, die nur implizit über (2) gegeben ist. Das Ersatzproblem (3) löst man z. B. mit ›Verfahren der zulässigen Richtungen (›Verfahren für nichtglatte Aufgaben), wobei für die Funktion $g_i(u, r)$ folgende Form gewählt werden kann [b, S. 56],

$$g_l(u, r) = \sup \{u^{*\mathsf{T}}r : u^* \in P_{\varepsilon_l}(u)\}, \qquad \varepsilon_l \to 0,$$

$$P_\varepsilon(u) = \{u^* = (y_i)_{i=1,\dots,k} : y_i = u_i^* + \mu,\ u_i^* \in \partial_\varepsilon \varphi_i(u_i),\ \mu \in \mathbb{R}^m \text{ bel.}\},$$

$$\partial_\varepsilon \varphi_i(u_i) = \{u_i^* : u_i^* \leqq 0, \lambda_i \geqq 0, A_i^\mathsf{T} u_i^* - B_i^\mathsf{T}\lambda_i = c_i,$$
$$-u_i^{*\mathsf{T}} u_i + b_i^\mathsf{T}\lambda_i \leqq \varphi_i(u_i) + \varepsilon\}.$$

Das entstehende Richtungssuchproblem (›Verfahren der zulässigen Richtungen) kann man mit in [b] beschriebenen Verfahren, wie Projektionsverfahren, Spaltengenerierungsverfahren, Normminimierungsverfahren u. ä. behandeln.

1.2. *Das primale D. in der nichtlinearen Optimierung*

Sind die in (1) eingehenden Funktionen $f_i(x_i)$, $g_i(x_i)$ und $h_i(x_i)$, $i = 1, \dots, k$, sämtlich konvex im $\mathbb{R}^{n_i}$, so ist die Ersatzzielfunktion $\Phi(u)$ konvex und damit subdifferenzierbar (›Ableitungsbegriffe). Wenn zusätzlich eine Ressourcenzerlegung $u^0 = (u_i^0)_{i=1,\dots,k}$ existiert, für welche die Mengen der optimalen Lösungen der zugehörigen Aufgaben (2) nichtleer und kompakt sind, so ist $\Phi(u)$ auf dom Φ (›effektiver Definitionsbereich) unterhalbstetig. Wenn eine Ressourcenzerlegung $u = (u_i)_{i=1,\dots,k}$ mit $-\infty < \varphi_i(u_i) < \infty$, $i = 1, \dots, k$, existiert, so ergibt sich unter den Konvexitätsvoraussetzungen an die Funktionen f_i, g_i und h_i das Subdifferential (›Ableitungsbegriffe) nach

$$\partial\Phi(u) = \sum_{i=1}^{k} \partial\varphi_i(u_i).$$

Sind die Funktionen f_i, g_i und h_i außerdem differenzierbar und erfüllen die Mengen $\mathfrak{B}_i(u_i)$, $i = 1, \dots, k$, die Slater-Bedingung (›Regularitätsbedingungen), so ist jedes der $\partial_\varepsilon\varphi_i(u_i)$ als Lösungsmenge eines linearen Systems darstellbar. Damit sind die ›Verfahren für nichtglatte Aufgaben anwendbar.

Im nichtkonvexen Fall läßt sich ein lokales Minimum von (3) und damit von (1) über die primale D. i. allg. nur berechnen, wenn gesichert ist, daß in den zugehörigen Teilaufgaben (2) globale Minimalstellen gefunden werden können.

2. *Das duale D. (Zielfunktionssteuerung)*

Für die Aufgabe (1) formuliert man eine äquivalente Ersatzaufgabe

$$\min \{\psi(\lambda) : \lambda \geqq 0\} \tag{6}$$

mit

$$\psi(\lambda) = -\inf \{F(x, \lambda) : h_i(x_i) \leqq 0, i = 1, \dots, k\},$$
$$F(x, \lambda) = \sum_{i=1}^{k} [f_i(x_i) + \lambda^\mathsf{T} g_i(x_i)]. \tag{7}$$

Wenn die Funktionen f_i, g_i und h_i stetige Funktionen sind, dann ist $\psi(\lambda)$ auf jeder konvexen Teilmenge $D \subseteqq \operatorname{dom} \psi$ eine konvexe Funktion. Für jedes $\lambda \geqq 0$ ist $-\psi(\lambda)$ eine untere Schranke für den optimalen Zielfunktionswert von (1).

Falls $F(x, \lambda)$ einen ›Sattelpunkt über

$$\Lambda \times X = \{\lambda : \lambda \geqq 0\} \times \{(x_i)_{i=1,\dots,k} : h_i(x_i) \leqq 0 \ \forall i\}$$

besitzt und X kompakt ist, dann sind im globalen Sinne die Optimalwerte von (1) und (6) bis auf das Vorzeichen gleich. Als Lösungsverfahren werden ›Verfahren für nichtglatte Aufgaben vorgeschlagen. Dabei zerfällt die Aufgabe (7) in die Teilprobleme

$$\psi_i(\lambda) = -\inf \{f_i(x_i) + \lambda^T g_i(x_i) : h_i(x_i) \leqq 0\}, \qquad i = 1, \dots, k. \tag{8}$$

Ist $\bar{\lambda}$ eine Lösung der Aufgabe (6), so wählt man aus der Menge der Lösungen von (8) mit $\lambda = \bar{\lambda}$ diejenigen aus, die die Bedingung

$$\sum_{i=1}^{k} g_i(x_i) \leqq 0$$

erfüllen, und erhält auf diese Weise eine Lösung der Ausgangsaufgabe (1). Die Existenz solcher Lösungen ist gesichert, wenn $F(x, \lambda)$ einen ›Sattelpunkt besitzt.

2.1. *Das duale D. in der linearen Optimierung*

Aufgabe (1) in Gestalt von (5) führt gemäß (8) auf die Teilprobleme

$$\min \{c_i^T x_i + \lambda^T A_i x_i : B_i x_i \leqq b_i\}.$$

Für die Aufgabe (6) wird das ›Verfahren der zulässigen Richtungen vorgeschlagen, wobei (›[b, S. 56]) für $g_l(\lambda, r)$ eine Funktion

$$g_l(\lambda, r) = \sup \{r^T y : y \in P_{\varepsilon_l}(\lambda)\} \quad \text{mit} \quad \varepsilon_l \to 0$$

gewählt wird und $P_\varepsilon(\lambda)$ eine geeignete Erweiterung des ε-Subdifferentials (›Ableitungsbegriffe) von ψ darstellt:

$$P_\varepsilon(\lambda) = -\{y = \sum_{i=1}^{k} A_i x_i - a : x_i \in X_{i_{\text{opt}}}^{\varepsilon}(\lambda), i = 1, \dots, k\}$$

mit

$$X_{i_{\text{opt}}}^{\varepsilon}(\lambda) = \{x_i : B_i x_i \leqq b_i, (c_i - A_i^T \lambda)^T x_i \leqq \psi_i(\lambda) + \varepsilon\}.$$

Eine spezielle Realisierung hierzu stellt das *Spaltengenerierungsverfahren von Dantzig und Wolfe* dar, dessen Technik auch auf quadratische Aufgaben übertragbar ist.

2.2. *Das duale D. in der nichtlinearen Optimierung*

Sind die Funktionen f_i, g_i, h_i, $i = 1, \dots, k$, konvex, und ist für (1) die Slater-Bedingung (›Regularitätsbedingungen) erfüllt, so ist auf die Aufgabe (6) das ›Verfahren der zulässigen Richtungen anwendbar. In diesem Fall (›[b]) kann in der gestörten Richtungsableitung (›Ableitungsbegriffe)

$$g_l(\lambda, r) = \sup \{r^{\mathsf{T}} y : y \in P_{\varepsilon l}(\lambda)\}$$

die Menge P_ε in der Form

$$P_\varepsilon(\lambda) = \{-\sum_{i=1}^{k} g_i(x_i) + \mu : \sum_{i=1}^{k} \left(f_i(x_i) + \lambda^{\mathsf{T}} g_i(x_i)\right) \leqq -\psi(\lambda) + \varepsilon,$$
$$h_i(x_i) \leqq 0,\ i = 1, \ldots, k,\ \mu_i = 0, \text{ wenn } \lambda_i > 0,\ \mu_i \geqq 0, \text{ wenn } \lambda_i = 0\}$$

gewählt werden, wobei μ_i, λ_i die Komponenten von λ, μ sind.

Für den nichtkonvexen Fall von (1) gibt es erste Ansätze eines lokalen Zugangs.

Lit.: [a] BEER, K.: Lösung großer linearer Optimierungsaufgaben. VEB Deutscher Verlag der Wissenschaften, Berlin 1977.
[b] SCHWARTZ, B., und J. KÄSCHEL: Verfahren der zulässigen Richtungen für Optimierungsaufgaben mit nichtdifferenzierbaren Funktionen und Dekomposition. Wiss. Schriftenreihe der TH Karl-Marx-Stadt 11, 1981.
[c] LASDON, L. S.: Optimization theory for large systems. Collier-Macmillan, London 1970.

deterministische Optimierung ›stochastische Optimierung
DFP-Verfahren (Davidon/Fletcher/Powell) ›Newton-Verfahren
dichotomische Suche ›Verfahren zur Minimierung einer Funktion einer reellen Veränderlichen
Differentialspiel ›Spieltheorie

direkte Verfahren: Mitunter gebrauchte Bezeichnung für solche ›numerischen Verfahren zur Lösung einer ›Optimierungsaufgabe, die nicht von ›Optimalitätsbedingungen sondern von der Aufgabe selbst ausgehen. Zu den d. V. zählt z. B. das ›Ritz-Verfahren.

Lit.: [a] MICHLIN, S. G.: Variationsmethoden der mathematischen Physik. Akademie-Verlag, Berlin 1962.

direkter Dualitätssatz ›Dualitätstheorie
Dirichlet-Prinzip ›Extremalprinzipien der Physik
diskrete Approximation ›Approximationstheorie
diskrete Lösungen ›Struktur optimaler Lösungen
diskrete n-stufige Entscheidungsprozesse ›dynamische Optimierung

diskrete Optimierung: Hierunter versteht man solche Aufgaben der mathematischen Optimierung, bei denen alle oder ein Teil der Variablen nur Werte aus gewissen vorgegebenen diskreten Mengen annehmen können. Der wichtigste Spezialfall ist die *ganzzahlige Optimierung*, wo die diskreten Mengen die ganzen Zahlen sind. Je nachdem ob alle oder nur ein Teil der Variablen derartigen Ganzzahligkeitsforderungen unterliegen, spricht man von *rein ganzzahliger* oder *gemischt ganzzahliger Optimierung*. Die d. O. ist in der umfassenderen Klasse der ›kombinatorischen Optimierungsprobleme enthalten.

Wegen der Diskretheit der Variablen lassen sich weder die ›Simplexverfahren noch die auf Methoden der Analysis beruhenden Lösungsverfahren unmittelbar anwenden. Zur Lösung werden in erster Linie ›Schnittverfahren, ›branch-and-bound-Verfahren und ›Enumerationsverfahren herangezogen.

Lit.: [35]

diskrete Prozesse ›optimale Prozesse
diskretisiertes Newton-Verfahren ›Newton-Verfahren für Aufgaben mit linearen Gleichungsrestriktionen
Diskretisierungsfehler ›Galerkin-Verfahren
Distanzfunktion ›Zentrenverfahren
Distribution ›Ableitungsbegriffe
distributionelle Ableitung ›Ableitungsbegriffe
dreischichtige Iterationsverfahren ›Verfahren zur Lösung von Gleichungssystemen
Dualaufgabe bei parametrischer Optimierung ›konvexe parametrische Optimierung
duale Aufgabe ›Dualitätstheorie, ›Dualität in der Steuertheorie, ›Lagrange-Funktion
duale Methode ›Lagrange-Methode
duale quadratische Optimierungsaufgabe ›quadratische Optimierung

duale Räume: Zwei reelle ›lineare Räume X und Y heißen zueinander *dual*, falls sich eine Bilinearform $\langle \cdot, \cdot \rangle : (x, y) \to \langle x, y \rangle$ auf $X \times Y$ finden läßt, so daß

a) für jedes $x \in X$, $x \neq 0$, ein $y \in Y$ mit $\langle x, y \rangle \neq 0$
und

b) für jedes $y \in Y$, $y \neq 0$, ein $x \in X$ mit $\langle x, y \rangle \neq 0$

existiert. $\langle \cdot, \cdot \rangle$ heißt manchmal *Dualitätsprodukt*.

Für d. R. X und Y lassen sich in natürlicher Weise lokalkonvexe Topologien (›lokalkonvexer Raum) erklären:

1. Jede lokalkonvexe Topologie auf X, für die die Menge der stetigen linearen Funktionale auf X mit der Menge der Funktionale $x \to \langle x, y \rangle$, $y \in Y$, zusammenfällt, heißt mit der Dualität von X und Y *verträglich.*

2. Unter den verträglichen Topologien gibt es eine *schwächste,* die *schwache Topologie* $\sigma(X, Y)$ und eine *stärkste,* die *Mackey-Topologie* $\tau(X, Y)$.

3. Durch Vertauschen der Rollen von X und Y erhält man analoge Topologien in Y.

Als Fundamentalsystem konvexer Nullumgebungen der Topologie $\sigma(X, Y)$ kann das System von Mengen der Gestalt

$$\{x \in X : |\langle x, y_i \rangle| \leqq \varepsilon, i = 1, \dots, n\}, \qquad n \in \mathbb{N}, \quad \varepsilon > 0, \quad y_i \in Y,$$

gewählt werden.

Wählt man in X und in Y mit der Dualität verträgliche Topologien, so kann man also Y als adjungierten Raum (›Banach-Raum) zum lokalkonvexen Raum X und umgekehrt X als adjungierten Raum zum lokalkonvexen Raum Y ansehen. Diese Eigenschaft ist von großer Bedeutung für das Aufstellen von Dualitätssätzen in der Optimierungstheorie und für normierte Räume i. allg. nicht gültig.

Beispiele

1. Sei X ein ›Banach-Raum, $Y = X^*$ der zu X adjungierte Raum. Setzt man $\langle x, y\rangle = y(x)$, so sind X und Y zueinander d. R. Die Topologie $\sigma(X^*, X)$ wird häufig als *schwache*-Topologie* von X^* bezeichnet.

2. Sei X ein ›linearer Raum, Y der *algebraisch duale Raum* zu X, d. h der Raum aller linearen Funktionale auf X. Dann sind X und Y d. R.

Folgende Eigenschaften zueinander d. R. X und Y werden häufig benötigt:

(i) Die Abschließung einer konvexen und die Beschränktheit einer beliebigen Menge hängen nur von der Dualität, nicht von der konkreten, mit der Dualität verträglichen Topologie ab.

(ii) Ist $M \subseteqq X$ und $N \subseteqq Y$, so heißen die Mengen

$$M^0 = \{y \in Y : \langle x, y\rangle \leqq 1 \ \forall x \in M\}$$

und

$$N^0 = \{x \in X : \langle x, y\rangle \leqq 1 \ \forall y \in N\}$$

Polaren von M bzw. N. Ist M ein konvexer ›Kegel mit der Spitze in 0, so ist

$$M^0 = \{y \in Y : \langle x, y\rangle \leqq 0 \ \forall x \in M\}$$

der *Polarkegel* zu M (›halbgeordneter linearer Raum). Für jede Teilmenge $M \subseteqq X$ ist die *Bipolare* M^{00} die $\sigma(X, Y)$- abgeschlossene konvexe ›Hülle von $M \cup \{0\}$ (*Bipolarensatz*).

(iii) Ist X ein ›lokalkonvexer Raum, X^* der zugehörige adjungierte Raum und $M \subseteqq X$ eine konvexe Nullumgebung in X, für die $\lambda M \subseteqq M$ für alle reellen λ mit $|\lambda| \leqq 1$ gilt, so ist M^0 $\sigma(X^*, X)$-kompakt in X^*. Sind (E, E^*) und (F, F^*) zwei Paare dualer Räume, und ist $u : E \to F$ eine $\sigma(E, E^*)$-$\sigma(F, F^*)$-stetige lineare ›Abbildung von E in F, so wird mittels der Beziehung

$$\langle u(x), y^*\rangle = \langle x, u^*(y^*)\rangle \ \forall x \in E, y^* \in F^*$$

eine $\sigma(F^*, F)$-$\sigma(E^*, E)$-stetige lineare Abbildung u^* von F^* in E^* erklärt, die *adjungierte Abbildung* zu u. Es gilt unter den gemachten Voraussetzungen $(u^*)^* = u$. Sind E und F ›lokalkonvexe Räume, E^* und F^* die zugehörigen adjungierten Räume, und ist u eine stetige lineare Abbildung von E in F, so ist u auch $\sigma(E, E^*)$-$\sigma(F, F^*)$-stetig und damit die adjungierte Abbildung u^* erklärt.

Ist u nicht auf dem ganzen Raum E erklärt, so existiert die adjungierte Abbildung genau dann, wenn der ›effektive Definitionsbereich dom u von u $\sigma(E, E^*)$-dicht in E ist. dom u^* fällt dann mit der Menge der $y^* \in F^*$ zusammen, für die das lineare Funktional $x \to \langle u(x), y^*\rangle$ $\sigma(E, E^*)$-stetig ist auf dom u. In diesem Fall existiert genau ein $x^* \in E^*$ mit $\langle x, x^* \rangle = \langle u(x), y^* \rangle$ für $x \in$ dom u, und man setzt $u^*(y^*) = x^*$.

Lit.: [34], [53]
[a] BOURBAKI, N.: Espaces vectoriels topologiques. Hermann, Paris 1953.

duales ›Dekompositionsverfahren
duales ›Simplexverfahren

Dualität: D. ist eine (durch jeweils anzugebende Eigenschaften definierte) Paarbildung von mathematischen Begriffen. Beispiele: ›Zyklus und Co-Zyklus, Abbildung und adjungierte Abbildung (›duale Räume), Pol und Polare (in der Geometrie), Variationsproblem und komplementäres Variationsproblem (›Extremalprinzipien der Physik), Funktion und ›konjugierte Funktion, ›Ritzsches und ›Trefftzsches Verfahren und der Dualitätssatz der ›linearen Optimierung. Oft haben solche D. die Eigenschaft, daß mit einer Aussage auch gleich eine zu ihr duale bewiesen ist.

Die Vorschrift der Konstruktion der Dualaussage heißt *Dualitätsprinzip*. Das Dualitätsprinzip der konvexen Optimierung ist folgender Sachverhalt: Konvexe abgeschlossene Mengen M eines ›lokalkonvexen Raumes kann man sowohl durch Angabe der Lage ihrer Punkte als auch dual durch den Durchschnitt der sie enthaltenden Halbräume beschreiben. Wesentlich an den Halbräumen ist die begrenzende Hyperebene, die dann M in (mindestens) einem Punkt stützt (›Stützfunktion, Stützfunktional). Hier erkennt man die Ansätze für verallgemeinerte Gradienten (Subgradienten, ›Ableitungsbegriffe), die bei der D. in der Optimierung eine wichtige Rolle spielen.

Zur Entwicklung dualer Begriffsbildungen ›[56], [60].

Dualität in der Optimierung: Entsprechend den Entwicklungsstadien der ›Optimierungstheorie ist zunächst die Dualität in der ›konvexen Optimierung breit entwickelt worden. Sie hat zwei grundlegende Zugänge, nämlich a) über die Theorie der ›konjugierten Funktionen (Theorien von Fenchel und Rockafellar) und b) über die ›Lagrange-Funktion. Ein Dualitätssatz zu a) ist unten aufgeführt. Dualitätssätze zu b) ›Lagrange-Funktion und ›Stabilität von Optimierungsproblemen. Die Kuhn-Tucker-Sätze (›Optimalitätsbedingungen) können dem Zugang b) zugerechnet werden. Die Ausnutzung der Störung zur Gewinnung von Dualitätssätzen wird sowohl bei a) als auch bei b) benutzt. Die über die verschiedenen Zugänge erhaltenen Dualitätstheorien sind weitgehend äquivalent (›[a]).

Durch verallgemeinerte Konjugationsbegriffe einerseits (›konjugierte Funktion) und verallgemeinerte ›Lagrange-Funktionen andererseits, und teilweise wieder unter Einschaltung der Störungstheorie (›[d]), lassen sich auch in der ›nichtkonvexen Optimierung starke Dualitätssätze beweisen. Die *Minkowski-Dualität* (›[c]) ordnet sich den über den ersten Zugang gewonnenen Sätzen unter. Bemerkenswert sind Dualitätssätze von Klötzler und Krotow (›Dualität in der Steuertheorie), die sich auch in die Vektoroptimierung (›Dualität in der Vektoroptimierung) übertragen lassen, und die bei Nutzung einer sehr allgemeinen Lagrange-Technik starke Dualitätssätze für beliebige Optimierungsaufgaben mit endlichem Optimalwert liefern.

Zwei grundlegende Dualitätssätze, die auf dem Zugang über die konjugierten Funktionale aufbauen, lauten: *Dualitätssatz von Fenchel* (›[b]): Sind f, $-g$ ›konvexe Funktionen auf dem Vektorraum E, dann gilt für die beiden Optimierungsaufgaben (›konjugierte Funktion)

$$f(x) - g(x) \to \min\,, \qquad x \in E\,, \tag{1}$$

$$g_*(u) - f^*(u) \to \max\,, \qquad u \in E^*\,, \tag{2}$$

falls

$$\text{a. r. i. } (\operatorname{dom} f) \cap \text{a. r. i. } (\operatorname{dom}(-g)) \neq \emptyset \tag{3}$$

und

$$\inf\,\{f(x) - g(x) : x \in E\} > -\infty\,, \tag{4}$$

daß (2) eine Lösung u_0 besitzt mit der Eigenschaft

$$\max_{u \in E^*}\,\{g_*(u) - f^*(u)\} = g_*(u_0) - f^*(u_0) = \inf_{x \in E}\,\{f(x) - g(x)\}\,.$$

Es seien E, V Vektorräume, V sei durch einen abgeschlossenen konvexen ›Kegel K mit $K \cap (-K) = \{0\}$ halbgeordnet (›halbgeordneter linearer Raum), und f sei auf E definiert, $\operatorname{dom} f \neq \emptyset$, und ein ›eigentliches Funktional. Der Optimierungsaufgabe

$$f(x) \to \min\,, \qquad x \in \mathfrak{B} = \{x \in E : g(x) \leqq_K 0\} \tag{5}$$

ordne man (›Stabilität von Optimierungsproblemen) die folgende Klasse von gestörten Problemen

$$f(x) \to \min\,, \qquad x \in \mathfrak{B}_v = \{x \in E : g(x) \leqq_K v\}\,, \qquad v \in V\,, \tag{6}$$

zu. Die Funktion $F : E \times V \to \overline{\mathbb{R}}$ mit

$$F(x, v) = \begin{cases} f(x)\,, & \text{falls } x \in \operatorname{dom} f \text{ und } g(x) \leqq_K v \\ \infty & \text{sonst} \end{cases} \tag{7}$$

$$= f(x) + \delta_M(x)\,,$$

wobei δ_M das ›Indikatorfunktional von $M = \mathfrak{B}_v \cap \operatorname{dom} f$ ist, heißt *Bifunktion*. Mit ihr lautet (5):

$$F(x, 0) \to \min\,, \qquad x \in E\,. \tag{8}$$

Mit F^* wird ein duales Problem gebildet:

$$-F^*(0, v^*) \to \max\,, \qquad v^* \leqq_{K^*} 0\,, \tag{9}$$

dabei ist

$$-F^*(0, v^*) = \inf_{x \in \operatorname{dom} f}\,\{-\langle v^*, g(x)\rangle + f(x)\}\,.$$

Ist $E = \mathbb{R}^n$, $V = \mathbb{R}^m$, $g = (g_1, \dots, g_m)^{\mathsf{T}} : \mathbb{R}^n \to \mathbb{R}^m$, $K = \mathbb{R}^m_+$, so gilt:

Dualitätssatz ([14]): Seien f konvex und unterhalbstetig auf dom f, dom $f \cap \mathfrak{B}$ abgeschlossen, g_i konvex ($i = 1, \dots, m$), $\mathfrak{B} \neq \emptyset$. Ist die Slater-Bedingung (›Regularitätsbedingungen) erfüllt und ist $\lim\limits_{\substack{\|x\| \to \infty \\ x \in \operatorname{dom} f}} f(x) = \infty$, so besitzen (8), (9) Lösungen $\bar{x}$, $\overline{v^*}$, und es gilt

$$\inf_{x \in \mathfrak{B} \cap \operatorname{dom} f} f(x) = f(\bar{x}) = -F^*(0, \overline{v^*}) = \sup_{v^* \leqq_{K^*} 0} \left(-F^*(0, v^*)\right).$$

Lit.: [14], [15], [24], [50]

[a] Dietze, S., und M. Schäuble: On the relationship between Fenchel and Lagrange duality. Optimization **16** (1985), 1–8.

[b] Elster, K. H., und R. Nehse: Zum Dualitätssatz von Fenchel. Math. Operationsforsch. u. Statist., Ser. optimization **5** (1974) 4/5, 269–280.

[c] Kutateladse, S. S., und A. M. Rubinow (Кутателадзе, С. С. и А. М. Рубинов): Двойственность Минковского и её приложения. Nauka, Nowosibirsk 1976.

[d] Rockafellar, R. T.: Conjugate duality and optimization. Regional Conference Series in Applied Mathematics 16. SIAM, Philadelphia 1974.

Dualität in der Steuertheorie: I. Ist

$$I(x, u) = \int_{\Omega} f\big(t, x(t), u(t)\big)\, dt \to \min \tag{1}$$

die Zielstellung eines ›Steuerproblems vom Dieudonné-Rashevsky-Typ mit dem (als Lipschitz-Gebiet vorausgesetzten) Zustandsbereich X und dem Steuerbereich $U(t, \xi)$, so bildet die folgende Aufgabe ein zugeordnetes duales Problem (›Dualitätstheorie):

$$L(S) = \inf_{\zeta \in Q} \int_{\partial\Omega} \sum_{\alpha=1}^{m} S^{\alpha}\big(t, \zeta(t)\big)\, n_{\alpha}(t)\, do \to \max \tag{2}$$

bez. aller $S^{\alpha} \in \mathbf{W}^1_{\infty}(X)$, die der *Hamilton-Jacobischen Differentialungleichung*

$$\sum_{\alpha=1}^{m} S^{\alpha}_{t_\alpha}(t, \xi) + \mathcal{H}\big(t, \xi, S_{\xi}(t, \xi)\big) \leqq 0 \quad \text{fast überall auf } X \tag{3}$$

genügen. Dabei ist Q die Menge aller stetigen Funktionen auf $\partial\Omega$, die die Randbedingungen des Steuerproblems erfüllen, $\mathcal{H}$ ist die *Hamilton-Funktion*

$$\mathcal{H}(t, \xi, y) = \sup_{v \in U(t, \xi)} H(t, \xi, v, y) \tag{4}$$

und H die *Pontrjagin-Funktion* des obigen Steuerproblems:

$$H(t, \xi, v, y) = -f(t, \xi, v) + \sum_{\alpha, i} y^{\alpha}_i g^i_{\alpha}(t, \xi, v). \tag{5}$$

Weiter ist n_{α} eine Komponente des äußeren Normaleneinheitsvektors zum Oberflächenelement do. Ungeachtet irgendwelcher Konvexitätsvoraussetzungen an das Primalproblem ist das Dualproblem bez. der variablen Funktionenvektoren $S = (S^1, \dots, S^m)$ stets ein Optimierungsproblem mit *konkavem* Zielfunktional über einem *konvexen* zulässigen Bereich (›Optimierungsaufgabe).

Für festes (t, ξ) heißt der durch die Hamilton-Jacobische Differentialungleichung beschriebene Bereich der zulässigen Gradientenwerte von S nach Minkowski auch *Figuratrixkörper*. Er ist stets eine ›konvexe Menge.

Für ein zulässiges Paar (x, u) des Primalproblems (1) und eine zulässige total differenzierbare Vektorfunktion S seines Dualproblems (2), (3) gilt genau dann die starke Dualitätsaussage (›Dualitätstheorie)

$$I(x, u) = L(S)\,, \tag{6}$$

wenn die folgenden drei Bedingungen erfüllt sind (*verallgemeinertes Pontrjaginsches Maximumprinzip*):

a) $$\max_{v \in U(t,x(t))} H\big(t, x(t), v, S_\xi(t, x(t))\big) = H\big(t, x(t), u(t), S_\xi(t, x(t))\big)$$

fast überall auf Ω;

b) $$\sum_{\alpha=1}^{m} S^\alpha_{t^\alpha}\big(t, x(t)\big) + \mathscr{H}\big(t, x(t), S_\xi(t, x(t))\big) = 0 \quad \text{fast überall auf } \Omega;$$

c) $$L(S) = \int_{\partial\Omega} \sum_{\alpha=1}^{m} S^\alpha(t, x(t))\, n_\alpha(t)\, \mathrm{d}o\,.$$

Unter den Bedingungen a), b) und c) folgt aus (6), daß (x, u) ein optimales Paar des Primalproblems (1) ist.

Im Fall $m = 1$ erfüllt die Bellman-Funktion (›dynamische Optimierung) des Steuerproblems (bei totaler Differenzierbarkeit) das verallgemeinerte Pontrjaginsche Maximumprinzip.

Dualität zu Steuerproblemen wurde 1929 im Spezialfall regulärer Variationsprobleme erstmalig von Friedrichs für lineare $S^\alpha(t, \cdot)$ eingeführt (›[60]). Mittels entsprechender linearer S-Ansätze erfolgte die Einführung der Dualität zu allgemeinen Steuerproblemen unter einschränkenden Konvexitätsvoraussetzungen durch Zwetanow (1968) und Rockafellar (1970). Sie wurde damit zugleich eine spezielle Anwendung der Fenchel-Rockafellarschen Dualitätskonzeption unter Verwendung ›konjugierter Funktionen. Die obige allgemeine Fassung der Dualität (ohne Konvexitätsvoraussetzungen) geht auf Krotow, Klötzler, Ortlieb und Nehari zurück (›[c], [d]).

Diese Dualität ist nicht involutorisch: Dualisiert man das duale Problem im Sinne der Fenchel-Rockafellar-Dualitätstheorie (›Dualität in der Optimierung), so ergibt sich ein allgemeineres Problem als das ursprüngliche Primalproblem, speziell ein Flußproblem nach Young (›[f]). Für den Fall $m = 1$ sind hinreichende Bedingungen für starke Dualität bei Steuerungsproblemen durch Klötzler [c] aufgestellt worden. Unter stärkeren Konvexitätsforderungen ist auch für beliebige m starke Dualität zu erhalten (›[59]).

Das dem Steuerungsproblem vom Dieudonné-Rashevsky-Typ entsprechende erweiterte oder ›verallgemeinerte Steuerungsproblem im Sinne von Young und McShane besitzt das gleiche Dualproblem, und zwischen beiden kann ohne Konvexitätsforderungen starke Dualität nachgewiesen werden (›[e], [f]).

II. Ein grundlegender Zugang zur Konstruktion dualer Probleme für konvexe und nichtkonvexe Optimierungs- und Steueraufgaben sowie zum Nachweis von Dualitätsbeziehungen besteht in der Störung des primalen Problems (↗Stabilität von Optimierungsaufgaben). Gegeben sei z. B. das folgende abstrakte primale Steuerproblem mit einer linearen Operatorgleichung:

$$\begin{aligned} &g(x, u) \to \min\,, \qquad Ax + Bu + f = 0\,, \\ &x \in X \cap D(A) \subseteqq B_1\,, \qquad u \in U \subseteqq B_2\,, \end{aligned} \tag{P}$$

wobei B_i $(i = 1, 2, 3)$ reelle reflexive ↗Banach-Räume sind, $g : B_1 \times B_2 \to \overline{\mathbb{R}}$ ein ↗eigentliches, ↗konvexes und abgeschlossenes Funktional, $B \in \mathcal{L}(B_2, B_3)$, $A : B_1 \to B_3$ ein linearer und abgeschlossener Operator, dessen Definitionsbereich $D(A)$ dicht in B_1 liegt, $f \in B_3$ ein gegebenes Element sowie X bzw. U die nichtleere, konvexe und abgeschlossene Menge der Zustands- bzw. Steuerrestriktionen bedeuten.

Führt man eine Störung $\xi = (z, v, w) \in B_1 \times B_2 \times B_3$ von (P) wie folgt ein:

$$\begin{aligned} &g(x - z, u - v) \to \min\,, \qquad Ax + Bu + f = w\,, \\ &x \in X \cap D(A)\,, \qquad u \in U\,, \end{aligned} \tag{P$_\xi$}$$

und berechnet mit Hilfe der Dualitätstheorie von Fenchel und Rockafellar (↗Dualität in der Optimierung) das duale Problem (D) zu (P)

$$\begin{aligned} &\langle f, w^*\rangle_3 - g^*(z^*, v^*) + \inf_{u \in U} \langle u, v^* + B^*w^*\rangle_2 + \\ &+ \inf_{x \in X} \langle x, z^* + A^*w^*\rangle_1 \to \max\,, \\ &z^* \in B_1^*\,, \qquad v^* \in B_2^*\,, \qquad w^* \in D(A^*) \subseteqq B_3^* \end{aligned} \tag{D}$$

(dabei ist $g^*(z^*, v^*)$ zu $g(x, u)$ konjugiert (↗konjugierte Funktion)), so gilt, wenn p die Optimalwertfunktion (↗Stabilität von Optimierungsproblemen) von (P_ξ) ist:

a) $p(0) \leqq \varliminf_{\xi \to 0} p(\xi)$ genau falls inf (P) = sup (D),

b) $\partial p(0) \neq \emptyset$ genau falls inf (P) = max (D), d. h. also, daß das Supremum der dualen ↗Optimierungsaufgabe *angenommen* wird.

Betrachtet man das folgende abstrakte primale *nichtkonvexe* Steuerproblem mit einer *nichtlinearen* Operatorgleichung

$$g(x, u) \to \min\,, \quad Ax + Bu + f = 0\,, \quad x \in B_1\,, \quad u \in U \subseteqq B_2\,, \tag{$\overline{\text{P}}$}$$

(B_i wie oben, $g : B_1 \times B_2 \to \overline{\mathbb{R}}$ ein zunächst beliebiges Funktional $A : B_1 \to B_3$ und $B : B_2 \to B_3$ nichtlineare Operatoren, $f \in B_3$ ein gegebenes Element und $U \subseteqq B_2$ die nichtleere Menge der Steuerrestriktionen), so läßt sich $(\overline{\text{P}})$ mit Hilfe einer erweiterten ↗Lagrange-Funktion

$$\begin{aligned} L(x, u; w^*, r) = g(x, u) + \delta_U(u) + \langle w^*, Ax + Bu + f\rangle_3 + \\ + r\, \|Ax + Bu + f\|_3^2 \end{aligned}$$

($w^* \in B_3^*$, $r \geqq 0$, δ_U ↗Indikatorfunktional der Menge U) in der Form

$$\sup_{(w^*, r) \in B_3^* \times \mathbb{R}_+} L(x, u; w^*, r) \to \min\,, \qquad (x, u) \in B_1 \times B_2 \tag{$\overline{\mathrm{P}}$}$$

schreiben, und man kann die Aufgabe

$$\inf_{(x, u) \in B_1 \times B_2} L(x, u; w^*, r) \to \max\,, \qquad (w^*, r) \in B_3^* \times \mathbb{R}_+ \tag{$\overline{\mathrm{D}}$}$$

als duale Aufgabe zu $(\overline{\mathrm{P}})$ definieren. Es gilt stets

$$\sup\,(\overline{\mathrm{D}}) \leqq \inf\,(\overline{\mathrm{P}})\,.$$

Mit Hilfe einer geeigneten Störung von $(\overline{\mathrm{P}})$ kann man wie bei konvexen Steueraufgaben die Eigenschaft a) zeigen und unter Voraussetzungen (↗[a], [g]) auch $\inf\,(\overline{\mathrm{P}}) = \max\,(\overline{\mathrm{D}})$.

Der Nachweis von Dualitätsbeziehungen der Form $\inf\,(\mathrm{P}) = \max\,(\mathrm{D})$ bzw. $\min\,(\mathrm{P}) = \sup\,(\mathrm{D})$ ermöglicht den Beweis von notwendigen und hinreichenden Optimalitätsbedingungen. Betrachtet man z. B. das konvexe Steuerproblem (P), so erhält man folgenden

Satz: Es sei $\inf\,(\mathrm{P}) = \max\,(\mathrm{D})$. Ein zulässiges Element $(\mathring{x}, \mathring{u}) \in \big(X \cap D(A)\big) \times \times\, U$ für (P) ist genau dann für (P) optimal, wenn ein für (D) zulässiges Element $(\mathring{z}^*, \mathring{v}^*, \mathring{w}^*) \in B_1^* \times B_2^* \times D(A^*)$ existiert, so daß

$$(\mathring{z}^*, \mathring{v}^*) \in \partial g(\mathring{x}, \mathring{u})\,,$$

$$\langle x, \mathring{z}^* + A^*\mathring{w}^*\rangle_1 \geqq \langle \mathring{x}, \mathring{z}^* + A^*\mathring{w}^*\rangle_1 \quad \forall x \in X\,,$$

$$\langle u, \mathring{v}^* + B^*\mathring{w}^*\rangle_2 \geqq \langle \mathring{u}, \mathring{v}^* + B^*\mathring{w}^*\rangle_2 \quad \forall u \in U$$

erfüllt ist.

Betrachtet man das nichtkonvexe Steuerproblem $(\overline{\mathrm{P}})$ mit der erweiterten Lagrange-Funktion, dann gilt folgender

Satz: Es sei $\inf\,(\overline{\mathrm{P}}) = \max\,(\overline{\mathrm{D}})$. Ein Element $(\mathring{x}, \mathring{u}) \in B_1 \times U$ ist für $(\overline{\mathrm{P}})$ genau dann optimal, wenn ein Element $(\mathring{w}^*, \mathring{r}) \in B_3^* \times \mathbb{R}_+$ existiert, so daß gilt

$$L(\mathring{x}, \mathring{u}; w^*, r) \leqq L(\mathring{x}, \mathring{u}; \mathring{w}^*, \mathring{r}) \leqq L(x, u; \mathring{w}^*, \mathring{r})\,,$$

$$\forall (x, u) \in B_1 \times U \quad \text{und} \quad \forall (w^*, r) \in B_3^* \times \mathbb{R}_+\,.$$

Lit.: [14], [31], [59]

[a] Dietrich, H.: Zur Untersuchung optimaler Steuerprobleme unter Benutzung der Dualitätstheorie. Diss. A, Merseburg 1982.

[b] Klötzler, R.: Dualität bei diskreten Steuerungsproblemen. Math. Operationsforsch. u. Statist., Ser. optimization, 12 (1981) 3, 411–420.

[c] Klötzler, R.: Globale Optimierung in der Steuerungstheorie. ZAMM, im Druck; Klötzler, R.: Dualität in der Steuerungstheorie. Mitteilungen der MGdDDR 2/4 (1981), 72–83.

[d] Krotow, W. F., und W. M. Gurman (Кротов, В. Ф., и В. М. Гурман): Методы и задачи оптимального управления. Nauka, Moskau 1973.

[e] VINTER, R. B., und R. M. LEWIS: Necessary and sufficient conditions for optimality of dynamic programming type, making no a priori assumptions on the controls. SIAM J. Control Optimization **16** (1978), 571–583.
[f] PICKENHAIN, S.: Starke Dualität bei verallgemeinerten Steuerproblemen. Zeitschrift für Analysis und ihre Anwendungen **1** (1982) 4, 15–24.
[g] ROCKAFELLAR, R. T.: Augmented Lagrange Multiplier Functions and Duality in Nonconvex Programming. SIAM J. Control, **12**, (1974), 268–285.

Dualität in der Vektoroptimierung: Sei $K \subseteqq \mathbb{R}^p$ ein nichtleerer konvexer ›Kegel mit $K \cap (-K) = \{0\}$. Ordnet man dem Vektoroptimierungsproblem (›Vektoroptimierung)

$$f(x) \to \min, \qquad x \in \mathfrak{B}, \tag{1}$$

mit $f: \mathbb{R}^n \to \mathbb{R}^p$ ein Problem der Form

$$d(z) \to \max, \qquad z \in \mathfrak{B}^*, \tag{2}$$

zu, wobei $\mathfrak{B}^*$ eine nichtleere Menge eines geeignet gewählten Vektorraumes ist und $d: \mathfrak{B}^* \to \mathbb{R}^p$ gilt, so heißen die Probleme (1) und (2) zueinander *dual*, falls gilt

$$d(z) - f(x) \notin K \setminus \{0\} \qquad \forall x \in \mathfrak{B}, \qquad \forall z \in \mathfrak{B}^*.$$

Die konkrete Konstruktion dualer Probleme erfolgt oft als Verallgemeinerung der entsprechenden Vorgehensweise bei skalaren Problemen, also über ›Lagrange-Funktionen bzw. mittels ›konjugierter Funktionen, aber auch über ›Ersatzprobleme für (1) (›[a]). Insbesondere gilt mit

$$V = f(\mathfrak{B}) + K = \{f(x) + y : x \in \mathfrak{B}, y \in K\},$$
$$D = d(\mathfrak{B}^*) - K = \{d(z) - y : z \in \mathfrak{B}^*, y \in K\}$$

für duale Vektoroptimierungsprobleme (1), (2) mit den Effizienzmengen $\min V$ von V und $\max D$ von D

$$V \cap D \subseteqq \min V \cap \max D,$$

woraus sich auch Existenzaussagen über effiziente Punkte (›Vektoroptimierung) ergeben.

Lit.: [a] PODINOWSKI, W. W., und W. D. NOGIN (Подиновский, В. В., и В. Д. Ногин): Парето-оптимальные решения многокритериальных задач. Nauka, Moskau 1982.

Dualitätsabbildung ›Punkt-Menge-Abbildung, ›Banach-Raum
Dualitätslücke ›Dualitätstheorie
Dualitätsprinzip ›Dualität
Dualitätsprodukt ›duale Räume
Dualitätssatz von Fenchel ›Dualität in der Optimierung
Dualitätssätze ›Dualität in der Optimierung, ›Trennungssätze, ›Dualitätstheorie, ›Stabilität von Optimierungsproblemen, ›Dualität in der Steuertheorie

Dualitätstheorie: Als D. bezeichnet man einen Zweig der ›Optimierungstheorie, dessen Gegenstand es ist, zu einer gegebenen (= *primalen*) Optimierungsaufgabe (P) eine weitere, duale (›Dualität) Optimierungsaufgabe (D) so zu konstruieren, daß durch deren Untersuchung Informationen über Lösung, Optimalwert und andere Parameter von (P) erhalten werden können. Hat (P) die Gestalt $f(x) \to \min,\ x \in \mathfrak{B}$, so heißt die Aufgabe:

$$g(y) \to \max\,, \qquad y \in \mathfrak{B}_D\,, \tag{D}$$

zu (P) *dual*, wenn gilt

$$\alpha = \inf_{x \in \mathfrak{B}} f(x) \geqq \sup_{y \in \mathfrak{B}_D} g(y) = \beta\,. \tag{1}$$

Gilt für ein Aufgabenpaar (P), (D) mit $\mathfrak{B} \neq \emptyset$, $\mathfrak{B}_D \neq \emptyset$ die Relation $\alpha > \beta$ (wobei α bzw. β auch $-\infty$ bzw. ∞ sein können), so liegt eine *Dualitätslücke* vor (›[a], vgl. auch ›Trennungssätze). Ein Satz, in dem (unter Voraussetzungen an (P) und/oder (D)) $\alpha \geqq \beta$ folgt, heißt *schwacher Dualitätssatz*; folgt $\alpha = \beta$, so heißt er *starker Dualitätssatz.* Kann man sogar auf $\alpha = \beta = \max_{y \in \mathfrak{B}_D} g(y)$ (also auf die Existenz einer Lösung von (D)) schließen, spricht man von einem *direkten,* und wenn man auf $\alpha = \min_{x \in \mathfrak{B}} f(x) = \beta$ (also auf die Existenz einer Lösung von (P)) schließen kann, von einem *inversen Dualitätssatz.* Zur Gewinnung von Dualaufgaben und Dualitätssätzen gibt es eine weitverzweigte Theorie:

a) ›Dualität in der Optimierung,

b) ›Dualität in der Steuertheorie,

c) ›Dualität in der Vektoroptimierung.

Dualaufgaben werden ausgenutzt bei Lösungsverfahren (›numerische Verfahren), bei Abschätzungen des Minimalwertes von (P) *von unten,* bei der Gewinnung von ›Optimalitätsbedingungen, bei Betrachtungen zur ›Stabilität von Optimierungsproblemen, bei Fragen zur ›Existenz von Optimallösungen und oft auch in dem Sinne, daß sich bei Dualisierung eine in der mathematischen Beschreibung gegenüber der primalen Aufgabe völlig anders geartete Aufgabe ergibt, die es ermöglicht, andere Mittel einzusetzen.

Lit.: [a] Kretschmer, K. S.: Programs in paired spaces. Canad. J. Math. **13** (1961) 2, 221–238.

Dualkegel ›halbgeordneter linearer Raum
Dualproblem ›Dualitätstheorie
Dubowitzky-Miljutin, Methode von ›Optimalitätsbedingungen
dynamische Nebenbedingungen ›dynamische Optimierung

dynamische Optimierung: Die d. O. ist eine allgemeine Methode zur Lösung von sehr vielgestaltigen, vornehmlich diskreten Optimierungsaufgaben (›diskrete Optimierung). Die Probleme werden dabei in natürlicher oder formaler

Weise als in der Zeit verlaufend interpretiert. Die Lösung einer Optimierungsaufgabe in n Variablen kann rekursiv auf die Lösung von n (parametrischen) Optimierungsaufgaben (›parametrische Optimierung) mit einer Variablen zurückgeführt werden. Die Herleitung der Rekursionsbeziehungen beruht i. allg. auf dem *Bellmanschen Optimalitätsprinzip,* welches in [a] formuliert wurde.

1. *Diskrete n-stufige Entscheidungsprozesse*

Ein System durchlaufe in den (Zeit-) *Stufen* $t = 1, 2, \dots, n + 1$ die Zustände $x_1, x_2, \dots, x_{n+1}$, welche in gewissen zulässigen Zustandsbereichen $X_1, X_2, \dots, X_{n+1}$ liegen, von den gewählten Steuergrößen u_t, $t = 1, 2, \dots, n$, und von dem Ausgangszustand $x_1 = x_a$ abhängen (›optimale Prozesse). Der folgende Zustand x_{t+1} wird jeweils durch den augenblicklichen Zustand x_t und die aus einem Steuerbereich U_t bzw. $U_t(x_t)$ gewählte Steuergröße u_t mit Hilfe einer gegebenen Abbildung f_t als Wert $f_t(x_t, u_t)$ bestimmt. Jede Stufe t wird mit einem gewissen Betrag $g_t(x_t, u_t)$ (Teilgewinn, -aufwand u. a.) bewertet, und die Gesamtbewertung des n-stufigen Prozesses ergibt sich daraus als Wert

$$G_n(g_1(x_1, u_1), \dots, g_n(x_n, u_n)) , \tag{1}$$

wobei G_n (wie $g_1, \dots, g_n$) eine gegebene reelle Funktion ist. f_t, g_t seien für alle $x \in X_t$, $u \in U_t$, und G_n sei für alle Argumente erklärt. Die *dynamische Optimierungsaufgabe* verlangt, eine Folge $u_1, \dots, u_n$ von Steuergrößen zu bestimmen, so daß die Zielfunktion (1) minimal (maximal) wird, unter Berücksichtigung der Bedingungen

$$x_{t+1} = f_t(x_t, u_t) , \quad t = 1, 2, \dots, n , \tag{2}$$

$$x_1 = x_a , \tag{3}$$

$$x_t \in X_t , \quad t = 1, 2, \dots, n + 1 , \tag{4}$$

$$u_t \in U_t , \quad t = 1, 2, \dots, n . \tag{5}$$

(1) wird infolge von (2) Funktion der n Steuergrößen $u_1, \dots, u_n$ und x_1. Die Aufgabe (1)—(5) nennt man auch Grundaufgabe der *optimalen Steuerung diskreter Systeme.* Die Folge $u_1, \dots, u_n$ heißt *Steuerung* oder *Politik.* (2) nennt man *dynamische Nebenbedingungen* (*Prozeßgleichungen, Stufentransformationen, Übergangsrelationen*) und (3), (4), (5) *statische Nebenbedingungen.* Die Gleichungen (2) müssen nicht unbedingt in analytischer Form vorliegen; sie können — wie auch (1) — tabellarisch gegeben sein. X_t, U_t können Teilmengen eines (Zustands-) Raumes X bzw. eines (Steuer- oder Entscheidungs-) Raumes U und stetige oder diskrete Punktmengen sein. Häufig ist die „Zielmenge" X_{n+1} ein gegebener Endzustand x_e. Das Folgenpaar $u_t, u_{t+1}, \dots, u_n$; $x_t, x_{t+1}, \dots, x_n, x_{n+1}$, dessen Elemente (2)—(5) erfüllen, heiße *zulässiger Teilprozeß* und $u_t, \dots, u_n$ zulässige Steuerung des Teilprozesses zum *Anfangszustand* x_t. Eine zulässige Steuerung $u_1, \dots, u_n$ zum Anfangszustand $x_1 = x_a$ heißt *optimal,* wenn sie (1) minimiert; den zugehörigen *Prozeß* nennt man

dann gleichfalls *optimal*. $G_{n-j}(g_{j+1}(x_{j+1}, u_{j+1}), \dots, g_n(x_n, u_n))$ bezeichne eine Bewertung des $(n-j)$-stufigen Teilprozesses zum Anfangszustand x_{j+1}.

Für die Anwendung der d. O. wird die *monotone Separabilität* der Zielfunktion G_n in (1) angenommen, d. h., es existieren Funktionen $H_t : \mathbb{R} \times \mathbb{R} \to \mathbb{R}$, $t = 2, \dots, n$, wachsend im 2. Argument, so daß sich G_n rekursiv aus

$$G_1(g_n) = g_n$$
$$G_{n-t}(g_{t+1}, g_{t+2}, \dots, g_n) = H_{n-t}(g_{t+1}, G_{n-t-1}(g_{t+2}, \dots, g_n)), \quad (6)$$
$$t = n-2, n-3, \dots, 1, 0,$$

ergibt. Diese Voraussetzung ist z. B. im Falle einer additiven Zielfunktion

$$G_n(g_1, \dots, g_n) = \sum_{t=1}^{n} g_t \quad \text{mit} \quad G_{n-i}(g_{i+1}, \dots, g_n) = \sum_{t=i+1}^{n} g_t,$$
$$H_{n-i}(g, h) = g + h \quad (7)$$

erfüllt.

Grundlage für das Verfahren der d. O. ist folgendes *Optimalitätsprinzip von Bellman*: Ist $u_1^*, u_2^*, \dots, u_t^*, \dots, u_n^*$ eine optimale Steuerung und $x_1^*, x_2^*, \dots, x_t^*, \dots, x_{n+1}^*$ die zugehörige Zustandsfolge, so gilt für jedes $t = 1, 2, \dots, n$: Die Steuerung $u_t^*, \dots, u_n^*$ bildet für den $(n-t+1)$-stufigen Teilprozeß bez. des Anfangszustandes x_t^* eine optimale Steuerung. Die sogenannten *Bellmanschen* (Wert-) *Funktionen* W_t für die Minimierung sind wie folgt definiert. Für $x = x_{t+1} \in X_{t+1}$ sei

$$W_t(x) = \inf \{G_{n-t}(g_{t+1}(x, u_{t+1}), g_{t+2}(x_{t+2}, u_{t+2}), \dots, g_n(x_n, u_n)) : u_{t+1}, \dots, u_n$$
$$\text{zulässig zum Anfangszustand } x\}, \quad t = 0, 1, \dots, n-1. \quad (8)$$

Wenn es keine Steuerung $u_{t+1}, \dots, u_n$ eines zulässigen Teilprozesses zum Anfangszustand $x_{t+1} = x$ gibt, setze man $W_t(x) = \infty$ und zweckmäßigerweise $H_i(r, \infty) = \infty$ für alle $r \in \mathbb{R}$, $i = 2, 3, \dots, n$. Die Infimalwerte $W_t(x)$ seien $> -\infty$, und es seien die Funktionen H_i im zweiten Argument stetig, oder die (endlichen) Infimalwerte $W_t(x)$ mögen als Minimalwerte angenommen werden (›[d] bzw. Arbeiten von BELLMAN bez. der Existenz der Minimalwerte).

$W_0(x_1)$ ist gerade der gesuchte minimale Wert der Zielfunktion (1). Unter diesen Voraussetzungen lassen sich die Bellmanschen Funktionen mit Hilfe folgender *Grundgleichungen* der d. O. (oder *Bellmanschen Gleichungen*) rekursiv berechnen:

$$W_{n-1}(x) = \inf \{g_n(x, u) : u \text{ zulässig zum Anfangszustand } x = x_n\},$$
$$W_t(x) = \inf_{u \in U_{t+1}(x)} H_{n-t}(g_{t+1}(x, u), W_{t+1}(f_{t+1}(x, u))), \quad (9)$$
$$x \in X_{t+1} \ (t = n-2, n-3, \dots, 0).$$

Das Verfahren der d. O. läuft dann wie folgt ab:

a) *Rückwärtsrechnung*: Für $t = n-1, \dots, 1, 0$ berechne man für „alle“ $x \in X_t$ gemäß (9) den Wert $W_t(x)$ und eine minimierende Größe $u_{t+1}(x)$, sofern es eine gibt. Auf jeder Stufe ist also ein einstufiges Optimierungsproblem im Raum $U_{t+1}(x)$ mit dem Parameter x zu lösen.

b) *Vorwärtsrechnung*: Optimale Steuer- und Zustandsfolgen $u_1^*, \dots, u_n^*$; $x_1^*, \dots, x_{n+1}^*$ werden unter Ausnutzung der Prozeßgleichung und der oben „auf Vorrat" berechneten Steuerfunktionen $u_t(\cdot)$ ermittelt:

$$x_1^* = x_1 = x_a; \; u_t^* = u_t(x_t^*), \; x_{t+1}^* = f_t(x_t^*, u_t^*), \; (t = 1, 2, \dots, n). \quad (10)$$

Liegt ein Maximumproblem vor, ist inf durch sup zu ersetzen. Bei der praktischen Anwendung wird es i. allg. nicht möglich sein, $W_t(\cdot)$ und $u_t(\cdot)$ formelmäßig zu berechnen. Dann wird empfohlen, den Zustandsbereich X_t durch ein Punktgitter zu überdecken und W_t, $u_t(\cdot)$ nach (9) nur für die Gitterpunkte zu berechnen. Falls auch andere Werte von W_t und $u_t(\cdot)$ benötigt werden, muß man interpolieren. Was die hierbei auftretenden numerischen Probleme und Vorschläge zu ihrer Bewältigung (z. B. das sog. *Suchschlauchverfahren*) betrifft, (›[d]). Der praktischen Anwendbarkeit der Methode sind durch den rechentechnischen Aufwand Grenzen gesetzt, da mit der Dimension der Steuer- und Zustandsvektoren der Speicherplatzbedarf ungeheuer anwächst. Ist auch die inverse Stufentransformation $x_t = \bar{f}_t(x_{t+1}, u_t)$ erklärt, kann das Optimum durch analoge W_t in einer Vorwärtsrechnung bestimmt werden. (Die Separabilitätsforderung muß dann aber hinsichtlich dieser Richtung modifiziert werden. Bei (7) ist diese Voraussetzung wieder erfüllt.) Dann ist z. B. das *Nicholson-Prinzip,* bei dem abwechselnd vom Prozeßanfang und -ende her optimiert wird, anwendbar (›[57]). Das Verfahren der d. O. läßt sich auch für den Fall modifizieren, daß „verzweigte" Systeme vorliegen oder aber der Systemzustand zusätzlich von bekannten oder nur bez. ihrer Wahrscheinlichkeit bekannten Parametern abhängt. Hierzu ›[c], [e], [f].

2. *Aufgabe der optimalen Steuerung stetiger Systeme*

Aus der Menge der rechtsseitig stetigen Funktionen sei eine Funktion $u(\cdot)$ gesucht, so daß

$$\int_{t_1}^{t_2} g\big(t, x(t), u(t)\big)\, dt \quad (11)$$

unter den Bedingungen

$$\begin{aligned} &\dot{x} = f\big(t, x, u(t)\big), \qquad t_1 \leqq t \leqq t_2, \\ &x(t_1) = x^1, \qquad x(t_2) \in S_2, \qquad u(t) \in U, \end{aligned} \quad (12)$$

minimal wird (t_1 feste, t_2 feste oder freie reelle Zahl, S_2 gegebene Zielmenge). Analog zu (8) ist für $x = x^1$, $t = t_1$ als Parameter

$$W(t, x) = \min \{\int_{t_1}^{t_2} g\big(s, x(s), u(s)\big)\, ds : x(\cdot), u(\cdot) \text{ erfüllen } (12)\}$$

die *Bellmansche Funktion.* Unter Ausnutzung der offensichtlichen Beziehung

$$W(t, x) = \min \{ \int_t^{t+\varepsilon} g(s, x(s), u(s))\, ds + W(t+\varepsilon, x(t+\varepsilon)) : u(s) \in U$$

$$\text{für } t \leqq s \leqq t+\varepsilon;\ x(\cdot)\ u(\cdot) \text{ erfüllen die Differentialgleichung in (12) und } x(t) = x\} \quad (13)$$

erhält man (durch „Reihenentwicklung" nach $\varepsilon, \varepsilon \to +0$, ›[a]) die *Bellmansche (Differential-) Gleichung*

$$\min_{u \in U} \left\{ g(t, x, u) + \frac{\partial W}{\partial x}(t, x) \cdot f(t, x, u) \right\} + \frac{\partial W}{\partial t}(t, x) = 0\,, \quad (14)$$

vorausgesetzt, W ist gebietsweise stetig partiell ableitbar. Falls $u^*(\cdot)$, $x^*(\cdot)$ optimal sind für (11), (12), so muß $u^*(t)$ jeweils Minimumstelle der Gleichung (14) mit $x = x^*(t)$ sein. Da (14) jedoch eine durch Minimumbildung verwickelte partielle Differentialgleichung ist und die Existenz stetiger partieller Ableitungen der Bellmanschen Funktionen keineswegs immer gesichert ist, ist dieser Weg für praktische Zwecke kaum geeignet. (Diskretisierung ermöglicht jedoch die Anwendung der diskreten d. O.). Gewisse Ergebnisse der Variationsrechnung und der optimalen Steuerung lassen sich allerdings auch mit Hilfe der d. O. motivieren (›[7], [e]). Es ist jedoch wichtig zu notieren, daß die d. O. von Hestenes und Boltjanski (›[7], [27]) in einem komplementären Sinn zu einer Theorie hinreichender Optimalitätsbedingungen für hypothetische Lösungen $x^*(\cdot)$, $u^*(\cdot)$ von Aufgaben optimaler Steuerung stetiger Systeme „umgearbeitet" worden ist. In dieser Theorie wird vorausgesetzt, daß eine stetige Funktion W von t, x gegeben, abgesehen von gewissen Ausnahmeflächenstücken (stückweise glatten Mengen) stetig partiell ableitbar ist und die Gleichung (14) erfüllt. Die jeweiligen Steuerwerte $u^*(t)$ seien Minimumstellen in der Bellman-Gleichung (14) mit $x = x^*(t)$, sofern t, x nicht auf den Ausnahmeflächenstücken liegt. Es sei $W(t_2, s) = 0$ für alle $s \in S_2$. Daraus wird (natürlich unter bestimmten weiteren Bedingungen) die Optimalität von $x^*(\cdot)$, $u^*(\cdot)$ abgeleitet. Eine Funktion W der beschriebenen Art kann man sich gelegentlich durch Lösung der Aufgabe (11), (12) für alle möglichen Startpunkte $(t, x) = (t_1, x^1)$ mit Hilfe des Maximumprinzips (›optimale Prozesse) verschaffen, indem man $W(t, x)$ gleich den Integralfunktionalwerten der Maximumprinziplösungen für die verschiedenen Startpunkte (t, x) setzt.

Lit.: [7], [8], [27], [57]

[a] Bellman, R. E.: Dynamic programming. The Rand Corp., Princeton University Press, Princeton 1957.

[b] Bellman, R. E., und S. E. Dreyfus: Applied dynamic programming. Princeton University Press, Princeton 1962.

[c] Biess, G., H. Erfurth, und E. Zeidler: Optimale Prozesse und Systeme. BSB B. G. Teubner Verlagsgesellschaft, Leipzig 1974.

[d] Neumann, K.: Operations Research Verfahren Bd. II. Carl Hanser-Verlag, München und Wien 1977.

[e] PIEHLER, J.: Einführung in die dynamische Optimierung. BSB B. G. Teubner Verlagsgesellschaft, Leipzig 1966.
[f] SEBASTIAN, H.-J., und N. SIEBER: Diskrete dynamische Optimierung. Akademische Verlagsgesellschaft Geest & Portig K.-G., Leipzig 1981.
[g] WHITE, D. J.: Dynamic programming. Oliver & Boyd, Edinburgh-London 1969.

E

Ecke ›Extremalpunkt einer konvexen Menge
Eckenpolyeder ›asymptotischer Algorithmus

effektiver Definitionsbereich: I. Es sei X eine beliebige Menge und $f : X \to \overline{R}$ ein erweitert reellwertiges Funktional (›Abbildung) auf X. Dann bezeichnet man die Menge

$$\operatorname{dom} f = \{x \in X : f(x) < \infty\}$$

als den e. D. von f.

II. ›Punkt-Menge-Abbildung.

effizienter Punkt ›Vektoroptimierung
Effizienzmenge ›Vektoroptimierung
Effizienzsatz ›Ersatzprobleme in der Vektoroptimierung
eigentlich effizienter Punkt ›Vektoroptimierung
eigentlich konvexes Polyeder ›Polyederzerlegung

eigentliches Funktional: Es sei X eine beliebige Menge. Ein erweitert reellwertiges Funktional (›Abbildung) $f : X \to \overline{R}$ heißt e. F., wenn gilt

(1) $f > -\infty$ d. h., $f(x) > -\infty$ für $x \in X$,

(2) $\operatorname{dom} f \neq \emptyset$ (›effektiver Definitionsbereich).

Der Begriff spielt eine große Rolle bei der Untersuchung konvexer (konkaver) Funktionale (›konvexe Funktion).

eigentliches Polyeder ›Polyederzerlegung
Einbettung ›Sobolew-Raum
eindimensionale Suche ›Verfahren zur Minimierung einer Funktion einer reellen Veränderlichen
einfache Iteration ›Verfahren zur Lösung von Gleichungssystemen
einfaches Transportproblem ›Optimierung auf Graphen
Eingabelungsverfahren ›Verfahren zur Minimierung einer Funktion einer reellen Veränderlichen

einseitige Approximation ›Approximationstheorie
einseitige Richtungsableitung ›Ableitungsbegriffe, ›konvexe Funktion

Ellipsoid-Verfahren: Unter E. versteht man eine Klasse von Iterationsverfahren. Sie wurden zur Lösung konvexer ›Optimierungsaufgaben von JUDIN/NEMIROWSKI 1976 und von SCHOR 1977 unabhängig voneinander vorgeschlagen und sind seit dem konstruktiven Beweis für die polynomiale Lösbarkeit linearer Optimierungsprobleme mit ganzzahligen Koeffizienten durch CHATSCHIJAN 1979, der eine Modifikation dieser Methoden ausnutzt, sehr bekannt geworden. JUDIN/NEMIROWSKI entwickelten ihren Lösungsvorschlag im Zusammenhang mit Komplexitätsuntersuchungen (›Komplexitätstheorie) der konvexen Optimierung durch Modifikation der Lewinschen Schwerpunktmethode. SCHOR gelangte zu seiner Familie von Methoden auf Grund von Überlegungen, wie lineare Transformationen im aktuellen Iterationspunkt bei Subgradientenverfahren (›Verfahren für nichtglatte Aufgaben) die Konvergenz beschleunigen können.

1. Der *Schor-Algorithmus* dient zur Minimierung einer konvexen Funktion $f: \mathbb{R}^n \to \mathbb{R}$.

Für ein $z \in \mathbb{R}^n$ mit $\|z\| = 1$ und ein $\alpha \geqq 0$ heißt der lineare Operator $R_\alpha(z) = I + (\alpha - 1)\, zz^\mathsf{T}$ (wobei I die $n \times n$-Einheitsmatrix und zz^T das dyadische Produkt von z mit sich selbst bezeichnet) *Raumdilatationsoperator* in Richtung z mit dem Koeffizienten α.

Mit $g(\bar{x})$ sei ein Subgradient (›Ableitungsbegriffe) von f im Punkt $\bar{x}$ bezeichnet, d. h.

$$f(\bar{x} + x) \geqq f(\bar{x}) + g^\mathsf{T}(\bar{x})\, x \quad \forall x \in \mathbb{R}^n.$$

Wenn f differenzierbar ist, so gilt $g(\bar{x}) = \nabla f(\bar{x})$. Für das Folgende sei vorausgesetzt:

(i) $\exists x^* \in \mathbb{R}^n : f(x^*) \leqq f(x) \quad \forall x \in \mathbb{R}^n$;

(ii) $\exists x^0 \in \mathbb{R}^n\ \exists r \in \mathbb{R},\ r \neq 0 : x^* \in \{x : \|x - x^0\| \leqq r\}$.

Schor-Algorithmus:

S1: Wähle $x^0 \in \mathbb{R}^n$, $B_0 = I$, $h_0 = \dfrac{r}{n+1}$. Setze $k = 0$.

S2: Berechne $g(x^k)$. Ist $g(x^k) = 0$, so ist x^k Minimalpunkt, andernfalls gehe zu S3.

S3: Berechne $z^k = \dfrac{B_k^\mathsf{T} g(x^k)}{\|B_k^\mathsf{T} g(x^k)\|}$.

S4: Bilde $x^{k+1} = x^k - h_k B_k z^k$.

S5: Berechne $B_{k+1} = B_k R_\beta(z^k)$, $\beta = \sqrt{\dfrac{n-1}{n+1}}$, wobei $R_\beta(z^k)$ der Raumdilatationsoperator in Richtung z^k mit dem Koeffizienten β ist.

S6: Bilde $h_{k+1} = h_k s$, $s = \dfrac{n}{\sqrt{n^2 - 1}}$.

S7: Setze $k := k + 1$ und gehe zu S2.

Für die so erzeugte Folge (x^k) gilt

$$\|B_k^{-1}(x^k - x^*)\| \leqq h_k(n+1)\,, \qquad k = 0, 1, 2, \dots,$$

woraus folgt, daß nach k Iterationen x^* im durch diese Ungleichung definierten Ellipsoid E_k mit dem Volumen $v(E_k) = v_0(q_n)^k$ liegt, wobei

$$q_n = \sqrt{\frac{n-1}{n+1}}\left(\frac{n}{n^2-1}\right)^n \approx 1 - \frac{1}{2n} < 1$$

ist. Die Volumina der Ellipsoide E_k nehmen mit der Rate q_n ab, die nur von der Dimension n, aber nicht von der konkreten zu minimierenden Funktion abhängt.

2. Der *Chatschijan-Algorithmus* besteht in einer Modifikation des Schor-Algorithmus zur Entscheidung der Lösbarkeit des strengen linearen Ungleichungssystems $(a^i)^\mathsf{T} x < b_i$, $i = 1, \dots, m$, mit $a^i \in Z^n$, $b_i \in Z$, $i = 1, \dots, m$. Chatschijan konnte zeigen, daß mit Hilfe der Inputlänge

$$L = \langle \sum_{i,j} {}^2\log(|a_{ij}| + 1) + \sum_i {}^2\log(|b_i| + 1) + {}^2\log mn + 1\rangle$$

in bits mit $\alpha \leqq \langle\alpha\rangle < \alpha + 1$ im Fall der Lösbarkeit des Ungleichungssystems zwei A-priori-Schranken erklärt sind:

a) eine für den Abstand einer Lösung x zum Koordinatenursprung durch $\|x\| \leqq 2^L$,

b) eine positive untere für das Volumen $v(\mathfrak{B})$ der Lösungspunkte in der Kugel $\|x\| \leqq 2^L$ durch $v(\mathfrak{B}) \geqq 2^{-L(n+1)}$.

Durch die Kombination der Schranken a) und b) mit der Rate q_n, mit welcher die Ellipsoide schrumpfen, erhielt Chatschijan eine polynomiale Schranke für die Anzahl der Iterationen zur Feststellung, ob $(a^i)^\mathsf{T} x < b_i$, $i = 1, \dots, m$, eine Lösung hat oder nicht. Den Chatschijan-Algorithmus in der vereinfachten Form von Gács/Lovász erhält man in folgender Weise:

$$f(x) = \max\{(a^i)^\mathsf{T} x - b_i : i = 1, \dots, m\} \to \min\,.$$

Wenn x^k nicht zulässig ist, so existiert ein i_k mit $(a^{i_k})^\mathsf{T} x^k - b^{i_k} \geqq 0$ und $g(x^k) = a^{i_k}$. Symmetrisiert man die Matrixberechnung in S5 des Schor-Algorithmus durch

$$B_k B_k^\mathsf{T} = \left(\frac{n^2-1}{n^2}\right)^k C_k\,, \quad \text{setzt in S3 } z^k = \frac{B_k^\mathsf{T} a^{i_k}}{\|B_k^\mathsf{T} a^{i_k}\|}$$

und startet mit $x^0 = 0 \in \mathbb{R}^n$, $B_0 = rI \Rightarrow C_0 = r^2 I$ sowie $h_0 = \dfrac{1}{n+1}$, so erhält man die Berechnungsformeln von Chatschijan für das Ellipsoid E_{k+1} durch

$$x^{k+1} = x^k - \frac{1}{n+1}\,\frac{C_k a^{i_k}}{((a^{i_k})^\mathsf{T} C_k a^{i_k})^{1/2}}\,,$$

$$C_{k+1} = \frac{n^2}{n^2-1}\left(C_k - \frac{2}{n+1}\,\frac{(C_k a^{i_k})\,(C_k a^{i_k})^\mathsf{T}}{(a^{i_k})^\mathsf{T} C_k a^{i_k}}\right).$$

Wählt man noch $r = 2^L$, so erzeugt der Algorithmus nach $O(n^2L)$ Iterationen eine Lösung, oder das Ungleichungssystem ist unlösbar. Der Chatschijan-Algorithmus stellt einen konstruktiven Beweis für die polynomiale Lösbarkeit linearer Optimierungsprobleme mit ganzzahligen Koeffizienten dar, da die Äquivalenz

$$\{x : (a^i)^\mathsf{T} x < b_i + 2^{-L}, i = 1, \dots, m\} \neq \emptyset$$
$$\Leftrightarrow \{x : (a^i)^\mathsf{T} x \leqq b_i, i = 1, \dots, m\} \neq \emptyset$$

gilt, und die Bestimmung eines zulässigen Punktes des letzten Systems vermöge der Dualitätstheorie (polynomial) äquivalent zur Lösung einer linearen Optimierungsaufgabe (›lineare Optimierung) ist. Der Chatschijan-Algorithmus stellt in erster Linie ein wichtiges theoretisches Ergebnis dar, da er die Vermutung bestätigt, daß das Zulässigkeitsproblem der linearen Optimierung innerhalb der Klasse $\mathcal{NP}$ nicht zu den notorisch schwierigen Problemen gehört, von denen man glaubt, daß sie durch deterministische Algorithmen nicht in weniger als exponentieller Zeit lösbar sind. Der Algorithmus hat zu einer Reihe beachtenswerter anderer Komplexitätsergebnisse geführt. Eine Konkurrenz zum ›Simplexverfahren stellt er in dieser Form auf Grund seiner großen Zahl von Iterationsschritten (in $O(n^2L)$ tritt L explizit auf) sowie der schlechten Konditionierung der Matrizen C_k nicht dar. Es wurde seit 1979 eine beachtliche Zahl von Modifikationen vorgeschlagen, die auf Parallelrechnern auch Probleme „mittlerer" Größe zufriedenstellend (vergleichbar mit dem ›Simplexverfahren) lösen konnten. Die Ellipsoid Algorithmen verbleiben jedoch im Blickpunkt zahlreicher Untersuchungen, insbesondere hinsichtlich ihrer Eignung für nichtglatte Optimierungsaufgaben (›Verfahren für nichtglatte Aufgaben).

Lit.: [62], [63]

[a] Akgül, M.: Topics in relaxation and ellipsoid methods. Pitman Advanced Publishing Program, Boston-London-Melbourne 1983.

[b] Judin, D. B., und A. S. Nemirowski (Юдин, Д. Б., и А. С. Немировский): Информационная сложность и эффективные методы решения выпуклых экстремальных задач. Экономика и мат. методы, **12** (1976) 2, 357–369.

[c] Schor, N. S. (Шор, Н. З.): Метод отсечения с растяжением пространства для решения задач выпуклого программирования. Кибернетика 1 (1977), 94–95.

[d] Chatschijan, L. G. (Хачиян, Л. Г.): Полиномиальный алгоритм в линейном программировании. ДАН СССР, **244** (1979) 5, 1093–1096.

Empfindlichkeitsfunktion ›Stabilität von Optimierungsproblemen, ›Lagrange-Funktion

Endzeit ›optimale Prozesse

energetische Norm ›Trefftz-Verfahren

Engpaßproblem ›stetige lineare Optimierung

entartete Basislösung ›lineare Optimierung, ›Simplexverfahren

Entscheidungsproblem der ›stochastischen Optimierung

Enumerationsverfahren: E. sind Lösungsverfahren für ›kombinatorische Optimierungsprobleme (oder speziell auch Aufgaben der ›diskreten Optimierung), bei denen alle zulässigen Lösungen (*vollständige E.*) oder gewisse Untermengen zulässiger Lösungen (*partielle E.*) explizit oder implizit erzeugt werden mit dem Ziel, eine Optimallösung auszusuchen. Ein E. ist bei größeren Problemumfängen nur dann numerisch brauchbar, wenn leicht handhabbare Kriterien vorliegen, mit denen die Nichtoptimalität von zulässigen Lösungen erkannt werden kann, ohne diese erst explizit erzeugen zu müssen, und der Anteil solcher von vornherein auszuschließender Lösungen hinreichend groß ist. Ein E. muß i. allg. der jeweiligen Problemstellung erst angepaßt werden. Spezielle E. sind die ›branch-and-bound-Verfahren und der ›additive Algorithmus.

Lit.: [35], [57]

Epigraph: Es sei X eine beliebige Menge und $f : X \to \overline{\mathbb{R}}$ ein erweitert reellwertiges Funktional (›Abbildung) auf X. Dann bezeichnet man die Menge

$$\operatorname{epi} f = \{(x, \mu) \in X \times \mathbb{R} : f(x) \leqq \mu\}$$

als den E. von f.
Zu abgeschlossener Epigraph ›Abbildung.

ε-aktive Restriktion ›Abstiegsverfahren
ε-optimale Steuerung ›stochastische Steuerprobleme
ε-Subdifferential ›Ableitungsbegriffe
ε-Subgradient ›Ableitungsbegriffe

ε-Verfahren von Balakrishnan: Dieses ist die Realisierung des ›Strafverfahrens für ›Steuerprobleme. Interpretiert an dem Steuerproblem (1), (2) in ›Verfahren von Pontrjagin muß für $1 \gg \varepsilon > 0$ die Aufgabe

$$J_\varepsilon(u, x) = \int_0^T f^0(t, x\ u)\,dt + \frac{1}{\varepsilon}\int_0^T \|x(t) - x^0 - \int_0^t f(s, x, u)\,ds\|^2\,dt +$$

$$+ \frac{1}{\varepsilon}\sum_{i=1}^m \int_0^T \|\Phi^i(t, x, u)\|^2\,dt \to \min, u(t) \in U \quad \forall t \in [0, T] \quad (1)$$

gelöst werden. Ist U durch Ungleichungen beschrieben, so lassen sich analog auch diese mit Straftermen an J_ε anfügen. GERMAIER hat Konvergenzsätze für Strafverfahren für Steuerprobleme bewiesen. In der Regel ist die Konvergenz aber langsam und die Ergebnisse sind ungenau. Effektive Verfahren für Steuerprobleme unter Ausnutzung von $J_\varepsilon(u, x)$ wurden von KONENKO, TAYLOR und SMITH und von BALAKRISHNAN ausgearbeitet (›[a], [41]).

Lit.: [1], [41]

[a] FEDORENKO, R. P. (Федоренко, Р. П.): Приближенное решение задач оптимального управления. Nauka, Moskau 1978.

Erdmann-Weierstraßsche Eckenbedingung ›Variationsrechnung
Erreichbarkeit ›Steuerbarkeit

Ersatzprobleme in der Vektoroptimierung: Sei $K \subseteqq \mathbb{R}^p$ ein nichtleerer abgeschlossener konvexer ›Kegel mit $K \cap (-K) = \{0\}$ und $\operatorname{int} K \neq \emptyset$. Sei $a : \mathbb{R}^p \to \mathbb{R}$ *strikt monoton*, auf $M \subseteqq \mathbb{R}^p$, d. h. $x, y \in M$ und

$$y - x \in K\,, \qquad x \neq y \Rightarrow a(x) < a(y)\,.$$

Ordnet man dem Vektoroptimierungsproblem (›Vektoroptimierung)

$$f(x) \to \min\,, \qquad x \in \mathfrak{B}\,, \tag{1}$$

mit $f : \mathbb{R}^n \to \mathbb{R}^p$ ein skalares Optimierungsproblem (›Optimierungsaufgabe) (Skalarisierung von (1))

$$a(z) \to \min\,, \qquad z \in f(\mathfrak{B})\,, \tag{2}$$

zu, so heißt (2) *Ersatzproblem* für (1), falls man mittels der Lösungen von (2) effiziente Punkte für (1) ermitteln kann. Es gilt folgende Aussage: Ist a strikt monoton auf $f(\mathfrak{B})$ und $z_0 \in f(\mathfrak{B})$ eine Lösung von (2), so ist z_0 ein effizienter Punkt für (1).

Als Ersatzprobleme, die den Voraussetzungen dieser Aussage genügen, sind für den Fall $K = \mathbb{R}^p_+$ Probleme der Form (2) gebräuchlich wobei a in folgender Weise gewählt wird:

$$a(z) = [\sum_{i=1}^{p} \alpha_i(z_i - \bar{v}_i)^q]^{1/q} \qquad (q \geqq 1;\ \textit{Normskalarisierung}) \tag{3}$$

mit den Parametern $\alpha_i > 0$, $i = 1, \dots, p$, und $q \neq 0$ sowie $\bar{v}$ mit

$$\bar{v}_i \leqq f_i^* = \inf \{f_i(x) : x \in \mathfrak{B}\} \quad \text{für} \quad q > 0\,,$$
$$\bar{v}_i < f_i^* \quad \text{für} \quad q < 0;$$

$$a(z) = \prod_{i=1}^{p} \alpha_i(z_i - \bar{v}_i)^{\beta_i} \tag{4}$$

mit den Parametern $\alpha_i > 0$, $\beta_i > 0$, $i = 1, \dots, p$, und $\bar{v}_i \leqq f_i^*$;

$$a(z) = \sum_{i=1}^{p} \alpha_i z_i \tag{5}$$

mit den Parametern $\alpha_i > 0$, $i = 1, \dots, p$, mit $\sum_{i=1}^{p} \alpha_i = 1$.

Für lineare Vektoroptimierungsprobleme hat man die Äquivalenz der Probleme (1) und (2) im Sinne des folgenden

Effizienzsatzes: $x_0 \in \mathfrak{B}$ ist genau dann funktional effizient (›Vektoroptimierung) für (1), wenn es Parameterwerte $\alpha_i > 0$, $i = 1, \dots, p$, gibt, so daß x_0 Lösung von (2) unter Benutzung von (5) ist.

Für konvexe Probleme, d. h., $\mathfrak{B}$ ist eine konvexe Menge und f_i, $i = 1, \dots, p$, sind konvexe Funktionen auf $\mathfrak{B}$, gilt eine entsprechende Aussage, falls man sich auf eigentlich-effiziente Punkte (›Vektoroptimierung) beschränkt.

Auf diese und andere Effizienzsätze stützen sich die meisten ›Lösungsverfahren für Vektoroptimierungsaufgaben zur Ermittlung gewisser effizienter Lösungen. Ebenso gewinnt man über Ersatzprobleme Optimalitätskriterien für (1) (›[a], [b], [c]).

Lit.: [a] Chankong, V., und Y. Y. Haimes: Multiobjective decision making: Theory and methodology. North-Holland, Amsterdam—New York—Oxford 1983.

[b] Podinowski, W. W., und W. D. Nogin (Подиновский, В. В., и В. Д. Ногин): Парето-оптимальные решения многокритериальных задач. Nauka, Moskau 1982.

[c] Zeleny, M.: Multiple criteria decision making. McGraw-Hill Book Comp., New York—Toronto—London 1982.

erste Variation ›Variationsrechnung, ›Ableitungsbegriffe
erweitert reellwertiges Funktional ›Abbildung

erweiterte Konvexität: Bei der Behandlung nichtkonvexer Optimierungsprobleme (›nichtkonvexe Optimierung) und damit verbundenen Untersuchungen zur ›Dualität, Sattelpunkttheorie (›Sattelpunkt), Hinlänglichkeit differentieller ›Optimalitätsbedingungen 1. Ordnung (›Kuhn-Tucker-Bedingungen) erweisen sich Erweiterungen des Konvexitätsbegriffes (›konvexe Funktion, ›konvexe Menge) als nützlich.

1. *Verallgemeinerung des Konvexitätsbegriffes auf Operatoren*

Seien X, Y lineare Räume, $M \subseteqq X$ konvex, $K \subseteqq Y$ ein konvexer ›Kegel mit $(-K) \cap K = \{0\}$. Man nennt den *Operator* $F : M \subseteqq X \to Y$ bez. des Kegels K *konvex* (auch *K-konvex* oder *kegelkonvex*), wenn gilt

$$\lambda F(x_1) + (1 - \lambda) F(x_2) - F(\lambda x_1 + (1 - \lambda) x_2) \in K \tag{1}$$

für beliebige $x_1, x_2 \in M$ und $\lambda \in [0, 1]$.

Sind X und Y topologische Vektorräume (›lokalkonvexer Raum) und existiert in Y eine Nullumgebungsbasis von Umgebungen V mit

$$V = (K + V) \cap (V - K),$$

dann lassen sich die für ›konvexe Funktionen bekannten Stetigkeitsaussagen weitgehend übertragen. Dies gilt z. B. für

$$Y = \mathbb{R}^m \quad \text{mit} \quad K = \{y : y_i \geqq 0, i = 1, \dots, m\} = \mathbb{R}^m_+ .$$

2. *Quasi- und Pseudokonvexität* (›[15], [f])

Unter Konvexitätsvoraussetzungen erweisen sich die lokalen ›Kuhn-Tucker-Bedingungen als hinreichend für das Vorliegen eines Minimums. Nimmt man die dort benötigten Eigenschaften konvexer Funktionen als Definition, so ergeben sich zwei wichtige Verallgemeinerungen des Konvexitätsbegriffes für Funktionen.

Seien $M \subseteqq \mathbb{R}^n$, $M \neq \emptyset$ und $f : M \to \mathbb{R}$. Dann heißt

a) f *(streng) pseudokonvex* auf der offenen Menge M genau dann, wenn f auf M differenzierbar ist und für beliebige $x_1, x_2 \in M$, $x_1 \neq x_2$, mit

$$f(x_1) < f(x_2) \ (f(x_1) \leqq f(x_2))$$

die Ungleichung $(x_1 - x_2)^T \nabla f(x_2) < 0$ gilt.

b) f *(streng) quasikonvex* auf der konvexen Menge M genau dann, wenn für beliebige $x_1, x_2 \in M$, $\lambda \in [0, 1]$ $(\lambda \in (0, 1))$ mit $f(x_1) < f(x_2)$ die Ungleichung

$$f(\lambda x_1 + (1 - \lambda) x_2) \underset{(<)}{\leqq} f(x_2)$$

gilt.

Es gelten die Aussagen:

(i) Jede konvexe Funktion ist quasikonvex und jede auf der offenen Menge M differenzierbare konvexe Funktion ist pseudokonvex.

(ii) Eine auf der konvexen Menge M stetige Funktion f ist genau dann quasikonvex, wenn jede Niveaumenge $N_\alpha = \{x \in M : f(x) \leqq \alpha\}$ konvex ist.

(iii) Wenn f auf der offenen Menge M pesudokonvex ist, und für ein $x^0 \in M$ gilt $\nabla f(x^0) = 0$, dann hat f in x^0 ein globales Minimum bez. M.

(iv) Seien f streng quasikonvex auf M und x^0 eine lokale Minimalstelle von f bez. M. Dann hat f in x^0 ein globales Minimum bez. M.

(v) Seien f pseudokonvex und g_i, $i = 1, \ldots, m$, quasikonvex und differenzierbar auf einer offenen konvexen Obermenge M des zulässigen Bereiches

$$\mathfrak{B} = \{x \in \mathbb{R}^n : g_i(x) \leqq 0, i = 1, 2, \ldots, m\}$$

des Optimierungsproblems

$$f(x) \to \min, \qquad x \in \mathfrak{B}. \tag{P}$$

Dann ist für jede Lösung $(x_0, y_0)^T$ der ›Kuhn-Tucker-Bedingungen von (P) x_0 eine globale Minimalstelle von f bez. $\mathfrak{B}$.

Eng verwandt mit den obigen Erweiterungen ist der Begriff der *unimodalen Funktion* (›[e]). Die Funktion $f : [a, b] \to \mathbb{R}$ heißt nach unten (nach oben) unimodal auf $[a, b]$, wenn f auf jedem abgeschlossenen Teilintervall $J \subseteqq [a, b]$ genau ein lokales Minimum (Maximum) besitzt. Eine differenzierbare Funktion ist auf $[a, b]$ genau dann nach unten unimodal, wenn f dort streng pseudokonvex ist.

3. *Verallgemeinerungen durch Modifikationen der Jensenschen Ungleichung* (›*konvexe Funktion*)

Seien $M \subseteqq \mathbb{R}^n$, $M \neq \emptyset$, $f : M \to \mathbb{R}$, und $x_1, x_2 \in M$, $\lambda \in [0, 1]$.

a) Ersetzen der Konvexkombination durch andere Mittelbildungen. Seien $H : M \to M$ eine eineindeutige Abbildung und $\psi : \mathbb{R}_+ \to \mathbb{R}_+$ streng monoton wachsend. f heißt *H-ψ-konvex* (*mittelbar konvex*) genau dann, wenn

$$f(H^{-1}[\lambda H(x_1) + (1 - \lambda) H(x_2)]) \leqq \psi^{-1}[\lambda \psi(f(x_1)) + (1 - \lambda) \psi(f(x_2))]. \tag{2}$$

Für $H(x) = x$ und $\psi(t) = t$ geht (2) in die *Jensensche Ungleichung* über.

b) Ersetzen von λ und $(1 - \lambda)$ durch λ^α bzw. $(1 - \lambda)^\alpha$ auf einer oder beiden Seiten der Jensenschen Ungleichung (BRECKNER).

Bei den unter a) und b) verwendeten Verallgemeinerungen kann unter zusätzlichen Voraussetzungen an H, ψ und α gezeigt werden, daß lokale Minima einer Funktion f auch globale Minima sind. Insbesondere ergibt sich für den Spezialfall

$$H(x) = x \quad \text{auf } M\,, \qquad \psi(t) = \exp(rt)\,, \qquad r > 0$$

aus (2) die Quasikonvexität von f.

Es zeigt sich, daß diese Konvexitätsbegriffe bei der Untersuchung von quadratischen Formen bez. Pseudo- und Quasikonvexität von großem Nutzen sind (›[h]).

c) Addition von Zusatztermen auf der rechten Seite der Jensenschen Ungleichung

$$f(\lambda x_1 + (1 - \lambda)\, x_2) \leqq \lambda f(x_1) + (1 - \lambda)\, f(x_2) + M(\lambda, x_1, x_2)\,.$$

Beispiele:

Bezeichnung der Konvexität	$M(\lambda, x_1, x_2)$
starke Konvexität	$-m\lambda(1 - \lambda)\, \|\|x_1 - x_2\|\|^2,\ m > 0\,,$
γ-Parakonvexität (ROLEWICZ)	$+m\lambda(1 - \lambda)\, \|\|x_1 - x_2\|\|^\gamma,\ m > 0,\ \gamma \geqq 1,$
K-Konvexität (SCARF)	$\lambda(1 - \lambda)\, K,\ K > 0\,.$

Diese Verallgemeinerungen implizieren eine *verallgemeinerte Stützung* (›Stützfunktional) von f. Es gilt die Aussage: Sei f differenzierbar auf der offenen Menge $M \subseteqq \mathbb{R}^n$. Dann ist

$$f(x) \geqq f(x^0) + \nabla f^{\mathsf{T}}(x^0)\,(x - x^0) + Q(x, x^0)\ \forall x, x^0 \in M\,, \tag{3}$$

wobei man $Q(x, x^0)$ folgendermaßen definiert:

$$Q(x, x^0) = \begin{cases} m\, \|x - x^0\|^2, & \text{falls } f \text{ stark konvex,} \\ -m\, \|x - x^0\|^\gamma, & \text{falls } f\ \gamma\text{-parakonvex,} \\ -K, & \text{falls } f\ K\text{-konvex,} \\ 0, & \text{falls } f \text{ konvex.} \end{cases}$$

Dieses sich ergebende verallgemeinerte Stützkonzept wird zur Ableitung starker Dualitätsaussagen (›Dualitätstheorie) für eine Reihe ›nichtkonvexer Optimierungsprobleme (vgl. 4.) benutzt.

4. *Definition einer verallgemeinerten Konvexität durch untere Einhüllende* (›[b], [d], [h], [a])

Sei $M \subseteqq \mathbb{R}^n$, $\Phi \subseteqq \mathbb{R}^M$, $\mathbb{R}^M$ Menge aller Abbildungen $h: M \to \mathbb{R}$. $f: M \to \mathbb{R}$ heißt *Φ-konvex* genau dann, wenn gilt

$$f(x) = \sup_{\substack{\varphi \in \Phi \\ \varphi \leqq f}} \varphi(x) \,,$$

wobei $\varphi \leqq h$ bedeutet $\varphi(x) \leqq h(x)\ \forall x \in M$. Die Teilmenge $A \subseteqq M$ heißt *Φ-konvex* genau dann, wenn gilt

$$A = \bigcap_{\substack{\alpha \in I \\ \varphi \in \Phi'}} \{x : \varphi(x) \leqq \alpha\}$$

für gewisse $I \subseteqq \mathbb{R}$ und $\Phi' \subseteqq \Phi$.

In dieser Theorie werden ein zugehöriger Begriff der Konjugation (h^* : Φ-Konjugierte von h) (›konjugierte Funktion)

$$h^*(\varphi) = \sup_{x \in M} \left(\varphi(x) - h(x)\right)$$

und der *Subdifferenzierbarkeit* (φ ist Φ-Subgradient (›Ableitungsbegriffe) von h in x^0)

$$h(x) - h(x^0) \geqq \varphi(x) - \varphi(x^0)\ \forall x \in M$$

benutzt.

Beispiele ($c \in \mathbb{R}$, x^0, $x^* \in \mathbb{R}^n$, $m > 0$ beliebig):

Bezeichnung der Konvexität	Struktur für $\varphi \in \Phi$
starke Konvexität	$\varphi(x) = c + x^{*\mathsf{T}} x + m \,\|\|x - x^0\|\|^2$
γ-Parakonvexität	$\varphi(x) = c + x^{*\mathsf{T}} x - m \,\|\|x - x^0\|\|^\gamma, \gamma > 1$ fest
(übliche) Konvexität	$\varphi(x) = c + x^{*\mathsf{T}} x$
Nadeltyp-Konvexität (Spezialfall)	$\varphi(x) = c - m \,\|\|x - x^0\|\|^\alpha, \alpha > 0$ fest

Es gilt für $\varphi(x) = c + x^{*\mathsf{T}} x$: f bzw. A sind Φ-konvex, genau dann, wenn f konvex und unterhalbstetig bzw. A konvex und abgeschlossen ist.

Benutzt man das Problem

$$f(x) \to \min\,, \qquad g(x) \in \mathbb{R}^m_+\,, \qquad x \in M\,, \tag{P$_0$}$$

die ›Lagrange-Funktion

$$L_\Phi(x, \varphi) = f(x) - \sup_{g(x) - y \in \mathbb{R}^m_+} \varphi(y) + \varphi(0) \quad x \in M, \quad \varphi: \mathbb{R}^m \to \mathbb{R}$$

und die Empfindlichkeitsfunktion (›Stabilität)

$$P(y) = \inf_{\substack{g(x) - y \in \mathbb{R}^m_+ \\ x \in M}} f(x)\,, \qquad y \in \mathbb{R}^m$$

dann gelten die folgenden starken Dualitätsaussagen

(i) P ist Φ-konvex in $y = 0$ genau dann, wenn

$$\sup_{\varphi \in \Phi} \inf_{x \in M} L_\Phi(x, \varphi) = P(0) .$$

(ii) $\varphi_0 \in \Phi$ ist genau dann Φ-Subgradient (˃Ableitungsbegriffe) von P in $y = 0$, wenn

$$\inf_{x \in M} L_\Phi(x, \varphi_0) = P(0) ,$$

wenn analog zum konvexen Fall das duale Zielfunktional gemäß $\psi_\Phi(\varphi) = \inf_{x \in M} L_\Phi(x, \varphi)$ auf Φ definiert wird.

5. *Weitere Konvexitätsbegriffe*

Untersucht werden Konvexitätsbegriffe auf gekrümmten Räumen sowie axiomatische Zugänge zum Konvexitätsbegriff in Verbindungsräumen.

Ein *Verbindungsraum* (oder *Konvexitätsraum*) ist ein topologischer Vektorraum X, (˃[c, g]), versehen mit einer Abbildung $[\![.,.]\!] : X \times X \to \{M : M \subseteqq X, M \text{ zusammenhängend}\}$, die die Eigenschaft

$$x_1, x_2 \in [\![x_1, x_2]\!] = [\![x_2, x_1]\!] \quad \text{für alle} \quad x_1, x_2 \in X$$

besitzt. Man benutzt Verbindungsräume, um eine erweiterte Konvexität mit z. B. „Kurven" zwischen zwei Punkten statt mit der durch zwei Punkte gegebenen Strecke zu bestimmen. Eine Untermenge K von X heißt dann konvex, falls $[\![x_1, x_2]\!] \subseteqq K$ für alle $x_1, x_2 \in K$ gilt.

Lit.: [15]

[a] Balder, E. J.: An extension of duality-stability relations to nonconvex optimization problems. SIAM J. Control Opt. **15** (1977) 329–343.

[b] Ben-Israel, A., und A. Ben-Tal: F-convex functions: properties and applications. In: [h], 301–334.

[c] Bryant, V. W., und R. J. Webster: Convexity spaces I, II. J. Math. Anal. Appl. **37** (1972), 206–213, und **43** (1973), 321–327.

[d] Dolecki, S., und R. Kurcyusz: On Φ-convexity in extremal problems. SIAM J. Contr. Optimization **16** (1978), 277–300.

[e] Donath, G., und K.-H. Elster: Über Eigenschaften unimodaler Funktionen. Wiss. Z. d. TH Ilmenau **18** (1972) 3, 103–120.

[f] Martos, B.: Nonlinear programming — theory and methods. Akademiai Kiado, Budapest 1975.

[g] Prenowitz, W., und J. Jantosciak: Geometries and join spaces. J. Reine u. Angew. Math. **257** (1972), 100–128.

[h] Schaible, S., und W. T. Ziemba (eds.): Generalized concavity in optimization and economics. Academic Press, New York–London 1981.

Erweiterungsprinzip: Das E. ist eine allgemeine Strategie zur Entwicklung von Algorithmen für die Lösung von Aufgaben der ›diskreten Optimierung. Algorithmen auf der Basis des E. sind wesentlich an der Hierarchie der Zielfunktionswerte orientiert.

Für die diskrete Optimierungsaufgabe

$$f(x) \to \min , \qquad x \in S \quad \text{mit} \quad 0 < \operatorname{card} S < \infty \tag{P}$$

wird eine Ersatzaufgabe

$$h(x) \to \min , \qquad x \in E \cap S \tag{Q}$$

formuliert. Die dabei verwendete (endliche oder unendliche) Menge E und die Funktion $h : E \to \mathbb{R}$ müssen den folgenden Forderungen genügen:

(i) $E \cap S \neq \emptyset$.

(ii) Es läßt sich ein $b_1 \in \mathbb{R}$ angeben, so daß $b_1 \leqq h(x)\ \forall x \in E \cap S$ gilt.

(iii) $\tilde{x} \in E \cap S \wedge h(\tilde{x}) = h(x^*) \Rightarrow f(\tilde{x}) = f(x^*)$.

Bemerkung: Die Lösbarkeit von (Q) folgt aus (i) und der Endlichkeit von S. Sei $x^* \in E \cap S$ eine Lösung von (Q).

Die Grundidee der Strategie besteht darin, bei der Bearbeitung der Ersatzaufgabe (Q) statt $E \cap S$ vorerst die „einfacher zu handhabende" Menge E zu benutzen. Dazu werden schrittweise Teilmengen U_k von E gebildet, deren Elemente auf Zugehörigkeit zu S überprüft werden. Auf diese Weise wird sukzessive die Menge der schon untersuchten Elemente von E erweitert.
Bei dieser Vorgehensweise wird eine monoton wachsende Folge $\{b_k\}$ verwendet, deren Glieder als Schranken für $h(x)$ dienen. Dabei ist b_1 entsprechend (ii) angebbar, und die Schranken b_k, $k \geqq 2$, werden entweder im Laufe des Vorgehens schrittweise berechnet, oder sie sind von vornherein gegeben. Zur Sicherung der Endlichkeit der Algorithmen wird für die b_k die folgende Eigenschaft gefordert:

(iv) Es existiert eine natürliche Zahl r mit $b_r > h(x^*)$.

Unter Verwendung der Schranken b_k werden nun die Teilmengen U_k gebildet. Dabei muß gelten:

(v) $T_q = \bigcup_{k=1}^{q} U_k \supseteqq \{x \in E \cap S : b_1 \leqq h(x) < b_{q+1}\}\,, \qquad q = 1, 2, \ldots, r-1\,.$

Für alle auf der Basis des E. entwickelten Algorithmen gilt die folgende Aussage:

Optimalitätskriterium 1: Für $T_q \cap S \neq \emptyset$ und

$$h(x^q) = \min_{x \in T_q \cap S} h(x) \leqq b_{q+1}$$

ist x^q Optimallösung von (P). Für $T_q \cap S = \emptyset$ oder $h(x^q) > b_{q+1}$ ist $h(x) \geqq$ $\geqq b_{q+1}\ \forall x \in E \cap S$.

Durch stärkere Forderungen an die U_k kann das Optimalitätskriterium 1 verbessert werden. Lassen sich die U_k so bilden, daß für die erste nichtleere

Menge $U_q \cap S$ die Beziehung

$$U_q \cap S = \{x \in E \cap S : b_q \leqq h(x) < b_{q+1}\}$$

erfüllt ist, dann gilt die folgende verschärfte Fassung des Optimalitätskriteriums.

Optimalitätskriterium 2: Für $U_k \cap S = \emptyset$, $k = 1, 2, \ldots, q-1$,

$$U_q \cap S = \{x \in E \cap S : b_q \leqq h(x) < b_{q+1}\} \neq \emptyset$$

und

$$h(x^q) = \min_{x \in U_q \cap S} h(x)$$

ist x^q Optimallösung von (P).

Durch die Verwendung oberer Schranken für den Optimalwert $h(x^*)$ von (Q) können die Algorithmen in vielen Fällen effektiver gestaltet werden. Ist ein $\bar{x} \in E \cap S$ bekannt, und wird nur eine Optimallösung (P) gesucht, dann können statt der U_k jetzt die Teilmengen

$$\tilde{U}_k = \{x \in U_k : h(x) < m := h(\bar{x})\}$$

verwendet werden. Wird ein $\hat{x} \in \tilde{U}_k \cap S$ gefunden, dann wird $m := h(\hat{x})$ gesetzt. Damit bilden die Werte, die m im Verlauf des Algorithmus annimmt, eine monoton fallende Folge oberer Schranken für $h(x^*)$.

Ist $\hat{x} \in E \cap S$ mit $m = h(\hat{x})$, dann gilt für die maximale Abweichung des Wertes $h(\hat{x})$ vom Optimalwert $h(x^*)$

$$h(\hat{x}) - h(x^*) \leqq m - b_k \,.$$

Damit ist eine Möglichkeit zur Einschätzung der Güte einer zulässigen Lösung $\hat{x}$ gegeben, wobei die Größe $m - b_k$ im Laufe des Algorithmus monoton fällt. Läßt sich aus b_k eine untere Schranke $\bar{b}_k$ für $f(x^*)$ ermitteln, dann gilt mit $\bar{m} = f(\hat{x})$ auch $f(\hat{x}) - f(x^*) \leqq \bar{m} - \bar{b}_k$.

Bei der Entwicklung eines Algorithmus nach dem E. sind die folgenden Operationen auszuführen bzw. Verfahren anzugeben.

S1: Definition einer Menge E und einer Funktion $h(x)$, so daß (i) bis (iii) erfüllt sind.

S2: Angabe einer Einschließung $b_1 \leqq h(x^*) \leqq m$.

S3: Schrittweise Ermittlung von b_{k+1} und $\tilde{U}_k$, so daß (iv) und (v) erfüllt sind.

S4: Angabe eines Verfahrens, mit dem in endlich vielen Schritten entweder

$$\tilde{T}_q \cap S = \Big(\bigcup_{k=1}^{q} \tilde{U}_k\Big) \cap S = \emptyset$$

festgestellt oder ein $\hat{x}$ mit

$$h(\hat{x}) = \min_{x \in \tilde{T}_q \cap S} h(x)$$

gefunden wird.

Durch passende Wahl von E, $h(x)$, b_k, U_k läßt sich das ›Schnittprinzip als spezielle Realisierung des E. begründen. Gleichermaßen kann man das ›Verzweigungsprinzip als spezielle Realisierung eines geringfügig verallgemeinerten E. darstellen.

Lit.: [54]

euklidische Norm ›Banach-Raum
Euler-Lagrangesche Gleichungen ›Variationsrechnung
Eulersche Bedingungen ›Variationsrechnung
Eulersche Linie ›Graphentheorie

Evolutionsgleichungen: Eine große Klasse von ›Steuerproblemen enthält unter ihren Prozeßgleichungen E. (›Steueraufgaben mit E.). Unter E. versteht man abstrakte, gewöhnliche Differentialgleichungen (bez. der Zeit), meist in einem ›Banach-Raum. E. 1. Ordnung entstehen durch funktionalanalytische Verallgemeinerungen aus Rand-Anfangswertaufgaben für partielle Differentialgleichungen, vorwiegend parabolischen Typs. Eine Lösung einer solchen E. ist somit als eine verallgemeinerte Lösung einer klassischen Rand-Anfangswertaufgabe aufzufassen. Es werden auch E. höherer Ordnung betrachtet, insbesondere solche 2. Ordnung, die Klassen von Rand-Anfangswertaufgaben für hyperbolische Differentialgleichungen erfassen.

Wesentliche Methoden zur effektiven Behandlung von E. und damit von Steuerproblemen mit E. sind die Theorie der Halbgruppen und die Theorie monotoner Operatoren (›Abbildung, ›Punkt-Menge-Abbildung).

1. *Zur Anwendung der Theorie der Halbgruppen*

Sei X im folgenden ein Banach-Raum. Eine Familie $\{T(t), 0 \leqq t < \infty\}$ von linearen, beschränkten Operatoren in X heißt *Halbgruppe*, wenn

$$T(s+t) = T(s)\,T(t)\ \forall s, t \geqq 0 \text{ und } T(0) = I$$

(I die identische Abbildung in X) erfüllt sind. Eine Halbgruppe $\{T(t)\}$ heißt *stark stetig*, wenn $T(\cdot)x$ stetig ist auf $[0, \infty)\ \forall x \in X$.

Der lineare Operator A in X mit den folgenden Festsetzungen heißt *infinitesimaler Erzeuger* der Halbgruppe $\{T(t)\}$:

$$D_A = \{x \in X : \lim_{h\to+0} (1/h)\,\big(T(h)\,x - x\big) \text{ existiert in } X\},$$

$$Ax = \lim_{h\to+0} (1/h)\,\big(T(h)\,x - x\big)\,, \qquad x \in D_A\,.$$

Für einen linearen Operator A in X bezeichne $\sigma(A)$ das *Spektrum* und $\varrho(A)$ die *Resolventenmenge* (d. h. das Komplement des Spektrums). $R(\lambda; A) = (\lambda I - A)^{-1}$ existiert für $\lambda \in \varrho(A)$ und heißt *Resolvente.*

Einen fundamentalen Zusammenhang zwischen Halbgruppen und infinitesimalen Erzeugern liefert der folgende *Satz von Hille-Yosida-Phillips*

(›[b]): Ein linearer, abgeschlossener Operator A mit in X dichtem Definitionsbereich D_A ist infinitesimaler Erzeuger einer stark stetigen Halbgruppe genau dann, wenn gilt: Es gibt reelle Zahlen $M > 0$, ω, so daß $\lambda \in \varrho(A)$ für $\lambda > \omega$ und

$$||R(\lambda; A^n)|| \leqq M(\lambda - \omega)^{-n}, \qquad n = 1, 2, \ldots \tag{1}$$

Mit der Theorie der Halbgruppen lassen sich bestimmte lineare E. und nichtlineare mit einem linearen Hauptteil erfassen. Es wird zunächst die folgende Evolutionsgleichung betrachtet:

$$x' = Ax, \qquad 0 \leqq t < \infty, \qquad x(0) = x_0. \tag{2}$$

Ist $x_0 \in D_A$ und A ein linearer, abgeschlossener Operator mit in X dichtem Definitionsbereich D_A, der (1) genügt, so hat (2) genau eine Lösung $x(\cdot)$, für die gilt: $x(t) \in D_A \ \forall t$, $x(\cdot)$ ist stetig und stetig differenzierbar. Die Lösung ergibt sich mit der von A erzeugten stark stetigen Halbgruppe $\{T(t)\}$:

$$x(t) = T(t)\, x_0, \qquad 0 \leqq t < \infty. \tag{3}$$

Die inhomogene lineare Evolutionsgleichung

$$x' = Ax + f(t), \qquad 0 \leqq t \leqq T, \qquad x(0) = x_0, \tag{4}$$

hat unter der Voraussetzung, daß $f\colon [0, T] \to X$ stetig differenzierbar ist,

$$x(t) = T(t)\, x_0 + \int_0^t T(t-s)\, f(s)\, ds, \qquad 0 \leqq t \leqq T, \tag{5}$$

als eindeutig bestimmte Lösung.

Die Gleichung (5) kann als Definitionsgleichung einer sog. verallgemeinerten oder schwachen Lösung von (4) aufgefaßt werden, wenn nur $x_0 \in X$ gilt und die Integrierbarkeit von f gefordert wird. Die so definierte Lösung hat i. allg. nicht die oben bei (2) genannten Eigenschaften. In gleicher Weise ist es möglich, Nichtlinearitäten in der Evolutionsgleichung zu berücksichtigen. Sei etwa

$$x' = Ax + f(t, x), \qquad 0 \leqq t \leqq T, \qquad x(0) = x_0, \tag{6}$$

zu lösen, so liefert (5) als verallgemeinertes Problem die Volterrasche Integralgleichung

$$x(t) = T(t)\, x_0 + \int_0^t T(t-s)\, f(s, x(s))\, ds, \qquad 0 \leqq t \leqq T. \tag{7}$$

Eine wichtige Erweiterung der E. (4) bezieht sich auf die t-Abhängigkeit des Operators A (L ≦ ›[a]):

$$x' = A(t)\, x + f(t), \qquad 0 \leqq t \leqq T, \qquad x(0) = x_0. \tag{8}$$

2. *Zur Anwendung der Theorie monotoner Operatoren*

Die Anwendung der Theorie monotoner Operatoren (›Abbildung) erlaubt es, E. der Gestalt

$$x' + A(x) = f, \qquad x(0) = x_0, \tag{9}$$

mit gewissen stark nichtlinearen Operatoren A zu behandeln. Dazu wird vorausgesetzt: V sei ein reflexiver und separabler ›Banach-Raum, der stetig und dicht in einen ›Hilbert-Raum H eingebettet ist. Die Identifizierung von H mit H^* liefert das charakteristische, sogenannte *Evolutionstripel* $V \subseteqq H \subseteqq V^*$. $(\cdot, \cdot)$ bezeichne die Bilinearform bez. V und V^* (›duale Räume), $\langle \cdot, \cdot \rangle_H$ bezeichne das Skalarprodukt in H. S sei das Zeitintervall $[0, T]$. Es sei $X = \mathbf{L}_p(S; V)$ mit $1 < p < \infty$, somit ist $X^* = \mathbf{L}_q(S; V^*)$ mit $1/p + 1/q = 1$ (›Sobolew-Räume). Sei $A: X \to X^*$ ein gegebener Volterra-Operator, d. h., aus $x(s) = y(s)$ für fast alle $s \in [0, t]$ folgt $A(x)(t) = A(y)(t)$ für fast alle $t \in s$; eine punktweise Definition $A(x)(t) = a(t, x(t))$, $t \in S$, mit $a: S \times V \to V^*$ ist nicht vorausgesetzt.

Seien $f \in X^*$, $x_0 \in H$ vorgegeben. Die Ableitung x' wird im Sinne der Distributionen (›Ableitungsbegriffe) über S mit Werten in V^* verstanden, wobei $x \in X$ vermöge $V \subseteqq H \subseteqq V^*$ als V^*-wertige Funktion aufgefaßt wird. Für eine Lösung $x \in X$ von (9) gilt damit $x' \in X^*$, mithin gehört x (evtl. nach Abänderung auf einer Menge vom Maße Null) zu $\mathbf{C}(S; H)$, so daß der Anfangswert $x_0 \in H$ sinnvoll ist.

Eine grundlegende Existenz- und Eindeutigkeitsaussage für die Evolutionsgleichung (9) ist die folgende (›[20], [60]): Ist $A + \lambda I: X \to X^*$ (I die Einbettung von X in X^* mittels des Evolutionstripels $V \subseteqq H \subseteqq V^*$) radialstetig, monoton und koerzitiv (›Abbildung) für ein $\lambda \geqq 0$, so besitzt die Evolutionsgleichung (9) genau eine Lösung $x \in X$. Die Lösung läßt sich mit Hilfe des ›Galerkin-Verfahrens gewinnen:

Sei $\{v^1, v^2, \ldots\}$ ein in V vollständiges System linear unabhängiger Elemente. Als n-te Näherung wird angesetzt:

$$x^n(t) = \sum_{i=1}^{n} \xi_i^n(t)\, v^i\,, \qquad t \in S\,, \tag{10}$$

mit $\xi_i^n(0) = \alpha_i^n$ so, daß $x_0^n = \sum_{i=1}^{n} \alpha_i^n v^i \to x_0$ in H für $n \to \infty$ gilt. Die zu erfüllenden Galerkin-Gleichungen sind

$$\begin{gathered} \langle (x^n)'(t), v^j \rangle_H + \big(A(x^n)(t), v^j\big) = \big(f(t), v^j\big)\,, \quad j = 1, \ldots, n\,, \\ x^n(0) = x_0^n\,, \end{gathered} \tag{11}$$

die ein System von gewöhnlichen Differentialgleichungen für $\xi_1^n, \ldots, \xi_n^n$ sind, falls A punktweise definiert ist. Unter den genannten Voraussetzungen gilt:

$$x^n \rightharpoonup x \quad \text{in } X \quad \text{und} \quad x^n \to x \text{ in } \mathbf{C}(S; H)\,.$$

Lit.: [20], [60, Bd. II]

[a] Friedman, A.: Partial differential equations. Robert E. Krieger Publ. Co., Huntington, New York 1976.

[b] Hille, E., und R. S. Phillips: Functional analysis and semigroups. Amer. Math. Soc., Providence, R. I. 1957.

Evolutionstripel ›Sobolew-Raum, ›Evolutionsgleichungen

exakte Straftechnik ›Strafverfahren

Existenz optimaler Steuerungen: Untersuchungen zur E. o. S. beschäftigen sich mit der Bereitstellung von Voraussetzungen an die Steueraufgabe, die die Existenz einer optimalen Steuerung sichern. Solche Untersuchungen findet man seit Beginn der 60er Jahre in großer Zahl, so Arbeiten von BERKOVITZ, CESARI, FILLIPOV, LEE und MARKUS, OLECH, ROCKAFELLAR, ROXIN u. a., siehe auch in Monographien von EKELAND/TEMAN [14], IOFFE/TICHOMIROW [29], WARGA [58], YOUNG [59].

Trotz der zahlreichen Einzelergebnisse ist die Existenztheorie für Aufgaben der optimalen Steuerung (mit Ausnahme der ›Steuerprobleme mit linearer Prozeßgleichung und konvexem Zielfunktional) keineswegs abgeschlossen. Einige wichtige Merkmale der bisherigen Untersuchungen sind die folgenden.

1. Die engen Beziehungen zwischen der Theorie optimaler Steuerung und der Variationsrechnung spiegeln sich auch in der Frage der Existenz von Lösungen ihrer Aufgaben wider. So ist gerade die Umformulierung von Aufgaben der optimalen Steuerung zu Variationsaufgaben ein methodisches Hilfsmittel zur Gewinnung von Existenzaussagen (siehe z. B. in [29]). Im allgemeinen sind auch die klassischen Existenzaussagen für Variationsprobleme von Nagumo und Tonelli in den Existenzaussagen für Steueraufgaben direkt oder indirekt enthalten, vgl. hierzu Punkt 3.

2. Die meisten Existenzaussagen für Aufgaben der optimalen Steuerung basieren auf dem *Weierstraßschen Satz,* daß eine auf einem topologischen Raum gegebene unterhalbstetige Funktion (›Abbildung) auf einer kompakten Teilmenge des topologischen Raumes (›lokalkonvexer Raum) ihr Minimum annimmt. Zum Nachweis der Kompaktheit der Menge der Trajektorien sind u. a. Auswahlsätze — nach denen unter bestimmten Voraussetzungen aus einer ›Punkt-Menge-Abbildung eine meßbare Punkt-Punkt-Abbildung „ausgewählt" werden kann — wesentlich, die zur Konstruktion einer gewünschten, zugehörigen Steuerung dienen.

3. Die recht einschneidenden, komplizierten und wenig anwendungsfreundlichen Voraussetzungen der erzielten Existenzaussagen stellen naturgemäß die Frage nach einer sinnvollen mathematischen Erweiterung der Problemstellung, um eine Lösung in einem abgeschwächten Sinn zu erhalten. *Hilbert* spricht in seinem *20. Problem* von einer „sinngemäßen Erweiterung" des Begriffs der Lösung, um zu entscheiden, „ob nicht jedes reguläre Variationsproblem" (somit auch ein Problem der optimalen Steuerung) „eine Lösung besitzt". Solche Erweiterungen gruppieren sich insbesondere um das Problem, ein nicht unterhalbstetiges Funktional „unterhalbstetig zu machen". Konkrete Erweiterungsmethoden, bei denen insbesondere die Art und Weise der Steuerung verallgemeinert wird, findet man z. B. in [c] (Gleitregime) und [58] (›verallgemeinerte Steuerungen) in Anlehnung an Verallgemeinerungen für Variationsprobleme von YOUNG und MCSHANE. Andersartige Methoden sind in [d] (zurückgehend auf eine Idee von BOGOLJUBOW) und [b] zu finden.

Beispiel: Für die folgende einfache Grundaufgabe der optimalen Steuerung mit festen Zeitpunkten t_1, t_2 wird eine Existenzaussage angegeben (›[14],

Kap. VIII, § 4.).

$$\int_{t_1}^{t_2} f_0(t, x(t), u(t))\,dt \to \min\,, \tag{1}$$

$$x'(t) = f(t, x(t), u(t))\,, \qquad t_1 \leqq t \leqq t_2\,, \tag{2}$$

$$x(\cdot)\ \text{absolutstetig},\ u(\cdot)\ \text{meßbar}\,, \tag{3}$$

$$x(t) \in X \quad \text{für alle} \quad t \in [t_1, t_2]\,, \tag{4}$$

$$u(t) \in U \quad \text{für fast alle} \quad t \in [t_1, t_2]\,, \tag{5}$$

$$x(t_1) = x_0\,. \tag{6}$$

Es wird folgendes vorausgesetzt: $X \subseteq \mathbb{R}^n$ sei abgeschlossen, $x_0 \in X$, $U \subseteq \mathbb{R}^m$ sei kompakt. $f : [t_1, t_2] \times \mathbb{R}^n \times U \to \mathbb{R}^n$ sei stetig, und es gelte:

a) $\forall \varepsilon > 0\ \exists K_\varepsilon > 0$:

$$||f(t, x, u) - f(t, y, u)|| \leqq K_\varepsilon\, ||x - y||\ \forall t \in [t_1, t_2]\,,$$

$$\forall u \in U\,, \quad \forall x, y \quad \text{mit} \quad ||x||, ||y|| \leqq \varepsilon;$$

b) $\exists l \geqq 0$:

$$|x^{\mathsf{T}} f(t, x, u)| \leqq l(1 + ||x||^2)\ \forall t \in [t_1, t_2]\,, \qquad x \in \mathbb{R}^n\,, \qquad u \in U\,.$$

$f_0 : [t_1, t_2] \times \mathbb{R}^n \times U \to \mathbb{R}$ genüge den Carathéodory-Bedingungen (›verallgemeinerte Steuerung), und es gelte $f_0(\cdot) \geqq 0$. Die Menge

$$\Omega(t, x) = \{(\alpha, z) \in \mathbb{R}^{n+1} : \exists u \in U : \alpha \geqq f_0(t, x, u)\,, \quad z = f(t, x, u)\}$$

sei konvex für alle $t \in [t_1, t_2]$ und $x \in \mathbb{R}^n$. (Offenbar ist diese Voraussetzung erfüllt, wenn U konvex, f_0 konvex in u und f affin in u sind.) Dann besitzt die Aufgabe (1)–(6) wenigstens eine optimale Steuerung.

Für allgemeinere Aufgabenstellungen, etwa mit variablen Zeitpunkten t_1, t_2 und Nebenbedingungen der Gestalt

$$x(t) \in X(t) \quad \text{für alle} \quad t \in [t_1, t_2]\,, \tag{4'}$$

$$u(t) \in U(t, x(t)) \quad \text{für fast alle} \quad t \in [t_1, t_2]\,, \tag{5'}$$

$$(t_1, x(t_1), t_2, x(t_2)) \in \mathfrak{B}\ (\subseteq \mathbb{R}^{2n+2}) \tag{6'}$$

anstelle von (4), (5), (6) sind weitere Voraussetzungen notwendig. Zu Existenzaussagen für Steueraufgaben mit Evolutionsgleichungen ›[a].

Lit.: [14], [27], [29], [58], [59]

[a] Ahmed, N. U., und K. L. Teo: Optimal control of distributed parameter systems. North-Holland, Amsterdam–New York–Oxford 1981.

[b] Ekeland, I.: Sur le controle optimal des systemes gouvernees par des equations elliptiques. J. funct. anal. **9** (1972), 1–62.

[c] Gamkrelidse, R. W. (Гамкрелидзе, Р. В.): Оптимальные скользящие режимы. ДАН СССР, **143** (1962), 1243–1245.

[d] Ioffe, A. D., und W. M. Tichomirow (Иоффе, А. Д., и В. М. Тихомиров): Расширение вариационных задач. Тр. ММО **18** (1968), 187–246.

Existenz von Lösungen von Optimierungsaufgaben: Für ›Optimierungsaufgaben $f(x) \to \min, x \in \mathfrak{B}$, kann man die Existenz optimaler Lösungen durch den Satz von Weierstraß nachweisen. Dabei spielt die schwache Folgenunterhalbstetigkeit des Zielfunktionals (›Abbildung) eine entscheidende Rolle. Sei B ein reeller ›Banach-Raum. Es gelten

Satz 1 (›[d]): Das reelle Funktional $f: B \to \mathbb{R}$ ist schwach folgenunterhalbstetig, wenn eine der folgenden Bedingungen erfüllt ist ($f': B \to B^*$ sei die Gâteaux-Ableitung, ›Ableitungsbegriffe):

1. f ›konvex, stetig,
2. f' monoton,
3. f' sei lokalbeschränkt und genüge

$$(x_n) \rightharpoonup x \Rightarrow \overline{\lim} \langle f'(x_n), x_n - x \rangle \geqq 0 . \tag{1}$$

Es gilt dann der folgende Satz über die Existenz optimaler Lösungen von allgemeinen Minimumproblemen

Satz 2 (›[d]): Unter den Voraussetzungen

a) $f: \mathfrak{B} \subseteqq B \to \mathbb{R}, \quad \mathfrak{B} \neq \emptyset$

b) B reeller reflexiver ›Banach-Raum,

c) $\mathfrak{B}$ schwach folgenabgeschlossen (z. B. $\mathfrak{B}$ abgeschlossen, konvex),

d) f schwach folgenunterhalbstetig,

e) $x_n \in \mathfrak{B}, \|x_n\| \to \infty \Rightarrow \overline{\lim} f(x_n) = \infty$

gilt:

(i) Das Minimumproblem $f(x) \to \min, x \in \mathfrak{B}$, hat eine Lösung x_0:

$$f(x_0) = \min_{x \in \mathfrak{B}} f(x) = m_0 .$$

(ii) Für Minimalfolgen (x_n) (›Optimierungsaufgabe) mit $x_n \in \mathfrak{B}$ folgt aus der schwachen Konvergenz gegen x_0' (d. h. $\langle x^*, x_n \rangle \to \langle x^*, x_0' \rangle \; \forall x^* \in B^*$), daß x_0' Lösung ist: $x_0' \in \mathfrak{B}, f(x_0') = m_0$.

Die Sätze 1 und 2 fassen wesentliche Resultate über die Existenz optimaler Lösungen von allgemeinen Minimumproblemen auf der Grundlage der Monotonielehre von Operatoren zusammen (›[a], [b]). Auch aus ›Fixpunktsätzen, ›Trennungssätzen, ›Alternativsätzen, dem Zusammenhang von Optimierungsaufgaben und Variationsungleichungen (z. B. ›Ritz-Verfahren, ›Trefftz-Verfahren) lassen sich Existenzaussagen für Optimierungsaufgaben herleiten.

Lit.: [a] Browder, F. E.: Variational methods for nonlinear elliptic eigenvalue problems. Bull. Amer. Math. Soc. **71** (1965), 176–183.

[b] Hess, P.: A variational approach to a class of nonlinear eigenvalue problems. Proc. Amer. Math. Soc. **29** (1971) 2, 227–276.

[c] Langenbach, A.: Vorlesungen zur höheren Analysis. VEB Deutscher Verlag der Wissenschaften, Berlin 1984.

[d] Zeidler, E.: Lokale und globale Verzweigungsresultate für Variationsungleichungen. Math. Nachr. **71** (1976), 37–63.

exponierter Punkt ›strikt konvexe Menge
Extremalaufgabe ›Optimierungstheorie
extremaler Unterraum ›Approximationstheorie

Extremalprinzipien der Physik: Zustände physikalischer Systeme werden i. allg. durch Lösungen von Differentialgleichungen beschrieben. Lassen sich diese Zustandsgleichungen als Euler-Gleichungen eines entsprechenden Variationsproblems (›Variationsrechnung) deuten, so sagt man, daß dem physikalischen System ein Extremalprinzip zugrunde liegt. Unter allen Zuständen, die gewissen analytischen Bedingungen sowie Rand- und Nebenbedingungen genügen, tritt derjenige ein, für den die erste Variation eines entsprechenden Zielfunktionals verschwindet (i. allg. für den das Zielfunktional minimal wird). Wir geben einige Beispiele an:

1. *Fermatsches Prinzip*

Unter gewissen Einschränkungen gilt: Die Bahn des Lichtes durch ein Medium verläuft so, daß die Zeit

$$T = \int_0^T \mathrm{d}t = \int_{P_0}^{P_1} \frac{\mathrm{d}s}{v} = \frac{1}{c} \int_{P_0}^{P_1} n\,\mathrm{d}s$$

(mit s Bogenlänge, v Geschwindigkeit, c Lichtgeschwindigkeit im Vakuum, n Brechungsindex) minimal wird. Allgemein ist der Lichtstrahl als diejenige Bahnkurve gekennzeichnet, für die $\delta \int_{P_0}^{P_1} n\,\mathrm{d}s = 0$ wird ($\int_{P_0}^{P_1} n\,\mathrm{d}s$ Lichtweg).

2. *Hamilton-Prinzip*

Sei T die kinetische und U die potentielle Energie eines konservativen mechanischen Systems, $T - U$ das (nach Helmholtz) kinetische Potential. Das Prinzip besagt, daß die Differentialgleichungen der Mechanik für diese Systeme aus $\delta \int_{t_0}^{t_1} (T - U)\,\mathrm{d}t = 0$ folgen. Es werden alle mit dem System verträglichen Bahnkurven als Vergleichskurven zugelassen, die durch zwei feste Punkte P_0, P_1 mit den zugeordneten Zeiten t_0, t_1 durchgehen.

3. *Jacobische Form des Prinzips der kleinsten Wirkung*

Unter allen Bahnkurven mit festem Anfangs- und Endpunkt S_0, S_1 und konstanter Energie E tritt diejenige ein, für die

$$\delta \int_{S_0}^{S_1} \sqrt{E - U}\,\mathrm{d}s = 0$$

gilt.

4. *Dirichlet-Prinzip*

In einem konservativen System stellt sich die Gleichgewichtslage genau dann ein, wenn die potentielle Energie des Systems minimal ist.

Die Suche nach einem den Zustandsgleichungen zugeordneten Variationsproblem nennt man das *Umkehrproblem* der *Variationsrechnung*: Unter welchen Bedingungen lassen sich gegebene Differentialgleichungen als Euler-Gleichungen eines Variationsproblems auffassen, und wie muß das zugehörige Zielfunktional aussehen? Wesentliche Antworten zu diesem Problem liefert die Theorie der (monotonen) Potentialoperatoren (›Punkt-Menge-Abbildungen) (›[a]). Vorteile der Extremalprinzipien sind

a) die übersichtliche Form einiger Naturgesetze ohne Bezugnahme auf spezielle Koordinatensysteme und

b) die Verwendung von ›direkten Methoden der ›Variationsrechnung bei der näherungsweisen Lösung von Zustandsgleichungen.

Zu einigen Extremalprinzipien existieren *reziproke* (= *konjugierte* oder *komplementäre*) Variationsprobleme (›Maximumprinzip und ›Trefftz-Verfahren, ›[19, Kap. VIII] und [b]). Sie dienen bei Minimumaufgaben zur Gewinnung *unterer Schranken für den Minimalwert* (›[31]) und lassen sich nach der modernen Dualitätstheorie als Dualaufgaben auffassen (›Dualität bei Steueraufgaben, ›[56], [60, III, S. 31, S. 171/2, II. S. 49], [c]).

Lit.: [19], [31], [56], [60]

[a] Wainberg, M. M. (Вайнберг, М. М.): Вариационный метод и метод монотонных операторов. Nauka, Moskau 1972.

[b] Arthurs, A. M.: Complementary variational principles. Clarendon Press, Oxford 1970.

[c] Temam, R.: Dual variational principles in Mechanics and Physics. In: Fiacco, A. V., und K. O. Kortanek (eds.): Semi-infinite programming and applications. Lecture Notes in Econ. and Math. Systems, 215 Springer-Verlag, Berlin—Heidelberg—New York 1983.

Extremalpunkt einer konvexen Menge: Sei X ein linearer Raum und $K \subseteqq X$ eine ›konvexe Menge. Der Punkt $z \in K$ heißt *Extremalpunkt* von K, falls eine Darstellung

$$z = \lambda x + (1 - \lambda) y\,, \qquad 0 < \lambda < 1;\ x, y \in K\,,$$

nur für $x = y$ existiert. $z \in K$ ist genau dann Extremalpunkt, wenn $K \setminus \{z\}$ konvex ist. Extremalpunkte werden in ›Darstellungssätzen für konvexe, kompakte Mengen benötigt und spielen als Optimalstellen in der ›linearen Optimierung eine wichtige Rolle.

Bei ›polyedrischen Mengen im $\mathbb{R}^n$ wird synonym für den Begriff Extremalpunkt der Begriff *Ecke* verwendet. Er entspricht dem algebraischen Begriff der ›zulässigen Basislösung des die Menge beschreibenden Gleichungs- und Ungleichungssystems.

Die Einheitskugel des $\mathbf{L}_1[0, 1]$ hat keine Extremalpunkte. Nach dem Satz von Krejn-Milman (›Darstellungssätze konvexer kompakter Mengen) kann sie daher nicht kompakt sein. Folglich existiert kein ›Banach-Raum B, dessen Dualraum B^* isomorph zu $\mathbf{L}_1[0, 1]$ ist.

Lit.: [39]
[a] PEROLD, A. F.: Extreme points and basic feasible solutions in continuous time linear programming. SIAM J. Control and Optimization **19** (1981) 1, 52–63.

Extremalpunktlösungen ›Struktur optimaler Lösungen
Extremalstelle ›Optimierungsaufgabe
Extremalwertfunktion ›Stabilität von Optimierungsproblemen, ›parametrische Optimierung

F

Farkas, Lemma von ›Alternativsätze
Feldgleichung ›Variationsrechnung
Fenchel, Dualitätssatz von ›Dualität in der Optimierung
Fenchel-Konjugierte ›konjugierte Funktion
Fenchel-Ungleichung ›konjugierte Funktion
Fermat-Problem ›Standortproblem
Fermatsches Prinzip ›Extremalprinzipien der Physik
Fibonacci-Suche ›Verfahren zur Minimierung einer Funktion einer reellen Veränderlichen
Fibonacci-Zahlen ›Verfahren zur Minimierung einer Funktion einer reellen Veränderlichen
Figuratrixkörper ›Dualität in der Steuertheorie
Filtermethode ›additiver Algorithmus
finite Aufgaben ›Optimierung in allgemeinen Räumen
finite Elemente ›Galerkin-Verfahren

Fixkostenproblem: Das F. ist ein spezielles diskretes Optimierungsproblem (›diskrete Optimierung), das im einfachsten Fall die Gestalt

$$z = \sum_{j=1}^{n} (c_j x_j + d_j g_j) \to \max\,, \qquad d_j \leqq 0\,, \qquad j = 1, \dots, n\,,$$

$$Ax = b$$

$$x \geqq 0$$

$$g_j = \begin{cases} 0, & \text{wenn } x_j = 0\,, \\ 1, & \text{wenn } x_j > 0\,, \end{cases} \qquad j = 1, \dots, n\,, \tag{1}$$

hat. Die fixen Kosten d_j treten nur dann auf, wenn die zugehörige Variable x_j positiv ist. Sind für alle x_j obere Schranken ξ_j bekannt, so ist die Bedingung (1) äquivalent zu

$$x_j - \xi_j g_j \leqq 0\,, \qquad 0 \leqq g_j \leqq 1\,, \qquad g_j \text{ ganz}, \qquad j = 1, \dots, n\,,$$

das Problem ist auf ein Problem der gemischten ›Null-Eins-Optimierung zurückgeführt, und es können Lösungsverfahren für diesen Aufgabentyp angewendet werden. In komplizierteren Fällen können auch mehrere Niveaus für fixe Kosten, nichtlineare Nebenbedingungen usw. auftreten.

Fixpunktsätze: Durch geschickte Formulierung lassen sich manche ›Optimierungsaufgaben, ›Komplementaritätsprobleme oder Fragestellungen der ›Spieltheorie so darstellen, daß F. (›[b]) angewendet werden können. So kann ein Komplementaritätsproblem ($g : \mathbb{R}^n_+ \to \mathbb{R}^n$ gegeben):

$$\text{Ges. } x \in \mathbb{R}^n_+ \text{ mit } g_i(x) \geqq 0\,, \quad i = 1, \dots, n\,, \quad x^{\mathsf{T}} g(x) = 0\,,$$

als Fixpunktproblem formuliert werden:

$$\text{Ges. } x \in \mathbb{R}^n_+ \text{ mit } f(x) = x\,,$$

wobei $f_i(x) = \max\,\{x_i - g_i(x), 0\}$, $i = 1, \dots, n$, $f(x) = \big(f_1(x), \dots, f_n(x)\big)^{\mathsf{T}}$ zu setzen ist. Ebenso können Optimallösungen konvexer Optimierungsaufgaben als Fixpunkte von ›Punkt-Menge-Abbildungen beschrieben werden: x^* ist Minimalstelle von $f(x) \to \min$, $x \in \mathbb{R}^n$ genau dann, wenn $0 \in \partial f(x^*)$, und dies gilt genau dann, wenn $x^* \in x^* - \partial f(x^*)$ ist, x^* also Fixpunkt der Punkt-Menge-Abbildung F mit $F(x) = x - \partial f(x)$ ist. Diese ist (für f abgeschlossen, konvex) oberhalbstetig. Beweis und algorithmische Auswertung ›[c].

Folgende F. sind für die Optimierung bedeutsam:

1. *F. von Brouwer*: Ist $K \subseteqq \mathbb{R}^n$ eine kompakte nichtleere ›konvexe Menge und $f : K \to K$ eine stetige ›Abbildung, dann existiert ein $x^* \in K$ mit $x^* = f(x^*)$, d. h., f besitzt einen Fixpunkt.

Für den Fall, daß K ein n-dimensionales Simplex ist (›Polyederzerlegung), gelang es Scarf (›[c]) einen auf kombinatorischen Ideen basierenden Algorithmus zu beschreiben, der über immer feinere simpliziale Zerlegungen (›Polyederzerlegung) Fixpunkte approximativ bestimmt (›[a]). Solche Algorithmen fanden breite Anwendung bis hin zur Lösung nichtlinearer Gleichungssysteme (›[d]).

2. *F. von Kakutani* (›[60]): Ist $K \subseteqq \mathbb{R}^n$ eine konvexe, kompakte nichtleere Menge und ψ eine oberhalbstetige ›Punkt-Menge-Abbildung, die jedem $x \in K$ eine nichtleere konvexe Teilmenge $\psi(x) \subseteqq K$ zuordnet. Dann existiert ein $x^* \in K$ mit $x^* \in \psi(x^*)$.

Lit.: [24], [60], [62]

[a] Hoang Tuy: A modification of Scarf's algorithm. Math. Operationsforsch. u. Statist., Ser. optimization, **9** (1978) 3, 357–372.

[b] Istratescu, V. I.: Fixed point theory, an introduction. D. Reidel Publishing Company, Dordrecht–Boston–London 1981.

[c] LÜTHI, H.-J.: Komplementaritäts- und Fixpunktalgorithmen in der mathematischen Programmierung, Spieltheorie und Ökonomie. Lecture Notes in Economics and Math. Systems 129, Springer-Verlag, Berlin—Heidelberg—New York 1976.

[d] TODD, M. J.: The computation of fixed points and applications. Lecture Notes in Economics and Math. Systems 124, Springer-Verlag, Berlin—Heidelberg—New York 1976.

Fletcher-Reeves-Verfahren ›konjugiertes Gradientenverfahren

Fletcher-Verfahren: Das F. ist ein Verfahren zur Lösung einer streng konvexen quadratischen Optimierungsaufgabe (›quadratische Optimierung)

$$\min \{\tfrac{1}{2} x^\mathsf{T} C x + p^\mathsf{T} x : Ax \leqq b\}. \tag{1}$$

Es stellt eine Verbindung des Verfahrens zur Lösung quadratischer Optimierungsaufgaben mit Gleichungsrestriktionen mit einer Aktive-Restriktionen-Strategie (›Verfahren für Aufgaben mit linearen Ungleichungsrestriktionen) dar.

Im k-ten Schritt der Iteration wird unter Verwendung des Iterationspunktes x^k die Indexmenge

$$I_k = \{i : a_i^\mathsf{T} x^k - b_i = 0\} \tag{2}$$

der ›aktiven Restriktionen bestimmt und die quadratische Optimierungsaufgabe

$$\min \{\tfrac{1}{2} s^\mathsf{T} C s + (p^k)^\mathsf{T} s : a_i^\mathsf{T} s = 0, i \in I_k\} \tag{3}$$

mit $p^k = p + Cx^k$ gelöst. Die zugehörigen Werte u_i^k, $i \in I_k$, der dualen Variablen ergeben sich bei Anwendung der verallgemeinerten Elimination (›quadratische Optimierung) mit Hilfe der dort erklärten Matrix S gemäß $u^k = Sq^k$, wobei der Vektor u^k die Komponenten u_i^k, $i \in I_k$, besitzt. Zusammen mit den Regeln für den Wechsel der Indexmenge I_k ergibt sich der folgende Algorithmus:

S0: Gegeben sei ein Punkt x^0 mit $Ax^0 - b \leqq 0$. $k := 0$.

S1: Bestimme I_k.

S2: Test: $s^k = 0$ Lösung von (3)? $\xrightarrow{\text{nein}}$ gehe zu S6.

S3: Bestimme die dualen Variablen u_i^k $(i \in I_k)$.

S4: Test: $u_q^k = \min\limits_{i \in I_k} u_i^k \geqq 0$? $\xrightarrow{\text{ja}}$ Ende.

S5: Streiche q aus I_k.

S6: Bestimme s^k als Lösung von (3).

S7: Ermittle α_k aus der Vorschrift

$$\alpha_k = \min\left(1, \min_{i \in \bar{I}_k} \frac{a_i^\mathsf{T} x^k - b_i}{a_i^\mathsf{T} s^k}\right),$$

wobei $\bar{I}_k = \{i : i \notin I_k : a_i^\mathsf{T} s^k < 0\}$ ist. Falls $\alpha_k < 1$, bestimme p mit

$$\alpha_k = \frac{a_p^\mathsf{T} x^k - b_p}{a_p^\mathsf{T} s^k}.$$

S8: Setze $x^{k+1} = x^k + \alpha_k s^k$.

S9: Falls $\alpha_k < 1$, setze $I_{k+1} = I_k \cup \{p\}$.

S10: Setze $k := k + 1$, gehe zu S2.

Die Konvergenz des F. kann unter der Voraussetzung gezeigt werden, daß, ähnlich wie in der ›linearen Optimierung, Entartung hinsichtlich der Restriktionen ausgeschlossen wird. Der Vorteil der Vorgehensweise besteht in der möglichen effektiven Behandlung von (3) beim Übergang von einer Indexmenge zu einer anderen durch Aufdatierungsformeln (›Newton-Verfahren) [21].

Lit.: [21], [63]

Fluß: Ist jedem Bogen u_i eines Graphen $G = (X, U)$ mit $U = \{u_1, \dots, u_m\}$ (›Graphentheorie) eine reelle Zahl (oder Variable) φ_i zugeordnet, so heißt $\varphi = (\varphi_1, \dots, \varphi_m)^T$ ein F. auf G. Ist $A \subseteq X$, dann heißt $\Phi(A) = \Phi^+(A) - \Phi^-(A) = \sum_{u_i \in \omega^+(A)} \varphi_i - \sum_{u_i \in \omega^-(A)} \varphi_i$ die *Ergiebigkeit* von A bez. φ. Es gilt $\Phi(A) = \sum_{x \in A} \Phi(x)$, insbesondere $\Phi(X) = 0$.

Unter einem *Strom* auf G versteht man einen F. φ, für den $\Phi(x) = 0$ $\forall x \in X$. Diese Knotenpunktregel kann auch als Bedingung $\langle \varphi, \omega(x) \rangle = 0$ $\forall x \in X$ geschrieben werden, wobei $\omega(x)$ der zum Knotenpunkt x gehörige Cozyklus (›Zyklus) ist. Die Menge Φ aller Ströme auf G ist ein linearer Unterraum des $\mathbb{R}^m$. Jeder ›Zyklus ist ein Strom. Ist $H = (X, V)$ ein Gerüst von G, (›Graphentheorie) so ist φ durch seine Komponenten auf $U \setminus V$ eindeutig bestimmt, $|U \setminus V| = k(G)$ nennt man die zyklomatische Zahl.

Ein F. $\vartheta = (\vartheta_1, \dots, \vartheta_m)^T$ heißt eine *Spannung* auf G, wenn für alle (elementaren) ›Zyklen μ von G die Spannungsregel gilt:

$$\sum_{u_i \in \mu^+} \vartheta_i - \sum_{u_i \in \mu^-} \vartheta_i = \langle \vartheta, \mu \rangle = 0\,.$$

Die Menge Θ aller Spannungen auf G ist ein linearer Unterraum des $\mathbb{R}^m$ und orthogonal zu Φ. Jeder Cozyklus $\omega(A)$ ist eine Spannung. ϑ ist durch seine Komponenten auf den Bögen V eines Gerüstes $H = (X, V)$ eindeutig bestimmt, $|V| = l(G)$ ist die cozyklomatische Zahl. Ein Vektor $\vartheta \in \mathbb{R}^m$ ist genau dann eine Spannung auf G, wenn ein *Potential* $t(x)$, $x \in X$ existiert, so daß gilt:

$$\vartheta_i = t\ (\text{Endpunkt von } u_i) - t\ (\text{Anfangspunkt von } u_i),\ \forall u_i \in U\,.$$

$t(x)$ ist durch ϑ bis auf eine additive Konstante eindeutig festgelegt.

Lit.: [4]

folgenunterhalbstetig ›Abbildung
Ford-Fulkerson-Algorithmus ›Optimierung auf Graphen
Fortsetzungssätze ›Hahn-Banach-Theorem
Fréchet-Ableitung ›Ableitungsbegriffe

Fréchet-Differential ›Ableitungsbegriffe
Fréchet-Gradient ›Ableitungsbegriffe
freie ›**Optimierungsaufgabe**
freies rechtes Ende ›optimale Prozesse
Fundamentalsystem von Umgebungen ›lokalkonvexer Raum
Funktion ›Abbildung
Funktional ›Abbildung
funktional-effizienter Punkt ›Vektoroptimierung
fuzzy set ›unscharfe Menge
fuzzy-Optimierung ›unscharfe Menge

G

Galerkin-Petrow-Verfahren ›Galerkin-Verfahren

Galerkin-Verfahren: Das G. ist ein Näherungsverfahren aus der Klasse der *Projektionsverfahren* zur Lösung von Variationsproblemen, die z. B. als Variationsungleichungen (bzw. Variationsgleichungen im Fall, daß K ein Unterraum oder eine lineare Mannigfaltigkeit ist) der Form (›Ritz-Verfahren)

$$\text{Ges. } u \in K: \langle A(u), v - u\rangle \geqq 0 \ \forall v \in K \qquad (1)$$

in einem ›Hilbert-Raum V mit der Norm $\|\cdot\|$ und dem Skalarprodukt $(\cdot, \cdot)$ gegeben sein können. Dabei ist $K \subseteqq V$; $A : V \to V^*$ ist ein i. allg. nichtlinearer Operator von V in den adjungierten Raum V^*; $\langle\cdot, \cdot\rangle : V^* \times V \to \mathbb{R}$ ist das Dualitätsprodukt (›duale Räume). Unter den Standardvoraussetzungen

a) $K \subseteqq V, K \neq \emptyset, K = \text{cl}\,(K)$, K konvex;

b) A ist stark monoton mit der Konstanten μ_1 (›Abbildung),

c) A ist lipschitzstetig mit der Konstanten μ_2, d. h.,

$$\exists \mu_2 = \text{const.} > 0 : \|Au - Av\|_* \leqq \mu_2 \|u - v\| \ \forall u, v \in V,$$

mit

$$\|F\|_* = \sup \langle F, v\rangle / \|v\|, \qquad v \in V, \qquad v \neq 0;$$

hat (1) genau eine Lösung $u \in K$, die durch

$$u^{n+1} = P(K)\,[u^n - \tau JA(u^n)], \qquad n = 0, 1, \ldots; \qquad u^0 \in V, \qquad (2)$$

iterativ bestimmt werden kann. Hierbei ist $J : V^* \to V$ der *Rieszsche Isomorphismus* (die inverse Dualitätsabbildung, ›Banach-Raum)

$$(Jf, v) = \langle f, v\rangle \quad \forall v \in V \quad \forall f \in V^*;$$

und $P(K) : V \to K$ der *Projektor* auf K:

$$\|P(K)\, w - w\| = \inf_{v \in K} \|w - v\| \ \forall w \in V.$$

Das Iterationsverfahren (2) konvergiert für beliebiges $u^0 \in V$ und $\tau \in (0, 2\mu_1/\mu_2)$ gegen u, und es gilt die Konvergenzabschätzung

$$||u^n - u|| \leqq q^n\, ||u^0 - u||\,, \qquad 0 < q = 1 - 2\mu_1\tau + \mu_2^2\tau^2 < 1\,.$$

Verallgemeinerungen (z. B. auf reflexive ›Banach-Räume, Abschwächung der Bedingungen a)—c)) sind möglich (s. z. B. [32]). Der Spezialfall, daß A durch eine symmetrische, positiv definite Bilinearform erzeugt wird, und Anwendungsbeispiele ›Ritz-Verfahren. Die Idee des G. besteht zunächst darin, V und K entsprechend durch eine Familie von i. allg. endlichdimensionalen Unterräumen V_h, $\dim V_h = N(h) < \infty$, und Mengen K_h ($K_h \subseteqq K$ wird i. allg. nicht verlangt) zu approximieren; h ist dabei ein Diskretisierungsparameter, der aus einer Indexmenge I gewählt wird. Dann wird das Problem (1), welches i. allg. in einem unendlichdimensionalen Raum gegeben ist, für jedes feste $h \in I$ durch das finite bzw. semi-infinite (dies hängt von der Wahl der K_h ab) Problem

$$\text{Ges. } u_h \in K_h : \langle A(u_h), v_h - u_h\rangle \geqq 0 \;\forall v_h \in K_h \tag{3}$$

ersetzt. Unter der zusätzlichen Voraussetzung

d) $K_h \subseteqq V_h$, $K_h \neq \emptyset$, $K_h = \operatorname{cl}(K_h)$, K_h ›konvexe Menge

hat (3) eine eindeutige Lösung, die mit dem Iterationsverfahren

$$u_h^{n+1} = P(K_h)\,[u_h^n - \tau J A(u_h^n)]\,, \qquad n = 0, 1, \ldots, u_h^0 \in V_h\,, \tag{4}$$

bestimmt werden kann. Bezüglich Abschätzungen von Konvergenz und Konvergenzgeschwindigkeit gelten dieselben Aussagen wie für (2). In jedem Schritt des Iterationsverfahrens (4) ist, in Abhängigkeit von der Wahl der K_h, ein finites (›Optimierung in allgemeinen Räumen) oder ein semi-infinites Optimierungsproblem mit quadratischer Zielfunktion zu lösen. Falls K_h ein Unterraum (bzw. eine lineare Mannigfaltigkeit) von V_h ist, ist (3) nach Wahl einer Basis in V_h äquivalent zu einem nichtlinearen Gleichungssystem (›Verfahren zur Lösung von Gleichungssystemen) und, wenn zusätzlich A ein linearer Operator (›Abbildung) ist, zu einem linearen Gleichungssystem (›Ritz-Verfahren).

Sind $K = \{v = u_0 + w : w \in V_0\}$, V_0 ein abgeschlossener Unterraum von V, $K_h = \{v_h = u_0 + w_h : w_h \in V_{0h}\}$ und $V_{0h} = V_h \cap V_0$, dann läßt sich der *Diskretisierungsfehler* $u - u_h$ mit dem *Approximationsfehler* abschätzen (*Lemma von Céa*):

$$||u - u_h|| \leqq \frac{\mu_2}{\mu_1} \inf_{v_h \in K_h} ||u - v_h||\,. \tag{5}$$

Abschätzungen dieser Art heißen *quasioptimal.* Leider lassen sich für Variationsungleichungen im allgemeinen Fall keine quasioptimalen abstrakten Fehlerabschätzungen herleiten. Ist $K_h \subseteqq K$ (beispielsweise erfüllt $K_h = K \cap V_h$ die Bedingung d)), dann gilt folgende Fehlerabschätzung:

$$||u - u_h|| \leqq C\,(\inf_{v_h \in K_h} ||u - v_h||)^{1/2} \tag{6}$$

mit $C = C(\mu_1, \mu_2, u) = \text{const.} > 0$. Diese Fehlerabschätzung kann i. allg. nicht verbessert werden (es existieren Beispiele, wo sich der Fehler genauso verhält wie die Wurzel aus der besten Approximation).

Eine Variante des G. besteht darin, daß man in (3) das Element u_h in K_h sucht, die Testelemente v_h aber aus einer von K_h verschiedenen Menge K'_h wählt. Diese Variante wird auch *Galerkin-Petrow-Verfahren* genannt (›[b]).

Die Hauptschwierigkeiten des klassischen G. bestehen vor allem in der Konstruktion von K_h und V_h, $h \in I$, so daß die Approximationsgrößen auf der rechten Seite der Fehlerabschätzung (5), (6) für $h \to 0$ gegen Null konvergieren (d. h. $N(h) = \dim V_h \to \infty$), sowie in der Aufstellung und Auflösung der Ersatzprobleme (3).

Eine flexible Methode zur prinzipiellen Überwindung dieser Schwierigkeiten im Fall von Funktionenräumen stellt die *Methode der finiten Elemente* (FEM) dar. Die FEM ist eine Methode zur Konstruktion der Unterräume V_h sowie der Mengen K_h, sie zeichnet sich dadurch aus, daß in den mit ihrer Hilfe konstruierten Unterräumen V_h eine Basis existiert, deren Funktionen einen lokalen Träger haben. Diese Tatsache erleichtert die Aufstellung und Auflösung der Ersatzprobleme (3) enorm (›[10]).

Lit.: [10], [32]

[a] GOERING, H., H.-G. ROOS und L. TOBISKA: Finite-Element-Methode. Akademie-Verlag, Berlin 1985.

[b] KRASNOSELSKI, M. A., u. a.: Näherungsverfahren zur Lösung von Operatorgleichungen. Akademie-Verlag, Berlin 1973.

γ-Parakonvexität ›erweiterte Konvexität
ganzzahlige Optimierung ›diskrete Optimierung
Gâteaux-Ableitung ›Ableitungsbegriffe
Gâteaux-Differential ›Ableitungsbegriffe
Gâteaux-Gradient ›Ableitungsbegriffe
Gauß-Approximation ›Approximationstheorie
Gauß-Eliminationsverfahren ›Verfahren zur Lösung von Gleichungssystemen

Gauß-Newton-Verfahren: Das G. ist ein Iterationsverfahren zur Lösung des nichtlinearen *Quadratmittelproblems*

$$\frac{1}{2}\sum_{i=1}^{m} [F_i(x)]^2 = \frac{1}{2}\,||F(x)||^2 \to \min\,, \qquad x \in \mathbb{R}^n\,. \tag{1}$$

Dabei ist $F : \mathbb{R}^n \to \mathbb{R}^m$, $F(x) = \left(F_1(x), \dots, F_m(x)\right)^{\mathsf{T}}$ mit $m \geqq n$ gegeben.

Die Iterationsvorschrift des G. lautet dann

$$x^{k+1} = x^k + s^k \tag{2}$$

mit

$$s^k = -[F'^{\mathsf{T}}(x^k)\, F'(x^k)]^{-1}\, F'^{\mathsf{T}}(x^k)\, F(x^k)\,, \tag{3}$$

$F'(x)$ bedeutet die Jacobi-Matrix von F an der Stelle x. Häufig wird in (3) $F'(x^k)$ durch eine Approximation A_k ersetzt; d. h., es wird

$$s^k = -(A_k^T A_k)^{-1} A_k^T F(x^k) \tag{4}$$

gesetzt. Dabei sind die Approximationen A_k so zu wählen, daß

$$\lim_{k\to\infty} ||A_k - F'(x^k)|| = 0 \tag{5}$$

gilt. Die Folge (A_k) ist dann eine Folge *konsistenter Approximationen* zur Folge $(F'(x^k))$. Für das Verfahren (2)—(4) mit der Bedingung (5) kann unter geeigneten Voraussetzungen die lokale Konvergenz (›Konvergenz eines Verfahrens) gegen eine Lösung x^* von (1) nachgewiesen werden. Insbesondere muß auch $||F(x^*)||$ hinreichend klein sein, und der Startwert x^0 muß genügend nahe an x^* liegen. Im Fall $F(x^*) = 0$ (das ist der Ausnahmefall) ist das Verfahren sogar Q-überlinear konvergent (›Konvergenzbegriffe). Falls $A_k = F'(x^k)$ (das ist das ursprüngliche Gauß-Newton-Verfahren) gesetzt wird, können die Konvergenzaussagen verschärft werden: Im Fall $F(x^*) \neq 0$ konvergiert (x^k) mindestens Q-linear gegen x^*, und für $F(x^*) = 0$ ist die Konvergenz mindestens Q-quadratisch (›Konvergenzbegriffe).

Zur Globalisierung des G. kann das Dämpfungsprinzip herangezogen werden. Das *gedämpfte G.* hat die Form

$$x^{k+1} = x^k + \alpha_k s^k$$

mit s^k gemäß (3). Die Schrittweite α_k wird dann nach dem Goldstein-Armijo-Prinzip (›Schrittweitenalgorithmus) (mit $q < \frac{1}{2}$) berechnet, und als Abstiegsfunktion (›Abstiegsverfahren) wird

$$f(x) = \frac{1}{2} ||F(x)||^2$$

gewählt.

Lit.: [55]

Gauß-Seidel-Verfahren ›Verfahren zur Lösung von Gleichungssystemen
gedämpftes ›Gauß-Newton-Verfahren
gedämpftes ›Newton-Verfahren
Gefällbeschränkung ›Steuerproblem
Gefällfunktion ›Variationsrechnung
gemischt ganzzahlige Optimierung ›diskrete Optimierung
gemischte Erweiterung eines Spiels ›Spieltheorie
gemischte Strategie ›Spieltheorie
geometrische Konvergenz ›Konvergenzbegriffe

geometrische Optimierung: Optimierungsprobleme, in denen Ziel- und Restriktionsfunktionen jeweils einer geometrischen Ungleichung (›[a]) genügen, wurden zu Beginn der sechziger Jahre als geometrische Optimierungsprobleme eingeführt. Sie sind zu unterscheiden von anderen „geometrischen Aufgabenstellungen“ der Optimierung (›geometrische Optimierungsprobleme).

Mit Hilfe solcher Ungleichungen, die eng verwandt sind mit der Fenchel-Ungleichung für ›konjugierte Funktionen, kann einem primalen Problem der g. O. mit nichtlinearen Ziel- und Restriktionsfunktionen ein duales Problem mit nichtlinearer Zielfunktion und *linearen* Restriktionen zugeordnet werden (›Dualitätstheorie). Dieses Vorgehen läßt sich auf eine breite Klasse von Optimierungsaufgaben (z. B. ›quadratische Optimierung mit quadratischen Restriktionen, l_p-Approximationsprobleme, ›Standortprobleme, ›Optimierung auf Graphen) anwenden. Dominierend sind *Posynom-* bzw. *Signomoptimierungsprobleme,* d. h. Optimierungsprobleme, in denen die auftretende Zielfunktion und die Restriktionsfunktionen verallgemeinerte Polynome der Art

$$\sum_{i=n_{k-1}+1}^{n_k} c_i \prod_{j=1}^{m} t_j^{a_{ij}}, \qquad t_j > 0, \qquad a_{ij} \in \mathbb{R}, \qquad k = 0, \dots, q, \qquad n_{-1} = 0, \qquad n_q = n, \tag{1}$$

$c_i > 0$ für Posynome, $c_i \in \mathbb{R}$ für Signome, sind. Beide Funktionenklassen sind i. allg. nicht konvex, jedoch lassen sich Posynome durch die eineindeutige Transformation

$$t_j = e^{z_j}, \qquad j = 1, \dots, m, \tag{2}$$

stets in ›konvexe Funktionen überführen.

Signomoptimierungsprobleme:

$$P_S : \min \{f_0(t) : t \in \mathfrak{B}_S\}, \mathfrak{B}_S = \{t \in \mathbb{R}^m : t > 0, f_k(t) \leqq 1, k = 1, \dots, r\},$$

$f_k(t)$, $k = 0, \dots, r$, Signome gemäß (1),

können durch Zerlegung der Signome in eine Differenz zweier Posynome (gegebenenfalls durch Einführung von zusätzlichen Variablen) als *reverse Posynomoptimierungsprobleme*

$$P_R : \min \{g_0(t) : t \in \mathfrak{B}_R\}, \quad \mathfrak{B}_R = \{t \in \mathbb{R}^m : t > 0; g_k(t) \leqq 1, k = 1, \dots, p; \quad g_k(t) \geqq 1, k = p+1, \dots, q\}, \tag{3}$$

$g_k(t)$, $k = 0, \dots, q$, Posynome gemäß (1), behandelt werden. Einem Problem P_R gemäß (3) kann nunmehr über geometrische Ungleichungen das Problem

$$P^* : \max \{v(y) : y \in \mathfrak{B}^*\}, \quad \mathfrak{B}^* = \{y \in \mathbb{R}^n : y \geqq 0, A^T y = 0, \lambda_0(y) = 1\} \tag{4}$$

als ein duales Problem zugeordnet werden. Dabei bedeuten (›[b], S. 205ff.)

$$v(y) = \prod_{i=1}^{n_p} \left(\frac{c_i}{y_i}\right)^{y_i} \prod_{i=n_p+1}^{n_q} \left(\frac{c_i}{y_i}\right)^{-y_i} \prod_{k=1}^{p} \lambda_k(y)^{\lambda_k(y)} \prod_{k=p+1}^{q} \lambda_k(y)^{-\lambda_k(y)}$$

mit

$$y_i^{y_i} = y_i^{-y_i} = 1 \quad \text{für} \quad y_i = 0, \qquad \lambda_k(y) = \sum_{i=n_{k-1}+1}^{n_k} y_i\,,\ k = 0, \dots, q\,,$$

$A = (a_{ij})$ ist eine $n \times m$-Matrix der Exponenten aller Funktionen aus P_R.
Für die Zielfunktion gilt: ln $v(y)$ ist eine Sattelfunktion, d. h., sie ist konkav bez. der Variablen y_i, $i = 1, \dots, n_p$, und konvex bez. y_i, $i = n_p + 1, \dots, q$. Der Zusammenhang zwischen P_R und P^* ist durch die ›Kuhn-Tucker-Bedingungen gegeben.

Numerische Verfahren für das primale und das duale Problem:

a) *Primale Verfahren*: Wegen der gleichen Funktionsstruktur in P_R lassen sich die Ableitungen der Funktionen explizit in analytischer Form angeben. Damit können ›Lagrange-Methoden und modifizierte Lagrange-Methoden vorteilhaft angewandt werden. Einige Autoren (›[b]) verwenden *Condensing-Techniken*, d. h., die Umformung von Posynomfunktionen (1) auf eingliedrige Posynome $u = c\prod_{j=1}^{m} t_j^{a_{ij}}$. Unter Anwendung von (2) wird ln u eine lineare Funktion. Die Lösung des Originalproblems wird iterativ (z. B. durch Anwendung von ›Schnittverfahren) durch eine Folge linearer Optimierungsprobleme erhalten.

b) *Duale Verfahren*: Der zulässige Bereich $\mathfrak{B}^*$ von (4) wird wesentlich durch lineare Gleichungsrestriktionen beschrieben. Damit sind zur Lösung von (4) alle ›Verfahren für Aufgaben mit linearen Gleichungsrestriktionen (wegen der im Ursprung fehlenden Differenzierbarkeit von $v(y)$ entsprechend modifiziert) verwendbar. Darüber hinaus sind modifizierte ›Lagrange-Methoden, ›reduzierte Gradientenverfahren, ›Strafverfahren und spezielle Approximationsmethoden entwickelt worden (›[b]).

Lit.: [a] Duffin, R. J., E. L. Peterson und C. Zener: Geometric programming — theory and application. John Wiley & Sons, New York—London—Sydney—Toronto 1967.

[b] J. Optimization Theory and Application **26** (1978) 1 und **26** (1978) 2. (Sammelbände zur geometrischen Optimierung).

geometrische Optimierungsprobleme: Die g. O. bilden eine Klasse von ›Optimierungsaufgaben, bei denen der zulässige Bereich $\mathfrak{B}$ als Elemente geometrische Objekte (z. B. Kurven, Flächen oder konvexe Punktmengen des $\mathbb{R}^n$) enthält und die Zielfunktion eine Maßzahl dieser geometrischen Objekte (z. B. Bogenlänge, Oberfläche oder Umfang) darstellt, von der ein Extremum gesucht wird. Solche Optimierungsprobleme sind zu unterscheiden von Optimierungsproblemen mit geometrischen Ungleichungen (›geometrische Optimierung).

Der Reiz der g. O. liegt z. T. darin begründet, daß die Schwierigkeiten bei ihrer Lösung oft in krassem Gegensatz zur Einfachheit ihrer Formulierung stehen und daß eine Vielfalt unterschiedlichster mathematischer Methoden zu ihrer Lösung herangezogen werden kann. So führen die oben erstgenannten Beispiele häufig auf Aufgabenstellungen der ›Variationsrechnung; g. O. im engeren Sinne sind dagegen meist Extremalaufgaben der konvexen Geometrie, z. B. die folgende, von STEINER herrührende Aufgabe (*Steiner-Problem*): Zu einem gegebenen konvexen Polygon (konvexes Polyeder, ›Polyederzerlegung) $p_m \subseteqq \mathbb{R}^2$ mit m Ecken ist der umfangkleinste eingeschriebene konvexe Bereich B zu bestimmen, der jede der m Seiten von p_m berührt. Die analytische Formulierung von g. O. als Extremalaufgaben der konvexen Geometrie wurde durch MINKOWSKI mittels der von ihm benutzten Begriffsbildungen ›Stützfunktion, Minkowski-Funktional (›lokalkonvexer Raum) Distanzfunktion, den Minkowski-Operationen für ›konvexe Mengen mit den darauf beruhenden Maßzahldarstellungen wesentlich erleichtert. Sie gestatten es, den zulässigen Bereich $\mathfrak{B}$ des g. O. auf eine Teilmenge des Raumes der stetigen Funktionen isomorph abzubilden und die geometrischen Maßzahlen als Funktion über dieser Teilmenge zu interpretieren. Das g. O. läßt sich dann als eine Aufgabe der ›Optimierung in allgemeinen Räumen analytisch beschreiben, häufig speziell als ›Steuerproblem oder als Aufgabe der ›linearen Optimierung. Die Frage der Existenz optimaler Lösungen — von den früheren Geometern häufig als evident angesehen — wurde in Arbeiten von BLASCHKE streng geklärt, Untersuchungen zur Dualität beruhen auf den grundlegenden Ergebnissen von FENCHEL (›Dualität in der Optimierung). Eine interessante technische Anwendung eines g. O. findet man in [c].

Das Steiner-Problem, es ist nur in Spezialfällen explizit gelöst (›[d]), läßt sich in vielfältiger Weise analytisch als Optimierungsaufgabe formulieren, z. B. als Aufgabe der ›konvexen Optimierung im $\mathbb{R}^n$ mit nichtglatter Zielfunktion (›[d]):

$$\begin{aligned} &f(s) = \sum_{i=1}^{m} \|[s^{i+1}z_{i+1} + (1 - s^{i+1})\, z_i] - [s^i z_i + (1 - s^i)\, z_{i-1}]\| \to \min\,, \\ &0 \leqq s^i \leqq 1\,, \qquad i = 1, \dots, m \end{aligned} \tag{1}$$

($z_i \in \mathbb{R}^2$ sind die m Eckpunkte von p_m, s^i baryzentrische Koordinaten auf den Seiten, $i = 1, \dots, m$, $z_{m+1} = z_1$, $s^{m+1} = s^1$).

Unter Benutzung der ›Stützfunktion $H_B(z) = \max\{z^{\mathsf{T}}w : w \in B\}$ zum konvexen Bereich B kann man das Steiner-Problem als lineare Optimierungsaufgabe über der Menge der Stützfunktionen H formulieren:

$$\int_Z H\, \mathrm{d}z \to \min\,, \qquad H(n_i) = a_i\,, \qquad i = 1, \dots, m\,, \qquad H \geqq_K 0 \tag{2}$$

wobei n_i die Außennormalen von p_m, a_i die Abstände der Seiten zum Nullpunkt eines kartesischen Koordinatensystems, $Z = \{z \in \mathbb{R}^2 : \|z\| = 1\}$ die Einheitssphäre und K den Ordnungskegel (›halbgeordneter linearer Raum) der Stützfunktionen bezeichnet. Mit $n_i = (\cos\varphi_i, \sin\varphi_i)^{\mathsf{T}}$, $n(\varphi) = (\cos\varphi, \sin\varphi)^{\mathsf{T}}$, $h(\varphi) = H(n(\varphi))$, erhält man schließlich bei Beschränkung auf streng konvexe B

die Formulierung als Variations- bzw. Steuerproblem:

$$\int_0^{2\pi} h(\varphi)\,\mathrm{d}\varphi \to \min\,, \qquad h(\varphi_i) = a_i\,, \qquad i = 1, \dots, m\,,$$
$$\ddot{h} + h \geqq 0\,, \qquad h(o) = h(2\pi)\,, \qquad \dot{h}(o) = \dot{h}(2\pi)\,. \tag{3}$$

Das optimale Polygon ist Grenzelement einer Folge streng konvexer Bereiche. Jede der analytischen Beschreibungen (1)—(3) gestattet die Anwendung anderer optimierungstheoretischer Gesichtspunkte und Lösungsverfahren (›[d]).

Lit.: [a] Bonnesen, T., und W. Fenchel: Theorie der konvexen Körper. Springer-Verlag, Berlin 1934.
[b] Boltjanskij, W. G., und L. M. Jaglom: Konvexe Figuren. VEB Deutscher Verlag der Wissenschaften, Berlin 1956.
[c] Focke, J.: Über die Entstehung von Formfehlern beim spitzenlosen Außenrundschleifen. Maschinenbautechnik **17** (1968), 7—10.
[d] Klötzler, R., und H. Rudolph: Zur analytischen und algorithmischen Behandlung eines geometrischen Optimierungsproblems von J. Steiner. Math. Operationsforsch. u. Statist., Ser. optimization **16** (1985) 6, 833—848.

Gerüst ›Zyklus
gestörtes Problem ›Stabilität von Optimierungsproblemen
Gewinnfunktion ›Spieltheorie

Gitterpunkt: Ein G. ist ein Punkt des $\mathbb{R}^n$ mit ganzzahligen Koordinaten. Bei der rein ganzzahligen Optimierung (›diskrete Optimierung) wird ein optimaler G. gesucht, d. h. ein solcher G., der im zulässigen Bereich liegt und für den die Zielfunktion einen größten oder kleinsten Wert annimmt. Die G. können als Gesamtheit der Punkte $x = a_1e^1 + \dots + a_ne^n$ aufgefaßt werden, wo die e^i, $i = 1, \dots, n$, die Einheitsvektoren darstellen und die a_i, $i = 1, \dots, n$, ganze Zahlen sind. Allgemeinere Gitter, bei denen statt der e^i beliebige linear unabhängige Vektoren des $\mathbb{R}^n$ auftreten, spielen in der ganzzahligen Optimierung keine Rolle. Solche Fälle können durch Transformation auf den erstgenannten Fall zurückgeführt werden.

Unter einem *Halbgitterpunkt* versteht man einen Punkt $x \in \mathbb{R}^n$, bei dem nur die Koordinaten x_j, $j \in M \subset N = \{1, \dots, n\}$, $M \neq N$, einer Ganzzahligkeitsforderung unterliegen. Bei der gemischt ganzzahligen Optimierung sucht man einen optimalen Halbgitterpunkt.

Gleichgewichtssituation ›Spieltheorie

gleichmäßig konvexer Raum: Ein reeller linearer normierter Raum X (›Banach-Raum) heißt *gleichmäßig konvex* (synonym *uniform konvex*), falls für Folgen

$$(x_n) \subseteqq X\,, \qquad (y_n) \subseteqq X\,, \qquad \|x_n\| \leqq 1\,, \qquad \|y_n\| \leqq 1 \qquad (n = 1, 2, \dots)$$

und $\|x_n + y_n\| \to 2$ für $n \to \infty$ stets $\|x_n - y_n\| \to 0$ folgt.

Es gilt (MILMAN): Jeder gleichmäßig konvexe Banach-Raum ist reflexiv. Vgl. auch ›strikt konvexe Menge. Nicht jeder reflexive normierte Raum ist gleichmäßig konvex.

Lit.: [29], [39]

gleichmäßig konvexes Funktional ›stark konvexes Funktional
gleichmäßige Suche ›Verfahren zur Minimierung einer Funktion einer reellen Veränderlichen
Gleitregime ›verallgemeinerte Steuerung
globale Extremalstelle ›Optimierungsaufgabe
globale Konvergenz ›Konvergenz eines Verfahrens
globale ›Kuhn-Tucker-Bedingung
globale Lösung ›Variationsrechnung
globale ›Optimalitätsbedingungen
globaler Extremalwert ›Optimierungsaufgabe
globales Extremum ›Optimierungsaufgabe
globales Minimum ›Optimierungsaufgabe
globales Suchverfahren ›stochastische Suchverfahren

Globalisierung eines Verfahrens: Globalisierung nennt man eine Modifikation eines lokal konvergenten Verfahrens (›Konvergenz eines Verfahrens), durch die unter gewissen Voraussetzungen eine beliebig genaue Näherung eines ›Kuhn-Tucker-Punktes von jedem beliebigen Startpunkt aus erreicht wird.

Lit.: [55]

Goldener Schnitt ›Verfahren zur Minimierung einer Funktion einer reellen Veränderlichen
Goldstein-Armijo-Prinzip. ›Schrittweitenalgorithmus
Goldstein-Prinzip ›Schrittweitenalgorithmus
Gomory-Gruppe ›Gomory-Schnitt

Gomory-Schnitt: Der G. ist ein spezieller Typ von ›Schnitten, der in der ganzzahligen Optimierung (›diskrete Optimierung) eine große Rolle spielt. Ist

$$x_k = \alpha_k + \sum_{j \in N} \alpha_{kj}(-x_j)$$

eine Zeile des Optimaltableaus des stetigen Problems, so ist der zugehörige G. bei einem rein ganzzahligen Problem

$$s = -\{\alpha_k\} - \sum_{j \in N} \{\alpha_{kj}\}\,(-x_j) \geqq 0\,,$$

wobei $\{\alpha\} = \alpha - [\alpha]$ und $[\alpha]$ der ganze Anteil von α ist. Im gemischt ganzzahligen Fall kann man ebenfalls Schnitte definieren, die jedoch wegen der Unterscheidung in Variable mit und ohne Ganzzahligkeitsforderung etwas kompliziertere Gestalt haben. Man kann zeigen, daß s für jeden zulässigen

›Gitterpunkt $\geqq 0$ und ganz, für jeden zulässigen Halbgitterpunkt (›Gitterpunkt) das entsprechend definierte $s \geqq 0$ ist.

Die Menge aller G. bildet im Falle der rein ganzzahligen linearen Optimierung eine Gruppe, die *Gomory-Gruppe* bez. der komponentenweisen Addition mod 1, falls man auch alle Schnitte einbezieht, die sich aus ganzzahligen Linearkombinationen der Zeilen des Optimaltableaus des stetigen Problems ergeben, das Nullelement ist der Nullschnitt, bei dem alle Koeffizienten gleich 0 sind, und der nur im trivialen Sinne ein Schnitt ist. Sind alle Koeffizienten des gegebenen Problems ganz, und ist in der Koeffizientenmatrix die volle Einheitsmatrix als Teil enthalten, so ist die Ordnung der G. gleich dem Absolutwert der Determinante der optimalen Basismatrix des stetigen Problems.

Lit.: [45], [46]

Gomory-Verfahren: Als G. bezeichnet man eine Klasse von Schnittverfahren der ganzzahligen linearen Optimierung (›diskrete Optimierung), die die ›Gomory-Schnitte benutzen. Dabei wird zunächst das zugehörige *stetige Problem*, d. h. das Problem ohne Ganzzahligkeitsforderungen, gelöst, dann ein ›Gomory-Schnitt als weitere Nebenbedingung hinzugefügt, falls das Optimum noch nicht den Ganzzahligkeitsforderungen genügt, wiederum optimiert usw. Bei diesen erneuten Optimierungen wird zweckmäßig das duale ›Simplexverfahren benutzt, da nach Hinzufügung eines Schnittes eine dual zulässige Lösung vorliegt.

Zu Fragen der Endlichkeit des Verfahrens ›[45].

Lit.: [45], [46]

Gordan, Satz von ›Alternativsätze
Gradientenrichtung ›Gradientenverfahren

Gradientenverfahren: Das gewöhnliche G. ist ein spezielles ›Abstiegsverfahren zur Lösung des unrestringierten Minimierungsproblems

$$f(x) \to \min\,, \qquad x \in \mathbb{R}^n\,.$$

Dabei wird in der Iterationsvorschrift

$$x^{k+1} = x^k + \alpha_k s^k$$

der Richtungsvektor s^k durch die Wahl

$$s^k = -\nabla f(x^k) \qquad (\text{Anti-}\textit{Gradientenrichtung})$$

festgelegt. Dieses Verfahren wird häufig auch als *Verfahren des steilsten Abstiegs* bezeichnet. Da dann für jedes x^k mit $\nabla f(x^k) \neq 0$

$$\nabla f^{\mathrm{T}}(x^k)\, s^k = -\|\nabla f(x^k)\|^2 < 0$$

gilt, ist s^k eine Abstiegsrichtung (›Abstiegsverfahren) für f. Wird die Schrittweite α_k nach dem Cauchy-Prinzip oder nach dem Goldstein-Armijo-Prinzip

(›Schrittweitenalgorithmen) berechnet, kann unter den Voraussetzungen:

a) f sei zweimal stetig differenzierbar;

b) es existieren Konstanten $M \geqq m > 0$ derart, daß für die Hesse-Matrizen $\nabla^2 f(x)$ die Bedingung $m\ ||y||^2 \leqq y^T \nabla^2 f(x)\ y \leqq M\ ||y||^2\ \forall x, y \in \mathbb{R}^n$ gilt, folgendes gezeigt werden:

1. Die durch das G. erzeugte Folge (x^k) konvergiert für einen beliebigen Startpunkt x^0 gegen die (eindeutige) Minimumstelle x^* von f.

2. Es existieren Konstanten $0 < q < 1$, $C < \infty$, so daß

$$f(x^k) - f(x^*) \leqq q^{2k}\big(f(x^0) - f(x^*)\big)\ ,$$
$$||x^k - x^*|| \leqq Cq^k\ .$$

Die 2. Aussage bedeutet, daß die Folgen $\big(f(x^k)\big)$ und (x^k) mindestens linear gegen $f(x^*)$ bzw. x^* konvergieren (›Konvergenzbegriffe).

Wenn α_k nach dem Cauchy-Prinzip berechnet wird, dann kann $q = \dfrac{M - m}{M + m}$ gesetzt werden. Die Verwendung von G. für Optimierungsaufgaben mit Restriktionen führt u. a. zu ›projizierten G. und ›reduzierten G.

Lit.: [49], [63]

Graph ›Graphentheorie
Graph einer ›Punkt-Menge-Abbildung

Graphentheorie: 1. Ein *Graph* ist eine Zusammenfassung einer Menge X von Elementen erster Art (*Knotenpunkte*), einer Menge U von Elementen zweiter Art sowie einer als *Inzidenzfunktion* bezeichneten Abbildung f, die jedem $u \in U$ eindeutig ein (geordnetes (x, y) oder ungeordnetes $[x, y]$) Paar von Knotenpunkten $x, y \in X$ zuordnet. Ein *gerichteter Graph* $G = (X, U)$ liegt vor, wenn in f nur geordnete Paare vorkommen; das Element $u \in U$ heißt dann ein *Bogen*, x sein Anfangs- und y sein Endpunkt. Sind in f alle Paare ungeordnet, so heißt $G = [X, U]$ *ungerichtet*, $u \in U$ eine *Kante* mit den Endpunkten x und y. G heißt *endlich*, wenn $|X| = n$ und $|U| = m$ endlich sind. Ist mehreren $u \in U$ dasselbe Paar (x, y) bzw. $[x, y]$ zugeordnet, so spricht man von *Mehrfachbögen* bzw. *-kanten*. Im Fall $u \to (x, x)$ bzw. $[x, x]$ nennt man u eine *Schlinge*. Ein Graph ohne Schlingen und Mehrfachbögen oder -kanten heißt *schlicht*. Da f dann eineindeutig ist, darf $u = (x, y)$ bzw. $u = [x, y]$ gesetzt werden.

Ein geometrisches Bild eines Graphen G entsteht durch eineindeutige Abbildung der Knotenpunkte auf Punkte des $\mathbb{R}^2$ und der Bögen bzw. Kanten auf gerichtete bzw. ungerichtete Jordansche Kurven, die entsprechende Bildpunkte verbinden. Die Tatsache, daß ein Graph einerseits als abstraktes algebraisches Gebilde, andererseits als ein geometrisches Netzwerk betrachtet werden kann, ist einer der Gründe für den vielseitigen Nutzen, den graphentheoretische Hilfsmittel auf vielen Gebieten, nicht zuletzt auch bei Problemen der ›Optimierung auf Graphen, bringen.

2. Einige weitere Grundbegriffe (für gerichtete Graphen $G = (X, U)$): Eine Folge $\mu = (u_1, u_2, \dots, u_k)$ von Bögen heißt *Kette*, wenn u_i einen Knotenpunkt mit u_{i-1}, den anderen mit u_{i+1} gemeinsam hat, $i = 2, \dots, k-1$. k ist die Länge von μ. Als *Bahn* oder Weg wird μ dann bezeichnet, wenn für $i = 1, \dots, k-1$ der Endpunkt von u_i gleich dem Anfangspunkt von u_{i+1} ist. μ heißt *einfach*, wenn in der Folge kein Bogen mehrfach vorkommt; μ heißt *elementar*, wenn darin kein Knotenpunkt mehrfach enthalten ist. Eine geschlossene einfache Kette bzw. Bahn heißt ›*Zyklus*. (Bei ungerichteten Graphen entsprechen den Begriffen Kette, einfache bzw. elementare Kette, Zyklus die Begriffe Kantenfolge, Kantenzug bzw. Weg, geschlossener Kantenzug.) Erfaßt eine einfache Kette μ alle Bögen von G, so heißt μ (offene bzw. geschlossene) *Eulersche Linie*; ist in μ jeder Knotenpunkt von G genau einmal enthalten, so liegt eine *Hamiltonsche Linie* vor.

G heißt *zusammenhängend* bzw. *stark zusammenhängend*, wenn je zwei Knotenpunkte durch eine Kette bzw. eine Bahn verbunden sind. Ist G nicht zusammenhängend, so heißen seine zusammenhängenden Teile die Komponenten von G. Als *Baum* bezeichnet man einen zusammenhängenden Graphen ohne Zyklen.

G heißt *vollständig*, wenn je zwei Knotenpunkte durch (mindestens) einen Bogen verbunden sind. Ein *paarer Graph* liegt vor, wenn sich X so in zwei Klassen X_1, X_2 zerlegen läßt, daß jeder Bogen einen Knotenpunkt in X_1, den anderen in X_2 hat. Man schreibt dann auch $G = (X_1, X_2; U)$.

Sei $A \subseteq X$. Ein Bogen $u = (x, y)$ heißt mit A *nach außen* (bzw. *nach innen*) *inzident*, wenn gilt: $x \in A$, $y \notin A$ (bzw. $x \notin A$, $y \in A$). Mit $\omega^+(A)$ bzw. $\omega^-(A)$ wird die Menge aller mit A nach außen bzw. innen inzidenten Bögen bezeichnet. Ist die Menge $\omega(A) = \omega^+(A) \cup \omega^-(A)$ nicht leer, so heißt sie der von A erzeugte *Cozyklus*. Ist speziell $\omega(x)$ der von einem Knotenpunkt x erzeugte Cozyklus, so heißt $v(x) = |\omega(x)|$ die *Valenz* von x. Haben alle Knotenpunkte von G die gleiche Valenz r, so heißt G *regulär vom Grade r*. Ist $G = (X, U)$, so wird jeder Graph $G' = (X', U')$ mit $X' \subseteq X$ und $U' \subseteq U$ als ein *Untergraph* von G bezeichnet. Ist $G = (X, U)$, so heißt $\overline{G} = (X, \overline{U})$ mit $\overline{U} \subseteq U$ *Teilgraph* von G. Ist $\overline{G}$ Baum, so heißt $\overline{G}$ *Gerüst* von G.

3. Einige Aspekte in Hinblick auf Anwendungen: Viele Möglichkeiten zur graphentheoretischen Erfassung praktischer Probleme eröffnen sich durch die Einführung *bewerteter Graphen*, bei denen jedem $u \in U$ eine reelle Zahl $c(u)$ (Bogenbewertung) bzw. jedem $x \in X$ eine reelle Zahl $t(x)$ (Knotenbewertung) zugeordnet ist. Die entsprechenden zusammengestellten Vektoren $c \in \mathbb{R}^m$ bzw. $t \in \mathbb{R}^n$ können auf vielerlei Art interpretiert werden, insbesondere als ›*Fluß*, *Strom*, *Spannung* oder *Potential* (›Fluß) auf einem Netzwerk G.

Als *Transportnetz* bezeichnet man einen Graphen $G = (X, U)$ mit folgender Struktur $X = \{\overline{a}, \overline{b}, a_1, \dots, a_n\}$; $\omega^-(\overline{a}) = \omega^+(\overline{b}) = \{u_1\}$; $u_1 = (\overline{b}, \overline{a})$; Bogenbewertungen (Kapazitäten) $c(u_i)$, $u_i \in U$. Der Bogen u_1 heißt *Rückkehrbogen*, die Bögen in $\omega^+(\overline{a})$ nennt man *Eingangsbögen*, die Bögen in $\omega^-(\overline{b})$ Ausgangsbögen.

Lit.: [4], [52]

Greedy-Algorithmus: Der G. ist ein Näherungsalgorithmus für ›kombinatorische Optimierungsprobleme, der auf folgender allgemeiner Idee beruht:

Sei $E = \{e_1, \dots, e_n\}$ eine endliche Menge, $\mathfrak{P}E$ deren Potenzmenge und $S \subseteqq \mathfrak{P}E$ die Menge der zulässigen Lösungen. Jedem $e_i \in E$ wird eine reelle Zahl $c(e_i)$ zugeordnet, und wir setzen $c(s) = \sum_{e_i \in s} c(e_i)$ für $s \in S$. Wir betrachten das Optimierungsproblem $\max \{c(s) : s \in S\}$; der G. verläuft dann folgendermaßen:

S1: Sei E gemäß $c(e_i) \geqq c(e_{i+1})$ geordnet und $s := \emptyset$, $i := 0$.

S2: $i := i + 1$ und wenn $s \cup \{e_i\} \in S$, so wird $s := s \cup \{e_i\}$, sonst $s := s$.

S3: Ist $i < n$, so wiederhole man S2., andernfalls ist s die gesuchte Näherungslösung.

Für Probleme der ›Optimierung auf Graphen oder das ›Knapsack-Problem liefert der G. mitunter sehr gute Näherungslösungen. Es gibt auch hinreichende Bedingungen dafür, daß der G. die exakte Lösung liefert. Diese sind bei gewissen Problemklassen immer erfüllt; so liefert der G. z.B. beim Problem des Minimalgerüsts (›Optimierung auf Graphen) stets die exakte Lösung.

Lit.: [a] Korte, B., und L. Lovász: Structural properties of greedoids. Combinatorica **3** (1983), 359–374.

Grundproblem der ›Variationsrechnung

Gruppengleichung ›asymptotischer Algorithmus

Gruppenknapsackproblem ›asymptotischer Algorithmus, ›Knapsackproblem

Gütekriterium ›Optimierungsaufgabe

H

Hahn-Banach-Theorem: Das H. ist eine der grundlegenden Aussagen der Funktionalanalysis. Es kann für viele Untersuchungen der Optimierungstheorie vorteilhaft ausgenutzt werden, z. B. zur Herleitung von ›Trennungssätzen.

Für das H. existieren unterschiedliche, teilweise ineinander überführbare Formulierungen. Folgende Fassungen sind speziell für die Optimierungstheorie interessant:

1. *Analytische Form* für ›*lineare* Räume: Es seien E ein reeller linearer Raum, $L \subseteqq E$ ein linearer Teilraum von E und p eine reelle *sublineare Funktion* auf E, d. h. eine Abbildung $p : E \to \mathbb{R}$ mit

$$p(x + y) \leqq p(x) + p(y)\,, \qquad p(\lambda x) = \lambda p(x)\ \forall x, y \in E\,, \qquad \lambda \in \mathbb{R}_+;$$

weiter sei f_0 ein lineares Funktional auf L mit $f_0(x) \leqq p(x)$ für $x \in L$. Dann existiert ein lineares Funktional f auf E mit

$$f(x) = f_0(x) \quad \text{für} \quad x \in L\,,$$
$$f(x) \leqq p(x) \quad \text{für} \quad x \in E\,.$$

Die analytischen Fassungen des H. bezeichnet man auch als *Fortsetzungssätze.*

2. *Analytische Form* für ›*lokalkonvexe* Räume: Es seien E ein reeller linearer topologischer Raum, $L \subseteqq E$ ein linearer Teilraum in E mit $A \cap L = \emptyset$ und A eine nichtleere offene ›konvexe Teilmenge in E. Dann existiert ein stetiges lineares Funktional f auf E mit

$$f(x) = 0 \quad \text{für} \quad x \in L\,,$$
$$f(x) > 0 \quad \text{für} \quad x \in A\,.$$

Aus dieser Form ergeben sich leicht die Sätze über eigentliche bzw. starke Trennbarkeit (›Trennungssätze), die man auch als *geometrische Formen* des H. bezeichnet.

3. *Nichtnegative Fortsetzung nichtnegativer Funktionale*: Es seien E ein reeller halbgeordneter ›lokalkonvexer Raum mit dem abgeschlossenen Ordnungskegel P (›halbgeordneter linearer Raum) und $L \subseteqq E$ ein linearer Teilraum in E, so daß $L \cap P$ einen inneren Punkt von P enthält. f_0 sei ein lineares Funktional auf L mit $f_0(x) \geqq 0$ für $x \in L \cap P$. Dann existiert ein stetiges lineares Funktional f auf E mit

$$f(x) = f_0(x) \quad \text{für} \quad x \in L\,,$$
$$f(x) \geqq 0 \quad \text{für} \quad x \in P\,.$$

4. *Subdifferentialform*: Es seien X, Y reelle ›lineare Räume, T eine lineare Abbildung von X in Y und $f: Y \to \mathbb{R} \cup \{\infty\}$ eine konvexe Funktion auf Y. x sei ein Element aus X, so daß Tx zum algebraisch Inneren des effektiven Definitionsbereichs (›konvexe Funktionen) von f gehört.

Dann gilt für das Subdifferential (›Ableitungsbegriffe) $\partial_x(f \circ T)$ der zusammengesetzten Abbildung $f \circ T$ an der Stelle x:

$$\partial_x(f \circ T) = \partial_{Tx}(f) \circ T$$

wobei $(f \circ T)(x) = f(T(x))$ gilt.

Lit.: [34]

[a] Edwards, R. E.: Functional analysis. Holt, Rinehardt and Winston, New York 1965.

[b] Kutateladse, S. S. (Кутателадзе, С. С.): Основы функционального анализа. Nauka, Moskau 1983.

halbgeordneter linearer Raum: Ein reeller ›linearer Raum X heißt h. l. R., falls in ihm ein konvexer geradenfreier ›Kegel P (Ordnungskegel) mit der Spitze in 0 vorgegeben ist. Die Elemente aus P werden als *nichtnegative Elemente* des Raumes X bezeichnet, und man schreibt $x \geqq 0$ genau dann, wenn $x \in P$ gilt (mitunter schreibt man $x \geqq_P 0$, um Verwechslungen zu vermeiden). Entsprechend schreibt man $x \geqq y$ für $x - y \in P$.

Durch $\geqq$ wird in X eine Ordnungsrelation (eine *Halbordnung*), d. h. eine reflexive, transitive und antisymmetrische Relation, erklärt. Ist umgekehrt $\geqq$ eine Ordnungsrelation in X, die mit den algebraischen Operationen in X verträglich ist, d. h. für die gilt

$$\forall x, y, z \in X : x \geqq y \Rightarrow x + z \geqq y + z\,,$$
$$\forall x \in X\,,\ \forall \lambda \in \mathbb{R}_+ : x \geqq 0 \Rightarrow \lambda x \geqq 0\,,$$

so ist $\{x \in X : x \geqq 0\}$ ein konvexer geradenfreier Kegel. In der Optimierungstheorie wird in vielen Fällen aus Zweckmäßigkeitsgründen auf die Forderung der Geradenfreiheit des Ordnungskegels bzw. die dem gleichwertige Forderung der Antisymmetrie der Ordnungsrelation verzichtet.

Ist X ein lokalkonvexer Raum und gleichzeitig ein h. l. R., so heißt X *halbgeordneter lokalkonvexer Raum*, falls der Ordnungskegel abgeschlossen ist.

Beispiele:

1. $X = \mathbb{R}^n : x = (\xi_j)_{j=1,\ldots,n} \geqq 0 \Leftrightarrow \xi_j \geqq 0\ \forall j = 1, \ldots, n.$
2. $X = \mathbf{C}[a, b]$ (›Banach-Raum): $x \geqq 0 \Leftrightarrow x(t) \geqq 0\ \forall t \in [a, b].$
3. $X = \mathbf{M}[a, b]$ (›Banach-Raum): $x \geqq 0 \Leftrightarrow x(E) \geqq 0\ \forall$Borel-Mengen $E \subset [a, b]$.
4. $X = Y^*$, der adjungierte Raum (Raum aller stetigen linearen Funktionale (›Banach-Raum)) zu einem halbgeordneten lokalkonvexen Raum Y mit dem Ordnungskegel P_Y:

$$x \geqq 0 \Leftrightarrow x(y) \geqq 0\ \forall y \geqq 0\,, \qquad y \in Y\,.$$

Die Elemente $x \geqq 0$ werden *nichtnegative Funktionale* auf Y genannt. Die Menge $P_Y^* = \{x \in X : x \geqq 0\}$ heißt *Dualkegel* zu P_Y. Die Menge $-P_Y^* = \{x \in X : -x \geqq 0\}$ heißt *Polarkegel* zu P_Y.

5. $X = \mathcal{L}(Y, Z)$, der Raum aller stetigen linearen Abbildungen des halbgeordneten lokalkonvexen Raumes Y in den halbgeordneten lokalkonvexen Raum Z. Sind P_Y bzw. P_Z die Ordnungskegel in Y bzw. Z, so erklärt man

$$x \geqq 0 \Leftrightarrow x(y) \geqq_{P_Z} 0\ \forall y \geqq_{P_Y} 0\,.$$

Die Elemente $x \geqq 0$ werden *nichtnegative Abbildungen* genannt.

Alle in den Beispielen genannten Räume sind halbgeordnete lokalkonvexe Räume bez. der üblicherweise benutzten lokalkonvexen Topologie.

Lit.: [53]

halbgeordneter lokalkonvexer Raum ›halbgeordneter linearer Raum
Halbgitterpunkt ›Gitterpunkt
Halbgruppe ›Evolutionsgleichungen
Halbnorm ›lokalkonvexer Raum
Halbordnung ›halbgeordneter linearer Raum
Halbraum ›polyedrische Menge

halbstetig ›Abbildung, ›Punkt-Menge-Abbildung
Hamilton-Funktion ›Variationsrechnung, ›Dualität in der Steuertheorie
Hamilton-Jacobische-Differentialgleichung ›Variationsrechnung, ›Dualität in der Steuertheorie
Hamilton-Prinzip ›Extremalprinzipien der Physik
Hamiltonsche Linie ›Graphentheorie

Hauptaustauschschritt-Verfahren: Das H. (principal pivoting) ist ein Verfahren zur Lösung des linearen ›Komplementaritätsproblems: Gesucht ist ein Vektor $z^* \in \mathbb{R}^m$, welcher das System

$$Mz + q \geqq 0\,, \tag{1}$$

$$z \geqq 0\,, \tag{2}$$

$$z^{\mathsf{T}}(Mz + q) = 0 \tag{3}$$

erfüllt. Hierbei ist M eine $m \times m$-Matrix. Das Ungleichungssystem (1) läßt sich in Tableauform schreiben, nachdem jede Zeile der linken Seite von (1) mit einer Variablen w_i identifiziert wird:

	z	
w	M	q

Das H. stellt eine solche Modifikation des ›Simplexverfahrens dar, daß neben den Bedingungen (1) und (2) auch die Komplementaritätsbedingung (3) erfüllt wird.

Algorithmus

S0: Setze $q^0 := q$, $M^0 := M$, $v_B^0 := w$, $v_N^0 := z$, $k := 0$.

S1: Es liegt ein Tableau

	v_N^k	
v_B^k	M^k	q^k

vor mit der Basisindexmenge $S(v^k)$, welches dadurch gekennzeichnet ist, daß entweder a) oder b) gilt:

a) für alle i gilt:

z_i sind Basisvariable genau dann, wenn w_i Nichtbasisvariable sind, d. h.: z_i mit $i \in S(v^k) \Leftrightarrow w_i$ mit $i \notin S(v^k)$,

oder

w_i sind Basisvariable genau dann, wenn z_i Nichtbasisvariable sind, d. h.: w_i mit $i \in S(v^k) \Leftrightarrow z_i$ mit $i \notin S(v^k)$.

Dann gehe zu S2.

b) für ein i_k gilt: z_{i_k} und w_{i_k} mit $i_k \notin S(v^k)$. Gehe zu S5.

S2: Ist $q_i^k \geqq 0 \; \forall i = 1, \ldots, m$, Stop: $\begin{pmatrix} v_B^k \\ v_N^k \end{pmatrix} = \begin{pmatrix} q^k \\ 0 \end{pmatrix}$ ist Lösung von (1) bis (3), Sonst gehe zu S3.

S3: Bestimme $q_{i_k} = \min\limits_{1 \leq i \leq m} q_i^k$.

S4: Ist z_{i_k} (bzw. w_{i_k}) mit $i_k \in S(v^k)$ die zu q_{i_k} gehörende Variable, so wird die zu w_{i_k} (bzw. z_{i_k}) mit $i^k \notin S(v_k)$ gehörende Spalte der Matrix M^k zur Pivotspalte. Gehe zu S6.

S5: Die Variable w_{i_k} (bzw. z_{i_k}) wurde zuletzt Nichtbasisvariable und die zur Variablen z_{i_k} (bzw. w_{i_k}) gehörende Spalte wird Pivotspalte. Gehe zu S6.

S6: Bestimme eine Pivotzeile nach den Regeln des Simplexverfahrens und tausche aus.

S7: Setze $k := k + 1$, gehe zu S1.

Konvergenzaussagen für das H. knüpfen an die Voraussetzungen des ›Lemke-Verfahrens an. Liegt eine Aufgabe der ›quadratischen Optimierung zugrunde, so ist auch hier die positive Definitheit der Zielfunktionsmatrix eine wesentliche Bedingung.

Lit.: [12]

[a] WENDLER, K.: Hauptaustauschschritte (Principal-Pivoting). Lecture Notes in Operations Research and Mathematical Systems 45, Springer Verlag, Berlin—Heidelberg—New York 1971.

Hausdorff-Raum ›lokalkonvexer Raum
hausdorffstetige **›Punkt-Menge-Abbildung**
Helly, Satz von ›konvexe Menge
Hesse-Matrix ›konvexe Funktion

Hilbert-Raum: Ist in einem reellen (bzw. komplexen) linearen Raum X zu je zwei Elementen $x, y \in X$ eine reelle (bzw. komplexe) Zahl $\langle x, y \rangle$ erklärt, so daß gilt

$$\langle x + z, y \rangle = \langle x, y \rangle + \langle z, y \rangle \; \forall x, y, z \in X,$$
$$\langle x, y \rangle = \langle y, x \rangle \qquad (\text{bzw. } \langle x, y \rangle = \overline{\langle y, x \rangle}),$$
$$\langle x, \lambda y \rangle = \lambda \langle x, y \rangle \; \forall \lambda \text{ reell (bzw. komplex)},$$
$$\langle x, x \rangle > 0 \; \forall x \in X, \qquad x \neq 0,$$

so heißt $\langle x, y \rangle$ das *Skalarprodukt* von x und y. Ein linearer Raum mit Skalarprodukt $\langle \cdot, \cdot \rangle$ heißt *unitärer Raum* oder auch *Prä-Hilbert-Raum*. In ihm ist durch

$$\|x\| = \sqrt{\langle x, x \rangle}, \qquad x \in X,$$

eine Norm definiert. Es gilt die *Schwarzsche Ungleichung*

$$|\langle x, y \rangle| \leqq \|x\| \cdot \|y\|, \qquad x, y \in X.$$

Ein vollständiger Prä-Hilbert-Raum heißt H. Er ist ein spezieller ›Banach-Raum.

Hilberts Differenzierbarkeitsaussage ›Variationsrechnung
Hilbertsches Linienintegral ›Variationsrechnung
Hilbertsches 20. Problem ›Existenz optimaler Steuerungen

Hildreth-d'Esopo-Verfahren: Das H. ist ein Verfahren zur Lösung einer streng konvexen quadratischen Optimierungsaufgabe (›quadratische Optimierung) der Gestalt

$$f(x) = \tfrac{1}{2} x^{\mathsf T} Cx + p^{\mathsf T} x \to \min , \qquad Ax - b \leqq 0 . \tag{1}$$

Durch Übergang zur dualen Aufgabe (›quadratische Optimierung) erhält man die Aufgabe

$$\varphi(u) = -u^{\mathsf T} Eu - d^{\mathsf T} u - r \to \min , \qquad u \geqq 0 , \tag{2}$$

wobei die Funktion $\varphi(u)$ aus der ›Lagrange-Funktion

$$L(x, u) = \tfrac{1}{2} x^{\mathsf T} Cx + p^{\mathsf T} x + u^{\mathsf T}(Ax - b)$$

durch die Substitution $x(u) = -C^{-1}(p + A^{\mathsf T} u)$ und Multiplikation mit (-1) hervorgeht.

Zur Lösung der Aufgabe (2) wird das Gauß-Seidel-Einzelschrittverfahren mit der Projektion der erhaltenen Iterierten auf den R^m_+ gekoppelt.

Algorithmus

S0: Wähle einen Startpunkt $u^0 \in R^m_+$, $\varepsilon > 0$, $k = 0$.

S1: Bestimme u_i^{k+1} für $i = 1, \ldots, m$ gemäß

$$w_i^{k+1} = -\frac{1}{e_{ii}} \left(\sum_{j=1}^{i-1} e_{ij} u_j^{k+1} + \frac{d_i}{2} + \sum_{j=i+1}^{m} e_{ij} u_j^k \right)$$

$$u_i^{k+1} = \max (w_i^{k+1}, 0)$$

S2: Abbruchtest: Ist $\|u^{k+1} - u^k\| \leqq \varepsilon$, so gehe zu S4.

S3: Setze $k := k + 1$, gehe zu S1.

S4: Bestimme $x^{k+1} = -C^{-1}(p + A^{\mathsf T} u^{k+1})$ als Näherung für x^*.

Es kann gezeigt werden, daß die Folge (u^k) linear gegen u^* konvergiert (›Konvergenzbegriffe, [a]) und $(x(u^*), u^*)^{\mathsf T}$ ›Kuhn-Tucker-Punkt der Aufgabe (1) ist.

Das Verfahren zeichnet sich vor allem durch geringen Bedarf an Speicherplatz und eine einfache Struktur aus.

Lit.: [63]

[a] Blum, E., und W. Oettli: Mathematische Optimierung, Grundlagen und Verfahren. Springer-Verlag, Berlin—Heidelberg—New York 1975.

Hille-Yosida-Phillips, Satz von ›Evolutionsgleichungen
Hindernisproblem ›Ritz-Verfahren
Hitchcock-Problem ›Optimierung auf Graphen
homogenes Variationsproblem ›Variationsrechnung

Homotopieverfahren: H. lösen eine Aufgabe, etwa die Gleichung $G(x) = 0$, dadurch, daß die Aufgabe in eine Schar von Aufgaben $H(x, t) = 0, 0 \leqq t \leqq 1$, so eingebettet wird, daß $H(x, 1) = G(x)$ ist und daß $H(x, 0) = 0$ eine leicht zu lösende Aufgabe ist. Ist x_0 die (eine) Lösung von $H(x, 0) = 0$, so konstruiert ein H, dann eine Kurve x_t mit der Eigenschaft: x_1 löst

$$H(x, 1) = G(x) = 0\,.$$

Es bestehen Zusammenhänge zur ›Morse-Theorie.

Lit.: [62]

***H*-ψ-konvex** ›erweiterte Konvexität

Hülle einer Menge: Es sei A Teilmenge eines Vektorraumes E.

a) Die *lineare Hülle* von A ist der Durchschnitt aller A umfassenden linearen Teilräume aus E. Bezeichnung: $\operatorname{lin} A$ oder $\operatorname{span} A$.
b) Die *affine Hülle* von A ist der Durchschnitt aller A umfassenden affinen Teilmengen (›affine Menge) aus E. Bezeichnung: $\operatorname{aff} A$.
c) Die *positive Hülle* (oder *konvexe Kegelhülle*) von A ist der Durchschnitt aller A umfassenden konvexen ›Kegel aus E. Bezeichnung: $\operatorname{cone} A$.
d) Die *konvexe Hülle* von A ist der Durchschnitt aller A umfassenden ›konvexen Mengen aus E. Bezeichnung: $\operatorname{conv} A$.

Diese Hüllen lassen sich darstellen als Menge aller Linearkombinationen endlich vieler $x^i \in A$ mit reellen Koeffizienten $\lambda_i \in \mathbb{R}$ mit folgenden Bedingungen:

$\operatorname{lin} A$: $\lambda_i \in \mathbb{R}$,

$\operatorname{aff} A$: $\lambda_i \in \mathbb{R}, \sum_i \lambda_i = 1$,

$\operatorname{cone} A$: $\lambda_i \in \mathbb{R}_+$,

$\operatorname{conv} A$: $\lambda_i \in [0, 1], \sum_i \lambda_i = 1$.

Zu unterhalbstetiger Hülle (einer Funktion) ›Abbildung.

hyperbolische Optimierung: Ursprünglich sprach man von h. O., wenn Aufgaben des Typs

$$\frac{c^{\mathsf T}x + d}{a^{\mathsf T}x + b} \to \min\,, \qquad x \in \mathfrak{B} = \{x : Ax \geqq b, x \geqq 0\} \neq \emptyset\,, \tag{1}$$

zu lösen waren (mit $a^{\mathsf T}x + b > 0$ über $\mathfrak{B}$).

Inzwischen wurde (1) verallgemeinert (›[25]), so daß Aufgaben des Typs

$$f(x) \to \max\,, \qquad f(x) = \min_{1 \leqq i \leqq q} \frac{f_i(x)}{g_i(x)}\,, \qquad x \in \mathfrak{B} \subseteqq \mathbb{R}^n\,,$$

$$\mathfrak{B} \neq \emptyset,\quad \mathfrak{B} \text{ ›konvexe Menge};\quad f_i, g_i : \mathfrak{B} \to \mathbb{R},\quad i = 1, \ldots, q,\quad f_i \text{ konkav},$$

$$\min_{1 \leqq i \leqq q} g_i(x) \geqq \varrho > 0 \quad \text{für} \quad x \in \mathfrak{B}, \quad g_i \text{ konvex}, \quad \sup_{x \in \mathfrak{B}} f(x) \geqq 0, \tag{2}$$

behandelt werden können. Für (1) und (2) lassen sich Dualitätssätze (›Dualitätstheorie) analog zu konvexen Problemen angeben (›[25]). (1) kann (unter Voraussetzungen) mit dem ›Simplexverfahren behandelt werden. Interessant ist die Arbeit [b], in der der Nenner in (1) auch das Vorzeichen wechseln darf und (mit Eckenübergang über das Unendliche) ein *simplexartiges Verfahren* dargelegt wird. Die Zielfunktion in (1) ist (unter der Voraussetzung $a^\mathsf{T}x + b > 0$ in $\mathfrak{B}$) ein wichtiges Beispiel einer über $\mathfrak{B}$ streng quasikonvexen Funktion (›erweiterte Konvexität). Sie ist sogar streng quasimonoton (›[b]). Manchmal spricht man statt von h. O. auch von *Quotientenoptimierung.*

Lit.: [25]

[a] DEUMLICH, R., und K.-H. ELSTER: Fractional programming in view of generalized conjugation. In: BRUCKER, P., und R. PAULY (eds.): Methods of operations research, Bd. 49, Proceedings 9. Symp. Operations Research, Osnabrück 1984, Verlag Anton Hain, Meisenheim 1985.

[b] HARTWIG, H.: Ein simplexartiger Lösungsalgorithmus für pseudolineare Optimierungsprobleme. Studia Scientiarum Mathematicarum Hungarica **10** (1975) 213–236.

Hyperebene ›polyedrische Menge

Hypograph: Es sei X eine beliebige Menge und $f: X \to \overline{\mathbb{R}}$ ein reellwertiges Funktional (›Abbildung) auf X. Dann bezeichnet man die Menge

$$\text{hypo}\, f := \{(x, \mu) \in X \times \mathbb{R} : f(x) \geqq \mu\}$$

als den H. von f.

I

indefinite quadratische Optimierungsaufgabe ›quadratische Optimierung
Indikatorfunktion ›Indikatorfunktional

Indikatorfunktional: Ist A eine nichtleere Teilmenge des ›linearen Raumes X, so heißt das Funktional $\delta_A : X \to \overline{\mathbb{R}}$ mit

$$\delta_A(x) = \begin{cases} 0 & \text{für} \quad x \in A\,, \\ \infty & \text{für} \quad x \in X \setminus A \end{cases}$$

das I. von A. Dieses I. ist konvex. Daher eignet es sich besser für die Optimierungstheorie als die (endliche) *Indikatorfunktion* der klassischen Mathematik, die für $x \in X \setminus A$ gleich eins gesetzt wird. Letztere ebenso wie δ_A heißen manchmal auch *charakteristische Funktion.*

Infimalwert ›Optimierungsaufgabe
infinite Aufgaben ›Optimierung in allgemeinen Räumen
infinites Simplexverfahren ›semi-infinite Optimierung

infinitesimaler Erzeuger ›Evolutionsgleichungen
inkorrekte Aufgabe ›nichtkorrekte Aufgabe
Innere-Punkt-Bedingungen ›Regularitätsbedingungen
interaktive Lösungsverfahren ›Lösungsverfahren für Vektoroptimierungsprobleme
Interpolationsproblem ›Approximationstheorie
Interpolationsverfahren ›Verfahren zur Minimierung einer Funktion einer reellen Veränderlichen
int-U-Steuerung ›singuläre Steuerungen

inverse Aufgabe: Als i.A. bezeichnet man alle mathematisch formulierten naturwissenschaftlich-technischen Probleme, bei denen innerhalb eines betrachteten Kausalzusammenhangs Ursachen aus gegebenen Wirkungen bestimmt werden sollen. I. A. treten z. B. bei der Interpretation indirekter Messungen, bei der Identifikation von Material- und Prozeßparametern und bei der *Optimierung technischer Systeme* auf. Sie erweisen sich meist als nichtkorrekt (›nichtkorrekte Aufgabe).

Lit.: [a] ANGER, G. (ed.): Inverse and improperly posed problems in differential equations. Mathematische Forschung Bd. 1, Akademie-Verlag, Berlin 1979.

inverser Dualitätssatz ›Dualitätstheorie
irreduzibler Punkt ›asymptotischer Algorithmus
isolierte Minimalstelle ›Optimierungsaufgabe
isoperimetrische Bedingungen ›Variationsrechnung
Isotonieeigenschaft von Kegeln ›Tangentenkegel

Iterationsverfahren von Eaton und Neustadt: Bei bestimmten linearen Steuerproblemen ist es mit diesem Verfahren möglich, Anfangswerte für die adjungierte Gleichung (›optimale Prozesse) zu bestimmen (›Verfahren von Pontrjagin). Da ein Steuerproblem mit Integralfunktional $J(u) = \int_0^T \big(a(t)\, x(t) + b(t)\, u(t)\big)\, dt$ durch Einführung einer zusätzlichen Funktion x_{n+1}, welche der Differentialgleichung $\dot{x}_{n+1} = a(t)\, x + b(t)\, u$ und der Anfangsbedingung $x_{n+1}(0) = 0$ genügt, in ein entsprechendes Problem im Raum $\mathbb{R}^{n+1}$ mit dem Terminalfunktional (›optimale Prozesse) $x_{n+1}(T)$ umgeformt werden kann, soll hier das lineare Steuerproblem gleich im $\mathbb{R}^{n+1}$ als Phasenraum ($x \in \mathbb{R}^{n+1}$!)

$$\begin{array}{llll} x_{n+1}(T) \to \min & & & \\ \dot{x} = A(t)\, x + B(t)\, u + c(t)\,, & x(0) = x^0\,, & x_i(T) = x_i^e\,, & \\ i = 1, \dots, n\,, & u(t) \in U\,, & 0 \leqq t \leqq T\,, & u(\cdot) \text{ meßbar}\,, \end{array} \tag{1}$$

T fest, betrachtet werden. (Für zeitoptimale Prozesse ›[3], [7].) Der Steuerbereich U (›optimale Prozesse) sei kompakt. Die Erreichbarkeitsmenge $K(T)$, d.h. die Menge aller Punkte $x(T)$ im $\mathbb{R}^{n+1}$, die zu Lösungen $x(\cdot)$ der Prozeßgleichung mit $x(0) = x^0$ und beliebigen zulässigen Steuerungen $u(\cdot)$ gehören, werde als streng konvex vorausgesetzt, was z. B. für *normale Prozesse* der Fall ist. (Ein Prozeß heißt normal, wenn aus $x^1(T) \in \partial K(T)$, $x^2(T) \in \partial K(T)$ und $x^1(T) = x^2(T)$ fast überall $u^1(t) = u^2(t)$ folgt.)

Für die Aufgabe (1) ist unter diesen Voraussetzungen bekannt: Es existiert eine optimale Steuerung $u^*(\cdot)$, und es ist $x^*(T) \in \partial K(T)$. Es gibt eine Lösung $\psi^*(\cdot)$ der adjungierten Gleichung, die zusammen mit $u^*(\cdot)$ dem ›Maximumprinzip genügt. Es ist $\psi^*(\cdot) \neq 0$, und außerdem ist $\psi^*(T)$ Normale einer Stützhyperebene (›Stützfunktion, ›Stützfunktional) an $K(T)$ im Punkt $(x_1^*(T), \ldots, x_{n+1}^*(T))^\mathsf{T}$. Da $K(T)$ streng konvex ist, schneidet die Parallele zur x_{n+1}-Achse durch $(x_1^e, \ldots, x_n^e, 0)^\mathsf{T}$ den Rand von $K(T)$ in höchstens zwei Punkten. Es wird hier vorausgesetzt, daß ein eigentliches Steuerproblem vorliegt und zwei (verschiedene) Schnittpunkte auftreten. In einem dieser Punkte, er werde $\bar{x}$ genannt, nimmt die Zielfunktion ihr Minimum an, im anderen ihr Maximum. In dem betrachteten Fall kann $\psi_{n+1}^*(T) < 0$ nachgewiesen und deshalb $\psi_{n+1}^*(T) = -1$ gesetzt werden. Als $\psi^*(T)$ ist daher ein Normalenvektor $\bar{p}$ einer Stützhyperebene an $K(T)$ in $\bar{x}$ zu ermitteln. Dazu sei zunächst $p \in \mathbb{R}^{n+1}$ mit $p_{n+1} = -1$. Aus $\dot{\psi} = -A(t)^\mathsf{T}\psi$, $\psi(T) = p$ erhält man $\psi(\cdot; p)$ und anschließend aus der Maximumbeziehung

$$\psi^\mathsf{T}(t; p)\, B(t)\, u(t; p) = \max_{u \in U} \psi^\mathsf{T}(t; p)\, B(t)\, u \qquad \text{(fast überall)}$$

eine Steuerung $u(\cdot; p)$. Es sei dann $x(\cdot; p)$ die Lösung von

$$\dot{x} = A(t)\, x + B(t)\, u(t; p) + c(t)\,, \qquad x(0) = x^0\,.$$

Man kann beweisen, daß die Funktion

$$F(p_1, \ldots, p_n) = (p_1, \ldots, p_n)\,(x_1^e, \ldots, x_n^e)^\mathsf{T} - (p_1, \ldots, p_n, -1)\, x(t; p)$$

differenzierbar ist, ihr Maximum im Punkt $(\bar{p}_1, \ldots, \bar{p}_n)^\mathsf{T}$ annimmt und daß $\dfrac{\partial F}{\partial p_i} = x_i^e - x_i(t; p)$, $i = 1, \ldots, n$, gilt. Das bietet eine Möglichkeit zur Bestimmung von p, z. B. mit einem ›Gradientenverfahren:

Wenn p^k mit $p_{n+1}^k = -1$ eine Näherung für $\psi^*(T)$ ist, berechne man $\psi(\cdot; p^k)$, $x(\cdot; p^k)$ und bilde danach $p_i^{k+1} = p_i^k + \lambda\big(x_i^e - x_i(T; p^k)\big)$, $i = 1, \ldots, n$, $p_{n+1}^{k+1} = -1$, wobei λ die Schrittweite des Gradientenverfahrens ist.

Lit.: [3], [7]

Iterationsverfahren von Krylow und Chernousko: Für ein Steuerproblem, etwa Aufgabe (1) im ›Verfahren von Pontrjagin, geht man von einer zulässigen Anfangssteuerung $u^0(\cdot)$ aus und berechnet die (gemäß den Nebenbedingungen der betrachteten Aufgabe) zugehörige Trajektorie $x^0(\cdot)$ und die Lösung $\psi^0(\cdot)$ der adjungierten Gleichung. Durch Maximierung der H-Funktion (›optimale Prozesse) gewinnt man eine neue Steuerung $\tilde{u}(\cdot)$:

$$H\big(t, x^0(t), \tilde{u}(t), \psi^0(t)\big) = \max_{u \in U} H\big(t, x^0(t), u, \psi^0(t)\big)\,, \qquad 0 \leq t \leq T$$

Setzt man $u^1(\cdot) = \tilde{u}(\cdot)$, so gelangt man zum einfachen I. v. K. u. C. Oft ist aber $\tilde{u}(\cdot)$ keine Verbesserung gegenüber $u^0(\cdot)$, weil der Unterschied $u - u^0$ „zu groß“ ist, bei der Herleitung des Maximumprinzips werden ja gerade Variationen auf Mengen kleinen Maßes berücksichtigt! Von Chernousko und seinen Mitarbeitern sind mehrere modifizierte Algorithmen angegeben worden, darunter der folgende:

S0: Berechne

$$\Delta H(t) = H\big(t, x^0(t), \tilde{u}(t), \psi^0(t)\big) - H\big(t, x^0(t), u^0(t), \psi^0(t)\big)$$

und

$$\mu(\tilde{u}) = \int_0^T \Delta H(t)\,\mathrm{d}t\,.$$

S1: $N := 1$

S2: $h := 2^{-N}T$.

S3: Ermittle unter den Punkten $\tau_j = (2j - 1)\,h,\ j = 1, \dots, 2^{N-1}$, einen Punkt τ^*, für den

$$\frac{1}{2h}\int_{E_{\tau^*h}} \Delta H(t)\,\mathrm{d}t \geqq \frac{\mu(\tilde{u})}{T} \quad \text{mit} \quad E_{\tau^*h} = [\tau^* - h, \tau^* + h]$$

gilt.

S4: Setze

$$u_{\tau^*h} = \begin{cases} \tilde{u}(t) & \text{für} \quad t \in E_{\tau^*h}\,, \\ u^0(t) & \text{für} \quad t \in [0, T] \setminus E_{\tau^*h}\,. \end{cases}$$

S5: Ist $J(u_{\tau^*h}) > J(u^0) - \frac{h}{T}\,\mu(\tilde{u})$, so ersetze N durch $N + 1$ und rechne bei S2 weiter. Im anderen Fall sei $u^1 = u_{\tau^*h}$.

S6: Mit u^1 anstelle von u^0 ermittle man aus der H-Funktion eine neue Steuerung $\tilde{u}(\cdot)$ und setze die Rechnung bei S0 fort.

Es gilt der *Satz*: Wenn U kompakt und die Menge aller zulässigen Trajektorien in $C^n[0, T]$ beschränkt ist, die auftretenden Funktionen f, f^0 glatt sind und Lipschitz-Bedingungen in (x, u) genügen, so gilt $\lim \mu(u^k) = 0$, d. h., die iterativ berechneten Steuerungen erfüllen „approximativ“ das Maximumprinzip. Ist $f(t, x, u) = A(t)\,x + b(t, u)$, $f^0(t, x, u) = a_0(t, x) + b_0(t, u)$ und $a_0(\cdot)$ in x konvex, so konvergiert die Folge der Zielfunktionalwerte $J(u^k)$ gegen den Minimalwert J^*.

Aufgaben mit Randbedingungen und Phasenbeschränkungen findet man in [a].

Lit.: [a] Chernousko, F. L., und A. A. Lyubushin: Method of successive approximations for solutions of optimal control problems. Optimal Control, Appl. Methods **3** (1982), 101–114.

J

Jacobische Bedingung ›Variationsrechnung
Jacobische Form des Prinzips der kleinsten Wirkung ›Extremalprinzipien der Physik
Jacobische Gleichung ›Variationsproblem
Jacobi-Verfahren ›Verfahren zur Lösung von Gleichungssystemen
Jensensche Ungleichung ›konvexe Funktion, ›Sattelpunkt
John, Satz von ›Regularitätsbedingungen

K

Kakutani, Fixpunktsatz von ›Fixpunktsätze
Kalman-Matrix ›Steuerbarkeit
kanonische Gleichungen ›Variationsrechnung
Kante ›Graphentheorie

Kegel: Eine Teilmenge K eines Vektorraumes E heißt K. (mit der Spitze in 0), wenn für $x \in K$ und $\lambda > 0$ stets $\lambda x \in K$ gilt. Ein K. K heißt *konvex*, wenn aus $x^1, x^2 \in K$ stets $x^1 + x^2 \in K$ folgt. Wird ein konvexer K. K von endlich vielen Elementen $g_i \in E$ gemäß

$$K = \{x \in E : x = \sum_i \lambda_i g_i, \lambda_i \in \mathbb{R}_+\}$$

erzeugt, so heißt K *polyedrischer K.* (›polyedrische Menge). Ist $K \cap (-K) = \{0\}$, so heißt K *echt.*

Kegel der inneren Richtungen: Ist X ein linearer topologischer Raum, M eine Teilmenge von X und bezeichnet $U(x)$ eine beliebige Umgebung eines Punktes $x \in X$, so ist durch

$$D(M, x^0) = \{x \in X : \exists U(x), \exists \lambda > 0, \text{ so daß } \forall \bar{x} \in U(x), t \in (0, \lambda) : x^0 + t\bar{x} \in M\}$$

der K. d. i. R. definiert. Mit dieser ›Kegelapproximation wird jeder Menge $M \subseteq X$ im Punkt $x^0 \in M$ ein offener eventuell leerer ›Kegel zugeordnet.

Kegel der zulässigen Richtungen: Seien X ein linearer topologischer Raum, M eine Teilmenge von X, $x^0 \in M$. Die Menge

$$Z(M, x^0) = \{x \in X : \exists \lambda > 0, \forall \text{ so daß } x^0 + tx \in M\ t \in (0, \lambda)\}$$

heißt K. d. z. R. an die Menge M im Punkte $x^0 \in M$. $Z(M, x^0)$ ist eine ›Kegelapproximation, die insbesondere bei Lösungsverfahren der Optimierung benutzt wird.

Kegelapproximation: Sei X ein linearer topologischer Raum (›lokalkonvexer Raum). Eine K. ordnet jeder Teilmenge $M \subseteqq X$ im Punkte $x^0 \in M$ in bestimmter Weise einen ›Kegel $K(M, x^0)$ zu. Die meisten K. hängen nur von der geometrischen Struktur von M und der Lage von $x^0 \in M$ ab (›Kegel der inneren Richtungen, ›Kegel der zulässigen Richtungen, ›Tangentenkegel). Dagegen hängt die Darstellung des ›linearisierenden Kegels zusätzlich von der analytischen Beschreibung von M ab.

K. werden u. a. zur Aufstellung von ›Optimalitätsbedingungen benutzt. Z. B. ist für die ›Optimierungsaufgabe

$$f(x) \to \min, \quad x \in \mathfrak{B} = \{x \in \mathbb{R}^n : g(x) \leqq 0\} \tag{1}$$

die Stelle $x^0 \in \mathfrak{B}$ optimal genau dann, wenn gilt

$$\{x : f(x) < f(x^0)\} \cap \mathfrak{B} = \emptyset . \tag{2}$$

Werden $\mathfrak{B}$ und $\{x : f(x) < f(x^0)\}$ an der Stelle x^0 durch geeignete Kegel K_1 und K_2 approximiert, so ergibt sich

$$K_1 \cap K_2 = \emptyset \tag{3}$$

als notwendige Optimalitätsbedingung. Gilt (2) nur lokal (d. h. in einer Umgebung $U(x^0)$), so ist (3) eine (lokale) Optimalitätsbedingung (vom Dubowitzki-Miljutin-Typ) für die lokale Optimalstelle x^0.

Lit.: [11], [48]

Kegelbasis: Sei K ein echter ›Kegel in einem Vektorraum X, dann heißt eine nichtleere konvexe Teilmenge $B \subseteqq K$ eine *Basis* für K, falls jedes $x \in K$, $x \neq 0$, eine eindeutige Darstellung $x = \lambda y$, $y \in B$, $\lambda > 0$ besitzt.

Lit.: [a] Peressini, A. L.: Ordered topological vector spaces. Harper und Row, New York 1967.

Kegelhülle ›Hülle einer Menge
kegelkonvexer Operator ›erweiterte Konvexität

Kelley-Verfahren: Das K. ist ein Schnittebenenverfahren (›Schnitt, ›Schnittprinzip) zur Lösung der konvexen Aufgabe

$$\min \{c^{\mathsf{T}}x : g_i(x) \leqq 0, i = 1, \dots, m, x \in X\} \tag{1}$$

mit $X = \{x \in \mathbb{R}^n : Ax \leqq b\}$, g_i differenzierbar im $\mathbb{R}^n$.

S1: Wähle eine ›polyedrische Menge $X_1 \supset \{x : g_i(x) \leqq 0, i = 1, \dots, m\}$ und setze $Z_1 = X_1 \cap X$, $k := 1$.

S2: Löse die lineare Optimierungsaufgabe $\min \{c^{\mathsf{T}}x : x \in Z_k\}$. x^k sei eine optimale Lösung dieser Aufgabe.
Ist $g_i(x^k) \leqq 0 \; \forall i = 1, \dots, m$, so ist x^k eine optimale Lösung des Ausgangsproblems (1). Sonst gehe zu S3

S3: Bestimme $g_j(x^k) = \max_{1 \leqq i \leqq m} g_i(x^k)$ und setze

$$Z_{k+1} = Z_k \cap \{x : g_j(x^k) + \nabla g_j^{\mathsf{T}}(x^k)(x - x^k) \leqq 0\},$$

$k := k + 1$, gehe zu S1.

Dieser Algorithmus ist auch anwendbar auf ein Problem mit konvexer Zielfunktion $f(x)$, wenn dieses wie folgt in ein Problem der Form (1) umformuliert wird:

$$\min \{z : f(x) - z \leqq 0, g_i(x) \leqq 0, i = 1, \dots, m; x \in X\}.$$

Die in S2 auftretenden linearen Optimierungsaufgaben sind mit Hilfe des dualen ›Simplexverfahrens vorteilhaft lösbar. Im Fall, daß die g_i nicht überall differenzierbar sind, kann man in S3 anstelle des Gradienten einen Subgradienten (›Ableitungsbegriffe) $\partial g_j(x^k)$ verwenden, falls er berechenbar ist.

Lit.: [63]
[a] Eaves, B. C., und W. I. Zangwill: Generalized cutting plane algorithms. SIAM Journal on Control **9** (1971), 529–542.
[b] Topkis, D. M.: Cutting-plane methods without nested constraints. Operations Research **18** (1970), 404–413.

Kette ›Graphentheorie
Khachian-Algorithmus = Chatschijan-Algorithmus (›Ellipsoid-Verfahren)
K-Konvexität ›erweiterte Konvexität

Knapsack-Problem: Das K. ist ein spezielles Problem der ganzzahligen Optimierung (›diskrete Optimierung), und zwar

$$z = c^{\mathsf{T}}x \to \max,$$

$$a^{\mathsf{T}}x \leqq b, \quad a > 0, \quad b > 0,$$

$$x \geqq 0 \quad \text{und ganz},$$

wo c und a Vektoren sind, deren Komponenten meist als ganzzahlig vorausgesetzt werden. Hat man in einem K. statt der Bedingung $a^{\mathsf{T}}x \leqq b$ eine Gleichung $a^{\mathsf{T}}x = b$ oder eine Gruppengleichung, so spricht man von einem Gleichungs-Knapsackproblem bzw. *Gruppen-Knapsackproblem.* Letztere Probleme treten im Zusammenhang mit dem ›asymptotischen Algorithmus auf. Zur Lösung von K. eignen sich besonders Methoden der ›dynamischen Optimierung. Statt K. findet man in der Literatur auch die Bezeichnung *Rucksackproblem* oder *Tornisterproblem.* Hat man als Nebenbedingungen

$$Ax \leqq b, \quad A \geqq 0, \quad b > 0,$$

$$x \geqq 0 \quad \text{und ganz},$$

wo A eine Matrix und b ein Vektor ist, so spricht man von einem mehrdimensionalen K.

Lit.: [45]

Knickstellen ›Variationsrechnung
Knotenpunkt ›Graphentheorie
Koalition ›Spieltheorie
Koeffizientenmatrix ›lineare Optimierung
koerzitive ›**Abbildung**

kombinatorisches Optimierungsproblem: Ein k. O. ist ein Optimierungsproblem der folgenden Art: Gegeben ist eine endliche Menge $X = \{x_1, \ldots, x_n\}$ von Variablen, und jeder Variablen x_i ist ein Wertevorrat X_i zugeordnet, der aus jeweils endlich vielen diskreten Werten besteht. Ein k. O. hat dann die Gestalt

$$z = f(x_1, \ldots, x_n) \to \min, \qquad x_1 \in X_1, \ldots, x_n \in X_n,$$

wobei aber meist noch weitere Nebenbedingungen erfüllt werden müssen. Diese Nebenbedingungen können sehr allgemein sein, brauchen also nicht notwendig in Form von Gleichungen oder Ungleichungen vorzuliegen, sondern können auch verbal gegeben sein, wie z. B. die Forderung des ›Rundreiseproblems, daß alle Orte genau einmal zu besuchen sind. Dadurch sind k. O. allgemeiner als Probleme der ›diskreten Optimierung.

Lit.: [45], [62]

[a] Grötschel, M.: Developments in combinatorial optimization. In: Jäger, W., J. Moser und R. Remmert (eds.), Perspectives in mathematics, Anniversary of Oberwolfach 1984, Birkhäuser-Verlag, Basel—Boston—Stuttgart 1984, 249—294.
[b] Grötschel, M., L. Lovász, and A. Schrijver: The ellipsoid method and combinatorical optimization. Springer-Verlag, Berlin 1985.

komplementäre Schlupfbedingungen ›Optimalitätsbedingungen
komplementäre Variationsprobleme ›Extremalprinzipien der Physik
komplementärer Schlupf ›Alternativsätze

Komplementaritätsproblem: Seien $K \subseteq \mathbb{R}^n$ ein abgeschlossener konvexer ›Kegel, K^* der Dualkegel zu K (›halbgeordneter linearer Raum) und $F: K \to \mathbb{R}^n$ eine ›Abbildung. Unter einem K. versteht man die Aufgabe, ein $z \in K$ zu finden mit $F(z) \in K^*$ und $z^T F(z) = 0$. Im Fall $F(z) = Mz + q$, $m \times n$-Matrix M, $q \in \mathbb{R}^n$, $K = \mathbb{R}^n_+$, heißt das K. *linear*, andernfalls *nichtlinear*. Zahlreiche Probleme der mathematischen Optimierung, Spieltheorie, Ökonomie und Fixpunkttheorie sowie technisch-physikalische Probleme lassen sich einheitlich als K. formulieren. So z. B. lösen (mit $m \times n$-Matrix A, $x, c \in \mathbb{R}^n$, $y, b \in \mathbb{R}^m$) der Vektor x das lineare Optimierungsproblem

$$c^T x \to \min, \qquad Ax \geqq b, \qquad x \geqq 0$$

und der Vektor y das zugehörige Dualproblem genau dann, wenn $z = \begin{pmatrix} x \\ y \end{pmatrix}$ Lösung des linearen K. mit $M = \begin{pmatrix} 0 & -A^T \\ A & 0 \end{pmatrix}$, $q = \begin{pmatrix} c \\ -b \end{pmatrix}$, $K = \mathbb{R}^n_+ \times \mathbb{R}^m_+$ ist.

Zur Ermittlung der Lösung eines linearen K. kann man ein der ›Simplexmethode der linearen Optimierung ähnliches Verfahren, das ›Lemke-Verfahren verwenden (vgl. dazu ›Hauptaustauschschrittverfahren).

Bei der Untersuchung nichtlinearer K. spielen Zusammenhänge mit Variationsungleichungen eine wesentliche Rolle. Seien $C \subseteqq \mathbb{R}^n$ eine nichtleere konvexe Menge und $F : C \to \mathbb{R}^n$ eine Abbildung. Ein Punkt $z \in C$ heißt stationärer Punkt von F bez. C, falls z Lösung der *Variationsungleichung*

$$(w - z)^{\mathrm{T}} F(z) \geqq 0 \qquad \forall w \in C$$

ist. Eine Lösung des K. ist ein ›stationärer Punkt von F bez. K. Ist umgekehrt z ein stationärer Punkt von F bez. $C \subseteqq K$ und gilt $0 \in C$ sowie

$$z \in \operatorname{int}_K C := \{w \in C : \exists \varepsilon > 0 \text{ mit } w + u \in C \ \forall u \in K \text{ mit } |u| < \varepsilon\},$$

so löst z das K. Hieraus ergeben sich unter Verwendung der Tatsache, daß jede stetige Abbildung bez. einer kompakten und ›konvexen Menge einen stationären Punkt besitzt, Aussagen über die *Existenz* von Lösungen des K. für verschiedene Klassen von Abbildungen F (z. B. F stark monoton oder koerzitiv (›Abbildung)). Zur Lösung nichtlinearer K. können u. a. Algorithmen der Optimierung oder Triangulationsverfahren herangezogen werden. *Triangulationsverfahren* basieren auf einer simplizialen Zerlegung (›Polyederzerlegung) von $K = \mathbb{R}^n_+$ und erzeugen, ausgehend vom Nullpunkt, eine Folge benachbarter Simplexe, welche unter gewissen Voraussetzungen an F bei hinreichender Feinheit der Triangulation endlich ist und ein Simplex liefert, welches eine Approximation einer Lösung des K. darstellt. Mit Hilfe von Verfeinerungsalgorithmen kann die Genauigkeit der Approximation schrittweise verbessert werden, wobei jeweils die Näherungslösung der vorhergehenden Verfeinerungsstufe als Ausgangspunkt dient. Ähnliche Algorithmen werden zur approximativen Lösung von Fixpunktproblemen verwendet. Verallgemeinerungen des K. erhält man durch Übergang zu unendlichdimensionalen Räumen und zu ›Punkt-Menge-Abbildungen.

Lit.: [62]

[a] BAZARAA, M. S., J. J. GOODE, und M. Z. NASHED: An nonlinear complementarity problem in mathematical programming in Banach spaces. Proc. Amer. Math. Soc. **35** (1972) 1, 165—170.

[b] EAVES, B. C.: The linear complementarity problem. Management Sci. **17** (1971) 9, 612—634.

[c] FISHER, M. L., und J. W. TOLLE: The nonlinear complementarity problem: Existence and determination of solutions. SIAM J. Control Opt. **15** (1977) 4, 612—624.

[d] KARAMARDIAN, S.: The nonlinear complementarity problem with applications I, II. JOTA **4** (1969) 2, 87—98, JOTA **4** (1969) 3, 167—181.

[e] LEMKE, C. E.: Recent results on complementarity problems. In: ROSEN, J. B., O. L. MANGASARIAN, und K. RITTER (eds.), Nonlinear programming. Academic Press, New York 1970, 349—384.

[f] WERNER, R.: Lösung linearer Komplementaritätsprobleme unter Verwendung von Strahlübergängen. Math. Operationsforsch. u. Statist. Ser. optimization **12** (1981) 2, 221–234.

komplexe Optimierung: Werden bei ›Optimierungsaufgaben der Vektor z der Variablen und die Ziel- und Restriktionsfunktionen f, g komplexwertig zugelassen, so heißt die Aufgabe

$$(f : \mathbb{C}^n \to \mathbb{C},\ g : \mathbb{C}^n \to \mathbb{C}^m,\ S \subseteq \mathbb{C}^m)$$

$$\operatorname{Re} f(z) \to \min\,, \qquad g(z) \in S\,,$$

eine Aufgabe der k. O. Es gibt eine dem reellen Fall nachgebildete Optimierungstheorie [a], [b].

Lit.: [a] ABRAMS, R. A., und A. BEN-ISRAEL: Nonlinear programming in complex space: necessary conditions. SIAM J. Control **9** (1971) 4, 606–620.
[b] ABRAMS, R. A.: Nonlinear programming in complex space: sufficient condition and duality. J. Math. Anal. Appl. **38** (1972) 3, 619–632.

Komplexitätstheorie: Die K. als Teildisziplin der diskreten Mathematik befaßt sich mit den Möglichkeiten der Bewertung des Rechenaufwandes für Algorithmen zur Lösung von kombinatorischen Entscheidungs- und Optimierungsproblemen (›kombinatorisches Optimierungsproblem). Sie enthält Methoden zum Nachweis, daß eine Vielzahl solcher Probleme als vermutlich sehr schwierig klassifiziert werden muß (Theorie der $\mathcal{NP}$-Vollständigkeit) und stellt schließlich Hilfsmittel für die Konstruktion effizienter Algorithmen bereit, indem sie Strukturen und Verbindungen zwischen verschiedenen Problemen erkennen läßt.

Den folgenden in der K. grundlegenden Begriffsbildungen liegen Entscheidungsprobleme zugrunde, also solche Probleme, die als Lösung entweder die Antwort „ja" oder die Antwort „nein" zulassen. Möglichkeiten der Zurückführung kombinatorischer Optimierungsprobleme auf Entscheidungsprobleme werden in [b] diskutiert. Es bezeichne P ein Entscheidungsproblem, B ein Beispiel von P (ergibt sich aus P durch Spezifizierung aller Problemparameter) und $P(d)$ die Menge aller Beispiele B von P mit gleichem Umfang d der Eingangsdaten (bei einem fest vorgegebenen Kodierungsschema). Dann gibt compl (A, B) die Anzahl der durch den Algorithmus A zur Lösung von B erforderlichen elementaren Operationen auf einem (realen oder gedachten) Computer bzw. die benötigte Rechenzeit in Abhängigkeit vom Umfang d der Eingangsdaten an. Was die algorithmentheoretischen Grundlagen betrifft, so wird auf [b] verwiesen. Die *worst-case-Komplexität* eines Algorithmus A zur Lösung von P ist gegeben durch

$$\text{w-compl}\,(A, P) = \max_{B \in P(d)} \text{compl}\,(A, B)\,.$$

Entsprechend gilt für die *average-case-Komplexität* bei gegebener Verteilung η der Beispiele B in $P(d)$

$$\text{s-compl}\,(A, P) = \mathsf{E}_\eta\, \text{compl}\,(A, B)\,.$$

Ist AP die Menge aller Algorithmen A zur Lösung von P, so ergibt sich aus

$$\text{w-compl}(P) = \min_{A \in AP} \text{w-compl}(A, P)$$

bzw.

$$\text{s-compl}(P) = \min_{A \in AP} \text{s-compl}(A, P)$$

die w- bzw. s-Komplexität von P.

In der überwiegenden Zahl der komplexitätstheoretischen Untersuchungen wird auf die worst-case-Komplexität zurückgegriffen, da einerseits die „schwierigsten" Beispiele eines Problems oft auch reale Beispiele sind und andererseits bei Zugrundelegung der average-case-Komplexität keines der bekannten und numerisch gut handhabbaren Wahrscheinlichkeitsmaße die reale Situation in etwa widerspiegelt.

Die Komplexität wird in der Form $O(h(d))$ angegeben mit einer gewissen Komplexitätsfunktion $h(d)$. Gilt compl $(P) = O(h(d))$ mit einer polynomial beschränkten Funktion $h(d)$, so heißt das Problem P bzw. der *Algorithmus A polynomial.* Ein Problem bzw. ein Algorithmus mit nicht polynomial beschränkter Komplexitätsfunktion $h(d)$ heißt exponentiell. $\mathcal{P}$ bezeichnet die Klasse der polynomialen Probleme, sie werden vielfach auch als *einfach* bezeichnet. Zurückgehend auf Edmonds findet man in der Literatur für polynomiale Algorithmen oft die Bezeichnung *gut.* Die meisten bekannten guten Algorithmen für praktische Problemstellungen besitzen eine Komplexität $O(d^3)$ oder besser.

Beispiele für Probleme aus $\mathcal{P}$ sind (als Entscheidungsprobleme formuliert) das lineare Optimierungsproblem, das Transportproblem, bestimmte Wegprobleme auf Graphen, das Problem des maximalen Flusses (›Optimierung auf Graphen). Eine umfangreiche Liste von Problemen aus $\mathcal{P}$ ›[b].

Von fundamentaler Bedeutung für die Komplexitätstheorie ist der Begriff der polynomialen Transformation; so bezeichnet man einen Algorithmus, der jedes Beispiel B eines Problems P mit polynomialem Aufwand in ein Beispiel B' von P' überführt, so daß gilt: B besitzt als Lösung die Ja-Antwort genau dann, wenn B' als Lösung die Ja-Antwort hat (Abkürzung: $P \propto P'$). $P \propto P'$ bedeutet, daß P als Spezialfall von P' betrachtet werden kann und demnach P' mindestens so schwierig wie P ist. Solch eine Transformation liefert nun auch die Mittel für die Überführung eines Algorithmus für P' in einen zur Lösung von P. Offensichtlich gilt: Ist $P' \in \mathcal{P}$ und $P \propto P'$, so ist auch $P \in \mathcal{P}$.

$\mathcal{NP}$ bezeichnet dann die Klasse aller nicht deterministisch polynomialen Entscheidungsprobleme, d. h. aller Probleme, bei denen eine vermutete Lösung mit polynomialem Aufwand als solche verifiziert werden kann. Zu $\mathcal{NP}$ gehören z. B. (als Entscheidungsproblem formuliert) das ›Rundreiseproblem, das ›Knapsack-Problem, das allgemeine ganzzahlige lineare Optimierungsproblem, Färbungsprobleme auf Graphen, das Hamilton-Kreis-Problem. Zahlreiche Probleme aus $\mathcal{NP}$ findet man in [b] und [57].

Es gilt offensichtlich $\mathcal{P} \subseteq \mathcal{NP}$. Durch folgende von Cook [a] eingeführte Definition werden die schwierigsten Probleme in $\mathcal{NP}$ erfaßt. Ein Entscheidungsproblem P heißt *$\mathcal{NP}$-vollständig*, falls $P \in \mathcal{NP}$ und $P' \propto P$ für alle $P' \in \mathcal{NP}$. Ist P $\mathcal{NP}$-vollständig, und gilt $P \in \mathcal{P}$, so folgt $\mathcal{P} = \mathcal{NP}$. Läßt sich also ein $\mathcal{NP}$-vollständiges Problem mit polynomialem Aufwand lösen, so ist das für alle Probleme aus $\mathcal{NP}$ möglich. Alle intensiven Bemühungen in diese Richtung schlugen bislang fehl, so daß als Arbeitshypothese „$\mathcal{P} \subset \mathcal{NP}$" angenommen wird. Läßt sich andererseits zeigen, daß ein beliebiges Problem aus $\mathcal{NP}$ exponentiell ist, so gilt dies das auch für alle $\mathcal{NP}$-vollständigen Probleme. Die noch offene Frage, ob $\mathcal{P} = \mathcal{NP}$ oder $\mathcal{P} \subset \mathcal{NP}$ gilt (die sogenannte $\mathcal{P} = \mathcal{NP}$-Frage), zählt zu den noch ungelösten zentralen mathematischen Problemen.

Lit.: [57]

[a] Cook, S. A.: The complexity of theorem-proving procedures. Proc. ACM Symp. Theory of Computing **3** (1971), 151–158.

[b] Garey, M. R., und D. S. Johnson: Computers and intractability: A guide to the theory of NP-completeness. Freeman, San Francisco 1979.

[c] Grötschel, M.: Developments in combinatorical optimization. In: Jäger, W., J. Moser und R. Remmert (eds.), Perspectives in mathematics, Anniversary of Oberwolfach 1984, Birkhäuser-Verlag, Basel–Boston–Stuttgart 1984, 249–294.

Konditionszahl ›schlechtkonditionierte Aufgabe

konjugierte Funktion: Seien X, Y nichtleere Mengen. Eine ›Abbildung $c : X \times Y \to \mathbb{R}$ nennt man *Kopplungsfunktional*. Sei $f : X \to \overline{\mathbb{R}}$. Dann heißt $f^c : Y \to \overline{\mathbb{R}}$ gemäß

$$f^c(y) = \sup_{x \in X} \{ c(x, y) - f(x) \}, \qquad y \in Y,$$

die *obere* k. F. von f bez. des Kopplungsfunktionals c und $f_c : Y \to \overline{\mathbb{R}}$ gemäß

$$f_c(y) = \inf_{x \in X} \{ c(x, y) - f(x) \}, \qquad y \in Y,$$

die *untere* k. F. von f bez. c.

Es gelten folgende Eigenschaften: (dom: ›effektiver Definitionsbereich)

a) $f(x) + f^c(y) \geqq c(x, y) \ \forall (x, y) \in \operatorname{dom} f \times \operatorname{dom} f^c$, (1)

b) $f^{cc}(x) \geqq \sup_{y \in Y} \{c(x, y) - f^c(y)\} \leqq f(x) \ \forall\, x \in X$, (2)

c) $f \leqq g \Rightarrow f^c \geqq g^c$, (3)

d) $f^{ccc} = f^c$, (4)

e) $(\inf_{i \in I} f_i)^c \geqq \sup_{i \in I} f_i^c$, $(\sup_{i \in I} f_i)^c \leqq \inf_{i \in I} f_i^c$ (5)

(I eine beliebige Indexmenge),

f) $(\lambda f)^c(y) = \lambda f^c\left(\frac{y}{\lambda}\right) \forall \lambda > 0, \forall y \in Y$, falls c linear in y (6)

g) $(f + \alpha)^c = f^c - \alpha \ \forall \alpha \in \mathbb{R}$. (7)

Entsprechende Aussagen erhält man für f_c (›[c]). Weitere Eigenschaften von f^c bzw. f_c (z. B. Konvexitäts- und Stetigkeitseigenschaften) hängen im starken Maße von den Eigenschaften des Kopplungsfunktionals c ab.

Wir betrachten folgende Spezialfälle:

1. Seien X ein reeller Vektorraum, $Y = X^*$ dessen algebraischer Dualraum (›duale Räume) und $c(x, x^*) = \langle x, x^* \rangle = x^*(x)$ die die Dualität begründende Bilinearform auf $X \times X^*$. Dann heißen $f^* = f^c$ die *obere Fenchel-Konjugierte*, und $f_* = f_c$ die *untere Fenchel-Konjugierte* von f. Die Ungleichung (1) für $f^c = f^*$ heißt dann oft *Fenchel-Ungleichung*.

Für die obere Fenchel-Konjugierte gelten jetzt zusätzlich folgende Aussagen:

a) f^* ist konvex,

b) $f(x) + f^*(x^*) = x^*(x) \Leftrightarrow f(x) \in \mathbb{R} \wedge x^* \in \partial f(x)$

mit $\partial f(x) = \{x^* \in X^* : f(x + h) - f(x) \geqq x^*(h) \ \forall h \in X\}$.

Man bezeichnet dieses (wie in Banach-Räumen für konvexe Funktionen (›Ableitungsbegriffe) gebildete) Subdifferential $\partial f(x)$ oft als *unteres* Subdifferential. Man kann gleichberechtigt (da f nicht notwendig konvex ist) ein oberes Subdifferential bilden (›[c]), welches dann bei der Eigenschaft b) bez. der unteren Fenchel-Konjugierten Anwendung findet.

c) Ist f konvex und $x \in$ a. r. i. (dom f), so gibt es ein $x^* \in X^*$ mit $f(x) + f^*(x^*) = x^*(x)$.

d) $f(x) \in \mathbb{R}$ und $\partial f(x) \neq \emptyset \Rightarrow f(x) = f^{**}(x)$.

e) $f^*(0) = -\inf\limits_{x \in X} f(x)$.

f) Ist X ein lokalkonvexer Hausdorff-Raum (›lokalkonvexer Raum), so ist im Falle der Existenz einer stetigen affinen Minorante von f die obere Fenchel-Konjugierte f eine abgeschlossene konvexe Funktion, (d. h. der ›Epigraph epi f ist konvex und abgeschlossen).

Entsprechende Eigenschaften können für die untere Fenchel-Konjugierte von f formuliert werden (›[c]).

Im Falle $X = X^* = \mathbb{R}^n$ ergibt sich für die Fenchel-Konjugierten eines Funktionals f folgende geometrische Interpretation: Betrachtet man die Polarität bez. der Hyperfläche 2. Ordnung

$$\Phi_0 = \{(x, z) \in \mathbb{R}^n \times \mathbb{R} : z = \tfrac{1}{2} \langle x, x \rangle\},$$

so erhält man als Bilder (Polaren) der Punkte aus dem ›Epigraphen epi f von f eine Hyperebenenmenge, die den Graph der k. F. f^* einhüllt. Entsprechend erhält man als Bilder der Punkte aus epi f^* eine Hyperebenenmenge, die epi f einhüllt.

Die Zuordnung $f \leftrightarrow f^*$ ist auf der Menge der abgeschlossenen ›konvexen Funktionen eineindeutig mit genau einem Fixpunkt, und zwar der Funktion $f(x) = \frac{1}{2} \langle x, x \rangle$.

Mittels k. F. im Sinne von Fenchel läßt sich eine ›Dualitätstheorie für konvexe Optimierungsprobleme entwickeln (›[c], [d]).

2. Eine Verallgemeinerung der Fenchel-Konjugierten stellen die sogenannten *Φ-Konjugierten* dar (›[a], [b]). Seien (im endlichdimensionalen Fall) $X = X^* = \mathbb{R}^n$ und Φ eine beliebige nichtentartete Hyperfläche 2. Ordnung gemäß

$$\Phi = \{(x, z) \in \mathbb{R}^n \times \mathbb{R} : (1, x^\mathsf{T}, z)\, A \begin{pmatrix} 1 \\ x \\ z \end{pmatrix} = 0\}$$

mit

$$A = \begin{pmatrix} a_0 & a^\mathsf{T} & c \\ a & B & e \\ c & e^\mathsf{T} & b \end{pmatrix} \qquad (\det A \neq 0)\,,$$

$a_0, b, c \in \mathbb{R}$, $a, e \in \mathbb{R}^n$, B eine symmetrische $n \times n$-Matrix. Die Polare eines Punktes $(x, z) \in \mathbb{R}^n \times \mathbb{R}$ bez. Φ hat dann die Gestalt

$$\{(x^*, z^*) \in \mathbb{R}^n \times \mathbb{R} : (1, x^\mathsf{T}, z)\, A \begin{pmatrix} 1 \\ x^* \\ z^* \end{pmatrix} = 0\}$$

$$= \{(x^*, z^*) \in \mathbb{R}^n \times \mathbb{R} : z^* = k(x, z, x^*)\}$$

mit

$$k(x, z, x^*) = z^* - \frac{(1, x^\mathsf{T}, z)\, A \begin{pmatrix} 1 \\ x^* \\ z^* \end{pmatrix}}{c + e^\mathsf{T}x + bz} \quad \text{für} \quad c + e^\mathsf{T}x + bz > 0\,.$$

Analog zur geometrischen Interpretation der Fenchel-Konjugierten erhält man folgendes Konjugationskonzept: Ist $f : \mathbb{R}^n \to \overline{\mathbb{R}}$ ein erweitert reellwertiges Funktional, so heißt $f^\Phi : \mathbb{R}^n \to \overline{\mathbb{R}}$ gemäß

$$f^\Phi(x^*) = \sup_{x \in \operatorname{dom} f} k(x, f(x), x^*)$$

die *obere Φ-Konjugierte* von f, und $f_\Phi : \mathbb{R}^n \to \overline{\mathbb{R}}$ gemäß

$$f_\Phi(x^*) = \inf_{x \in \operatorname{dom} f} k(x, f(x), x^*)$$

die *untere Φ-Konjugierte* von f. Eigenschaften der Φ-Konjugierten findet man in [a], [b].

Als Spezialfall folgt für $A = \begin{pmatrix} 0 & 0^\mathsf{T} & 1 \\ 0 & -I & 0 \\ 1 & 0 & 0 \end{pmatrix}$ (I Einheitsmatrix) der Begriff der Fenchel-Konjugation.

Mittels der Φ-Konjugierten läßt sich eine ›Dualitätstheorie für eine breite Klasse von nichtkonvexen Optimierungsproblemen entwickeln (›[a], [b]), u. a. für Probleme der ›hyperbolischen Optimierung.

Lit.: [14], [24], [29], [50]
[a] Deumlich, R., und K.-H. Elster: Duality and optimality conditions for nonconvex optimization problems. Math. Operationsforsch. u. Statist., Ser. optimization 11 (1980) 2, 181–219.

[b] Deumlich, R., und K.-H. Elster: Φ-conjugation and nonconvex optimization (Part I–III). Math. Operationsforsch. u. Statist., Ser. optimization **14** (1983) 1, 125–149, **15** (1984) 4, 499–515, **16** (1985) 6, 789–803.
[c] Elster, K.-H., und R. Nehse: Zum Dualitätssatz von Fenchel. Math. Operationsforsch. u. Statist., Ser. optimization **5** (1974) 4/5, 269–280.
[d] Fenchel, W.: Convex cones, sets and functions. Lecture Notes, Department Math., Princeton Univ., Princeton, N.J. 1953.
[e] Weiss, E.-A.: Konjugierte Funktionen. Archiv d. Math. **20** (1969), 538–545.
[f] Dietrich, H.: Zur Dualität bei nichtkonvexen Variationsproblemen. Wiss. Zeitschr. TH Merseburg **27** (1985) 5, 503–511.

konjugierte Richtung ›konjugiertes Gradientenverfahren, ›ableitungsfreie Verfahren
konjugierte Variationsprobleme ›Extremalprinzipien der Physik
konjugierter Punkt ›Variationsrechnung

konjugiertes Gradientenverfahren: Ist A eine symmetrische positiv definite $n \times n$-Matrix, so heißen die Vektoren $s^0, s^1, \dots, s^k$, $k \leqq n-1$, *konjugierte Richtungen* bez. A, wenn für $i \neq j$ gilt

$$s^{i\mathrm{T}} A s^j = 0\,.$$

Ist f eine quadratische Funktion

$$f(x) = \tfrac{1}{2}\, x^{\mathrm{T}} A x + a^{\mathrm{T}} x + a_0 \tag{1}$$

mit positiv definiter symmetrischer $n \times n$-Matrix A, dann heißt ein zur Lösung von $f(x) \to \min$, $x \in \mathbb{R}^n$, verwendetes Iterationsverfahren

$$x^{k+1} = x^k + \alpha_k s^k$$

k. G., wenn für jeden Iterationsindex $k \leqq n-1$ mit $\nabla f(x^k) \neq 0$ die Vektoren $s^0, s^1, \dots, s^k$ konjugierte Richtungen bez. A sind, und wenn die Schrittweite α_k nach dem Cauchy-Prinzip (›Schrittweitenalgorithmus) berechnet wird (in diesem Fall gilt dann $\alpha_k = -\dfrac{\nabla f^{\mathrm{T}}(x^k)\, s^k}{s^{k\mathrm{T}} A s^k}$). Die k. G. besitzen die wichtige Eigenschaft, die Minimumstelle von (1) in (theoretisch) höchstens n Iterationsschritten zu finden.

Konkrete Verfahren zur Berechnung von konjugierten Richtungen werden z. B. durch die Vorschrift

$$s^k = -\nabla f(x^k) + \gamma_k s^{k-1}$$

gegeben, wobei der Parameter γ_k durch $\gamma_0 = 0$ und

$$\gamma_k = \frac{\|\nabla f(x^k)\|^2}{\|\nabla f(x^{k-1})\|^2} \quad \textit{(Fletcher-Reeves-Verfahren)},$$

$$\gamma_k = \frac{\nabla f^{\mathrm{T}}(x^k)\,(\nabla f(x^k) - \nabla f(x^{k-1}))}{\|\nabla f(x^{k-1})\|^2} \quad \textit{(Polak-Ribière-Verfahren)}$$

berechnet wird.

Konjugierte Richtungen können auch durch die ›Quasi-Newton-Verfahren erzeugt werden. In allen genannten Verfahren ist für die Konstruktion konjugierter Richtungen wesentlich, daß die Schrittweite α_k mit hoher Genauigkeit nach dem Cauchy-Prinzip (›Schrittweitenalgorithmus) berechnet wird.

K. G. können auch zur Minimierung nichtquadratischer Funktionen angewendet werden. Die Berechnungsvorschriften für s^k und γ_k bleiben dabei unverändert, die erzeugten Richtungen sind dann jedoch i. allg. nicht mehr konjugiert. Häufig werden diese Verfahren auch in der *Restart-Version* benutzt; das bedeutet z. B. in den Fletcher-Reeves-Verfahren oder Polak-Ribiere-Verfahren, daß γ_k nach jeweils n Schritten wieder gleich γ_0 gesetzt wird, also $\gamma_k := \gamma_0$ für $k \equiv 0 \bmod n$. Für solche Restart-Varianten kann unter geeigneten Definitheits- und Lipschitz-Bedingungen an die Hesse-Matrizen von f und bei asymptotisch exakter Berechnung der Schrittweiten α_k (nach dem Cauchy-Prinzip, ›Schrittweitenalgorithmus) gezeigt werden, daß die Folge (x^k) n-Schritt-quadratisch gegen die Minimumstelle von f konvergiert (›Konvergenzbegriffe).

Lit.: [26], [49], [55], [63]

konkave Funktion ›konvexe Funktion
konkave quadratische Optimierungsaufgabe ›quadratische Optimierung
konsistente Approximation ›Gauß-Newton-Verfahren

Konsistenz: Eine ›Optimierungsaufgabe heißt konsistent, wenn ihr zulässiger Bereich nicht leer ist (›asymptotische Konsistenz).

Konsistenzbedingungen ›Regularitätsbedingungen
kontinuierliche Approximation ›Approximationstheorie

Konvergenz eines Verfahrens: Bei der Untersuchung von Verfahren und der Einschätzung ihrer Güte spielen ›Konvergenzbegriffe eine große Rolle. Untersucht wird dabei einerseits die Konvergenz der durch das Verfahren erzeugten Punktfolge (x^k) gegen einen Grenzwert $\bar{x}$ und bei Optimierungsverfahren andererseits zusätzlich auch die Konvergenz der Folge der zugehörigen Zielfunktionswerte $(f(x^k))$ gegen den Wert $f(\bar{x})$. Sei D eine beliebige Teilmenge eines Banach-Raumes X und $D^* \subseteq D$ die gesuchte Lösungsmenge (Zielmenge), weiterhin sei ein Verfahren gegeben, welches, ausgehend von einem Startpunkt $x^0 \in X$, eine wohldefinierte Folge (x^k) erzeugt. Man spricht von *Konvergenz des Verfahrens,* wenn jeder Häufungspunkt der erzeugten Folge (x^k) Element von D^* ist. Konvergiert das Verfahren für jeden Startpunkt $x^0 \in D$, dann heißt es *global konvergent,* konvergiert das Verfahren nur für Startwerte x^0 aus einer genügend kleinen Umgebung $U(D^*)$ der Menge D^*, so heißt es *lokal konvergent.* Konvergiert die Folge (x^k) der durch das Verfahren erzeugten Iterationspunkte, so kann man die Konvergenzgeschwindigkeit anhand der verschiedenen ›Konvergenzbegriffe untersuchen. Aus der

Konvergenz der Zielfunktionswerte $f(x^k)$ gegen einen Wert $\tilde{f}$ folgt i. allg. noch nicht die Konvergenz der Iterationspunkte (x^k) gegen ein $\bar{x} \in D^*$ (vgl. Minimalfolge in ›Optimierungsaufgabe).

Konvergenzbegriffe: K. betreffen entweder die Konvergenzgeschwindigkeit der durch ein Verfahren erzeugten Punktfolge (x^k) gegen den Grenzwert x^* der Folge oder die Konvergenzgeschwindigkeit der Folge der zugehörigen Zielfunktionswerte $(f(x^k))$ gegen den Funktionswert $f(x^*)$ (›[55]).

Man betrachtet als Maß für die Abweichung die Zahlenfolgen $\varepsilon_k = \|x^k - x^*\|$ (bei einer beliebigen gegebenen Norm) bzw. $\varepsilon_k = |f(x^k) - f(x^*)|$. Damit läßt sich die *Konvergenzgeschwindigkeit* (*Konvergenzordnung*) eines Verfahrens anhand der verschiedenen K. für Zahlenfolgen definieren.

Sei (ε_k) eine Folge nichtnegativer Zahlen mit $\varepsilon_k \to 0$ für $k \to \infty$. Die Folge (ε_k) besitzt

a) *sublineare Konvergenz,* wenn ein Index k_0 und eine Konstante $C > 0$ existieren, so daß gilt

$$\varepsilon_k \leqq \frac{C}{k} \ \forall k \geqq k_0 .$$

b) *lineare Konvergenz* (*lineare Q-Konvergenz*), wenn ein Index k_0 und eine Konstante $q \in [0, 1)$ existieren, so daß gilt

$$\varepsilon_{k+1} \leqq q\varepsilon_k \ \forall k \geqq k_0 .$$

c) *überlineare Konvergenz* (*superlineare Konvergenz* bzw. *Q-überlineare Konvergenz*), wenn ein Index k_0 und eine Nullfolge (q_k), $q_k \in [0, 1)$ $\forall k$, existieren, so daß gilt

$$\varepsilon_{k+1} \leqq q_k\varepsilon_k \ \forall k \geqq k_0 .$$

d) die *Konvergenzordnung* $p > 1$ (bzw. *Q-Konvergenz* von der Ordnung $p > 1$), wenn ein Index k_0 und ein $C > 0$ existieren, so daß gilt

$$\varepsilon_{k+1} \leqq C\varepsilon_k^p \ \forall k \geqq k_0 .$$

Im Fall $p = 2$ bzw. $p = 3$ spricht man von *quadratischer* bzw. *kubischer Konvergenz.*

e) *lineare R-Konvergenz* (*geometrische Konvergenz*), wenn ein Index k_0, eine Zahl $C > 0$ und eine Zahl $r \in [0, 1)$ existieren, so daß gilt

$$\varepsilon_k \leqq Cr^k \ \forall k \geqq k_0 .$$

f) *R-Konvergenz* von der Ordnung $p > 1$, wenn ein Index k_0, eine Zahl $C > 0$ und ein $r \in [0, 1)$ existieren, so daß gilt

$$\varepsilon_k \leqq Cr^{(p^k)} \ \forall k \geqq k_0 .$$

Konvergenzgeschwindigkeit ›Konvergenzbegriffe
Konvergenzordnung ›Konvergenzbegriffe

konvexe Analysis: Die konvexe Analysis umfaßt die Theorie der ›konvexen Mengen und ›konvexen Funktionen, sie ist eine Grundlage der ›konvexen Optimierung. Die k. A. beschäftigt sich vor allem mit

a) Eigenschaften konvexer Mengen in (topologischen) Vektorräumen (im Sinne von geometrischen, topologischen, extremalen und ihre Darstellung betreffenden Eigenschaften), Operationen mit konvexen Mengen,
b) speziellen konvexen Mengen, wie konvexen ›Kegeln und konvexen Polyedern (›Polyederzerlegung),
c) Eigenschaften konvexer Funktionen über (topologischen) Vektorräumen, wie Stetigkeit, Stützbarkeit (›Stützfunktional, ›Stützfunktion) und Differenzierbarkeit, ferner Fragen bez. des ›Epigraphen und der unteren Niveaumengen sowie zum Extremalverhalten konvexer Funktionen,
d) Lösbarkeitsbedingungen für Systeme ›konvexer Ungleichungen, in der Regel in Form von ›Alternativsätzen.

In jüngster Zeit werden zunehmend Verallgemeinerungen (meist Abschwächungen) des Konvexitätsbegriffs (›erweiterte Konvexität) für Mengen und Funktionen sowie (verallgemeinert) konvexe Abbildungen aus einem Vektorraum in einen halbgeordneten Vektorraum betrachtet.

Lit.: [39], [50]

[a] LEICHTWEISS, K.: Konvexe Mengen. VEB Deutscher Verlag der Wissenschaften, Berlin 1980.

konvexe Dualaufgabe ›konvexe Optimierung
konvexe Fortsetzung ›konvexe Funktion

konvexe Funktion: Es seien X ein Vektorraum und $f: X \to \overline{\mathbb{R}}$ ein erweitert reellwertiges Funktional (›Abbildung). f heißt *konvex*, wenn der ›Epigraph von f eine ›konvexe Menge in $X \times \mathbb{R}$ ist. Man bevorzugt oft statt (*konvexes*) *Funktional* die Redeweise (*konvexe*) *Funktion*. K. F. bilden die wichtigsten Klassen von Ziel- und Restriktionsfunktionen bei nichtlinearen ›Optimierungsaufgaben.

Jede auf einer konvexen Teilmenge A von X definierte k. F. $f: A \to \mathbb{R}$ kann durch Hinzunahme uneigentlicher Werte auf ganz X *konvex fortgesetzt werden*, wenn man $f(x) = \infty$ für $x \notin A$ setzt.

Ein ›eigentliches Funktional $f: X \to \overline{\mathbb{R}}$ ist genau dann konvex, wenn für $x_1, x_2 \in \operatorname{dom} f$ (›effektiver Definitionsbereich) und $\lambda_1, \lambda_2 \in (0, 1)$ mit $\lambda_1 + \lambda_2 = 1$ die *Jensensche Ungleichung* erfüllt ist, d. h. wenn gilt

$$f(\lambda_1 x_1 + \lambda_2 x_2) \leqq \lambda_1 f(x_1) + \lambda_2 f(x_2) .$$

Ist die Ungleichung unter der Voraussetzung $x_1 \neq x_2$ sogar streng erfüllt, so heißt f *streng konvex*. f heißt (*streng*) *konkav*, wenn $-f$ (streng) konvex ist. Ist f konkav, so ist der ›Hypograph von f eine konvexe Menge.

Man bezeichnet f als *affine* (bzw. *affin-lineare*) Funktion, wenn f sowohl konvex als auch konkav ist.

Beispiele

a) Ist X ein normierter Raum, so ist $f(x) = ||x||$ eine auf X *endliche* k. F. (d. h. f bildet in $\mathbb{R}$ (nicht $\overline{\mathbb{R}}$) ab).

b) Ist $X = \mathbb{R}^n$, so ist die quadratische Form x^TCx mit positiv semidefiniter Matrix C eine auf X endliche k. F.

Sind f, f_1, f_2 eigentliche k. F. auf X, so gelten folgende Aussagen:

1. Für jede Konvexkombination $\sum_{i=1}^{k} \lambda_i x^i$ endlich vieler $x^i \in \operatorname{dom} f$ ($\lambda_i \geqq 0$, $\sum_{i=1}^{k} \lambda_i = 1$) gilt

$$f\Big(\sum_{i=1}^{k} \lambda_i x^i\Big) \leqq \sum_{i=1}^{k} \lambda_i f(x^i) .$$

2. $\operatorname{dom} f$ und die *unteren Niveaumengen* $\{x \in X : f(x) \leqq \mu\}$ mit $\mu \in \mathbb{R}$ sind konvex.

3. Die Funktionen $f_1 + \lambda f_2$ mit $\lambda \geqq 0$ und $\sup\{f_1, f_2\}$ sind konvex auf X.

4. Ist $X = \mathbb{R}^n$, so ist f auf $\operatorname{int}(\operatorname{dom} f)$ stetig. Im Fall $X = \mathbb{R}$ ist f auf $\operatorname{int}(\operatorname{dom} f)$ mit Ausnahme von höchstens abzählbar vielen Punkten stetig differenzierbar. Weiteres ›[39], [50].

5. Ist X ein lokalkonvexer Hausdorff-Raum (›lokalkonvexer Raum), so existiert für jedes $x_0 \in \operatorname{int}(\operatorname{dom} f)$ und $h \in X$ die einseitige Richtungsableitung (›Ableitungsbegriffe)

$$f_+^R(x_0, h) = \lim_{t \to +0} \frac{f(x_0 + th) - f(x_0)}{t} .$$

6. Ist X ein lokalkonvexer Hausdorff-Raum, so ist für jedes $x_0 \in \operatorname{dom} f$ das Subdifferential (›Ableitungsbegriffe)

$$\partial f(x_0) = \{x^* \in X^* : f(x_0 + h) \geqq f(x_0) + \langle x^*, h\rangle \ \forall h \in X\}$$

eine konvexe (evtl. leere) Menge. Im Falle der Stetigkeit von f in x_0 gilt

$$f_+^R(x_0, h) = \max\{\langle x^*, h\rangle : x^* \in \partial f(x_0)\} \ \forall h \in X .$$

7. Ist X ein ›Banach-Raum, A eine offene konvexe Menge und f endlich über A, dann ist f genau dann stetig und konvex auf A, wenn $\partial f(x) \neq \emptyset$ für alle $x \in A$ gilt.

8. Ist $A \subseteqq \mathbb{R}^n$ eine offene ›konvexe Menge und f eine auf A endliche und zweimal stetig differenzierbare Funktion, so ist die positive Semidefinitheit der *Hesse-Matrix* $(\partial^2 f/\partial x_i\, \partial x_j)_{i,j=1,\ldots,n}$ auf A notwendig und hinreichend für die Konvexität von f auf A.

9. Ist X ein lokalkonvexer Hausdorff-Raum und f eine endliche k. F. über der konvexen Menge $A \subseteqq X$, so gilt:

a) Jedes lokale Minimum (›Optimierungsaufgabe) von f über A ist das globale Minimum von f über A.

b) Die Menge aller Minimalstellen (›Optimierungsaufgabe) von f über A ist konvex.
c) Ist A offen und $0 \in \partial f(x^0)$ für ein $x^0 \in A$, so ist x^0 eine Minimalstelle von f über A.

10. Ist $X = \mathbb{R}^n$, $A \subseteqq \mathbb{R}^n$, $A \neq \emptyset$, konvex und kompakt und f konvex und stetig über A, so gibt es einen ›Extremalpunkt x_0 von A, der eine *Maximalstelle* (d. h. $f(x_0) = \sup_{x \in A} f(x)$) von f über A ist.

Lit.: [39], [50]

[a] Roberts, A. W., und D. E. Varberg: Convex functions. Academic Press, New York—London 1973.
[b] Stoer, J., und Ch. Witzgall: Convexity and optimization in finite dimensions. Springer-Verlag, Berlin—Heidelberg—New York 1970.

konvexe Hülle ›Hülle einer Menge
konvexe Kegelhülle ›Hülle einer Menge

konvexe Menge: k. M. spielen in der mathematischen Optimierung, z. B. als zulässiger Bereich (›Optimierungsaufgabe) oder als ›Epigraph bzw. Niveaumenge der Zielfunktion einer konvexen Optimierungsaufgabe, eine sehr wichtige Rolle.

Eine Teilmenge A eines Vektorraumes E heißt *konvex*, wenn aus $x_1, x_2 \in A$ stets folgt $\lambda_1 x_1 + \lambda_2 x_2 \in A$ für alle $\lambda_1, \lambda_2 \in [0, 1]$ mit $\lambda_1 + \lambda_2 = 1$. Aus der Konvexität von A folgt, daß jede *Konvexkombination* $\lambda_1 x_1 + \ldots + \lambda_m x_m$, $\lambda_i \in [0, 1]$, $\lambda_1 + \ldots + \lambda_m = 1$, endlich vieler $x_i \in A$ wieder zu A gehört.

Der Durchschnitt beliebig vieler k. M., die *Minkowski-Summe* $A + B = \{a + b : a \in A, b \in B\}$ zweier k. M. A, B und alle skalaren Vielfachen $\lambda A = \{\lambda a : a \in A\}$ $\lambda \in \mathbb{R}$, einer k. M. A sind konvex. Die *Dimension* einer k. M. ist gleich der Dimension ihrer affinen ›Hülle. Ein *Satz von Carathéodory* besagt:

Hat die konvexe ›Hülle conv A einer Menge A aus E die Dimension $k < \infty$, so gibt es zu jedem $x \in \operatorname{conv} A$ jeweils $k + 1$ Punkte x_i aus A, so daß x eine Konvexkombination dieser x_i ist.

Wichtige Spezialfälle k. M. sind konvexe ›Kegel und konvexe Polyeder (›Polyederzerlegung).

Seien im folgenden E ein Hausdorff-Raum (›lokalkonvexer Raum) und $A \subseteqq E$ eine konvexe Menge. Dann gelten folgende Aussagen:

1. $\bar{A}$ und int A sind k. M.
2. int $A \neq \emptyset \Rightarrow$ (int $\bar{A}$ = int A und $\overline{\operatorname{int} A} = \bar{A}$).
3. Ist A endlichdimensional und nichtleer, so gilt r. i. $A \neq \emptyset$.

Für nicht notwendig konvexe Mengen $A \subseteqq E$ gilt

4. A offen $\Rightarrow$ conv A offen; hingegen ist die konvexe Hülle einer abgeschlossenen Menge schon im $\mathbb{R}^2$ nicht notwendig abgeschlossen.
5. (A kompakt und $E = \mathbb{R}^n$) $\Rightarrow$ conv A kompakt.
6. A endlich $\Rightarrow$ conv A kompakt.

Die beiden folgenden Sätze sind u. a. im Hinblick auf Lösbarkeitskriterien für Systeme ›konvexer Ungleichungen wichtig.

7. *Satz von Helly*: Gegeben seien mindestens $n + 1$ kompakte k. M. $A_\lambda \subseteq E = \mathbb{R}^n$, $\lambda \in \Lambda$, von denen je $n + 1$ stets einen nichtleeren Durchschnitt besitzen. Dann ist auch der Gesamtdurchschnitt $\bigcap_{\lambda \in \Lambda} A_\lambda$ nichtleer. (Bei endlicher Indexmenge Λ kann die Kompaktheitsforderung weggelassen werden.)

8. *Satz von Berge*: Gegeben seien eine k. M. $A \subseteq E$ sowie endlich viele abgeschlossene k. M. $A_1, \ldots, A_m \subseteq E$ mit $A \cap \bigcap_{i=1}^{m} A_i = \emptyset$ und $A \cap \bigcap_{\substack{i=1 \\ i \neq j}}^{m} A_i \neq \emptyset$ für alle $j = 1, \ldots, m$. Dann ist A nicht in $\bigcup_{i=1}^{m} A_i$ enthalten.

Zu den grundlegenden Resultaten und beweistechnischen Hilfsmitteln der Theorie k. M. gehören ›Trennungssätze, welche Aussagen über die ›Trennbarkeit zweier (konvexer) Mengen durch ein stetiges lineares Funktional bzw. eine Hyperebene enthalten. Aus ihnen lassen sich u. a. Stützeigenschaften für k. M. ableiten (›Stützfunktional). Für die Optimierung wichtig sind in der Theorie k. M. außerdem ›Darstellungssätze, welche sich mit der Erzeugung einer kompakten k. M. durch die Menge ihrer ›Extremalpunkte befassen, und ›Fixpunktsätze, welche Bedingungen für die Existenz eines Fixpunktes bei der Abbildung einer (konvexen) Menge in sich angeben.

Lit.: [39]

[a] Leichtweiss, K.: Konvexe Mengen. VEB Deutscher Verlag der Wissenschaften, Berlin 1980.

[b] Valentine, F. A.: Konvexe Mengen. Bibl. Inst. Mannheim 1968.

konvexe Optimierung: Die k. O. befaßt sich mit der Minimierung ›konvexer Funktionen über ›konvexen Mengen. Die k. O. zeichnet sich dadurch aus, daß

a) lokale Minimalstellen (›Optimierungsaufgabe) stets auch globale Minimalstellen sind,

b) notwendige Optimalitätskriterien oft auch hinreichend sind (z. B. gilt für subdifferenzierbares f: Gehört 0 zum Subdifferential (›Ableitungsbegriffe) der Zielfunktion f an der zulässigen Stelle x^0, so ist x^0 optimal),

c) konvexe Objekte stets eine primale und eine duale Beschreibung gestatten (›Dualität),

d) die weit entwickelte ›konvexe Analysis einsetzbar ist.

Dies hatte zur Folge, daß sich die k. O. als Theorie zur Behandlung konvexer Optimierungsaufgaben rasch entwickelte (›[56]) (›Optimalitätsbedingungen, insbesondere die ›Kuhn-Tucker-Bedingungen und Lagrangesche Multiplikatorenregel (›Lagrange-Funktion), ›Dualität in der Optimierung, ›numerische Verfahren, ›Trennungssätze) und heute Basis von Verallgemeinerungen ist (›konjugierte Funktion, ›nichtkonvexe Optimierung, ›erweiterte

Konvexität). Mitunter gelingt es im Rahmen solcher Verallgemeinerungen (›Dualität in der Steuerung), zu nichtkonvexen Optimierungsaufgaben *konvexe* Dualaufgaben zu konstruieren, oder *versteckte Konvexitäten* aufzudecken, wie etwa durch den *Satz von Ljapunow*: Durch Integralfunktionale definierte Abbildungen besitzen ein konvexes Bild (›[56], S. 78).

Lit.: [56]

konvexe ›Optimierungsaufgabe

konvexe parametrische Optimierung: Eine parametrische Optimierungsaufgabe, die sich für jeden fixierten Parameter als Aufgabe der ›konvexen Optimierung erweist, heißt Aufgabe der k. p. O.. Für das Studium der parameterabhängigen Extremalwertfunktion, Optimalmengen- und Restriktionsmengenabbildung (›parametrische Optimierung) lassen sich in diesem Fall Dualitätsbeziehungen ausnutzen, andererseits werden Dualitätsaussagen durch Stabilitätseigenschaften der parametrischen Aufgabe impliziert (›Stabilität von Optimierungsproblemen). Einige grundlegende Aussagen seien am endlichdimensionalen Problem (Parameter $\lambda \in \Lambda$)

$$f(x, \lambda) \to \min, \quad x \in M(\lambda), \qquad (\mathrm{P}(\lambda))$$
$$M(\lambda) = \{x \in \mathbb{R}^n : g_i(x, \lambda) \leqq 0,\ i = 1, \dots, p;\ h_j(x, \lambda) = 0,\ j = 1, \dots, q\},$$

dargestellt. Dabei seien $f, g_i, h_j : \mathbb{R}^n \times \Lambda \to \mathbb{R}$ stetig, Λ ein metrischer Raum; f, g_i als Funktion von x (bei fixiertem $\lambda \in \Lambda$) konvex über $\mathbb{R}^n$ und h_j als Funktion von x affin-linear (›konvexe Funktion). Die (Lagrange-) *Dualaufgabe* zu $(\mathrm{P}(\lambda))$ lautet

$$F(y, z, \lambda) \to \max, \quad y \in \mathbb{R}^p, \quad z \in \mathbb{R}^q, \quad y \geqq 0, \qquad (\mathrm{D}(\lambda))$$

mit $F(y, z, \lambda) = \inf\limits_{x \in \mathbb{R}^n} L(x, y, z, \lambda)$ und der ›Lagrange-Funktion

$$L(x, y, z, \lambda) = f(x, \lambda) + \sum_{i=1}^{p} y_i g_i(x, \lambda) + \sum_{j=1}^{q} z_j h_j(x, \lambda).$$

Es bezeichne $\varphi_{\mathrm{P}}(\lambda)$ und $\varphi_{\mathrm{D}}(\lambda)$ die Optimalwerte der entsprechenden ›Optimierungsaufgaben, $\psi_{\mathrm{P}}(\lambda)$ und $\psi_{\mathrm{D}}(\lambda)$ die jeweiligen *Optimalmengen* (= Menge der Lösungen von $(\mathrm{P}(\lambda))$ bzw. $(\mathrm{D}(\lambda))$).

Wir fassen $\varphi_{\mathrm{P}}, \varphi_{\mathrm{D}}; \psi_{\mathrm{P}}, \psi_{\mathrm{D}}$ und M als Abbildungen bzw. Punkt-Menge-Abbildungen über Λ auf (›parametrische Optimierung). Dann ist die ›Punkt-Menge-Abbildung M abgeschlossen und $\varphi_{\mathrm{D}}(\lambda) \leqq \varphi_{\mathrm{P}}(\lambda)$ für jedes $\lambda \in \Lambda$.

Im weiteren sei λ_0 ein beliebig fixierter Parameter mit $-\infty < \varphi_{\mathrm{P}}(\lambda_0) < \infty$. Es gilt:

a) Falls die Optimalmenge $\psi_{\mathrm{P}}(\lambda_0)$ nichtleer und beschränkt ist, so gilt $\varphi_{\mathrm{P}}(\lambda) = \varphi_{\mathrm{D}}(\lambda_0)$ und φ_{P} ist unterhalbstetig (›Punkt-Menge-Abbildung) an der Stelle $\lambda = \lambda_0$.

b) Falls die Optimalmenge $\psi_{\mathrm{D}}(\lambda_0)$ nichtleer und beschränkt ist, so gilt $\varphi_{\mathrm{P}}(\lambda_0) = \varphi_{\mathrm{D}}(\lambda_0)$ und φ_{D} ist oberhalbstetig (›Punkt-Menge-Abbildung) an der Stelle $\lambda = \lambda_0$.

Sind schließlich beide Mengen $\psi_P(\lambda_0)$ und $\psi_D(\lambda_0)$ nichtleer und beschränkt, so gibt es eine offene Umgebung U des Punktes λ_0 mit den Eigenschaften: $\psi_P(\lambda)$ und $\psi_D(\lambda)$ sind für alle $\lambda \in U$ nichtleer und beschränkt, die Abbildungen ψ_P und ψ_D sind auf U oberhalbstetig, die Funktionen φ_P und φ_D fallen auf U zusammen und sind dort stetig. Die Voraussetzung, daß $\psi_D(\lambda_0)$ beschränkt und nichtleer sei, impliziert, daß für hinreichend normkleine $y \in \mathbb{R}^p$, $z \in \mathbb{R}^q$ alle Mengen der Form

$$A(y, z) = \{x \in \mathbb{R}^n : g_i(x, \lambda_0) \leqq y_i, i = 1, \dots, p; h_j(x, \lambda_0) = z_j, j = 1, \dots, q\}$$

nichtleer sind. Mittels der Funktion

$$\varphi(u, y, z) = \inf \{f(x, \lambda_0) + \langle u, x \rangle : x \in A(y, z)\},$$

die — bei festen restlichen Variablen — in u konkav und in (y, z) konvex ist, lassen sich die Optimalmengen charakterisieren:

a) $\psi_P(\lambda_0)$ ist das negative Subdifferential (›Ableitungsbegriffe) der Funktion $u \to -\varphi(u, 0, 0)$ an der Stelle $u = 0$;

b) $\psi_D(\lambda_0)$ ist das negative Subdifferential der Funktion $(y, z) \to \varphi(0, y, z)$ an der Stelle $(y, z) = 0$.

Ferner ist die Dualitätsbeziehung $\varphi_P(\lambda_0) = \varphi_D(\lambda_0)$ äquivalent zur unteren Halbstetigkeit (›Abbildung) von $y \to \varphi(0, y, 0)$ in $y = 0$. Als Funktion von u ist φ oberhalbstetig. Die Stetigkeit von $u \to \varphi(u, 0, 0)$ in $u = 0$ bedeutet, daß die Optimalmenge $\psi_P(\lambda_0)$ nichtleer und beschränkt ist.

Ist Λ das Intervall $[0, 1]$, dann beschreibt der Grenzwert

$$\varphi_P'(0) = \lim_{\lambda \to +0} \left(\varphi_P(\lambda) - \varphi_P(0)\right) \frac{1}{\lambda},$$

sofern er existiert und endlich ist, das Verhalten der Funktion φ_P in der Nähe von $\lambda = 0$ approximativ und heißt *Marginalwert* (›Stabilität von Optimierungsproblemen). Sind f, g_i, h_j stetig differenzierbar und $\psi_P(0)$, $\psi_D(0)$ beide nichtleer und beschränkt, so gilt

$$\varphi_P'(0) = \min_{x \in \psi_P(0)} \max_{(y,z) \in \psi_D(0)} \frac{\partial L(x, y, z, 0)}{\partial \lambda}.$$

Für parametrische Aufgaben des Typs

$$f(x) \to \min, \qquad x \in \overline{M}(\lambda) = \{x : g_i(x) \leqq \lambda_i, i = 1, \dots, m\} \qquad (\overline{\mathrm{P}}(\lambda))$$

mit konvexen Funktionen $f, g_i : \mathbb{R}^n \to \mathbb{R}$ und $\mathfrak{B} = \{\lambda \in \lambda : \overline{\mathrm{M}}(\lambda) \neq \emptyset\}$ gilt speziell, wenn man $\overline{M}$ und $\bar{\varphi}(\bar{\varphi}(\lambda)$: Optimalwert von $(\mathrm{P}(\bar{\lambda})))$ als Funktion über $\mathfrak{B}$ auffaßt: Gibt es für ein fixiertes $\lambda \in \mathfrak{B}$ einen Punkt x mit $g_i(x) \leqq \lambda_i$, $i = 1, \dots, m$, und $g_i(x) < \lambda_i$, falls g_i nicht schwach analytisch ist, so ist $\bar{\varphi}$ in λ stetig, $\overline{M}$ in λ unterhalbstetig. f heißt dabei *schwach analytisch*, falls für jede Gerade G im $\mathbb{R}^n$ gilt: f ist auf G konstant, wenn f auf einer in G enthaltenen Strecke konstant ist. Sind alle Funktionen f, g_i schwach analytisch (z. B. n-dimensionale Polynome), dann folgt für die auf $\mathfrak{A} = \{\lambda : \bar{\psi}(\lambda) \neq \emptyset\}$ betrachtete Optimalmengenabbildung $\bar{\psi}$ von $\overline{\mathrm{P}}$: $\bar{\psi}$ ist auf $\mathfrak{A}$ unterhalbstetig, und es existiert eine stetige Funktion $x : \mathfrak{A} \to \mathbb{R}^n$ mit $x(\lambda) \in \bar{\psi}(\lambda)$ für alle $\lambda \in \mathfrak{A}$. Die Menge $\mathfrak{B}$ ist konvex, i. allg. aber weder offen noch abgeschlossen; die Menge $\mathfrak{A}$ braucht weder konvex noch offen oder abgeschlossen zu sein.

Lit.: [2], [25], [37], [50]

konvexe Ungleichungen: Für eine ›konvexe Menge A eines Vektorraumes E, Indexmengen I und J sowie auf A ›konvexe Funktionen f_i, $i \in I$, und g_j, $j \in J$, heißt

$$\begin{aligned} &x \in A \\ &f_i(x) < 0 \quad \text{für alle} \quad i \in I\,, \\ &g_j(x) \leqq 0 \quad \text{für alle} \quad j \in J \end{aligned} \tag{1}$$

ein System konvexer Ungleichungen. Hierfür gibt es Lösbarkeitskriterien in Form von ›*Alternativsätzen*, welche u. a. als Grundlage von Optimalitätsbedingungen in der ›konvexen Optimierung von Bedeutung sind.

Beispiel: Sei $E = \mathbb{R}^n$, $I = \{1, \ldots, k\}$ und $J = \{1, \ldots, m\}$; ferner möge ein $\bar{x} \in$ r. i. A existieren mit $g_j(\bar{x}) \leqq 0$ für alle $j \in J$ und $g_j(\bar{x}) < 0$ für die $j \in J$, für die g_j nicht affin (›konvexe Funktion) ist. Das System (1) ist genau dann nicht lösbar, wenn es ein $u \in \mathbb{R}^k_+ \setminus \{0\}$ und ein $v \in \mathbb{R}^m_+$ gibt mit

$$u_1 f_1(x) + \ldots + u_k f_k(x) + v_1 g_1(x) + \ldots + v_m g_m(x) \geqq 0 \quad \text{für alle} \quad x \in A$$

Lit.: [39]

konvexer ›Kegel

konvexer Körper: Eine abgeschlossene ›konvexe Menge M eines linearen topologischen Raumes (›lokalkonvexer Raum) heißt k. K., falls int $M \neq \emptyset$.

konvexer Operator ›erweiterte Konvexität
konvexes Funktional ›konvexe Funktion
konvexes Polyeder ›Polyederzerlegung
Konvexitätsraum ›erweiterte Konvexität
Konvexkombination ›konvexe Menge
kooperatives Spiel ›Spieltheorie

koordinatenweiser Abstieg: Der k. A., der auch als *punktweise Relaxation* bezeichnet wird, ist ein spezielles ›Abstiegsverfahren zur Lösung des unrestringierten Minimierungsproblems

$$f(x) \to \min\,, \qquad x \in \mathbb{R}^n\,.$$

Dabei wird in der Iterationsvorschrift

$$x_i^{k+1} = x_{i-1}^{k+1} + \alpha_{ki} e_i\,, \qquad i = 1, \ldots, n\,,$$

mit $x_0^{k+1} = x^k$, $x_n^{k+1} = x^{k+1}$, $\alpha_{ki} \in \mathbb{R}$, $k = 0, 1, \ldots$, und dem Richtungsvektor

$$e_i = (0, \ldots, 0, 1, 0, \ldots, 0) \qquad \text{(Koordinatenrichtung } i\text{)}$$

x_i^{k+1} so festgelegt, daß gilt

$$f(x_i^{k+1}) \leqq f(x_{i-1}^{k+1}), \quad i = 1, \ldots, n.$$

Wird die Schrittweite α_{ki} nach dem Cauchy-Prinzip (›Schrittweitenalgorithmen) berechnet, und ist f stetig differenzierbar und streng konvex (›konvexe Funktion), so konvergiert die durch den k. A. erzeugte Folge (x^k) für einen beliebigen Startpunkt x^0 gegen die (eindeutige) Minimumstelle x^* von f.

Kopplungsfunktional ›konjugierte Funktion
Kostenfunktion ›Optimierungsaufgabe
Kreis ›Zyklus
Krejn-Milman, Satz von ›Darstellungssätze kompakter konvexer Mengen
kritischer Weg ›Netzplantechnik
Krylow-Chernousko, Iterationsverfahren von ›Iterationsverfahren von Krylow und Chernousko
kubische Interpolation ›Verfahren zur Minimierung einer Funktion einer reellen Veränderlichen
kubische Konvergenz ›Konvergenzbegriffe
Kuhn-Tucker, Satz von ›Lagrange-Funktion, ›Optimalitätsbedingungen

Kuhn-Tucker-Bedingungen: Sind $f, g_1, \ldots, g_m$ über dem $\mathbb{R}^n$ erklärte Funktionen, $g = (g_1, \ldots, g_m)^\mathsf{T}$ und

$$L(x, y) = f(x) + y^\mathsf{T} g(x), \qquad x \in \mathbb{R}^n, \qquad y = (y_1, \ldots, y_m)^\mathsf{T} \in \mathbb{R}_+^m \tag{1}$$

die ›Lagrange-Funktion zur ›Optimierungsaufgabe

$$f(x) \to \min, \qquad x \in \mathfrak{B} = \{x : g_i(x) \leqq 0, i = 1, \ldots, m\}. \tag{P}$$

Der Punkt $(\bar{x}, \bar{y}) \in \mathbb{R}^n \times \mathbb{R}_+^m$ erfüllt die *globalen K.*, falls

$$L(\bar{x}, y) \leqq L(\bar{x}, \bar{y}) \leqq L(x, \bar{y}) \ \forall x \in \mathbb{R}^n, \qquad \forall y \in \mathbb{R}_+^m \tag{2}$$

gilt. Sind $f, g_1, \ldots, g_m$ differenzierbar, so heißen

$$\begin{aligned} &\nabla_x L(\bar{x}, \bar{y}) = 0, \qquad \bar{y}^\mathsf{T} \nabla_y L(\bar{x}, \bar{y}) = 0 \\ &\nabla_y L(\bar{x}, \bar{y}) \leqq 0, \qquad \bar{y} \geqq 0 \end{aligned} \tag{3}$$

die *lokalen K.* von (P) an der Stelle $(\bar{x}, \bar{y}) \in \mathbb{R}^n \times \mathbb{R}_+^m$. Sind f und $g_1, \ldots, g_m$ konvex, ist $\bar{x}$ eine (globale) Optimalstelle von (P) und ist für (P) eine ›Regularitätsbedingung erfüllt, etwa: $\exists x_0 \in \mathfrak{B}$ mit $g_i(x_0) < 0 \ \forall i = 1, \ldots, m$ (Slaterbedingung), so existiert ein $\bar{y} \in \mathbb{R}_+^m$ und $(\bar{x}, \bar{y})$ erfüllen (2) bzw. (3). Ist (2) erfüllt, so ist $\bar{x}$ globale Optimalstelle von (P), auch wenn $f, g_1, \ldots, g_m$ nicht konvex sind. Ist (3) erfüllt, ist f pseudokonvex (›erweiterte Konvexität) und sind die g_i quasikonvex (und f, g_i differenzierbar an der Stelle $\bar{x}$), so ist $\bar{x}$ Lösung von (P) (›[15]).|

Die genannten Voraussetzungen können abgeschwächt werden (›Lagrange-Funktion, ›Optimalitätsbedingungen, [15]).

Lit.: [15], [29]

Kuhn-Tucker-Punkt: Erfüllt $(\bar{x}, \bar{y}) \in \mathbb{R}^n \times \mathbb{R}^m_+$ die globalen bzw. lokalen ›Kuhn-Tucker-Bedingungen zur ›Optimierungsaufgabe

$$f(x) \to \min\,, \qquad x \in \mathfrak{B} = \{x \in \mathbb{R}^n : g_i(x) \leqq 0, i = 1, \dots, m\} \tag{P}$$

mit $f, g_1, \dots, g_m : \mathbb{R}^n \to \mathbb{R}$, so heißt $(\bar{x}, \bar{y})$ ein K.

Kuhn-Tucker-Punkt-Abbildung ›parametrische Optimierung
künstliche Variable ›Zwei-Phasen-Methode
kürzester Weg ›Optimierung auf Graphen

L

lagrangeduales Problem ›Lagrange-Funktion
Lagrange-Dualität ›Lagrange-Funktion

Lagrange-Funktion: Seien E ein linearer Raum, E^* sein algebraisch dualer Raum (›duale Räume), V ein durch den konvexen ›Kegel K mit $K \cap (-K) = \{0\}$ ›halbgeordneter linearer Raum und V^* sein algebraisch dualer Raum. Seien ferner $D(f) \subseteqq E$ eine nichtleere, ›konvexe Menge, $f : D(f) \to \mathbb{R}$, $g : D(f) \to V$ und $\mathfrak{B} = \{x \in D(f) : g(x) \leqq_K 0\} \neq \emptyset$. Unter der dem (primalen) Optimierungsproblem (›Dualitätstheorie)

$$f(x) \to \min\,, \qquad x \in \mathfrak{B}\,, \tag{P}$$

zugeordneten L. versteht man die Funktion $L : E \times V^* \to \overline{\mathbb{R}}$ mit

$$L(x, v^*) = \begin{cases} f(x) - \langle v^*, g(x)\rangle\,, & \text{falls} \quad x \in D(f)\,, \quad v^* \in -K^*\,, \\ \infty\,, & \text{falls} \quad x \notin D(f)\,, \\ -\infty\,, & \text{falls} \quad x \in D(f)\,, \quad v^* \notin -K^*\,, \end{cases}$$

wobei K^* der Dualkegel zu K ist.

Mit Hilfe von L. kann ein zu (P) duales Optimierungsproblem

$$\psi(v^*) \to \max\,, \qquad v^* \in -K^* \tag{D}$$

konstruiert werden unter Verwendung der Funktion $\psi : V^* \to \overline{\mathbb{R}}$ mit

$$\psi(v^*) = \inf_{x \in \mathfrak{B}} L(x, v^*) = \begin{cases} \inf\limits_{x \in D(f)} \{f(x) - \langle v^*, g(x)\rangle\}, & \text{falls} \quad v^* \in -K^*, \\ -\infty\,, & \text{falls} \quad v^* \notin -K^*\,. \end{cases}$$

Wir setzen im folgenden E und V als topologische lineare Räume (›lokalkonvexer Raum) voraus. Sei $F : D(f) \times V \to \overline{\mathbb{R}}$ mit

$$F(x, v) = \begin{cases} f(x), & \text{falls} \quad x \in \mathfrak{B}_v = \{x \in D(f) : g(x) \leqq_K v\}, \qquad v \in V, \\ \infty & \text{sonst} \end{cases}$$

konvex und unterhalbstetig (›Abbildung), so kann (P) mit Hilfe von L geschrieben werden gemäß

$$\sup_{v^* \in V^*} L(x, v^*) \to \min, \qquad x \in \mathfrak{B}. \tag{P}$$

Die Beziehung zwischen (P) und (D) wird als *Lagrange-Dualität* bezeichnet.

Durch die L. wird ein enger Zusammenhang hergestellt zwischen den Optimierungsproblemen (P) und (D) einerseits und den Min-Max-Aufgaben, die u. a. in der ›Spieltheorie von Bedeutung sind, andererseits (›[c]). Stets gilt die *schwache Dualitätsaussage* für (P) und (D):

$$\sup_{v^* \in -K^*} \inf_{x \in \mathfrak{B}} L(x, v^*) \leqq \inf_{x \in \mathfrak{B}} \sup_{v^* \in -K^*} L(x, v^*).$$

Der Zusammenhang zwischen der Lagrange-Funktion L und den ›konjugierten Funktionen wird hergestellt durch die Beziehung

$$F^*(0, v^*) = -\inf_{x \in D(f)} L(x, v^*) \qquad \forall v^* \in V^*$$

und falls F konvex und unterhalbstetig ist, durch

$$F^{**}(x, 0) = F(x, 0) = \sup_{v^* \in -K^*} L(x, v^*) \qquad \forall x \in D(f).$$

Im Fall $E = \mathbb{R}^n$, $V = \mathbb{R}^m$, $K = \mathbb{R}^n_+$ und $D(f) = \mathbb{R}^n$ ergibt sich als primales Problem

$$f(x) \to \min, \qquad x \in \mathfrak{B} = \{y \in \mathbb{R}^n : g_i(y) \leqq 0, i = 1, \dots, m\} \tag{P$_1$}$$

und als L. von (P$_1$):

$$L(x, v^*) = \begin{cases} f(x) - \sum_{i=1}^{m} v_i^* g_i(x), & \text{falls} \quad x \in D(f), \quad v_i^* \leqq 0, i = 1, \dots, m, \\ -\infty, & \text{falls} \quad x \in D(f), \quad v_i^* > 0 \text{ für mindestens} \\ & \qquad \text{ein } i \in \{1, \dots, m\}. \end{cases}$$

Die reellen Zahlen $-v_i^* \geqq 0$, $i = 1, \dots, m$, heißen *Lagrange-Multiplikatoren.* Es gilt das folgende *Kuhn-Tucker-Theorem*: Seien f und g_i, $i = 1, \dots, m$, konvexe Funktionen und sei die Slater-Bedingung (›Regularitätsbedingungen) erfüllt. $\bar{x} \in D(f)$ ist eine Lösung von (P) genau dann, wenn ein $\bar{v}^* = (\bar{v}_1^*, \dots, \bar{v}_m^*)$ mit $\bar{v}_i^* \leqq 0$ für alle $i = 1, \dots, m$ existiert derart, daß $(\bar{x}, \bar{v}^*)$ ein ›Sattelpunkt von L ist,

In diesem Fall ist die *Sattelpunkt-Bedingung*

$$L(\bar{x}, v^*) \leqq L(\bar{x}, \bar{v}^*) \leqq L(x, \bar{v}^*) \qquad \forall x \in \mathbb{R}^n, \qquad \forall v^* \in \mathbb{R}^m, \tag{1}$$

äquivalent zu

$$
\begin{aligned}
&\text{(i)} && \bar{v}_i^* \leqq 0\,, \qquad g_i(\bar{x}) \leqq 0 \qquad \forall i = 1, \dots, m\,, \\
&\text{(ii)} && \sum_{i=1}^{m} \bar{v}_i^* g_i(\bar{x}) = 0\,, \qquad\qquad (2)\\
&\text{(iii)} && 0 \in \partial f(\bar{x}) - \bar{v}_1^*\, \partial g_1(\bar{x}) - \dots - \bar{v}_m^*\, \partial g_m(\bar{x})\,.
\end{aligned}
$$

Die Bedingungen (2) heißen *Kuhn-Tucker-Bedingungen*. Jede Lösung des Systems wird als *Kuhn-Tucker-Punkt* bezeichnet. Sind die Funktionen $f, g_1, \dots, g_m$ differenzierbar, so ergibt sich aus (iii) von (2) die Bedingung

$$
\text{(iv)} \quad \nabla f(\bar{x}) - \sum_{i=1}^{m} \bar{v}_i^* \nabla g_i(\bar{x}) = 0\,.
$$

Die Bedingung (iv) gibt Anlaß zur Formulierung des zu (P) dualen Optimierungsproblems

$$
\begin{aligned}
&L(x, v^*) \to \sup\,, \qquad (x, v^*) \in \mathfrak{B}^*\,, \\
&\mathfrak{B}^* = \{(x, v^*) \in D(f) \times V^* : \nabla f(x) - \sum_{i=1}^{m} v_i^* \nabla g_i(x) = 0\}\,.
\end{aligned} \qquad (D^*)
$$

Für (P) und (D*) gilt der folgende *Satz von Wolfe* [d]: Seien $f : \mathbb{R}^n \to \mathbb{R}$, $g_i : \mathbb{R}^n \to \mathbb{R}$, $i = 1, \dots, m$, konvexe, stetig partiell differenzierbare Funktionen, und sei für (P) die Slater-Bedingung (›Regularitätsbedingungen) erfüllt. Wenn $\bar{x}$ Lösung von (P) ist, dann existiert ein $\bar{v}^* = (\bar{v}_1^*, \dots, \bar{v}_m^*)$ mit $\bar{v}_i^* \leqq 0$ für alle $i = 1, \dots, m$, derart, daß $(\bar{x}, \bar{v}^*)$ Lösung von (D*) ist.

Lit.: [14], [15], [24], [29], [50], [56]

[a] ARROW, K. J., und L. HURWICZ: Reduction of constrained maxima to saddle-point problems. Proceedings of the Third Berkeley Symposium on Mathematical Statistics and Probability. Univ. of California Press, vol. V (1956), 1–20.

[b] KUHN, H. W., und A. W. TUCKER: Nonlinear programming. Proceedings of the second Berkeley Symposium on Mathematical Statistics and Probability, Univ. of California Press (1951), 481–492.

[c] ROCKAFELLAR, R. T.: Minimax theorems and conjugate saddle functions. Math. Scand. **14** (1964), 151–173.

[d] WOLFE, P.: A duality theorem for nonlinear programming. Quart. Appl. Math. **19** (1961), 239–244.

Lagrange-Funktion in der ›Variationsrechnung
Lagrange-Funktional ›Variationsrechnung, ›optimale Prozesse

Lagrange-Methode: Zur Lösung nichtlinearer Optimierungsaufgaben ist die L. neben den ›Approximationsverfahren eine wichtige Klasse von Lösungsverfahren. Die Grundidee besteht dabei darin, das entsprechend dem Lagrangeschen Prinzip gewonnene System der Kuhn-Tucker-Bedingungen (›Lagrange-Funktion) durch iterative Methoden zu lösen. ARROW, HURWICZ und UZAWA [a] untersuchten bereits 1958 zur Lösung des Problems

$$\begin{aligned} &\min \{f(x) : h_i(x) = 0, i = 1, \ldots, m\} \\ &f : \mathbb{R}^n \to \mathbb{R}, \qquad h_i : \mathbb{R}^n \to \mathbb{R}, \qquad i = 1, \ldots, m, \end{aligned} \tag{1}$$

das Differentialgleichungssystem

$$\begin{aligned} \frac{dx}{dt} &= -\varepsilon \nabla_x L(x, y), \qquad x(0) = x^0, \\ \frac{dy}{dt} &= \varepsilon \nabla_y L(x, y), \qquad y(0) = y^0, \end{aligned} \tag{2}$$

wobei $0 < \varepsilon \ll 1$ und $L : \mathbb{R}^n \times \mathbb{R}^m \to \mathbb{R}$ die ›Lagrange-Funktion des Problems (1) bezeichnet. Bezüglich detaillierter Aussagen hierzu ›[16].

Eine Diskretisierung des Systems (2) führt auf die L., in der die Lösung von (2) iterativ berechnet wird nach der Vorschrift

$$\begin{aligned} x^{k+1} &= x^k - \gamma \nabla_x L(x^k, y^k), \\ y^{k+1} &= y^k + \gamma \nabla_y L(x^k, y^k). \end{aligned} \tag{3}$$

Die Konvergenz der Methode (3) läßt sich nur unter relativ scharfen Voraussetzungen an (1) garantieren: *Satz* (›[c]): Im Lösungspunkt $\bar{x}$ von (1) seien die Gradientenvektoren $\nabla h_i(\bar{x})$, $i = 1, \ldots, m$, linear unabhängig, und es gelte die hinreichende ›Optimalitätsbedingung zweiter Ordnung für (1) im Kuhn-Tucker-Punkt (›Lagrange-Funktion) $(\bar{x}, \bar{y})$. Wenn außerdem $\nabla^2 f(\bar{x})$ und $\nabla^2 h_i(\bar{x})$, $i = 1, \ldots, m$, eine Lipschitz-Bedingung erfüllen und $\nabla_x^2 L(\bar{x}, \bar{y})$ positiv definit ist, so existiert ein $\bar{\gamma} > 0$, so daß für jedes feste $\gamma \in (0, \bar{\gamma})$ die Folge $((x^k, y^k))$ gemäß (3) mit linearer Konvergenzgeschwindigkeit (›Konvergenzbegriffe) lokal gegen $(\bar{x}, \bar{y})$ konvergiert.

Der Satz gilt auch, falls man in (3) den Gradientenschritt bez. x durch eine *vollständige* Minimierung bez. x ersetzt:

$$\begin{aligned} x^{k+1} &= \arg\min_x L(x, y^k), \\ y^{k+1} &= y^k + \gamma h(x^{k+1}). \end{aligned} \tag{4}$$

Für nichtlineare Optimierungsprobleme mit Ungleichungen als Nebenbedingungen,

$$\begin{aligned} &\min \{f(x) : g_i(x) \leqq 0, i = 1, \ldots, m\}, \\ &f : \mathbb{R}^n \to \mathbb{R}, \qquad g_i : \mathbb{R}^n \to \mathbb{R}, \qquad i = 1, \ldots, m, \end{aligned} \tag{5}$$

wurde von UZAWA 1958 die folgende L. vorgeschlagen:

$$\begin{aligned} x^{k+1} &= x^k - \gamma \nabla_x L(x^k, y^k), \\ y^{k+1} &= [y^k + \gamma \nabla_y L(x^k, y^k)]_+, \end{aligned} \tag{6}$$

wobei $L : \mathbb{R}^n \times \mathbb{R}^m \to \mathbb{R}$ wiederum die ›Lagrange-Funktion von (5) und $[t]_+$ den positiven Anteil von t bezeichnet. Für die Konvergenz dieser Methode ist zumindest erforderlich, daß f eine ›stark konvexe Funktion ist (›[c]). Das

Beispiel min $\{x : -x \leqq 0\}$ zeigt, daß für den Startpunkt $(x^0, y^0) = (1, 2)$ die Methode (6) für beliebige Wahl von $\gamma > 0$ nicht konvergiert.

Die mit (6) eng verwandte L.

$$x^{k+1} = \arg\min_x L(x, y^k) ,\qquad y^{k+1} = [y^k + \gamma g(x^{k+1})]_+ \tag{7}$$

läßt sich als ›projiziertes Gradientenverfahren zur Lösung einer zu (5) dualen Aufgabe deuten und konvergiert, falls f stark konvex ist.

Modifizierte L.: Die starken Voraussetzungen zur Sicherung der Konvergenz der L., das bei numerischen Tests erkenntliche relativ schlechte Konvergenzverhalten und auch die numerischen Schwierigkeiten bei der Lösung nichtlinearer Optimierungsprobleme mittels ›Strafverfahren (Auftreten ›schlechtkonditionierter Aufgaben) führten zur Definition modifizierter Lagrange-Funktionen (›[16], [b]) und der Entwicklung darauf aufbauender modifizierter L., auch *Multiplikatormethoden* genannt.

Eine wichtige Eigenschaft der modifizierten Lagrange-Funktion ist, daß unter Konvexitätsvoraussetzungen die Menge ihrer ›Sattelpunkte mit der Menge der Sattelpunkte der ›Lagrange-Funktion L übereinstimmt. Typische *modifizierte Lagrange-Funktionen* sind für Problem (1):

$$V(x, y, r) = f(x) + y^{\mathsf T} h(x) + \frac{r}{2} \|h(x)\|^2$$

und für Problem (5):

$$W(x, y, r) = f(x) + y^{\mathsf T} g(x) + \frac{1}{2r} \|[y + rg(x)]_+\|^2 - \frac{1}{2r} \|y\|^2 , \qquad r > 0 .$$

Die Lagrange-Funktion L ergibt sich für $r \to +0$ und $y \in \mathbb{R}^n$ aus V bzw. für $y \in \mathbb{R}^m_+$ aus W. Wird als Vektor der Lagrange-Multiplikatoren der Nullvektor gewählt, so erhält man Straffunktionen. Durch Ersetzung von L in den L. (3), (4) für Problem (1) bzw. (6), (7) für Problem (5) erhält man jeweils modifizierte L. Für die aus (3) sich ergebende modifizierte L. bleibt die Konvergenzaussage der Methode (3) gültig, allerdings ist die starke Voraussetzung der positiven Definitheit von $\nabla^2_x L(x, y)$ nicht mehr erforderlich, falls r hinreichend groß gewählt wird. Unter den gleichen Voraussetzungen läßt sich die lineare Konvergenzgeschwindigkeit der aus (4) entstehenden modifizierten L.

$$x^{k+1} = \arg\min_x V(x, y^k, r) ,\qquad y^{k+1} = y^k + rh(x^{k+1}) \tag{8}$$

nachweisen, wobei die Konvergenz durch Vergrößerung von r beschleunigt werden kann (›Konvergenzbegriffe). Gleichzeitig verschlechtert sich damit die Kondition des zu lösenden restriktionsfreien Problems, so daß für praktische Rechnungen ein günstiger Kompromiß für die Wahl von r zu finden ist.

Für das Problem (5) ist die modifizierte L.

$$x^{k+1} = \arg\min_x W(x, y^k, r)\,, \qquad y^{k+1} = [y^k + rg(x^k)]_+ \tag{9}$$

eine effektive Lösungsmethode, deren lokale Konvergenz sich unter relativ schwachen Voraussetzungen zeigen läßt (›[18]). Die beschriebenen L. und modifizierten L. lassen sich als *duale Methoden* charakterisieren (›[18]). Für die modifizierte Lagrange-Funktion V kann dies wie folgt begründet werden: Genügt $(\bar{x}, \bar{y})$ den hinreichenden Optimalitätsbedingungen zweiter Ordnung für Problem (1) und der strengen Komplementaritätsbedingung, dann ist $\nabla_x^2 V(\bar{x}, \bar{y}, \bar{r})$ für hinreichend großes $\bar{r} > 0$ positiv definit, und $\bar{x}$ ist eine isolierte lokale Minimalstelle von $V(\cdot, \bar{y}, \bar{r})$. Nach dem Auflösbarkeitssatz existieren unter diesen Voraussetzungen offene Umgebungen $U_1(\bar{x})$ und $U_2(\bar{y})$, so daß für $y \in U_2(\bar{y})$ eine Funktion $x = x(y)$ existiert mit $x \in U_1(\bar{x})$ und $\nabla_x V(x(y), y, \bar{r}) = 0$, für die $\nabla_x^2 V(x(y), y, \bar{r})$ positiv definit ist. Dadurch ist eine Funktion $\psi : U_2(\bar{y}) \to \mathbb{R}$ gemäß $\psi(y) = V(x(y), y, \bar{r})$ definiert, und es gilt $\forall y \in U_2(\bar{y})$:

$$\nabla\psi(y) = h(x(y))\,, \tag{10}$$

$$\nabla^2\psi(y) = \nabla h^{\mathrm{T}}(x)\, \nabla_x^2 V(x, y, \bar{r})^{-1}\, \nabla h(x)|_{x=x(y)}\,. \tag{11}$$

Für $x = x(y)$ ist $\nabla^2\psi$ negativ definit, falls $r(\nabla h(x)) = m$. Somit hat ψ in y ein isoliertes lokales Maximum und der Wert von $\psi(y)$ entspricht dem Wert von $V(x, y, \bar{r})$ an der lokalen Minimalstelle $\bar{x}$. Daher ist $\psi(y)$ als Zielfunktion eines Dualproblems zu (1) im Sinne dieser lokalen Dualitätsaussage auffaßbar. Entsprechende Aussagen gelten auch für das Problem (5). Ist (5) ein konvexes Optimierungsproblem, so gelten diese Dualitätsaussagen im globalen Sinne.

Wegen (10) läßt sich die Methode (3) als ›Gradientenverfahren für das zu (1) duale Problem auffassen. Demnach ergibt sich, daß die Methoden (7) und (9) ›projizierte Gradientenverfahren für das Problem (5) darstellen, so daß zum Nachweis der Konvergenz die entsprechenden Aussagen herangezogen werden können. Auf Grund der Beziehung (11) ist die Ermittlung der Hesse-Matrix der dualen Zielfunktion möglich, so daß unter Anwendung einer Newton-Iteration (›Newton-Verfahren, ›Verfahren zur Lösung von Gleichungssystemen) die folgende modifizierte L. formuliert werden kann (›[18]):

$$x^k = \arg\min_x V(x, y^k, r)\,,$$

$$y^{k+1} = y^k + \left(\nabla h^{\mathrm{T}}(x^k)\, \nabla_x^2 V(x^k, y^k, r)^{-1}\, \nabla h(x^k)\right)^{-1} h(x^k)\,.$$

Lit.: [16], [18]

[a] Arrow, K. J., L. Hurwicz und H. Uzawa: Studies in linear and nonlinear programming. Stanford University Press, Stanford California 1958.

[b] Mangasarian, O. L.: Unconstrained Lagrangians in nonlinear programming. SIAM J. Control **13** (1975) 4, 772–791.

[c] Poljak, B. T. (Поляк, Б. Т.): Введение в оптимизацию. Nauka, Moskau 1983.

Lagrange-Multiplikatoren ›Lagrange-Funktion

Lagrange-Multiplikator-Schätzung: Die numerische Effektivität und Robustheit der projizierten ›Lagrange-Methoden (›Lagrange-Newton-Verfahren) und der modifizierten Lagrange-Methoden hängt von guten „Schätzungen" (nicht im Sinne der Statistik) der Lagrange-Multiplikatoren (›Lagrange-Funktion) im Anfangsschritt bzw. im Verlauf des Verfahrens ab. Die Vorschriften zur Schätzung bzw. Iteration der Multiplikatoren werden dem jeweiligen Verfahren angepaßt (Schätzungen erster und zweiter Ordnung).

Lit.: [22]

Lagrange-Newton-Verfahren: Das Optimierungsproblem

$$\min \{f(x) : h(x) = 0\}\,, \qquad f : \mathbb{R}^n \to \mathbb{R}\,, \qquad h : \mathbb{R}^n \to \mathbb{R}^m \tag{1}$$

kann bei geeigneten Differenzierbarkeitsvoraussetzungen an f und h und unter einer ›Regularitätsvoraussetzung auf die Lösung des Systems der ›Kuhn-Tucker-Bedingungen

$$\nabla_x L(x, y) = 0\,, \qquad \nabla_y L(x, y) = 0$$

zurückgeführt werden. Benutzt man dazu das ›Newton-Verfahren (›Verfahren zur Lösung von Gleichungssystemen), so erhält man die Iterationsvorschrift des L.

$$x^{k+1} = x^k + \delta^k\,,$$
$$y^{k+1} = y^k + \lambda^k\,,$$

wobei δ^k und λ^k Lösungen des Systems

$$\nabla^2 L(x^k, y^k) \begin{pmatrix} \delta \\ \lambda \end{pmatrix} + \nabla L(x^k, y^k) = 0$$

sind. Äquivalent dazu ist

$$\begin{pmatrix} \nabla_x^2 L(x^k, y^k) & \nabla h^{\mathsf{T}}(x^k) \\ \nabla h(x^k) & 0 \end{pmatrix} \begin{pmatrix} \delta \\ y^{k+1} \end{pmatrix} = \begin{pmatrix} -\nabla f(x^k) \\ -h(x^k) \end{pmatrix}.$$

Dieses Gleichungssystem ist identisch mit dem System der ›Kuhn-Tucker-Bedingungen für das quadratische Ersatzproblem von (1) (›quadratische Approximationsverfahren):

$$\min \{f(x^k) + \nabla f^{\mathsf{T}}(x^k)\,\delta + \tfrac{1}{2}\,\delta^{\mathsf{T}} W \delta : h(x^k) + \nabla h^{\mathsf{T}}(x^k)\,\delta = 0\} \tag{2}$$

mit $W = \nabla_x^2 L(x^k, y^k)$. Die L. sind somit quadratische Approximationsverfahren. Da man diese Vorgehensweise auch als Minimierung einer ›Lagrange-Funktion über geeigneten Unterräumen auffassen kann, werden diese Verfahren als *projizierte Lagrange-Methoden* bezeichnet.

Lit.: [18], [22]

Lagrange-Regularität ›Regularitätsbedingungen
L_1-Approximation ›Approximationstheorie
LDL^T-Zerlegung ›Verfahren zur Lösung von Gleichungssystemen
Legendresche Ungleichung ›Variationsrechnung

Legendre-Transformation: Es gibt einen engen Zusammenhang zwischen der Fenchel-Konjugierten (›konjugierte Funktion) f^* einer Funktion $f: D(f) \subseteqq \subseteqq \mathbb{R}^n \to \mathbb{R}$ und der L. von f. Sei $D(f)$ offen, f konvex und differenzierbar auf $D(f)$, und es sei $\nabla f: D(f) \to \mathbb{R}^n$ eine eineindeutige Abbildung und M der Wertebereich von ∇f. Dann heißt die Abbildung

$$g: M \to \mathbb{R} ,$$

$$g(y) = \langle y, (\nabla f)^{-1}(y)\rangle - f((\nabla f)^{-1}(y)) \quad (1)$$

die L. von f, und es gilt (›konjugierte Funktion, Spezialfall 1b)

$$g(y) = f^*(y) \qquad \forall y \in M \subseteqq \operatorname{dom} f^* . \quad (2)$$

Die L. ist auch für nichtkonvexe Funktionen und in normierten Räumen erklärt. ∇f ist dann die Fréchet-Ableitung (›Ableitungsbegriffe). Die L. wird vor allem in der ›Variationsrechnung und in der konvexen Analysis gebraucht.

Lit.: [50], [56]

Lemarechal, Relaxationsverfahren von ›Verfahren für nichtglatte Aufgaben

Lemke-Verfahren: Das L. ist ein Verfahren zur Lösung des linearen ›Komplementaritätsproblems: Gesucht ist ein Vektor $\bar{z} \in \mathbb{R}^m$, welcher das System

$$Mz + q \geqq 0 , \quad (1.1)$$

$$z \geqq 0 , \quad (1.2)$$

$$z^T(Mz + q) = 0 \quad (1.3)$$

erfüllt. Hierbei ist M eine $m \times m$-Matrix, $z \in \mathbb{R}^m$ und $q \in \mathbb{R}^m$.

Algorithmus

S0: a) (1.1) wird um eine zur Variablen z_0 gehörende Spalte $e = (1, \ldots, 1)^T$ erweitert, und jede Zeile der linken Seite von (1.1) wird mit einer Variablen w_i identifiziert. Dann erhält man folgendes Tableau:

	z_0	z	
w	1 ⋮ 1	M	q

(2)

b) Ist $q_i \geqq 0$, $i = 1, \dots, m$, so ist $\begin{pmatrix} w \\ z \end{pmatrix} = \begin{pmatrix} q \\ 0 \end{pmatrix}$ Lösung von (1). Sonst bestimme $q_{i_0} = \min_{1 \leqq i \leqq m} q_i$, tausche z_0 gegen w_{i_0}, setze $k := 0$.

S1: Aus (2) ergibt sich ein Tableau folgender Form

	v_N^k	
v_B^k	M^k	q^k

(3)

Wenn die Variable w_{i_k} (bzw. z_{i_k}) Nichtbasisvariable wurde, werde die zur Variablen z_{i_k} (bzw. w_{i_k}) gehörende Spalte neue Pivotspalte $M^k_{\cdot, jp}$. (›lineare Optimierung, ›Simplexverfahren).

a) Ist $M^k_{i,jp} \leqq 0 \ \forall i$, so ist Problem (1) unlösbar.

b) Sonst bestimme die Pivotzeile $M^k_{ip,\cdot}$ mit ip nach

$$\frac{q^k_{ip}}{|M^k_{ip,jp}|} = \min_{M^k_{i,jp} > 0} \frac{q^k_i}{|M^k_{i,jp}|}$$

und gehe zu S2.

S2: Austausch nach den Regeln des ›Simplexverfahrens: Es ergibt sich ein Tableau der Form (3) mit $k := k + 1$.

S3: Ist $z_0 \leqq 0$, Stop: $\begin{pmatrix} v_B^{k+1} \\ v_N^{k+1} \end{pmatrix} = \begin{pmatrix} q^{k+1} \\ 0 \end{pmatrix}$ ist Lösung von (1),

Sonst gehe zu S1 a).

Endlichkeitsaussagen für das L. basieren auf dem Nachweis gewisser Eigenschaften der Matrix M.

Eaves [a] zeigte, daß für ›L-Matrizen durch das L. nach endlich vielen Schritten die Unlösbarkeit angezeigt oder eine Lösung von (1) konstruiert wird. Eine Übersicht über Komplementaritätsprobleme findet man in [b].

Lit.: [a] Eaves, B. C.: The linear complementarity problem. Management Science 17 (1971), 698–711.

[b] Lüthi, H.-J.: Komplementaritäts- und Fixpunktalgorithmen in der mathematischen Programmierung, Spieltheorie und Ökonomie. Lecture Notes in Economics and Mathematical Systems 129, Springer Verlag, Berlin—Heidelberg—New York 1976.

lexikographisches ›Simplexverfahren

lineare Approximationsverfahren ›Approximationsverfahren der nichtlinearen Optimierung

lineare Hülle ›Hülle einer Menge

lineare Konvergenz ›Konvergenzbegriffe

lineare Optimierung: Die l. O. behandelt die Minimierung oder Maximierung einer linearen Zielfunktion unter endlich vielen linearen oder affin-linearen Gleichungs- oder Ungleichungsrestriktionen im $\mathbb{R}^n$. Die *allgemeine Form* *einer linearen Optimierungsaufgabe* lautet:

$$\sum_{j=1}^{s} c_j x_j \to \min , \qquad \sum_{j=1}^{s} a_{ij} x_j \leqq b_i , \qquad i = 1, \dots , r ;$$

$$\sum_{j=1}^{s} a_{ij} x_j = b_i , \qquad i = r + 1, \dots , m ; \qquad x_j \geqq 0 , \qquad j = 1, \dots , q \leqq s .$$

Da jede Ungleichung für $i = 1, \dots , r$ durch Einführen einer nichtnegativen Veränderlichen (*Schlupfvariable*) $x_{s+i} \geqq 0$, $i = 1, \dots , r$, in eine Gleichung

$$\sum_{j=1}^{s} a_{ij} x_j + x_{s+i} = b_i , \qquad i = 1, \dots , r ,$$

übergeführt werden kann, und da jede unbeschränkte Veränderliche x_j, $j = q + 1, \dots , s$, als Differenz zweier nichtnegativer Veränderlicher

$$x_j = x_j' - x_j'' , \qquad x_j', x_j'' \geqq 0 , \qquad j = q + 1, \dots , s ,$$

beschreibbar ist, lassen sich lineare Optimierungsaufgaben beliebiger Form in die Form (1) transformieren (›[a]):

$$\min \{c^{\mathsf{T}} x : Ax = b, x \geqq 0\} . \tag{1}$$

Hierbei sind $c \in \mathbb{R}^n$ (*Zielfunktionsvektor*), $b \in \mathbb{R}^m$ (*Ressourcenvektor*) und $A = (a_{ij})$ eine $m \times n$-Matrix (*Koeffizientenmatrix*) gegeben, und $x \in \mathbb{R}^n$ $(n = s + r + s - q)$ ist der gesuchte Variablenvektor. Falls der zulässige Bereich $\mathfrak{B} = \{x \in \mathbb{R}^n : Ax = b, x \geqq 0\} \neq \emptyset$ ist, so ist $\mathfrak{B}$ eine konvexe und ›polyedrische Menge. Im Fall der Lösbarkeit von (1) ($\mathfrak{B} \neq \emptyset$ und Zielfunktion ist über $\mathfrak{B}$ nach unten beschränkt), gehört wenigstens ein ›Extremalpunkt (Ecke von $\mathfrak{B}$) zur Menge der optimalen Lösungen $\mathfrak{B}_{\text{opt}}$. Eine Lösung x des linearen Gleichungssystems $Ax = b$ heißt *Basislösung*, wenn die Spalten A_j der Matrix A für $j \in J(x) = \{j : x_j \neq 0\} \subset \{1, \dots , n\}$ linear unabhängig sind. Gilt zusätzlich $x \geqq 0$, so heißt sie *zulässige Basislösung* für (1). Sie heißt für $\operatorname{card} \big(J(x)\big) < m$ *entartete Basislösung* und für $\operatorname{card} \big(J(x)\big) = m$ *nichtentartete Basislösung*. Im Nichtentartungsfall ist die Matrix $B = (A_j)_{j \in J(x)}$ eine quadratische nichtsinguläre Matrix und wird als *Basismatrix* bezeichnet. Im Entartungsfall kann sie stets durch Hinzufügen geeigneter A_j, $j \notin J(x)$, zu einer solchen ergänzt werden, falls $r(A) = m$ ist. Wir schreiben dann

$$B = (\beta_{ij})_{i,j=1,\dots,m} = (A_j)_{j \in S(x)} .$$

Die Menge $S(x) = \{s_1, \dots , s_m\}$ heißt *Basisindexmenge*. Die Variablen x_j für $j \in S(x)$ heißen *Basisvariable*, entsprechend heißen die Variablen x_j für $j \notin S(x)$ *Nichtbasisvariable*. Zwei Basislösungen x und x' heißen *benachbart*, wenn sich ihre Basisindexmengen nur in einem Index unterscheiden:

$$S(x') = (S(x) \setminus \{s_r\}) \cup \{k\} , \qquad s_r \in S(x) , \qquad k \notin S(x) .$$

Jede zulässige Basislösung ist ein Extremalpunkt von $\mathfrak{B}$. Die lineare Optimierungsaufgabe

$$\max \{b^{\mathsf{T}} y : y^{\mathsf{T}} A \leqq c^{\mathsf{T}}\} \tag{2}$$

heißt zu (1) ›duale Aufgabe. Für die Aufgaben (1) und (2) gelten folgende Dualitätsaussagen:

(i) Für alle x mit $Ax = b$, $x \geqq 0$ und y mit $y^{\mathsf{T}}A \leqq c^{\mathsf{T}}$ gilt $c^{\mathsf{T}}x \geqq b^{\mathsf{T}}y$ (schwacher Dualitätssatz).

(ii) Die Aufgabe (1) ist genau dann lösbar, wenn Aufgabe (2) lösbar ist. Für die optimalen Lösungen $\bar{x}$ von (1) bzw. $\bar{y}$ von (2) gilt $c^{\mathsf{T}}\bar{x} = b^{\mathsf{T}}\bar{y}$ (starker Dualitätssatz).

(iii) $\bar{x}$ bzw. $\bar{\lambda}$ sind optimale Lösungen von (1) bzw. von (2) genau dann, wenn $(\bar{x}, \bar{y})$ die Kuhn-Tucker-Bedingungen erfüllt, die hier folgende Form haben: $A\bar{x} = b$, $\bar{x} \geqq 0$, $\bar{y}^{\mathsf{T}}A \leqq c^{\mathsf{T}}$, $(\bar{y}^{\mathsf{T}}A - c^{\mathsf{T}})\,\bar{x} = 0$.

Die gebräuchlichsten Verfahren zur Lösung linearer Optimierungsaufgaben sind die ›Simplexverfahren (vgl. auch ›Ellipsoid-Verfahren).

Lit.: [62]

[a] Nožička, F., J. Guddat und H. Hollatz: Theorie der linearen Optimierung. Akademie-Verlag, Berlin 1972.

lineare parametrische Optimierung: Die l. p. O. ist ein Teilgebiet der ›parametrischen Optimierung, dem Aufgaben der ›linearen Optimierung zugrunde liegen. O. B. d. A. kann eine lineare parametrische Optimierungsaufgabe in der Form

$$\min\,\{b^{\mathsf{T}}(\lambda)\,x : x^{\mathsf{T}}A(\lambda) \geqq c^{\mathsf{T}}(\lambda)\}\,, \qquad \lambda \in \Lambda\,, \tag{1}$$

dargestellt werden, die Komponenten der Vektoren $b(\lambda) \in \mathbb{R}^m$, $c(\lambda) \in \mathbb{R}^n$ und der $m \times n$-Matrix $A(\lambda)$ sind Funktionen der Parametervektoren λ, der gegebene Parameterbereich Λ ist eine Teilmenge eines metrischen Raumes; für jedes $\lambda \in \Lambda$ geht (1) in eine lineare Optimierungsaufgabe über. Grundaussagen der l. p. O. betreffen Aufgaben, in denen die Komponenten der Vektoren b, c und der Matrix A selbst als Parameter betrachtet werden, durch die Parametermenge Λ ist dann eine bestimmte Familie von linearen Optimierungsaufgaben gegebener Form und Dimension definiert. Umfassende Resultate wurden erzielt für die parametrische Aufgabe

$$\min\,\{b^{\mathsf{T}}x : x^{\mathsf{T}}A \geqq c^{\mathsf{T}}\} \tag{P(b, c)}$$

bzw. die zu ihr duale Aufgabe

$$\max\,\{c^{\mathsf{T}}y : Ay = b,\ y \geqq 0\} \tag{D(b, c)}$$

mit den Parametern $b \in \Lambda_1$, $c \in \Lambda_2$ (im weiteren sei $\Lambda_1 = \mathbb{R}^m$, $\Lambda_2 = \mathbb{R}^n$).

Zulässigkeitsmenge (›parametrische Optimierung) der Aufgabe $\big(\mathrm{P}(b, c)\big)$, $b \in \mathbb{R}^m$, $c \in \mathbb{R}^n$, d. h. die Menge aller Parameter c, für die die entsprechenden Restriktionsbereiche nicht leer sind, ist $\mathfrak{B}^{\mathrm{P}} = \{c \in \mathbb{R}^n : \exists x\colon x^{\mathsf{T}}A \geqq c^{\mathsf{T}}\}$, Zulässigkeitsmenge der Aufgabe $\big(\mathrm{D}(b, c)\big)$, $b \in \mathbb{R}^m$, $c \in \mathbb{R}^n$, ist $\mathfrak{B}^{\mathrm{D}} = \{b \in \mathbb{R}^m : \exists y\colon b = Ay,\ y \geqq 0\}$. Die Mengen $\mathfrak{B}^{\mathrm{P}}$ und $\mathfrak{B}^{\mathrm{D}}$ sind (n- bzw. m)-dimensionale abgeschlossene konvexe polyedrische ›Kegel im $\mathbb{R}^n$ bzw. $\mathbb{R}^m$ mit einem Scheitelpunkt im jeweiligen Koordinatenursprung. Die *Restriktionsmengenabbildungen*

$$M(c) : c \to M(c) = \{x \in \mathbb{R}^m : xA^\mathsf{T} \geqq c^\mathsf{T}\}$$

und

$$N(b) : b \to N(b) = \{y \in \mathbb{R}^n : Ay = b, y \geqq 0\}$$

sind über $\mathfrak{B}^\mathrm{P}$ bzw. $\mathfrak{B}^\mathrm{D}$ stetige ›Punkt-Menge-Abbildungen. Die *Lösbarkeitsmenge* V, also die Gesamtheit der Vektoren b und c, für die die entsprechenden Aufgaben lösbar sind, ist $V = \mathfrak{B}^\mathrm{D} \times \mathfrak{B}^\mathrm{P}$. Die Lösungsfunktion $\varphi(b, c) = \inf_{x \in M(c)} b^\mathsf{T}x$ ist stetig über V; für jedes $b \in \mathfrak{B}^\mathrm{D}$ ist sie eine konvexe Funktion in c über $\mathfrak{B}^\mathrm{P}$, für jedes $c \in \mathfrak{B}^\mathrm{P}$ ist sie eine konkave Funktion in b über $\mathfrak{B}^\mathrm{D}$. Die Optimalmengenabbildungen $P_{\mathrm{opt}}(b, c) : (b, c) \to P_{\mathrm{opt}}(b, c)$ bzw. $D_{\mathrm{opt}}(b, c) : (b, c) \to D_{\mathrm{opt}}(b, c)$, die jedem Parameterpaar (b, c) die Optimalmenge der entsprechenden linearen Optimierungsaufgabe $(\mathrm{P}(b, c))$ bzw. $(\mathrm{D}(b, c))$ zuordnet, ist über V lokal lipschitzoberhalbstetig.

Eine Zerlegung der Lösbarkeitsmenge V liefert für bestimmte Indexmengen $I \subset \{1, \dots, n\}$ die lokalen Stabilitätsgebiete $W^I = \{(b, c) \in V : J(P_{\mathrm{opt}}(b, c)) = I\}$. Für alle Vektorpaare (b, c) aus W^I besitzen die Optimierungsaufgaben $(\mathrm{P}(b, c))$ Optimalmengen $P_{\mathrm{opt}}(b, c)$ gleicher, durch I gegebener Struktur. Diese ist durch die charakteristische Indexmenge $J(P_{\mathrm{opt}}(b, c))$ definiert, wobei eine Teilmenge Q des Restriktionsbereiches $M(c)$ die charakteristische Indexmenge $J(Q)$ hat, falls $J(Q) \subset \{1, \dots, n\}$ die maximale Menge von Indizes j ist, für die $A_j^\mathsf{T}x = c_j$ für alle $x \in Q$ gilt; hierbei bezeichnen A_j Spalten der Matrix A und c_j Komponenten des Vektors c, $j = 1, \dots, n$. Indexmengen I, die nichtleere Gebiete W^I definieren, heißen für die parametrische Aufgabe $(\mathrm{P}(b, c))$, $b \in \mathfrak{B}^\mathrm{D}$, $c \in \mathfrak{B}^\mathrm{P}$, *typisch*. Für $\bar{I} = \{1, \dots, n\} \setminus I$ gilt $W^I = S^I \times T^{\bar{I}}$, falls S^I bzw. $T^{\bar{I}}$ lokale Stabilitätsgebiete der speziellen linearen parametrischen Aufgaben

$$\min \{b^\mathsf{T}x : x^\mathsf{T}A \geqq c^\mathsf{T}\} \text{ mit den Parametern } b \in \mathfrak{B}^\mathrm{D} \qquad (\mathrm{P}(b))$$

bzw.

$$\max \{c^\mathsf{T}y : Ay = b, y \geqq 0\} \text{ mit den Parametern } c \in \mathfrak{B}^\mathrm{P} \qquad (\mathrm{D}(c))$$

sind; d. h., für $c \in \mathfrak{B}^\mathrm{P}$ ist

$$S_c^I = \{b \in \mathfrak{B}^\mathrm{D} : J(P_{\mathrm{opt}}(b, c)) = I\},$$

und für $b \in \mathfrak{B}^\mathrm{D}$ ist

$$T_b^{\bar{I}} = \{c \in \mathfrak{B}^\mathrm{P} : J(D_{\mathrm{opt}}(b, c)) = \bar{I}\}$$

mit $S_c^I = S^I$ und $T_b^{\bar{I}} = T^{\bar{I}}$, solange nur I bzw. $\bar{I}$ typische Indexmengen für die Aufgaben $(\mathrm{P}(b))$, $b \in \mathfrak{B}^\mathrm{D}$ bzw. $(\mathrm{D}(c))$, $c \in \mathfrak{B}^\mathrm{P}$, sind. Die Abschließungen $\overline{S^I}$ bzw. $\overline{T^{\bar{I}}}$ der lokalen Stabilitätsgebiete S^I bzw. $T^{\bar{I}}$ heißen lokale Stabilitätsbereiche der Aufgaben $(\mathrm{P}(b))$, $b \in \mathfrak{B}^\mathrm{D}$, bzw. $(\mathrm{D}(c))$, $c \in \mathfrak{B}^\mathrm{P}$; es sind abgeschlossene konvexe polyedrische ›Kegel, nämlich die Polarkegel zu den jeweiligen Restriktionsbereichen $M(c)$ bzw. $N(b)$ an relativ innere Punkte der durch die Indexmenge I bzw. $\bar{I}$ charakterisierten Extremalmengen von $M(c)$ bzw. $N(b)$. Der Durchschnitt zweier lokaler Stabilitätsbereiche der Aufgabe $(\mathrm{P}(b))$, $b \in \mathfrak{B}^{\mathrm{D}}$, ist wieder ein lokaler Stabilitätsbereich dieser Aufgabe:

$$\overline{S^{I_1}} \cap \overline{S^{I_2}} = \overline{S^{I_3}} \quad \text{mit} \quad I_3 = I_1 \cap I_2 .$$

Die Vereinigung aller lokalen Stabilitätsbereiche (-gebiete) einer parametrischen Aufgabe $(\mathrm{P}(b))$, $b \in \mathfrak{B}^{\mathrm{D}}$, liefert die Lösbarkeitsmenge V dieser Aufgabe. Für die Dimension eines lokalen Stabilitätsgebietes S^I gilt (nach dem Dimensionssatz für polare Kegel) $\dim S^I = n - \dim P_{\mathrm{opt}}(b, c)$, wobei I die charakteristische Indexmenge der Optimalmenge $P_{\mathrm{opt}}(b, c)$ ist. Entsprechende Aussagen gelten für die lokalen Stabilitätsbereiche (-gebiete) der parametrischen Aufgaben $(\mathrm{D}(c))$, $c \in \mathfrak{B}^{\mathrm{P}}$, und $(\mathrm{P}(b, c))$, $(\mathrm{D}(b, c))$, $(b, c) \in \mathfrak{B}^{\mathrm{D}} \times \mathfrak{B}^{\mathrm{P}}$. Die Lösungsfunktion $\varphi(b, c)$ der Aufgabe $(\mathrm{P}(b, c))$, $(b, c) \in V$, ist über jedem lokalen Stabilitätsbereich $\overline{W^I}$ dieser Aufgabe eine bilineare Form in b und c, die Optimalmengenabbildung $P_{\mathrm{opt}}(b, c)$ dieser parametrischen Aufgabe ist über jedem der Stabilitätsgebiete W^I stetig. Weiterhin existiert über jedem W^I eine stetige Auswahlfunktion $\hat{x}(b, c)$ mit $\hat{x}(b, c) \in P_{\mathrm{opt}}(b, c)$.

Die Berechnung lokaler Stabilitätsbereiche $\overline{T^{\bar{I}}}$ einer parametrischen Aufgabe $(\mathrm{D}(c))$, $c \in \mathfrak{B}^{\mathrm{P}}$, kann unter Verwendung von Simplextableaus (↑Simplexverfahren) erfolgen. Es sei $m \leqq n$, $r(A) = m$ und $\bar{I}$ eine für die Aufgabe $(\mathrm{D}(c))$, $c \in \mathfrak{B}^P$, typische Indexmenge mit (zunächst) $|\bar{I}| = n - m$. Falls die Spalten A_j, $j \in I = \{1, \dots, n\} \setminus \bar{I}$, der Matrix A linear unabhängig sind, so ist durch $\bar{I}$ eine zulässige Basislösung $\hat{y}$ der Aufgaben $(\mathrm{D}(c))$, $c \in \mathfrak{B}^{\mathrm{P}}$, mit der Basismatrix $B = \{A_j : j \in I\}$ festgelegt und damit ein Simplextableau mit den Nichtbasisvariablen $\hat{y}_j = 0$, $j \in \bar{I}$, und den Basisvariablen $\hat{y}_j = (B^{-1}b)_j > > 0$, $j \in I$. Der Vektor $\hat{y}$ ist dann Lösung derjenigen Aufgaben $(\mathrm{D}(c))$, $c \in \mathfrak{B}^{\mathrm{P}}$, für die (vgl. das bei den Simplexverfahren verwendete Optimalitätskriterium) $c_j - c_B^{\mathrm{T}} B^{-1} A_j \leqq 0$, $j \in \bar{I}$, gilt (hierbei hat der Vektor c_B die Komponenten c_j, $j \in I$), d. h., die Menge $\overline{T^{\bar{I}}}$ wird durch ein lineares Ungleichungssystem in c beschrieben, welches direkt aus dem $\bar{I}$ zugeordneten Simplextableau ableitbar ist. Im Fall $|\bar{I}| > n - m$ (entartete Basislösungen) sind zur Berechnung von $\overline{T^{\bar{I}}}$ die verschiedenen möglichen Basisdarstellungen der durch $\bar{I}$ definierten Basislösungen heranzuziehen. Für $|\bar{I}| < n - m$ erhält man die lokalen Stabilitätsbereiche $\overline{T^{\bar{I}}}$ als Durchschnitt geeigneter lokaler Stabilitätsbereiche $\overline{T^{\bar{I}_\nu}}$ mit $|\bar{I}_\nu| = n - m$ und $\bar{I} = \bigcap_\nu \bar{I}_\nu$. Entsprechend lassen sich die lokalen Stabilitätsbereiche $\overline{S^I}$ der parametrischen Aufgabe $(\mathrm{P}(b))$, $b \in \mathfrak{B}^{\mathrm{D}}$, aus Simplextableaus (z. B. der dualen Simplexmethode) als lineare Ungleichungssysteme in b berechnen.

Für parametrische Aufgaben der Form

$$\min \{b^{\mathsf{T}}x : Ax \geqq c\}$$

mit den Parametern $b \in \mathbb{R}^m$, $c \in \mathbb{R}^n$, $A \in \mathbb{R}^{m \times n}$, $(\mathrm{P}(A, b, c))$

ergeben sich im Parameterraum $\mathbb{R}^m \times \mathbb{R}^n \times \mathbb{R}^{m \times n}$ nicht mehr so übersichtliche Strukturen. Die zulässige Parametermenge $\mathfrak{B}^{\mathrm{P}} = \{(A, c) \in \mathbb{R}^{m \times n} \times \mathbb{R}^n : \exists x \in \mathbb{R}^m Ax \geqq c,\}$ und die Lösbarkeitsmenge sind Kegel im Parameterraum, aber i. allg. nicht abgeschlossen oder konvex. Stetigkeitsaussagen für die Lösungsfunktion und die Optimalmengenabbildung sind nur über zusätzliche Annahmen zu erreichen (z. B. Beschränktheit der jeweiligen Optimalmengen; Einschränkung auf solche Parameterbereiche, die zu Restriktionsbereichen fixierter Dimension führen; vgl. ›stabile parametrische Optimierungsaufgaben). Praktisch verwendbare Aussagen sind derzeit nur für spezielle parametrische Aufgaben $(\mathrm{P}(A, b, c))$, $A \in \mathbb{R}^{m \times n}$, $b \in \mathbb{R}^m$, $c \in \mathbb{R}^n$, bekannt, insbesondere für solche, in denen die Komponenten nur jeweils einer Spalte bzw. Zeile der Matrix A als Parameter betrachtet werden.

Zur Untersuchung der eingangs eingeführten allgemeinen linearen parametrischen Aufgaben (1) lassen sich Aussagen über die oben behandelten parametrischen Aufgaben $(\mathrm{P}(\tilde{A}, \tilde{b}, \tilde{c}))$, $(\mathrm{P}(\tilde{b}, \tilde{c}))$, $\tilde{A} \in \mathbb{R}^{m \times n}$, $\tilde{b} \in \mathbb{R}^m$, $\tilde{c} \in \mathbb{R}^n$, usw. verwenden. Dabei sind zusätzlich Eigenschaften der Abbildungen $\tilde{A} = A(\lambda)$, $\tilde{b} = b(\lambda)$ und $\tilde{c} = c(\lambda)$ einzubeziehen.

Lit.: [a] Nožička, F., J. Guddat, H. Hollatz und B. Bank: Theorie der linearen parametrischen Optimierung. Akademie-Verlag, Berlin 1974.
[b] Lommatzsch, K. (ed.): Anwendungen der linearen parametrischen Optimierung. Akademie-Verlag, Berlin 1979.
[c] Dinkelbach, W.: Sensitivitätsanalysen und parametrische Optimierung. Springer-Verlag, Berlin—Heidelberg—New York 1969.

linearer Raum: Eine Menge X heißt l. R., falls $\forall x, y \in X$ und für alle (reellen bzw. komplexen) Zahlen λ_1, λ_2 gilt

$$\lambda_1 x + \lambda_2 y \in X \tag{1}$$

und die üblichen Rechenregeln der Addition von Vektoren bzw. der Multiplikation von Vektoren mit Zahlen erfüllt sind. Aus diesem Grunde heißt ein l. R. auch *Vektorraum.* Sind in (1) nur reelle Zahlen zugelassen, so heißt X ein reeller (sonst komplexer) Vektorraum. Ist $F \subseteqq X$, so ist F ein *linearer Teilraum* (Unterraum), falls (1) in F gilt. Zu linearen topologischen Räumen ›lokalkonvexer Raum, vgl. auch ›metrischer Raum. Beispiele für einen l. R. sind: $\mathbb{R}^n$, ›Hilbert-Räume, ›Banach-Räume, lokalkonvexe Räume. Die Menge

$$\{(x_1, x_2)^{\mathsf{T}} \in \mathbb{R}^2 : x_1^2 + x_2^2 \leqq 1\}, \tag{2}$$

versehen mit der euklidischen Metrik, ist ein ›metrischer aber kein linearer Raum.

Lit.: [56]

linearer topologischer Raum ›lokalkonvexer Raum
lineares Gleichungssystem ›Verfahren zur Lösung von Gleichungssystemen
lineares ›Komplementaritätsproblem

lineares Ungleichungssystem: Es seien (X, P), (Y, Q) zwei durch die Ordnungskegel P bzw. Q ›halbgeordnete lineare Räume X und Y, A eine lineare Abbildung von X in Y und $b \in Y$. Unter einem l. U. versteht man dann ein System der Gestalt

$$\begin{aligned} Ax &\geqq_Q b\,, \\ x &\geqq_P 0\,. \end{aligned}$$

Ist $b = 0$, so spricht man von einem *homogenen* l. U., andernfalls von einem *inhomogenen* l. U.

L. U. treten als Nebenbedingungen linearer Optimierungsaufgaben (›lineare Optimierung) auf. Von besonderem Interesse ist dabei der Spezialfall $X = \mathbb{R}^n$, $Y = \mathbb{R}^m$. Die Wahl geeigneter Ordnungskegel P und Q gestattet dann eine einheitliche Behandlung von Systemen, in denen sowohl Gleichungen als auch Ungleichungen auftreten und in denen nur ein Teil der Variablen Vorzeichenbeschränkungen unterliegt. Lösbarkeitsbedingungen für l. U. lassen sich besonders günstig in Form von ›Alternativsätzen angeben. Diese Lösbarkeitsbedingungen können z. B. zum Beweis des Dualitätssatzes der linearen Optimierung benutzt werden, indem man dem gegebenen linearen Optimierungsproblem in geeigneter Weise ein homogenes l. U. zuordnet. Zur Lösung l. U. vgl. [b], aber auch ›Ellipsoid-Verfahren. Als Verallgemeinerungen l. U. treten nichtlineare Ungleichungssysteme auf, in denen A eine nichtlineare Abbildung ist (›konvexe Ungleichungen).

Lit.: [a] Gale, D.: The theory of linear economic models. McGraw-Hill, New York—Toronto—London 1960.
[b] Tschernikow, S. N.: Lineare Ungleichungen. VEB Deutscher Verlag der Wissenschaften, Berlin 1971.

linearisierender Kegel: In einem linearen topologischen Raum X (›lokalkonvexer Raum) sei die Menge $M \subseteqq X$ definiert durch

$$\begin{aligned} M = \{x \in X : g_i(x) \leqq 0, i \in I = \{1, \dots, m\}, \\ h_j(x) = 0, j \in J = \{1, \dots, l\}\}\,, \end{aligned}$$

wobei die Funktionale $g_i, h_j : X \to \mathbb{R}$, $i \in I$, $j \in J$, im Punkt $x^0 \in M$ stetig differenzierbar (in einem gewissen Sinne, ›Ableitungsbegriffe) sein mögen. Der l. K. an die Menge M im Punkt x^0 ist definiert gemäß

$$K(x^0) = \{x \in X : \nabla g_i^{\mathrm{T}}(x^0)\, x \leqq 0\ \forall i \in I_0, \nabla h_j^{\mathrm{T}}(x^0)\, x = 0\ \forall j \in J\}\,,$$

wobei I_0 die Indexmenge der im Punkt x^0 ›aktiven Restriktionen bezeichnet. Der Kegel $K(x^0)$ ist stets abgeschlossen und konvex. Ist $J = \emptyset$ und sind die restlichen Funktionen konvex und stetig, so kann dieser Kegel durch Verwendung der Subdifferentiale (›Ableitungsbegriffe) $\partial g_i(x^0)$, $i \in I_0$, verallgemeinert werden in der Form

$$K(x^0) = \{x \in X : x^*(x) \leqq 0 \; \forall x^* \in \partial g_i(x^0) \; \forall i \in I_0\} .$$

Linearisierungsverfahren von Pšeničnyi ›Approximationsverfahren in der nichtlinearen Optimierung
lipschitzstetige ›Abbildung
Ljapunow, Satz von ›konvexe Optimierung

L-Matrix: quadratische Matrix M, die dadurch charakterisiert ist, daß für alle $0 \neq z \geqq 0$ gilt:

(i) es gibt einen Index i mit $z_i > 0$ und $M_i z \geqq 0$ (M_i i-te Zeile von M),
(ii) ist $Mz \geqq 0$ und $z^T M z = 0$, dann existieren Diagonalmatrizen $\Lambda \geqq 0$ und $\Omega \geqq 0$ mit $(\Lambda M + M^T \Omega) z = 0$.

Aufgaben der konvexen ›quadratischen Optimierung führen auf ›Komplementaritätsprobleme mit L-Matrizen.

L-Momentenproblem ›semi-infinite Optimierung
L_1-Norm ›Approximationstheorie
lokale Extremalstelle ›Optimierungsaufgabe
lokale Konvergenz ›Konvergenz eines Verfahrens
lokale ›Kuhn-Tucker-Bedingung
lokale Lösung ›Optimierungsaufgabe
lokale ›Optimalitätsbedingung
lokale Reduktionsmethode ›semi-infinite Optimierung
lokaler Extremalwert ›Optimierungsaufgabe
lokaler Minimalwert ›Optimierungsaufgabe
lokaler Optimalwert ›Optimierungsaufgabe
lokaler Stabilitätsbereich ›parametrische Optimierung
lokales Minimum ›Optimierungsaufgabe
lokales Suchverfahren ›stochastische Suchverfahren
lokalkonvexe Topologie ›lokalkonvexer Raum

lokalkonvexer Raum: Die l. R. bilden eine Klasse von Räumen mit reichhaltigen algebraischen und topologischen Struktureigenschaften, die eine gehaltvolle Theorie ermöglichen und z. B. in der Optimierungstheorie Anwendung finden. Der Begriff der topologischen Struktur entsteht aus einer allgemeinen Fassung der intuitiven Begriffe Umgebung, Grenzwert und Stetigkeit.

Es sei X eine beliebige Menge. Ist für jedes $x \in X$ ein System $\mathfrak{B}_x$ von Teilmengen aus X mit den Eigenschaften

1. jede Teilmenge aus X, die ein Element von $\mathfrak{B}_x$ enthält, gehört zu $\mathfrak{B}_x$;
2. der Durchschnitt endlich vieler Mengen aus $\mathfrak{B}_x$ gehört zu $\mathfrak{B}_x$;
3. x gehört zu jeder Menge aus $\mathfrak{B}_x$;
4. für jedes $V \in \mathfrak{B}_x$ gibt es ein $W \in \mathfrak{B}_x$, so daß $V \in \mathfrak{B}_y$ für beliebiges $y \in W$,

gegeben, so sagt man, daß in X durch $\mathfrak{B}_x$ eine *Topologie* erklärt wird. X versehen mit einer Topologie heißt *topologischer Raum.* Die Mengen aus $\mathfrak{B}_x$ heißen *Umgebungen* des Punktes x. Ein Teilsystem $\mathfrak{S}_x \subseteqq \mathfrak{B}_x$ heißt *Fundamentalsystem* von Umgebungen des Punktes x, falls für jedes $V \in \mathfrak{B}_x$ ein $S \in \mathfrak{S}_x$ mit $S \subseteqq V$ existiert.

Finden sich für beliebige Punkte $x_1, x_2, x_1 \neq x_2$, eines topologischen Raumes X Umgebungen $V_{x_1} \in \mathfrak{B}_{x_1}$ und $V_{x_2} \in \mathfrak{B}_{x_2}$ mit $V_{x_1} \cap V_{x_2} = \emptyset$, so heißt X *separierter topologischer* oder *Hausdorff-Raum.*

Ist X ein linearer und gleichzeitig ein topologischer Raum, so daß für beliebige $x_1, x_2 \in X$, für einen beliebigen Skalar λ und für beliebige $V_{x_1+x_2} \in \mathfrak{B}_{x_1+x_2}$ und $V_{\lambda x_1} \in \mathfrak{B}_{\lambda x_1}$ Mengen $V_{x_1} \in \mathfrak{B}_{x_1}$, $V_{x_2} \in \mathfrak{B}_{x_2}$ und ein $\delta > 0$ mit

$$V_{x_1} + V_{x_2} \subseteqq V_{x_1+x_2},$$

$$\mu V_{x_1} \subseteqq V_{\lambda x_1}, \quad \text{falls} \quad |\mu - \lambda| < \delta,$$

existieren, d. h., daß die Addition

$$(x_1, x_2) \to x_1 + x_2$$

und die Multiplikation

$$(\lambda, x) \to \lambda x$$

stetig sind, so heißt X *linearer topologischer Raum* (oder *topologischer Vektorraum*). Für ein beliebiges $V_x \in \mathfrak{B}_x$ gilt dann $V_x = x + V_0$ für ein $V_0 \in \mathfrak{B}_0$.

Ein separierter linearer topologischer Raum mit einem Fundamentalsystem konvexer Nullumgebungen heißt *lokalkonvexer Raum.* (Auf die Forderung der Separiertheit des Raumes wird mitunter verzichtet.) Die Topologie eines lokalkonvexen Raumes wird als *lokalkonvexe Topologie* bezeichnet. L. R. können auch durch Angabe einer Schar $\{p_a : a \in A\}$ von Halbnormen erklärt werden. Eine *Halbnorm* auf dem linearen Raum X ist eine Abbildung $p : X \to \mathbb{R}$ mit folgenden Eigenschaften:

$$p(x_1 + x_2) \leqq p(x_1) + p(x_2),$$

$$p(x) \geqq 0,$$

$$p(\lambda x) = |\lambda| \, p(x).$$

Ist eine Schar $\{p_a : a \in A\}$ von Halbnormen p_a auf dem linearen Raum X gegeben, so daß für jedes $x \in X$ ein $a \in A$ mit $p_a(x) \neq 0$ existiert, so bildet das System von Mengen der Gestalt

$$\{x \in X : p_{a_i}(x) \leqq \varepsilon, i = 1, \ldots, n\}, \qquad n \in \mathbb{N}, \qquad \varepsilon > 0, \qquad a_i \in A,$$

ein Fundamentalsystem konvexer Nullumgebungen. Ist umgekehrt $\mathfrak{B}_0$ ein Fundamentalsystem konvexer, symmetrischer ($\alpha V \subseteqq V$ für $|\alpha| \leq 1$) Nullumgebungen und $V \in \mathfrak{B}_0$, so definiert man durch

$$p_V(x) = \inf \{\lambda : \lambda > 0, x \in \lambda V\}$$

eine Schar von Halbnormen (p_V heißt *Minkowski-Funktional* der Menge V).

Beispiele für l. R. sind ›Banach- und ›Hilbert-Räume. L. R., die nicht zu diesen beiden Klassen von Räumen gehören, entstehen z. B. in der Optimierungstheorie aus der Betrachtung ›dualer Räume.

Der Raum aller stetigen reellen Funktionen auf dem $\mathbb{R}$ mit dem Fundamentalsystem konvexer Nullumgebungen

$$\{x \in \mathbf{C}(\mathbb{R}) : |x(t)| \leqq \varepsilon, |t| \leqq n\}, \qquad \varepsilon > 0, \qquad n \in \mathbb{N},$$

ist ein weiteres Beispiel eines l. R.

Die folgende Konstruktion liefert den l. R. $\mathbf{D}(G)$, der große Bedeutung für die Theorie der Distributionen (›Ableitungsbegriffe) hat.

Es sei G ein Gebiet des $\mathbb{R}^n$, $\mathring{\mathbf{C}}^\infty(G)$ der Raum aller beliebig oft differenzierbaren reellen Funktionen auf G mit kompaktem Träger, (K_n) eine wachsende Folge kompakter Teilmengen aus G mit $\bigcup_n K_n = G$. Dann ist die Menge $\mathbf{D}_{K_n}(G)$ der Elemente aus $\mathring{\mathbf{C}}^\infty(G)$, deren Träger in K_n enthalten ist, ein l. R. mit dem Fundamentalsystem konvexer Nullumgebungen

$$\{x \in \mathbf{D}_{K_n}(G) : |\mathrm{D}^s x(t)| \leqq \varepsilon, t \in G, |s| \leqq m\}, \qquad \varepsilon > 0, \qquad m \in \mathbb{N}.$$

Die Menge $\mathbf{D}(G) = \bigcup_n \mathbf{D}_{K_n}(G)$ ist ein l. R. mit dem Fundamentalsystem konvexer Nullumgebungen, welches aus denjenigen konvexen Teilmengen $V \subseteqq \mathbf{D}(G)$ besteht, für die gilt

a) $\lambda V \subseteqq V \ \forall \ |\lambda| \leqq 1, \lambda \in \mathbb{R}$,

b) $\forall x \in \mathbf{D}(G) \ \exists \lambda \in \mathbb{R} : x \in \lambda V$,

c) $V \cap \mathbf{D}_{K_n}(G)$ offen in $\mathbf{D}_{K_n}(G)$ für alle n.

L. R. zeichnen sich dadurch aus, daß auf ihnen immer stetige lineare Funktionale existieren (›Hahn-Banach-Theorem, ›Trennungssätze).

Lit.: [20], [25], [29], [34], [53]
[a] N. Bourbaki: Espaces vectoriels topologiques. Hermann, Paris 1953.

Lösbarkeitsmenge ›parametrische Optimierung
Lösung einer ›Optimierungsaufgabe
Lösung eines Spiels ›Spieltheorie
Lösungsverfahren für Optimierungsaufgaben ›numerische Verfahren

Lösungsverfahren für Vektoroptimierungsaufgaben: Unter L. f. V. versteht man Verfahren, die es gestatten, für das Vektoroptimierungsproblem

$$f(x) \to \min, \qquad x \in \mathfrak{B}, \tag{1}$$

mit $f(x) = (f_1(x), \dots, f_p(x))^\mathsf{T}$, $\mathfrak{B} \subseteqq \mathbb{R}^n$, $\mathfrak{B} \neq \emptyset$, im Falle der Existenz die Menge der effizienten Punkte bzw. der funktionaleffizienten Punkte (›Vektoroptimierung) zu ermitteln oder für diese Mengen „hinreichend gute“ Approximationen anzugeben.

Während sich theoretisch formulierte Lösungsverfahren an einer möglichst genauen Bestimmung *aller* effizienten Punkte orientieren, reicht es für praktisch anwendbare Algorithmen meist aus, wenn mit ihnen eine endliche Anzahl effizienter Punkte ermittelt werden kann. Dabei ist jedoch für die letztgenannten Algorithmen entscheidend, daß sie die Ermittlung von effizienten Punkten im Dialog (zwischen Entscheidungsträger und Computer) erlauben sollten, daß also gewisse subjektive Vorstellungen des Entscheidungsträgers in den Prozeß der Lösungssuche eingehen können.

Bei der Vielzahl solcher *interaktiven Lösungsverfahren* (›[a], ... , [e]) sollen hier nur einige aufgezählt werden:

1. a. Durch den Entscheidungsträger wird ein Ersatzproblem (›Ersatzprobleme in der Vektoroptimierung) ausgewählt, und die freien Parameter werden durch ihn festgelegt. Sodann erfolgt die Lösung des Ersatzproblems, wodurch man (funktional-) effiziente Lösungen erhält. Durch Manipulieren in den Parameterbereichen erzeugt man i. allg. mehrere effiziente Lösungen.

1. b. Der Entscheidungsträger legt eine Hierarchie unter den Zielfunktionen fest, z. B. in der Reihenfolge der Indizes: $f_1, \dots, f_p$. Dann liefert die Lösung der p skalaren Probleme

$$\begin{aligned} f_1(x) &\to \min, \quad && x \in \mathfrak{B}_1 = \mathfrak{B};\\ f_2(x) &\to \min, && x \in \mathfrak{B}_2 = \mathfrak{B}_1 \cap \arg\min f_1(\mathfrak{B}_1);\\ &\vdots\\ f_p(x) &\to \min, && x \in \mathfrak{B}_p = \mathfrak{B}_{p-1} \cap \arg\min f_{p-1}(\mathfrak{B}_{p-1}) \end{aligned}$$

mit $\arg\min f_p(\mathfrak{B}_p)$ funktional-effiziente Punkte für (1), sofern $\arg\min f_i(\mathfrak{B}_i) \neq \emptyset$ für alle $i = 1, \dots, p$.

1. c. Der Entscheidungsträger legt für $p - 1$ Zielfunktionen ein Niveau fest, das durch diese höchstens erreicht werden soll. Besitzt z. B.

$$f_l(x) \to \min, \qquad x \in \mathfrak{B} \cap \{x \in \mathbb{R}^n : f_i(x) \leqq \lambda_i, i = 1, 2, 3, \dots, p; i \neq l\}$$

genau eine Lösung, dann ist diese eine funktional-effiziente Lösung von (1). Durch Variieren der λ_i bzw. von $l \in \{1, \dots, p\}$ kann der Entscheidungsträger seinen individuellen Vorstellungen folgen.

Ein ähnliches Vorgehen (auch in kombinierter Form) findet man bei allen Verfahren der sogenannten *Zielprogrammierung* (goal-programming) als auch bei jenen Verfahren, die die Vorstellungen des Entscheidungsträgers sukzessive einbeziehen.

Während sich die bisher dargestellten Vorgehensweisen unmittelbar auf deterministische Vektoroptimierungsprobleme beziehen und auch auf Probleme mit unvollständiger Information übertragen werden können (›[a], [b], [e]), bilden die Verfahren bei *Problemen der optimalen Varianten* (multiple attribute decision making) eine zweite Gruppe (›[c], [d]). Bei solchen Problemen ist in $\mathfrak{B} \subseteqq \mathbb{R}^n$ eine binäre Relation „besser" seitens des Entscheidungsträgers definiert, und es sind diejenigen Elemente $x^0 \in \mathfrak{B}$ zu ermitteln mit der Eigenschaft (›Optimierungsaufgabe)

$$\text{es existiert kein } x \in \mathfrak{B} \text{ mit } x \textit{ besser } x^0. \tag{2}$$

2. a. Ist die Relation „besser“ gerade die koordinatenweise Halbordnung in $\mathbb{R}^n$ und $\mathfrak{B}$ eine endliche Menge, können alle „besten“ Elemente (Varianten) aus $\mathfrak{B}$ durch einen Vektor-Sortieralgorithmus gefunden werden.

2. b. Gibt es eine sogenannte *Nutzensfunktion*

$$u : \mathfrak{B} \to \mathbb{R}$$

mit x „besser“ y genau dann, wenn $u(x) < u(y)$, so findet man die Lösung von (2) durch Anwendung von numerischen Verfahren der skalaren Optimierung auf

$$u(x) \to \min\,, \qquad x \in \mathfrak{B}\,.$$

Lit.: [a] Chankong, V., und Y. Y. Haimes: Multiobjective decision making: Theory and methodology. North-Holland, Asterdam – New York – Oxford 1983.

[b] Hwang, C.-L., und A. S. Masud: Multiple objective decision making. Methods and applications. Springer Verlag, Berlin – Heidelberg – New York 1979.

[c] Hwang, C.-L., und K. Yoon: Multiple attribute decision making. Methods and applications. Springer Verlag, Berlin – Heidelberg – New York 1981.

[d] Makarow, I. M., T. M. Winogradskaja, A. A. Rubtschinski, und W. B. Sokolow (Макаров, И. М., Т. М. Виноградская, А. А. Рубчинский, и В. Б. Соколов): Теория выбора и принятия решений. Nauka, Moskau 1982.

[e] Peschel, M.: Ingenieurtechnische Entscheidungen. Modellbildung und Steuerung mit Hilfe der Polyoptimierung. Verlag Technik, Berlin 1980.

LU-Zerlegung ›Verfahren zur Lösung von Gleichungssystemen

M

Mackey-Topologie ›duale Räume
Marginalwert ›parametrische Optimierung
Marginalwertfunktion ›Stabilität von Optimierungsproblemen
Markierungsalgorithmus ›Transportoptimierung
Maschinenbelegungsproblem ›Reihenfolgeprobleme
Matrixspiel ›Spieltheorie

Matroid: Ist S eine endliche Menge, $\mathcal{D}$ eine nichtleere Teilmenge von $\mathfrak{P}S$, so heißt $(S, \mathcal{D})$ ein *Unabhängigkeitssystem*, falls $\emptyset \in \mathcal{D}$ und

$$D_1 \subseteq D_2 \in \mathcal{D} \Rightarrow D_1 \in \mathcal{D}\,.$$

Ist $S' \subseteq S$, so heißt $B \subseteq S'$, $B \in \mathcal{D}$ eine Basis von S', falls kein $B_1 \in \mathcal{D}$ mit $B_1 \subseteq S'$ und $B \subseteq B_1$, $B \neq B_1$, existiert. Ein Unabhängigkeitssystem $(S, \mathcal{D})$ heißt Matroid, falls gilt: Ist $S' \subseteq S$, sind B, B' zwei Basen von S', so ist card $B =$ card B'. Ist dann $f: \mathcal{D} \to \mathbb{R}$ (z. B. eine ›submodulare Funktion), so heißt

$$f(I) \to \min \text{ (oder max)}, \qquad I \in \mathcal{D},$$

ein Matroid-Problem. Lösungen erhält man mit ›Greedy-Algorithmen. Die meisten Probleme der ›kombinatorischen Optimierung lassen sich als Optimierungsaufgaben über Unabhängigkeitssystemen formulieren.

Lit.: [57], [62]

[a] Welsh, D. J. A.: Matroid theory. Academic Press, London—New York 1976.

maximal monotone ›**Punkt-Menge-Abbildung**
Maximalstelle ›konvexe Funktion
Maximalstromproblem ›Optimierung auf Graphen
Maximumnorm ›Approximationstheorie, ›Banach-Raum

Maximumprinzip: Mit dem Wort M. werden in der Mathematik folgende 2 (unterschiedlichen) Aussagen bezeichnet.

1. In der Theorie der ›optimalen Prozesse ist ein M. eine notwendige (und in einigen Fällen auch hinreichende) Optimalitätsbedingung von der Form: Unter gewissen Voraussetzungen maximiert eine optimale Steuerung die Pontrjagin-Funktion in (fast) allen Zeitpunkten.

2. Bei partiellen Differentialgleichungen sind M. Aussagen folgender Art: Eine in einem Gebiet G einschließlich des Randes nichtkonstante reguläre Potentialfunktion (d. h. Lösung der Laplace-Gleichung $\Delta u = 0$) nimmt ihren größten und kleinsten Wert nur in einem Randpunkt an. Solche Sätze gelten in verschiedenen Varianten und unter entsprechenden Voraussetzungen für Lösungen elliptischer und parabolischer Differentialgleichungen in $n \geqq 2$ Variablen. Sie werden u. a. beim Studium einander komplementärer Variationsprobleme (›Extremalprinzipien der Physik) eingesetzt.

Lit.: [29]

[a] Lax, P. D.: Reciprocal extremal problems in function theory. Comm. Pure Appl. Math. **VIII** (1955), 437—453.
[b] Protter, M. M., und H. F. Weinberger: Maximum principles in differential equations. Prentice-Hall, Englewood Cliffs, New Jersey 1967.

Maximumprinzip höherer Ordnung ›singuläre Steuerung
Maximumprinzip in der Steuerung ›optimale Prozesse
Maximumprinzip in der stochastischen Steuerung ›stochastische Steuerprobleme
Maximumproblem ›Optimierungsaufgabe
Mayer-Funktional ›Variationsrechnung
Mehrstufenproblem ›stochastische Optimierung
Methode der finiten Elemente ›Galerkin-Verfahren
Methode der Quasilösungen ›Regularisierungsmethoden

Methode der Variation der Steuerung: Mit dieser Methode lassen sich nichtlineare ›Steuerprobleme auf eine Folge von linearen Problemen zurückführen. Dazu sei $u(\cdot)$ eine Steuerung mit $u(t) \in U$ $\forall t$ und $x(\cdot)$ die zugehörige Trajektorie. Anstelle von $u(\cdot)$ suche man ein $u(\cdot) + \delta u(\cdot)$ mit zugehörigem $x(\cdot) + \delta x(\cdot)$. Unter geeigneten Differenzierbarkeitsvoraussetzungen ist (etwa für das Steuerproblem (1), (2) im ›Verfahren von Pontrjagin)

$$J(u + \delta u) \approx J(u) + \int_0^T [f_x^0(t)\, \delta x(t) + f_u^0(t)\, \delta u(t)]\, \mathrm{d}t\,,$$

$$\delta \dot{x} \approx f_x(t)\, \delta x + f_u(t)\, \delta u\,, \qquad \delta x(0) = 0\,,$$

$$\int_0^T \Phi^i(t, x + \delta x, u + \delta u)\, \mathrm{d}t$$

$$\approx \int_0^T \Phi^i(t)\, \mathrm{d}t + \int_0^T [\Phi_x^i(t)\, \delta x(t) + \Phi_u^i(t)\, \delta u(t)]\, \mathrm{d}t\,, \qquad i = 1, \dots, m\,.$$

Hierbei bedeute $f(t) = f\big(t, x(t), u(t)\big)$, analog sind $\Phi^i(t)$, $f^0(t)$ und die partiellen Ableitungen zu verstehen. Es sei $\Delta U(t) \subseteqq \mathbb{R}^r$ so, daß $u(t) + \Delta U(t) \subseteqq U$ gilt. Um eine bessere Lösung als $u(\cdot)$ zu erhalten, bestimme man δu als Lösung von

$$\int_0^T [f_x^0(t)\, \delta x(t) + f_u^0(t)\, \delta u(t)]\, \mathrm{d}t \to \min\,,$$

$$\delta \dot{x} = f_x(t)\, \delta x + f_u(t)\, \delta u\,, \qquad \delta x(0) = 0\,,$$

$$\int_0^T [\Phi_x^i(t)\, \delta x(t) + \Phi_u^i(t)\, \delta u(t)]\, \mathrm{d}t = -\int_0^T \Phi^i(t)\, \mathrm{d}t\,, \qquad i = 1, \dots, m\,,$$

$$\delta u(t) \in \Delta U(t) \quad \forall 0 \leqq t \leqq T\,.$$

Die Mengen $u(t)$ dürfen nicht „zu groß" gewählt werden, damit die obigen linearen Approximationen gerechtfertigt sind, andererseits auch nicht „zu klein", damit das Verfahren nicht zu langsam konvergiert. Durch geschicktes Anpassen von ΔU an die konkrete Aufgabenstellung läßt sich der Rechenaufwand verringern. Auf die linearisierte Aufgabe kann z. B. das ›Iterationsverfahren von Eaton und Neustadt angewandt werden. Fedorenko [a] empfiehlt zur Lösung des linearisierten Problems den Übergang zu einer diskreten Aufgabe und unterbreitet Vorschläge für die Wahl von ΔU.

Lit.: [a] Fedorenko, R. P. (Федоренко, Р. П.): Приближенные решения задач оптимального управления. Nauka, Moskau 1978.

Methode der Variation im Phasenraum: Zur Erläuterung dieser Methode werde das ›Steuerproblem

$$J(u) = \int_0^T f^0\big(t, x(t), u(t)\big)\, \mathrm{d}t \to \min\,, \qquad \dot{x} = f(t, x, u)\,, \qquad x(0) = x^0\,,$$

mit stückweise stetigen oder meßbaren Steuerungen $u(\cdot)$ mit $u(t) \in U$, $0 \leqq t \leqq T$, und Phasenbeschränkungen $x(t) \in G$, $t \in [0, T]$, sowie $x(T) = x^T$

benutzt. Auf $[0, T]$ wähle man äquidistante Punkte $t_i = \tau i$, $\tau = \frac{T}{N}$, $i = 0, \ldots, N$. G überdecke man mit einem endlichen ε-Netz $S = \{x^j : j = 1, \ldots, M\}$ von Punkten aus $\mathbb{R}^n$, d. h.

$$\min_{j=1,\ldots,M} \|x - x^j\| \leqq \varepsilon \quad \forall x \in G .$$

Es sei $x^0 \in S$, $x^T \in S$. Für das spezielle Problem über $[t_i, t_{i+1}]$

$$\int_{t_i}^{t_{i+1}} f^0(t, x(t), u(t))\, dt \to \min , \tag{1}$$

$$\dot{x} = f(t, x, u) , \qquad x(t_i) = x^j , \qquad x(t_{i+1}) = x^k , \qquad u(t) \in U \ \forall t$$

kenne man die optimalen Zielfunktionalwerte $F_{jk}^{i+(1/2)}$ für alle i, j, k. Dann kann das Ausgangsproblem gelöst werden, indem eine Punktfolge $x^{j_0} = x^0$, $x^{j_1}, \ldots, x^{j_{N-1}}, x^{j_N} = x^T$ in S ermittelt wird, so daß $\sum_{i=0}^{N-1} F_{j_i j_{i+1}}^{i+(1/2)}$ minimiert wird. Das ist aber gerade eine Aufgabe der diskreten ›dynamischen Optimierung im Graphen der Punkte (t_i, x^j)! Um die Zahlen $F_{jk}^{i+(1/2)}$ approximativ zu ermitteln, bestimme man z. B. bei vorgegebenen $x^j, x^k \in S$ ein $u \in U$ derart, daß

$$f^0\left(\frac{t_i + t_{i+1}}{2}, \frac{x^j + x^k}{2}, u\right) \to \min_{u \in U} \ \text{bei}\ x^k = x^j + \tau f\left(\frac{t_i + t_{i+1}}{2}, \frac{x^j + x^k}{2}, u\right).$$

Um den Rechenaufwand zu begrenzen, variiere man in einer gegebenen Punktfolge (t_i, x^{j_i}) für ein festes $i \in \{1, \ldots, N-1\}$ nur x^{j_i} in $x^{j_i} \pm h_l e_l$, wobei $h_l > 0$ ist und $e_l \in \mathbb{R}^n$ der l-te Einheitsvektor. Dadurch ändern sich nur die Werte $F_{j_{i-1}, j_i}^{i-(1/2)}$, $F_{j_i, j_{i+1}}^{i+(1/2)}$, und es brauchen nur $2n$ Varianten berücksichtigt zu werden. Anschließend gehe man zu $i + 1$ über.

FEDORENKO empfiehlt, auch den Steuerbereich zu diskretisieren. Hat die so entstandene Aufgabe der ›diskreten Optimierung für jedes N eine Lösung, so konvergiert diese für $N \to \infty$ gegen die Lösung des stetigen Problems. Leider ist die diskrete Aufgabe nicht immer lösbar, da auf $[t_i, t_{i+1}]$ keine Trajektorie existieren muß, die in Punkten von S beginnt und endet.

Lit.: [a] FEDORENKO, R. P. (Федоренко, Р. П.): Приближенные решения задач оптимального управления. Nauka, Moskau 1978.

Methode des minimalen Elements ›Transportoptimierung
Metrik ›metrischer Raum

metrischer Raum: Sei ein Raum (= eine Menge) X gegeben (nicht notwendig linear). Ist über $X \times X$ eine Abbildung (*Metrik*)

$$\varrho : X \times X \to \mathbb{R}_+$$

erklärt mit folgenden Eigenschaften ($\forall x, y, z \in X$):

$$\varrho(x, y) = 0 \text{ genau für } x = y\,,$$

$$\varrho(x, y) = \varrho(y, x)\,,$$

$$\varrho(x, z) \leqq \varrho(x, y) + \varrho(y, z) \text{ (Dreiecksungleichung)},$$

so heißt X, versehen mit dieser Metrik, ein m. R., und man schreibt (oft) dafür (X, ϱ). Z. B. wird in einem ›Banach-Raum B mit der Norm $\|\cdot\|$ durch

$$\varrho_1(x, y) = \|x - y\| \quad \forall x, y \in B$$

eine Metrik definiert. (B, ϱ_1) ist dann ein metrischer Raum. Ist X ein ›linearer Raum, so heißt (X, ϱ) ein linearer m. R., falls die Rechenoperationen in X mit der Metrik ϱ verträglich sind (wie bei linearen topologischen Räumen, ›lokalkonvexer Raum). (B, ϱ_1) ist ein linearer m. R., ebenso der $\mathbb{R}^n$ mit der euklidischen Metrik

$$\varrho(x, y) = \Big(\sum_{i=1}^{n} (x_i - y_i)^2\Big)^{1/2} \quad \forall x = (x_1, \dots, x_n)^\mathsf{T}, \quad y = (y_1, \dots, y_n)^\mathsf{T} \in \mathbb{R}^n.$$

Lit.: [56]

Meyers und Serrin, Satz von ›Sobolew-Raum
Minimalabstand ›Approximationstheorie
minimale Ungleichung ›Schnitt
Minimalfolge ›Optimierungsaufgabe
Minimalgerüst ›Optimierung auf Graphen
Minimalstelle ›Optimierungsaufgabe
Minimalwert ›Optimierungsaufgabe
Minimaxpunkt ›Spieltheorie
Minimumproblem ›Optimierungsaufgabe
Minkowski, Satz von ›Darstellungssätze kompakter konvexer Mengen
Minkowski-Funktional ›lokalkonvexer Raum
Minkowski-Summe ›konvexe Menge
minorisierende Funktion ›Stabilität von Optimierungsproblemen
Minty-Algorithmus ›Optimierung auf Graphen
mittelbar konvex ›erweiterte Konvexität
modifizierte Lagrange-Funktion ›Lagrange-Methode
modifizierte ›Lagrange-Methode
modifizierte Simplextabelle ›Simplexverfahren
Modifizierung unrestringierter Minimierungsverfahren ›quadratische Optimierung
Momentenproblem ›semi-infinite Optimierung
monotone Erweiterung ›Punkt-Menge-Abbildung
monotone Separabilität ›dynamische Optimierung
Monotonie des Subdifferentials ›stark konvexes Funktional

Morse-Theorie: Beschäftigt sich mit den für die (globale) Optimierung wichtigen kritischen Punkten (lokale Extremalstellen, ›Sattelpunkte) von Funktionen auf glatten Mannigfaltigkeiten (z. B. Abschätzung der Anzahl der Sattelpunkte oder lokalen Maximalstellen mit topologischen Invarianten der Mannigfaltigkeiten) und dem Verhalten der Funktionen in der Umgebung kritischer Stellen.

Lit.: [a] Fučík, S., J. Nečas, J. Souček und V. Souček: Spectral analysis of nonlinear operators. Lecture Notes in Math. 346. Springer-Verlag, Berlin—Heidelberg—New York 1973.
[b] Sternberg, S.: Lectures on differential geometry. Prentice Hall, Inc., Englewood Cliffs, New Jersey 1964.
[c] Rassias, Th. M. (ed.): Global analysis — analysis on manifolds. Dedicated to M. Morse. Teubner-Texte zur Mathematik, Bd. 57. BSB B. G. Teubner Verlagsgesellschaft, Leipzig 1983.
[d] Ströhmer, G.: About the Morse theory for certain variational problems. Math. Ann. **270** (1985), 275—284.

Motzkin, Satz von ›Alternativsätze
Motzkin-Burger-Verfahren ›quadratische parametrische Optimierung
Multiindex ›Sobolew-Raum
Multiplikator ›Regularitätsbedingungen, ›Variationsrechnung
Multiplikatorbedingung vom Lagrange-Typ ›Optimalitätsbedingungen
Multiplikatormethode ›Lagrange-Methode
Multiplikatorregel ›Variationsrechnung

N

Nadeltyp-Konvexität ›erweiterte Konvexität
Nadelvariation ›optimale Prozesse
Nebenbedingung ›Optimierungsaufgabe
negative Norm ›Sobolew-Raum

Netzplantechnik: Die N. wird bei der Planung und Leitung komplizierter (Produktions-) Prozesse angewendet. Es geht darum, die logische Aufeinanderfolge und gegenseitige Bedingtheit der Teilvorgänge des Prozesses übersichtlich in einem Netzplan darzustellen (Ablaufplanung) und davon ausgehend eine günstige (optimale) zeitliche Durchführung zu ermitteln (Terminplanung). Die Modelle und Methoden der N. verwenden Hilfsmittel der ›Graphentheorie.

1. Aufstellen des Netzplanes: Ausgangspunkt bildet die Liste der zum Prozeß gehörigen Teilvorgänge (Aktivitäten) a_i mit den Zeitdauern $d(a_i)$. Man nimmt die a_i als Knotenpunkte eines Graphen und zeichnet einen Bogen (a_i, a_j) genau dann, wenn (aus der Sicht von a_i) unmittelbar nach Abschluß

von a_i die Aktivität a_j beginnen kann. So entsteht ein aktivitätsorientierter Netzplan G (Vorgangs-Knoten-Netz) des Prozesses. G ist ein gerichteter Graph ohne Kreise mit einem Eingang (Quelle) $\bar{a}$ und einem Ausgang (Senke) $\bar{b}$. Die Knotenpunkte sind mit $d(a_i)$ bewertet, zu jede a_i führt von $\bar{a}$ aus mindestens eine Bahn.

2. Terminplanung: Es bezeichne $t(a_i)$ den Zeitpunkt des Beginns der Aktivität a_i. Man setzt $t(\bar{a}) = 0$ und sucht Termine $t(a_i)$ derart, daß der Prozeß G in minimaler Zeit abgeschlossen wird. Dieses Problem des kritischen Weges kann graphentheoretisch behandelt werden (›Optimierung auf Graphen, (P7)), jedoch wurden dafür auch eigenständige, einfachere Lösungsverfahren entwickelt. Für ein Vorgangs-Knoten-Netz werde die Methode CPM (Critical Path Method) angedeutet. Seien $\mathrm{FAT}(a_j)$ bzw. $\mathrm{FET}(a_j)$ die frühestmöglichen Anfangs- bzw. Endtermine der Aktivität a_j und $V(a_j)$ die Menge der Vorgänger von a_j, so gilt

$$\mathrm{FAT}(\bar{a}) = 0\,, \tag{1}$$

$$\mathrm{FAT}(a_j) = \max\,\{\mathrm{FET}(a) : a \in V(a_j)\}\,; \qquad \mathrm{FET}(a_j) = \mathrm{FAT}(a_j) + d(a_j)\,.$$

$L = \mathrm{FET}\,(\bar{b})$ gibt dann die gesuchte minimale Zeitdauer des gesamten Prozesses an („Dauer des Netzplanes“, „Länge des kritischen Weges“). Nach dieser „Vorwärtsrechnung“ ermittelt man in einer anschließenden „Rückwärtsrechnung“, von L ausgehend, spätestzulässige End- und Anfangstermine (SET bzw. SAT), d. h. wann die a_i spätestens enden und beginnen müssen, damit die Dauer des Netzplanes nicht überschritten wird. Es gilt dabei

$$\mathrm{SET}(\bar{b}) = L\,, \tag{2}$$

$$\mathrm{SET}(a_j) = \min\,\{\mathrm{SAT}(a) : a \in N(a_j)\}\,; \qquad \mathrm{SAT}(a_j) = \mathrm{SET}(a_j) - d(a_j)\,.$$

Dabei ist $N(a_j)$ die Menge der Nachfolger von a_j in G.

Für Aktivitäten mit $\mathrm{SAT}(a_j) = \mathrm{FAT}(a_j)$ gibt es keinerlei Spielräume, wenn L eingehalten werden soll. Diese a_j heißen kritische Aktivitäten. Sie liegen im Netzplan auf einer Bahn von $\bar{a}$ nach $\bar{b}$, dem *kritischen Weg*. Für die nichtkritischen Vorgänge sind Spielräume vorhanden, die Pufferzeiten. Zum Beispiel wird $\mathrm{GP}(a_j) = \mathrm{SAT}(a_j) - \mathrm{FAT}(a_j)$ als Gesamtpufferzeit des Vorgangs a_j bezeichnet.

Von den o. g. Grundgedanken ausgehend wurden mehrere verbesserte Methoden entwickelt. Als Beispiel sei die Methode *PERT* genannt (Program Evolution and Review Technique), in der die Zeitdauern $d(a_i)$ und die zu berechnenden Termine als Zufallsgrößen behandelt werden. Andere Methoden gestatten eine Berücksichtigung von Nebenbedingungen über die Ressourcen (Arbeitskräfte, Material usw.).

Lit.: [a] Stempell, D. u. a. (Autorenkollektiv): Handbuch der Netzplantechnik. Verlag Die Wirtschaft, Berlin 1970.

Newton-Richtung ›Newton-Verfahren

Newton-Verfahren: 1. Das verallgemeinerte oder *gedämpfte* N. ist ein spezielles Abstiegsverfahren zur Lösung des unrestringierten Problems

$$f(x) \to \min, \qquad x \in \mathbb{R}^n, \tag{1}$$

(f zweimal stetig differenzierbar). Dabei wird in der Iterationsvorschrift

$$x^{k+1} = x^k + \alpha_k s^k \tag{2}$$

der Richtungsvektor s^k gemäß

$$s^k = -\left(\nabla^2 f(x^k)\right)^{-1} \nabla f(x^k) \tag{3}$$

gewählt. Das übliche *ungedämpfte N.* entspricht dem Spezialfall $\alpha_k = 1$. Die durch (3) definierte Richtung heißt *Newton-Richtung.* Falls $\nabla^2 f(x^k)$ positiv definit ist, ist die Newton-Richtung auch eine Abstiegsrichtung (›Abstiegsverfahren) von f im Punkt x^k. Unter geeigneten Voraussetzungen kann quadratische Konvergenz (›Konvergenzbegriffe) des gedämpften N. nachgewiesen werden. Es gilt folgender

Satz: Die Funktion f erfülle die Voraussetzungen:

a) f ist zweimal stetig differenzierbar, und es existieren Konstanten $M \geqq m > 0$, so daß gilt:

$$m \, \|y\|^2 \leqq y^{\mathrm{T}} \nabla^2 f(x) \, y \leqq M \, \|y\|^2 \qquad \forall x, y \in \mathbb{R}^n .$$

b) Es existiert eine Lipschitz-Konstante $L \geqq 0$, so daß

$$\|\nabla^2 f(x) - \nabla^2 f(x')\| \leqq L \, \|x - x'\| \qquad \forall x, x' \in \mathbb{R}^n .$$

c) Die Schrittweite α_k werde nach dem Cauchy- oder nach dem Goldstein-Armijo-Prinzip (›Schrittweitenalgorithmen) mit $q = \frac{1}{2}$ berechnet.

Dann konvergiert die durch das gedämpfte N. erzeugte Folge (x^k) für einen beliebigen Startpunkt x^0 quadratisch (›Konvergenzbegriffe) gegen die (eindeutige) Lösung x^* von (1). Insbesondere existiert (im Fall, daß α_k nach dem Goldstein-Armijo-Prinzip berechnet wird) ein Index k_0, so daß $\alpha_k = 1$ für $k \geqq k_0$ gilt.

Das ›N. für Aufgaben mit linearen Gleichungsrestriktionen ist eine Spezialisierung des obigen Verfahrens für restringierte Probleme. Für unrestringierte Quadratmittelprobleme ist ein spezielles N. als ›Gauß-Newton-Verfahren bekannt.

2. Das *Quasi-Newton-Verfahren* löst (1) nach der Iterationsvorschrift (2), wobei der Richtungsvektor s^k nach

$$s^k = -B_k \nabla f(x^k) \tag{4}$$

berechnet wird. Dabei ist die Matrix B_k eine gewisse Approximation (*Quasi-Newton-Approximation*) für die inverse Hesse-Matrix $\left(\nabla^2 f(x^k)\right)^{-1}$ in (3), insbesondere soll die Quasi-Newton-Gleichung

$$B_{k+1}\left(\nabla f(x^{k+1}) - \nabla f(x^k)\right) = x^{k+1} - x^k$$

erfüllt sein. Da $(\nabla^2 f(x^k))^{-1}$ eine symmetrische $n \times n$-Matrix ist, wird B_k i. allg. auch als symmetrische Matrix gewählt. Damit die Richtung s^k im Punkt x^k auch eine Abstiegsrichtung (›Abstiegsverfahren) von f ist, soll B_k positiv definit sein. Die Berechnung einer neuen Matrix B_{k+1} für die nächste Iterationsstufe erfolgt i. allg. nach einer *Aufdatierungsformel*, wobei B_{k+1} aus B_k durch Addition einer *Rang-Eins-* oder *Rang-Zwei-Korrekturmatrix* entsteht. Die Startmatrix B_0 wird positiv definit und symmetrisch gewählt. Eine umfangreiche Klasse von Quasi-Newton-Verfahren wird durch die *Oren-Luenberger-Klasse* gegeben. Mit den Bezeichnungen

$$q^k = \nabla f(x^{k+1}) - \nabla f(x^k), \qquad r^k = x^{k+1} - x^k$$

werden die Verfahren der Oren-Luenberger-Klasse durch die symmetrische Aufdatierungsformel

$$B_{k+1} = \tau_k B_k + \left(1 + \tau_k \Theta_k \frac{(q^k)^\top B_k q^k}{(r^k)^\top q^k}\right) \frac{r^k (r^k)^\top}{(r^k)^\top q^k} - $$
$$- \frac{\tau_k (1 - \Theta_k)}{(q^k)^\top B_k q^k} B_k q^k (B_k q^k)^\top - \frac{\tau_k \Theta_k}{(r^k)^\top q^k} \left(r^k (B_k q^k)^\top + B_k q^k (r^k)^\top\right)$$

charakterisiert. Dabei sind $\tau_k > 0$ und Θ_k noch frei wählbare Parameter. Bei spezieller Parameterwahl entstehen bekannte Spezialfälle, insbesondere

a) für $\tau_k = 1$ die *Broyden-Klasse,*

b) für $\tau_k = 1, \Theta_k = 0$ das *DFP-Verfahren* (Davidon, Fletcher, Powell),

c) für $\tau_k = 1, \Theta_k = 1$ das *BFGS-Verfahren* (Broyden, Fletcher, Goldfarb, Shanno),

d) für
$$\tau_k \in \left(\frac{(r^k)^\top q^k}{(q^k)^\top B_k q^k}, \frac{(r^k)^\top B_k^{-1} r^k}{(r^k)^\top q^k}\right), \qquad \Theta_k \in [0, 1],$$
die *SSVM-Klasse* (*self-scaling variable metric methods*),

e) für
$$\tau_k = \frac{\alpha_k}{\gamma}, \qquad \Theta_k = -\frac{\gamma (q^k)^\top s^k}{(q^k)^\top B_k q^k - \gamma (q^k)^\top s^k}, \qquad 0 < \gamma < 1,$$
entstehen positiv definite Rang-Eins-Formeln. Mit der Bezeichnung $y^k = \nabla f(x^{k+1}) - (1 - \gamma) \nabla f(x^k)$ können sie in der Form
$$B_{k+1} = \frac{\alpha_k}{\gamma} \left(B_k - \frac{B_k y^k (B_k y^k)^\top}{(y^k)^\top B_k y^k + \gamma (y^k)^\top s^k}\right)$$
dargestellt werden.

Die Schrittweite α_k ist i. allg. durch genäherte Strahlminimierung (›Schrittweitenalgorithmen) zu berechnen.

Die Verfahren b) bis e) liefern (bei exakter Strahlminimierung) das Minimum quadratischer Zielfunktionen mit positiv definiter Hesse-Matrix in höchstens n Iterationsschritten. Bei der Anwendung auf nichtquadratische Funktionen kann für diese Verfahren (im Fall e) für Restart-Version) gezeigt werden, daß unter geeigneten Definitheits- und Lipschitz-Bedingungen an die Hesse-Matrizen von f und bei asymptotisch exakter Berechnung der Schrittweiten α_k (nach dem Cauchy-Prinzip) die Folge (x^k) n-Schritt-quadratisch gegen die Minimumstelle von f konvergiert.

Lit.: [49], [55], [62], [63]

Newton-Verfahren für Aufgaben mit linearen Gleichungsrestriktionen: Dies ist ein spezieller Vertreter der ›Verfahren zur Lösung von Aufgaben mit linearen Gleichungsrestriktionen

$$f(x) \to \min\,, \qquad x \in \mathfrak{B} = \{x : Ax - b = 0\}\,. \tag{1}$$

Dabei wird eine Matrix Z dazu verwendet, das ›Newton-Verfahren zur Ermittlung der Abstiegsrichtung s^k in den Koordinaten y der Mannigfaltigkeit $Ax - b = 0$ zu formulieren.

Gegeben sei der Iterationspunkt x^k, dann wird folgendes k-te Teilproblem formuliert:

$$f(x^k) + y^{\mathsf{T}} Z^{\mathsf{T}} \nabla f(x^k) + \tfrac{1}{2}\, y^{\mathsf{T}} Z^{\mathsf{T}} \nabla^2 f(x^k)\, Zy \to \min\,. \tag{2}$$

Die Iterierte y^k ergibt sich aus der Minimumbedingung für (2):

$$Z^{\mathsf{T}} \nabla^2 f(x^k)\, Zy = -Z^{\mathsf{T}} \nabla f(x^k)\,. \tag{3}$$

Die Abstiegsrichtung s^k resultiert aus der Transformationsvorschrift

$$s^k = Z^{\mathsf{T}} \nabla f(x^k)\,.$$

Für eine positiv definite Matrix $Z^{\mathsf{T}} \nabla^2 f(x^k)\, Z$ konvergiert das Verfahren lokal quadratisch (›Konvergenzbegriffe).

Ist die Matrix $Z^{\mathsf{T}} \nabla^2 f(x^k)\, Z$ nicht positiv definit, so kann durch Konvexifizierung die Lösbarkeit der Teilprobleme erzwungen werden (›[18]).

Das Bestreben, die zweite Ableitung der Funktion $f(x)$ in (3) zu vermeiden, führt zum *diskretisierten Newton-Verfahren* für Gleichungsrestriktionen. Die Differenzen werden in den y-Koordinaten bestimmt, die i-te Spalte der reduzierten Matrix ergibt sich am Anfang der Iteration durch

$$Z^{\mathsf{T}} \big(\nabla f(x^k + z_i h) - \nabla f(x^k)\big)/h$$

und in der Umgebung der Lösung durch den zentralen Differenzenquotienten

$$\frac{1}{2h} Z^{\mathsf{T}} \big(f(x^k + z_i h) - f(x^k - z_i h)\big)\, Z$$

für hinreichend kleines h. Nach der Symmetrisierung wird die sich ergebende Matrix als Näherung von $Z^{\mathsf{T}} \nabla^2 f(x^k)\, Z$ angesehen. Eine weitere Möglichkeit, höhere Ableitungen zu vermeiden, ist die Übertragung von Quasi-Newton-Verfahren (›Newton-Verfahren) auf Probleme mit linearen Restriktionen (›[18, [21]). Dort ist auch die Anwendung des Newton-Verfahrens auf die zu (1) duale Aufgabe beschrieben.

Lit.: [18], [21]

Nicholson-Prinzip ›dynamische Optimierung
Nichtbasisvariable ›lineare Optimierung, ›Simplexverfahren
nichtdominierte Entscheidungen ›stochastische Optimierung
nichtentartete Basislösung ›lineare Optimierung
Nichtentartungsbedingungen ›Regularitätsbedingungen
nichtglatte Aufgabe ›Verfahren für nichtglatte Aufgaben

nichtkonvexe Optimierung: Die ›Optimierungsaufgabe

$$f(x) \to \min\,, \qquad x \in \mathfrak{B}\,, \tag{P}$$

heißt nichtkonvex, wenn die Zielfunktion $f : D(f) \to R$ oder/und der zulässige Bereich $\mathfrak{B}$ nicht notwendig konvex sind. Damit gehören in diese Problemklasse alle Probleme (P), die nicht in die Klasse der konvexen Probleme eingeordnet werden können. Im Gegensatz zur konvexen Optimierung gibt es zur Behandlung von Problemen der n. O. keine geschlossene Theorie. Gegenwärtig werden viele Versuche unternommen, gewisse Problemklassen der n. O. theoretisch und numerisch einer effektiven Behandlung zugänglich zu machen.

Bei der Behandlung von Problemen der n. O. (die nicht der ›diskreten Optimierung angehören) spielen eine wichtige Rolle:

a) Dualitätsbetrachtungen im Zusammenhang mit Störkonzepten (›Stabilität von Optimierungsproblemen), verallgemeinerten ›konjugierten Funktionen und verallgemeinerten ›Lagrange-Funktionen und ›Lagrange-Methoden (›[b], [14], [37], [51], [11]).

b) Approximation nichtkonvexer i. allg. nichtglatter Zielfunktionen bzw. Bereiche durch ›konvexe Funktionen und ›konvexe Mengen unter Benutzung verallgemeinerter Differentialkalküle; insbesondere Gewinnung lokaler ›Optimalitätsbedingungen, Anwendung von Subgradientenverfahren (›Verfahren für nichtglatte Aufgaben, ›Approximationsverfahren in der nichtlinearen Optimierung), (›[b] [29], [56], [11]).

c) Einführung verallgemeinerter Konvexitätsbegriffe und Übertragung bzw. Verallgemeinerung der bekannten Begriffe und Sätze der ›konvexen Optimierung auf diese speziellen Problemklassen (›erweiterte Konvexität). Hierzu zählen auch Versuche der Entwicklung einer konvexen Analysis auf gekrümmten Räumen, Konvexitäts- bzw. Verbindungsräumen (›erweiterte Konvexität) sowie extremalen Algebren mit besonderen Strukturen, wobei gewisse Eigenschaften der Konvexität axiomatisch gefordert werden (›[e], [g]).

d) Trennung von (nichtkonvexen von konvexen) Mengen durch i. allg. nichtlineare Funktionale. Hiermit lassen sich auch nichtkonvexe Probleme der ›Vektoroptimierung behandeln (›[d], [c], [b]).

Bei der Beschreibung der ›numerischen Verfahren der Optimierung und Steuerung wurde die Konvexität bereits weitgehend zurückgedrängt. Die meisten Verfahren der konvexen Optimierung liefern für glatte Probleme der n. O. noch lokale Lösungen. Bei der Bestimmung globaler Extrema gibt es aber größere Schwierigkeiten. Allgemein werden zur Berechnung ›stochastische Suchverfahren und ›Strafverfahren in Verbindung mit überlinear konvergenten Methoden (›Konvergenzbegriffe) in der Endphase eingesetzt, wobei mit langen Rechenzeiten bzw. hohem Speicheraufwand gerechnet werden muß. In der Entwicklung begriffen sind ›Verfahren für nichtglatte Aufgaben der n. O., die auf dem verallgemeinerten Differentialkalkül von DEMJANOW [a] beruhen (›Ableitungsbegriffe, 8.).

Lit.: [11], [14], [29], [37], [51], [56]

[a] DEMJANOW, W. F. (Демьянов, В. Ф.): Негладкие задачи теории оптимизации и управления. Verlag der Leningrader Universität, Leningrad 1982.

[b] DEUMLICH, R., und K.-H. ELSTER: Φ-conjugation and nonconvex optimization. A survey. Math. Operationsforsch. u. Statist. Ser. optimization, Part I: **14** (1983) 1, 125–149, Part II: **15** (1984) 4, 499–515, Part III **16** (1985) 6, 789–803

[c] DRAGOMIRESCU, M.: The ascendent unious separation and a sharp nonconvex extension of Fenchel's duality theorem. Rev. Roum. Math. Pures et Appl. **24** (1979) 6, 913–920.

[d] GERSTEWITZ, Ch., und E. IWANOW: Dualität für nichtkonvexe Vektoroptimierungsprobleme. Wiss. Z. d. TH Ilmenau **31** (1985) 2, 61–81.

[e] HARTWIG, H.: Ein simplexartiger Lösungsalgorithmus für pseudolineare Optimierungsprobleme. Studia Scientiarum Mathematicarum Hungarica **10** (1975), 213–236.

[f] SCHAIBLE, S., und W. T. ZIEMBA (eds.): Generalized concavity in optimization and economics. Academic Press, New York–London 1981.

[g] ZIMMERMANN, K.: Linearität und Verallgemeinerungen der Konvexität. Math. Operationsforsch. u. Statist., Ser. optimization **10** (1979) 1, 17–25.

nichtkooperatives Spiel ›Spieltheorie

nichtkorrekte Aufgabe: Mathematische Probleme nennt man nichtkorrekt gestellt, wenn ihre Lösungen nicht stetig von den Eingangsdaten abhängen.

1. Die Aufgabe der Lösung einer Operatorgleichung

$$Ax = b\,, \qquad x \in D \subseteqq M_1\,, \qquad b \in M_2 \tag{1}$$

in ›metrischen Räumen M_1 und M_2 mit den Metriken ϱ_1 und ϱ_2 und einem linearen oder nichtlinearen Operator $A : M_1 \to M_2$ heißt nichtkorrekt nach Hadamard, wenn wenigstens eine der folgenden drei Korrektheitsbedingungen verletzt ist:

(i) $\forall b \in M_2$ existiert ein $x \in D$ mit $Ax = b$ (Existenzbedingung),

(ii) $\forall x^1, x^2 \in D$ folgt aus $Ax^1 = Ax^2$, daß $x^1 = x^2$ (Unitätsbedingung),

(iii) $\forall x^i \in D : Ax^i = b^i$, $x \in D : Ax = b : \varrho_2(b^i, b) \xrightarrow[i\to\infty]{} 0$ impliziert $\varrho_1(x^i, x) \xrightarrow[i\to\infty]{} 0$ (Stabilitätsbedingung).

Eine wichtige Klasse n. A. besteht in der Lösung linearer Fredholmscher Integralgleichungen 1. Art

$$\int_{t_1}^{t_2} K(s, t)\, x(t)\, \mathrm{d}t = b(s)\,, \qquad s_1 \leqq s \leqq s_2\,,$$

z. B. in den Räumen $M_1 = \mathrm{C}[t_1, t_2]$, $M_2 = \mathrm{L}_2[s_1, s_2]$ und mit stetig differenzierbarer Kernfunktion $K(s, t)$ (›[c]).

Ebenso gehört die Klasse der ›inversen Aufgaben zu den nichtkorrekt gestellten Problemen.

2. Ein Optimierungsproblem

$$f(x) \to \min\,, \qquad x \in \mathfrak{B} \subseteqq M_1$$

mit $f^* = \inf_{x \in \mathfrak{B}} f(x) > -\infty$, $\mathfrak{B}_{\mathrm{opt}} = \{x \in \mathfrak{B} : f(x) = f^*\} \neq \emptyset$ wird als nicht korrekt bezeichnet, wenn die Stabilitätsbedingung „$\forall x^i \in D$ mit $f(x^i) \xrightarrow[i\to\infty]{} f^*$ folgt $d(x^i, \mathfrak{B}_{\mathrm{opt}}) := \inf_{x \in \mathfrak{B}_{\mathrm{opt}}} \varrho_1(x^i, x) \xrightarrow[i\to\infty]{} 0$“ verletzt ist (›[d]). So ist die Aufgabe der *Defektminimierung* $\min\{\varrho_2(Ax, b) : x \in D\}$ für nichtkorrekte Operatorgleichungen (1) meist ein nichtkorrektes Optimierungsproblem.

Zur Lösung nichtkorrekter Aufgaben werden ›Regularisierungsmethoden eingesetzt.

Lit.: [a] Anger, G. (ed.): Inverse and improperly posed problems in differential equations. Mathematische Forschung Bd. 1, Akademie-Verlag Berlin 1979.

[b] Morozov, V. A.: Methods for solving incorrectly posed problems. Springer-Verlag, Berlin—Heidelberg—Tokio 1984.

[c] Tichonow, A. N., und W. Ja. Arsenin (Тихонов, А. Н., и В. Я. Арсенин): Методы решения некорректных задач. Nauka, Moskau 1979.

[d] Wasilew, F. L. (Васильев, Ф. Л.): Методы решения экстремальных задач. Nauka, Moskau 1981.

nichtkorrektes Optimierungsproblem ›nichtkorrekte Aufgabe

nichtlineares ›Komplementaritätsproblem

nichtlineares Optimierungsproblem ›konvexe Optimierung, ›nichtkonvexe Optimierung

nichtnegativ ›halbgeordneter linearer Raum

Niveaumenge ›konvexe Funktion

Noethersche Sätze ›Variationsrechnung

normale Lösung ›Verfahren zur Lösung von Gleichungssystemen

normaler Prozeß ›Iterationsverfahren von Eaton und Neustadt

Normalfall (bei Multiplikatoren) ›Variationsrechnung, ›Normalität eines Optimierungsproblems

Normalität eines Optimierungsproblems: I. Ein Optimierungsproblem heißt normal, wenn der Multiplikator y_0 vor dem Zielfunktional bei den ›Kuhn-Tucker-Bedingungen nicht Null sein kann. ›Regularitätsbedingungen sichern die Normalität eines Optimierungsproblems.

Man sagt, das Problem ist *schwach normal,* wenn es mindestens einen Multiplikatorensatz mit $y_0 \neq 0$ gibt.

II. Ein konvexes Optimierungsproblem heißt normal, wenn die Optimalwertfunktion (›Stabilität) bei (Störung=) Null nach unten halbstetig ist [a].

Lit.: [a] Sander, H.-J.: Dualität bei Optimierungsaufgaben. Oldenbourg-Verlag, München—Wien 1973.

normierter Raum ›Banach-Raum
Normskalarisierung ›Ersatzprobleme in der Vektoroptimierung

Null-Eins-Optimierung (0-1-Optimierung): Spezialfall der ›diskreten Optimierung, bei dem alle oder ein Teil der Variablen nur die Werte 0 oder 1 annehmen können. Nach dieser Fallunterscheidung spricht man von reiner oder gemischter N. Im Prinzip sind alle Lösungsverfahren für ganzzahlige Optimierungsprobleme auch auf Aufgaben der N. anwendbar, jedoch im allgemeinen weniger effektiv als solche Verfahren, die die Eigenschaft ausnutzen, daß die Variablen nur 0 oder 1 sein können. Es wurde deshalb eine Reihe spezieller Lösungsverfahren entwickelt, z. B. der ›additive Algorithmus.

Lit.: [35], [57]

Nullsummenspiel ›Spieltheorie

numerische Verfahren: Dieses Stichwort enthält eine Übersicht über die im Lexikon beschriebenen Verfahren zur Lösung von Optimierungsaufgaben, die hier hinsichtlich ihrer Verwendung nach Aufgabenklassen geordnet sind. Die Begriffe „Methode", „Verfahren" und „Algorithmus" werden weitestgehend wie folgt verwendet: Methode steht für eine allgemeine Beschreibung einer (numerischen) Vorgehensweise, Verfahren und Algorithmus stehen für konkrete Beschreibungen numerischer Vorschriften. Generell kann diese Begriffsbildung nicht eingehalten werden, da sie in der Literatur verschieden verwendet wird. Bei Verfahren bzw. Stichwort ohne › schlage man beim übergeordneten Stichwort mit › nach.

1. Numerische Verfahren zur Lösung von Gleichungssystemen
   ›Verfahren zur Lösung von Gleichungssystemen
   - direkte Verfahren
   - iterative Verfahren
2. Verfahren für unrestringierte Extremalprobleme
   ›Verfahren zur Minimierung einer Funktion einer reellen Veränderlichen
   a) eindimensionale Suche ohne Verwendung von Ableitungen:
      - gleichmäßige Suche
      - dichotomische Suche
      - Goldener Schnitt
      - Fibonacci-Suche

b) eindimensionale Suche mit Verwendung von Ableitungen:
Bisektionsverfahren
›Newton-Verfahren
›Interpolationsverfahren
›Schrittweitenalgorithmen

c) mehrdimensionale unrestringierte Minimierung:
›Abstiegsverfahren
›Gradientenverfahren
›konjugierte Gradientenverfahren
›Newton-Verfahren
Quasi-Newton-Verfahren
›Gauß-Newton-Verfahren
›ableitungsfreie Verfahren
Verfahren der konjugierten Richtungen

3. Verfahren für linear restringierte Probleme
›Verfahren für Aufgaben mit linearen Gleichungsrestriktionen
›Newton-Verfahren für Aufgaben mit linearen Gleichungsrestriktionen
›Verfahren für Aufgaben mit linearen Ungleichungsrestriktionen
›quadratische Optimierung
simplexartige Verfahren
modifizierte unrestringierte Minimierungsverfahren
Übergang zu dualen Verfahren
›Beale-Verfahren
›Hildreth-d'Esopo-Verfahren
›Fletcher-Verfahren
›lineare Optimierung:
›Simplexverfahren
primales Simplexverfahren
duales Simplexverfahren
Simplexverfahren mit unteren und oberen Schranken
›Zwei-Phasen-Methode
›Transportoptimierung
Methode des minimalen Elements
Potentialmethode
›Ellipsoid-Verfahren
Schor-Algorithmus
Chatschijan-Algorithmus
lineare ›Komplementaritätsprobleme:
›Lemke-Verfahren
›Hauptaustauschschrittverfahren

4. Verfahren für nichtlineare restringierte Probleme
›Barriereverfahren

›Strafverfahren
›Zentrenverfahren
›Abstiegsverfahren
›reduziertes Gradientenverfahren
›projiziertes Gradientenverfahren
›Verfahren der zulässigen Richtungen
›Schnittverfahren (›Kelley-Verfahren)
›Lagrange-Methoden
›Lagrange-Newton-Verfahren
›Lagrange-Multiplikator-Schätzungen
›Approximationsverfahren

lineare Approximationsverfahren
Linearisierungsmethode
nichtlineare Approximationsverfahren

›Verfahren für nichtglatte Aufgaben

Subgradientenverfahren

›geometrische Optimierung

Posynomoptimierung
Signomoptimierung

›Dekompositionsverfahren

primale Dekomposition
duale Dekomposition

›stochastische Suchverfahren

lokale Suche
globale Suche

›Regularisierungsmethoden

Methode der Quasilösung
Tichonowsche Regularisierung

5. ›Lösungsverfahren für Vektoroptimierungsaufgaben

6. Verfahren für semi-infinite und infinite Optimierungsaufgaben:

›semi-infinite Optimierung

infinite Simplexverfahren
lokale Reduktionsmethoden

›Galerkin-Verfahren
›Ritz-Verfahren
›Trefftz-Verfahren

7. Verfahren für diskrete Optimierungsaufgaben:
   ›Schnittverfahren (›Gomory-Verfahren)
   ›Enumerationsverfahren
   ›branch-and-bound-Verfahren
   ›additiver Algorithmus (Filtermethode)

8. ›Numerische Verfahren zur Lösung von Steuerproblemen:
   ›Verfahren von Pontrjagin
   ›Iterationsverfahren von Eaton und Neustadt
   ›Iterationsverfahren von Krylow und Chernousko
   ›Methode der Variation der Steuerung
   ›Methode der Variation im Phasenraum
   ›ε-Verfahren von Balakrishnan

numerische Verfahren zur Lösung von Steuerproblemen: Obwohl eine Vielzahl von Verfahren bekannt ist, ist es in der Regel nicht möglich, zu einem vorliegenden Aufgabentyp einen Algorithmus anzugeben, der die Lösung mit vorgegebener Genauigkeit zu berechnen erlaubt. Für viele heuristische Verfahren sind keine Konvergenzaussagen bekannt, sie sind aber oft recht effektiv! Daher sind die hier aufgeführten Verfahren als prinzipielle, im konkreten Fall zu modifizierende Methoden zu verstehen. Bei der Realisierung der Verfahren mit Hilfe von Computern treten oft erhebliche numerische Schwierigkeiten auf. Einige Verfahren nutzen Maximumprinzipe (›optimale Prozesse) aus. Bei anderen wird versucht, Minimalfolgen von Steuerungen und von Trajektorien zu konstruieren.

Prinzipiell lassen sich alle ›numerischen Verfahren für ›Optimierungsaufgaben (in allgemeinen Räumen) zur Konstruktion von Lösungsverfahren für Steuerprobleme ausnutzen (z. B.: ›ε-Methode von Balakrishnan), wenn man das Steuerproblem in der Gestalt $J(u) \to \min$, $u \in \Omega$, schreiben kann, wobei Ω diejenige Teilmenge eines entsprechenden Funktionenraumes ist, die die zulässigen Steuerfunktionen enthält, zu denen eine zulässige Trajektorie existiert.

Zu Einzelheiten ›Verfahren von Pontrjagin, ›Iterationsverfahren von Eaton und Neustadt, ›Iterationsverfahren von Krylow und Chernousko, ›Methode der Variation der Steuerung, ›Methode der Variation im Phasenraum, ›ε-Verfahren von Balakrishnan.

Lit.: [a] Fedorenko, R. P. (Федоренко, Р. П.): Приближенное решение задач оптимального управления. Nauka, Moskau 1978.

Nutzensfunktion ›Lösungsverfahren für Vektoroptimierungsaufgaben

O

oberhalbstetige ›Punkt-Menge-Abbildung
Operator ›Abbildung
Operatornorm ›Banach-Raum
optimale Basislösung ›lineare Optimierung
optimale Entscheidung ›stochastische Optimierung
optimale Lösung ›Optimierungsaufgabe

optimale Prozesse: Die Theorie optimaler Prozesse bzw. optimaler Steuerung, wie sie sich aus grundlegenden Arbeiten von PONTRJAGIN und Mitarbeitern, von HESTENES, BELLMAN und anderen entwickelt hat, befaßt sich mit Prozessen, die durch Systeme gewöhnlicher Differentialgleichungen

$$\dot{x} = f(t, x, u(t)) \quad \text{(Prozeßgleichungen)} \tag{1}$$

beschrieben werden. $x(\cdot)$ bezeichnet die Phasen- oder Zustands(vektor)funktion (*Trajektorie*) und $u(\cdot)$ die Steuer(vektor)funktion, durch deren Wahl eine gerichtete Einwirkung auf das beschriebene physikalische Objekt vorgenommen werden kann. Im allgemeinen ist vorgeschrieben, daß die Anfangs- und Endlage $(t_j, x(t_j))$ $(j = 1, 2)$ mit einem gegebenen Punkt (t_j, x^j) übereinstimmt bzw. in einer gegebenen Menge (Mannigfaltigkeit) liegt. Eine Steuerfunktion $u(\cdot)$ ist weitgehend willkürlich, muß aber manchen Funktionswertbeschränkungen, z. B. der Form $u(t) \in U$, genügen, wobei U, der *Steuerbereich*, eine gegebene (durch Ungleichungen beschriebene) Menge ist, und muß einer bestimmten Funktionenklasse, z. B. der Klasse der stückweise stetigen (Vektor-) Funktionen, angehören, um zulässig zu sein. Eine zulässige Steuerung $u(\cdot)$ zusammen mit einer Zustandsfunktion $x(\cdot)$, welche alle Bedingungen (Differentialgleichungen, Randbedingungen usw.) erfüllt, heiße *zulässiges Paar* (manchmal auch: *Prozeß*). Unter allen zulässigen Paaren ist ein solches zu ermitteln, welches ein von $x(\cdot)$, $u(\cdot)$ abhängiges Funktional zum Extremum macht.

1. Als Funktionale werden gewöhnlich wie in der Variationsrechnung *Bolza-Funktionale*

$$g(x(t_2)) + \int_{t_1}^{t_2} f_0(t, x(t), u(t))\, dt \tag{2}$$

oder deren Sonderfälle, *Lagrange-Funktionale* ($g = 0$, ›[47]) bzw. *Terminalfunktionale* ($f_0 = 0$), betrachtet. Gelegentlich werden Funktionale, die das Maximum bzw. Minimum von Lagrange- bzw. Terminalfunktionalen sind, zur Beurteilung von zulässigen Paaren ins Auge gefaßt (›[7, 48]). Anstelle von Differentialgleichungen können Integralgleichungen, Differenzengleichungen oder Differentialgleichungen mit Verzögerung als Prozeßgleichungen u. a. vorkommen. Die Funktionswertbeschränkungen können von der allgemeinen Form $u(t) \in U(t, x(t))$ sein, wobei $U(t, x)$ eine von (t, x) abhängige, gegebene Schar von Mengen (die durch Ungleichungen in u, t, x beschrieben werden) bezeichnet. In allen Fällen besteht die grundlegende *notwendige Optimalitätsbedingung* meistens in einem sogenannten *Maximumprinzip*. Eine Idee, wie solche Maximumprinzipe zustande kommen, vermittelt zunächst das folgende Beispiel.

Über dem fixierten Zeitintervall $[0, T]$ sei der Zusammenhang zwischen Steuerung und Trajektorie durch $\dot{x} = Ax + Bu$, $x(0) = 0$ beschrieben. Die Steuerung u sei eine meßbare (oder stückweise stetige) r-dimensionale Vektorfunktion mit $|u(t)| \leqq 1$ für fast alle t. Zu minimieren sei das mit einem gegebenen Vektor $c \in \mathbb{R}^n$ gebildete Funktional $c^{\mathsf{T}}x(T)$. Die Lösung der Prozeßgleichung läßt sich mit der Fundamentalmatrix Φ darstellen:

$$x(t) = \Phi(t) \int_0^t \Phi^{-1}(s)\, Bu(s)\, \mathrm{d}s\,, \qquad 0 \leqq t \leqq T\,,$$

dabei gilt $\dot{\Phi} = A\Phi$, $\Phi(0) = I$. Folglich ist $c^{\mathsf{T}}\Phi(T) \int_0^T \Phi^{-1}(s)\, Bu(s)\, \mathrm{d}s$ zu minimieren. Man setze $\psi^{\mathsf{T}}(s) = -c^{\mathsf{T}}\Phi(T)\, \Phi^{-1}(s)$. Es ist $\dot{\psi} = -A^{\mathsf{T}}\psi$, $\psi(T) = -c$. Ist $x^0(\cdot)$, $u^0(\cdot)$ eine optimale Lösung des Steuerproblems, so folgt

$$\int_0^T \psi^{\mathsf{T}}(s)\, Bu(s)\, \mathrm{d}s \leqq \int_0^T \psi^{\mathsf{T}}(s)\, Bu^0(s)\, \mathrm{d}s$$

für alle zulässigen Steuerungen $u(\cdot)$. Wählt man als Steuerung $u(\cdot)$ eine *Nadelvariation* (auch *Pontrjagin-Variation* genannt):

$$u(t) = \begin{cases} u^0(t) & \text{für} \quad t \in (\tau - \varepsilon, \tau]\,, \\ v & \text{für} \quad t \in [0, T] \setminus (\tau - \varepsilon, \tau]\,, \end{cases}$$

mit $\tau \in (0, T]$, $v \in U$ und kleinem $\varepsilon > 0$, so ist

$$\int_{\tau-\varepsilon}^{\tau} \psi^{\mathsf{T}}(s)\, Bv\, \mathrm{d}s \leqq \int_{\tau-\varepsilon}^{\tau} \psi^{\mathsf{T}}(s)\, Bu^0(s)\, \mathrm{d}s\,,$$

woraus für Stetigkeitspunkte τ von $u^0(\cdot)$ für $\varepsilon \to 0$ ein Maximumprinzip folgt:

$$\max_{|v| \leqq 1} \psi^{\mathsf{T}}(\tau)\, Bv = \psi^{\mathsf{T}}(\tau)\, Bu^0(\tau)\,.$$

Komplizierter stellt sich der Sachverhalt dar, falls Endbedingungen für die Trajektorie zu beachten sind, weil dann nicht alle variierten Steuerungen zulässig sind, d. h., die ihnen zugeordneten Trajektorien erfüllen die Endbedingung nicht. Zum Beweis von Maximumprinzipen wird dann wesentlich die ›Trennbarkeit konvexer ›Kegel ausgenutzt.

2. *Pontrjaginsches Steuerproblem*: Es sei

$$\int_{t_1}^{t_2} f_0\big(t, x(t), u(t)\big)\, \mathrm{d}t \tag{3}$$

zu minimieren durch Wahl einer Endzeit t_2, einer meßbaren, im wesentlichen beschränkten (bzw. stückweise und einseitig stetigen) Steuerfunktion $u(\cdot)$

unter Berücksichtigung der Nebenbedingungen

$$\dot{x} = f(t, x, u(t)), \qquad x(t_1) = x^1, \qquad u(t) \in U, \qquad t_1 \leqq t \leqq t_2, \tag{4}$$

$$h(t_2, x(t_2)) = 0. \tag{5}$$

Unter einer Lösung des Anfangswertproblems (4) wird eine Lösung der integrierten Differentialgleichung verstanden. Vorausgesetzt wird, daß $f : \mathbb{R}^{1+n+r} \to \mathbb{R}^n$, $h : \mathbb{R}^{1+n} \to \mathbb{R}^m$, $f_0 : \mathbb{R}^{1+n+r} \to \mathbb{R}$ stetig sind und stetige Ableitungen bez. t, x besitzen. t_1, x^1 seien gegeben. Die Gradienten $\left(\frac{\partial h_j}{\partial t}, \frac{\partial h_j}{\partial x_1}, \dots\right)$ der Komponenten h_j von h seien linear unabhängig für alle t, x, die der Eigenschaft $h(t, x) = 0$ genügen.

Es bezeichne H die *Pontrjagin-Funktion* mit den Werten

$$H(t, x, u, \psi, \psi_0) = \sum_{j=0}^{n} \psi_j f_j(t, x, u), \tag{6}$$

ψ den Vektor $(\psi_1, \dots, \psi_n)^T$ und f_j eine beliebige Komponente von f. Sei $x(\cdot)$, $u(\cdot)$, t_2 eine optimale Lösung. Die Gleichungen

$$\dot{\psi}_j = -\frac{\partial H}{\partial x_j}(t, x(t), u(t), \psi, \psi_0), \qquad j = 1, \dots, n, \tag{7}$$

werden *adjungiertes Differentialgleichungssystem* genannt. Nun gilt das *Pontrjaginsche Maximumprinzip*:

Es gibt eine Konstante $\psi_0 \leqq 0$, eine stetige Lösung $\psi(\cdot)$ des adjungierten Differentialgleichungssystems und Zahlen β_j, $j = 1, \dots, m$, so daß $(\psi_0, \psi_1(t), \dots, \psi_n(t)) \neq 0$ für alle t,

$$H(t, x(t), u(t), \psi(t), \psi_0) = \max_{u \in U} H(t, x(t), u, \psi(t), \psi_0) \tag{8}$$

für fast alle t (bzw. für alle t) ist und ferner

$$\psi_i(t_2) = \sum_{j=1}^{m} \beta_j \frac{\partial h_j}{\partial x_i}(t_2, x(t_2)), \qquad i = 1, \dots, n, \tag{9}$$

$$\sup_{u \in U} H(t, x(t), u, \psi(t), \psi_0) =$$

$$= -\sum_{j=1}^{m} \beta_j \frac{\partial h_j}{\partial t}(t_2, x(t_2)) + \int_{t_2}^{t} \sum_{k=0}^{n} \psi_k(s) \frac{\partial f_k}{\partial t}(s, x(s), u(s))\, ds. \tag{10}$$

Unter Lösungen der Differentialgleichungen (7) sind wieder Lösungen der integrierten Gleichungen zu verstehen. Die Maximumbedingung (8) hat der Aussage die Bezeichnung (Pontrjaginsches) Maximumprinzip eingebracht. (9) heißt *Transversalitätsbedingung für den rechten Endpunkt.* Letztere kann man auch als Bedingung dafür, daß $\psi(t_2)$ orthogonal zu der Mannigfaltigkeit $M_2(t_2) = \{x : h(t_2, x) = 0\}$ im Punkt $x(t_2)$ steht, deuten. Sonderfälle ergeben sich für

a) $f_0 = 1$ (*zeitoptimale Aufgabe*),

b) f, f_0, h von t unabhängig (*autonomer Fall* $\Rightarrow$ rechte Seite von (10) ist 0),

c) h unabhängig von x (*freies rechtes Ende* $\Rightarrow \psi(t_2) = 0$, also $\psi_0 < 0$, etwa $\psi_0 = -1$),

d) $h_m(t, x) = t - T$ (*gegebene Endzeit* $t_2 = T$),

e) $h(t, x) = x - x^2$ (*gegebener Endpunkt* x^2).

Falls U ein Quader $\{u \in \mathbb{R}^r : a_i \leqq u_i \leqq b_i,\ i = 1, \ldots, r\}$, H in u eine (inhomogen) lineare Funktion $a + \sum_{i=1}^{r} d_i u_i$ und $d_i \neq 0$ für $t, x(t), \psi(t), \psi_0$ ist, kommt für die Komponente $u_i(t)$ der optimalen Steuerung nur der *bang-bang-Steuerwert* a_i bzw. b_i in Frage für fast alle t. Wenn $t_1, x^1 = x(t_1)$ nicht vorgegeben ist, sondern einer *Anfangslagenbedingung*

$$g(t_1, x(t_1)) = 0 \tag{5.1}$$

genügen soll, kommen noch *Transversalitätsbedingungen für den linken Endpunkt* hinzu: Es gibt Zahlen α_j, $j = 1, \ldots, l$, so daß entsprechende Bedingungen (9.1), (10.1), die aus (9), (10) vermöge Ersetzung von $t_2, \beta_j, h, x(t_2)$ durch $t_1, \alpha_j, g, x(t_1)$ entstehen, gelten; über die Unabhängigkeit der Gradienten der Komponenten g_j, $j = 1, \ldots, l$, muß Analoges wie über die der h_j vorausgesetzt werden. Die Größen $\psi_0, \psi(\cdot), \alpha_j, \beta_j$ sind stets durch positive Vielfache ersetzbar.

3. Maximumprinzipe als notwendige Optimalitätsbedingungen erhält man auch, falls der Steuerbereich zeit- und ortsabhängig ist, z. B. falls $U(t, x)$ durch Ungleichungen $c_j(t, x, u) \leqq 0$, $j = 1, \ldots, k$, definiert wird (↗[7, 8]). Häufig treten isoperimetrische Bedingungen auf. In [29] werden *Phasenbeschränkungen* berücksichtigt: Das Funktional (3) sei unter den Bedingungen (4), (5) und zusätzlich

$$g_i(t, x(t)) \leqq 0 \quad \text{für} \quad t_1 \leqq t \leqq t_2\,, \qquad i = 1, \ldots, k\,,$$

zu minimieren. Die Funktionen g_i seien ebenfalls stetig und stetig nach x differenzierbar. Der Einfachheit halber sei $t_1 = 0$, $t_2 = T$ fixiert und $h(x) = h(T, x)$. Wenn $u(\cdot), x(\cdot)$ optimal ist, so existieren (nicht gleichzeitig verschwindende) Zahlen $\psi_0 \leqq 0, \alpha_1, \ldots, \alpha_n$, eine adjungierte Vektorfunktion $\psi : [0, T] \to \mathbb{R}^n$, welche der Integralgleichung

$$\psi^{\mathrm{T}}(t) = -\sum_{j=1}^{n} h_{jx}(x(T))\,\alpha_j + \int_t^T H_x(\tau, x(\tau), u(\tau), \psi(\tau), \psi_0)\,\mathrm{d}\tau - \\ - \sum_{i=1}^{k} \int_t^T g_{ix}(\tau, x(\tau))\,\mathrm{d}\mu_i\,, \qquad 0 \leqq t \leqq T\,, \tag{11}$$

genügt, und nichtnegative reguläre Maße μ_i, $i = 1, \ldots, k$, auf $[0, T]$, welche jeweils auf den Mengen $T_i = \{t : 0 \leqq t \leqq T,\ g_i(t, x(t)) = 0\}$ konzentriert sind, so daß fast überall das Maximumprinzip

$$H(t, x(t), u(t), \psi(t), \psi_0) = \max_{v \in U} H(t, x(t), v, \psi(t), \psi_0)$$

erfüllt ist. Hier bezeichnen h_{jx}, g_{ix}, H_x Gradienten (Zeilenvektoren) bez. x.

4. Maximumprinzipe für Steuerprobleme mit zusätzlichen Parametern (›[b]), für Prozesse mit verteilten Parametern (›[9]) und für Prozesse mit Verzögerung (›[b]) sind bekannt. Für die zuletzt genannten werde die Aufgabe mit freiem rechten Ende und fester Prozeßdauer betrachtet:

$$\int_0^T f_0(t, x(t), x(t - \tau(t)), u(t))\, dt \to \min$$

unter Berücksichtigung der Prozeßgleichung

$$\dot{x}(t) = f(t, x(t), x(t - \tau(t)), u(t)) \quad \text{für} \quad 0 \leqq t \leqq T\,,$$

der Anfangsbedingung

$$x(t) = g(t) \quad \text{für} \quad -\tau(0) \leqq t \leqq 0$$

und der Steuerbeschränkungen $u(t) \in U \subseteqq \mathbb{R}^r$ fast überall. Dabei werde vorausgesetzt: $\tau : [0, T] \to \mathbb{R}$ stetig ableitbar mit $\tau(t) > 0$ und $\dot{\tau}(t) < 1$ $\forall t$, $f_0 = f_0(t, x, y, u)$ und $f = f(t, x, y, u)$ seien stetig und stetig nach x und y differenzierbar, die Steuerfunktionen seien meßbar. Es bezeichne γ die Umkehrfunktion von $h(t) = t - \tau(t)$. Mit der modifizierten H-Funktion

$$H(t, x, y, u, \psi, \psi_0) = \psi^{\mathsf{T}} f(t, x, y, u) + \psi_0 f_0(t, x, y, u)$$

erhält man: Notwendig für die Optimalität von $u(\cdot)$, $x(\cdot)$ ist die Existenz einer Zahl $\psi_0 < 0$ und einer durch $\psi(T) = 0$ bestimmten stetigen Lösung $\psi(\cdot)$ der adjungierten Gleichung

$$\begin{aligned} \dot{\psi}^{\mathsf{T}}(t) = {} & -H_x(t, x(t), x(t - \tau(t)), u(t), \psi(t), \psi_0) - \\ & - \tfrac{1}{2}[1 + \operatorname{sgn}(T - \tau(T) - t)]\, H_y(\xi, x(\xi), x(t), u(\xi), \psi(\xi), \psi_0)|_{\xi = \gamma(t)}\, \dot{\gamma}(t) \end{aligned} \quad (12)$$

für fast alle $t \in [0, T]$, so daß gilt

$$\begin{aligned} & H(t, x(t), x(t - \tau(t)), u(t), \psi(t), \psi_0) = \\ & = \max_{v \in U} H(t, x(t), x(t - \tau(t)), v, \psi(t), \psi_0) \quad \text{für fast alle } t \in [0, T]\,. \end{aligned} \quad (13)$$

5. Der Prozeß werde durch eine Integralgleichung

$$x(s) = \int_0^T \Phi(s, t, x(t), u(t))\, dt\,, \qquad 0 \leqq s \leqq T\,, \quad (14)$$

beschrieben, wobei $\Phi : [0, T] \times [0, T] \times \mathbb{R}^n \times \mathbb{R}^r \to \mathbb{R}^n$ eine stückweise stetige und stetig nach x differenzierbare Funktion ist (Unstetigkeiten für $s = t$ können auftreten, damit auch Volterrasche Integralgleichungen erfaßt werden können). Ist das Funktional (3) zu minimieren bei den Steuerbeschränkungen $u(t) \in U$, $0 \leqq t \leqq T$, und der Prozeßgleichung (14), erhält man notwendige Optimalitätsbedingungen punktweise in $u \in U$. Dazu sei

$$H(t, x, u, \psi(\cdot)) = \int_0^T \psi^\mathsf{T}(s)\, \Phi(s, t, x, u)\, ds - f_0(t, x, u) \tag{15}$$

und

$$\psi^\mathsf{T}(t) = \int_0^T \psi^\mathsf{T}(s)\, \Phi_x(s, t, x(t), u(t))\, ds - f_{0x}(t, x(t), u(t)), \tag{16}$$

$0 \leqq t \leqq T$, die *adjungierte Gleichung*. Ist $u(\cdot)$, $x(\cdot)$ optimal und bezeichnet $\psi(\cdot)$ die zugehörige Lösung der adjungierten Gleichung, so gilt

$$\max_{v \in U} H(t, x(t), v, \psi(\cdot)) = H(t, x(t), u(t), \psi(\cdot))$$

fast überall. Integralprozesse mit Nebenbedingungen und variabler Prozeßdauer findet man in [d].

Aussagen für konkrete Aufgaben lassen sich häufig aus allgemeinen Modellen vom Typ

$$F(x, u) \to \min, \qquad G(x, u) = 0, \qquad K(x, u) \geqq 0, \qquad u \in W, \qquad x \in X$$

herleiten. Dabei seien X, Y, Z allgemeine Räume, Z endlichdimensional, W eine beliebige Menge sowie $F: X \times W \to \mathbb{R}$, $G: X \times W \to Y$, $K: X \times W \to Z$. Unter Regularitätsvoraussetzungen sind notwendige Optimalitätsbedingungen in [a] aufgeführt.

6. *Diskrete Prozesse.* Betrachtet werde der einfache diskrete Prozeß:

$$\sum_{t=1}^{N} f_0^t(x(t-1), u(t)) \to \min$$

unter den Bedingungen (Differenzengleichungen)

$$x(t) = f^t(x(t-1), u(t)), \qquad t = 1, \dots, N,$$

bei gegebenem $x(0)$, $u(t) \in U^t \subseteqq \mathbb{R}^r$. Die Funktionen f^t, f_0^t sind definiert auf $\mathbb{R}^n \times \mathbb{R}^r$, sie seien stetig nach x und u differenzierbar. Es sei nun $u(1), \dots, u(N)$ eine Steuerung und $x(0), \dots, x(N)$ die entsprechende Trajektorie mit dem Anfangszustand $x(0)$. Man definiere

$$H^t(x, u) = \psi^\mathsf{T}(t)\, f^t(x, u) + \psi_0 f_0^t(x, u).$$

Für die Optimalität dieser Steuerung und Trajektorie bez. des angegebenen diskreten Prozesses ist notwendig die Existenz einer Zahl $\psi_0 \leqq 0$ und solcher Vektoren $\psi(t) \in \mathbb{R}^n$, daß

1. $\psi^\mathsf{T}(t) = H_x^{t+1}(x(t), u(t+1))$, $\psi(N) = 0$, ist und
2. daß für jedes v mit $u(t) + \varepsilon v \in U^t$, $0 \leqq \varepsilon \ll 1$, gilt

$$H_u^t(x(t-1), u(t))\, v \leqq 0, \qquad t = 1, \dots, N.$$

In speziellen Fällen (↑[3]) erhält man ein Maximumprinzip der üblichen Form

$$H^{t+1}(x(t), u(t+1)) = \max_{u \in U^{t+1}} H^{t+1}(x(t), u), \qquad t = 0, \dots, N-1.$$

Für diskrete Prozesse sind von Boltjanskij [8] Aussagen unter schwächeren Voraussetzungen hergeleitet worden.

In einfachen Fällen erweisen sich die Maximumprinzipe auch als hinreichend für die Optimalität ›[b] [d].

Lit.: [3], [7], [8], [9], [29], [47], [48], [58], [60].

[a] Bittner, L.: Ein Modell für eine Klasse von Aufgaben optimaler Steuerung. ZAMM **58** (1978), 251–260.

[b] Gabasow, R. F., und F. M. Kirillowa (Габасов, Р. Ф., и Ф. М. Кириллова): Особые оптимальные управления. Nauka, Moskau 1971.

[c] Jacobson, D. H., und D. Q. Mayne: Differential dynamic programming. Elsevier Publ. Co., Inc., New York 1970.

[d] Schmidt, W. H.: Durch Integralgleichungen beschriebene optimale Prozesse mit Nebenbedingungen in Banachräumen — notwendige Optimalitätsbedingungen. ZAMM **62** (1982), 65–75.

optimale Steuerung ›dynamische Optimierung, ›optimale Prozesse, ›Steuerproblem, ›stochastische Steuerprobleme

optimale Steuerung diskreter Systeme ›optimale Prozesse, ›dynamische Optimierung

Optimalitätsbedingungen: Ein Kriterium, das notwendige und/oder hinreichende Bedingungen für die Lösung einer ›Optimierungsaufgabe (oder eines ›Steuerproblems oder einer Aufgabe der ›Variationsrechnung) enthält, nennt man O.

Man unterscheidet

a) *lokale* und *globale* O. (lokale und globale Lösung einer ›Optimierungsaufgabe) bzw. O. für andere spezifische Lösungen (starke und schwache Lösungen in der ›Variationsrechnung).

b) *notwendige* und *hinreichende* O. (›Variationsrechnung, ›Lagrange-Funktion, ›optimale Prozesse, ›Stabilität von Optimierungsproblemen).

c) O. verschiedener Ordnung.

Sei das Optimierungsproblem

$$\begin{aligned} &\min\,\{f(x) : x \in \mathfrak{B}\} \quad \text{mit} \\ &\mathfrak{B} = \{x \in \mathbb{R}^n : g_i(x) \leqq 0,\, i \in I = \{1, \dots, m\}, \\ &\qquad h_j(x) = 0,\, j \in J = \{1, \dots, l\}\} \end{aligned} \tag{P}$$

gegeben, wobei die Funktionen $f, g_i, h_j : \mathbb{R}^n \to \mathbb{R}$, $i \in I$, $j \in J$, als differenzierbar vorausgesetzt sein sollen.

Ausgehend von der einfachen O., daß ein Punkt $x^0 \in \mathbb{R}^n$ genau dann Lösung von (P) ist, wenn der Durchschnitt der Menge $\{x \in \mathbb{R}^n : f(x) < f(x^0)\}$ mit dem zulässigen Bereich $\mathfrak{B}$ leer ist, erhält man durch geeignete lokale ›Kegelapproximationen beider Mengen im Punkt x^0 eine geometrische Aussage folgender Art: Ist x^0 eine lokale Lösung von (P), so gilt

$$\{d \in \mathbb{R}^n : \nabla f^{\mathsf{T}}(x^0)\, d < 0\} \cap T(\mathfrak{B}, x^0) = \emptyset\,.$$

Dabei bezeichnet $T(\mathfrak{B}, x^0)$ den ›Tangentenkegel an die Menge $\mathfrak{B}$ im Punkt x^0. Unter Ausnutzung der analytischen Beschreibung von $\mathfrak{B}$ können mit Hilfe von ›Trennungssätzen für disjunkte Mengen *Multiplikatorbedingungen vom Lagrange-Typ* hergeleitet werden. Dabei wird die Untersuchung der Optimalität des Punktes x^0 auf eine Existenzaussage gewisser Multiplikatoren zurückgeführt. Eine wichtige so gewonnene O. ist im Satz von John (›Regularitätsbedingungen) formuliert, welcher durch zusätzliche Regularitätsbedingungen an die Menge $\mathfrak{B}$ zum folgenden *Satz von Kuhn und Tucker* verschärft werden kann:

Ist x^0 eine lokale Lösung von (P), und ist eine ›Regularitätsbedingung erfüllt, so existieren Multiplikatoren $y_i^0 \in \mathbb{R}_+$, $i \in I$, und $z_j^0 \in \mathbb{R}$, $j \in J$, mit

$$\nabla f(x^0) + \sum_{i \in I} y_i^0 \nabla g_i(x^0) + \sum_{j \in J} z_j^0 \nabla h_j(x^0) = 0\,, \quad y_i^0 g_i(x^0) = 0 \quad \forall i \in I\,. \quad (1)$$

Das System (1) nennt man *lokale Kuhn-Tucker-Bedingungen*; die letzte Beziehung in (1) heißt *komplementäre Schlupfbedingung.* Der Punkt $(x^0, y^0, z^0)^\mathsf{T}$ heißt *Kuhn-Tucker-Punkt* und x^0 ›*stationärer Punkt* von (P).

Da nur die ersten Ableitungen der einzelnen Funktionen verwendet wurden, spricht man hier von einer *Optimalitätsbedingung 1. Ordnung.* Sind die Funktionen jedoch zweimal differenzierbar, so kann folgende *hinreichende Bedingung 2. Ordnung* für eine Lösung von (P) angegeben werden:

Für den Punkt $x^0 \in \mathfrak{B}$ mögen Multiplikatoren $y_i^0 \in \mathbb{R}_+$ $i \in I$, und $z_j^0 \in \mathbb{R}$, $j \in J$, existieren, so daß die lokalen Kuhn-Tucker-Bedingungen (1) erfüllt sind, und es gelte

$$d^\mathsf{T} \nabla^2 f(x^0)\, d + \sum_{i \in I} y_i^0 d^\mathsf{T} \nabla^2 g_i(x^0)\, d + \sum_{j \in J} z_j^0 d^\mathsf{T} \nabla^2 h_j(x^0)\, d > 0$$

$$\forall d \in T(\mathfrak{B}, x^0) \cap \{d \in \mathbb{R}^n : \nabla g_i^\mathsf{T}(x^0)\, d = 0 \text{ für } y_i^0 > 0\} \setminus \{0\}\,.$$

Dann ist x^0 eine lokale Lösung von (P).

Mit der zu (P) gehörigen ›Lagrange-Funktion

$$L(x, y, z) = f(x) + \sum_{i \in I} y_i g_i(x) + \sum_{j \in J} z_j h_j(x)$$

mit $y = (y_1, \dots, y_m)^\mathsf{T}$ und $z = (z_1, \dots, z_l)^\mathsf{T}$ lassen sich die einzelnen Bedingungen so formulieren:

(i) Ist (x^0, y^0, z^0) ein ›Sattelpunkt von $L(x, y, z)$ bez. $\mathbb{R}^n \times \mathbb{R}_+^m \times \mathbb{R}^l$:

$$L(x^0, y, z) \leqq L(x^0, y^0, z^0) \leqq L(x, y^0, z^0)$$
$$\forall x \in \mathbb{R}^n\,, \quad \forall y \in \mathbb{R}_+^m\,, \quad \forall z \in \mathbb{R}^l\,, \quad (2)$$

so ist x^0 eine globale Lösung von (P).

(ii) Ist (x^0, y^0, z^0) ein Sattelpunkt von $L(x, y, z)$ bez. $\mathbb{R}^n \times \mathbb{R}_+^m \times \mathbb{R}^l$, so ist (x^0, y^0, z^0) ein Kuhn-Tucker-Punkt.

(iii) Ist $J = \emptyset$ und sind die restlichen Funktionen konvex, so ist jeder ›Kuhn-Tucker-Punkt (x^0, y_0) mit $x^0 \in \mathfrak{B}$ zugleich Sattelpunkt von $L(x, y)$ bez. $\mathbb{R}^n \times \mathbb{R}_+^m$.

Die Bedingung (ii) nennt man *globale Kuhn-Tucker-Bedingung.* Bei Übergang zu allgemeinen Räumen sowie allgemeineren Differenzierbarkeitsbegriffen lassen sich ähnliche O. herleiten (›[29], [56]). Ist insbesondere $J = \emptyset$, und sind die restlichen Funktionen konvex (und in x^0 stetig), dann haben die lokalen Kuhn-Tucker-Bedingungen (1) die Gestalt:

$$0 \in \partial f(x^0) + \sum_{i \in I} y_i^0 \, \partial g_i(x^0) \,, \qquad y_i^0 g_i(x^0) = 0 \qquad \forall i \in I \,.$$

Zur Herleitung lokaler O. mit der *Methode von Dubowitzkij-Miljutin* ›[48], ›Kegelapproximation. Für den nichtkonvexen Fall erfolgen z. Z. intensive Untersuchungen (›[a], [51], [11]), vgl. auch ›nichtkonvexe Optimierung, die z. T. schon klassischen Aussagen der ›Variationsrechnung und Maximumprinzipe bei ›optimalen Prozessen.

Lit.: [11], [15], [29], [51], [56]

[a] Ioffe, A. D.: Necessary and sufficient conditions for a local minimum. SIAM J. Control Opt. 17 (1979) 2, 245–288.

Optimalitätsprinzip von Bellman ›dynamische Optimierung

Optimalmenge ›parametrische Optimierung

Optimalmengenabbildung ›parametrische Optimierung

Optimalpunkt ›Optimierungsaufgabe

Optimalwert ›Optimierungsaufgabe

Optimalwertfunktion ›Stabilität von Optimierungsproblemen, ›parametrische Optimierung

Optimierung auf Graphen: Der Vorteil einer graphentheoretischen Formulierung von Optimierungsproblemen liegt oft darin, daß dabei strukturelle Beziehungen zwischen den Variablen einfach zu beschreiben sind, und daß die Lösungsverfahren Struktureigenschaften des Problems (bzw. des zugrunde liegenden realen Systems) direkt ausnutzen können. In vielen Fällen ist aber auch eine rein analytische Formulierung, oft als Problem der ›linearen Optimierung, möglich. In Verbindung mit einem Graphen G (›Graphentheorie) gestellte Optimierungsaufgaben lassen sich grob in drei Gruppen einteilen:

a) G fest vorgegeben, die Optimierung bezieht sich auf eine Bewertung der Elemente von G.

b) G fest vorgegeben, gesucht sind optimale Teilstrukturen in G.

c) Die Struktur von G selbst ist Gegenstand der Optimierung.

Im folgenden werden charakteristische Beispiele solcher Problemtypen beschrieben. Dabei sei $G = (X, U)$ ein endlicher schlichter Graph (›Graphentheorie).

1. *Strom- und Spannungsprobleme*

Im folgenden sei Φ bzw. Θ die Menge aller Ströme φ bzw. Spannungen ϑ auf G (›Fluß). Als *allgemeines Transportproblem* wird folgendes Problem bezeichnet: Jedem Bogen $u_i \in U$ sind ein Paar reeller Zahlen $b_i \leqq c_i$ sowie eine auf $[b_i, c_i]$ konvexe Funktion $f_i(x)$ zugeordnet.

Aufgabe:

$$\min_{\varphi} \{F(\varphi) = \sum_i f_i(\varphi_i) : \varphi \in \Phi, \varphi_i \in [b_i, c_i] \; \forall u_i \in U\} . \tag{P1}$$

Satz von Hoffmann: Ein entsprechend (P1) zulässiger Strom φ auf G existiert genau dann, wenn für jeden (elementaren) Cozyklus (›Zyklus) $\omega = \omega^+ \cup \omega^-$ von G gilt:

$$\sum_{u_i \in \omega^+} b_i \leqq \sum_{u_i \in \omega^-} c_i , \qquad \sum_{u_i \in \omega^-} b_i \leqq \sum_{u_i \in \omega^+} c_i .$$

Ein graphentheoretisches Lösungsverfahren hat Minty für den Fall stückweise linearer $f_i(x)$ angegeben [4]. (P1) kann auch als Problem der ›konvexen Optimierung aufgefaßt und behandelt werden, da die $f_i(x)$ als konvex vorausgesetzt wurden. Verschiedene Spezialfälle von (P1) sind als eigenständige Problemtypen bekannt.

1.1. Das *eingeschränkte Transportproblem* ergibt sich aus (P1) folgendermaßen: G sei ein Transportnetz (›Graphentheorie) mit

$$b_i = c_i > 0 \text{ für alle } u_i \in \omega^+(\bar{a}) \cup \omega^-(\bar{b}) , \text{ wobei } \sum_{u_i \in \omega^+(\bar{a})} c_i = \sum_{u_i \in \omega^-(\bar{b})} c_i = \gamma$$

gilt. Für die übrigen Bögen $u_i \in G'$ (Teilgraph von G) gelte $b_i = 0$, $c_i = \infty$, und es werde jedem dieser Bögen eine weitere reelle Zahl l_i zugeordnet. Ferner sei $f_i(x) = l_i x$ für alle Bögen von G', sowie $f_i(x) \equiv 0$ sonst. Damit ergibt sich:

$$\min_{\varphi} \{ \sum_{u_i \in G'} l_i \varphi_i : \varphi \in \Phi, \varphi \geqq 0; \varphi_i = c_i \text{ auf } \omega^+(\bar{a}) \cup \omega^-(\bar{b})\} . \tag{P2}$$

Deutet man die c_i als Vorräte (bei den Endpunkten der Eingangsbögen) bzw. Bedarf (bei den Anfangspunkten der Ausgangsbögen), die φ_i als über u_i transportierte Menge, l_i als spezifische Transportkosten über u_i, so bedeutet (P2) ein (ausgeglichenes) mehrstufiges Transportproblem (*Umladeproblem*). Im Fall, daß G' ein paarer Graph (›Graphentheorie) ist, liegt das *einfache Transportproblem* (*Hitchcock-Problem,* ›Transportoptimierung) vor. Im Fall $c_i = 1$, $|\omega^+(\bar{a})| = |\omega^-(\bar{b})|$ ergeben sich Zuordnungsprobleme (z. B. Verteilung von Aufträgen nach Eignungskennziffern l_i).

1.2. Ein weiterer eigenständiger Spezialfall von (P1) ist das *Maximalstromproblem.* Es entsteht aus (P1) folgendermaßen: Sei G ein Transportnetz (›Graphentheorie); $b_1 = -\infty$, $c_1 = \infty$ (u_1 der Rückkehrbogen); $f_1(x) = -x$, $f_i(x) \equiv 0$ für $i \neq 1$. Damit hat man:

$$\max_{\varphi} \{\varphi_1 : \varphi \in \Phi, \varphi_i \in [b_i, c_i] \; \forall u_i \neq u_1\} . \tag{P3}$$

Man kann (P3) deuten als (mehrstufiges) *Verteilungsproblem* von Vorräten $c_i(u_i \in \omega^+(\bar{a}))$ zur Deckung des Bedarfs $c_j(u_j \in \omega^-(\bar{b}))$ über ein Netz von Transportwegen $u_i \in G'$ mit Durchlaßkapazitäten $[b_i, c_i]$. Eine bewährte Lösungsmethode ist der *Ford-Fulkerson-Algorithmus* (›[c]).

2. *Potentialprobleme*

Zu den genannten Stromproblemen gibt es analoge Spannungsprobleme. So entspricht (P1) folgendem allgemeinen *Potentialproblem*: Jedem Bogen $u_i \in U$ sind ein Paar reeller Zahlen $b_i \leqq c_i$ sowie eine auf $[b_i, c_i]$ konvexe Funktion $h_i(x)$ zugeordnet.

Aufgabe:

$$\min_{\vartheta} \{H(\vartheta) = \sum_i h_i(\vartheta_i) : \vartheta \in \Theta, \vartheta_i \in [b_i, c_i] \ \forall u_i \in U\} . \qquad \text{(P4)}$$

Existenzsatz: Eine entsprechend (P4) zulässige Spannung ϑ auf G existiert genau dann, wenn für jeden (elementaren) ›Zyklus μ von G gilt

$$\sum_{u_i \in \mu^+} b_i \leqq \sum_{u_i \in \mu^-} c_i \quad \text{und} \quad \sum_{u_i \in \mu^-} b_i \leqq \sum_{u_i \in \mu^+} c_i .$$

Die Probleme (P1) und (P4) sind über eine Dualitätstheorie (›Dualität) einander zugeordnet, der Algorithmus von Minty (›[4]) löst gleichzeitig ein Paar dualer Aufgaben.

2.1. Das folgende eingeschränkte Potentialproblem ergibt sich aus (P4) durch entsprechende Spezialisierung zu

$$\min_{\vartheta} \{H(\vartheta) = \sum_{\omega^+(\bar{a}) \cup \omega^-(\bar{b})} c_i\vartheta_i + \gamma\vartheta_1 : \vartheta \in \Theta, \vartheta_i \leqq l_i \ \forall u_i \in G'\} . \qquad \text{(P5)}$$

Dabei ist wieder

$$\gamma = \sum_{u_i \in \omega^+(\bar{a})} c_i = \sum_{u_i \in \omega^-(\bar{b})} c_i .$$

Das Problem (P5) ist dual zu (P2). Auf (P5) lassen sich u. a. gewisse Maschinenbelegungsprobleme (›Reihenfolgeprobleme) und Probleme des kritischen Weges zurückführen.

3. *Optimale Bahnen*

Beim *Problem des kürzesten Weges* oder der kürzesten Bahn sind zwei Knotenpunkte $\bar{a} \neq \bar{b}$ eines Graphen G mit der Bogenbewertung $c(u) \geqq 0$ vorgegeben, gesucht werden Bahnen von $\bar{a}$ nach $\bar{b}$ gemäß

$$\min_{\mu \in M} \{ \sum_{u \in \mu} c(u) : \mu \in M = \text{Menge aller Bahnen von } \bar{a} \text{ nach } \bar{b}\} . \qquad \text{(P6)}$$

Von mehreren polynomial arbeitenden Algorithmen (›Komplexitätstheorie) seien die von Dantzig und von Tarjan genannt (›[4]). Das *verallgemeinerte Problem des kürzesten Weges* entsteht, wenn in (P6) $c(u) \gtreqless 0$ zugelassen wird. Neben naheliegenden Anwendungen (kürzeste, billigste, schnellste Verbindungen) führen Probleme auf (P6), bei denen ein Anfangszustand $\bar{a}$ schrittweise über Zwischenzustände in einen Endzustand $\bar{b}$ übergeführt werden soll. Die Bögen entsprechen im Modell den erlaubten Zustandsübergängen (Trennprozesse der stoffwandelnden Industrie, Ablaufpläne usw.).

Längste Bahnen werden beim Problem des kritischen Weges (›Netzplantechnik) gesucht: $G = (X, U)$ mit $X = \{\bar{a}, \bar{b}, a_1, \dots, a_n\}$ sei ein kreisfreier Graph (›Zyklus) mit einer Knotenbewertung $d(a_i) \geqq 0\ \forall a_i \in X$. Alle Knotenpunkte seien von $\bar{a}$ aus auf einer Bahn erreichbar. Gesucht wird ein Potential (›Fluß) $t(x)$, $x \in X$, gemäß

$$\min_{t(x)} \{t(\bar{b}) - t(\bar{a}) : t(\bar{a}) = 0,\ t(a_j) - t(a_i) \geqq d(a_i)\ \ \forall (a_i, a_j) \in U\}\,. \qquad \text{(P7)}$$

Deutet man die a_i als Teilvorgänge (Aktivitäten) eines Prozesses, $d(a_i)$ als Zeitdauer von a_i, die Bögen als Kennzeichnung der Aufeinanderfolge und $t(a_i)$ als Zeitpunkt des Beginns von a_i, so wird in (P7) eine optimale Terminplanung gesucht, die den Prozeß von Beginn $\bar{a}$ aus in möglichst kurzer Zeit zum Abschluß $\bar{b}$ bringt. Die Bewertungssumme auf dem „kritischen Weg" (Bahn von $\bar{a}$ nach $\bar{b}$ ohne Pufferzeiten für den Beginn der enthaltenen Aktivitäten) ist maximal im Vergleich zu anderen Bahnen von $\bar{a}$ nach $\bar{b}$. (P7) kann auf das verallgemeinerte Problem der kürzesten Bahn zurückgeführt werden, jedoch gibt es dafür auch eigenständige einfachere Lösungsverfahren (›Netzplantechnik).

Optimale geschlossene Kantenzüge werden im Zusammenhang mit Eulerschen und Hamiltonschen Linien (›Graphentheorie) gesucht. *Problem des chinesischen Briefträgers*: Jeder Kante u von $G = [X, U]$ ist als „Länge" eine Zahl $l(u) \geqq 0$ zugeordnet. Aufgabe:

$$\min_{\mu \in M} \{ \sum_{u \in \mu} l(u)\}; \qquad \text{(P8)}$$

M ist dabei die Menge aller geschlossenen Kantenzüge, die jede Kante von G mindestens einmal enthalten. Falls G geschlossene Eulersche Linien enthält, ist die Lösung von (P8) unter diesen zu suchen.

(P9): Auch beim ›Rundreiseproblem ist jeder Kante von $G = [X, U]$ eine Zahl $l(u) \geqq 0$ zugeordnet. Gesucht wird eine geschlossene Hamiltonsche Linie minimaler Länge.

4. *Minimalgerüste und verwandte Probleme*

Im folgenden sei $G = [X, U]$ ein schlichter zusammenhängender Graph mit einer Bogenbewertung $c(u) \geqq 0$, $u \in U$. Das Problem des *Minimalgerüstes* verlangt:

$$\min_{\Gamma} \{ \sum_{u \in V} c(u) \};\qquad \text{(P10)}$$

Γ ist dabei die Menge aller Gerüste $H = [X, V]$ (›Zyklus) von G.

Beispielsweise sollen n Orte (Knotenpunkte) mit minimalen Kosten durch ein Kommunikationsnetz H verbunden werden. Netzverzweigungen sind nur in den Orten selbst zugelassen. Man verbindet je zwei Knotenpunkte durch eine Kante u, ermittelt die Kosten $c(u)$ dieser Verbindung und löst im entstandenen vollständigen Graphen G das Problem (P10). Ein bewährter polynomialer Algorithmus stammt von KRUSKAL [4].

Lit.: [4]

[a] DÖRFLER, W., und J. MÜLLBACHER: Graphentheorie für Informatiker. Sammlung Göschen, Bd. 6016, Walter de Gruyter-Verlag, Berlin—New York 1973.

[b] EDMONDS, J., und R. M. KARP: Theoretical improvements in algorithmic efficiency for network flow problems. J. ACM **19** (1972) 248—264.

[c] FORD, L. R., und D. R. FULKERSON: Flows in networks. Princeton University Press, Princeton, New Jersey 1962.

Optimierung in allgemeinen Räumen: Zweig der Optimierungstheorie, dessen Gegenstand es ist, eine ›Optimierungsaufgabe

$$f(x) \to \min, \qquad x \in \mathfrak{B} \subseteqq X, \qquad \text{(P)}$$

und den Kalkül der Optimierung (›Trennungssätze, ›Hahn-Banach-Theorem, ›konjugierte Funktionen, ›Dualitätstheorie, ›numerische Methoden und Verfahren, ›Optimalitätsbedingungen, ›Regularitätsbedingungen) unter möglichst schwachen Voraussetzungen zu behandeln. Einerseits wird dabei der wahre Gehalt der Sätze oft erst richtig deutlich (z. B. wenn lineare Funktionale eine Rolle spielen, im $\mathbb{R}^n$ sind alle linearen Funktionale beschränkt), andererseits führen spezielle Beispiele von (P) leicht auf Aufgaben der O. i. a. R.:

1. $f(x) = \|Tx - g\| \to \min, x \in \mathfrak{B} \subseteqq X; T: X \to Y, g$ gegeben. $X = Y = \mathbf{C}[a, b]$. Aufgabe der ›Approximationstheorie (*in Banach-Räumen*). Die Dualräume von X, Y (für die Dualaufgabe) sind *Maßräume* (›duale Räume).

2. Ist f in (P) ein *Integralfunktional*, das im Integranden neben der Variablen t noch $y(t)$, $\dot{y}(t)$ enthält, $t \in [a, b]$, $y(t) \in \mathbf{C}^1[a, b]$, so liegt eine Aufgabe der ›Variationsrechnung vor, dabei können zusätzlich Restriktionen (z. B. isoperimetrische Nebenbedingungen, ›Variationsrechnung) gestellt sein.

3. Bei Steuerproblemen (›optimale Prozesse), die sich auch als Spezialfall von (P) formulieren und behandeln lassen (›Dualität in der Steuertheorie), kann $\mathfrak{B}$ durch eine ›Evolutionsgleichung beschrieben sein. Dann wird durch das *Evolutionstripel* die Betrachtung sehr allgemeiner Räume notwendig (›Evolutionsgleichung, Behandlung mit monotonen Operatoren).

4. Weitere wichtige Spezialfälle von (P) sind Probleme der stetigen ›Transportoptimierung und der ›Vektoroptimierung. ›Stochastische Steuerprobleme, Probleme der ›stochastischen Optimierung und ›Komplementaritätsprobleme hängen mit (P) zusammen, lassen sich aber erst nach Bildung entsprechender Ersatzprobleme (s. am angegebenen Stichwort) in (P) einordnen.

5. Sind X, Y halbgeordnete lokalkonvexe Räume (›halbgeordneter linearer Raum) mit den Ordnungskegeln K_X, K_Y; A eine stetige lineare ›Abbildung von X in Y, $c \in X^*$ (adjungierter Raum zu X, ›Banach-Raum), $b \in Y$, dann heißt der folgende Spezialfall von (P) eine *lineare Aufgabe* der O. i. a. R.:

$$\langle c^*, x\rangle \to \min\,, \qquad Ax \geqq_{K_Y} b\,, \qquad x \geqq_{K_X} 0\,. \tag{1}$$

Wichtige Klassen solcher Aufgaben sind die der stetigen ›Transportoptimierung, der ›stetigen linearen Optimierung, der ›semi-infiniten (linearen) Optimierung und ›geometrische Extremalprobleme.

Die O. i. a. R. liefert für jedes dieser Beispiele Resultate (z. B. ›Dualität in der Steuertheorie), diese 5 Aufgabenklassen haben aber auch jede für sich ihren eigenständigen Kalkül.

Die Optimierung im $\mathbb{R}^n$ ist natürlich auch Spezialfall der O. i. a. R., ihr kommt besondere eigenständige Bedeutung zu, da insbesondere durch die numerischen Verfahren Aufgaben der O. i. a. R. (die man manchmal *infinite Aufgaben* nennt im Gegensatz zu den Aufgaben der Optimierung im $\mathbb{R}^n$, die dann *finite Aufgaben* heißen) auf Folgen endlichdimensionaler Aufgaben reduziert werden und eine Vielzahl spezieller wichtiger endlichdimensionaler Aufgabenklassen mit weit ausgearbeiteter Technik existieren (›quadratische Optimierung, ›lineare Optimierung, siehe hierbei auch die Beziehungen zur ›semi-infiniten Optimierung, ›parametrische Optimierung).

Aufgaben der ›Variationsrechnung und der stetigen ›Transportoptimierung sind die historisch frühesten Beispiele von Extremalaufgaben, bei denen die zulässigen Elemente in allgemeineren als endlichdimensionalen Räumen liegen (›[56]). Die ersten expliziten Hinweise auf im heutigen Sinne der Optimierung duale Aufgaben (›Dualitätstheorie) finden sich mit den komplementären Variationsprinzipien schon in der klassischen Physik und in der Variationsrechnung (›Extremalprinzipien der Physik).

Eine wichtige Fragestellung der O. i. a. R. ist die nach der *Existenz* einer Lösung einer Optimierungsaufgabe (P), also der Existenz eines $x_0 \in \mathfrak{B}$ mit

$$f(x_0) = \inf_{x \in \mathfrak{B}} f(x) \tag{1}$$

falls das Infimum endlich ist. Die Sicherstellung eines solchen x_0 macht oft *umfassendere* Räume nötig, als es zunächst bei der Formulierung vor allem von Steuer- und Variationsproblemen zu erwarten ist (›Existenz optimaler Steuerungen). Schon *Hilbert* hat bekanntlich in seinem *20. Problem* (›[56], S. 105) auf Lösungen in einem erweiterten Sinne hingewiesen (in diesem Zusammenhang ›asymptotische Konsistenz). Weiteres: ›Existenz optimaler Lösungen.

Lit.: [11], [24], [29], [51], [56], [60]

Optimierungsaufgabe (= Optimierungsproblem): Gegeben sei eine Menge X. Um unter den Elementen von X optimale Elemente festlegen zu können, sei eine (binäre) Relation „besser" gegeben. Unter einer allgemeinen O. (Minimumaufgabe) versteht man ein Problem, unter den Elementen x einer nichtleeren Teilmenge $\mathfrak{B} \subseteqq X$ ein Element x_0 so zu finden, daß gilt

$$x_0 \text{ „besser" } x \qquad \forall x \in \mathfrak{B} \tag{1}$$

bzw. (wenn nicht alle $x \in \mathfrak{B}$ paarweise vergleichbar sind)

$$\text{es existiert kein } x \in \mathfrak{B} \text{ mit } x \text{ „besser" } x_0. \tag{2}$$

Im allgemeinen wird die binäre Relation „besser" durch eine Abbildung $f: X \to Y$ verkörpert, wobei Y ein ›halbgeordneter linearer Raum ist. Die Beziehung x „besser" y in (1) geht dann über in $f(x) \leqq f(y)$, und man schreibt die O. in der Form

$$\min \{f(x) : x \in \mathfrak{B} \subseteqq X\} \quad \text{oder} \quad f(x) \to \min, \qquad x \in \mathfrak{B} \subseteqq X. \tag{P}$$

Ist $Y = \mathbb{R}$ (mit der gewöhnlichen $\leqq$-Relation zwischen Zahlen), so heißt (P) eine *skalare* O. oder O. schlechthin. (1) und (2) sind dabei prinzipiell gleichwertig: $x_0 \in \mathfrak{B}$ löst (P), falls kein $x \in \mathfrak{B}$ mit $f(x) < f(x_0)$ existiert. Wegen

$$\inf_{x \in \mathfrak{B}} f(x) = -\sup_{x \in \mathfrak{B}} \left(-f(x)\right)$$

kann jedes *Minimumproblem* (P) als *Maximumproblem* formuliert werden.

Ist Y irgendein anderer halbgeordneter linearer Raum, so heißt (P) *Vektoroptimierungsaufgabe*. Wegen der Halbordnungseigenschaften sind (1) und (2) nicht mehr gleichwertig, für die ›Vektoroptimierung führt (2) zu den interessanteren Ergebnissen.

Statt einer Halbordnung werden manchmal auch schwächere binäre Relationen benutzt (z. B. Weglassen der Transitivitäts- oder der Antisymmetrieforderung).

Für O. (P) gilt: Die Abbildung f heißt *Zielfunktion* (*Gütekriterium, Kostenfunktion*), die Menge $\mathfrak{B}$ *zulässiger Bereich* und jedes $x \in \mathfrak{B}$ *zulässiges Element* (*zulässiger Punkt, zulässige Lösung*) von (P). Sind $\mathfrak{B}$ und f konvex, so heißt (P) *konvexe O.* Der zulässige Bereich $\mathfrak{B}$ wird meist durch *Nebenbedingungen* (*Restriktionen*) in Form von Gleichungs- und/oder Ungleichungssystemen, Operatorgleichungen und/oder Ganzzahligkeitsforderungen (›diskrete Optimierung) beschrieben. Ist $\mathfrak{B} = X$, so nennt man (P) freie oder *unrestringierte O.*, ist $\mathfrak{B} \neq X$, so heißt (P) auch *restringierte* Aufgabe.

Im folgenden sei $Y = \mathbb{R}$. Für allgemeinere Fälle (›Vektoroptimierung) gelten teils andere Sprechweisen. $x_0 \in \mathfrak{B}$ heißt *Lösung* (*optimale Lösung, Optimalpunkt*) von (P) oder *globale Extremalstelle* (bzw. *Minimalstelle*) von f über $\mathfrak{B}$, falls gilt

$$f(x_0) \leqq f(x) \qquad \forall x \in \mathfrak{B}. \tag{3}$$

Die Zahl $f(x_0)$ heißt (globaler) *Optimalwert, globaler Extremalwert* (bzw. *Minimalwert*), *globales Extremum, globales* (oder *absolutes*) *Minimum* oder auch *Optimum*. Zu Optimalmengen ›parametrische Optimierung.

Manchmal kommen nur lokale Extremalstellen in Betracht: z. B. in der ›Variationsrechnung (s. dort starke und schwache lokale Lösungen), in der ›nichtkonvexen Optimierung und in der gewöhnlichen Differentialrechnung. $x_0 \in \mathfrak{B}$ heißt *lokale Lösung* von (P) oder *lokale Extremalstelle* von f relativ zu $\mathfrak{B}$, wenn eine Umgebung U von x_0 in X (›lokalkonvexer Raum) existiert mit

$$f(x_0) \leqq f(x) \qquad \forall x \in \mathfrak{B} \cap U(x_0) . \tag{4}$$

$f(x_0)$ heißt dann *lokaler Optimalwert* (*lokaler Extremalwert* bzw. *Minimalwert, lokales Minimum*). Gibt es zu $x_0 \in \mathfrak{B}$ eine Umgebung U_1 von x_0, so daß in U_1 keine weitere Lösung liegt, so heißt x_0 *isolierte* Lösung von (P).

Ist $\mathfrak{B} \neq \emptyset$, so muß für (P) ein x_0, welches (3) genügt, nicht existieren. Es existiert aber immer $\alpha = \inf\limits_{x \in \mathfrak{B}} f(x)$ (und es ist $\alpha \in \mathbb{R}$ oder $\alpha = -\infty$). α heißt *Infimum* oder *Infimalwert* (oder *Extremalwert, Optimalwert*) von (P) (›Stabilität).

Gibt es ein $x_0 \in \mathfrak{B}$, welches (3) erfüllt, so sagt man, daß das Infimum von (P) *angenommen* wird: $f(x_0) = \alpha$. Gibt es kein solches x_0, so kann man zunächst (P) nur insofern „lösen", als man α bestimmt. Man kann aber immer eine Folge (x^n) von Elementen aus $\mathfrak{B}$ bestimmen mit

$$\lim_{n \to \infty} f(x^n) = \alpha . \tag{5}$$

Eine solche Folge heißt *Minimalfolge* zu (P). Die Folge (x^n) selbst muß nicht konvergieren, selbst dann nicht, wenn α angenommen wird, wenn also eine Lösung x_0 von (P) existiert. Minimalfolgen werden bei Lösungsverfahren ausgenutzt (›Ritz-Verfahren).

Zu Subwert von (P) ›asymptotische Konsistenz.

Optimierungsproblem = ›Optimierungsaufgabe

Optimierungsproblem mit Wahrscheinlichkeitsrestriktionen ›stochastische Optimierung

Optimierungsproblem unter Unsicherheit ›stochastische Optimierung

Optimierungstheorie: Mit O. oder auch mit *mathematischer Optimierung* bezeichnet man die ›lineare, ›konvexe, ›parametrische, ›diskrete Optimierung und ihre Weiterentwicklungen (›Optimierung in allgemeinen Räumen, ›stochastische Optimierung, ›nichtkonvexe Optimierung). Es bestehen sowohl starke Eigenständigkeiten gegenüber Nachbardisziplinen wie ›Variationsrechnung, Theorie der ›optimalen Prozesse, ›Approximationstheorie, als auch viele gemeinsame Aspekte (wie etwa bei der Nutzung Lagrangescher Multiplikatoren, bei Existenzproblemen der Lösungen oder bei Theoremen sehr allgemeiner Gültigkeit).

In diesem Sinne faßt man manchmal die Bezeichnung ›Optimierungsaufgabe in einem engeren Sinne auf, indem man (nur) Aufgaben der oben skizzierten mathematischen Optimierung meint, und spricht von *Extremalaufgaben*, wenn man die Zugehörigkeit zur Variationsrechnung, zur Theorie der optimalen Prozesse oder zur mathematischen Optimierung offen lassen will. Man sagt dann oft, daß man etwa eine Steueraufgabe als Optimierungsaufgabe auffassen will, was bedeutet, daß man sie mit speziellen Mitteln der mathematischen Optimierung behandeln will (›Dualität in der Steuertheorie).

Lit.: [56]

Optimum ›Optimierungsaufgabe
Ordnung der ›Optimalitätsbedingung
Ordnung der Singularität ›singuläre Steuerung
Ordnungskegel ›halbgeordneter linearer Raum
Oren-Luenberger-Klasse ›Newton-Verfahren

P

paarer Graph ›Graphentheorie
Parakonvexität ›erweiterte Konvexität
Parametermenge ›parametrische Optimierung

parametrische Optimierung: Die p. O. ist ein Teilgebiet der mathematischen Optimierung, in dem Eigenschaften und Verhalten von Optimierungsaufgaben über bestimmten Parameterbereichen untersucht werden:

$$\min \{f(x, \lambda) : x \in M(\lambda)\}, \qquad \lambda \in \Lambda; \qquad (\mathrm{P}(\lambda))$$

hierbei symbolisiert Λ, $\Lambda \subset Y$, eine gegebene *Parametermenge*; für jedes $\lambda \in \Lambda$ ist $(\mathrm{P}(\lambda))$ eine ›Optimierungsaufgabe mit dem Restriktionsbereich $M(\lambda) \subset X$, wobei X und Y ›metrische (oder allgemeinere) Räume sind, und der Zielfunktion $f : X \times Y \to \overline{\mathbb{R}}$. Als Parameter können z. B. bestimmte Eingangsgrößen einer Optimierungsaufgabe wie etwa die in einer Zielfunktion auftretenden Koeffizienten, Begrenzungsvektoren in der Beschreibung der Restriktionsmenge u. ä. betrachtet werden; durch die Menge Λ ist dann eine Klasse von Optimierungsaufgaben festgelegt.

Anwendungen findet die p. O. bei der Analyse von Optimierungsmodellen, deren Eingangsgrößen in gewissen Intervallen schwanken können, bzw. für die nur gewisse Schranken bekannt sind oder deren Eingangsdaten zufälligen Charakter (›stochastische Optimierung) haben, weiter bei nachträglichen Änderungen von Eingangsgrößen in Optimierungsproblemen (*Postoptimalitätsuntersuchungen*), in der ›Vektoroptimierung sowie im Zusammenhang mit Fehlerabschätzungen und Lösungsverfahren (z. B. ›Dekompositionsverfahren).

Fragestellungen der p. O. betreffen

a) die *Zulässigkeitsmenge* $\mathfrak{B} = \{\lambda \in \Lambda : M(\lambda) \neq \emptyset\}$ und die *Lösbarkeitsmenge* $\mathfrak{A} = \{\lambda \in \Lambda : (\mathrm{P}(\lambda))$ ist lösbar$\}$, deren Eigenschaften und Berechnung,

b) *lokale Stabilitätsbereiche*, das sind Teilmengen Λ_v von $\mathfrak{A}$, für die die entsprechenden Optimierungsaufgaben $(P(\lambda))$, $\lambda \in \Lambda_v$, Optimalmengen $\psi(\lambda)$ mit vorgegebenen Eigenschaften besitzen. Als *Optimalmenge* $\psi(\lambda)$ einer Optimierungsaufgabe $(P(\lambda))$ wird die Gesamtheit ihrer (globalen) Lösungspunkte bezeichnet. Solche Eigenschaften können sein: die Optimalmengen $\psi(\lambda)$ enthalten (bzw. liegen in) eine(r) vorgegebene(n) Teilmenge $X_v \subset X$ für $\lambda \in \Lambda_v$, die Punkte aus den Optimalmengen $\psi(\lambda)$ besitzen bestimmte Struktureigenschaften (vorgegebene Ungleichungen in der Beschreibung von $M(\lambda)$ werden als Gleichungen erfüllt, $\psi(\lambda)$ gehört bestimmten Unterräumen von X an, u. ä.). Da es in der nichtlinearen Optimierung i. allg. keine notwendigen und hinreichenden Optimalitätsbedingungen für (globale) Extrema gibt, werden entsprechende lokale Stabilitätsbereiche im Parameterraum Λ auch hinsichtlich lokaler Minima und ›stationärer Punkte der Aufgaben $(P(\lambda))$ betrachtet.

c) Stetigkeitseigenschaften der *Restriktionsmengenabbildung* $M: \lambda \to M(\lambda)$, der *Extremwert-* (*Optimalwert-*, *Extremalwert-*, *Lösungs-*) *funktion*

$$\varphi : \lambda \to \varphi(\lambda) = \inf_{x \in M(\lambda)} f(x, \lambda)\,,$$

der *Optimalmengenabbildung*

$$\psi : \lambda \to \psi(\lambda) = \{x \in M(\lambda) : f(x, \lambda) = \varphi(\lambda)\}$$

bzw. der (*Kuhn-Tucker-Punkt-*) *Abbildungen*, die jedem Parameter $\lambda \in \Lambda$ die Menge der ›Kuhn-Tucker-Punkte bzw. die Menge der stationären Punkte der jeweiligen Aufgabe $(P(\lambda))$ zuordnet. Stetigkeits- und Differenzierbarkeitseigenschaften dieser Abbildungen (wie z. B. die Unter- bzw. Oberhalbstetigkeit der ›Punkt-Menge-Abbildungen M und ψ, die Lipschitz-Stetigkeit (›Abbildung) bzw. -Halbstetigkeit von φ und ψ, das Verhalten von Ableitungen von φ (*Marginalwerte* der parametrischen Optimierungsaufgaben) über Λ bzw. über $\mathfrak{A}$ oder über den obengenannten lokalen Stabilitätsbereichen erlauben u. a. Aussagen über die Art der Veränderung des Extremwertes bzw. der Optimalmengen von Optimierungsaufgaben in Abhängigkeit von ihren Eingangsdaten, also Aussagen, die in ›Sensitivitätsanalysen, bei Stabilitätsbetrachtungen (›stabile parametrische Optimierungsaufgaben) oder postoptimalen Untersuchungen wichtig sind.

Über willkürlich gewählten Parameterbereichen Λ können jedoch nur bedingt Stetigkeitseigenschaften erwartet werden. Dazu betrachten wir folgendes Beispiel:

$$\min\,\{\lambda^2 x^2 - 2\lambda(1-\lambda)\,x : x \in M\}\,, \qquad M = \mathbb{R}_+\,, \qquad \lambda \in \Lambda = \mathbb{R}_+;$$

für die Lösungsfunktion gilt: $\varphi(\lambda) = 0$, falls $\lambda = 0$ und falls $\lambda \geqq 1$ ist, im Fall $\lambda \in (0, 1)$ ist $\varphi(\lambda) = -(1-\lambda)^2$; die Optimalmengen sind $\psi(0) = M$, $\psi(\lambda) = \{0\}$ für $\lambda \geqq 1$ und $\psi(\lambda) = \left\{\frac{1-\lambda}{\lambda}\right\}$ für $\lambda \in (0, 1)$; die Extremwertfunktion φ ist an der Stelle $\lambda = 0$ nicht stetig, die Abbildung ψ ist über Λ oberhalbstetig, jedoch nicht unterhalbstetig.

Unter der Lösung parametrischer Aufgaben $(P(\lambda))$, $\lambda \in \Lambda$, werden in Abhängigkeit von dem angestrebten Untersuchungsziel verstanden: die Bestimmung der Mengen $\mathfrak{A}$, $\mathfrak{B}$ bzw. bestimmter lokaler Stabilitätsbereiche, die Berechnung von $M(\lambda)$, $\varphi(\lambda)$ und $\psi(\lambda)$ über Λ bzw. Teilbereichen von Λ. Für Anwendungen erweist sich die Bestimmung stetiger *Auswahlfunktionen* für ψ über $\mathfrak{A}$ bzw. über Teilmengen von $\mathfrak{A}$ als wichtig, das sind Funktionen, die jedem Parameter $\lambda \in \mathfrak{A}$ eindeutig eine Lösung $x \in \psi(\lambda)$ zuordnen (bzw. eine ε-optimale Lösung $x(\lambda)$, d. h. $x(\lambda) \in M(\lambda)$ und $f(x(\lambda), \lambda) - \varphi(\lambda) < \varepsilon$). Die Existenz solcher stetigen Funktionen (dazu sind i. allg. die Unterhalbstetigkeit von ψ (bzw. von M) und die Konvexität der Mengen $\psi(\lambda)$ sowie $\lambda \in \mathfrak{A}$ (bzw. $\lambda \in \mathfrak{B}$) erforderlich) sichert die oft angestrebten geringen Änderungen der Resultate von Optimierungsaufgaben gegenüber kleinen Veränderungen der Parameter in einer Ausgangsaufgabe (›Sensitivitätsanalyse bei Optimierungsaufgaben). Umfassendere Aussagen liegen zur ›linearen parametrischen, ›quadratischen, ›konvexen, aber auch zur ganzzahligen und gemischtganzzahligen parametrischen Optimierung vor.

Lit.: [2]

parametrisches lineares Komplementaritätsproblem ›quadratische parametrische Optimierung
parametrisches Variationsproblem ›Variationsrechnung
paretooptimaler Punkt ›Vektoroptimierung
Partie eines Spiels ›Spieltheorie
partielles ›Enumerationsverfahren
P_1-Typ-Verfahren ›Abstiegsverfahren
perfekte Lösung ›Vektoroptimierung
PERT ›Netzplantechnik
Petrow-Verfahren ›Galerkin-Verfahren
Phasenbeschränkungen ›optimale Prozesse, ›Variationsrechnung
Φ-Konjugierte ›konjugierte Funktion
Φ-Konvexität ›erweiterte Konvexität
Φ-Subdifferenzierbarkeit ›erweiterte Konvexität
Pivotspalte ›Simplexverfahren
Pivotzeile ›Simplexverfahren
Poisson-Gleichung ›Trefftz-Verfahren
Polak-Ribière-Verfahren ›konjugiertes Gradientenverfahren
Polare einer Menge ›duale Räume
Polarkegel ›duale Räume, ›halbgeordneter linearer Raum
Politik ›dynamische Optimierung
Polyeder ›Polyederzerlegung

Polyederzerlegung: In der kombinatorischen Topologie, für die Inhaltsmessung von Polyedern und für die Konzipierung von numerischen Methoden für linear restringierte Aufgaben spielen die Simplexe als spezielle konvexe Polyeder eine wesentliche Rolle. Die konvexe ›Hülle einer endlichen Punkt-menge des $\mathbb{R}^n$ heißt *konvexes Polyeder* (↗polyedrische Menge, ↗konvexer Körper). Ein konvexes Polyeder heißt *eigentlich*, wenn es innere Punkte besitzt, andernfalls heißt es *uneigentlich*. Eine Punktmenge Q des $\mathbb{R}^n$ heißt (allgemeines) Polyeder, wenn Q Vereinigung von endlich vielen konvexen Polyedern P_i ist ($Q = \bigcup_{i=1}^{n} P_i$). Das Polyeder Q heißt *eigentlich*, wenn alle P_i eigentliche konvexe Polyeder sind.

Die konvexe Hülle von $r + 1$ Punkten, die nicht gemeinsam in einer $(r - 1)$-dimensionalen Hyperebene liegen, heißt ein *Simplex* S. Für $r = 0$ ist S ein Punkt, für $r = 1$ ein Intervall, für $r = 2$ ein Dreieck, für $r = 3$ ein Tetraeder.

Bezüglich Vereinigung und Durchschnitt stellt die Menge $\mathfrak{P}$ aller Polyeder einen distributiven Verband $(\mathfrak{P}, \cup, \cap)$ dar. Unter dem Aspekt der Inhaltsmessung ist jedoch die Menge $\mathfrak{P}_n$ der eigentlichen Polyeder von besonderem Interesse. Für sie gilt diese Aussage nicht mehr, da der Durchschnitt zweier eigentlicher Polyeder i. allg. kein eigentliches Polyeder ist. Das für Inhaltsberechnung und Strukturuntersuchungen notwendige Zerlegen eigentlicher Polyeder kann aber auf die Vereinigungs- und Durchschnittsbildung zurückgeführt werden.

Ein Polyeder C heißt in die Teilpolyeder A und B *zerlegt*, wenn C die Vereinigungsmenge von A und B ist und der Durchschnitt von A und B uneigentlich ist, d. h., wenn mit $+$ die Zerlegungsoperation bezeichnet wird, so gilt $C = A + B$ genau dann, wenn $(C = A \cup B,\ A, B \in \mathfrak{P}_n,\ A \cap B \in \mathfrak{P}')$, wobei $\mathfrak{P}'$ die Menge der uneigentlichen Polyeder ist.

Um den Inhalt beliebiger Polyeder charakterisieren zu können, fragt man nach besonders einfachen Polyedern, aus denen die allgemeinen Polyeder zusammengesetzt werden können. Es gilt:

1. Jedes eigentliche Polyeder des $\mathbb{R}^n$ ist in endlich viele konvexe Polyeder zerlegbar.
2. Jedes eigentliche Polyeder des $\mathbb{R}^n$ ist in endlich viele Simplexe S_i : $P = S_1 + S_2 + \ldots + S_m$ zerlegbar.
3. Ist A ein konvexes Polyeder mit der Eckpunktmenge $\mathfrak{A} = \{a_1, \ldots, a_k\}$ und ist $\mathfrak{B}$ eine beliebige endliche Punktmenge mit $\mathfrak{A} \subseteqq \mathfrak{B} \subseteqq A$, so existiert eine *simpliziale Zerlegung* $A = \sum_{i=1}^{r} S_i$, bei der $\mathfrak{B}$ die Menge der Ecken aller Simplexe S_i darstellt.

Lit.: [a] Böhm, J., und E. Hertel: Polyedergeometrie. VEB Deutscher Verlag der Wissenschaften, Berlin 1980.

polyedrische Menge: Ist f ein lineares stetiges Funktional über dem topologischen Vektorraum X (↗lokalkonvexer Raum), so heißt die Menge $\{x \in X : f(x) \leqq a\}$ ein *Halbraum* in X (mit der *begrenzenden Hyperebene* $\{x : f(x) = a\}$). Der Durchschnitt endlich vieler Halbräume von X heißt p. M. Ein konvexes Polyeder (↗Polyederzerlegung) im $\mathbb{R}^m$ ist daher eine *beschränkte* polyedrische Menge.

polyedrischer ›Kegel
Polynom-Approximation ›Approximationstheorie
polynomiale Approximation ›Approximationstheorie
polynomialer Algorithmus ›Komplexitätstheorie
Pontrjagin, Verfahren von ›Verfahren von Pontrjagin
Pontrjagin-Funktion ›Dualität in der Steuertheorie, ›optimale Prozesse
Pontrjaginsches Maximumprinzip ›optimale Prozesse
Pontrjaginsches Maximumprinzip, verallgemeinertes ›Dualität in der Steuertheorie
Pontrjaginsches Steuerproblem ›optimale Prozesse
Pontrjagin-Variation ›optimale Prozesse
positive Hülle ›Hülle einer Menge
Postoptimalitätsanalyse ›Sensitivitätsanalyse
Postoptimalitätsuntersuchung ›parametrische Optimierung
Posynomoptimierungsproblem ›geometrische Optimierung
Potential ›Fluß, ›Abbildung
Potentialmethode ›Transportoptimierung
Potentialoperator ›Abbildung
Potentialproblem ›Optimierung auf Graphen
Prä-Hilbert-Raum ›Hilbert-Raum
primal-duales ›Simplexverfahren
primale Optimierungsaufgabe ›Dualitätstheorie
primales ›Dekompositionsverfahren
primales ›Simplexverfahren
principal-pivoting ›Hauptaustauschschritt-Verfahren
Projektionsmatrix ›projiziertes Gradientenverfahren
Projektionsverfahren ›Galerkin-Verfahren
Projektor ›Galerkin-Verfahren
projizierte Lagrange-Methode ›Lagrange-Newton-Verfahren
projizierter Gradient ›projiziertes Gradientenverfahren

projiziertes Gradientenverfahren: Das p. G. ist ein spezielles ›Abstiegsverfahren für restringierte Probleme der Form $f(x) \to \min,\ x \in \mathfrak{B} \subseteqq \mathbb{R}^n$. Dabei wird zunächst angenommen, daß der zulässige Bereich $\mathfrak{B}$ durch lineare Restriktionen $g_i(x) = (a^i)^\mathsf{T} x - b^i \leqq 0$ begrenzt sei. Aufgaben dieser speziellen Struktur treten u. a. auch als Teilprobleme bei ›Approximationsverfahren der nichtlinearen Optimierung auf. Eine modifizierte Variante des p. G. kann durch Spezialisierung aus dem ›reduzierten Gradientenverfahren hergeleitet werden. Wie im Verfahren der reduzierten Gradienten bezeichne

$$A_k = \big(\nabla g_i(x^k)\big) = (a^i) \quad \text{für} \quad i \in I_{\varepsilon_k}(x^k)$$

$\big(I_{\varepsilon_k}(x^k)$ ist die Indexmenge der in x^k ε_k-aktiven Restriktionen (›Abstiegsverfahren)$\big)$ die Matrix, deren Spaltenvektoren die Gradienten $\nabla g_i(x^k) = a^i$ für $i \in I_{\varepsilon_k}(x^k)$ sind. Es wird vorausgesetzt, daß die Spalten von A_k linear unabhängig sind. Im Teilschritt b) von S1 des ›reduzierten Gradientenverfahrens wird nun die Matrix B_k so gewählt, daß $A_k^T B_k = 0$ und $B_k^T B_k = I$ gilt. Dann wird S1 im ›Abstiegsverfahren für (linear) restringierte Probleme folgendermaßen realisiert:

S1 (für P1-Typ-Verfahren bei linearen Restriktionen):

a) Bestimme die Matrix A_k.

b) Berechne die *Projektionsmatrix*

$$P_k = I - A_k(A_k^T A_k)^{-1} A_k^T .$$

c) Setze

$$y^k = (A_k^T A_k)^{-1} A_k^T \nabla f(x^k) ,$$

$$\bar{s}^k = A_k(A_k^T A_k)^{-1} (y^k)^+ , \quad \text{wobei} \quad y_i^+ = \begin{cases} y_i, & \text{wenn} \quad y_i \geqq 0 , \\ 0, & \text{wenn} \quad y_i < 0 , \end{cases}$$

$$\hat{s}^k = P_k \nabla f(x^k) . \tag{1}$$

Setze

$$\sigma_k = -\left(\|(y^k)^+\|^2 + \|s^k\|^2\right)^{1/2} , \tag{2}$$

$$s^k = -\frac{1}{|\sigma_k|} \{\hat{s}^k + \bar{s}^k\} , \quad \text{falls} \quad \sigma_k \neq 0 . \tag{3}$$

Die durch (1) definierte Richtung $\hat{s}^k$ heißt *projizierter Gradient.* Bei linear restringierten Problemen ist die durch (3) definierte Richtung s^k eine zulässige Abstiegsrichtung (›Abstiegsverfahren).

Aus (2) folgt unmittelbar

$$\sigma_k = 0 \quad \text{genau für } (\hat{s}^k = 0 \text{ und } y^k \leqq 0) .$$

Häufig wird das p. G. in der Form benutzt, daß an Stelle von (3) lediglich der projizierte Gradient $\hat{s}^k = P_k \nabla f(x^k)$ als Abstiegsrichtung verwendet wird, d. h., der Anteil $\bar{s}^k$ in (3) bleibt unberücksichtigt. In dieser Variante treten gewisse Schwierigkeiten auf, wenn der Fall

$$\hat{s}^k = 0 \quad \text{und} \quad y_i^k > 0 \quad \text{(für mindestens ein } i\text{)} \tag{4}$$

eintritt. Der projizierte Gradient $\hat{s}^k$ ist dann als Abstiegsrichtung unbrauchbar; andererseits ist $\sigma_k < 0$ wegen (2), und im Iterationspunkt x^k ist z. B. gemäß (3) noch ein weiterer Abstieg möglich. Als Alternative zu (3) kann dann auch der folgende Weg beschritten werden:

Falls (4) eintritt, wird i aus der Indexmenge $I_{\varepsilon_k}(x^k)$ gestrichen; d. h., die Spalte a^i wird in der Matrix A_k entfernt. Anschließend wird gemäß Teilschritt b) das Verfahren fortgesetzt.

Das p. G. kann auch für nichtlinear restringierte Probleme angewendet werden. Wie im Verfahren der reduzierten Gradienten ist dabei jedoch s^k i. allg. keine zulässige Richtung mehr. Zur Konstruktion eines zulässigen Punktes x^{k+1} ist dann eine Projektion in den zulässigen Bereich durchzuführen.

Lit.: [26], [36]

Prozeß ›optimale Prozesse
Prozeßgleichung ›dynamische Optimierung, ›Steuerproblem
Pšeničnyi, Linearisierungsverfahren von ›Approximationsverfahren in der nichtlinearen Optimierung
Pseudokonvexität ›erweiterte Konvexität
Pseudolösung ›Verfahren zur Lösung von Gleichungssystemen

Punkt-Menge-Abbildung: Seien X, Y zwei gegebene Mengen, $\mathfrak{P}Y$ sei die Potenzmenge von Y, also die Gesamtheit aller Teilmengen von Y. Eine ›Abbildung $T : X \to \mathfrak{P}Y$ heißt P. Dann heißen

$$D(T) = \{x \in X : T(x) \neq \emptyset\} \textit{ effektiver Definitionsbereich},$$

$$R(T) = \bigcup_{x \in X} T(x) \textit{ Wertebereich},$$

$$G(T) = \{(x, y) : x \in D(T), y \in T(x)\} \textit{ Graph} \text{ von } T.$$

Ist $Y \subseteqq \mathbb{R}$ oder $\mathbb{C}$, so heißt eine P. auch *Punkt-Menge-Funktion*. Sind die Bilder $T(x)$ aller $x \in D(T)$ einelementige Mengen und identifiziert man diese $\{y\} \subseteqq Y$ mit $y \in Y$, so geht eine P. in eine gewöhnliche Abbildung über.

Wichtige Klassen von P. für die Optimierung:

a) Ist X, X^* ein duales Paar lokalkonvexer Räume (›duale Räume), so heißt $T : D(T) \subseteqq X \to \mathfrak{P}X^*$ *monoton*, falls

$$\langle y^* - x^*, y - x\rangle \geqq 0 \quad \forall x, y \in D(T) \quad \text{und} \quad y^* \in T(y)\,, \quad x^* \in T(x);$$

maximal monoton, falls T monoton ist und aus $y^* \in X^*$, $y \in X$ und

$$\langle y^* - x^*, y - x\rangle \geqq 0 \qquad \forall x \in D(T)$$

$$x^* \in T(x)$$

folgt, daß y zu $D(T)$ und y^* zu $T(y)$ gehört (d. h., es existiert keine *monotone Erweiterung* von T). Ist f ein eigentliches konvexes unterhalbstetiges (d. h., sein ›Epigraph ist abgeschlossen) Funktional auf einem (reellen) ›Banach-Raum B, so ist das Subdifferential (›Ableitungsbegriffe) ∂f von f eine maximal monotone Abbildung von B in $\mathfrak{P}B$.

b) In der ›parametrischen Optimierung spielen *(halb-)stetige* Punkt-Menge-Abbildungen eine wichtige Rolle. Sind X, Y topologische Räume (›lokalkonvexer Raum), so heißt $T : X \to \mathfrak{P}Y$ *oberhalbstetig* in $x^0 \in X$, falls sich für jede offene Menge $V \subseteqq Y$ mit $T(x^0) \subseteqq V$ eine Umgebung U von x^0 in X derart findet, daß $T(x) \subseteqq V$ für jedes $x \in U$ gilt. T heißt *unterhalbstetig* in $x^0 \in X$, wenn zu jeder offenen Menge $V \subseteqq Y$ mit $T(x^0) \cap V \neq \emptyset$ eine Umgebung U von x^0 in X existiert, so daß $T(x) \cap V \neq \emptyset$ für alle $x \in U$ ist. Ist T eine ›Abbildung, so bedeute jede der Eigenschaften, daß T in x^0 stetig ist. T heißt *abgeschlossen* in $x^0 \in X$, wenn für jedes Paar von Folgen $(x^k) \subseteqq X$ und $(y^k) \subseteqq Y$ aus $x^k \to x^0$, $y^k \to y^0$ und $y^k \in T(x^k)$ folgt, daß $y^0 \in T(x^0)$ ist. Sind X, Y ›metrische Räume mit den Abstandsfunktionen d_X bzw. d_Y, so heißt $T : X \to \mathfrak{P}Y$ *hausdorffstetig* in $x^0 \in X$, wenn zu jedem $\varepsilon > 0$ ein $\delta > 0$

existiert, so daß für alle $x \in X$ mit $d_X(x, x^0) < \delta$ gilt

$$T(x) \subseteqq U_\varepsilon T(x^0) \quad \text{und} \quad T(x^0) \subseteqq U_\varepsilon T(x),$$

wobei $U_\varepsilon M = \{y \in Y : d_Y(y, M) < \varepsilon\}$, $M \subseteqq Y$, und $d_Y(y, M)$ der übliche Punkt-Menge-Abstand im metrischen Raum (Y, d_Y) ist:

$$d_Y(y, M) = \inf_{n \in M} d_Y(y, n).$$

T ist genau dann abgeschlossen auf X, wenn $G(T)$ eine (folgen-) abgeschlossene Teilmenge von $X \times Y$ ist. Diese Begriffe werden z. T. auch in einem anderen Sinn gebraucht (›[11], [29]).

c) Ist X ein reeller ›Banach-Raum, $F(x) = 2^{-1} ||x||^2$, so heißt die Punkt-Menge-Abbildung $J : X \to \mathfrak{P}X^*$ mit $J(x) = \partial F(x)\ \forall x \in X$ *Dualitätsabbildung* in X ($\partial F(x)$ ist das Subdifferential (›Ableitungsbegriffe) von F an der Stelle x). Die Dualitätsabbildung im Stichwort ›Banach-Räume ist ein Spezialfall dieser Definition.

Lit.: [11], [29]

Punkt-Menge-Funktion ›Punkt-Menge-Abbildung
P2-Typ-Verfahren ›Abstiegsverfahren

Q

Q-Konvergenz ›Konvergenzbegriffe
quadratische Approximationsverfahren ›Approximationsverfahren in der nichtlinearen Optimierung
quadratische Interpolation ›Verfahren zur Minimierung einer Funktion einer reellen Veränderlichen
quadratische Konvergenz ›Konvergenzbegriffe

quadratische Optimierung: In der q. O. werden Aufgaben der Form

$$f(x) = \tfrac{1}{2}\, x^\mathsf{T} C x + p^\mathsf{T} x \to \min, \qquad x \in \mathfrak{B}, \tag{1}$$

mit

$$\mathfrak{B} = \{x : a_i^\mathsf{T} x - b_i \leqq 0, i \in I;\ a_i^\mathsf{T} x - b_i = 0, i \in E;\ \underline{s}_k \leqq x_k \leqq \overline{s}_k, k \in K\}$$

betrachtet. Hierbei sind I, E und K endliche Indexmengen, C ist eine $n \times n$-Matrix, $a_i \in \mathbb{R}^n$, $i \in I \cup E$, $p \in \mathbb{R}^n$, und $\underline{s}_k$, $\overline{s}_k$ bezeichnen untere bzw. obere Schranken für gewisse Variable x_k, $k \in K$. Besondere Berücksichtigung finden Spezialfälle der Aufgabe (1), so die unter Verwendung der $m \times n$-Matrix $A = (a_1^\mathsf{T}, \dots, a_m^\mathsf{T})^\mathsf{T}$ formulierten Probleme

$$f(x) = \tfrac{1}{2}\, x^\mathsf{T} C x + p^\mathsf{T} x \to \min \tag{2.}$$

mit:

$$Ax - b = 0, \quad x \geqq 0, \tag{2.1}$$

$$Ax - b = 0, \quad x \text{ frei}, \tag{2.2}$$

$$Ax - b \leqq 0, \quad x \geqq 0, \tag{2.3}$$

$$Ax - b \leqq 0, \quad x \text{ frei}. \tag{2.4}$$

Die Aufgaben (2.1) bis (2.4) lassen sich durch Einführung von Schlupfvariablen (›lineare Optimierung) und unter Berücksichtigung der Nichtnegativitätsbedingung an x teilweise ineinander transformieren. Spezielle Überlegungen erweisen sich für eine effektive Behandlung der Optimierungsaufgabe

$$f(x) = \tfrac{1}{2} x^{\mathsf{T}} C x + p^{\mathsf{T}} x \to \min \quad \text{bei} \quad \underline{s}_k \leqq x_k \leqq \overline{s}_k, \qquad k \in K, \tag{2.5}$$

als sinnvoll.

In Abhängigkeit von der Definitheit der Matrix C lassen sich quadratische Optimierungsaufgaben in folgender Weise unterteilen:

a) Ist C positiv definit bzw. positiv semidefinit, so ist $f(x)$ streng ›konvex bzw. konvex, und es entsteht eine *konvexe Aufgabe der q. O.*

b) Ist C negativ definit bzw. negativ semidefinit, so ist $f(x)$ streng konkav bzw. konkav, und es entsteht eine *konkave Aufgabe der q. O.*

c) Ist C indefinit, so liegt eine *indefinite quadratische Optimierungsaufgabe* vor.

Hinsichtlich der Lösbarkeit der Aufgabe (1) können folgende Fälle auftreten:

(i) Der Bereich $\mathfrak{B}$ ist leer;
(ii) Die Zielfunktion $f(x)$ ist auf $\mathfrak{B}$ nicht nach unten beschränkt;
(iii) Die Aufgabe (1) besitzt (iii_1) eine, (iii_2) mehrere, (iii_3) unendlich viele Lösungen.

In den Fällen (i) und (ii) ist die Aufgabe nicht lösbar. Notwendig (bei ($C \neq 0$) für das Auftreten von (ii) und (iii_2) ist die Existenz mindestens eines negativen Eigenwertes von C, d. h., es muß eine konkave oder indefinite quadratische Optimierungsaufgabe vorliegen. Neben einer oder mehreren globalen Lösungen können für derartige Aufgaben auch noch lokale Optima auftreten. Der Fall (iii_1) liegt bei streng konvexer Zielfunktion vor; der Fall (iii_3) kann bei positiv semidefiniter Matrix C auftreten.

Im Gegensatz zur ›linearen Optimierung muß im positiv (semi-)definiten Fall die Lösungsmenge der Aufgabe (1) nicht notwendigerweise einen Eckpunkt von $\mathfrak{B}$ enthalten. Bereits hieraus ergeben sich Unterschiede in der numerischen Behandlung der Aufgaben der linearen und der quadratischen Optimierung.

Für konvexe quadratische Optimierungsaufgaben liegen umfangreiche Untersuchungen vor allem in folgenden Richtungen vor:

1. *Simplexartige Verfahren*

Sie bestehen in der Erweiterung des ›Simplexverfahrens unter Verwendung der ›Kuhn-Tucker-Bedingungen. Die Kuhn-Tucker-Bedingungen für die Aufgabe (2.3) haben folgende Gestalt: Ist x^* Lösung der Aufgabe (2.3), dann existiert ein $u^* \in \mathbb{R}^m$, so daß für (x^*, u^*) das folgende System von Gleichungen und Ungleichungen erfüllt ist:

$$\begin{aligned} &p + Cx + A^{\mathsf{T}}u \geqq 0\,, \\ &x^{\mathsf{T}}(p + Cx + A^{\mathsf{T}}u) = 0, \qquad u^{\mathsf{T}}(-Ax + b) = 0, \\ &-Ax + b \geqq 0\,, \\ &x \geqq 0\,, \qquad u \geqq 0\,. \end{aligned} \tag{3}$$

Das System (3) stellt ein lineares ›Komplementaritätsproblem dar, welches nach Einführung von

$$z = \begin{pmatrix} x \\ u \end{pmatrix}, \quad w = \begin{pmatrix} p + Cx + A^{\mathsf{T}}u \\ -Ax + b \end{pmatrix}, \quad q = \begin{pmatrix} p \\ b \end{pmatrix}, \quad M = \begin{pmatrix} C & A^{\mathsf{T}} \\ -A & 0 \end{pmatrix}$$

lautet: Gesucht sind Vektoren z^* und w^*, so daß das System von Gleichungen und Ungleichungen

$$w = Mz + q\,, \qquad z \geqq 0\,, \qquad w \geqq 0\,, \qquad w^{\mathsf{T}}z = 0 \tag{4}$$

erfüllt ist.

Zur Bestimmung von w^* und z^* lassen sich simplexähnliche Verfahren anwenden, so das ›Verfahren von Lemke und die ›Hauptaustauschschritt-Verfahren von Dantzig und Wolfe. In diesen Verfahren werden die Austauschregeln des Simplexverfahrens gerade dahingehend modifiziert, daß die Komplementaritätsbedingung $w^{\mathsf{T}}z = 0$ in jeder Näherung erfüllt ist, bzw. daß die Abweichungen von dieser Bedingung laufend verringert werden.

2. *Modifizierung unrestringierter Minimierungsverfahren*

Liegt die Aufgabe (2.2) vor, und ist $m \leqq n$, so kann auf verschiedenen Wegen zu einem Problem geringerer Dimension übergegangen werden.

2.1. *Direkte Elimination von Variablen.* Der Vektor x wird in einen m-dimensionalen Vektor x_1 und einen $(n - m)$-dimensionalen Vektor x_2 aufgespalten. Entsprechend werden

$$A = (A_1, A_2)\,, \qquad C = \begin{pmatrix} C_{11} & C_{12} \\ C_{21} & C_{22} \end{pmatrix}, \qquad p = (p_1, p_2)$$

aufgeteilt. Setzt man die Invertierbarkeit von A_1 voraus und löst das System der Nebenbedingungen nach x_1 auf, so ergibt sich

$$x_1 = A_1^{-1}(b - A_2 x_2)\,. \tag{5}$$

Damit können die Komponenten von x_1 aus der Zielfunktion eliminiert werden, man erhält eine Funktion, welche nur von x_2 abhängt

$$\varphi(x_2) = \tfrac{1}{2}\, x_2^T D x_2 + r^T x_2 + s\,,$$

wo D, r und s durch Einsetzen von (5) in die Zielfunktion zu (2.2) gewonnen werden. Die Lösung x^* der Aufgabe (2.2) läßt sich nun für eine positiv semidefinite Matrix D aus der unrestringierten Minimierung der Funktion $\varphi(x_2)$, d. h. aus der Lösung der Gleichung

$$\nabla\varphi(x_2) = Dx_2 + r = 0\,,$$

und aus der Beziehung (5) bestimmen.

Die zugehörigen dualen Variablen ergeben sich aus den Kuhn-Tucker-Bedingungen zu

$$u^* = A_1^{-1}(p_1 + C_{11}x_1^* + C_{12}x_2^*)\,.$$

Den Gedanken der direkten Elimination findet man auch im ›Beale-Verfahren wieder.

2.2. Die *verallgemeinerte Elimination* beruht auf der Formulierung der Aufgabe (2.2) in Koordinaten der durch $Ax = b$ bestimmten linearen Mannigfaltigkeit. Hierzu führt man eine $n \times m$-Matrix S und eine $n \times (n - m)$-Matrix Z so ein, daß gilt

a) (S, Z) nichtsingulär,

b) $AS = I$,

c) $AZ = 0$.

Die Elemente der Mannigfaltigkeit $Ax = b$ lassen sich dann in der Form

$$x = Sb + Zy \tag{6}$$

darstellen. Damit kann die Aufgabe (2.2) als unrestringiertes Optimierungsproblem in den Variablen des Vektors y formuliert werden:

$$\varphi(y) = \tfrac{1}{2}\, y^T Z^T C Z y + (p + CSb)^T Z y + (p + \tfrac{1}{2}\, CSb)^T Sb \to \min\,. \tag{7}$$

Ist die Matrix $Z^T CZ$ positiv definit, so läßt sich die Lösung y der Aufgabe (7) aus der Lösung der Gleichung

$$\nabla\varphi(y) = 0$$

ermitteln. Die Lösung x^* der Ausgangsaufgabe ergibt sich dann aus der Beziehung (6). Die allgemeinen Eliminationsverfahren, deren konkrete Gestalt sich nach der Wahl der Matrizen S und Z richtet, stellen spezielle Verfahren zur Lösung linear restringierter nichtlinearer Optimierungsaufgaben dar. Sie finden auch Anwendung bei der Lösung der Aufgaben (2.1), (2.3), (2.4) und (2.5), indem sie mit einer Aktive-Restriktionen-Strategie (›Verfahren für Aufgaben mit linearen Ungleichungsrestriktionen) gekoppelt werden. Ein Beispiel hierfür ist das ›Fletcher-Verfahren, das ebenso wie die Eliminationsmethoden zu den ›Abstiegsverfahren mit zulässigen Richtungen gehört.

Zur Minimierung der Funktion $\varphi(y)$ lassen sich ›konjugierte Gradientenverfahren verwenden. Diese liefern die Lösung in einer endlichen Anzahl von Iterationsschritten.

3. *Übergang zur dualen Aufgabe*

Zur Lösung der Aufgabe (1) ist es möglich, die zugehörige duale Aufgabe zu betrachten. Betrachtet man etwa das Problem (2.4), so lautet die zugehörige ›Lagrange-Funktion

$$L(x, u) = \tfrac{1}{2} x^{\mathsf{T}}Cx + p^{\mathsf{T}}x + u^{\mathsf{T}}(Ax - b) .$$

Sie ist bei ›positiv definiter Matrix C für beliebiges u eine streng ›konvexe Funktion von x. Sie nimmt ihr eindeutiges Minimum im Punkt $x(u)$ an, welchen man durch die Lösung der Gleichung

$$L_x(x, u) = Cx + p + A^{\mathsf{T}}u = 0$$

erhält. Es ergibt sich

$$x(u) = -C^{-1}(p + A^{\mathsf{T}}u) . \tag{8}$$

Die Substitution von $x(u)$ in $L(x, u)$ liefert eine Funktion $\overline{L}(u)$, welche nur noch von u abhängt:

$$\overline{L}(u) = u^{\mathsf{T}}Eu + d^{\mathsf{T}}u + r ,$$

mit

$$E = -\tfrac{1}{2}AC^{-1}A^{\mathsf{T}} , \qquad d = -AC^{-1}p - b , \qquad r = -\tfrac{1}{2}p^{\mathsf{T}}C^{-1}p .$$

Diese Funktion ist streng konkav. Aus den Eigenschaften der Lagrange-Funktion für konvexe Optimierungsaufgaben folgt für einen ›Kuhn-Tucker-Punkt (x^*, u^*)

$$L(x^*, u^*) = \overline{L}(u^*) = \max_{u \geqq 0} \overline{L}(u) .$$

Damit kann die Aufgabe (2.4) gelöst werden, indem man das Problem

$$\varphi(u) = -\overline{L}(u) = -u^{\mathsf{T}}Eu - d^{\mathsf{T}}u - r \to \min , \qquad u \geqq 0 \tag{9}$$

betrachtet und die Lösung u^* dazu verwendet, um aus (8) x^* zu erhalten.

Zur Behandlung von (9) läßt sich das ›Verfahren von Hildreth-d' Esopo heranziehen.

Eine Übersicht über Verfahren zur Lösung quadratischer Optimierungsaufgaben findet man in [36].

Lit.: [36]

quadratische parametrische Optimierung: Die q. p. O. ist ein Teilgebiet der ›parametrischen Optimierung, dem quadratische Optimierungsaufgaben zugrundeliegen:

$$\tfrac{1}{2} x^{\mathsf{T}}Cx + p^{\mathsf{T}}x \to \min , \qquad Ax \leqq b , \qquad x \in G; \tag{1}$$

dabei sind C eine symmetrische reelle $n \times n$-Matrix, $p, x \in \mathbb{R}^n$, $b \in \mathbb{R}^m$, A eine reelle $m \times n$-Matrix sowie G eine ›polyedrische Menge im $\mathbb{R}^n$. Sei

$$\mathfrak{B} = \{x \in \mathbb{R}^n : Ax \leqq b, x \in G\} .$$

In der q. p. O. werden Klassen quadratischer Optimierungsaufgaben untersucht, wobei die Klassen durch vorgegebene Parameterbereiche Λ festgelegt sind (›parametrische Optimierung). Als Parameter können einige oder auch alle Komponenten der Matrizen C und A sowie der Vektoren p und b auftreten, Komponenten von C, A, p, b können Funktionen eines Parameters $\lambda \in \Lambda$ sein, auch die Menge G kann als veränderlich in Abhängigkeit von gewissen Parametern betrachtet werden. Wichtige Inhalte der q. p. O. sind Untersuchungen zur Stetigkeit der Optimalmengenabbildung ψ und der Extremalwertfunktion (einschließlich Fehlerabschätzungen) für verschiedene Aufgabentypen der q. p. O., ›Sensitivitätsanalyse bei Optimierungsaufgaben und Studien zu lokalen Stabilitätsbereichen (›lineare parametrische Optimierung) sowie die Begründung von Lösungsverfahren für spezielle Probleme der q. p. O., meist auf der Basis des ›Simplexverfahrens.

Treten für gewisse Parameter $\lambda \in \Lambda$ nichtkonvexe Aufgaben auf, so sind auch Aussagen über die Stetigkeit bez. λ der Menge der lokalen Minimalpunkte (bzw. der ›stationären Punkte bzw. der ›Kuhn-Tucker-Punkte) wichtig. Um zu unterscheiden, welche Größen in Spezialfällen von (1) jeweils als Parameter angesehen werden, verwenden wir die Bezeichnungen $\mathrm{P}(C, p, A, b)$, $\mathrm{P}(p, b)$ usw., wobei die in Klammern angegebenen Größen Parameter sind. Im weiteren sei G ein fester nichtleerer polyedrischer konvexer ›Kegel. Es sollen einige Stetigkeitsaussagen der q. p. O. aufgeführt werden (›parametrische Optimierung und ›konvexe parametrische Optimierung). Die zu (1) gehörigen ›Kuhn-Tucker-Bedingungen sind

$$\begin{aligned} &Cx + p + A^{\mathrm{T}}u \in -G^* , && Ax - b \leqq 0 , \\ &x \in G , && u \geqq 0 , \\ &x^{\mathrm{T}}(Cx + p + A^{\mathrm{T}}u) = 0 , && u^{\mathrm{T}}(Ax - b) = 0 , \end{aligned}$$

dabei ist G^* der Polarkegel zu G ($G^* = \{z \in \mathbb{R}^n : z^{\mathrm{T}}x \leqq 0 \ \ \forall x \in G\}$). Mit $\mathrm{KT}\,(\cdot)$ soll die Menge der Lösungen (x, u) der Kuhn-Tucker-Bedingungen (in Abhängigkeit von Parametern $(\cdot)$), mit $\psi_{\mathrm{stat}}(\cdot)$ die Menge der stationären Punkte der Optimierungsaufgabe bezeichnet werden.

Zu $\mathrm{P}(p, b)$: Die ›Punkt-Menge-Abbildungen $(p, b) \to \mathrm{KT}\,(p, b)$, $(p, b) \to \psi(p, b)$ und $(p, b) \to \psi_{\mathrm{stat}}(p, b)$ sind lokal lipschitzoberhalbstetig (›[b]) auf $\Lambda = \mathbb{R}^n \times \mathbb{R}^m$. Die Extremalwertfunktion φ ist lipschitzstetig auf jeder beschränkten konvexen Teilmenge von

$$\mathfrak{A} = \{(p, b) : \psi(p, b) \neq \emptyset\} .$$

Zu $\mathrm{P}(C, p)$: Es seien C, p, A, b fest vorgegeben, $\mathfrak{B} \neq \emptyset$ und C positiv definit. Wenn $\tau > 0$ der kleinste Eigenwert von C ist, so ist $\psi(C', p')$ einelementig für alle (C', p') mit $\varepsilon = \max\,\{\|C - C'\|, \|p - p'\|\} < \tau$ (wir setzen $\psi(C, p) =$

$= \{x\}$ und $\psi(C', p') = \{x'\}$), und es gilt

$$\|x' - x\| \leqq \varepsilon(\tau - \varepsilon)^{-1} (1 + \|x\|) \quad \text{für} \quad \varepsilon < \tau .$$

Diese Abschätzung findet Anwendung in der ›Sensitivitätsanalyse bei Optimierungsproblemen im nichtlinearen Fall (unter Benutzung hinreichender ›Optimalitätsbedingungen 2. Ordnung).

Zu P(b): Die auf die Lösbarkeitsmenge $\mathfrak{A}$ der parametrischen Aufgabe P(b) eingeschränkte Optimalmengenabbildung ψ ist auf $\mathfrak{A}$ (lipschitz-) unterhalbstetig, falls C positiv semidefinit ist.

Zu P(C, p, A, b): Es seien $\Lambda = \{(C, p, A, b) : C$ positiv semidefinit$\}$, $\lambda^0 = (C^0, p^0, A^0, b^0) \in \Lambda$ sowie KT(λ^0) nichtleer und beschränkt. Dann existiert ein $\varepsilon = \varepsilon(\lambda^0) > 0$, so daß KT($\lambda'$) nichtleer und beschränkt für alle $\lambda' \in \Lambda$ mit $\|\lambda' - \lambda^0\|_\Lambda < \varepsilon$ ist, und die Abbildungen ψ und KT sind lokal lipschitzoberhalbstetig in λ^0 (man beachte $\psi_{\text{stat}}(\lambda) = \psi(\lambda)$ für alle $\lambda \in \Lambda$).

Wie in der ›linearen parametrischen Optimierung ist ein unterhalbstetiges Verhalten der Optimalmengen von Aufgaben der q. p. O. nur über lokalen Stabilitätsmengen (und ohnehin nur unter Konvexitätsvoraussetzungen) erfüllt. Das soll hier für einen Spezialfall angegeben werden. Wir betrachten die parametrische Aufgabe P(p, b), setzen $G = \mathbb{R}^n$, fordern die positive Semidefinitheit der Matrix C und definieren zu jeder Indexmenge $I \subseteqq \{1, \ldots, m\}$ eine lokale Stabilitätsmenge durch

$$\mathfrak{A}_I = \{(p, b) \in \mathfrak{A} : (a^i)^\mathsf{T} x = b_i \ (i \in I), (a^j)^\mathsf{T} x < b_j \ (j \notin I)$$
$$\text{für alle } x \in \text{r. i. } \psi(p, b)\}$$

(dabei ist der Vektor $(a^i)^\mathsf{T}$ der i-te Zeilenvektor von A). Dann gilt: Die Lösbarkeitsmenge $\mathfrak{A}$ von P(p, b) läßt sich in endlich viele Mengen vom Typ $\mathfrak{A}_I$ zerlegen. Jede der Mengen $\mathfrak{A}_I$ ist ein polyedrischer konvexer Kegel und läßt sich prinzipiell berechnen. Die Mengen $\psi(p, b)$ haben für alle $(p, b) \in \mathfrak{A}_I$ gleiche Dimension. ψ — auf $\mathfrak{A}_I$ eingeschränkt — ist hausdorffstetig auf $\mathfrak{A}_I$ und ist auf $\mathfrak{A}_I$ eine quadratische Funktion in (p, b).

Ein anderer Typ lokaler Stabilitätsmengen ergibt sich mit folgender Fragestellung: Wie sieht die Menge aller Parameter aus, für die ein vorgegebener Punkt x^0 stationär (oder Optimalpunkt) ist? Seien A, b und G fest, und für die Aufgabe P(C, p) werde definiert:

$$\text{ST}(x^0) = \{(C, p) : x^0 \in \psi_{\text{stat}}(C, p)\},$$

C variiert dabei über der Menge aller symmetrischen $n \times n$-Matrizen. Die Mengen ST(x^0) sind polyedrische konvexe Kegel, ihre Einschränkung auf alle (C, p) mit positiv semidefinitem C sind konvexe abgeschlossene Mengen. Mit Hilfe einer Methode zur Bestimmung eines Fundamentalsystems von Kantenvektoren eines implizit beschriebenen polyedrischen Kegels (*Verfahren von Motzkin-Burger*) läßt sich ST(x^0), allerdings mit i. allg. beträchtlichem Aufwand, berechnen.

Lösungsverfahren auf der Basis des Simplexverfahrens sind für die Aufgaben vom Typ P(p, b) bekannt. Für diese konvexe parametrische Aufgabe ist das oben angegebene Kuhn-Tucker-System ein *parametrisches lineares* ›*Komplementaritätsproblem* mit Parametern in den rechten Seiten. Werden mehrere Komponenten der Vektoren p und b als Parameter angesehen, so besteht ein Lösungsverfahren in der Regel in einer Teilanalyse der Lösbarkeitsmenge $\mathfrak{A}$, indem z. B. zu einem vorgegebenen Paar (p^0, b^0) eine lokale Stabilitätsmenge $\mathfrak{A}_I$ maximaler Dimension (mit $(p^0, b^0) \in \mathfrak{A}_I$) und benachbarte derartige lokale Stabilitätsmengen bestimmt werden, oder indem auf einem Streckenzug $(p^0, b^0) \to (p^1, b^1) \to \ldots \to (p^k, b^k)$ in Λ alle lokalen Stabilitätsmengen, die gemeinsame Punkte mit diesem Streckenzug haben, berechnet werden. Letzteres führt auf die Lösung einer Folge von einparametrischen linearen Komplementaritätsaufgaben, die für eine Reihe von Matrizenklassen (denen C angehört) durch einfache Algorithmen mit guten numerischen Eigenschaften behandelt werden können.

Lit.: [2]

[a] Daniel, J. W.: Stability of the solution of definite quadratic programs. Math. Programming **5** (1973), 41–53

[b] Robinson, S. M.: Generalized equations and their solutions, Part I: Basic theory. Math. Programming Study **10** (1979), 128–141.

Quadratmittelproblem ›Gauß-Newton-Verfahren, ›Approximationstheorie, ›schlechtkonditionierte Aufgabe

Quasidifferenzierbarkeit ›Ableitungsbegriffe

Quasikonvexität ›erweiterte Konvexität

Quasi-Newton-Approximation ›Newton-Verfahren

Quasi-Newton-Verfahren ›Newton-Verfahren

quasioptimale Fehlerabschätzung ›Galerkin-Verfahren

Quotientenoptimierung ›hyperbolische Optimierung

R

Rademachers Theorem: Eine über der offenen Menge $M \subseteq \mathbb{R}^n$ lipschitzstetige Funktion (›Abbildung) ist fast überall fréchetdifferenzierbar über M. Beispielsweise ist eine über einer offenen konvexen Menge $U \subseteq \mathbb{R}^n$ endliche ›konvexe Funktion f lipschitzstetig über jeder abgeschlossenen beschränkten Menge $S \subseteq U$ [50], also f. ü. über U fréchetdifferenzierbar. Überall über U ist f i. allg. nur einseitig richtungsdifferenzierbar (›Ableitungsbegriffe).

Lit.: [39], [50]

[a] Saks, S.: Theory of the integral. Hafner Publishing Co., New York 1937.

radialstetig ›Abbildung
Rand-Eins-Korrekturmatrix ›Newton-Verfahren
Randfläche ›asymptotischer Algorithmus
Rand-Zwei-Korrekturmatrix ›Newton-Verfahren
Raumdilatationsoperator ›Ellipsoid-Verfahren
reduzierte Hesse-Matrix ›Verfahren für Aufgaben mit linearen Gleichungsrestriktionen
reduzierter Gradient ›reduziertes Gradientenverfahren, ›Verfahren für Aufgaben mit linearen Gleichungsrestriktionen

reduziertes Gradientenverfahren: Das r. G. ist ein spezielles ›Abstiegsverfahren für restringierte Probleme. Dabei wird zunächst vorausgesetzt, daß der zulässige Bereich $\mathfrak{B}$ durch lineare Restriktionen $g_i(x) = (a^i)^\mathsf{T} x - b_i \leqq 0$ begrenzt sei. Optimierungsprobleme mit linearen Restriktionen und i. allg. nichtlinearer Zielfunktion f kommen verhältnismäßig häufig in praktischen Aufgabenstellungen vor; überdies treten sie als Teilprobleme bei gewissen ›Approximationsverfahren der nichtlinearen Optimierung auf.

Der Schritt 1 im ›Abstiegsverfahren für restringierte Probleme wird im r. G. folgendermaßen realisiert:

S1 (für P1-Typ-Verfahren bei linearen Restriktionen):

a) Bestimme die Matrix $A_k = (\nabla g_i(x^k)) = (a^i),\ i \in I_{\varepsilon_k}(x^k)$. A_k ist die Matrix, deren Spaltenvektoren die Gradienten $\nabla g_i(x^k) = a^i$ sind; $I_{\varepsilon_k}(x^k)$ ist die Indexmenge der in x^k ε_k-aktiven Restriktionen.
Es wird vorausgesetzt, daß in jedem Iterationspunkt $x^k \in \mathfrak{B}$ die Vektoren a^i für $i \in I_{\varepsilon_k}(x^k)$ linear unabhängig sind. Ist m_k die Anzahl der Spalten von A_k, dann ist A_k eine $n \times m_k$-Matrix mit $n \geqq m_k$.

b) Wähle (im Fall $n > m_k$) eine $n \times (n - m_k)$-Matrix B_k derart, daß $T_k^\mathsf{T} = (A_k, B_k)$ eine reguläre $n \times n$-Matrix ist.
Im Fall $n = m_k$ wird $T_k^\mathsf{T} = A_k$ gesetzt.
Im Fall $I_{\varepsilon_k}(x^k) = \emptyset$ setzt man T_k gleich der Einheitsmatrix. (Im allg. ist B_k durch diese Vorschrift noch nicht eindeutig festgelegt, eine spezielle Wahl von B_k führt auf das ›projizierte Gradientenverfahren).

c) Bestimme $y^k \in \mathbb{R}^{m_k}$ und $z^k \in \mathbb{R}^{n-m_k}$ als Lösung des linearen Gleichungssystems
$$A_k y^k + B_k z^k = \nabla f(x^k)\,.$$
(Dann gilt: $(y^k, z^k)^\mathsf{T} = (T_k^{-1})^\mathsf{T} \nabla f(x^k)$.)

d) Setze
$$r^k = \left((y^k)^+, z^k\right)^\mathsf{T}, \quad \text{wobei} \quad y_i^+ = \begin{cases} y_i, & \text{wenn} \quad y_i \geqq 0 \\ 0, & \text{wenn} \quad y_i < 0\,. \end{cases}$$

e) Setze $\sigma_k = -\,\|r^k\|$ und, falls $\sigma_k \neq 0$,
$$s^k = (-T_k^{-1} r^k)\,(\|r^k\|)^{-1}\,. \tag{1}$$

Die durch (1) definierte Richtung s^k ist für linear restringierte Probleme eine zulässige Abstiegsrichtung. s^k heißt der *reduzierte Gradient* im Punkt x^k.

Das Verfahren der reduzierten Gradienten kann auch für nichtlinear restringierte Probleme angewendet werden. Allerdings wird dann durch (1) nur noch eine Abstiegsrichtung, jedoch i. allg. nicht mehr eine zulässige Richtung erzeugt. Um einen zulässigen Punkt x^{k+1} zu erhalten, ist dann noch eine Projektion in den zulässigen Bereich durchzuführen.

Lit.: [26], [63]

Regularisator ›Verfahren zur Lösung von Gleichungssystemen
regularisierte Lösung ›Regularisierungsmethoden
Regularisierung nach Tichonow ›Regularisierungsmethoden

Regularisierungsmethoden: R. sind Methoden, die es erlauben, eine ›nichtkorrekte Aufgabe oder eine ›schlechtkonditionierte Aufgabe näherungsweise so zu lösen, daß die Näherungslösungen stabil (›Stabilität von Optimierungsproblemen) von den Eingangsdaten abhängen. Das Prinzip der Regularisierung besteht in der Approximation der nichtkorrekten bzw. schlechtkonditionierten Ausgangsaufgabe durch eine korrekte bzw. gutkonditionierte Ersatzaufgabe. Um den auftretenden Approximationsfehler klein zu halten, werden bei der Wahl der Ersatzaufgabe deterministische und stochastische A-priori-Kenntnisse über die Genauigkeit der Eingangsdaten und den Charakter der zu erwartenden Lösung ausgenutzt. Wichtige R. zur Lösung nichtkorrekter Optimierungsaufgaben

$$f(x) \to \min\,, \qquad x \in \mathfrak{B} \subseteqq M$$

mit

$$f_* = \inf_{x \in \mathfrak{B}} f(x)\,, \qquad \mathfrak{B}_* = \{x \in \mathfrak{B} : f(x) = f_*\} \neq \emptyset\,,$$

M metrischer Raum und einer Funktion f, die auf $\mathfrak{B}$ unterhalbstetig ist, sind:

1. *Methode der Quasilösungen* ([a]): Sie beruht auf der Einschränkung der Menge der zulässigen Lösungen des Optimierungsproblems auf eine kompakte Menge $K \subseteqq M$. Als Quasilösungen x_K werden die Lösungen des korrekten Optimierungsproblems $f(x) \to \min$, $x \in \mathfrak{B} \cap K$, bezeichnet. Ein Nachteil der Methode besteht darin, daß die Quasilösungen stark von der subjektiven Wahl von K beeinflußt werden.

2. *Regularisierung nach Tichonow.* Sie basiert auf der Bestimmung *regularisierter Lösungen,* das sind von einem positiven Regularisierungsparameter α abhängige Lösungen x_α des korrekten Optimierungsproblems

$$F(x, \alpha) \to \min\,, \qquad x \in \mathfrak{B}_0 \subseteqq M$$

mit $F(x, \alpha) = f(x) + \alpha \Omega(x)$, wobei für Ω ein auf der nichtleeren Teilmenge $\mathfrak{B}_0 \subseteqq \mathfrak{B}$ definiertes ›stabilisierendes Funktional ausgewählt wird, das auf $\mathfrak{B}_0$ unterhalbstetig ist. Die Menge $\mathfrak{B}_0$ sei dabei so beschaffen, daß regularisierte Lösungen x_α für alle $\alpha > 0$ existieren. Für die Wahl des Regularisierungsparameters α steht eine Reihe von heuristischen Prinzipien zur Verfügung (›[a], [b]). Zum Beispiel entspricht das *Defektprinzip* $\alpha : f(x_\alpha) \leqq v$ zu einem vorgegebenen maximal zulässigen Funktionswert $v > f_*$, falls es erfüllbar ist, der Lösung des Optimierungsproblems

$$\min \{\Omega(x) : f(x) \leqq v, x \in \mathfrak{B}_0 \subseteqq M\}.$$

Dabei wird unter allen zulässigen Lösungen diejenige ermittelt, welche ein Bewertungsfunktional Ω minimiert. Im Funktional Ω können u. a. Glattheitsforderungen an die Lösung formuliert werden. Die beschriebenen R. lassen sich analog auch auf ›schlechtkonditionierte Aufgaben anwenden (›[b]).

R. tragen auch zur Erhöhung von Stabilität und Robustheit (z. B. regularisierte ›Newton-Verfahren und ›Gauß-Newton-Verfahren) sowie zur Konvergenzverbesserung (z. B. innere Regularisierung bei ›Strafverfahren) von Verfahren der mathematischen Optimierung bei.

Lit.: [a] Tichonow, A. N., und W. Ja. Arsenin (Тихонов, А. Н., и В. Я. Арсенин): Методы решения некорректных задач. Nauka, Moskau 1979.

[b] Friedrich, V., B. Hofmann und U. Tautenhahn: Möglichkeiten der Regularisierung bei der Auswertung von Meßdaten. Wiss. Schriftenreihe der TH Karl-Marx-Stadt, Heft **10** (1979).

Regularitätsbedingungen: Bedingungen an die analytische Beschreibung einer vorgegebenen Menge, insbesondere an den zulässigen Bereich einer ›Optimierungsaufgabe, bezeichnet man als R. Sie treten auf im Zusammenhang mit ›Optimalitätsbedingungen. Sei das Problem

$$\begin{aligned} \min \{f(x) : g_i(x) &\leqq 0, i \in I = \{1, \dots, m\}, \\ h_j(x) &= 0, j \in J = \{1, \dots, l\}\} \end{aligned} \tag{P}$$

gegeben, wobei f, g_i, h_j, $i \in I$, $j \in J$, auf dem $\mathbb{R}^n$ erklärte differenzierbare Funktionen seien. Es gilt der *Satz von John*: Ist $x^0 \in \mathbb{R}^n$ lokale Lösung (›Optimierungsaufgabe) von (P), so existieren *Multiplikatoren* $y_i \in \mathbb{R}_+$, $i \in \{0\} \cup I$, die nicht sämtlich verschwinden, und $z_j \in \mathbb{R}$, $j \in J$, so daß gilt:

$$y_0 \nabla f(x^0) + \sum_{i \in I} y_i \nabla g_i(x^0) + \sum_{j \in J} z_j \nabla h_j(x^0) = 0, \qquad y_i g_i(x^0) = 0 \quad \forall i \in I.$$

Offenbar ist dieses Kriterium für $y_0 = 0$ unbrauchbar, da in diesem Fall der Funktionswert und das Wachstumsverhalten der Zielfunktion $f(x)$ nicht berücksichtigt werden. Um diesen Sachverhalt auszuschließen, wurde von Kuhn und Tucker erstmalig eine zusätzliche Bedingung für den zulässigen Bereich

$$\mathfrak{B} = \{x \in \mathbb{R}^n : g_i(x) \leqq 0 \ \forall i \in I, h_j(x) = 0 \ \forall j \in J\},$$

eine „constraint qualification", angegeben. Heute existieren zahlreiche weitere solcher Regularitätsbedingungen.

Als Ausgangspunkt dient der Begriff der *Lagrange-Regularität.* Die Menge $\mathfrak{B}$ heißt lagrangeregulär im Punkt $x^0 \in \mathfrak{B}$, wenn für jede Zielfunktion f, die im Punkt x^0 differenzierbar ist und dort ein lokales Minimum bez. $\mathfrak{B}$ annimmt, Multiplikatoren $y_i \in \mathbb{R}_+$, $i \in I$, und $z_j \in \mathbb{R}$, $j \in J$, existieren mit

$$\nabla f(x^0) + \sum_{i \in I} y_i \nabla g_i(x^0) + \sum_{j \in J} z_j \nabla h_j(x^0) = 0\,, \qquad y_i g_i(x^0) = 0 \quad \forall i \in I\,.$$

Im folgenden werden einige wichtige R. an die Menge $\mathfrak{B}$, die hinreichend für die Lagrange-Regularität sind, angegeben.

1. *Äquivalenzbedingungen von Kegeln*

1.1. Zu jedem Vektor d aus dem ›linearisierenden Kegel $K(x^0)$ existiert eine vollständig in $\mathfrak{B}$ liegende differenzierbare Kurve $x = x(t)$, $t \in [0, 1]$, mit $x(0) = x^0$ und $\dot{x}(0) = d$ (KUHN/TUCKER).

1.2. $T(\mathfrak{B}, x^0) = K(x^0)$, wobei $T(\mathfrak{B}, x^0)$ den ›Tangentenkegel der Menge $\mathfrak{B}$ im Punkt x^0 bezeichnet (ABADIE).

1.3. $T^*(\mathfrak{B}, x^0) = K^*(x^0)$, wobei M^* den zu einer Menge M gehörenden Polarkegel (›duale Räume) bezeichnet (GOULD/TOLLE).

1.4. $\overline{Z(\mathfrak{B}, x^0)} = K(x^0)$, wobei $\overline{Z(\mathfrak{B}, x^0)}$ die Abschließung des ›Kegels der zulässigen Richtungen an die Menge $\mathfrak{B}$ im Punkt x^0 bezeichnet (ZANGWILL).

2. *Konsistenzbedingungen*

2.1. Die Vektoren $\nabla h_j(x^0)$, $j \in J$, sind linear unabhängig, und es existiert ein Vektor $d \in \mathbb{R}^n$ mit

$$\nabla g_i^{\mathsf{T}}(x^0)\, d < 0 \quad \forall i \in I_0\,, \qquad \nabla h_j^{\mathsf{T}}(x^0)\, d = 0 \quad \forall j \in J\,,$$

wobei I_0 die Indexmenge der im Punkt x^0 ›aktiven Restriktionen bezeichnet (MANGASARIAN).

2.2. Die Vektoren $\nabla h_j(x^0)$, $j \in J$, sind linear unabhängig, und es existiert ein Vektor $d \in \mathbb{R}^n$ mit

$$\nabla g_i^{\mathsf{T}}(x^0)\, d + g_i(x^0) < 0 \quad \forall i \in I\,, \qquad \nabla h_j^{\mathsf{T}}(x^0)\, d = 0 \quad \forall j \in J$$

(LUENBERGER).

3. *Innere-Punkt-Bedingungen*

3.1. *Slater-Bedingung*: Die Funktionen $g_i(x)$, $i \in I$, sind ›konvex, und es ist $J = \emptyset$. Es existiert ein $\bar{x} \in \mathfrak{B}$ mit $g_i(\bar{x}) < 0$ $\forall i \in I$. $\bar{x}$ heißt auch *Slater-Punkt.*

3.2. Die Funktion $g_i(x)$, $i \in I$, sind konvex, und es ist $J = \emptyset$. Zu jedem $i \in I$ existiert ein $x^i \in \mathfrak{B}$ mit $g_i(x^i) < 0$ (COLLATZ/WETTERLING).

3.3. Die Funktionen $g_i(x)$, $i \in I$, sind konvex, und es ist $J = \emptyset$. Zu beliebigen Multiplikatoren $y_i \in \mathbb{R}_+$, $i \in I$, die nicht sämtlich verschwinden, existiert ein $\bar{x} \in \mathfrak{B}$ mit $\sum_{i \in I} y_i g_i(\bar{x}) < 0$ (KARLIN).

4. *Nichtentartungsbedingungen*

4.1. Die Vektoren $\nabla g_i(x^0)$, $\nabla h_j(x^0)$, $i \in I_0$, $j \in J$, sind linear unabhängig (ARROW/HURWICZ/UZAWA).

4.2. Die Vektoren $\nabla h_j(x^0)$, $j \in J$, sind linear unabhängig und das System

$$\sum_{i \in I_0} y_i \nabla g_i(x^0) + \sum_{j \in J} z_j \nabla h_j(x^0) = 0$$

$$y_i \in \mathbb{R}_+ \quad \forall i \in I_0\,, \qquad z_j \in \mathbb{R} \quad \forall j \in J\,, \qquad y_i > 0 \text{ für ein } i \in I_0$$

hat keine Lösung (DRAGOMIRESCU).

Zwischen den genannten R. gelten folgende Implikationen:

$$\begin{array}{ccccccc} 1.3 & \Leftarrow & 1.2 & \Leftarrow & 1.1 & \Leftarrow & 1.4 \\ & & \Uparrow & & & & \\ & & 2.1 & \Leftrightarrow & 2.3 & \Leftrightarrow & 4.2 & \Leftarrow & 4.1 \\ & & \Uparrow & & & & \\ & & 3.1 & \Leftrightarrow & 3.2 & \Leftrightarrow & 3.3 \end{array}$$

Die einzelnen R. lassen sich unter gewissen Voraussetzungen auf allgemeinere Problemstellungen übertragen (Übergang zu Räumen mit allgemeinerer Struktur bzw. Abschwächung des Differenzierbarkeitsbegriffes). Insbesondere bei der Verwendung von subdifferenzierbaren Funktionen (›Ableitungsbegriffe) läßt sich der Begriff der Lagrange-Regularität modifizieren. Sei dazu $J = \emptyset$, und seien die Funktionen g_i, $i \in I$, und f konvex. Dann heißt die Menge $\mathfrak{B}$ im Punkt $x^0 \in \mathfrak{B}$ *lagrangeregulär*, wenn für jede Zielfunktion f, die im Punkt x^0 ein lokales Minimum bez. $\mathfrak{B}$ annimmt, Multiplikatoren $y_i \in \mathbb{R}_+$, $i \in I$, existieren mit

$$0 \in \partial f(x^0) + \sum_{i \in I} y_i\, \partial g_i(x^0)\,, \qquad y_i g_i(x^0) = 0 \quad \forall i \in I\,.$$

Lit.: [15]

[a] ELSTER, K.-H., und R. GÖTZ: Über die „Constraint Qualification" und damit verwandte Bedingungen. Wiss. Z. TH Ilmenau, **15** (1969), 27–35.

[b] WOLKOWICZ, H.: Geometry of optimality conditions and constraint qualifications: the convex case. Math. Progr. **19** (1980), 32–59.

Reihenfolgeprobleme: R. sind spezielle kombinatorische Optimierungsprobleme, bei denen bestimmte Elemente in eine optimale Reihenfolge anzuordnen sind, wobei eine Auswahl zwischen mehreren möglichen Anordnungen zu treffen ist und jeder Reihenfolge (Anordnung) eindeutig ein Zielfunktionswert zugeordnet ist. Ein Spezialfall sind Permutationsprobleme der folgenden Form:

$$\min \{F(p) : p = (i_1, \dots, i_m) \in P_m\}. \qquad (1)$$

P_m bezeichnet dabei die Menge aller Permutationen der Zahlen von 1 bis m, p ist eine beliebige Permutation (m-dimensionaler Permutationsvektor), F ist eine eindeutige Abbildung der Menge P_m in $\mathbb{R}$. Insbesondere sind das Zuordnungsproblem (›Transportoptimierung) und das ›Rundreiseproblem in diesem Problemtyp enthalten.

Allgemeiner kann man das Problem

$$\min \{F(p) : p \in X\} \qquad (2)$$

mit

$$X = \{q = (i_1, \dots, i_k) \in P_k(a_1, \dots, a_m) : f_i(q) < 0 \ \forall i \in I,\ g_j(q) = 0 \ \forall j \in J,\ a_s \in \mathbb{N} \ \forall s \in \{1, \dots, m\}\}$$

betrachten. Dabei seien I und J endliche Indexmengen und $P_k(a_1, \dots, a_m)$ die Menge der k-dimensionalen Permutationsvektoren der Elemente $a_1, \dots, a_m$. Wählt man

$$I = J = \emptyset, \qquad k = m, \qquad a_s = s, \qquad s = 1, \dots, m,$$

so sind die Probleme (2) und (1) identisch.

Mannigfaltige Problemstellungen der Praxis lassen sich auf R. dieser speziellen Gestalt zurückführen. So sind in den Problemkomplex eingegliedert z. B. das ›Rundreiseproblem und das Transportproblem (›Transportoptimierung). Aber auch *Maschinenbelegungsprobleme* können auf derartige Permutationsprobleme zurückgeführt werden. Die Elemente sind hier Produkte oder Aufträge, und gefragt ist nach der optimalen Bearbeitungsreihenfolge. (›[62]).

Als ›kombinatorische Optimierungsprobleme können solche Aufgaben mit den entsprechenden Lösungsverfahren behandelt werden. In den meisten Fällen werden ›branch-and-bound-Verfahren benutzt.

Lit.: [62]

[a] SEIFFART, E.: Zur Entwicklung der Reihenfolgeoptimierung in den letzten 20 Jahren in der DDR (Maschinenbelegung). Mitteilungen der Mathematischen Gesellschaft der DDR, 1/2 (1982), 116–132.

Relaxationsverfahren von Lamarechal ›Verfahren für nichtglatte Aufgaben
rein ganzzahlige Optimierung ›diskrete Optimierung
Remes-Algorithmus ›Approximationstheorie
Resolvente ›Evolutionsgleichungen
Ressourcenvektor ›lineare Optimierung
Ressourcenzerlegung ›Dekompositionsverfahren
Restart-Version ›konjugiertes Gradientenverfahren
Restriktionen ›Optimierungsaufgabe
Restriktionsmengenabbildung ›parametrische Optimierung
restringierte ›Optimierungsaufgabe
reverse Posynomoptimierungsprobleme ›geometrische Optimierung

revidierte Simplextabelle ›Simplexverfahren
reziproke Variationsprobleme ›Extremalprinzipien der Physik
Richtungsableitung ›Ableitungsbegriffe
Richtungsfeld ›Variationsrechnung
Richtungssuchprobleme ›Verfahren der zulässigen Richtungen
Richtungsvektor ›Abstiegsverfahren
Riesz, Satz von ›Banach-Raum
Rieszscher Isomorphismus ›Galerkin-Verfahren
Ritz-Funktional ›Ritz-Verfahren
Ritz-Galerkin-System ›Ritz-Verfahren
Ritz-Lösung ›Ritz-Verfahren

Ritz-Verfahren: Das R. ist ein Näherungsverfahren (›[a]) aus der Klasse der Projektionsverfahren zur Lösung von Minimumproblemen der Art

$$J(v) \to \min, \qquad v \in K, \tag{1}$$

wobei K eine nichtleere abgeschlossene ›konvexe Menge aus einem ›Hilbert-Raum V ist und $J : V \to \mathbb{R}$ ein Funktional auf V. Unter bestimmten Voraussetzungen an J können Existenz- und Eindeutigkeitsaussagen getroffen werden (z. B. ›[14]). Der Einfachheit halber sei im weiteren J ein quadratisches Funktional der Art

$$J(v) = a(v, v) - 2\langle F, v\rangle$$

(*Ritz-Funktional*), wobei $a : V \times V \to \mathbb{R}$ eine Bilinearform mit folgenden Eigenschaften ist:

a) $a(u, v) = a(v, u) \quad \forall u, v \in V,$ (*symmetrisch*);
b) $a(v, v) \geqq \mu_1 \|v\|^2 \quad \forall v \in V, \quad \mu_1 > 0$ (*V-elliptisch*);
c) $|a(u, v)| \leqq \mu_2 \|u\| \, \|v\| \quad \forall u, v \in V,$ (*V-beschränkt*);
d) $F \in V^*$.

Dabei ist $\langle \cdot, \cdot \rangle : V^* \times V \to \mathbb{R}$ das Dualitätsprodukt (›duale Räume) und $\|\cdot\|$ die Norm in V. Dann ist das abstrakte Minimumproblem (1) der Lösung der Variationsungleichung

$$\text{Ges. } u \in K : \langle A(u), v - u\rangle \geqq 0 \qquad \forall v \in K$$

mit

$$\langle A(u), v\rangle = a(u, v) - \langle F, v\rangle = \tfrac{1}{2}\langle J'(u), v\rangle \qquad \forall v, u \in V$$

äquivalent. Dabei ist $J'(u) \in V^*$ die Gâteaux-Ableitung (›Ableitungsbegriffe) von J im Element u. Da mit a)—d) die unter dem Stichwort ›Galerkin-Verfahren aufgeführten Voraussetzungen an K und $A(u)$ erfüllt sind, gelten alle dort aufgeführten Aussagen. Insbesondere hat das Minimumproblem (1) eine eindeutig bestimmte Lösung $u \in K$. Es sei bemerkt, daß sich nicht jede Variationsungleichung in ein äquivalentes Minimumproblem der Art (1) überführen läßt. Unter verschiedenen Abschwächungen der hier betrachteten Voraussetzungen wird das Minimumproblem (1) in [13], [14] und [40] untersucht.

Genau wie beim ›Galerkin-Verfahren werden beim R. V und K entsprechend durch eine Familie von i. allg. endlichdimensionalen Unterräumen V_h, $\dim V_h = N(h) < \infty$, und Mengen K_h, $K_h \subseteqq V_h$, approximiert ($h \in I$: Diskretisierungsparameter). Dann wird das Minimumproblem (1) durch Aufgaben der finiten (›Optimierung in allgemeinen Räumen) bzw. ›semi-infiniten Optimierung (dies hängt von der Wahl der K_h ab)

$$J(v_h) \to \min\,, \qquad v_h \in K_h\,, \tag{2}$$

ersetzt. Unter der zusätzlichen Voraussetzung

$$\text{e)}\ K_h = \mathrm{cl}(K_h)\,, \qquad K_h \neq \emptyset\,, \qquad K_h \text{ konvex}\,,$$

hat (2) eine eindeutig bestimmte Lösung (*Ritz-Lösung*) $u_h \in K_h$. Da u_h gleichzeitig der Variationsungleichung

$$\text{Ges. } u_h \in K_h : \langle A(u_h), v_h - u_h \rangle \geqq 0 \qquad \forall v_h \in K_h$$

genügt, gelten alle unter dem Stichwort ›Galerkin-Verfahren gemachten Aussagen der iterativen Bestimmung der Näherungslösung u_h und der Abschätzung des Diskretisierungsfehlers $u - u_h$.

Es sei $\{p_i : i \in \omega_h\}$ eine Basis in V_h und ω_h eine endliche Indexmenge. Dann läßt sich jedes $v_h \in V_h$ in der Form

$$v_h = \sum_{i \in \omega_h} \mathsf{v}_i p_i$$

darstellen, und jedem v_h kann eindeutig ein Vektor $\boldsymbol{v}_h = (\mathsf{v}_i)_{i \in \omega_h}$ und damit K_h die Menge $\boldsymbol{K}_h$ zugeordnet werden. Dann erhält man für $J(v_h)$ die Darstellung

$$J(v_h) = a(v_h, v_h) - 2\langle F, v_h \rangle = \boldsymbol{v}_h^{\mathrm{T}} A_h \boldsymbol{v}_h - 2\boldsymbol{f}_h^{\mathrm{T}} \boldsymbol{v}_h = \Phi(\boldsymbol{v}_h)$$

mit der Matrix $A_h = \big(a(p_i, p_j)\big)_{i,j \in \omega_h}$ und dem Vektor $\boldsymbol{f}_h = (\langle F, p_i \rangle)_{i \in \omega_h}$. Damit ist (2) äquivalent zu

$$\Phi(\boldsymbol{v}_h) \to \min\,, \qquad \boldsymbol{v}_h \in \boldsymbol{K}_h \ \big(\text{mit } \Phi(\boldsymbol{u}_h) = \min_{\boldsymbol{v}_h \in \boldsymbol{K}_h} \Phi(\boldsymbol{v}_h)\big)\,. \tag{3}$$

Für $K_h = V_h$ ist (3) dem linearen Gleichungssystem

$$\tfrac{1}{2}\, \partial \Phi(\boldsymbol{v}_h)/\partial \boldsymbol{v}_i = 0\,, \qquad i \in \omega_h\,, \tag{4}$$

äquivalent. Das Gleichungssystem (4) wird *Ritz-Galerkin-System* genannt. Falls K_h kein Unterraum bzw. keine lineare Mannigfaltigkeit ist, entsteht in Abhängigkeit von der Wahl der K_h ein finites bzw. semi-infinites Optimierungsproblem mit der quadratischen Zielfunktion $\Phi(\boldsymbol{u}_h)$. Dieser Zugang sei am Beispiel des *Hindernisproblems* demonstriert:

$$V = \mathring{\mathbf{W}}^{1,2}(\Omega) = \{v \in \mathbf{W}^{1,2}(\Omega) : v|_{\partial\Omega} = 0\}\,,$$

$$K = \{v \in V : v(x) \geqq \chi(x) \text{ für fast alle } x \in \Omega\}\,,$$

$$a(u, v) = \int_\Omega \nabla^{\mathrm{T}} u \nabla v \,\mathrm{d}x\,, \qquad \langle F, v \rangle = \int_\Omega f v \,\mathrm{d}x\,, \qquad f \in \mathbf{L}_2(\Omega)\,,$$

$\nabla^{\mathrm{T}} u = (u_{x_1}, u_{x_2})$, $\Omega \subseteqq \mathbb{R}^2$ ein beschränktes Gebiet mit lipschitzstetigem Rand $\partial\Omega$.

Die Funktion $\chi(x) \in \mathbf{W}^{2,2}(\Omega)$ mit $\chi(x) \leqq 0$ auf $\partial\Omega$ beschreibt das Hindernis. Es sei nun V_h ein endlichdimensionaler Unterraum von V und $\{p_i = p_i(x) : i \in \omega_h\}$ eine Basis von V_h, deren Funktionen p_i als stetig vorausgesetzt werden können. In Abhängigkeit von der Art der Approximation von K entstehen folgende Extremalprobleme:

1. $K_h = V_h \cap K = \{v_h(x) = \sum_{i \in \omega_h} \mathsf{v}_i p_i(x) : v_h(x) \geqq \chi(x) \ \forall x \in \Omega\}$.

Aus (3) entsteht ein semi-infinites Optimierungsproblem mit quadratischer Zielfunktion

$$\Phi(\boldsymbol{v}_h) = \boldsymbol{v}_h^\top A_h \boldsymbol{v}_h - 2\boldsymbol{f}_h^\top \boldsymbol{v}_h \to \min\,, \quad \sum_{i \in \omega_h} \mathsf{v}_i p_i(x) \geqq \chi(x) \qquad \forall x \in \Omega\,.$$

2. $K_h = \{v_h(x) = \sum_{i \in \omega_h} \mathsf{v}_i p_i(x) : v_h(x_i) \geqq \chi(x_i) \ \forall i \in \omega_h\}$.

Offenbar erfüllt K_h die Bedingungen e). Die Menge K_h ist jedoch i. allg. nicht enthalten in K. Weiter wollen wir annehmen, daß die Punkte $x_i \in \Omega$, in denen gefordert wird, daß die Funktionen v_h über dem Hindernis χ liegen, die Knotenpunkte der Methode der finiten Elemente sind (z. B. ›[10]). Dann erhält man aus (3) ein finites Optimierungsproblem mit quadratischer Zielfunktion

$$\Phi(\boldsymbol{v}_h) = \boldsymbol{v}_h^\top A_h \boldsymbol{v}_h - 2\boldsymbol{f}_h^\top v_h \to \min\,, \qquad \mathsf{v}_i \geqq \chi(x_i) \qquad \forall i \in \omega_h\,.$$

Lit.: [10], [13], [14], [40]

[a] Ritz, W., Über eine neue Methode zur Lösung gewisser Variationsprobleme der mathematischen Physik. J. reine angew. Math. **135** (1908), 1–61.

R-Konvergenz ›Konvergenzbegriffe
Robinson-Verfahren ›Approximationsverfahren

Rotundität: I. Zur Differenzierbarkeit dualer Begriff in folgendem Sinne: Ist ein Paar einander ›konjugierter ›konvexer Funktionale g, g^* gegeben, so kann man aus der Rotundität von g auf die Differenzierbarkeit von g^* schließen (›[a]).

Genauer gilt: Ist X, Y ein topologisches Paar ›dualer Räume, τ die Topologie von Y (›lokalkonvexer Raum), g ein Funktional: $Y \to \overline{R}$, so heißt g in $y \in Y$ τ-rotund relativ zu einem festen $x \in X$, falls $g(y)$ endlich ist und zu jedem $\varepsilon > 0$ ein $\delta > 0$ existiert, so daß für jede τ-Umgebung N_τ der Null in Y gilt

$$\{v \in Y : g(y + v) - g(y) - \langle x, v \rangle \leqq \delta\} \subseteqq \varepsilon N_\tau\,.$$

II. Eine konvexe Menge M (eines topologischen Raumes) heißt rotund, falls jeder Randpunkt ›Extremalpunkt ist.

Lit.: [28]

[a] Asplund, E., und R. T. Rockafellar: Gradients of convex functions. Trans. Amer. Math. Soc. **139** (1969), 443–467.

Rucksackproblem ›Knapsack-Problem
Rückwärtsrechnung ›dynamische Optimierung

Rundreiseproblem: Das R. ist ein ›kombinatorisches Optimierungsproblem, bei dem eine kürzeste Rundreise zwischen n Punkten gesucht ist, wobei die Entfernungen zwischen je zwei Punkten vorgegeben sind. Dabei darf jeder Punkt nur einmal besucht werden, und am Ende muß man wieder am Startpunkt ankommen. Die mathematische Formulierung führt auf ein Zuordnungsproblem (›Transportoptimierung) mit der Zusatzforderung, daß die x_{ij} mit dem Wert 1 so angeordnet werden können, daß jeweils der erste Index eines solchen x_{ij} mit dem letzten Index des vorangehenden übereinstimmt und ebenso der erste Index des in der Reihenfolge am Anfang stehenden x_{ij} mit dem zweiten Index des am Schluß stehenden x_{ij}. Diese Zusatzforderung kompliziert die numerische Lösung beträchtlich. R. hängen mathematisch eng mit ›Reihenfolgeproblemen zusammen. Als Lösungsverfahren werden vorzugsweise Methoden des ›branch-and-bound benutzt.

Lit.: [57]

S

Sattelpunkt: Seien E ein ›linearer Raum, E^* sein algebraisch dualer Raum (›duale Räume), V ein durch den konvexen ›Kegel K mit $K \cap (-K) = \{0\}$ ›halbgeordneter linearer Raum, V^* sein algebraischer dualer Raum, und seien ferner $D(f) \subseteqq E$ eine nichtleere ›konvexe Menge, $f : D(f) \to \mathbb{R}$ und $g : D(f) \to$ $\to V$, $\mathfrak{B} = \{x \in D(f) : g(x) \leqq_K 0\} \neq \emptyset$. Ist $L(x, v^*)$ die ›Lagrange-Funktion zu der konvexen ›Optimierungsaufgabe

$$f(x) \to \min\,, \qquad x \in \mathfrak{B}\,, \tag{P}$$

so heißt ein Punkt $(\bar{x}, \bar{v}^*) \in D(f) \times (-K^*)$ ein S. von L, falls

$$L(\bar{x}, v^*) \leqq L(\bar{x}, \bar{v}^*) \leqq L(x, \bar{v}^*)\ \forall x \in E\,, \qquad \forall v^* \in V^* \tag{1}$$

gilt. Der wichtigste Spezialfall ergibt sich mit $E = \mathbb{R}^n$ (dann identifiziert man E^* mit E, ›duale Räume), $V = \mathbb{R}^m$, $K = \mathbb{R}^m_+ = K^*$, $V^* = R^m$, $D(f) =$ $= \mathbb{R}^n$, f und g_i, $i = 1, \dots, m$, konvex, $g(x) = \big(g_1(x), \dots, g_m(x)\big)^\mathsf{T}$.

Seien E und V topologische lineare Räume (›lokalkonvexer Raum), K ein abgeschlossener konvexer ›Kegel, $D(f)$ eine abgeschlossene konvexe Menge, f eine konvexe unterhalbstetige Funktion (›Abbildung), g bez. der durch K erzeugten Halbordnung (›halbgeordneter linearer Raum) ›konvexe Funktion, d. h., die *Jensensche Ungleichung* hat die Gestalt

$$g(\lambda_1 x_1 + \lambda_2 x_2) \leqq_K \lambda_1 g(x_1) + \lambda_2 g(x_2)\,. \tag{2}$$

Für den obigen Spezialfall würden in (2) m gewöhnliche Ungleichungen $\forall x \in \mathbb{R}^n$ und $\lambda_1, \lambda_2 \geqq 0$, $\lambda_1 + \lambda_2 = 1$ stehen. Ist nun

$$\psi(v^*) \to \max\,, \qquad v^* \in -K^*\,, \tag{D}$$

die zu (P) lagrangeduale Aufgabe (›Lagrange-Funktion), so gelten folgende Aussagen über den Zusammenhang der Lösungen des Paares von Optimierungsaufgaben (P), (D) mit den S. von L (Sattelpunktsätze):

1. Der Punkt $(\bar{x}, \bar{v}^*) \in D(f) \times (-K^*)$ ist S. von L genau dann, wenn gilt

(i) $\bar{x}$ ist Lösung von (P),

(ii) $\bar{v}^*$ ist Lösung von (D),

(iii) $\inf\limits_{x \in \mathfrak{B}} f(x) = \sup\limits_{v^* \in -K^*} \psi(v^*)$.

2. Sei (P) stabil, d. h., die *Empfindlichkeitsfunktion* (›Stabilität von Optimierungsproblemen) $h(v) = \inf\limits_{x \in D(f)} F(x, v)$,

$$F(x, v) = \begin{cases} f(x), & \text{falls } x \in \mathfrak{B}_v = \{x \in D(f) : g(x) \leqq_K v\}, \quad v \in V, \\ \infty & \text{sonst,} \end{cases}$$

ist im Punkt $v = 0$ endlich und subdifferenzierbar (›Ableitungsbegriffe). Dann ist $\bar{x}$ Lösung von (P) genau dann, wenn es ein $\bar{v}^* \in -K^*$ gibt derart, daß $(\bar{x}, \bar{v}^*)$ S. von L ist.

3. Sei $x \to \langle v^*, g(x)\rangle$, $x \in D(f)$, unterhalbstetig für alle $v^* \in -K^*$, $\inf\limits_{x \in \mathfrak{B}} f(x) > -\infty$, und sei die *Slater-Bedingung* (›Regularitätsbedingungen) erfüllt (d. h., es existiert ein $x_0 \in D(f)$ mit $g(x_0) < 0$ $\big($oder $-g(x_0) \in \operatorname{int} K)\big)$. Dann ist $\bar{x} \in D(f)$ Lösung von (P) genau dann, wenn es ein $\bar{v}^* \in -K^*$ gibt derart, daß $(\bar{x}, \bar{v}^*)$ S. von L ist. Außerdem gilt dann $\langle \bar{v}^*, g(\bar{x})\rangle = 0$.

Über Beziehungen zwischen S. und ›Kuhn-Tucker-Punkten ›Lagrange-Funktion, zwischen S. und Gleichgewichtslösungen ›Spieltheorie.

Lit.: [14], [15], [24], [29], [50], [56]

[a] Rockafellar, R. T.: Minimax theorems and conjugate saddle functions. Math. Scand. **14** (1964), 151–153.

[b] Stoer, J., und Ch. Witzgall: Convexity and optimization in finite dimensions. Springer-Verlag, Berlin–Heidelberg–New York 1970.

Sattelpunktbedingung ›Lagrange-Funktion
Sattelpunktsätze ›Sattelpunkt, ›Lagrange-Funktion
scharfer ›Schnitt
Schattenpreis ›Stabilität

schlechtkonditionierte Aufgabe: Ein lineares Gleichungssystem

$$Ax = b, \qquad x \in \mathbb{R}^n, \qquad b \in \mathbb{R}^n,$$

mit regulärer $n \times n$-Matrix A zu lösen ist eine s. A., wenn die Systemmatrix A schlechtkonditioniert ist, d. h. eine große *Konditionszahl* $\operatorname{cond}(A) = \|A\| \times \|A^{-1}\| \gg 1$ besitzt. Bezeichnet $\tilde{b} \in \mathbb{R}^n$ einen Näherungsvektor zu $b \neq 0$, und ist $A\tilde{x} = \tilde{b}$, so gilt $\frac{\|x - \tilde{x}\|}{\|x\|} \leqq \operatorname{cond}(A) \frac{\|b - \tilde{b}\|}{\|b\|}$. Dabei seien die betrachteten Matrix- und Vektornormen verträglich. Im Fall großer Konditionszahlen können also kleine Störungen der Eingangsdaten große Fehler in der Lösung hervorrufen. Entsprechend wird ein lineares Quadratmittelproblem

$$(Bx - c)^{\mathrm{T}} (Bx - c) \to \min , \qquad x \in \mathbb{R}^n,$$

$c \in \mathbb{R}^m$, $m \geqq n$, $m \times n$-Matrix B mit $r(B) = n$ s. A. genannt, wenn das zugehörige Normalgleichungssystem $B^{\mathrm{T}}Bx = B^{\mathrm{T}}c$ schlechtkonditioniert ist (›[a]).

Allgemein müssen freie Optimierungsprobleme $f(x) \to \min$, $x \in \mathbb{R}^n$, als s. A. charakterisiert werden, wenn die Niveaulinien zur stetigen Zielfunktion f in der Umgebung einer isolierten Lösung x^* des Problems langgestreckt sind. Für zweimal stetig differenzierbare Funktionen f entspricht dies einer großen Konditionszahl der Hesse-Matrix $\nabla^2 f(x)$ in Lösungsnähe. Zu nahezu optimalen Funktionswerten $f(x)$ können dann sowohl sehr kleine als auch sehr große Abweichungen $\|x - x^*\|$ von der Lösung gehören. Es ergeben sich Schwierigkeiten bei der numerischen Lösung solcher Optimierungsprobleme z. B. unter Verwendung von ›Gradientenverfahren. Zur Überwindung dieser Schwierigkeiten nutzt man ›Regularisierungsmethoden.

Wird eine in Funktionenräumen formulierte ›nichtkorrekte Aufgabe diskretisiert, so entsteht i. allg. eine s. A. Schlechtkonditionierte Optimierungsprobleme ergeben sich aber auch als Hilfsaufgaben bei Verfahren der mathematischen Optimierung (z. B. freie Ersatzprobleme zu ›Strafverfahren bei Verwendung großer Strafparameter ›[b]).

Lit.: [a] Stoer, J.: Einführung in die Numerische Mathematik I. Springer-Verlag, Berlin—Heidelberg—New York 1972.

[b] Grossmann, C., und A. A. Kaplan: Strafmethoden und modifizierte Lagrangefunktionen in der nichtlinearen Optimierung. Teubner-Texte zur Mathematik, Bd. 22, BSB B. G. Teubner Verlagsgesellschaft, Leipzig 1979.

Schlupfvariable ›lineare Optimierung

Schnitt: Ein S. ist eine zusätzliche Nebenbedingung, die im Laufe eines Optimierungsverfahrens eingeführt wird, um den zulässigen Bereich (›Optimierungsaufgabe) zu verkleinern und damit das Optimum exakter einzugrenzen.

In der ganzzahligen Optimierung (›diskrete Optimierung) haben S. eine große Bedeutung und hier wiederum die ›Gomory-Schnitte. Mittels Methoden der *Schnittverschärfung* kann man Gomory-Schnitte durch Parallelverschiebung (oder auch Drehung) in schärfere Schnitte überführen, um schneller zum ganzzahligen Optimum zu gelangen. Das Problem besteht hierbei in der Erkennung, ob ein S. verschärft werden kann, d. h. ohne Verlust zulässiger ›Gitterpunkte einer Verschärfungsoperation (Parallelverschiebung oder Drehung) unterzogen werden kann. Eine Möglichkeit liefert das ›Überdekkungsprinzip. Ein S., der bez. einer bestimmten Verschärfungsoperation keiner weiteren Schnittverschärfung unterzogen werden kann, heißt *scharfer* S. Dieser Begriff ist nur relativ zu bestimmten Operationen sinnvoll, z. B.

ist ein S. durch Parallelverschiebung nicht weiter verschärfbar, wenn auf ihm ein zulässiger Gitterpunkt liegt. Eine Verschärfung durch Drehung wäre aber gegebenenfalls noch möglich (›[46]).

Eine *minimale Ungleichung* (›[46]) kann als scharfer S. in einem ›Schnittverfahren für ganzzahlige lineare Optimierungsprobleme verwendet werden.

Bei Aufgaben der ›konvexen Optimierung wird zunächst der zulässige Bereich durch einen umfassenderen Bereich ersetzt, der mittels einfacherer, z. B. linearer Nebenbedingungen definiert wird und S. werden benutzt, um diesen Ersatzbereich zu verkleinern, damit der ursprüngliche zulässige Bereich besser angenähert wird. Vgl. auch ›Schnittprinzip, ›Kelley-Verfahren.

Lit.: [46]

Schnittprinzip: Das S. ist eine allgemeine Strategie zur Konstruktion von Verfahren für die Lösung verschiedener Klassen von Optimierungsaufgaben. Die bekanntesten Beispiele sind das ›Gomory-Verfahren für ganzzahlige bzw. gemischt-ganzzahlige lineare Optimierungsaufgaben (›diskrete Optimierung) und das ›Kelley-Verfahren zur Lösung gewisser nichtlinearer Optimierungsaufgaben.

Beim S. wird die zulässige Menge M der Aufgabe

$$f(x) \to \min\,, \qquad x \in M\,, \tag{P}$$

durch eine sie umfassende Menge P_1 ersetzt. Statt der Funktion $f(x)$ wird eine auf P_1 eindeutige reellwertige Funktion $g(x)$ betrachtet, die auf M Minorante von $f(x)$ ist.

Der Aufgabe (P) wird eine Ersatzaufgabe der Form

$$g(x) \to \min\,, \qquad x \in P_1\,, \tag{Q}$$

zugeordnet, wobei die dazu verwendeten Objekte P_1 und $g(x)$ die folgenden Voraussetzungen erfüllen:

(V1) $P_1 \supseteqq M\,,$

(V2) $g(x) \leqq f(x)\,, \qquad x \in M\,.$

Mittels der Minorantenfunktion $g(x)$ werden nun schrittweise Teilmengen P_{k+1}, $k \geqq 1$, von P_1 gebildet. Dazu ist jedesmal eine Hilfsaufgabe der Form

$$g(x) \to \min\,, \qquad x \in P_k\,, \qquad k = 1, 2, \ldots \tag{Q_k}$$

zu betrachten. Im Sinne der Durchführbarkeit des Verfahrens muß dabei die Lösbarkeit der Aufgaben (Q_k) vorausgesetzt werden. Seien x^k, $k = 1, 2, \ldots$, jeweils Optimallösungen von (Q_k), $k = 1, 2, \ldots$

Mittels dieser Optimallösung x^k von (Q_k) wird jetzt eine Menge $R(x^k)$ gebildet, die die folgenden Voraussetzungen erfüllen muß:

(V3) $x^k \in R(x^k) \subseteqq P_1\,,$

$$x^k \in M \Rightarrow f(x^k) = \min_{x \in R(x^k) \cap M} f(x)\,,$$

(V4) $x^k \notin M \Rightarrow R(x^k) \cap M = \emptyset$.

Mit dieser Menge $R(x^k)$ wird dann die Menge $P_{k+1} = P_k \setminus R(x^k)$ gebildet.

Optimalitätskriterium: Existiert eine natürliche Zahl q mit

$$S_q = \{x^1, x^2, \dots, x^q\} \cap M \neq \emptyset$$

und

$$g(x^q) \geqq \min_{x \in S_q} f(x) = f(x^t),$$

so ist x^t eine Optimallösung von (P).

Für den wichtigen Spezialfall

$$g(x) = f(x), \; x \in S_q,$$

ergibt sich das schärfere Kriterium:

Gilt $x^k \notin M$ für $k = 1, 2, \dots, q-1$, und $x^q \in M$, dann ist x^q Optimallösung von M.

Für Aufgaben der ›diskreten Optimierung, d. h. für $0 < \text{card}\, M < \infty$, wurde das S. in der hier angegebenen allgemeinen Form von JEMELITSCHEW formuliert und begründet (›[a]).

Setzt man

$$h(x) = \begin{cases} f(x), & x \in M, \\ g(x), & x \in P_1 \setminus M, \end{cases}$$

$$b_k = g(x^k) = \min_{x \in P_k} g(x) \quad \text{und} \quad U_k = R(x^k),$$

dann erweist sich das S. als spezielle Realisierung des ›Erweiterungsprinzips. Diese Eigenschaft ist in [54] bewiesen.

Das ›Kelley-Verfahren ordnet sich der allgemeinen Strategie in folgender Weise unter. In (P) ist jetzt

$$f(x) = c^{\mathsf{T}}x, \qquad M = \{x \in \mathbb{R}^n : g_j(x) \leqq 0, j = 1, 2, \dots, m\}.$$

Es wird $M \subseteqq P_1$ vorausgesetzt, wobei $P_1 = \{x \in \mathbb{R}^n : Ax \leqq b\}$ als konvexes Polyeder (›Polyederzerlegung) angenommen wird. Ferner wird verlangt, daß auf P_1 die Funktionen $g_j(x)$ ›konvex und differenzierbar sind und

$$\|\nabla g_j(x)\| \leqq C, \qquad x \in P_1, \qquad j = 1, 2, \dots, m,$$

gilt. Unter diesen Voraussetzungen konvergiert das Verfahren.

Es wird $g(x) = f(x) = c^{\mathsf{T}}x$ gewählt, und die P_k bilden jetzt eine Folge konvexer Polyeder. Damit sind die Hilfsaufgaben

$$f(x) \to \min, \qquad x \in P_k, \qquad k = 1, 2, \dots,$$

nun lineare Optimierungsaufgaben. Seien x^k, $k = 1, 2, \dots$, Lösungen dieser Aufgaben. Die Mengen $R(x^k)$ werden in folgender Weise gebildet: Ist l ein Index mit

$$g_l(x^k) = \max_{j=1,2,\dots,m} g_j(x^k),$$

dann ist

$$R(x^k) = \{x \in P_k : g_l(x^k) + (x - x^k)^\mathsf{T} \nabla g_l(x^k) > 0\} .$$

Es gelten die folgenden Aussagen:

a) $M \subseteqq P_k$, $k = 1, 2, \ldots$;

b) x^k ist entweder Optimallösung von (P), oder es gilt $x^k \notin M$, und P_{k+1} ist echte Teilmenge von P_k;

c) erhält man eine unendliche Folge (x^k), dann ist jeder Häufungspunkt dieser Folge Optimallösung von (P) (wegen der Kompaktheit von P_1 existiert wenigstens ein Häufungspunkt);

d) die Unlösbarkeit von (P) erkennt man an der Existenz eines $P_k = \emptyset$. Wegen a) ist dann $M = \emptyset$.

Lit.: [54]

[a] Jemelitschew, W. A. (Емеличев, В. А.): К теории дискретной оптимизации. ДАН СССР **198** (1971), 273–276.

Schnittverfahren: S. sind Lösungsverfahren für Optimierungsaufgaben, bei denen ›Schnitte verwendet werden (›Gomory-Verfahren, ›Kelley-Verfahren). Sie sind konkrete Realisierungen des ›Schnittprinzips.

Schnittverschärfung ›Schnitt
Schrittweite ›Schrittweitenalgorithmus, ›Abstiegsverfahren

Schrittweitenalgorithmus: Ist $x^{k+1} = x^k + \alpha_k s^k$ ein ›Abstiegsverfahren zur Lösung des unrestringierten Minimierungsproblems

$$f(x) \to \min , \qquad x \in \mathbb{R}^n ,$$

wobei $s^k \in \mathbb{R}^n$ eine Abstiegsrichtung von f im Punkt x^k ist, dann kann die *Schrittweite* $\alpha_k > 0$ z. B. nach einem der folgenden S. berechnet werden:

1. *Cauchy-Prinzip* (*Strahlminimierungsprinzip*): Berechne α_k gemäß

$$f(x^k + \alpha_k s^k) = \min_{\alpha \geqq 0} f(x^k + \alpha s^k) . \tag{1}$$

Im allgemeinen genügt es, α_k nur genähert nach (1) zu bestimmen (›Verfahren zur Minimierung einer Funktion einer reellen Veränderlichen). Falls f nicht ›konvex ist, wird die Vorschrift (1) meistens in der Weise modifiziert, daß statt einer globalen Minimumstelle die kleinste lokale Minimumstelle von f längs des Strahles $\{z = x^k + \alpha s^k : \alpha \geqq 0\}$ genähert berechnet wird.

2. *Goldstein-Prinzip*: Wähle q_1, q_2 gemäß $0 < q_1 < q_2 < 1$. Falls

$$\alpha q_2 \nabla f^\mathsf{T}(x^k)\, s^k \leqq f(x^k + \alpha s^k) - f(x^k) \leqq \alpha q_1 \nabla f^\mathsf{T}(x^k)\, s^k \tag{2}$$

für $\alpha = 1$ erfüllt ist, setze $\alpha_k = 1$; andernfalls bestimme $\alpha_k > 0$ so, daß (2) für $\alpha = \alpha_k$ gilt.

3. *Goldstein-Armijo-Prinzip*: Wähle $q \in (0, 1)$ und $\eta \in (0, 1)$. Bestimme das größte α_k der Gestalt $\alpha_k = \eta^{\nu_k}$, $\nu_k = 0, 1, 2, \ldots$, für das gilt

$$f(x^k + \alpha_k s^k) - f(x^k) \leqq \alpha_k q \nabla f^{\mathsf{T}}(x^k)\, s^k \,. \tag{3}$$

Lit.: [26], [55], [63]

schwach analytische Funktion ›konvexe parametrische Optimierung
schwach folgenunterhalbstetige ›Abbildung
schwach normal ›Normalität eines Optimierungsproblems
schwache Ableitung ›Ableitungsbegriffe
schwache lokale Lösung ›Variationsrechnung
schwache Topologie ›duale Räume
schwacher Dualitätssatz ›Dualitätstheorie
schwächste Topologie ›duale Räume
schwache* Topologie ›duale Räume
Schwarzsche Ungleichung ›Hilbert-Raum

semi-infinite Optimierung: Die s. O. ist ein Teilgebiet der ›Optimierung in allgemeinen Räumen. Semi-infinite ›Optimierungsaufgaben sind grob dadurch zu charakterisieren, daß man für *endlich* viele Variable *unendlich* viele Nebenbedingungen zu erfüllen hat, wie etwa im Problem

$$f(x) \to \min\,, \qquad x \in \mathfrak{B} = \{x \in \mathbb{R}^n : g(t, x) \leqq 0, x \in X, t \in T\} \tag{1}$$

mit $T = [a, b]$, $a < b$, oder für eine Variable eines *unendlichdimensionalen* Raumes sind *endlich* viele Restriktionen zu erfüllen, wie etwa in

$$f(x) \to \min\,, \qquad x \in \mathfrak{B} = \{x \in \varphi : \sum_{j=1}^{\infty} a_{ij} x_j = b_i,\ i = 1, \ldots, m;$$
$$x_j \geqq 0,\ j = 1, 2, \ldots\}\,, \tag{2}$$

wobei φ der Raum der finiten Folgen reeller Zahlen (d. h. $x = (x_j)$, $j = 1, 2, \ldots$, und nur endlich viele der x_j sind nicht die Null) ist. Die s. O. nimmt eine Zwischenstellung zwischen den Optimierungsaufgaben im $\mathbb{R}^n$ und denen in allgemeineren Vektorräumen ein, so daß sich einerseits manche Resultate und Methoden des erstgenannten Gebietes verallgemeinern und sich andererseits diejenigen des zweitgenannten Gebietes häufig spezialisieren bzw. konkretisieren lassen. Aufgaben der s. O. entstehen z. B. in der ›Approximationstheorie, bei ›Steuerproblemen und in der stetigen ›Transportoptimierung, vgl. auch ›Ritz-Verfahren.

Eine allgemeine Aufgabenformulierung der s. O. gibt es nicht, es werden Aufgabenklassen behandelt, denen man erst durch detaillierte Angaben der Voraussetzungen über die eingehenden Größen ansieht, daß sie semi-infinit sind. So nennt man eine lineare Aufgabe (›Optimierung in allgemeinen Räumen)

$$\langle c^*, x\rangle_X \to \min\,, \qquad \mathfrak{B} = \{x : Ax = b, x \geqq_K 0\} \tag{3}$$

semi-infinit, falls gilt $(N(A) = \{x \in X : Ax = 0\})$

$$\operatorname{codim} N(A) = m\,, \qquad R(A) = \mathbb{R}^m \tag{3a}$$

(hierunter fällt (2) falls $r(a_{i_j}) = m$) bzw.

$$\dim N(A) = n\,. \tag{3b}$$

Eine wichtige Klasse von Aufgaben, welche semi-infinit gemäß (3a) sind, werden durch *Momentenprobleme* gebildet:

Gegeben seien ein endliches Intervall I, auf I stetige und linear unabhängige Funktionen $a_1, a_2, \dots, a_m$ und (nicht sämtlich verschwindende) reelle Zahlen $b_1, \dots, b_m$. Gesucht ist ein Wahrscheinlichkeitsmaß μ mit

$$\int_I a_i \,\mathrm{d}\mu = b_i\,, \qquad i = 1, \dots, m\,. \tag{4}$$

Falls ein solches μ existiert, ist es i. allg. durch (4) nicht eindeutig bestimmt, so daß über der Lösungsmenge von (4) Optimierungsaufgaben formuliert werden können, z. B.:

a) $\int_I c \,\mathrm{d}\mu \to \min$ mit einem durch $c \in \mathbf{C}(I)$ erzeugten Zielfunktional,

b) man finde die normminimale Lösung von (4).

Unter gewissen Verallgemeinerungen des Momentenproblems ist wegen seines Zusammenhangs zur ›Approximationstheorie das abstrakte *L-Momentenproblem* von besonderem Interesse: Seien $a_1, \dots, a_m$ linear unabhängige Elemente eines normierten Raumes X und $b_1, \dots, b_m$ nicht sämtlich verschwindende reelle Zahlen. Unter allen $x^* \in X^*$ mit $\langle x^*, a_i\rangle = b_i$, $i = 1, \dots, m$, finde man eines, dessen Norm eine gegebene Schranke $L > 0$ nicht übersteigt. Es gilt: Ist

$$L_0 = \min \{\|x^*\| : \langle x^*, a_i\rangle = b_i, i = 1, \dots, m\}\,,$$

so ist $1/L_0$ der Optimalwert der Aufgabe

$$\|\lambda_1 a_1 + \dots + \lambda_m a_m\| \to \min\,, \qquad \lambda_1 b_1 + \dots + \lambda_m b_m = 1\,,$$

und das L-Momentenproblem ist genau für $L \geqq L_0$ lösbar.

Die Aufgabe

$$\int_0^1 c(t)\, x(t) \,\mathrm{d}t \to \max\,, \qquad \int_0^1 k(s, t)\, x(t) \,\mathrm{d}t - \lambda x(s) = b(s)\,,$$

$$x \in \mathbf{L}_2[0, 1]\,, \qquad s \in [0, 1]\,, \qquad x(t) \geqq 0 \qquad \text{fast überall,}$$

ist bei n-fachem Eigenwert λ des Integraloperators in der Nebenbedingung semi-infinit gemäß (3b).

Im Falle (3a) läßt sich die ›Struktur optimaler Lösungen angeben:

$$x^0 = \sum_{l=1}^{m} \xi_l^0 x_l^0\,, \qquad x_l^0 \in \operatorname{ext} B\,, \qquad \xi_l^0 \geqq 0\,, \qquad l = 1, \dots, m\,, \tag{5}$$

wobei B eine ›Kegelbasis des Kegels K und ext B die Menge der ›Extremalpunkte von B ist. Die Optimalitätsbedingungen für ein Paar optimaler

Lösungen x^0, y^{*0} von (3)/(3a) und dem zugehörigen Dualproblem

$$b^T y^* \to \max, \qquad \mathfrak{B}^* = \{y^* : A^* y^* \leqq_{K^*} c^*, y^* \in \mathbb{R}^m\} \tag{6}$$

lauten dann: Sind (3)/(3a) und (6) stabil (›Stabilität), so sind $x^0 \in \mathfrak{B}$, $y^{*0} \in \mathfrak{B}^*$ optimal für (3)/(3a) bzw. (6) genau dann, wenn

$$\langle x_l^0, A^* y^{*0} - c^* \rangle = 0 \quad \forall \quad l = 1, \dots, m.$$

Zu Beispielen für *nichtlineare* Aufgaben ›[a].

Zu Lösungsverfahren: Verfahren der Lösung nichtlinearer (konvexer) Aufgaben der s. O. sind z. B. ›Schnittverfahren, ›Approximationsverfahren (Linearisierungen) und ›Verfahren der zulässigen Richtungen (›[a], [c], [e]).

Für Aufgaben der s. O. vom Typ (3a) bzw. (3b) läßt sich das ›Simplexverfahren der linearen Optimierung in einer primalen (für (3a)) bzw. dualen (für (3b)) Variante als (theoretisch infinites) Näherungsverfahren konzipieren. Iteriert wird über zulässige Basislösungen einer Aufgabe (3)/(3a). $\bar{x}$ mit $A\bar{x} = b$ heißt dabei zulässige Basislösung, falls gilt

$$\bar{x} = \sum_{l=1}^{m} \bar{\xi}_l \bar{x}_l, \qquad \bar{x}_l \in \operatorname{ext} B, \qquad \bar{\xi}_l \geqq 0, \qquad r(A\bar{x}_1, \dots, A\bar{x}_m) = m.$$

Algorithmus: (primale Variante, s Iterationszähler)

S0: Gegeben eine zulässige Basislösung $x^s = \sum_{l=1}^{m} \xi_l^s x_l^s$.

S1: Berechne $y^{*s} : (y^{*s})^T A x_l^s = \langle c^*, x_l^s \rangle$, $l = 1, \dots, m$.

S2: Bestimme $x_{m+1}^s : \langle c^* - A^* y^{*s}, x \rangle \to \min_{x \in B}$, setze $\alpha^s := \min \{\langle c^* - A^* y^{*s}, x \rangle : x \in B\} = \langle c^* - A^* y^{*s}, x_{m+1}^s \rangle$.

S3: Ist $\alpha^s \geqq 0$, so ist x^s optimal, andernfalls gehe zu S4.

S4: Löse:

$$\sum_{l=1}^{m+1} \xi_l \langle c^*, x_l^s \rangle \to \min,$$

$$\sum_{l=1}^{m+1} \xi_l A x_l^s = b, \qquad \xi_l \geqq 0, \qquad l = 1, \dots, m+1. \tag{7}$$

S5: Ist (7) unlösbar, so ist (3)/(3a) unlösbar, d. h.

$$\inf \{\langle c^*, x \rangle : x \in \mathfrak{B}\} = -\infty.$$

Andernfalls setze wie folgt fort: Sei $(\tilde{\xi}_l^s)$ Optimalstelle von (7) und $\xi_{\underline{l}_s}$ Nichtbasisvariable in $(\tilde{\xi}_l^s)$.

Setze

$$x^{s+1} := \sum_{l=1}^{m+1} \tilde{\xi}_l^s x_l^s, \qquad x_l^{s+1} := x_l^s, \qquad l \neq \underline{l}_s, \qquad x_{\underline{l}_s}^{s+1} := x_{m+1}^s,$$

$s := s + 1$ und gehe zu S1.

Der angegebene Algorithmus, bei dessen Realisierung S2 je Zyklus den größten Aufwand erfordert, erzeugt eine Folge von zulässigen Basislösungen mit monoton fallenden Zielfunktionalwerten, die unter Zusatzanforderungen gegen den Optimalwert der Aufgabe (3) konvergieren. Varianten dieses Verfahrens sind Mehrfachaustauschmethoden.

Zu einer interessanten Anwendung dieser Technik ›[e].

Für die Aufgabe der s. O.

$$c^{\mathsf{T}}x \to \min\,, \qquad g(t, x) = a^{\mathsf{T}}(t)\, x - b(t) \leqq 0\,, \qquad x \in \mathbb{R}^n\,, \qquad t \in T\,, \quad (8)$$

mit $T \subseteqq \mathbb{R}^k$ kompakt sei in einer Umgebung $U(\bar{x})$ der Optimalstelle $\bar{x}$ von (8) folgende Konstruktion möglich (*lokale Reduktionsmethode*): $t^i(x)$, $i = 1, \ldots, m$, seien die endlich vielen lokalen Maximalstellen von $g(t, x) \to \max$, $t \in T$ bei festem $x \in \mathbb{R}^n$, und es sei $f_i(x) := g(t^i(x), x)$. Dann ist

$$\mathfrak{B} = \{x \in \mathbb{R}^n : g(t, x) \leqq 0,\ t \in T\} = \{x \in \mathbb{R}^n : f_i(x) \leqq 0,\ i = 1, \ldots, m\}\,,$$

und es gilt: $f_i : U(\bar{x}) \to \mathbb{R}$ sind konvexe, differenzierbare Funktionen, so daß für (8) ein äquivalentes konvexes Problem $c^{\mathsf{T}}x \to \min$, $f_i(x) \leqq 0$, $i = 1, \ldots, m$, erhalten wird. Dieses läßt sich mit einem Verfahren zur Lösung gewöhnlicher endlichdimensionaler Optimierungsaufgaben behandeln, z. B. ›Abstiegsverfahren. Der Hauptaufwand bei der Realisierung dieser Konstruktion liegt in der Erzeugung der $t^i(x)$ (›[a]).

Lit.: [a] Hettich, R., und P. Zencke: Numerische Methoden der Approximation. Teubner Verlag, Stuttgart 1982.

[b] Glashoff, K., und S. A. Gustafson: Linear optimization and approximation. Springer Verlag, New York—Heidelberg—Berlin 1983.

[c] Tichatschke, R.: Lineare semi-infinite Optimierungsaufgaben und ihre Anwendungen in der Approximationstheorie. Wissenschaftliche Schriftenreihe TH Karl-Marx-Stadt, 4 (1981).

[d] Tichatschke, R.: Semi-infinite Optimierung. Theorie, Verfahren und Anwendungen. Mitt. d. MG DDR 1987.

[e] Klötzler, R., und H. Rudolph: Zur analytischen und algorithmischen Behandlung eines geometrischen Optimierungsproblems von J. Steiner. Math. Operationsforsch. u. Statist., Ser. optimization, **16** (1985) 6, 833—848.

Sensitivitätsanalyse bei Optimierungsaufgaben: Die S. b. O. befaßt sich mit dem Verhalten von gewissen Größen einer ›Optimierungsaufgabe (wie Optimalwert, Menge der zulässigen Lösungen, Menge der optimalen Lösungen) bei einer Störung der Aufgabe (›stabile ›parametrische Optimierungsaufgaben).

a) Eine Störung kann der Aufgabe (›Stabilität von Optimierungsproblemen, ›Dualität in der Optimierung, ›Dualität in der Steuertheorie II) weitgehend beliebig zugeordnet werden, dann dient die Analyse des Verhaltens der Aufgabe der ›Dualitätstheorie.

b) Eine Näherungslösung, die man bei einem numerischen Verfahren gewinnt, kann man oft als Lösung einer gestörten Aufgabe auffassen (z. B. bei ›Strafverfahren). Daher bestehen enge Verbindungen zwischen der S. b. O. und der ›Konvergenz eines Verfahrens (›schlechtkonditionierte Aufgabe, [b]).

c) Die in eine Optimierungsaufgabe (oder Steueraufgabe) eingehenden numerischen Daten y sind i. allg. nur im Rahmen gewisser Genauigkeitsgrenzen bekannt. Es müssen von y abhängige Größen f wie Optimalwert, Lösungsmenge, zulässiger Bereich usw. möglichst ein gutartiges (d. h. stabiles) Verhalten haben im folgenden Sinne: Ändert sich y wenig, so ändert sich auch f nur wenig. Dabei muß die Messung der Abweichungen von y bzw. f in einem zu definierenden, von der gegebenen Aufgabe abhängigen Sinn erfolgen (›inverse Aufgabe, ›nichtkorrekte Aufgabe, › Regularisierungsmethoden).

d) Zur Postoptimalitätsanalyse bei linearen Problemen ›[12], zur Sensitivitätsanalyse bei diskreten linearen Problemen ›[c].

Zur Behandlung von Optimierungsaufgaben mit unscharfen Daten ›unscharfe Menge, mit Daten, denen stochastische Verteilungsgesetze zugrundeliegen ›stochastische Optimierung, ›stochastische Steuerprobleme.

Lit.: [12], [40]

[a] DINKELBACH, W.: Sensitivitätsanalysen und parametrische Optimierung. Springer-Verlag, Berlin—Heidelberg—New York 1969.

[b] FIACCO, A. V.: Introduction to sensitivity and stability analysis in nonlinear programming. Academic Press, New York—London 1983.

[c] NOLTEMEIER, H.: Sensitivitätsanalyse bei diskreten linearen Optimierungsproblemen. Springer-Verlag, Berlin—Heidelberg—New York 1970.

separable Optimierung: ›Optimierungsaufgaben der Form $f(x) \to \min$, $x \in \mathfrak{B} \subseteqq \mathbb{R}^n$, wobei gilt

$$\begin{aligned} f(x) &= \sum_{j=1}^{n} f_j(x_j)\,, \qquad \mathfrak{B} = \{x : g_i(x) \leqq 0, i = 1, \dots, m\} \\ g_i(x) &= \sum_{j=1}^{n} g_{ij}(x_j)\,, \qquad i = 1, \dots, m\,, \end{aligned} \tag{1}$$

heißen separabel, weil die Variablen „separiert“ auftreten. Für solche Aufgaben existieren Approximationsmethoden, um lokale Minimalstellen zu finden (›[b], [c]). Dabei werden die f_j und g_{ij} durch Polygonzüge approximiert, so daß das ›Simplexverfahren mit modifizierten Austauschregeln anwendbar wird. In [b] finden sich Voraussetzungen zur Konvergenz solcher Verfahren und weitere Variationen der Behandlung von Aufgaben der s. O.

Lit.: [a] ERFURTH, H., und G. BIESS: Optimierungsmethoden. VEB Deutscher Verlag für Grundstoffindustrie, Leipzig 1975.

[b] HADLEY, G.: Nonlinear and dynamic programming. Addison-Wesley Publ. Co., Reading, Massachusetts—Palo Alto—London 1964.

[c] KREKO, B.: Optimierung — Nichtlineare Modelle. VEB Deutscher Verlag der Wissenschaften, Berlin 1974.

separierter topologischer Raum ›lokalkonvexer Raum

Schor-Algorithmus ›Ellipsoid-Verfahren

Signomoptimierungsverfahren ›geometrische Optimierung

Simplex ›Polyederzerlegung
simplexartige Verfahren ›quadratische Optimierung, ›hyperbolische Optimierung
Simplextabelle ›Simplexverfahren

Simplexverfahren: S. sind Verfahren zur Lösung linearer Optimierungsaufgaben (›lineare Optimierung). Dabei wird ausgehend von der Aufgabe

$$\min \{c^\mathsf{T}x : Ax = b, x \geqq 0\} \tag{1}$$

mit $c \in \mathbb{R}^n$, $b \in \mathbb{R}^m$, $m \times n$-Matrix A, das zugehörige System der *Kuhn-Tucker-Bedingungen*

$$\text{(i) } Ax = b\,, \quad \text{(ii) } x \geqq 0\,, \quad \text{(iii) } \lambda^\mathsf{T} A \leqq c^\mathsf{T}\,,$$

$$\text{(iv) } (\lambda^\mathsf{T} A - c^\mathsf{T})\, x = 0$$

gelöst, wobei für x nur Basislösungen (›lineare Optimierung) verwendet werden und damit die Endlichkeit des S. gesichert ist.

1. *Primales Simplexverfahren*

Prinzip des primalen S.: Entsprechend der Aufteilung von $A = (B, N)$ mit $B = (A_j)_{j \in S(x)}$, $N = (A_j)_{j \notin S(x)}$, $S(x) = (s_1, \ldots, s_m)$ Basisindexmenge (›lineare Optimierung) mögen die Vektoren x bzw. c aufgeteilt sein in

$$x = \begin{pmatrix} x_\mathrm{B} \\ x_\mathrm{N} \end{pmatrix} \quad \text{bzw.} \quad c = \begin{pmatrix} c_\mathrm{B} \\ c_\mathrm{N} \end{pmatrix}.$$

Somit folgt aus $Ax = b$ die Beziehung

$$x_\mathrm{B} = B^{-1}b - B^{-1}N x_\mathrm{N}\,.$$

Falls für eine gegebene Basismatrix B von A gilt

$$x_\mathrm{N} = 0 \quad \text{und} \quad x_\mathrm{B} = B^{-1}b \geqq 0\,,$$

so ist x eine zulässige Basislösung von (1) mit dem Zielfunktionswert

$$c^\mathsf{T}x = c_\mathrm{B}^\mathsf{T} B^{-1} b + (c_\mathrm{N}^\mathsf{T} - c_\mathrm{B}^\mathsf{T} B^{-1} N)\, x_\mathrm{N}\,.$$

Die Bedingung

$$c_\mathrm{N}^\mathsf{T} - c_\mathrm{B}^\mathsf{T} B^{-1} N \geqq 0 \tag{2}$$

ist hinreichend dafür, daß die zulässige Basislösung $x = \begin{pmatrix} x_\mathrm{B} \\ 0 \end{pmatrix}$ eine *optimale Basislösung* ist; sie ist auch notwendig, falls die betrachtete Basislösung nichtentartet ist. Ein Grundschritt des primalen S. geht von einer zulässigen Basislösung mit der Basismatrix B aus. Entweder erfüllt die zur Basis B gehörende Basislösung die $n - m$ Ungleichungen (2), dann ist sie optimal (Kuhn-Tucker-Bedingungen (i)—(iv) mit $\lambda^\mathsf{T} = c_\mathrm{B}^\mathsf{T} B^{-1}$ sind erfüllt), oder es gibt einen Index k einer Nichtbasisvariablen mit $(c_\mathrm{N}^\mathsf{T} - c_\mathrm{B}^\mathsf{T} B^{-1} N)_k < 0$. Im letzteren Fall wird der Wert der Nichtbasisvariablen $(x_\mathrm{N})_k$ bei Beachtung der Gültigkeit von

$Ax = b$ und $(x_N)_j = 0 \ \forall j \neq k$ so weit erhöht, bis eine Basisvariable Null wird (falls es eine solche nicht gibt, ist (1) unlösbar im Sinne der Unbeschränktheit der Zielfunktion über dem zulässigen Bereich). Sei xs_r die Variable, die zuerst Null wird, dann führt das Ersetzen der Spalte A_{s_r} durch die Spalte A_{s_k} in der Basis zur Festlegung einer benachbarten zulässigen Basislösung von (1) mit einem kleineren Zielfunktionswert, falls x nichtentartet (›lineare Optimierung) war. Ein aus diesen Grundschritten aufgebautes Verfahren ist endlich, falls alle auftretenden Basislösungen nichtentartet sind. Im Entartungsfall kann der Zielfunktionswert unverändert bleiben, und es können beim Basiswechsel theoretisch Zyklen auftreten, die zusätzliche Austauschregeln erfordern, um die Endlichkeit zu erzwingen (*lexikographische Simplexverfahren* ›[a]). Bei praktischen Anwendungen erwiesen sich diese Regeln als nicht erforderlich.

Algorithmus des primalen Simplexverfahrens:

S1: Ermittle eine zulässige Basislösung x und die zugehörige inverse Basismatrix B^{-1} (›Zwei-Phasen-Methode),

S2: Berechne den *Auflösungsvektor* $\lambda^T = c_B^T B^{-1}$,

S3: Berechne den Vektor der Optimalitätsindikatoren $\Delta^T = c^T - \lambda^T A$,

a) $\Delta \geqq 0$: x ist optimale Lösung von (1). Stop.

b) sonst: Berechne $\Delta_k = \min \{\Delta_j : j \notin S(x)\}$ (< 0).

S4: Berechne $y = B^{-1} A_k$ und

$$\Theta_j = \begin{cases} \dfrac{x_{s_j}}{y_j}, & \text{wenn } y_j > 0, \\ \infty, & \text{wenn } y_j \leqq 0. \end{cases} \qquad j = 1, \dots, m.$$

S5: Berechne $\Theta_r = \min \{\Theta_j : j = 1, \dots, m\}$.

a) $\Theta_r = \infty$: (1) ist unlösbar. Stop.

b) $\Theta_r < \infty$: Basiswechsel vornehmen (siehe Umrechnung in Simplextableaus)

Man erhält eine benachbarte zulässige Basislösung x' mit

$S(x') = (S(x) - \{s_r\}) \cup \{k\}$.

Gehe zu S2.

2. *Duales Simplexverfahren*

Prinzip des dualen S.: Genügt die (nichtzulässige) Basislösung x der Kuhn-Tucker-Bedingung (ii) nicht und erfüllt der zugehörige Auflösungsvektor $\lambda^T = c_B^T B^{-1}$ die Bedingung (iii), so dient (ii) als Optimalitätstest. Durch Basiswechsel bestimmt man solange benachbarte Basislösungen, bis (ii) erfüllt ist. Dieses Verfahren ist endlich, sofern alle beteiligten Basislösungen dual nichtentartet sind (›[a]).

Algorithmus:

S1: Ermittle eine Basislösung x, für deren Auflösungsvektor bereits $\lambda^T A \leqq c^T$ gelten soll.

S2: Berechne $\lambda^T = c_B^T B^{-1}$ und $\Delta^T = c^T - \lambda^T A$ ($\geqq 0$),

S3: Bestimme $x_{s_r} = \min \{x_{s_i} : i = 1, \dots, m\}$,

a) $x_{s_r} \geqq 0$: x ist optimale Lösung für (1). Stop.

b) $x_{s_r} < 0$: gehe zu S4,

S4: Berechne $B^{-1} = (\beta_{ij})$

$$\sum_{i=1}^{m} \beta_{ri} a_{ij} = \gamma_j \quad \text{für } j \notin S(x) \quad \text{und} \quad \Theta_j = \begin{cases} \dfrac{\Delta_j}{\gamma_j} & \text{für } \gamma_j < 0 \\ -\infty & \text{für } \gamma_j \geqq 0 \end{cases} \quad \forall j \notin S(x)\,,$$

S5: Berechne $\Theta_k = \max \{\Theta_j : j \notin S(x)\}$.

a) $\Theta_k = -\infty$: (1) ist unlösbar. Stop.

b) $\Theta_k > -\infty$: Berechne $y := B^{-1} A_k$ und führe einen Basiswechsel aus (vgl. Umrechnung in Simplextableaus).

Man erhält eine benachbarte Basislösung x' mit

$S(x') = \big(S(x) - \{s_r\}\big) \cup \{k\}$.

Gehe zu S2.

3. *Umrechnung in Simplextableaus*

Revidierte Simplextabelle:

Tabelle 1. Revidierte Simplextabelle

Nr.	s_i	c_{s_i}	x_{s_i}	B^{-1}				y_i	Θ_i
1	s_1	c_{s_1}	x_{s_1}	β_{11}	β_{12}	...	β_{1m}	y_1	Θ_1
2	s_2	c_{s_2}	x_{s_2}	β_{21}	β_{22}	...	β_{2m}	y_2	Θ_2
⋮	⋮	⋮	⋮	⋮	⋮	⋮	⋮	⋮	⋮
m	s_m	c_{s_m}	x_{s_m}	β_{m1}	β_{m2}	...	β_{mm}	y_m	Θ_m
$m + 1$	/	/	$c_B^T x_B$	λ_1	λ_2	...	λ_m	Δ_k	/

Hilfstabelle
······ Δ ······
······ c ······
······ Δ_1 ······
······ Δ_2 ······
⋮

Die Informationen zu Δ vermerkt man günstig in einer Hilfstabelle. Im Fall des dualen S. entfällt die Θ-Spalte, dafür erscheinen in der Hilfstabelle nach jeder Δ-Zeile eine γ-Zeile und eine Θ-Zeile. Die Umrechnung der Tabelle erfolgt für die Zeilen 1, 2, ..., $m + 1$ und für die Spalten x_{s_i} und B^{-1}. Die anderen Daten werden entsprechend der aktuellen Basis direkt eingetragen. Die r-te Zeile der Tabelle wird als *Pivotzeile*, die Spalte $y = B^{-1} A_k$ als *Pivotspalte* bezeichnet (vgl. s3 bzw. s5).

Regeln der Umrechnung:

1. (neue r-te Zeile) = (alte r-te Zeile)/y_r.
2. (neue i-te Zeile) = (alte i-te Zeile) $- y_i \times$ (neue r-te Zeile) für $i = 1, \dots, m+1, i \neq r$.
3. $s_r^{\text{neu}} := k$.

Modifizierte Simplextabelle

Tabelle 2. Modifizierte Simplextabelle

Nr.	s_i	c_{s_i}	x_{s_i}	$B^{-1}A_j,\ j \in T(x)$				Θ_i
1	s_1	c_{s_1}	x_{s_1}	x_{1t_1}	x_{1t_2}	...	$x_{1t_{n-m}}$	Θ_1
2	s_2	c_{s_2}	x_{s_2}	x_{2t_1}	x_{2t_2}	...	$x_{2t_{n-m}}$	Θ_2
⋮	⋮	⋮	⋮	⋮	⋮		⋮	⋮
m	s_m	c_{s_m}	x_{s_m}	x_{mt_1}	x_{mt_2}	...	$x_{mt_{n-m}}$	Θ_m
$m+1$	/	/	$c_B^T x_B$	Δ_{t_1}	Δ_{t_2}	...	$\Delta_{t_{n-m}}$	/

Dabei bedeuten $T(x) = \{1, 2, \dots, n\} \setminus S(x) = \{t_1, t_2, \dots, t_{n-m}\}$ und $B^{-1}A_{t_j} = (x_{it_j})_{i=1,\dots,m}$, damit liegt $y = B^{-1}A_k$ bereits vor. Zur Berechnung der Δ_{t_j} verwendet man die Beziehung

$$\Delta_j = -c_B^T(B^{-1}A_j) + c_j$$

und verzichtet auf die explizite Berechnung von λ. Im Fall des dualen S. ist lediglich die Θ-Spalte durch eine Θ-Zeile mit Nummer $m + 2$ zu ersetzen. Die γ-Zeile liegt bereits als r-te Zeile unter $B^{-1}A_j$ vor. Die r-te Zeile heißt *Pivotzeile*, die Spalte $B^{-1}A_k$ *Pivotspalte*.

Die Umrechnung erfolgt für die Zeilen $1, 2, \dots, m+1$ und für die Spalten x_{s_i} und $B^{-1}A_j$, $j \in T(x)$:

1. $x_{rk}^{\text{neu}} = \dfrac{1}{x_{rk}}$,
2. $x_{ik}^{\text{neu}} = -\dfrac{x_{ik}}{x_{rk}}, \quad i = 1, \dots, m, \quad i \neq r, \quad \Delta_k^{\text{neu}} = -\dfrac{\Delta_k}{x_{rk}}$,
3. $x_{rj}^{\text{neu}} = \dfrac{x_{rj}}{x_{rk}}, \quad j \in T(x), \quad j \neq k, \quad x_{s_r}^{\text{neu}} = x_k = \dfrac{x_{s_r}}{x_{rk}}$,
4. (neue i-te Zeile) = (alte i-te Zeile) $- x_{ik} \times$ (neue r-te Zeile) für $i = 1, \dots, m+1, i \neq r$, außer Spalte $B^{-1}A_k$,
5. $s_r^{\text{neu}} := k$.

Ausgefeilte numerische Realisierungen des S. verwenden zur Unterdrükkung von Rundungsfehlern Skalierungen, multiplikative Varianten zur Bestimmung der inversen Basismatrizen und arbeiten mit Restart-Versionen (↑[b]).

4. *Primal-duales S.*: relativ ungebräuchlich (›[a]).

5. *Simplexverfahren mit unteren und oberen Schranken*

In diesem Fall treten in (1) Variablenbeschränkungen der Form $\underline{a} \leqq x \leqq \bar{a}$ auf, die auf die Standardform $0 \leqq x \leqq d = \bar{a} - \underline{a}$ transformiert werden [a]. Bei der Definition der zulässigen Basislösung (›lineare Optimierung) ist jetzt $J(x) = \{j\colon 0 < x_j < d_j\}$ zu verwenden. Die Begriffe Basismatrix und Basisindexmenge bleiben erhalten.

Im weiteren werde die Konkretisierung des primalen S. auf diesen Fall beschrieben, für das duale S. erfolgt dies analog. Es seien $J_1(x) = \{j\colon x_j = 0\}$ und $J_2(x) = \{j\colon x_j = d_j\}$. Dann berechnet man Δ_k in S3 des primalen S. nach:

$$\Delta_{k_1} = \begin{cases} \min\,\{\Delta_j\colon j \in J_1(x)\}\,, \\ \infty, \quad \text{falls } J_1(x) = \emptyset\,, \end{cases} \qquad \Delta_{k_2} = \begin{cases} \max\,\{\Delta_j\colon j \in J_2(x)\}\,, \\ -\infty\,, \quad \text{falls } J_2(x) = \emptyset\,, \end{cases}$$

$$\Delta_k = \min\,\{\Delta_{k_1}, -\Delta_{k_2}\}$$

und Θ_r in S4 bzw. S5 nach:

$$\Theta_j = \begin{cases} \dfrac{x_{s_j}}{y_j}\,, & \text{falls } y_j > 0\,, \\ \dfrac{x_{s_j} - d_{s_j}}{y_j}\,, & \text{falls } y_j < 0\,, \\ \infty\,, & \text{falls } y_j = 0\,, \end{cases} \qquad j = 1, \ldots, m\,,$$

$$\Theta_r = \min\,\{d_k, \Theta_1, \ldots, \Theta_m\}\,.$$

Der Sonderfall $\Theta_r = d_k$ führt zu keinem Basiswechsel, sondern es sind lediglich folgende Veränderungen zu vollziehen:

$$x_{s_j}^{\text{neu}} = x_{s_j} - \Theta_r y_j\,, \qquad j = 1, \ldots, m\,,$$

$$x_k^{\text{neu}} = \begin{cases} 0\,, & \text{falls } k \in J_2(x)\,, \\ d_k\,, & \text{falls } k \in J_1(x)\,. \end{cases}$$

Lit.: [62], [63]

[a] Nožička, F., J. Guddat und H. Hollatz: Theorie der linearen Optimierung, Akademie-Verlag, Berlin 1972.

[b] Beer, K.: Lösung großer linearer Optimierungsaufgaben. VEB Deutscher Verlag der Wissenschaften, Berlin 1977.

[c] Vogel, W.: Lineares Optimieren. Akademische Verlagsgesellschaft Geest & Portig K.-G., Leipzig 1970.

simpliziale Zerlegung ›Polyederzerlegung

singuläre Steuerungen: Nach dem Pontrjaginschen Maximumprinzip (›optimale Prozesse) sind die Werte $u^0(t)$ einer optimalen Steuerung für fast alle t als Maximumstellen der H-Funktion bezüglich der Steuervektorvariablen u

über dem Steuerbereich U gekennzeichnet. Seien

$$\omega(t, x, \psi) = \{u \in U : H(t, x, u, \psi) = \sup_{v \in U} H(t, x, v, \psi)\}\,,$$

$x^0(\cdot)$, $u^0(\cdot)$ eine optimale Lösung und $\psi^0(\cdot)$ die zugehörige Lösung des adjungierten Differentialgleichungssystems, dann besagt das Maximumprinzip gerade, daß $u^0(t) \in \omega\left(t, x^0(t), \psi^0(t)\right)$ für fast alle t ist. Wenn die Menge $\omega\left(t, x^0(t), \psi^0(t)\right)$ für fast alle t einpunktig ist, kann $u^0(t)$ als (eindeutige) Funktion von t, $x^0(t)$, $\psi^0(t)$ in der Prozeßgleichung und der adjungierten Differentialgleichung ersetzt werden, wodurch man ein gemeinsames Differentialgleichungssystem für $x^0(\cdot)$, $\psi^0(\cdot)$ erhält. Die Randbedingungen für $x^0(\cdot)$ und die Transversalitätsbedingungen bilden die Randbedingungen für das System. Nach Bestimmung von $x^0(\cdot)$, $\psi^0(\cdot)$ ergibt sich die optimale Steuerung $u^0(t) = \omega\left(t, x^0(t), \psi^0(t)\right)$. Diese Methode zur Lösung des optimalen Steuerproblems versagt, wenn $\omega\left(t, x^0(t), \psi^0(t)\right)$ auf einem Teilintervall (τ_1, τ_2) mehrpunktig ist, wenn — wie dann oft gesagt wird — die optimale Steuerung auf (τ_1, τ_2) *singulär* ist.

Am besten sind die Verhältnisse bei Prozessen mit einer linear vorkommenden Steuerfunktion von Kelley, Kopp und Moyer u. a. aufgeklärt worden. Die Aufgabe bestehe o. B. d. A. in der Minimierung eines Terminalfunktionals $\varphi\left(x(t_2)\right)$, die Prozeßgleichung laute $\dot{x} = g(x) + u(t)\,h(x)$, es sei eine Anfangsbedingung $x(t_0) = x^0$ und die Bedingung $u(t) \in U = [\alpha, \beta]$ zu erfüllen. φ, g, h seien hinreichend oft ableitbar. Es ist

$$H(x, u, \psi) = \psi^{\mathsf{T}}(g + hu)\,,$$

$$\omega(x, \psi) = \begin{cases} \{\alpha\} & \text{für} \quad \psi^{\mathsf{T}}h(x) < 0\,, \\ U & \text{für} \quad \psi^{\mathsf{T}}h(x) = 0\,, \\ \{\beta\} & \text{für} \quad \psi^{\mathsf{T}}h(x) > 0\,. \end{cases}$$

$u^0(\cdot)$ ist *singulär* über (τ_1, τ_2), wenn für $\tau_1 < t < \tau_2$ gilt

$$H_u\left(x^0(t), \psi^0(t), u^0(t)\right) = \left(\psi^0(t)\right)^{\mathsf{T}} h\left(x^0(t)\right) = 0\,.$$

Hieraus folgt, daß auch sämtliche Ableitungen von $H_u\left(x^0(t), \psi^0(t), u^0(t)\right)$ nach t auf (τ_1, τ_2) verschwinden. Diese Ableitungen kann man unter Berücksichtigung der Prozeßgleichung und der adjungierten Differentialgleichung

$$\dot{\psi}^{\mathsf{T}} = -H_x(x^0(t), u^0(t), \psi) = -\psi^{\mathsf{T}}\left(g_x(x^0(t)) + u^0(t)\,h_x(x^0(t))\right)$$

bis zum Auftreten der Steuerfunktion mit Hilfe der Kettenregel bilden. Sei a eine skalare Funktion von x, ψ und

$$\frac{\delta a}{\delta t} := a_x H_\psi^{\mathsf{T}} - a_\psi H_x^{\mathsf{T}} = \{a, H\}$$

die formale vollständige Ableitung von a gemäß den Differentialgleichungen für x, ψ. ($a_x, \ldots, H_\psi$ sind hier als spezielle Jacobi-Matrizen Zeilenvektoren.) Sei p diejenige natürliche Zahl, für die

$$H_u, \frac{\delta H_u}{\delta t}, \ldots, \frac{\delta^{p-1} H_u}{\delta t^{p-1}}$$

nur von x, ψ und erst

$$\frac{\delta^p H_u}{\delta t^p} = b(x, \psi) + c(x, \psi)\, u$$

auch von u abhängt. Dann gilt: p ist eine gerade Zahl, $q = p/2$ heißt *Ordnung der Singularität*, und es ist

$$0 = \frac{d^{2q}}{dt^{2q}}\left(\frac{\partial H}{\partial u}\left(x^0(t), u^0(t), \psi^0(t)\right)\right) = b\left(x^0(t), \psi^0(t)\right) + c\left(x^0(t), \psi^0(t)\right) u^0(t)\,,$$

$$(-1)^q \frac{\partial}{\partial u}\frac{\delta^{2q}}{\delta t^{2q}}\left(\frac{\partial H}{\partial u}\left(x^0(t), u^0(t), \psi^0(t)\right)\right) = (-1)^q\, c\left(x^0(t), \psi^0(t)\right) \leqq 0$$

auf (τ_1, τ_2), falls $u^0(t) \in \operatorname{int} U$; für $c\left(x^0(t), \psi^0(t)\right) \neq 0$ läßt sich $u^0(t)$ als eindeutige Funktion von $x^0(t)$, $\psi^0(t)$ ausdrücken. Falls $c\left(x^0(t), \psi^0(t)\right) = 0$ sein sollte, könnte man mit $c(x, \psi)$ so verfahren wie mit H_u.

Ähnliches läßt sich bei einer Prozeßgleichung

$$\dot{x} = g(x) + \sum_{i=1}^{r} u_i(t)\, h_i(x)$$

mit mehreren Steuerfunktionen und quaderförmigem Steuerbereich $U = \{u : \alpha_i \leqq u_i \leqq \beta_i,\ i = 1, \dots, r\}$ aussagen. Die H-Funktion lautet $H = \psi^{\mathsf{T}}(g + \sum u_i h_i)$. Gilt $H_{u_i}\left(x^0(t), u^0(t), \psi^0(t)\right) = 0$, $i = 1, \dots, r$, so ist $u^0(t)$ nicht aus dem Maximumprinzip bestimmbar.

Sofern $u^0(t) \in \operatorname{int} U$ ist, hängt $\dfrac{\delta H_{u_i}}{\delta t}$ nicht von u ab für $x = x^0(t)$, $\psi = \psi^0(t)$, und außerdem gilt

$$\frac{\delta^2 H_{u_i}}{\delta t^2} = b_i(x, \psi) + \sum_{j=1}^{r} c_{ij}(x, \psi)\, u_j\,,$$

$$0 = \frac{d^2}{dt^2}\left(\frac{\partial H}{\partial u_i}\left(x^0(t), u^0(t), \psi^0(t)\right)\right) = b_i\left(x^0(t), \psi^0(t)\right) + \sum_{j=1}^{r} c_{ij}\left(x^0(t), \psi^0(t)\right) u_j^0(t)\,,$$

$$\left(\frac{\partial}{\partial u_j}\frac{\delta^2}{\delta t^2}\frac{\partial H}{\partial u_i}\left(x^0(t), u^0(t), \psi^0(t)\right)\right)_{i,j=1,\dots,r} = \left(c_{ij}\left(x^0(t), \psi^0(t)\right)\right)_{i,j}$$

ist positiv semidefinit; im Fall positiver Definitheit läßt sich $u^0(t)$ als Funktion von $x^0(t)$, $\psi^0(t)$ aus dem vorherigen linearen Gleichungssystem ausdrücken. Bei einem polyedrischen Steuerbereich U ist die ω-Menge mehrpunktig, wenn der Gradient $H_u\left(x^0(t), u^0(t), \psi^0(t)\right)$ auf einer Seite von U der Dimension $\geqq 1$ senkrecht steht. Die Skalarprodukte von H_u mit einem System linear unabhängiger Richtungsvektoren e_j der Seite sind dann wie die H_{u_i} zu behandeln.

In der Literatur wird die Bezeichnung singuläre Steuerung nicht nur im vorher erklärten Sinn benutzt. Wenn die Steuerung $u^0(\cdot)$ auf (τ_1, τ_2) Werte $u^0(t)$ aus dem Innern von U annimmt und diese Werte zudem Häufungspunkte von $\omega\left(x^0(t), \psi^0(t)\right) \setminus \{u^0(t)\}$, also nichtisolierte Maximumstellen sind, gilt für $x = x^0(t)$, $\psi = \psi^0(t)$, $u = u^0(t)$ offenbar: $H_u = 0$, $H_{uu} = (H_{u_i u_k})_{i,k}$ ist negativ semidefinit, aber nicht definit. Daher bezeichnen manche Autoren eine (optimale) Steuerung als *singulär,* wenn sie diese beiden Bedingungen erfüllt. Es gibt zahlreiche Untersuchungen und Ergebnisse über solcherart singuläre Steuerungen bzw. über Steuerungen mit Werten aus int U. Literaturkundig geworden sind die Bedingungen von JACOBSON, GOH, GABASOW-KIRILLOWA u. a. Bei KNOBLOCH ergeben sich diese Bedingungen als Spezialfälle einer umfassenderen Theorie über *int-Ü-Steuerungen* und Bedingungen höherer Ordnung.

Um die speziellen Methoden der Variierung von Steuerung und Trajektorie, die zur Herleitung von notwendigen Optimalitätsbedingungen höherer Ordnung angewendet werden, anzudeuten, sei hier das *Maximumprinzip höherer Ordnung* von KRENER angeführt:

Das Steuerproblem bestehe in der Minimierung eines Terminalfunktionals $\varphi_0(x(t_2))$, wobei $\dot{x} = f(x, u(t))$, $x(t_1) = x^1$, $\varphi_i(x(t_2)) = 0$, $i = 1, \dots, m$, $u(t) \in U$, t_2 frei, $u(\cdot)$ hinreichend oft stückweise stetig ableitbar (stückweise $\in \mathbf{C}^\infty$) sein soll. Die φ_i, $i = 0, \dots, m$, mögen linear unabhängige Gradienten haben, alle gegebenen Funktionen seien hinreichend oft stetig ableitbar, die erste Komponente x_1 von x stimme mit t überein (also $x_1 = t$, $f_1 \equiv 1$). Neben der optimalen Steuerung $u^0(\cdot)$ werden beliebige weitere zulässige Steuerungen $u^1(\cdot), u^2(\cdot), \dots$, z. B. Konstante $\in U$, betrachtet. Es bezeichne $f^i(x)$ die Vektorfunktion $f(x, u^i(x_1))$ und $\gamma^i(\cdot)\, x^0$ die Lösung von

$$\dot{x} = f^i(x)\,, \qquad x(0) = x^0\,.$$

Sei τ eine Stelle aus (t_1, t_2), an der $u^0(\cdot)$ und deren Ableitungen stetig sind, seien q_j, $j = 1, 2$, p_j, $j = 1, \dots, k$, reelle Polynome mit der Eigenschaft $q_j(0) = 0$, $p_j(0) = 0$, $p_j(\varepsilon) \geqq 0$ für $0 < \varepsilon \ll 1$. Die *Steuerung* $u^0(\cdot)$ wird nun folgendermaßen *variiert*: Von der Stelle $t = \tau + q_1(\varepsilon)$ angefangen wird $u^0(\cdot)$ auf jeweils einem Intervall der Länge $p_1(\varepsilon), \dots, p_k(\varepsilon)$ durch $u^1(\cdot), \dots, u^k(\cdot)$ ersetzt; danach wird wieder $u^0(\cdot)$ selbst als Steuerung eingesetzt und zwar bis zur Stelle $t_2 + q_1(\varepsilon) + p_1(\varepsilon) + \dots + p_k(\varepsilon) + q_2(\varepsilon)$ (im Bedarfsfall durch konstante Fortsetzung). Die zugehörige *variierte Trajektorie* $x(\cdot)$ ist für $t \gg \tau$ (bez. ε) in der Form

$$x(t + q_1(\varepsilon) + q_2(\varepsilon) + p_1(\varepsilon) + \dots + p_k(\varepsilon)) = \gamma^0(t - \tau)\,\alpha(\varepsilon)\,\gamma^0(\tau - t_1)\,x^1$$

mit

$$\alpha(\varepsilon) = \gamma^0(q_2(\varepsilon))\,\gamma^k(p_k(\varepsilon)) \dots \gamma^1(p_1(\varepsilon))\,\gamma^0(q_1(\varepsilon))$$

darstellbar. KRENER nennt $\alpha(\varepsilon)\,x$ *Variation von der Ordnung* h an der Stelle $x^0(\tau)$, wenn die erste bis die $(h-1)$-te Ableitung von $\alpha(\varepsilon)\,x^0(t)$ nach ε für $\varepsilon = 0$ und alle t mit $|t - \tau| \ll 1$ verschwindet (für $h = 1$ gilt dies definitionsgemäß). Wenn $u^0(\cdot)$, $x^0(\cdot)$ optimal sind, existiert eine nichttriviale stetige Lösung $\psi^0(\cdot)$ des adjungierten Differentialgleichungssystems

$$\dot{\psi}^{\mathsf{T}} = -\psi^{\mathsf{T}} f_x((x^0(t), u^0(t))\,, \tag{1}$$

so daß für alle $u \in U$ und (Stetigkeitsstellen) $t \in [t_1, t_2]$ von $u^0(\cdot)$

$$H(x^0(t), u, \psi^0(t)) = (\psi^0(t))^{\mathsf{T}} f(x^0(t), u) \leqq H(x^0(t), u^0(t), \psi^0(t))\,, \tag{2}$$

für jede Variation $\alpha(\varepsilon)\,x$ der Ordnung h an der Stelle $x^0(t)$

$$\big(\psi(t)\big)^{\mathrm{T}} \frac{\mathrm{d}^h}{\mathrm{d}\varepsilon^h} \alpha(\varepsilon)\, x^0(t)|_{\varepsilon=0} \leqq 0 \qquad (3)$$

und mit gewissen Konstanten $\nu_0 \leqq 0$, ν_i, $i = 1, \dots, m$,

$$\psi(t_2) = \sum_{i=0}^{m} \nu_i \frac{\partial \varphi_i}{\partial x} \big(x^0(t_2)\big) \qquad (4)$$

gilt. Die Bedingung (3) höherer Ordnung zieht die Maximumaussage (2) bei einer speziellen Variation nach sich.

Lit.: [33]

[a] GABASOW, R., und F. M. KIRILLOWA (Габасов, Р., и Ф. М. Кириллова): Особые оптимальные управления. Nauka, Moskau 1973.
[b] KRENER, A. I.: The high order maximum principle and its application to singular control. SIAM J. Control **15** (1977), 256–293.

skalare Optimierung ›Optimierungsaufgabe
Skalarisierung ›Vektoroptimierung
Skalarprodukt ›Hilbert-Raum
Slater-Bedingung ›Regularitätsbedingungen
Slater-Punkt ›Regularitätsbedingungen

Sobolew-Raum: Es sei $\Omega \subseteqq R^n$ ein Gebiet (offene, zusammenhängende Menge). Ein S. ist eine Menge von auf Ω definierten Funktionen, die gewisse Differenzierbarkeitseigenschaften erfüllen, wobei lebesgue-fast-überall übereinstimmende Funktionen identifiziert werden. S. werden u. a. bei ›Steueraufgaben mit ›Evolutionsgleichungen eingesetzt. Ist $f \in \mathbf{L}_p(\Omega)$ und $D^\alpha f$ die verallgemeinerte Ableitung (›Ableitungsbegriffe) von f zum *Multiindex* α (d. h. $\alpha = (\alpha_1, \dots, \alpha_n)$, $\alpha_i \geqq 0$, ganz, $|\alpha| = \sum \alpha_i$), dann ist

$$\mathbf{W}_p^k(\Omega) = \{f \in \mathbf{L}_p(\Omega) : D^\alpha f \in \mathbf{L}_p(\Omega) \text{ für } 0 \leqq |\alpha| \leqq k\}$$

der S. der (ganzzahligen) Ordnung $k \geqq 0$ der Funktionen f, die samt ihren verallgemeinerten Ableitungen bis zur Ordnung $|\alpha| = k$ in der p-ten Potenz, $1 \leqq p < \infty$ integrierbar sind. Er ist mit der Norm

$$||f||_{k,p} = \{\sum_{0 \leqq |\alpha| \leqq k} ||D^\alpha f||_p^p\}^{1/p} \qquad (1)$$

ein ›Banach-Raum ($||\cdot||_p$ sei die Norm in $\mathbf{L}_p(\Omega)$), für $p = 2$ sogar ein ›Hilbert-Raum. $\mathbf{W}_p^k$ kann man nach dem *Satz von Meyers und Serrin* auch aus der Menge der über Ω bis zur Ordnung k stetig differenzierbaren Funktionen erzeugen, wenn man diese Menge mit der durch (1) erzeugten Metrik vervollständigt (= abschließt). Mit $\mathbf{W}_p^{0,k}$ bezeichnet man die Vervollständigung der Menge $\mathbf{C}^{0,k}(\Omega)$ mit der Norm (1), dabei ist $\mathbf{C}^{0,k}(\Omega)$ die Menge der auf Ω bis zur Ordnung k stetig differenzierbaren Funktionen mit kompakten Träger in Ω. Es gilt $\mathbf{W}_p^{0,0}(\Omega) = \mathbf{L}_p(\Omega) = \mathbf{W}_p^0(\Omega)$. Für $p > 1$ kann man den zu $\mathbf{W}_p^{0,k}(\Omega)$ dualen Raum mit $\mathbf{W}_q^{-k}(\Omega)$ identifizieren. Dabei ist $p^{-1} + q^{-1} = 1$, und $\mathbf{W}_q^{-k}$ ist die Menge aller Distributionen L über $\mathbf{C}^{0,\infty}(\Omega)$ mit endlichem

$$||L||_{-k,q} = \sup_{\substack{\varphi \in \mathbf{C}^{0,\infty}(\Omega)\\ \varphi \neq 0}} \frac{|L(\varphi)|}{||\varphi||_{\mathbf{W}_p^k(\Omega)}}. \tag{2}$$

$||L||_{-k,q}$ heißt *negative Norm* von L. Es gelten die *Einbettungen*

$$\ldots \subseteqq \mathbf{W}_2^2(\Omega) \subseteqq \mathbf{W}_2^1(\Omega) \subseteqq \mathbf{L}_2(\Omega) \subseteqq \mathbf{W}_2^{-1}(\Omega) \subseteqq \mathbf{W}_2^{-2}(\Omega) \subseteqq \ldots,$$

s. in [31]. Bei ›Evolutionsgleichungen benötigt man sogar noch allgemeinere Räume: Z. B. wird

$$u_t = \Delta u + f \quad \text{mit} \quad u(x, 0) = u_0(x) \quad \text{und} \quad u(\partial\Omega \times [0, T]) = 0 \tag{3}$$

über dem beschränkten Gebiet Ω zuerst skalar mit $v \in \mathbf{C}^{0,\infty}(\Omega)$ multipliziert. Dadurch tritt der Raum $H = \mathbf{L}_2(\Omega)$ auf. Nach partieller Integration treten nur noch erste Ableitungen auf:

$$\frac{\mathrm{d}}{\mathrm{d}t} \int_\Omega u(x, t)\, v(x)\, \mathrm{d}x + \int_\Omega \sum_i D^i u D^i v\, \mathrm{d}x = \int_\Omega f v\, \mathrm{d}x. \tag{4}$$

Jetzt führt man den Raum $V = \mathbf{W}_2^{0,1}(\Omega)$ ein, der die „örtliche" Differenzierbarkeit und die verschwindenden Randwerte erfaßt, dabei ist V dicht in H und $||v||_H \leqq \text{const.}\, ||v||_V$. Die gesuchte Lösung $u(x, t)$ faßt man zunächst auf als zu $\mathbf{L}_p([0, T]; V)$ gehörig:

$$u \in \mathbf{L}_p([0, T]; V) = \{\text{meßbare Funktion } u : [0, T] \to V \text{ mit}$$
$$||u|| = \Big(\int_0^T ||u(t)||_V^p\, \mathrm{d}t\Big)^{1/p} < \infty\}.$$

Die zeitliche Ableitung in (4) wird so definiert, daß gilt

$$\langle u'(t), v\rangle_V = \frac{\mathrm{d}}{\mathrm{d}t} \int_\Omega u(x, t)\, v(x)\, \mathrm{d}x,$$

rechts steht hinter $\mathrm{d}/\mathrm{d}t$ das Skalarprodukt in H, links sieht man: $u'(t)$ ist in $V^* = (\mathbf{W}_2^{0,1})^*$. Insgesamt wird die Lösung $u(x, t)$ von (3) gesucht im Raum

$$\mathbf{W}_p^1([0, T]; V, H) = \{u \in \mathbf{L}_p([0, T]; V) : u' \in \mathbf{L}_q([0, T]; V^*)\}.$$

Dieser S. ist mit

$$||u||_{\mathbf{W}_p^1} = ||u||_{\mathbf{L}_p(0,T;V)} + ||u'||_{\mathbf{L}_q(0,T;V^*)}$$

ein Banach-Raum. Das Raumtripel V, H, V^* heißt *Evolutionstripel*. Es gelten die Einbettungen $V \subseteqq H \subseteqq V^*$ [60].

Lit.: [31]

[a] ADAMS, R. A.: Sobolew Spaces. Academic Press, New York—San Francisco—London 1975.

[b] KUFNER, A., O. JOHN und S. FUČIK: Function spaces. Academia, Prague 1977.

SOR-Verfahren ›Verfahren zur Lösung von Gleichungssystemen
Spannung ›Fluß
Spiel ›Spieltheorie
Spieler ›Spieltheorie

Spieltheorie: In der S. werden mathematische Modell evon Konfliktsituationen untersucht. Grundlegend für die Entwicklung der S. war die Monographie [a], in der das *Spiel* als abstraktes Modell eines Konflikts definiert wird und eine systematische Theorie der Spiele entwickelt wurde (vgl. auch [b]).

Als mathematisches Objekt ist ein Spiel (genauer: ein strategisches Spiel in Normalform mit endlich vielen Spielern) gegeben durch die endliche Menge I ($|I| \geqq 2$) von *Spielern*, eine Mengenfamilie $\{S_i : i \in I\}$, den *Strategiemengen* und eine Familie $\{f_i : i \in I\}$ reellwertiger Funktionen, die auf dem Produkt $S = \underset{i \in I}{\times} S_i$ erklärt sind, den *Gewinnfunktionen.*

Eine *Partie* des Spiels $\Gamma = (I, \{S_i\}, \{f_i\})$ entsteht dadurch, daß jeder Spieler i eine Strategie $s_i \in S_i$ wählt und in Abhängigkeit von der resultierenden Situation $s = (s_i)_{i \in I}$ den Gewinn $f_i(s)$ erhält. Es wird unterstellt, daß jeder Spieler an einem möglichst großen Gewinn interessiert ist. Der Konfliktcharakter spiegelt sich im Modell darin wider, daß der Gewinn eines Spielers nicht allein von seiner eigenen Strategiewahl, sondern der Wahl aller Spieler abhängt. Gilt $\sum_{i \in I} f_i(s) = 0$ für alle $s \in S$, so spricht man von *Nullsummenspielen.*

Die Hauptfragen der Spieltheorie sind:

1. Was ist eine Lösung?
2. Existiert eine Lösung?
3. Wie kann man eine Lösung finden?

Sie sind jedoch bisher nur für spezielle Klassen befriedigend beantwortet.

Um einen sinnvollen Lösungsbegriff festzulegen, sind zusätzliche Informationen über die Strategiewahl in einem Spiel Γ nötig. Γ heißt *nichtkooperativ*, falls jeder Spieler seine Strategie s_i unabhängig von den übrigen Spielern zu wählen hat, andernfalls heißt Γ *kooperativ.* Ein grundlegender Lösungsbegriff nichtkooperativer Spiele ist die Gleichgewichtssituation: Eine Situation $\bar{s} \in S$ heißt *Gleichgewichtssituation,* falls für alle $i \in I$ und alle $s_i \in S_i$ gilt:

$$f_i(\bar{s}_1, \dots, \bar{s}_{i-1}, s_i, \bar{s}_{i+1}, \dots, \bar{s}_n) \leqq f_i(\bar{s}) \qquad (1)$$

(dabei ist $I = \{1, \dots, n\}$ gesetzt). Kein Spieler kann daher einen höheren Gewinn erzielen, wenn er als einziger seine Strategie $\bar{s}_i$ ändert. Die Existenz einer Gleichgewichtssituation ist z. B. gesichert, wenn für alle $i \in I$ gilt:

S_i nichtleere, konvexe, kompakte Teilmenge eines lokalkonvexen Raumes,

f_i stetig auf S, konkav auf S_i bei beliebig festen übrigen Argumenten $s_j \in S_j$ ($j \neq i$).

Der wichtige Spezialfall $I = \{1, 2\}$ und $f_2 = -f_1$ charakterisiert die *antagonistischen Spiele.* Die Bedingung (1) nimmt dann die Gestalt

$$\max_{s_1} \inf_{s_2} f_1(s_1, s_2) = \inf_{s_2} f_1(\bar{s}_1, s_2) = \sup_{s_1} f_1(s_1, \bar{s}_2) = \min_{s_2} \sup_{s_1} f_1(s_1, s_2)$$

an, d. h. $(\bar{s})$ ist ein *Minimaxpunkt.* Die Untersuchungen zu Minimaxaufgaben sind weit vorangetrieben (›[f]). Sind die Strategiemengen endlich, so lassen sich die Gewinnfunktionen beider Spieler in natürlicher Weise in einer Matrix darstellen. Solche Spiele heißen *Matrixspiele.*

Einem Spiel Γ wird häufig ein anderes Spiel $\tilde{\Gamma}$ zugeordnet, das *gemischte Erweiterung* von Γ heißt, und für das die Bedingungen für eine Gleichgewichtssituation leichter erfüllbar sind. Es ist $\tilde{\Gamma} = (I, \{\tilde{S}_i\}, \{\tilde{f}_i\})$, wobei $\tilde{S}_i$ aus (allen oder gewissen) Wahrscheinlichkeitsverteilungen über der Menge S_i besteht ($\tilde{s}_i \in \tilde{S}_i$ heißt *gemischte Strategie*) und $\tilde{f}_i$ der Erwartungswert des nunmehr zufälligen ursprünglichen Gewinns von Spieler i ist.

In einem Matrixspiel Γ, bei dem Spieler 1 genau p_1, Spieler 2 genau p_2 Strategien habe, ist dann

$$\tilde{S}_i = \{x \in \mathbb{R}^{p_i} : x \geqq 0, \sum_{k=1}^{p_i} x_k = 1\}, \qquad i = 1, 2 .$$

Ist a_{kl} der Gewinn, den Spieler 1 von Spieler 2 erhält, wenn Spieler 1 die k-te und Spieler 2 die l-te Strategie spielen, so ist dann

$$\tilde{f}_1(x, y) = x^{\mathrm{T}} A y , \qquad A = (a_{kl}) .$$

$(\bar{x}, \bar{y}) \in \tilde{S}_1 \times \tilde{S}_2$ ist eine Gleichgewichtssituation für dieses Spiel $\tilde{\Gamma}$, falls $\forall x \in \tilde{S}_1, \forall y \in \tilde{S}_2$ gilt

$$x^{\mathrm{T}} A \bar{y} \leqq \bar{x}^{\mathrm{T}} A \bar{y} \leqq \bar{x}^{\mathrm{T}} A y .$$

Die Zahl $v(A) = \bar{x}^{\mathrm{T}} A \bar{y}$ hängt nicht von der speziellen Wahl der Gleichgewichtssituation ab und heißt *Wert des Matrixspiels,* genauer, der gemischten Erweiterung $\tilde{\Gamma}$. Es gilt

$$v(A) = \max_{x \in \tilde{S}_1} \min_{y \in \tilde{S}_2} x^{\mathrm{T}} A y = \min_{y \in \tilde{S}_2} \max_{x \in \tilde{S}_1} x^{\mathrm{T}} A y .$$

Die zweite Gleichung ist äquivalent zum Dualitätssatz der ›linearen Optimierung. Daher können $v(A)$ und eine Gleichgewichtssituation in diesem Fall mittels Lösungsverfahren der linearen Optimierung berechnet werden (›[c]).

Die Untersuchung kooperativer Spiele ($|I| \geqq 3$) nimmt innerhalb der Spieltheorie den größten Raum ein. Es handelt sich dabei etwa um folgendes: Da die Spieler ihre Strategien aufeinander abstimmen können, läßt sich im Spiel Γ ein maximaler Gesamtgewinn

$$v(I) = \max_{s \in S} \left(\sum_{i \in I} f_i(s) \right)$$

erzielen (Existenz des Maximums sei vorausgesetzt, ebenso, daß die Summenbildung sinnvoll ist („vergleichbare Währungen")). Die zentrale Frage besteht darin: Welchen Anteil x_i soll jeder Spieler $i \in I$ vom Gewinn $v(I)$ erhalten? Gilt für jede nichtleere Teilmenge K (*Koalition*) von I

$$v(K) = \max_{\substack{u \in \times S_i \\ i \in K}} \min_{\substack{v \in \times S_j \\ j \in I \setminus K}} \sum_{i \in K} f_i(u, v),$$

so ist $v(K)$ gerade der maximale Gesamtgewinn von K, den diese gegen jede Strategiewahl der Gegenkoalition $I \setminus K$ sichern kann. Die Spieler aus K können daher „zu Recht" eine Gewinnaufteilung x fordern mit $\sum_{i \in K} x_i \geqq v(K)$. Eine Aufteilung x, die dies für alle Koalitionen erfüllt (und außerdem $\sum_{i \in I} x_i = v(I)$), existiert jedoch nur für die enge Klasse der *balancierten Spiele.* Es gibt deshalb weitere Definitionen sinnvoller Gewinnaufteilungen, die zu unterschiedlichen Lösungskonzepten führen. Zusätzliche Probleme treten auf, wenn die Gewinne der Spieler nicht vergleichbar (Spiele ohne Seitenzahlungen) oder gewisse Koalitionen verboten bzw. „Drohungen" gewisser Koalitionen erlaubt sind oder unendlich viele Spieler zugelassen werden.

Bei *Differentialspielen* zweier Spieler besteht S_i, $i = 1, 2$, z. B. aus der Menge der beschränkten, stückweise stetigen Funktionen $s_i : [0, 1] \to \mathbb{R}^m$. Durch die Wahl konkreter Strategien werde ein physikalisches Objekt, das sich zur Zeit $t = 0$ im Punkte $x^0 \in \mathbb{R}^n$ befindet, gemäß dem Differentialgleichungssystem

$$\dot{x}(t) = F\big(x(t), s_1(t), s_2(t), t\big), \qquad x(0) = x^0 \tag{2}$$

gesteuert, wobei eindeutige Lösbarkeit vorliege. Es seien

$$f_i(s_1, s_2) = \int_0^1 g_i\big(x(t), t\big)\, \mathrm{d}t + h_i\big(x(1)\big), \qquad i = 1, 2,$$

wobei $x(t)$ gemäß (2) von s_1, s_2 abhängt (*Verfolgungsspiel*).

Sind beide Spieler in der Lage, die Bewegung des Objekts zu jeder Zeit zu verfolgen, so spricht man von einem *Spiel mit vollständiger Information.* Dann bestehen in der analytischen Behandlung Analogien zu ›Steuerproblemen. Die Strategien brauchen nicht a priori für alle t festgelegt zu werden, sondern es können die „beobachtbaren" Größen $x(t)$, $\dot{x}(t)$ zur Festlegung von $s_i(t)$ hinzugezogen werden.

Lit.: [62]

[a] v. Neumann, J., und O. Morgenstern: Theory of games and economic behavior. Princeton University Press, Princeton 1944.

[b] Worobjoff, N. N.: Grundfragen der Spieltheorie und ihre praktische Bedeutung. Deutscher Verlag der Wissenschaften, Berlin 1969, s. a. Воробьев, Н. Н.: Основы теории игр. Бескоалиционные игры. Nauka, Moskau 1984.

[c] Manteuffel, K., und D. Stumpe: Spieltheorie. BSB B. G. Teubner Verlagsgesellschaft Leipzig 1977.

[d] Kummer, B.: Spiele auf Graphen. Deutscher Verlag der Wissenschaften, Berlin 1979.

[e] Rauhut, B., N. Schmitz und E.-W. Zachow: Spieltheorie. B. G. Teubner, Stuttgart 1979.

[f] DEMJANOW, W. F., und W. N. MALOZEMOW: Einführung in Minimax-Probleme. Akademische Verlagsgesellschafte Geest & Portig K.-G., Leipzig 1975.

SSVM-Klasse (self-scaling in variable metric methods) ›Newton-Verfahren

stabil ›Stabilität von Optimierungsproblemen

stabile parametrische Optimierungsaufgaben: Eine Aufgabe der ›parametrischen Optimierung (Parameter $\lambda \in \Lambda$)

$$f(x, \lambda) \to \min , \qquad x \in M(\lambda) , \qquad (\mathrm{P}(\lambda))$$

wobei Λ ein ›metrischer Raum ist, heißt *stabil* auf $\Lambda_0 \subset \Lambda$, wenn ihre Lösungsmenge $\psi(\lambda)$ für jedes $\lambda \in \Lambda_0$ nicht leer ist, die Extremalwertfunktion φ auf Λ_0 stetig und die Abbildung ψ auf Λ_0 oberhalbstetig (›Punkt-Menge-Abbildung) sind, sofern beide als Abbildungen mit dem Definitionsbereich Λ_0 verstanden werden. Es gelten folgende Aussagen:

1. Ist X ein kompakter ›metrischer Raum und $M : \Lambda \to \mathfrak{P}X$ abgeschlossen und unterhalbstetig (›Punkt-Menge-Abbildung), dann ist $(\mathrm{P}(\lambda))$ mit stetiger Zielfunktion $f : X \times \Lambda \to \mathbb{R}$ stabil auf $\Lambda_0 = \{\lambda : M(\lambda) \neq \emptyset\}$.

2. Ist $M : \Lambda \to \mathfrak{P}(\mathbb{R}^n)$ abgeschlossen und unterhalbstetig (›Punkt-Menge-Abbildung), $M(\lambda)$ für alle $\lambda \in \Lambda$ ›konvex, $f : \mathbb{R}^n \times \Lambda \to \mathbb{R}$ stetig und für festes λ quasikonvex (›erweiterte Konvexität), dann ist $(\mathrm{P}(\lambda))$ stabil auf $\Lambda_0 = \{\lambda : \psi(\lambda) \text{ beschränkt}, \psi(\lambda) \neq \emptyset\}$.

3. Sind c, b, A stetige Vektor- bzw. Matrixfunktionen, und setzt man $f(x, \lambda) = c^{\mathrm{T}}(\lambda)\, x$, $M(\lambda) = \{x \in \mathbb{R}^n : A(\lambda)\, x \leqq b(\lambda)\}$, so ist $(\mathrm{P}(\lambda))$ stabil auf $\Lambda_0 = \{\lambda : \text{primale und duale Lösungsmenge von } (\mathrm{P}(\lambda)) \text{ nichtleer und beschränkt}\}$.

4. Sind p, b stetige Vektorfunktionen und setzt man $f(x, \lambda) = x^{\mathrm{T}}Cx + p^{\mathrm{T}}(\lambda)\, x$, $M(\lambda) = \{x \in \mathbb{R}^n : Ax \leqq b(\lambda)\}$, so ist $(\mathrm{P}(\lambda))$ stabil auf $\Lambda_0 = \{\lambda : -\infty < \varphi(\lambda) < \infty\}$.

Lit.: [2], [25], [37], [50]

[a] BERGE, C.: Topological Spaces. Oliver and Boyd, London 1963.

[b] JERJOMIN, I. I., und N. N. ASTAFEW (Ерёмин, И. И., и Н. Н. Астафьев): Введение в теорию линейного и выпуклого программирования. Nauka, Moskau 1976.

Stabilisator = ›stabilisierendes Funktional

stabilisierendes Funktional: Ein nichtnegatives Funktional $\Omega(x)$, definiert auf der nichtleeren Teilmenge $T \subseteqq M$ eines ›metrischen Raumes M, heißt nach TICHONOW s. F. (oder *Stabilisator*), wenn die Niveaumengen $N_\Omega^c = \{x \in T : \Omega(x) \leqq c\}$ $\forall c > 0$ kompakt in M sind. Auf der Benutzung von s. F., die i. allg. als halbstetig von unten (›Abbildung) vorausgesetzt werden müssen, beruhen die meisten ›Regularisierungsmethoden, speziell die Methode der Regularisierung nach TICHONOW.

Lit.: [56]

[a] Tichonow, A. N., und W. Ja. Arsenin (Тихонов, А. Н., и В. Я. Арсенин): Методы решения некорректных задач. Nauka, Moskau 1979.

Stabilität vom Grade k ›Stabilität von Optimierungsproblemen

Stabilität von Optimierungsproblemen: In der ›parametrischen Optimierung und in der ›Dualitätstheorie hat der Stabilitätsbegriff grundlegende Bedeutung. Er steht im direkten Zusammenhang mit der Empfindlichkeit eines Optimierungsproblems gegenüber Störungen.

1. *Klassische Theorie bei Aufgaben mit Gleichungsrestriktionen*

Für das Extremalproblem

$$f(x) \to \min\,, \qquad g(x) = 0\,, \qquad x \in \mathbb{R}^n\,, \tag{P_0}$$

mit

$$f: \mathbb{R}^n \to \mathbb{R}, \quad g = (g_1, \dots, g_m)^{\mathrm{T}}, \quad m < n, \quad g_j: \mathbb{R}^n \to \mathbb{R}, \quad j = 1, \dots, m\,,$$

und $f, g_j \in C^2(\mathbb{R}^n)$, seien in x_0 die lokalen hinreichenden ›Optimalitätsbedingungen 2. Ordnung erfüllt, und die Gradienten $\nabla g_j(x_0)$, $j = 1, \dots, m$, seien linear unabhängig. Dann ist x_0 eine isolierte lokale Lösung des Extremalproblems (›Optimierungsaufgabe). Man bettet das Problem (P_0) in eine Familie von *gestörten Problemen*

$$f(x) \to \min\,, \qquad g(x) = v\,, \qquad x \in \mathbb{R}^n; \qquad v \in \mathbb{R}^m \text{ fest}, \tag{P_v}$$

(mit dem *Störparameter* v) ein. Es gilt unter unseren Voraussetzungen, daß diese Probleme (P_v) in einer hinreichend kleinen Umgebung $U(0)$ von $v = 0$ ebenfalls eine isolierte Lösung $x(v)$, die stetig differenzierbar von v abhängt, besitzen. Der Extremalwert $S(v)$ von (P_v) definiert eine *Empfindlichkeitsfunktion* $S: \mathbb{R}^m \to \overline{\mathbb{R}}$, welche von der Einbettung, d. h. der Art der Störung, abhängt: vgl. S in Abschnitt 2. S ist wegen

$$S(v) = f\big(x(v)\big) = \inf_{g(x)=v} f(x) \tag{1}$$

einmal stetig differenzierbar. Aus den Optimalitätsbedingungen 1. Ordnung folgt wegen der linearen Unabhängigkeit der Gradienten $\nabla g_j(x_0)$, $j = 1, 2, \dots, m$, die eindeutige Bestimmtheit des Vektors $\lambda(v)$ der Lagrange-Multiplikatoren (›Lagrange-Funktion) $\big(\lambda_1(v), \dots, \lambda_m(v)\big)^{\mathrm{T}}$ für (P_v). Man kann zeigen, daß

$$\nabla_v S(v) = \nabla_v f\big((x(v)\big) = -\lambda(v) \qquad \forall v \in U(0) \tag{2}$$

gilt. Insbesondere besagt (2) für $v = 0$

$$\nabla_v S(v)|_{v=0} = -\lambda(0)\,, \tag{3}$$

Damit ist der Lagrange-Multiplikatorenvektor von (P_0), der ein wesentliches Element des Dualkalküls der Optimierung ist (›Sattelpunktsätze, ›Lagrange-Funktion), mit der Störantwort $S(v)$ in Verbindung gebracht. Unten im Beispiel wird eine duale Aufgabe zu einer konvexen Optimierungsaufgabe über die konjugierte Funktion zu S gewonnen. (3) bedeutet weiter, daß der Vektor der Lagrange-Multiplikatoren zu (P_0) für die Extremalstelle x_0 der negative Gradient der Extremalwertfunktion $S(v)$ an der Stelle $v = 0$ ist. Damit ist $-\lambda(0)$ die Änderungsrate des Extremalwertes von (P_0) bei normmäßig hinreichend kleinen Störungen auf der rechten Seite der Gleichungsrestriktionen (Störparameter v), d. h.

$$S(v) - S(0) \approx \mathrm{d}S = -\lambda(0)^{\mathsf{T}}\, v\,. \tag{4}$$

Man sagt dazu, die Aufgabe (P_0) verhält sich *stabil* bez. ihres Optimalwertes bei kleinen *Störungen* $v \in U(0)$, oder anders ausgedrückt: Die Werte von S reagieren unempfindlich auf Änderungen von v in der Nähe von $v = 0$. Diese Aussage gehört zur ›Sensitivitätsanalyse von Optimierungsaufgaben.

Geometrisch besagen (3) bzw. (4), daß S in $v = 0$ eine Tangentialhyperebene H mit dem Normalenvektor $(-1, \lambda_1, \ldots, \lambda_m)^{\mathsf{T}}$ besitzt. S ergibt sich als Einhüllende solcher Hyperebenen H mit dem Normalenvektor $\big(-1, \lambda_1(v), \ldots, \lambda_m(v)\big)^{\mathsf{T}}$ und der Verschiebung $\big(S(v), v^{\mathsf{T}}\big)^{\mathsf{T}}$ für $v \in U(0)$. Dies ist eine duale Beschreibung der Störantwort $S(v)$ (nämlich durch einhüllende Hyperebenen, ›Dualität) mit der dualen Variablen λ.

2. *Allgemeine Optimierungsaufgabe*

Das Problem

$$f(x) \to \min\,, \qquad g(x) \leqq 0\,, \tag{P}$$

wird in eine Familie von *gestörten Problemen* (Störung $v \in V$)

$$F(x, v) \to \min\,, \qquad G(x, v) \leqq 0\,, \qquad x \in X\,, \tag{P_v}$$

mit $F(x, 0) = f(x)$, $G(x, 0) = g(x)$ eingebettet. Dabei seien X und V topologische Räume (›lokalkonvexer Raum), Y ein halbgeordneter linearer topologischer Raum (›halbgeordneter linearer Raum),

$$F : X \times V \to \mathbb{R},\ G : X \times V \to Y.$$

Man ordnet dem Problem (P) über die Optimalwerte (Extremalwerte)

$$S(v) = \inf_{\substack{G(x, v) \leqq 0 \\ x \in X}} F(x, v)$$

der Probleme (P_v) als *Empfindlichkeitsfunktion* $S : V \to \overline{\mathbb{R}}$ (andere Bezeichnungen: *Marginalwertfunktion, Störfunktion, Optimalwertfunktion, Extremalwertfunktion*) zu. Offenbar ist $S(0)$ der Optimalwert des Ausgangsproblems (P). Man sagt (›[b]), die Aufgabe (P) ist (bezogen auf die gewählte Art der Störung) *stabil vom Grade k*, $k = 0, 1, 2, \ldots$, wenn eine Funktion $p : V \to \mathbb{R}$

existiert mit

a) $p(0) = S(0)$,

b) $p(v) \leqq S(v) \ \forall v \in V$,

c) im Fall $k = 0$:

$$\liminf_{v \to 0} p(v) = p(0) \ ;$$

im Fall $k = 1, 2, \ldots$: p ist k-mal differenzierbar auf V bez. eines geeigneten Differenzierbarkeitsbegriffes auf V.

Im klassischen Fall ist $p(v) = S(v)$ und p ist einmal fréchetdifferenzierbar (›Ableitungsbegriffe), d. h. die dort definierte Stabilität bedeutet Stabilität vom Grade 1.

Geometrisch bedeutet die obige Stabilität, daß S durch eine entsprechend glatte Funktion p, die S *minorisiert,* in $v = 0$ gestützt wird. Es folgt für $k \geqq 1$ (bei Verwendung geeigneter Differenzierbarkeitsbegriffe auf V), daß es in $v = 0$ bez. $S(v)$ keine Richtungen mit (betragsmäßig) beliebig großen negativen Anstiegen gibt.

Unter Ausnutzung gewisser Klassen von ›Stützfunktionalen p:

a) für konvexe Probleme: p linear affin,

b) für nichtkonvexe Probleme: p quadratisch,

lassen sich zu (P) über (P_v) duale Probleme konstruieren (›[c]), so daß bei Vorliegen von Stabilität im obigen Sinne für (P) (konvexe Probleme: $k = 1$, nichtkonvexe Probleme: $k = 2$) und gewissen topologischen Voraussetzungen starke Dualitätssätze (›Dualitätstheorie) gesichert werden können.

Als Beispiel zu 2. sei der einfache Fall (Standardstörung)

$$f(x) \to \min\,, \qquad g(x) \leqq v\,, \qquad x \in X; \qquad v \in \mathbb{R}^m \text{ fest}, \tag{P_v}$$

wobei X konvex, $f : X \to \overline{\mathbb{R}}$, $g_j : X \to \overline{\mathbb{R}}$, $j = 1, \ldots, m$, konvexe Funktionen und $S(0)$ endlich sind, dargestellt. Man kann zeigen, daß das Problem

$$\varphi(\lambda) \to \max\,, \qquad \lambda \geqq 0\,, \tag{D}$$

wobei φ (über affine Minoranten von S) durch

$$\varphi(\lambda) = \inf_{v \in \mathbb{R}^m} \big(S(v) + \lambda^{\mathsf{T}} v\big) = -S^*(-\lambda)$$

(S^* Fenchel-Konjugierte (›konjugierte Funktion) von S) konstruiert wird, dual zum Problem

$$f(x) \to \min\,, \qquad g(x) \leqq 0\,, \qquad x \in X\,, \tag{P}$$

ist. Es gilt $S(0) \geqq \sup_{\lambda \geqq 0} \varphi(\lambda)$. Bei Vorliegen von Stabilitätsvoraussetzungen (›[15]) gelten die folgenden Zusammenhänge:

a) $S^{**}(0) = \sup_{\lambda \geqq 0} \varphi(\lambda)$.

b) (P) ist genau dann stabil vom Grade $k = 0$, wenn $S(0) = S^{**}(0)$.

c) (P) ist genau dann stabil vom Grade $k = 1, 2, 3, \ldots$, wenn eine der folgenden Bedingungen erfüllt ist:

(i) $\partial S(0) \neq \emptyset$ ($\partial S(0)$: Subgradient (›Ableitungsbegriffe)). Dann ist jedes $\lambda^0 \in -\partial S(0)$ Lösung von (D) und $\varphi(\lambda^0) = S(0)$.

(ii) $\exists K > -\infty : \dfrac{S(v) - S(0)}{||v||} \geqq K \;\; \forall v \in (\text{dom}\, S) \setminus \{0\}$ (›effektiver Definitionsbereich).

(iii) (D) ist lösbar und der Optimalwert von (D) ist gleich dem von (P).

Folgende Bedingung ist für Stabilität vom Grade $k = 0$ im konvexen Fall hinreichend: Seien $X \subseteqq \mathbb{R}^n$ eine abgeschlossene konvexe Menge, $f: X \to \mathbb{R}$ $g : X \to \mathbb{R}^m$ stetig und konvex auf X, $S(0)$ endlich und für ein $t \in \mathbb{R}$ die Niveaumenge $M_t := \{x \in X : f(x) \leqq t\}$ nichtleer und kompakt. Dann gilt: (P) ist stabil vom Grade $k = 0$.

Anmerkung: 1) Die hier betrachteten Stabilitätsbegriffe lassen sich auch auf die ›Vektoroptimierung übertragen (›[a]).

2) In der ökonomisch orientierten (linearen) Optimierung spiegelt die Interpretation der optimalen dualen Variablen als *Schattenpreise* ebenso den Zusammenhang zwischen Dualität, Störung, Stabilität und Empfindlichkeit wider.

3) Wenn x^0 eine Lösung von (P) ist und $\lambda^0 \in \partial S(0)$, dann ist bei $\partial f(x^0) \neq \emptyset$ und $\partial g(x^0) \neq \emptyset$ der Punkt (x^0, λ^0) eine Lösung der ›Kuhn-Tucker-Bedingungen für (P).

4) Störungen werden auch bei Steueraufgaben verwendet, ›Dualität in der Steuertheorie.

5) Stabilitätsbereiche ›parametrische Optimierung.

Lit.: [15]

[a] Brumelle, Ch.: Duality for multiple objective convex programs. Mathematics of Operations Research **6** (1981) 2, 159–172.

[b] Rockafellar, R. T.: Augmented Lagrange multiplier functions and duality in nonconvex programming. SIAM Journal on Control **12** (1974), 268–285.

[c] Rockafellar, R. T.: Conjugate duality and optimization. CBMS Lecture Notes, No. 16, SIAM Publication, 1974.

Stabilitätsbereich ›parametrische Optimierung
Standardstörung ›Stabilität von Optimierungsproblemen

Standortproblem: Das S. (oder *Steiner-Weber-Problem, Fermat-Problem*) besteht darin, zu m in der Ebene vorgegebenen Punkten $x^1, \ldots, x^m$ einen Punkt x^* der Ebene zu finden, so daß die Summe der mit positiven Gewichten $p_1, \ldots, p_m$ gewichteten Abstände von x^* zu den x^i minimal wird:

$$\sum_{i=1}^{m} p_i \, ||x^i - x|| \to \min , \qquad x \in \mathbb{R}^2 . \tag{1}$$

Diese konvexe ›Optimierungsaufgabe wurde (und wird) intensiv untersucht, wobei die Wahl der Norm, eventuell mehr als endlich viele gegebene „Orte“ x^i, die Eindeutigkeit und Lage der Extremalstellen, das Dualproblem, Verfahren zur Lösung der Aufgabe, schließlich aber auch die Betrachtung der Aufgabe auf Mannigfaltigkeiten zur Diskussion stehen (›[a, b, c]). (1) mit der euklidischen Norm und nicht kollinearen x^i ist eindeutig lösbar, es gilt

$$x^* \in (\text{r. i. conv}\,\{x^1, \dots, x^m\}) \cup \{x^1, \dots, x^m\}\,,$$

und ein nützliches duales Problem ist

$$\{\sum_{i=1}^{m} \langle u^i, x^i\rangle : \sum_{i=1}^{m} u^i = 0,\ \|u^i\| \leqq p_i,\ i = 1, \dots, m\} \to \max\,.$$

(1) mit der l_1-Norm (›Approximationstheorie) heißt mitunter *Manhattan Problem* (›[d]).

Lit.: [a] ILLGEN, A.: Das Verhalten von Abstiegsverfahren an einer Singularität des Gradienten. Math. Operationsforsch u. Statist., Ser. optimization **10** (1979) 1, 39–55.
[b] KUHN, H. W.: A note on Fermat's problem. Math. Progr. **4** (1973), 98–107.
[c] RUBINSCHTEJN, G. SCH. (Рубинштейн, Г. Ш.): Исследования по двойственным экстремальным задачам. Оптимизация **9** (**26**) (1973), 13–149.
[d] HANAN, M.: On Steiner's problem with rectilinear distance. SIAM J. Appl. Math. **14** (1966) 2, 255–265.

starke lokale Lösung ›Variationsrechnung
starker Dualitätssatz ›Dualitätstheorie, ›Dualität in der Steuertheorie, ›Trennungssätze
stärkste Topologie ›duale Räume

stark konvexes Funktional: Ein s. k. F. ist ein spezielles konvexes Funktional (›konvexe Funktion). Ein auf einer offenen ›konvexen Menge D eines ›Banach-Raumes B definiertes endliches Funktional F heißt *stark konvex* (mit der Schranke $m > 0$) und *beschränkt konvex* (mit der Schranke $M < \infty$, $m \leqq M$), falls $\forall x^1, x^2 \in D$ und $\forall \lambda_1, \lambda_2 \geqq 0$ mit $\lambda_1 + \lambda_2 = 1$ gilt

$$\tfrac{1}{2} m\lambda_1\lambda_2 \|x^1 - x^2\|^2 \leqq \lambda_1 F(x^1) + \lambda_2 F(x^2) - F(\lambda_1 x^1 + \lambda_2 x^2) \leqq \leqq \tfrac{1}{2} M\lambda_1\lambda_2 \|x^1 - x^2\|^2\,. \quad (1)$$

Diese Funktionale lassen sich auch durch folgende Ungleichungen charakterisieren (dabei sei f stetig $\Rightarrow \partial F(x) \neq \emptyset\ \forall x \in D$):

$$\tfrac{1}{2} m \|x^1 - x^2\|^2 \leqq F(x^1) - F(x^2) - \langle f_2, x^1 - x^2\rangle \leqq \leqq \tfrac{1}{2} M \|x^1 - x^2\|^2 \qquad \forall x^1, x^2 \in D\,,\ f_2 \in \partial F(x^2)\,, \quad (2)$$

$$m \|x^1 - x^2\|^2 \leqq \langle f_1 - f_2, x^1 - x^2\rangle \leqq \leqq M \|x^1 - x^2\|^2 \qquad \forall x^1, x^2 \in D \quad f_1 \in \partial F(x^1)\,,\ f_2 \in \partial F(x^2)\,. \quad (3)$$

Die Eigenschaft (3) der starken und beschränkten *Monotonie des Subdifferentials* (›Ableitungsbegriffe) spielt eine entscheidende Rolle beim Beweis der superlinearen Konvergenz von Verfahren (›Konvergenzbegriffe).

Gilt mit einer Funktion $\delta : \mathbb{R}_+ \to \mathbb{R}_+$, $\delta(0) = 0$, $\delta(t) > 0$ für $t > 0$ gegenüber (1) nur

$$0 \leqq \lambda_1 F(x^1) + \lambda_2 F(x^2) - F(\lambda_1 x^1 + \lambda_2 x^2) \leqq \delta(\|x^1 - x^2\|)\,,$$

so heißt F *gleichmäßig konvex.*

Lit.: [24], [39]

[a] Roberts, A. W., und D. E. Varberg: Convex functions. Academic Press, New York 1973.

stark monoton ›Abbildung
stark stetige Halbgruppe ›Evolutionsgleichungen

stationärer Punkt: Ist $f : \mathbb{R}^n \to \mathbb{R}$ stetig differenzierbar, so heißt ein Punkt x_0 s. P. von f, falls $\nabla f(x_0) = 0$ gilt, andernfalls heißt er *nichtstationär.* Ist f Zielfunktion einer ›Optimierungsaufgabe $f(x) \to \min$, $x \in \mathfrak{B}$, so heißt $x_0 \in \mathfrak{B}$ ein s.P. dieser Aufgabe, wenn er bestimmten notwendigen ›Optimalitätsbedingungen genügt, etwa den ›Kuhn-Tucker-Bedingungen.

statische Nebenbedingung ›dynamische Optimierung
steilster Abstieg ›Gradientenverfahren
Steiner-Weber-Problem ›Standortproblem

stetige lineare Optimierung: Das Problem der s. l. O. läßt sich formulieren in der Form

$$\int_0^T c^{\mathsf T}(t)\, x(t)\, \mathrm{d}t \to \max\,, \qquad \begin{cases} A(t)\, x(t) \leqq b(t) + \int_0^T K(t, s)\, x(s)\, \mathrm{d}s\,, \\ x(t) \geqq 0\,. \end{cases} \tag{1}$$

Dabei sind für t fest $x(t)$ und $c(t)$ Vektoren des $\mathbb{R}^n$, $b(t)$ ein Vektor des $\mathbb{R}^m$, und $A(t)$, $K(t, s)$ sind $m \times n$-Matrizen. Die einzelnen Koeffizienten dieser Vektoren bzw. Matrizen liegen in geeigneten Räumen, z. B. in $\mathbf{L}_2[0, T]$. Die Ungleichungen sind dann komponentenweise und als fast überall gültig zu verstehen. Es gibt ein entsprechendes Dualproblem, welches formal dem der gewöhnlichen ›linearen Optimierung nachgebildet ist. Unter gewissen Voraussetzungen gelten Dualitätssätze und Maximumprinzipe wie in der Steuertheorie (›[24]) (›optimale Prozesse). Zur Berechnung von Lösungen ›[b].

Bellman [a] betrachtete das spezielle Problem

$$\int_0^T c^{\mathsf T}(t)\, x(t)\, \mathrm{d}t \to \min$$

$$Bx(t) + \int_0^t Kx(\tau)\, \mathrm{d}\tau = b(t)\,, \qquad x(t) \geqq 0\,, \qquad t \in [0, T]\,,$$

und nannte es *Engpaßproblem*, weil sich bei geeigneter Schreibweise (›[a], [24]) ›Steuerprobleme unterordnen, bei denen Steuervariable nach oben durch Zustandsvariable beschränkt sind.

Lit.: [24]

[a] BELLMAN, R. E.: Dynamic programming. The Rand Corp., Princeton University Press, Princeton 1957.

[b] JASIULEK, J.: The structure and computation of solutions to continuous linear programming. System modeling and optimization. Proceedings of the 10th IFIP Conference New York City 1981. In: Lecture Notes in Control and Information Sciences 38, Springer Verlag, Berlin—Heidelberg—New York 1981, 465—472.

stetige Transportaufgabe ›Transportoptimierung

stetiges Problem (zu einem diskreten Optimierungsproblem) ›Gomory-Verfahren

Steueraufgaben mit Evolutionsgleichungen: Die Möglichkeiten der Betrachtung von Steueraufgaben mit ›Evolutionsgleichungen sind vielfältig und kompliziert. Steuerungen sind in den Koeffizientenfunktionen und in der rechten Seite der Differentialgleichung, in der Anfangsbedingung und in den Randbedingungen denkbar. Die Steuerung kann ein Parameter sein, aber auch eine zeit- und ortsabhängige Funktion. Hinzu kommen die verschiedenen Arten von Zielfunktionalen, von Randbedingungen usw. Ein einfaches ›Steuerproblem mit einer linearen Evolutionsgleichung ist das folgende:

$$J^1(x) + J^2(u) \to \min, \quad x' + Ax = f + Bu, \quad x(0) = a, \quad u \in U_0. \tag{1}$$

Die Evolutionsgleichung wird im Rahmen der Theorie monotoner Operatoren behandelt (›Evolutionsgleichungen). $X = \mathbf{L}_2(S; V)$ enthält sämtliche der Trajektorien, U sei der reflexive Banach-Raum der Steuerungen, wobei $U_0 \subseteqq U$ die Menge der zulässigen Steuerungen bezeichne. Der gegebene Operator $B: U \to X^*$ beschreibt die Einwirkung der Steuerung in der rechten Seite der Evolutionsgleichung. Der vorgegebene Anfangswert sei $a \in H$. Die Zielfunktionalanteile J^1, J^2 seien gegebene Funktionale über X bzw. U $f \in X^*$.

Es werden folgende Forderungen gestellt: Die Funktionale J^1 und J^2 seien konvex, J^1 sei fréchetdifferenzierbar, J^2 sei gâteauxdifferenzierbar (›Ableitungsbegriffe). Die Operatoren A und B seien linear, A sei stark monoton, B sei stetig. Die Steuermenge U_0 sei konvex, abgeschlossen und beschränkt. Für die Aufgabe (1) gilt dann die folgende Optimalitätsaussage (›[d]): Es existiert wenigstens eine optimale Steuerung $u_0 \in U_0$, die das Minimum der Steueraufgabe (1) realisiert.

Eine Steuerung $u_0 \in U_0$ ist genau dann optimal, wenn für u_0 und die zugehörige Trajektorie x_0 die *Variationsungleichung*

$$J^2_u(u_0)\,(u - u_0) + \langle B(u - u_0), y\rangle \geqq 0 \qquad \forall u \in U_0 \tag{2}$$

gilt, wobei $y \in X$ die eindeutig bestimmte Lösung der folgenden ›Evolutionsgleichung (*adjungierte Gleichung*) ist:

$$-y' + A^*y = J_x^1(x_0)\,, \qquad y(T) = 0\,. \tag{3}$$

Unter Verwendung des (in diesem Fall existierenden) Lösungsoperators $\mathcal{L}: U \to X$, der jeder Steuerung $u \in U$ die eindeutig bestimmte Lösung $x \in X$ der Evolutionsgleichung $x' + Ax = f + Bu$, $x(0) = a$ zuordnet, führt die Steueraufgabe (1) zu einer Aufgabe der nichtlinearen Optimierung.

Zur Berücksichtigung von Nichtlinearitäten ›[c], zu Fragen der Existenz ›[a], [c], zu Näherungsverfahren ›[c], zu notwendigen Optimalitätsbedingungen ›[b].

Lit.: [a] Ahmed, N. U., und K. L. Teo: Optimal control of distributed parameter systems. North Holland, Amsterdam–New York–Oxford 1981.
[b] Kampowsky, W.: Optimalitätsbedingungen für Prozesse in Evolutionsgleichungen 1. Ordnung. ZAMM **61** (1981), 501–512.
[c] Kluge, R., und H. Langmach: On the determination of some rheologic properties of mechanical media. In: Abh. der Akad. d. Wiss. d. DDR Nr. 6 N, Akademie-Verlag, Berlin 1978, S. 141–158 (s. a. S. 175 bis 184).
[d] Lions, J. L.: Contrôle optimal des systèmes gouvernés par des équations aux dérivées partielles. Dunod, Gauthier-Villars, Paris 1968.

Steuerbarkeit: Sei $\dot{x} = f(t, x, u(t))$ die Prozeßgleichung eines Steuerproblems (›optimale Prozesse). Bei einem System $\dot{x} = f(t, x, u(t))$ interessiert häufig, ob es eine zulässige Steuerung $u(\cdot)$ gibt, so daß aus $x(t_0) = x^0$ die Bedingung $x(t_1) = x^1$ folgt oder umgekehrt. Ein gegebener Zustand (t_0, x^0) heißt nach Kalman (in den Ursprung) *steuerbar*, wenn es ein $t_1 \geqq t_0$ und eine Steuerung $u(\cdot)$ gibt, so daß die durch $x(t_0) = x^0$ bestimmte Lösung des Systems die Bedingung $x(t_1) = 0$ erfüllt. Das System heißt *zur Zeit t_0 vollständig steuerbar*, wenn (t_0, x^0) für jedes x^0 steuerbar ist. Der Zustand (t_1, x^1) heißt (aus dem Ursprung) *erreichbar*, wenn es ein $t_0 \leqq t_1$ und eine Steuerung $u(\cdot)$ gibt, so daß die durch $x(t_0) = 0$ bestimmte Lösung die Bedingung $x(t_1) = x^1$ erfüllt. Das System heißt *zur Zeit t_1 vollständig erreichbar*, wenn (t_1, x^1) für jedes x^1 erreichbar ist. Falls ein lineares System

$$\dot{x} = A(t)\, x + B(t)\, u(t) \tag{1}$$

mit stückweise stetigen $n \times n$- bzw. $n \times r$-Matrixfunktionen A, B und Vektorfunktionen $u(\cdot)$ ohne Wertebeschränkungen vorliegt, läßt sich die vollständige Steuerbarkeit bzw. Erreichbarkeit mit Hilfe der *Kalman-Matrix*

$$W(t_0, t_1) = \int_{t_0}^{t_1} \Phi(t_1, \tau)\, B(\tau)\, B^{\mathrm{T}}(\tau)\, \Phi^{\mathrm{T}}(t_1, \tau)\, \mathrm{d}\tau \tag{2}$$

entscheiden. Das System ist zur Zeit t_0 genau dann vollständig steuerbar, wenn es ein $t_1 \geqq t_0$ gibt, so daß $W(t_0, t_1)$ nichtsingulär ist. Das System ist zur Zeit t_1 genau dann vollständig erreichbar, wenn es ein $t_0 \leqq t_1$ gibt, so daß

$W(t_0, t_1)$ nichtsingulär ist. Hierbei bedeutet $\Phi(t, \tau)$ die zum System $\dot{x} = A(t)\,x$ gehörige und durch $\Phi(\tau, \tau) = I$ normierte Fundamentalmatrix (Matrixlösung). Wenn die Matrixfunktionen A, B konstant sind, ist die Nichtsingularität der Kalman-Matrix für $t_0 < t_1$ gesichert, wenn die aus den Spalten von B, AB, ... gebildete Matrix den Rang

$$r(B, AB, \dots, A^{n-1}B) = n \tag{3}$$

besitzt. Man bezeichnet ein System auch als vollständig steuerbar, wenn es für jedes Paar x^0, x^1 ein Intervall $[t_0, t_1]$ und eine darüber definierte (zulässige) Steuerung gibt, so daß die zugehörige Trajektorie aus $x(t_0) = x^0$ in $x(t_1) = x^1$ übergeht. (3) sichert dies für das lineare System mit konstanten A, B. Eine Verallgemeinerung des Kriteriums (3) für zeitabhängige Systeme (1) ist von Krasowski gefunden worden.

Lit.: [a] Kalman, K., P. Falb und M. Arbib: Topics in mathematical system theory. McGraw-Hill, New York 1969.
[b] Krasowski, N. N. (Красовский, Н. Н.): Теория управления движением. Nauka, Moskau 1968.
[c] Curtain, R. F., und A. J. Pritchard: Infinite dimensional linear system theory. Lecture Notes in Control and Information Sciences 8, Springer-Verlag, Berlin—Heidelberg—New York 1978.

Steuerbereich ›optimale Prozesse, ›Steuerprobleme vom Dieudonné-Rashevsky-Typ
Steuerbeschränkungen ›Steuerprobleme vom Dieudonné-Rashevsky-Typ
Steuerfunktion ›Steuerprobleme vom Dieudonné-Rashevsky-Typ

Steuerproblem: Die grundlegende Aufgabenstellung, einen zeitabhängigen Zustand x im Verlaufe des Zeitintervalls $[t_0, t_1]$ so zu beeinflussen (zu steuern), daß ein von der Zeit t, dem Zustand x und der Steuerung u abhängendes Zielkriterium f extremal wird (etwa minimal), führt zu einem S., genauer, einem Problem der optimalen Steuerung:

$$f(x, u) \to \min\,, \qquad \begin{pmatrix} x \\ u \end{pmatrix} \in \mathfrak{B}\,. \tag{1}$$

Der zulässige Bereich $\mathfrak{B}$ wird i. allg. durch Restriktionen

$$x \in \mathcal{X}\,, \qquad u \in \mathcal{U} \tag{2}$$

für x und u und durch eine Kopplung von x und u, die in vielen Fällen durch ein System

$$A(x, u) = 0 \tag{3}$$

von Differentialgleichungen (oder anderen Operatorgleichungen) mit eventuell zugehörigen Rand- und Anfangsbedingungen ausgedrückt wird, beschrieben. Die Gleichungen (3) heißen manchmal *Prozeßgleichungen*. Die Zeit t kann in (1)—(3) sowohl explizit als auch nur implizit (*autonomes* S.) oder auch gar nicht auftreten. Die Restriktionsbereiche $\mathcal{X}$, $\mathcal{U}$ können zeitabhängig oder noch allgemeineren Typs sein (›optimale Prozesse). Gesucht ist ein zulässiges Paar (x^*, u^*), welches f minimiert.

Ist (3) ein System gewöhnlicher Differentialgleichungen ›optimale Prozesse, vgl. auch ›Steuerprobleme vom Dieudonné-Rashevsky-Typ, ›Erreichbarkeit und ›Existenz optimaler Steuerungen. Enthält (3) Evolutionsgleichungen ›Steuerprobleme mit Evolutionsgleichungen. Auch die ›dynamische Optimierung löst Aufgaben vom Typ (1)—(3). Beziehungen zur ›Dualitätstheorie ›Dualität in der Steuertheorie.

Es besteht, wenn (3) ein Differentialgleichungssystem ist, in gewissem Sinne eine Äquivalenz zwischen Steuerproblemen und Variationsproblemen (d. h., Aufgaben der ›Variationsrechnung). Variationsprobleme in einer unabhängigen Veränderlichen können stets in Steuerprobleme verwandelt werden, indem man die höchsten Ableitungen der Komponentenfunktionen $x_i(\cdot)$ als Steuerfunktionen $u_i(\cdot)$ auffaßt. Bei Variationsproblemen für einmal ableitbare Vektorfunktionen $x(\cdot)$ ersetze man also $\dot{x}(\cdot)$ durch $u(\cdot)$, betrachte $\dot{x} = u(t)$ als Prozeßgleichung und wende die Theorie ›optimaler Prozesse an. Es zeigt sich (›[47]), daß die notwendigen Bedingungen der Variationsrechnung (für starke lokale Extrema), die Multiplikatorregel, aus dem Maximumprinzip hergeleitet werden können. Diese Umformulierung als Steuerproblem ist zu empfehlen, wenn man *Gefällbeschränkungen* $\dot{x}(t) \in U$ für fast alle t, wobei U eine abgeschlossene Teilmenge ist, z. B. $|\dot{x}(t)| \leqq 1$, zu berücksichtigen hat.

Steuerprobleme können ebenfalls in Variationsprobleme verwandelt werden, wenn die Steuerwertebeschränkungen $u(t) \in U(t, x(t))$ bzw. $u(t) \in U$ für fast alle t durch Ungleichungen des Typs $Q_i(t, x(t), u(t)) \geqq 0$ analytisch erfaßt werden. Eine praktisch anwendbare Methode geht auf VALENTINE zurück (›[a]). Das Steuerproblem laute: Minimiere ein *Bolza-Funktional* (›optimale Prozesse)

$$G(\sigma) + \int_{t_1}^{t_2} f_0(t, x(t), u(t))\, dt \to \min$$

durch Wahl von $\sigma \in \Sigma$, $x(\cdot)$, $u(\cdot)$ unter den Nebenbedingungen

$$t_j = t_j(\sigma)\,, \quad x(t_j) = x^j\,, \quad x^j = x^j(\sigma)\,, \quad j = 1, 2\,,$$
$$\dot{x} = f(t, x, u(t))\,, \quad Q_i(t, x(t), u(t)) \geqq 0\,, \quad i = 1, \dots, m\,,$$

$u(\cdot)$ stückweise stetig. Die Gradienten $Q_{iu}(t, x, u)$ der an der Stelle (t, x, u) verschwindenden Q_i seien linear unabhängig; f_0, f, Q_i seien wenigstens C^1-Funktionen. Von jedem zulässigen Paar $x(\cdot)$, $u(\cdot)$ werden durch

$$\dot{y}(t) = u(t)\,, \quad y(t_1) = 0;$$
$$(\dot{z}_i(t))^2 = Q_i(t, x(t), u(t))\,, \quad z_i(t_1) = 0\,, \quad i = 1, \dots, m\,,$$

stückweise glatte Vektorfunktionen $y(\cdot)$ und $z(\cdot)$ mit den Komponenten $z_i(\cdot)$ abgeleitet. Für die aus $x(t)$, $y(t)$, $z(t)$ zusammengesetzte stückweise glatte Vektorfunktion erhält man das Variationsproblem:

$$G(\sigma) + \int_{t_1}^{t_2} f_0(t, x(t), \dot{y}(t))\, dt \to \min$$

unter den Nebenbedingungen

$$\dot{x} - f(t, x, \dot{y}) = 0\,, \qquad Q_i(t, x, \dot{y}) - \dot{z}_i^2 = 0\,, \qquad i = 1, \ldots, m\,,$$

$$t_j = t_j(\sigma)\,, \qquad x(t_j) = x^j(\sigma)\,, \qquad j = 1, 2\,,$$

$$y(t_1) = 0\,, \qquad y(t_2) = \eta \text{ (frei)}\,, \qquad z(t_1) = 0\,, \qquad z(t_2) = \zeta \text{ (frei)};$$

der neue Parametervektor ist $(\sigma, \eta, \zeta) \in \Sigma \times \mathbb{R}^r \times \mathbb{R}^m$. Die zugehörige ›Lagrange-Funktion lautet

$$F(t, x, y, \ldots) = \lambda_0 f_0 + \sum_{i=1}^{n} \mu_i(\dot{x}_i - f_i) + \sum_{i=1}^{m} \mu_{n+i}(Q_i - \dot{z}_i^2)\,.$$

Eine der optimalen Lösung σ^0, $x^0(\cdot)$, $u^0(\cdot)$ des Steuerproblems entsprechende Lösung σ^0, η^0, ζ^0, $x^0(\cdot)$, $y^0(\cdot)$, $z^0(\cdot)$ des Variationsproblems muß den Bedingungen der Multiplikatorregel genügen. Es zeigt sich, daß die Aussagen des Maximumprinzips aus der Multiplikatorregel folgen, wenn man

$$\psi_0 = -\lambda_0\,, \qquad \psi_i(t) = \mu_i(t)\,, \qquad i = 1, \ldots, n\,,$$

setzt; die Maximumbedingung speziell ergibt sich aus der Weierstraßschen Ungleichung und den Euler-Gleichungen, die Vorzeichenbeschränkung für die Multiplikatoren μ_{n+i} aus der Legendre-Bedingung (›Variationsrechnung).

Eine theoretisch wichtige Methode, optimale Steuerprobleme auf Variationsprobleme zurückzuführen, ist die folgende: Das Steuerproblem verlange, das Lagrange-Funktional

$$\int_{t_1}^{t_2} f_0(t, x(t), u(t))\, \mathrm{d}t$$

durch Wahl von $x(\cdot)$, $u(\cdot)$ unter den Nebenbedingungen

$$\dot{x} = f(t, x, u(t))\,, \qquad u(t) \in U \quad \text{für fast alle } t\,, \qquad x(t_j) = x^j\,, \qquad j = 1, 2\,,$$

zu minimieren. f_0 und f seien Caratheodory-Funktionen (›verallgemeinerte Steuerung), U sei kompakt, eine zulässige Steuerung $u(\cdot)$ meßbar und $x(\cdot)$ absolutstetig. Durch

$$F(t, x, \dot{x}) = \inf \{f_0(t, x, u) : u \in U, \dot{x} = f(t, x, u)\}$$

wird eine Funktion mit Werten in $\overline{\mathbb{R}}$ definiert $\big(F(t, x, \dot{x}) = \infty$, falls für $t, x, \dot{x}$ kein $u \in U$ mit $\dot{x} = f(t, x, u)$ existiert$\big)$. Im Fall $F(t, x, \dot{x}) \neq \infty$ werde das Infinum angenommen. Die Funktion F sei ein normaler Integrand (›[14], [29]). Dann lautet das zugeordnete Variationsproblem

$$\int_{t_1}^{t_2} F(t, x(t), \dot{x}(t))\, \mathrm{d}t \to \min$$

unter den Nebenbedingungen

$$x(t_j) = x^j\,, \qquad j = 1, 2\,, \qquad x(\cdot) \text{ absolutstetig.}$$

Es zeigt sich nun, daß das $x^0(\cdot)$ von einer optimalen Lösung $x^0(\cdot)$, $u^0(\cdot)$ des Steuerproblems eine Lösung des Variationsproblems ist und daß zu jeder

Lösung $x^0(\cdot)$ des Variationsproblems eine meßbare Vektorfunktion $u^0(\cdot)$ mit Werten $u^0(t) \in U$ für fast alle t gefunden werden kann, so daß $x^0(\cdot)$, $u^0(\cdot)$ eine Lösung des Steuerproblems ist. Diese Methode wird z. B. angewendet, um Aussagen über die ›Existenz optimaler Lösungen von Steuerproblemen aus solchen Aussagen für Variationsprobleme abzuleiten.

Lit.: [14], [29], [47]

[a] BERKOVITZ, L. D.: Variational methods in problems of control and programming. J. Math. Anal. Appl. **3** (1961), 145–169.

Steuerprobleme vom Dieudonné-Rashevsky-Typ: S. v. D. sind Standardprobleme der Steuertheorie (›Steuerproblem) stetiger Prozesse, bei denen die Zustandsgleichungen nach auftretenden Ableitungen aufgelöst sind. Es ergeben sich ›Optimierungsaufgaben des Typs

$$J(x, u) = \int_{\Omega} f\big(t, x(t), u(t)\big)\, \mathrm{d}t \to \min \quad \text{mit} \quad \Omega \subseteqq \mathbb{R}^m$$

bez. vektorwertiger *Zustandsfunktionen* $x \in \mathbf{W}_p^{1,n}(\Omega)$, und vektorwertiger *Steuerfunktionen* $u \in \mathbf{L}_p^r(\Omega)$, die den *Prozeßgleichungen*

$$x_{t\alpha}^i = g_\alpha^i(t, x, u)\,, \qquad i = 1, \dots, n; \qquad \alpha = 1, \dots, m\,,$$

Zustandsbeschränkungen $\big(t, x(t)\big) \in X$ (*Zustandsbereich*) auf Ω, *Steuerbeschränkungen* $u(t) \in U\big(t, x(t)\big)$ (*Steuerbereich*) und Randbedingungen für x auf $\partial\Omega$ genügen (›[a]).

Für $m = 1$ entsprechen diese Steuerprobleme der gewöhnlichen Steuertheorie, für die das Pontrjaginsche Maximumprinzip (›optimale Prozesse) eine notwendige Optimalitätsbedingung darstellt. In [a], [b] werden für $m > 1$ Analoga zum Pontrjaginschen Maximumprinzip aufgestellt (›Dualität in der Steuertheorie *I*).

Lit.: [a] CESARI, L.: Optimization with partial differential equations in Dieudonné-Rashevsky form and conjugate problems. Arch. Rat. Mech. Anal. **33** (1969), 339–357.

[b] CESARI, L., und R. KLÖTZLER: On Pontryagin's maximum principle for multiple integrals. Beiträge z. Analysis **8** (1976), 67–75.

Stiemke, Satz von ›Alternativsätze

stochastisch effiziente Entscheidung ›stochastische Optimierung

stochastische Optimierung: Die Anwendung von Modellen der (deterministischen) Optimierung erfordert die genaue Kenntnis aller zur Beschreibung des Modells benötigten Koeffizienten bzw. Daten. Demgegenüber stellt die s. O. neben der ›parametrischen Optimierung und der fuzzy-Optimierung (›unscharfe Menge) eine Möglichkeit dar, die in der Realität häufig anzutreffende Unbestimmtheit gewisser Koeffizienten zu berücksichtigen. Ihre Nutzung ist dann sinnvoll, wenn die Voraussetzungen dafür gegeben sind, diese Koeffizienten als Zufallsvariable zu interpretieren. Man geht also in der

s. O. zunächst von einem formalen Modell

$$f(x, \omega) \to \min , \qquad x \in M(\omega) , \tag{1}$$

aus, bei dem allgemein sowohl der Zielfunktionswert als auch der Restriktionsbereich von einem unbekannten Element ω aus einem Wahrscheinlichkeitsraum $(\Omega, \mathfrak{A}, \mathsf{P})$ abhängt. Da in (1) nur über x, nicht aber über ω entschieden werden kann, sind die in der Optimierung wesentlichen Begriffe der Zulässigkeit und der Optimalität einer Entscheidung x hier in ihrer üblichen Form nicht anwendbar. Es muß der mathematische Inhalt von (1) erst exakt erklärt werden. Das kann in Abhängigkeit von den jeweiligen Voraussetzungen und den praktischen Zielstellungen auf sehr unterschiedliche Art geschehen.

1. Unter gewissen Meßbarkeitsvoraussetzungen an (1) ist der von ω abhängige Optimalwert

$$\varphi(\omega) = \inf \{f(x, \omega) : x \in M(\omega)\}$$

eine Zufallsvariable. Das Verteilungsproblem der s. O. besteht im engeren Sinne in der Charakterisierung der Verteilung von φ oder wenigstens bestimmter Kenngrößen dieser Verteilung. Im erweiterten Sinne wird in diese Aufgabenstellung auch die statistische Charakterisierung der zufälligen ›Punkt-Menge-Abbildung

$$\psi(\omega) = \{x \in M(\omega) : f(x, \omega) = \varphi(\omega)\}$$

eingeschlossen.

2. Um wahrscheinlichkeitstheoretische Aussagen geht es auch bei den Problemen der *stochastischen Sensitivitätsanalyse* wie z. B.:

a) Berechnung der Optimalitätswahrscheinlichkeit einer gegebenen Entscheidung x (in der Regel nur für nicht zufällige Nebenbedingungen sinnvoll),

b) Berechnung der Wahrscheinlichkeit dafür, daß eine Nebenbedingung im Optimalpunkt aktiv ist,

c) Untersuchung des Einflusses ausgewählter zufälliger Koeffizienten auf die Lage der Optimallösung(en),

d) Angabe von Entscheidungsbereichen im Raum der Realisierungen der zufälligen Koeffizienten, innerhalb derer eine Optimallösung in geschlossener Weise explizit oder implizit angegeben werden kann.

3. Bei *Entscheidungsproblemen der s. O.* geht es darum, eine in einem noch zu präzisierenden Sinne *optimale Entscheidung* x von (1) zu bestimmen, ohne die sich erst später ergebende Realisierung der zufälligen Koeffizienten zu kennen. Weiß man von der Verteilung der zufälligen Koeffizienten nur, daß sie einer bestimmten Klasse angehört, so entstehen *Optimierungsprobleme unter Unsicherheit,* bei denen meist spieltheoretische Ansätze zur Präzisierung der Aufgabe (1) benutzt werden.

In 4. und 5. geben wir einen Überblick über die möglichen Wege zur Definition einer zulässigen bzw. optimalen Entscheidung von (1), wenn, wie meist angenommen wird, die Verteilung der zufälligen Koeffizienten bekannt und unabhängig von der zu wählenden Entscheidung x ist. In der Regel geschieht das dadurch, daß dem Modell (1) ein gewöhnliches Optimierungsproblem

$$F(x) \to \min , \qquad x \in M , \tag{2}$$

welches nicht mehr von ω abhängt, in sinnvoller Weise zugeordnet wird. Die üblichen stochastischen Optimierungsmodelle der Form (2) sind lineare bzw. noch häufiger nichtlineare Optimierungsprobleme, bei denen meist im Vergleich zum Ausgangsmodell (1) wesentlich aufwendiger zu berechnende Funktionen (Erwartungswerte, Wahrscheinlichkeiten, Quantile u. a.) auftreten, und die außerdem nur unter besonderen Voraussetzungen günstige Glattheits- und Konvexitätseigenschaften besitzen.

Allgemeine Zugänge zur Erklärung eines Optimalitätsbegriffs für (1) gehen davon aus, daß eine mehr oder minder große Menge von Entscheidungen, die untereinander vom mathematischen Standpunkt aus im allgemeinen nicht vergleichbar sind, bei der Suche nach einer den individuellen Interessen eines Anwenders am besten gerecht werdenden Entscheidung in Betracht gezogen werden muß. Optimallösungen sinnvoller Modelle der Form (2) sind lediglich nach bestimmten Gesichtspunkten ausgewählte Elemente dieser Menge.

4. Hängt der Restriktionsbereich in (1) tatsächlich von ω ab, so ist die Zulässigkeit einer bestimmten Entscheidung x unter gewissen Meßbarkeitsvoraussetzungen ein zufälliges Ereignis. Um zu einem von ω unabhängigen Restriktionsbereich zu gelangen, werden in der Literatur im wesentlichen zwei Möglichkeiten vorgeschlagen. Wir setzen im folgenden die Beschreibung

$$M(\omega) = \{x \in \mathbb{R}^n : x \in M_0, G(x, \eta(\omega)) \leqq 0\} \tag{3}$$

mit $G = (g_1, \dots, g_m)^\mathsf{T}$ voraus, wobei η ein Zufallsvektor und M_0 eine nicht von ω abhängige Menge (z. B. beschrieben durch Nichtnegativitätsbedingungen für x) ist.

4.1. *Optimierungsprobleme mit Wahrscheinlichkeitsrestriktionen* (auch in der deutschsprachigen Literatur häufig durch *chance constrained programming* bezeichnet) treten in zwei Varianten auf. Ihr wesentlicher Inhalt besteht in der Ersetzung der ›Punkt-Menge-Abbildung $M(\omega)$ in (3) durch die nicht mehr von ω abhängige Menge

$$M_1 = \{x \in M_0 : \mathsf{P}\{\omega : g_j(x, \eta(\omega)) \leqq 0, j = 1, \dots, m\} \geqq p\} \tag{4}$$

bzw.

$$M_2 = \{x \in M_0 : \mathsf{P}\{\omega : g_j(x, \eta(\omega)) \leqq 0\} \geqq p_j, j = 1, \dots, m\} . \tag{5}$$

Die Zahlen p_j, $p \in (0, 1]$, liegen in der Regel nahe bei Eins. Im Modell (4) werden alle diejenigen $x \in M_0$ als zulässig definiert, die mindestens mit der Wahrscheinlichkeit p die Nebenbedingungen aus (3) erfüllen. Im Modell (5) besteht die Möglichkeit, durch differenzierte Wahl der p_j wichtigeren Nebenbedingungen höhere Wahrscheinlichkeiten zuzuordnen. Bei der Wahl der Zahlen p bzw. p_j ist zu beachten, daß größere Werte zu ungünstigeren Zielfunktionswerten oder sogar zu einem leeren Restriktionsbereich M_1 bzw. M_2 führen können, so daß hier eigentlich eine Kompromißsituation (vgl. ›Vektoroptimierung) vorliegt.

4.2. Durch Verwendung einer geeigneten, aus der nichtlinearen Optimierung bekannten Straffunktion S (›Strafverfahren) kann dem Modell (1), (3) ein stochastisches Straffunktionsmodell

$$f(x, \omega) + S(G(x, \eta(\omega))) \to \min , \qquad x \in M_0 , \tag{6}$$

zugeordnet werden, bei dem nur noch der Zielfunktionswert zufällig ist. Das bekannteste Modell (6) in der s. O. ist das *Zweistufenproblem* der stochastischen linearen Optimierung mit einfacher Kompensation. Dabei legt man den Spezialfall

$$c^{\mathsf{T}}(\omega)\, x \to \min , \qquad A(\omega)\, x = b(\omega) , \qquad x \geqq 0 , \tag{7}$$

von (1), (3) zugrunde und verwendet die Straffunktion

$$S(z) = \inf \{(d^1)^{\mathsf{T}} y^1 + (d^2)^{\mathsf{T}} y^2 : y^1 - y^2 = z, y^1 \geqq 0, y^2 \geqq 0\} . \tag{8}$$

Bei diesem Modell nimmt man an, daß eine eventuell nach Realisierung der Zufallsvariablen festgestellte Nichtübereinstimmung zwischen $A(\omega)\, x$ und $b(\omega)$ im ursprünglichen Modell (7) in optimaler Weise durch das Problem (8) der zweiten Stufe kompensiert werden kann. Die nichtnegativen Vektoren d^1 und d^2 in (8) geben die Einheitskosten der Kompensation bei Über- bzw. Unterschreitung von $b(\omega)$ an.

Ein *Mehrstufenproblem* der s. O. kann als Verallgemeinerung des Zweistufenproblems aufgefaßt werden, wobei im Gegensatz zur bisher betrachteten Situation davon ausgegangen wird, daß die Gesamtentscheidung sich aus mehreren zeitlich hintereinanderliegenden Teilentscheidungen zusammensetzt und dabei die jeweils verfügbaren Informationen über die zufälligen Koeffizienten von Stufe zu Stufe größer werden.

5. Wir gehen davon aus, daß eventuell durch Nutzung einer der in 4. angegebenen Möglichkeiten ein Modell

$$f(x, \omega) \to \min , \qquad x \in M , \tag{9}$$

vorliegt, bei dem nur noch die Zielfunktion von ω abhängt. Der Vergleich zweier zulässiger Entscheidungen von (9) und damit die Erklärung eines Optimalitätsbegriffes für (9) führt auf den Vergleich zweier Zufallsvariablen.

5.1. Mit Hilfe der Funktion f aus (9) lassen sich durch die Beziehung

$$\mathsf{P}\{\omega : f(x^1, \omega) \leqq \alpha\} \geqq \mathsf{P}\{\omega : f(x^2, \omega) \leqq \alpha\} \qquad \text{für alle } \alpha \in \mathbb{R} \tag{10}$$

bzw.

$$\mathsf{P}\{\omega : f(x^1, \omega) \leqq f(x^2, \omega)\} = 1 \tag{11}$$

in natürlicher Weise auf M zwei verschiedene Präordnungen (d. h. reflexive und transitive Relation, › halbgeordnete lineare Räume) definieren. Die Extremalelemente von M bez. dieser Präordnungen heißen *nichtdominierte Entscheidungen* (im Falle von (10)) bzw. *stochastisch effiziente Entscheidungen* (im Falle von (11)) von (9). Da aus (11) stets (10) folgt, ist die durch (11) erklärte Präordnung gröber als die durch (10) definierte. Die Menge der stochastisch effizienten Entscheidungen umfaßt somit die Menge der nichtdominierten Entscheidungen und ist bei vielen Anwendungen zu umfangreich. Unter gewissen Voraussetzungen an (9) hat man jedoch die theoretisch begründete Möglichkeit, die stochastisch effizienten Entscheidungen durch Lösung eines zugeordneten parametrischen Optimierungsproblems zu berechnen. Das gestattet ähnlich wie in der ›Vektoroptimierung die Entwicklung von Dialogverfahren zur gezielten Suche innerhalb dieser Menge nach einer für den Anwender am günstigsten erscheinenden Entscheidung.

5.2. Möglichkeiten zur Ersetzung der von ω abhängigen Funktion $f(x, \omega)$ in (9) durch eine Funktion $F(x)$ und damit zum Übergang zu einem Modell (2) sind u. a.:

a) Erwartungswert: $F(x) = \mathsf{E}f(x, \omega)$,

b) Wahrscheinlichkeit für das Überschreiten eines Schwellwertes $\alpha \in \mathbb{R}$:

$$F(x) = \mathsf{P}\{\omega : f(x, \omega) > \alpha\},$$

c) Quantile bei vorgegebenem $p \in (0, 1)$:

$$F(x) = \inf \{\alpha : \mathsf{P}\{\omega : f(x, \omega) \leqq \alpha\} \geqq p\};$$

d) wesentliches Supremum: $F(x) = \operatorname{ess\,sup}_{\omega} f(x, \omega)$,

e) Varianz: $F(x) = \mathsf{V}f(x, \omega)$.

Sinnvollerweise sollte eine solche Funktion F monoton bez. der in (10) oder wenigstens bez. der in (11) erklärten Präordnung sein. Dann ist unter gewissen Zusatzvoraussetzungen gesichert, daß mindestens eine Optimallösung des damit gebildeten Problems (2) eine nichtdominierte bzw. wenigstens eine stochastisch effiziente Entscheidung von (9) ist. Mit Ausnahme von e) erfüllen die angegebenen Funktionen diese Forderung unter hinreichend schwachen Voraussetzungen.

Lit.: [62]

[a] Guddat, J., F. Guerra Vázques, K. Tammer und K. Wendler: Multiobjective and Stochastic Optimization Based on Parametric Optimization. Mathematische Forschung Bd. 26, Akademie-Verlag, Berlin 1985.

[b] Kall, P.: Stochastic Linear Programming. Springer Verlag, Berlin—Heidelberg—New York 1976.

[c] Judin, D. E. (Юдин, Д. Е.): Задачи и методы стохастического программирования. Sowjetskoje Radio, Moskau 1979.

stochastische Sensitivitätsanalyse ›stochastische Optimierung

stochastisches Steuerproblem: Bei der Steuerung von Prozeßabläufen treten häufig Zufallserscheinungen auf. Dies lietg teils an der Problemstellung selbst, teils daran, daß es nicht möglich oder unzweckmäßig ist, bei der Behandlung eines Problems alle Details zu berücksichtigen. Die mathematische Behandlung solcher Probleme basiert auf der Theorie der stochastischen Prozesse und der Optimierungstheorie (›[17]). Bei s. S. kann man im wesentlichen zwei Grundmodelle unterscheiden:

1. Im Unterschied zum allgemeinen ›Steuerproblem sind statt der Bewegungsgleichungen für den Prozeßablauf nur Verteilungsgesetze bekannt, die Veränderungen des Systems — eventuell auf der Grundlage unvollständiger Systembeobachtungen — beschreiben. Für Markow-Prozesse (›[c], [43]) und Semi-Markow-Prozesse (›[d]) liegt eine anwendungsfähige Theorie vor. Wesentliche Hilfsmittel dabei sind die ›dynamische Optimierung und das Howard-Verfahren (›[43]) sowie für zeitdiskrete stochastische Prozesse die diskrete stochastische dynamische Optimierung.

2. Die Aufgabe der optimalen Steuerung stochastischer Gleichungen kann als Spezialfall aus dem allgemeinen Steuerproblem hergeleitet werden. Für die Behandlung dieser Aufgabenstellung (Herleitung von Optimalitätsbedingungen, Diskretisierungsmethoden) liefern die (konvexe) ›Dualitätstheorie, die Theorie der ›Optimalitätsbedingungen (›[29]) sowie die Theorie der Funktionale in Integralgestalt wichtige Hilfsmittel (›[b], [17]).

Erläuterung eines *Maximumprinzips* am Beispiel der optimalen Steuerung einer einfachen Ito-Differentialgleichung (für zustands- und steuerungsbeeinflussende Störungen ›[b], Steuerung stochastischer partieller Differentialgleichungen (spezielle zufällige Felder) ›[a]):

Es seien $(\Omega, \mathfrak{A}, \mathsf{P})$ ein vollständiger Wahrscheinlichkeitsraum, $[t_0, t_1]$ ein abgeschlossenes Intervall, $(w(t))_{t \in [t_0, t_1]}$ ein $\mathbb{R}^n$-wertiger Wiener-Prozeß, $\mathfrak{F}_t$ die von $(w(s))_{s \in [t_0, t]}$ erzeugten σ-Algebren ($t \in [t_0, t_1]$)und $X_0 \in \mathbb{R}^n$. Die zulässigen Steuerungen seien $\mathfrak{F}_t$-meßbare Prozesse $(U(t))_{t \in [t_0, t_1]}$, die Werte in einer kompakten Menge $S \subseteqq \mathbb{R}^m$ ($m \leqq n$) annehmen und über $\Omega \times [t_0, t_1]$ quadratisch integrierbar sind.

$\varphi : \mathbb{R}^n \times \mathbb{R}^m \to \mathbb{R}^n$, $g : \mathbb{R}^n \times \mathbb{R}^m \to \mathbb{R}$ erfüllen die Voraussetzungen des Pontrjaginschen Maximumprinzips (›optimale Prozesse). Es wird das folgende Problem mit *vollständigen Beobachtungen* betrachtet:

$$T(X, U) = X(t) - X_0 - \int_{t_0}^{t} \varphi(X(s), U(s))\, \mathrm{d}s - w(t) = 0\,, \tag{1}$$

$$J(X, U) = \mathsf{E} \int_{t_0}^{t_1} g(X(s), U(s))\, \mathrm{d}s \to \min_{X, U}. \tag{2}$$

Eine *optimale Steuerung* $U^*(\cdot)$ ist eine zulässige Steuerung, die (2) unter der Nebenbedingung (1) minimiert. Sind $U^*(\cdot)$ eine optimale Steuerung und $X^*(\cdot)$ die zugehörige Lösung von (1), so gilt:

$$\mathsf{E}\{[(\psi(t), \varphi(X^*(t), U^*(t)))_{\mathbb{R}^n} - g(X^*(t), U^*(t))] \mid \mathfrak{F}_t\}$$
$$= \max\{\mathsf{E}\{[(\psi(t), \varphi(X^*(t), u))_{\mathbb{R}^n} - g(X^*(t), u)] \mid \mathfrak{F}_t\} : u \in S\}\,,$$

wobei $\psi(\cdot)$ die realisierungsweise Lösung von

$$\psi(t) = -\nabla^{\mathsf{T}}_{X^*(t)}\varphi(X^*(t), U^*(t))\,\psi(t) + \nabla_{X^*(t)}g(X^*(t), U^*(t)), \quad \psi(T) = 0,$$

ist. Der Übergang zur bedingten Erwartung in der Maximumbedingung ist erforderlich, um die Meßbarkeitsforderungen an die zulässigen Steuerungen und die Lösungen einer Ito-Gleichung zu erfüllen. Das Eingehen der bedingten Erwartungen ist — neben den vom deterministischen Fall her bekannten Schwierigkeiten bei der Anwendung von Maximumprinzipien — eine weitere Schwierigkeit bei der numerischen Auswertung der Maximumbedingung. Wichtig für konkrete Auswertungen ist daher beispielsweise bei „kleinen Störungen" $w(t)$ die Frage nach sogenannten *ε-optimalen Steuerungen.* Es seien ε eine kleine positive Zahl ($\varepsilon \in (0, \varepsilon_0]$) und $(w(t))_{t\in[t_0,t_1]}$ ein $\mathbb{R}^n$-wertiger Wiener-Prozeß mit der Kovarianzmatrix $\begin{pmatrix}\varepsilon^2 & \dots & 0\\ \dots & & \dots\\ 0 & \dots & \varepsilon^2\end{pmatrix}$ min $\{t, s\}$. Es handelt sich also um einen $\mathbb{R}^n$-wertigen Wiener-Prozeß mit unabhängigen Komponenten, deren Zuwächse $w_i(t) - w_i(s)$ die „kleine" Streuung $\varepsilon^2(t - s)$ besitzen. Eine optimale Steuerung $U_0^*(\cdot)$ des deterministischen Problems

$$\dot{x}(t) = \varphi(x(t), u(t)), \qquad x(0) = X_0,$$

$$J_1(x, u) = \int_{t_0}^{t_1} g(x(s), u(s))\, ds \to \min_{x,u}$$

$\left(u(t) \in S, \int_{t_0}^{t_1} |u(t)|^2_{\mathbb{R}^m}\, dt < \infty\right)$ ist dann ε-optimal für die Aufgabe (1), (2), d. h. $J(X_0^*, U_0^*) - J(X^*, U^*) \leqq \psi(\varepsilon)$, wobei $(X_0^*(t))_{t\in[t_0,t_1]}$ die Lösung von (1) für $U(t) = U_0^*(t)$ und $\psi: (0, \varepsilon_0] \to (0, \infty)$ mit $\psi(\varepsilon) \to +0$ für $\varepsilon \to 0$ sind. Häufig ist $X(\cdot)$ nur über eine *Beobachtung* der Form

$$Y(t) = Y_0 + \int_{t_0}^{t} b(X(s))\, ds + v(t) \tag{3}$$

bekannt ($b: \mathbb{R}^n \times \mathbb{R}^m \to \mathbb{R}^p$, $v(\cdot)$ ein von $w(\cdot)$ unabhängiger $\mathbb{R}^p$-wertiger Wiener-Prozeß, $p \leqq n$).

In die Maximumbedingung gehen dann statt $\mathfrak{F}_t$ die von Beobachtungen $(Y(s))_{s\in[t_0,t]}$ erzeugten σ-Algebren $\mathfrak{Y}_t$ ein. Bei in $X(\cdot)$ und $U(\cdot)$ linearen Bewegungs- und Beobachtungsgleichungen (1), (3) und einem quadratischen Zielkriterium (2) läßt sich dann das Steuerproblem in ein deterministisches Steuerproblem und ein Problem der im quadratischen Mittel optimalen Schätzung der Lösungen der ungesteuerten Gleichung (1) auf der Grundlage der Beobachtungen zerlegen (↗[43]).

Lit.: [17], [29], [42], [43]

[a] Bensoussan, A.: Control of stochastic partial differential equations. In: Ray, W. H. (ed.): Control and Systems Theory, Vol. 6, Marcel Dekker, Inc., New York 1978.

[b] Bismut, J. M.: Convex functions in optimal stochastic control. J. Math. Anal. Appl. **44** (1973), 384–404.

[c] GICHMAN, I. I., und A. W. SKOROCHOD (Гихман, И. И., и А. В. Скороход): Управляемые случайные процессы. Naukova Dumka, Kiew 1977.
[d] NOLLAU, V.: Semi-Markovsche Prozesse. Akademie-Verlag, Berlin 1980.

stochastisches Suchverfahren: Ein häufiges Problem besteht darin, für eine Funktion f, definiert auf $\mathfrak{B} \subseteq \mathbb{R}^n$, eine Extremalstelle bzw. ein Extremum – je nach Aufgabenstellung im Sinne von Maximierung oder Minimierung – zu finden. Neben einer Vielzahl bekannter Verfahren der numerischen Mathematik stehen dafür auch s. S. zur Verfügung, denen das Prinzip zugrunde liegt, eine Extremalstelle durch eine Folge zufällig gewählter Suchpunkte zu approximieren. Es zeigt sich, daß s. S. in den Fällen vorteilhaft sind, wo einerseits ein analytischer Ausdruck für f nicht vorliegt und sich die Funktionswerte nur aus Messungen oder einem Rechenalgorithmus ergeben, so daß Regularitätseigenschaften von f entweder nicht bekannt oder gar nicht vorhanden sind, sowie andererseits mittels weniger Funktionswertbestimmungen eine schnelle und zunächst einigermaßen gute Approximation an die Extremalstelle interessiert. Entsprechend der genaueren Aufgabenstellung ist zwischen *lokalen* und *globalen Suchverfahren* zu unterscheiden.

1. *Lokale Suchverfahren*

Lokale s. S. dienen der Bestimmung einer lokalen Extremalstelle (›Optimierungsaufgabe) bzw. des zugehörigen lokalen Extremwertes. Für die Minimierung wird eine Folge in $\mathfrak{B}$ gelegener Suchpunkte x^k, $k = 1, 2, \ldots$, erzeugt. x^1 ist dabei der Startpunkt, der je nach vorhandener Kenntnis möglichst nahe der interessierenden Extremalstelle gewählt wird. Die Suchpunkte x^k, $k = 2, 3, \ldots$, sollen sich als Realisierungen zufälliger n-dimensionaler Vektoren (›[42]) $X^k = (X_1^k, \ldots, X_n^k)^\mathsf{T}$ ergeben. Für die Wahl einer zugehörigen Wahrscheinlichkeitsverteilung empfiehlt sich vielfach die n-dimensionale Normalverteilung, deren Festlegung durch Angabe des Erwartungswertvektors

$$\mu^k = (\mu_1^k, \ldots, \mu_n^k)^\mathsf{T} \quad \text{mit} \quad \mu_i^k = \mathsf{E}X_i^k\,, \qquad i = 1, \ldots, n\,, \tag{1}$$

und der Kovarianzmatrix Σ^k für jeden Suchschritt $k = 2, 3, \ldots$ erfolgt. Zur Vereinfachung wird zumeist angenommen, daß in Σ^k nur die Diagonalelemente, die ja gerade die Streuungen $\mathsf{D}^2X_i^k$ der Zufallsgröße X_i^k darstellen, von Null verschieden sind. Somit kennzeichnen der Vektor

$$\sigma^k = (\sigma_1^k, \ldots, \sigma_n^k)^\mathsf{T} \tag{2}$$

der Standardabweichungen $\sigma_i^k = +\sqrt{\mathsf{D}^2X_i^k}$, $i = 1, \ldots, n$, die Kovarianzmatrix Σ^k und die beiden Vektoren μ^k und σ^k zusammen die Normalverteilung bez. des k-ten Suchpunktes. Der zufällige Vektor für den k-ten Suchpunkt ist dann durch

$$X_i^k = \mu_i^k + \sigma_i^k Y_i^k\,, \qquad i = 1, \ldots, n\,, \qquad k = 2, 3, \ldots\,, \tag{3}$$

definiert, wobei die Y_i^k, $i = 1, \dots, n$, $k = 2, 3, \dots$, standardisiert normalverteilte Zufallsgrößen sind ($\mathsf{E}Y_i^k = 0$, $\mathsf{D}^2 Y_i^k = 1$). Mit Hilfe von standardisiert normalverteilten Zufallszahlen (s. z. B. [c]) können nun für jedes $k \geqq 2$ Realisierungen $y_1^k, \dots, y_n^k$ der n Komponenten $Y_1^k, \dots, Y_n^k$ bestimmt werden. Damit ergeben sich schließlich die Realisierungen von X_i^k nach (3) gemäß

$$x_i^k = \mu_i^k + \sigma_i^k y_i^k \,, \qquad i = 1, \dots, n \,, \qquad k = 2, 3, \dots \tag{4}$$

Der eigentliche Suchalgorithmus ist also durch die Angabe der Verteilungen der Suchpunkte X^k zu den Suchschritten $k \geqq 2$ definiert. Diese Verteilungen, für den vorangehend beschriebenen Fall der Normalverteilung nach (1), (2) und (3) gekennzeichnet durch die Erwartungswert- und Standardabweichungs-Vektoren, werden dabei in Abhängigkeit vom bisher realisierten Suchverlauf festgelegt. Der Startpunkt x^1 dient gleichzeitig als Suchzentrum für den zweiten Suchpunkt $\mu^2 = x^1$. Weiter ist ein Vektor der Standardabweichungen $\sigma^2 = (\sigma_1^2, \dots, \sigma_n^2)^\mathsf{T}$ zu wählen. Sofern keine problemspezifischen Anhaltspunkte vorliegen, wird für die Standardabweichung σ_i^2 ein Sechstel des Variationsbereiches des Parameters x_i, $i = 1, \dots, n$, vorgeschlagen; dies ist durch die 3σ-Grenzen der Normalverteilung motiviert.

Für die Formulierung der Suchalgorithmen gebraucht man folgende Bezeichnungen: Den zum Suchpunkt x^k gehörenden Funktionswert $f(x^k)$ kennzeichnet man einfach durch f_k. Ein Suchpunkt $\tilde{x}^k$ heißt der bis zum Zeitpunkt k beste, falls $f(\tilde{x}^k) = \min\limits_{1 \leqq j \leqq k} f_j =: \tilde{f}_k$ gilt, und $\tilde{f}_k$ heißt der bisher beste Funktionswert. Entsprechend sind der bis zum Zeitpunkt k zweitbeste Suchpunkt $\tilde{\tilde{x}}^k$ und Funktionswert $\tilde{\tilde{f}}_k$ durch

$$f(\tilde{\tilde{x}}^k) = \min \{f(x^j) \colon 1 \leqq j \leqq k, x^j \neq \tilde{x}^k\} =: \tilde{\tilde{f}}_k$$

definiert. Als Abbruchkriterien für s. S. werden häufig gewählt:

a) Überschreiten einer vorgegebenen Anzahl von Suchrichtungen pro Iterationsschritt,

b) Unterschreiten einer vorgegebenen Genauigkeit der Abweichung zweier aufeinanderfolgender Iterationspunkte bzw. Zielfunktionswerte.

Wir beschreiben als erstes ein verhältnismäßig einfaches lokales s. S., das auch in speziellen Anwendungen von Interesse ist.

1. 1. *Lokales Suchverfahren bei bekanntem Extremwert*

In den Anwendungen treten verschiedentlich Optimierungsprobleme auf, bei denen der Extremwert der Zielgröße oder wenigstens eine verhältnismäßig gute untere Schranke M hierzu von vornherein bekannt ist. Weiter sei $M > 0$ vorausgesetzt, was gegebenenfalls durch Addition einer positiven Größe erreicht werden kann. Dann werden die Suchzentren μ^k, $k \geqq 3$, im Fall einer

Verbesserung im $(k-1)$-ten Schritt, d. h. für $f_{k-1} < \tilde{f}_{k-2}$, durch

$$\mu^k = x^{k-1} + \frac{f_{k-1} - M}{f_1 - M} (x^{k-1} - \tilde{x}^{k-2})$$

und im Fall einer Verschlechterung durch

$$\mu^k = \tilde{x}^{k-2} + \frac{M}{\tilde{f}_{k-2}} (\mu^{k-1} - \tilde{x}^{k-2}) \,,$$

die Standardabweichungen σ_i^k, $i = 1, \dots, n$, $k \geqq 2$, durch

$$\sigma_i^k = \frac{f_{k-1} - M}{M} \sigma_i^1$$

festgelegt. Nach Wahl des Startpunktes x^1 sind dann nach (3) die Komponenten X_i^k des n-dimensionalen zufälligen Vektors X^k für den k-ten-Suchpunkt, $k \geqq 2$, definiert.

1.2. *Lokales Suchverfahren bei unbekanntem Extremwert*

Die prinzipielle Vorgehensweise eines lokalen s. S. bei unbekanntem Extremwert demonstriert das folgende einfache Modell: Zur Festlegung der neuen Suchzentren werden in erfolgversprechende Richtungen Verschiebungen vorgenommen, deren Weite durch geschätzte Gradienten bestimmt ist; hierbei werden Informationen über die letzten Suchpunkte sowie den bisher besten sowie auch zweitbesten Suchpunkt verwendet. Die Streuungen werden mit fortschreitender Annäherung an die Extremalstelle reduziert. Demnach setzen wir im Fall einer Verbesserung im $(k-1)$-ten Schritt, d. h. für $f_{k-1} < \tilde{f}_{k-2}$, für das Suchzentrum im k-ten Schritt $k \geqq 3$:

$$\mu^k = x^{k-1} + \frac{\tilde{f}_{k-2} - f_{k-1}}{\sqrt{|x^{k-1} - \tilde{x}^{k-2}|^2 + (\tilde{f}_{k-2} - f_{k-1})^2}} (x^{k-1} - \tilde{x}^{k-2}) \,.$$

Im Fall einer Verschlechterung, und zwar wenn bei x^{k-1} die s-te aufeinanderfolgende Verschlechterung erfolgte, wird

$$\mu^k = x^{k-s-1} + A_s \left\{ \frac{1}{s} \sum_{\substack{j=0 \\ x^{k-j-1} \neq \tilde{\tilde{x}}^{k-1}}}^{s-1} (x^{k-s-1} - x^{k-j-1}) \right\} +$$
$$+ A_s (x^{k-s-1} - \tilde{\tilde{x}}^{k-1})$$

mit

$$A_s = \frac{\tilde{\tilde{f}}_{k-2} - f_{k-1-s}}{\sqrt{|\tilde{\tilde{x}}^{k-2} - x^{k-1-s}|^2 + (\tilde{\tilde{f}}_{k-2} - f_{k-1-s})^2}}$$

gesetzt. Auf der Basis der Anfangs-Standardabweichungen $\sigma_1^1, \dots, \sigma_n^1$ sollen die Standardabweichungen für den k-ten Suchschritt durch

$$\sigma_i^k = \frac{1}{r_{k-1}^{s+1}} \sigma_i^1 \,, \qquad k \geqq 2 \,, \qquad i = 1 \,, \dots , n,$$

festgelegt werden; dabei bedeutet r_{k-1} die Anzahl der bis zum $(k-1)$-ten Schritt erzielten Verbesserungen. Der weitere Ablauf erfolgt entsprechend der vorangehend beschriebenen allgemeinen Vorgehensweise.

Gegenüber den vorangehend formulierten einfachen Beispielen lokaler s. S. wurden Verfahren entwickelt, bei denen unter stärkerer Ausnutzung der im Verlauf des Suchprozesses erhaltenen Information eine bessere Adaption der Suchzentren und Suchstreuungen, ggf. auch der Verteilung des Suchpunktes selbst erreicht wird. Prinzipiell ist es zweckmäßig, speziellen Funktionenklassen zugehörige Suchverfahren anzupassen. Beispielsweise wurden spezifische Algorithmen für Funktionen mit „gekrümmten Kammlinien" entwickelt. Eine Kombination mit den deterministischen Verfahren besteht darin, in den Ablauf eines stochastischen Suchalgorithmus Approximation der Zielfunktion (›Approximationsverfahren der nichtlinearen Optimierung) einzubauen. Weiterhin erfordern Aufgabenstellungen, in denen die Zielfunktion auf einem stark eingeschränkten Suchbereich $\mathfrak{B}$ definiert ist, so daß Suchzentren und auch Suchpunkte häufig außerhalb $\mathfrak{B}$ liegen, gesonderte Betrachtungen. Auch kann es zweckmäßig sein, bei einer größeren Anzahl von Variablen x_i, $i = 1, \ldots, n$, den Optimierungsprozeß von Schritt zu Schritt auf eine Teilmenge derselben zu beschränken (*Unterraummethode*). Zusammenfassende Darstellungen zu diesem Komplex findet der Leser in [b] und [c], wobei [c] vorwiegend theoretischen Betrachtungen, insbesondere auch den wichtigen Konvergenzfragen gewidmet ist, während [b] in erster Linie auf den konkreten praktischen Einsatz orientiert. Schließlich sei darauf hingewiesen, daß die Leistungsfähigkeit und der gegenseitige Vergleich von stochastischen Suchalgorithmen anhand von speziell aufgestellten Testfunktionen erfolgt: Näheres findet der Leser in dem Übersichtsartikel über s. S. [a].

2. *Globale Suchverfahren*

Gestellt sei die Aufgabe, eine im zulässigen Bereich $\mathfrak{B} \subseteq R^n$ der Zielfunktion f gelegene globale Minimalstelle x^* zu bestimmen, für welche also $f(x^*) = \min_{x \in \mathfrak{B}} f(x)$ gilt. Hierfür wurden verschiedene s. S. entwickelt. Eine zweckmäßige Vorgehensweise liefert das *Verfahren der konkurrierenden Punkte*. Dieses Verfahren beginnt in einer Startphase mit der Realisierung von N auf $\mathfrak{B}$ gleichmäßig verteilten (Start-) Punkten

$$x^{(1,1)}, x^{(2,1)}, \ldots, x^{(N,1)}$$

und verläuft dann davon ausgehend in Iterationszyklen mit jeweils drei Stufen.

Stufe 1. Zu jedem Punkt $x^{(j,1)}$, $j = 1, \ldots, N$, werden mittels eines lokalen Suchverfahrens $q-1$ weitere Suchpunkte bestimmt:

$$\begin{matrix} x^{(1,2)} & x^{(2,2)} & & x^{(N,2)} \\ \vdots & \vdots & \cdots & \vdots \\ x^{(1,q)} & x^{(2,q)} & & x^{(N,q)} \end{matrix}$$

$\tilde{x}^j$ bezeichne einen unter den $x^{(j,k)}$, $1 \leqq k \leqq q$, besten Punkt:

$$f(\tilde{x}^j) \leqq f(x^{(j,k)}), \qquad 1 \leqq k \leqq q, \qquad j = 1, \dots, N.$$

Stufe 2. Umordnung der $\tilde{x}^j$, $j = 1, \dots, N$, bez. ihrer Güte: $x^{[1]}, x^{[2]}, \dots$ $\dots, x^{[N]}$, wobei $f(x^{[1]}) \leqq f(x^{[2]}) \leqq \dots \leqq f(x^{[N]})$ gilt.

Stufe 3. Auswahl der N_0 besten Punkte $x^{[1]}, \dots, x^{[N_0]}$, $1 \leqq N_0 < N$, aus der in Stufe 2 gewonnenen Punktfolge, die in den nächsten Iterationszyklus übernommen werden. Verwerfen der Punkte $x^{[N_0+1]}, \dots, x^{[N]}$. Realisierung von $N - N_0$ neuen, auf $\mathfrak{B}$ gleichmäßig verteilten (Start-)Punkten $\xi^1, \dots$ $\dots, \xi^{N-N_0}$.

Mit den Punkten $x^{(j,1)} := x^{[j]}$, $j = 1, \dots, N_0$, und $x^{(N_0+l,1)} := \xi^l$, $l = 1, \dots, N - N_0$, beginnt dann der nächste Iterationszyklus. Der Abbruch des Verfahrens kann nun nach einer gewählten Anzahl von Iterationszyklen erfolgen.

Lit.: [42], [63]

[a] Müller, P. H., A. Hahnewald-Busch, P. Neumann und V. Nollau: Optimierung mittels stochastischer Suchverfahren. Wiss. Zeitschrift, TU Dresden **32** (1983) 1, 69–75.

[b] Müller, P. H., A. I. Polowinkin und V. Nollau: Optimierung mittels stochastischer Suchverfahren. BSB B. G. Teubner Verlagsgesellschaft, Leipzig 1985.

[c] Zielinski, H., und P. Neumann: Stochastische Verfahren zur Suche nach einem Minimum einer Funktion. Mathematische Forschung, Bd. 16, Akademie-Verlag, Berlin 1983.

Störfunktion ›Stabilität von Optimierungsproblemen
Störparameter ›Stabilität von Optimierungsproblemen
Störung ›Stabilität von Optimierungsproblemen
Straffunktion ›Strafverfahren
Strafparameter ›Strafverfahren

Strafverfahren: Mit der Entwicklung effektiver Verfahren zur Lösung von Minimierungsproblemen ohne Restriktionen (›numerische Verfahren) besteht ein Weg zur numerischen Behandlung von Optimierungsproblemen mit Nebenbedingungen darin, durch geeignete Modifikationen der Zielfunktion diesen Optimierungsproblemen näherungsweise eine unrestringierte Aufgabe zuzuordnen und diese mit Hilfe der genannten Verfahren zu lösen. Die S. bilden hierzu eine der bekanntesten Techniken. Erste Ansätze dazu wurden von Courant 1943 in Verbindung mit Variationsproblemen angegeben. Die S. stehen in engem Zusammenhang zu den ›Barriereverfahren. Für eine Gesamtdarstellung zu diesem Komplex ›[a], [b].

Es sei eine Optimierungsaufgabe

$$f(x) \to \min, \qquad x \in \mathfrak{B} = \{x \in \mathbb{R}^n : g_i(x) \leqq 0, i = 1, \dots, m\} \tag{1}$$

gegeben. Dabei seien $f, g_i : \mathbb{R}^n \to \mathbb{R}$ stetige Funktionen, $\mathfrak{B} \neq \emptyset$, und (1) besitze mindestens eine optimale Lösung x^*. Mittels einer stetigen, monoton nicht abnehmenden Funktion $\varphi : R \to R$, die der Bedingung genügt

$$\varphi(t) \begin{cases} = 0 & \text{für} \quad t \leqq 0\,, \\ > 0 & \text{für} \quad t > 0\,, \end{cases} \tag{2}$$

läßt sich nun eine *Straffunktion* S erklären durch

$$S(x) = \sum_{i=1}^{m} \varphi\big(g_i(x)\big)\,. \tag{3}$$

Wegen (2) erhält man aus (3) unmittelbar

$$S(x) \begin{cases} = 0 & \text{für} \quad x \in \mathfrak{B}\,, \\ > 0 & \text{für} \quad x \notin \mathfrak{B}\,, \end{cases} \tag{4}$$

d. h., jeder Verletzung der Bedingung $x \in \mathfrak{B}$ aus Problem (1), also jedem $x \notin \mathfrak{B}$, wird eine *Strafe* $S(x) > 0$ zugeordnet. Durch einen vorgegebenen Parameter $r > 0$ läßt sich diese Strafe in Verbindung mit der Zielfunktion f beliebig wichten. Als Beispiel sei

$$\varphi(t) = (\max\,\{0, t\})^p\,, \qquad p \geqq 1\,, \tag{5}$$

genannt. Insbesondere für $p = 2$ erhält man die auf COURANT (1946) zurückgehende und häufig eingesetzte quadratische Straffunktion. Anstelle der Aufgabe (1) werden bei S. Ersatzprobleme

$$T(x, r) = f(x) + rS(x) \to \min\,, \qquad x \in R^n\,, \tag{6}$$

betrachtet. Dabei bezeichnet $r > 0$ einen zunächst fixierten *Strafparameter.* Je größer der Strafparameter $r > 0$ gewählt wird, desto besser approximieren Lösungen $x^*(r)$ des Ersatzproblems (6) die gesuchten Lösungen der Ausgangsaufgabe (1). Unter zusätzlichen Bedingungen an die Funktionen f und g_i, $i = 1, \ldots, m$, läßt sich bei einer vorgegebenen Genauigkeit $\varepsilon > 0$ ein zugehöriger Parameter $\bar{r} = \bar{r}(\varepsilon) > 0$ angeben, so daß für den Abstand der Näherungslösung $x^*(r)$ zur Lösung x^* gilt

$$\|x^* - x^*(r)\| \leqq \varepsilon\,,$$

falls nur $r \geqq \bar{r}$ gewählt wird. Es gilt $\bar{r}(\varepsilon) \to \infty$ für $\varepsilon \to +0$, und die Ersatzaufgaben (6) sind für große Parameterwerte r schlecht konditioniert (↗schlecht konditionierte Aufgabe) [b, § 8]. Daher ordnet man in der Regel dem Ausgangsproblem (1) nicht nur eine Ersatzaufgabe (6) mit einem Strafparameter $\bar{r} \geqq \bar{r}(\varepsilon)$ zu, sondern bettet die Aufgabe (1) in eine Folge von Ersatzproblemen (6) mit wachsenden Parametern $r_{k+1} > r_k > 0$ ein. Dabei wird jeweils die Lösung $x^k = x^*(r_k)$ des Problems (6) für $r = r_k$ als Startpunkt für ein Verfahren zur Bestimmung der Lösung $x^{k+1} = x^*(r_{k+1})$ des nachfolgenden Problems (6) für $r = r_{k+1}$ gewählt: Es ergeben sich also folgende 3 Schritte:

S1: Vorgabe von $x^0 \in R^n$, $r_1 > 0$ und eines $c > 1$. Setze $k := 1$.

S2: Bestimme, von x^{k-1} ausgehend, eine Lösung x^k der Ersatzaufgabe

$$T(x, r_k) \to \min\,, \qquad x \in R^n\,.$$

S3: Setze $r_{k+1} := cr_k$ und gehe mit $k := k + 1$ zu S2.

Unter den eingangs getroffenen Voraussetzungen an das Problem (1) löst jeder Häufungspunkt der so erzeugten Folge (x^k) das Ausgangsproblem (1).

Für die praktische Realisierung des S. ist insbesondere die Wahl der Parameter $r_1 > 0$ und $c > 0$ bedeutsam. Zu große r_1 und c führen zu numerischer Instabilität, während zu kleine r_1 und c die Lösung einer großen Anzahl von Ersatzaufgaben und damit eine hohe Rechenzeit erfordern, um eine vorgegebene Endgenauigkeit zu sichern. Wird φ entsprechend (5) mit $p = 1$ gewählt, so erhält man die Ersatzprobleme

$$T(x, r) = f(x) + r \sum_{i=1}^{m} \max \{0, g_i(x)\} \to \min, \qquad x \in \mathbb{R}^n. \tag{7}$$

Das S. mit den Ersatzaufgaben (7) wird oft als *exakte Straftechnik* bezeichnet, da folgende Aussage gilt: Besitzt die zu (1) gehörige Lagrange-Funktion

$$L(x, y) = f(x) + \sum_{i=1}^{m} y_i g_i(x)$$

einen Sattelpunkt $(x^*, y^*) \in \mathbb{R}^n \times \mathbb{R}^m_+$, d. h., gilt

$$L(x^*, y) \leqq L(x^*, y^*) \leqq L(x, y^*) \quad \text{für alle} \quad x \in \mathbb{R}^n, y \in \mathbb{R}^m_+,$$

dann bildet jede Lösung $x^*(r)$ der Aufgabe (7) für $r \geqq \max\limits_{1 \leqq i \leqq m} y_i^*$ auch eine Lösung des Ausgangsproblems (1).

Die in (7) auftretende Ersatzzielfunktion $T(., r)$ ist jedoch nicht differenzierbar, so daß spezielle Lösungsverfahren zur Behandlung der Ersatzaufgaben erforderlich sind, die wiederum i. allg. ein ungünstiges Konvergenzverhalten besitzen (›Verfahren für nichtglatte Aufgaben).

In Analogie zu den ›Zentrenverfahren lassen sich mittels Straffunktionen Verfahren der äußeren Zentren mit Ersatzproblemen der Form

$$\varphi\big(f(x) - t_k\big) + \sum_{i=1}^{m} \varphi\big(g_i(x)\big) \to \min, \qquad x \in \mathbb{R}^n,$$

begründen (›[b, § 5]).

Mit dem Ziel der Beschränkung der Strafparameter r wurde von Hestenes (1969) und Powell (1969) eine Modifikation der S. bzw. ›Lagrange-Methoden vorgeschlagen, die sich als Anwendung der S. auf eine gestörte Ausgangsaufgabe

$$f(x) \to \min, \qquad x \in \mathfrak{B} = \{x : g_i(x) \leqq u_i, i = 1, \dots, m\}$$

interpretieren läßt. Auf diesem Weg erhält man *Strafverschiebungsverfahren.* Zu diesen Verfahren sowie ihrer Verbindung zu den modifizierten Lagrange-Funktionen (›Lagrange-Methoden) ›[b].

Lit.: [63]

[a] Fiacco, A. V., und G. P. McCormick: The sequential unconstrained minimization techniques. John Wiley & Sons, New York 1968.

[b] Grossmann, Ch., und A. A. Kaplan: Strafmethoden und modifizierte Lagrangefunktionen in der nichtlinearen Optimierung. Teubner-Texte zur Mathematik, Bd. 22, BSB B. G. Teubner Verlagsgesellschaft, Leipzig 1979.

Strafverschiebungsverfahren ›Strafverfahren
Strahlminimierungsprinzip ›Schrittweitenalgorithmen
Strategiemenge ›Spieltheorie
Streichungsalgorithmus ›Transportoptimierung

strikt konvexe Menge: Eine Menge M eines topologischen Vektorraumes (›lokalkonvexer Raum) heißt s. k. M., falls für $x, y \in M$, $x \neq y$, $\lambda \in (0, 1)$ stets folgt

$$\lambda x + (1 - \lambda)\, y \in \operatorname{int} M\,.$$

Eine abgeschlossene Menge M mit $\operatorname{int} M \neq \emptyset$ in einem reellen topologischen Vektorraum X ist genau dann s. k. M., falls $\partial M = \exp M$. Dabei ist $\exp M$ die Menge der exponierten Punkte von M. $x \in M \subseteqq X$ heißt *exponierter Punkt* von M, falls es ein ›Stützfunktional f gibt, das M in x stützt und für das $f(y) < f(x)$ für alle $y \in M \setminus \{x\}$ gilt.

Für konvexe Mengen M in X gilt $\exp M \subseteqq \operatorname{ext} M$ (= Menge der ›Extremalpunkte von M). Ein ›gleichmäßig konvexer normierter Raum hat eine strikt konvexe Einheitskugel, so z. B. jeder reelle ›Hilbert-Raum.

Lit.: [39]

Strom ›Fluß

Struktur optimaler Lösungen: Wenn man von einer ›Optimierungsaufgabe bestimmte Eigenschaften der Lösung von vornherein kennt, ehe man sie berechnet hat, so kann man diese Kenntnisse oft vorteilhaft zur Lösung der Aufgabe bzw. zur Anwendung entsprechender Resultate der Theorie anwenden. Deshalb versucht man, Aussagen zur S. o. L. in Abhängigkeit von speziellen Aufgabentypen zu erlangen. Wichtige Beispiele hierfür sind

1. *Extremalpunktlösungen*: Optimale Lösungen, die ›Extremalpunkte der Menge der optimalen Lösungen sind. Extremalpunktlösungen existieren immer, falls die Menge der optimalen Lösungen konvex und kompakt ist. Extremalpunktlösungen sind z. B. die optimalen Basislösungen der endlichdimensionalen ›linearen Optimierung und die Bang-Bang-Steuerungen (›optimale Prozesse) in der Steuertheorie (›[a], [b]).

2. *Tucker-Lösungen*: Optimale Lösungen, die den Bedingungen des Satzes von Tucker über den komplementären Schlupf (›Alternativsätze) genügen.

3. *Diskrete Lösungen.* Optimale Lösungen, die einer vorgegebenen endlichen oder abzählbaren Menge angehören, z. B. ganzzahlige Lösungen endlichdimensionaler Probleme.

4. Lösungen, die bestimmten Teilräumen von Funktionenräumen angehören, und die z. B. *zusätzlich* stetig, absolut stetig usw. sind. Hierbei spielen Eigenschaften von ›Sobolew-Räumen eine wichtige Rolle. Große Teile der Theorie der ›Variationsrechnung und ›optimalen Prozesse sind gerade dem Bemühen gewidmet, von optimalen Zuständen und Steuerungen möglichst

viel „gute" Eigenschaften zu sichern, d. h. von oft zunächst nur verallgemeinerten Lösungen (›Ableitungsbegriffe) von Gleichungen möglichst viel Glattheitseigenschaften nachzuweisen.

5. Maße mit einpunktigem Träger bei optimalen Lösungen, die zu Maßräumen gehören. Diese Lösungen sind häufig Extremalpunktlösungen. Sie sind z. B. bei der Tschebyscheff-Approximation (›Approximationstheorie) von Bedeutung.

Lit.: [a] TRÖLTZSCH, F.: Optimality conditions for parabolic control problems and applications. Teubner-Texte zur Mathematik Bd. 62, BSB B. G. Teubner Verlagsgesellschaft, Leipzig 1984.

[b] ALT, W., und U. MACKENROTH: On the numerical solution of state constrained coercive parabolic optimal control problems. In: HOFFMANN, K.-H., und W. KRABS (eds.): Optimal Control of Partial Differential Equations. Birkhäuser Verlag, Basel—Boston—Stuttgart 1984, 44 bis 62, Kap. 3.

Stufe ›dynamische Optimierung
Stufentransformation ›dynamische Optimierung
stützender Halbraum ›Stützfunktional

Stützfunktion: Unter den gleichen Voraussetzungen wie beim Artikel ›Stützfunktional wird durch

$$s_A(x^*) := \sup_{x \in A} x^*(x)$$

eine Funktion $s_A : X^* \to \overline{R}$ erklärt, die als *Stützfunktion* an die Menge A bezeichnet wird.

Die Stützfunktion an eine Menge $A \subseteqq X$, $A \neq \emptyset$, ist konvex und positiv homogen, und es gilt

$$s_A(x^*) = s_{\overline{\mathrm{conv}} A}(x^*)$$

Ein Zusammenhang mit der Fenchel-Konjugation (›konjugierte Funktion) besteht gemäß

$$s_A(x^*) = \sup \{x^*(x) - \chi_A(x) : x \in X\} = (\chi_A)^* (x^*) ,$$

wobei χ_A das ›Indikatorfunktional von A ist.

Lit.: [29], [39]

Stützfunktional: Seien X ein topologischer Vektorraum (›lokalkonvexer Raum) und $A \subseteqq X$. Ein Funktional $x^* \in X^*$ heißt *Stützfunktional* von A im Punkte $x^0 \in \overline{A}$, wenn gilt $x^* \neq 0$ und

$$x^*(x^0) = \sup_{x \in A} x^*(x) .$$

Den Punkt x^0 nennt man *Stützpunkt*, die Mengen

$$\{x \in X : x^*(x) = x^*(x^0)\} \quad \text{und} \quad \{x \in X : x^*(x) \leqq x^*(x^0)\}$$

heißen *Stützhyperebene* bzw. *stützender Halbraum* von A.

Offenbar ist jeder Stützpunkt von A ein Randpunkt von A. Für ›konvexe Mengen in einem lokalkonvexen Hausdorff-Raum X gilt: Eine abgeschlossene Menge $A \subseteq X$ ist genau dann konvex, wenn jeder Randpunkt von A zugleich Stützpunkt ist.

Sei insbesondere $A \subseteq X \times \mathbb{R}$ der ›Epigraph einer Funktion $f: X \to \overline{\mathbb{R}}$. Wir betrachten die nicht vertikalen Stützfunktionale an A im Punkte $(x^0, f(x^0))$. Offenbar gilt

$$\sup \{(x^*, -1)\big((x, y)\big) : (x, y) \in \operatorname{epi} f\} = (x^*, -1)\big((x^0, f(x^0))\big)$$

bzw.

$$\sup \{(x^*(x) - f(x) : x \in D(f)\} = x^*(x^0) - f(x^0)$$

oder

$$\sup \{x^*(x - x^0) - f(x) + f(x^0) : x \in D(f)\} = 0$$

und damit

$$x^*(x - x^0) + f(x^0) \leqq f(x) \ \forall x \in D(f) . \tag{1}$$

Die Menge aller linearen stetigen Funktionale $x^* \in X^*$, für die (1) erfüllt ist (falls solche existieren), bildet das *Subdifferential* $\partial f(x^0)$ von f im Punkt x^0 (›Ableitungsbegriffe, f muß hier nicht konvex sein).

Lit.: [29], [39]

Stützhyperebene ›Stützfunktional
Stützung ›erweiterte Konvexität, ›Stützfunktional
Subdifferential ›Ableitungsbegriffe
Subgradient ›Ableitungsbegriffe
Subgradientenverfahren ›Verfahren für nichtglatte Aufgaben
sublineare Funktion ›Hahn-Banach-Theorem
sublineare Konvergenz ›Konvergenzbegriffe

submodulare Funktion: Ist S eine endliche Menge, so heißt $f: \mathfrak{P}S \to \mathbb{R}$ submodular, falls $\forall X, Y \in \mathfrak{P}S$ gilt

$$f(X \cap Y) + f(X \cup Y) \leqq f(X) + f(Y) .$$

S. F. haben gutartige Eigenschaften (ähnlich konvexen Funktionen in der ›konvexen Optimierung) ›[62]. Die Aufgabe der ›kombinatorischen Optimierung

$$f(X) \to \min , \qquad X \in M \subseteq \mathfrak{P}S , \qquad f \text{ submodular} ,$$

läßt sich in polynomialer Zeit (›Komplexitätstheorie) lösen.

Lit.: [62]

Subwert ›asymptotische Konsistenz
Suchverfahren ›stochastische Suchverfahren
superlineare Konvergenz ›Konvergenzbegriffe
symmetrische Bilinearform ›Ritz-Verfahren

T

Tangentenkegel: Es sei X ein linearer topologischer Raum (›lokalkonvexer Raum). Als Verallgemeinerung des Begriffes der Tangentialhyperebene an eine Hyperfläche besitzt der T.

$$T(M, x^0) = \{x \in X : \forall U(x)\ \forall \lambda > 0\ \exists t \in (0, \lambda)\ \exists \bar{x} \in U(x) : x^0 + t\bar{x} \in M\} \tag{1}$$

an eine Menge $M \subseteqq X$ im Punkte $x^0 \in \overline{M}$ große Bedeutung. Der T. ist ausschließlich durch die geometrische Beschreibung von M auf einer Umgebung $U(x^0)$ von x^0 eindeutig bestimmt, ist ein ›Kegel in 0, und besitzt die Eigenschaften

$$T(M, x^0) \quad \text{ist abgeschlossen mit } 0 \in T(M, x^0)\,, \tag{2}$$

$$T(M, x^0) = T(M - x^0, 0)\,, \tag{3}$$

$$M_1 \subseteqq M_2 \Rightarrow T(M_1, x^0) \subseteqq T(M_2, x^0)\,, \tag{4}$$

$$T(M_1 \cup M_2, x^0) \subseteqq T(M_1, x^0) \cup T(M_2, x^0)\,, \tag{5}$$

$$T(\overline{M}, x^0) = T(M, x^0) \tag{6}$$

$$\left.\begin{array}{l} M \text{ konvex} \\ x^0 \in \overline{M} \end{array}\right\} \Rightarrow T(M, x^0) = \overline{\text{cone}}\,(M - x^0)\,. \tag{7}$$

Wird X als normierter Raum (›Banach-Raum) vorausgesetzt, so geht (1) über in

$$T(M, x^0) = \left\{x \in X : \exists (x_n)_{n \in N} \subseteqq M,\ \exists \lambda \geqq 0 : x_n \to x^0, \frac{x_n - x^0}{\|x_n - x^0\|}\lambda \to x\right\}. \tag{8}$$

Erfordernissen der nichtlinearen Optimierung Rechnung tragend führten Clarke [a], [11] und Rockafellar [b] modifizierte T. ein. Der T. von Clarke $T_C(M, x^0)$ an die abgeschlossene Menge $M \subseteqq X$ im Punkte $x^0 \in M$ hat die Gestalt

$$T_C(M, x^0) = \{x \in X : \forall U_1(x)\ \exists U_2(0)\ \exists \lambda > 0\ \forall t \in (0, \lambda)$$
$$\forall z \in U_2(0) \cap (M - x^0) \cup \{0\}\ \exists \bar{x} \in U_1(x) : x^0 + z + t\bar{x} \in M\}\,.$$

Die Eigenschaften (2), ... , (7) lassen sich bis auf die *Isotonieeigenschaft* (4) auf $T_C(M, x^0)$ übertragen; zusätzlich gilt

$$T_C(M, x^0) \text{ ist ein konvexer Kegel.} \tag{4'}$$

Die Konvexität von $T_C(M, x^0)$ ermöglicht die Anwendung von ›Trennungssätzen, was für die Herleitung von ›Optimalitätsbedingungen von Bedeutung ist.

Lit.: [11]

[a] Clarke, F.: Generalized gradients and applications. Trans. Amer. M.S. **205** (1975), 247–262.

[b] Rockafellar, R. T.: Clarke's tangent cones and the boundaries of closed sets in R^n. Nonlin. Anal. Theory and Appl. **3** (1979) 1, 145–154.

Teilgraph ›Graphentheorie
Terminalfunktional ›optimale Prozesse
Tichonowsche Regularisierung ›Regularisierungsmethoden
Topologie ›lokalkonvexer Raum, ›duale Räume
topologischer Raum ›lokalkonvexer Raum
topologischer Vektorraum ›lokalkonvexer Raum
Tornisterproblem ›Knapsack-Problem

total-unimodulare Matrix: Matrix, deren sämtliche Unterdeterminanten die Werte 0, 1 oder −1 haben. Tritt eine solche Matrix als Koeffizientenmatrix in einem ›linearen Optimierungsproblem auf, so ist jede inverse Basismatrix ganz. Sind überdies die rechten Seiten des Nebenbedingungssystems ganz, so ist auch jede zulässige Basislösung ganz. Das gewöhnliche Transportproblem (›Transportoptimierung) hat eine t. M. als Koeffizientenmatrix.

Transportaufgabe ›Transportoptimierung
Transportnetz ›Graphentheorie

Transportoptimierung: Die T. ist ein Teilgebiet der mathematischen Optimierung, welches die mathematische Beschreibung von Transportvorgängen untersucht. Diese Aufgaben sind häufig lineare Optimierungsprobleme spezieller Struktur und nehmen deshalb eine Sonderstellung in der ›linearen Optimierung ein. Die einfachste, häufig nach Hitchcock benannte *Transportaufgabe* ist:

Ein homogenes Produkt soll von m Lagerorten A_i zu n Bestimmungsorten B_j transportiert werden. Im i-ten Lagerort A_i seien a_i Einheiten des Produkts vorhanden, im j-ten Bestimmungsort liege ein Bedarf von b_j Einheiten des Produkts vor. Die Transportkosten seien entfernungs- und mengenproportional. Die Entfernung von A_i nach B_j sei c_{ij}. Es ist ein solcher Transportplan, charakterisiert durch die von A_i nach B_j transportierte Menge x_{ij}, zu finden, daß die Transportkosten minimal werden. Mathematisch ergibt sich folgendes Transportmodell:

$$\sum_{i=1}^{m} \sum_{j=1}^{n} c_{ij} x_{ij} \to \min \tag{1.1}$$

unter den Nebenbedingungen

$$\sum_{i=1}^{m} x_{ij} = b_j\,, \qquad j = 1, \dots, n\,, \tag{1.2}$$

$$\sum_{j=1}^{n} x_{ij} = a_i\,, \qquad i = 1, \dots, m\,, \tag{1.3}$$

$$x_{ij} \geqq 0 \qquad \forall i, j\,. \tag{1.4}$$

Die Aufgabe (1) hat zulässige und optimale Lösungen, falls $\sum_{i=1}^{m} a_i = \sum_{j=1}^{n} b_j$ ist. Sind alle Koeffizienten a_i und b_j ganzzahlig, so existiert auch eine ganzzahlige optimale Lösung.

Nicht vorhandene Transportverbindungen zwischen bestimmten Lager- und Bestimmungsorten können im Modell durch stark überhöhte Transportkosten berücksichtigt werden.

Die spezielle Struktur dieser Aufgabe ermöglicht effektive, auch für hohe Dimensionen einsetzbare Lösungsverfahren.

Ist $m = n$ und $a_i = b_j = 1$ für alle i, j so spricht man von einem *Zuordnungsproblem*, welches folgende Interpretation gestattet: m vorhandene Arbeitskräfte sollen m Arbeitsaufgaben zugeordnet werden. Wird durch c_{ij} der entstehende Nutzen bezeichnet, den die i-te Arbeitskraft bei Durchführung der j-ten Arbeitsaufgabe erbringt, so wird durch (1) (als Maximierungsaufgabe formuliert) eine solche Zuordnung der Arbeitskräfte zu den Arbeitsaufgaben gegeben, die einen maximalen Gesamtnutzen ergibt. Die x_{ij} sind dabei 1 oder 0, je nachdem die i-te Arbeitskraft die j-te Arbeitsaufgabe durchzuführen hat oder nicht.

Die Standardaufgabe (1) wurde in vielfältiger Weise verallgemeinert, so daß man z. B. auch den Transport mehrerer Produkte, das Einschalten von Zwischenlagern, Beschränkungen der Transportkapazitäten, nichtlineare Kosten u. a. berücksichtigen kann. Weit ausgearbeitet ist auch die Behandlung der *stetigen Transportaufgabe*, die Massentransporte mit kontinuierlichen Massenverteilungen zu erfassen vermag.

Diese Aufgabe läßt sich folgendermaßen mathematisch beschreiben: Gegeben sei ein metrisches Kompaktum K (↗Banach-Raum) mit der Metrik r. $r(s, t)$ charakterisiert für $s, t \in K$ die Kosten für den Transport einer Masseneinheit vom Punkt s zum Punkt t. Eine gegebene Massenverteilung, charakterisiert durch ein nichtnegatives Maß φ^+ auf den Borel-Mengen von K, soll in eine geforderte Massenverteilung, charakterisiert durch ein nichtnegatives Maß φ^- auf den Borel-Mengen von K, übergeführt werden, so daß die Kosten der Umverteilung minimal werden. Die Umverteilung wird dabei durch ein nichtnegatives Maß ψ auf den Borel-Mengen des Kompaktums $K \times K$ beschrieben, wobei $\psi(e, e')$ die von $e \subseteqq K$ nach $e' \subseteqq K$ zu transportierende Masse angibt. Man erhält folgendes lineares Optimierungsproblem:

$$\int_{K \times K} r(s, t)\, \psi(\mathrm{d}e, \mathrm{d}e') \to \min ,$$

$$\psi(K, e) - \psi(e, K) = \varphi^+(e) - \varphi^-(e) = \varphi(e) ,$$

$$\psi(e, e') \geqq 0 \qquad \text{für alle Borel-Mengen } e, e' \subseteqq K.$$

Setzt man $\varphi^+(K) = \varphi^-(K)$ voraus, so hat diese Aufgabe immer eine optimale Lösung.

Funktionalanalytisch interessant und für den Beweis von Dualitätssätzen ausnutzbar ist die Tatsache, daß der optimale Zielfunktionswert in Abhängigkeit von der rechten Seite φ eine Norm auf dem Raum der Maße φ mit $\varphi(K) = 0$ ist (die sogenannte Kantorowitsch-Rubinschtejn-Norm).

Historisch ist die stetige Transportaufgabe eine der ersten untersuchten unendlichdimensionalen Optimierungsaufgaben (Monge (1781), Kantorowitsch (1942)). An ihr wurden durch Kantorowitsch/Rubinschtejn (1957) erstmalig Dualitätssätze der ›linearen Optimierung mit funktionalanalytischen Hilfsmitteln bewiesen. Die T. hat enge Beziehungen zu weiteren Bereichen der Mathematik. Hervorzuheben sind die engen Beziehungen zur Graphentheorie.

Lösungsverfahren für die lineare Transportoptimierung

Gegeben sei die Aufgabe (1) mit $\sum_{i=1}^{m} a_i = \sum_{j=1}^{n} b_j$.

1. *Methode des minimalen Elements.* Die Ausgangsdaten a_i, b_j und c_{ij} und die Variablenwerte x_{ij} kann man in einer Variablentabelle zusammenfassen.

Tabelle 1: Variablentabelle

a_1	c_{11} x_{11}	c_{12} x_{12}	...	c_{1n} x_{1n}
a_2	c_{21} x_{21}	c_{22} x_{22}	...	c_{2n} x_{2n}
⋮	⋮	⋮	...	⋮
a_m	c_{m1} x_{m1}	c_{m2} x_{m2}	⋮	c_{mn} x_{mn}
	b_1	b_2	...	b_n

Sei $I = \{1, 2, \ldots, m\}$, $J = \{1, 2, \ldots, n\}$, $K = \emptyset$

S1: Man bestimmt $c_{rk} = \min \{c_{ij} : i \in I, j \in J\}$ und setzt $x_{rk} = \min \{a_r, b_k\}$ und $K := K \cup \{[r, k]\}$.

S2: Wenn $x_{rk} = a_r$, so setzt man $I := I \setminus \{r\}$, Fortsetzung bei S3. Wenn $x_{rk} \neq a_r$, so setzt man $J := J \setminus \{k\}$, Fortsetzung bei S3.

S3: Man berechnet $a_r := a_r - x_{rk}$, $b_k := b_k - x_{rk}$. Fortsetzung bei S1, solange $I \neq \emptyset$ oder $J \neq \emptyset$.

S4: Alle noch nicht belegten Variablen erhalten den Wert 0.

Auf diese Weise werden genau $m + n - 1$ Indexpaare in die Menge K aufgenommen. Im Entartungsfall können die entsprechenden Felder der Variablentabelle auch mit Werten von 0 belegt sein. Diese Methode wird i. allg. zur Bestimmung einer zulässigen Startlösung (Basislösung) verwendet.

2. *Potentialmethode.* Konkrete Realisierung des primalen Simplexverfahrens, bezogen auf die spezielle Struktur der Transportaufgabe. Dabei ist zu beachten, daß der Rang der Systemmatrix $m + n - 1$ ist.

Tabelle 2. Berechnung der Potentiale

c_{11}	c_{12}	...	c_{1n}	u_1
c_{21}	c_{22}	...	c_{2n}	u_2
$\vdots$	$\vdots$		$\vdots$	$\vdots$
c_{m1}	c_{m2}	$\vdots$	c_{mn}	u_m
v_1	v_2	...	v_n	

Algorithmus:

S1: Man bestimmt eine zulässige Basislösung (vgl. Methode des minimalen Elements).

S2: Man bestimmt in der Tabelle zur Berechnung der Potentiale (Tab. 2) den zugehörigen Auflösungsvektor $\lambda = (u, v)$, hier Potential genannt. Dazu setzt man eines der Potentiale, z. B. u_1, gleich 0 und berechnet über die Forderung $u_i + v_j = c_{ij}$ $\forall [i, j] \in K$ (vgl. obige Methode des minimalen Elements) die restlichen Potentiale u_i und v_j.

S3: Man berechnet

$$\Delta_{ij} = c_{ij} - u_i - v_j \qquad \forall [i, j] \notin K ,$$

$$\Delta_{rk} = \min \{\Delta_{ij} : [i, j] \notin K\} .$$

Diese Werte trägt man in eine Δ-Tabelle ein, analog Tab. 2.

Fall a) $\Delta_{rk} \geqq 0$: Die vorliegende Lösung x ist optimal — Ende.

Fall b) $\Delta_{rk} < 0$: Das Feld $[r, k]$ sowie alle Felder $[i, j] \in K$ werden als markiert betrachtet.

S4: *Streichungsalgorithmus.* In der Δ-Tabelle werden alle Spalten, die weniger als zwei markierte und nichtgestrichene Felder enthalten, gestrichen. Danach erfolgt gleiches mit den Zeilen. Auf diese Weise können Spalten entstehen, die ebenfalls die obengenannten Eigenschaften haben. Diese werden ebenfalls gestrichen. Mit den Zeilen wird analog verfahren. Dies wird so lange fortgesetzt, bis keine Streichungen mehr möglich sind.

S5: *Markierungsalgorithmus.* Das Feld $[r, k]$ in der dem Δ-Tableau zugeordneten Variablentabelle wird als erstes Feld eines Weges (Kreises) über andere Felder zurück zum Feld $[r, k]$ bezeichnet. Diesen Weg findet man, indem man in der Zeile r ein weiteres markiertes und nichtgestrichenes Feld $[r, j_1]$, $j_1 \neq k$, aufsucht und an dieses die Nummer 2 vergibt, sodann in dieser Spalte j_1 ein neues markiertes und nichtgestrichenes Feld $[i_1, j_1]$, $i_1 \neq r$, ermittelt und diesem die Nummer 3 zuordnet, usw. Durch abwechselnde Bewegung in Zeilen und Spalten zu markierten und nichtgestrichenen Feldern kommt man stets zurück zum Feld $[r, k]$.

S6: x_{pq} sei das Minimum der Variablenwerte auf dem gefundenen Weg auf Feldern mit geradzahliger Nummer. Von allen diesen wird der Wert x_{pq} subtrahiert, zu den anderen am Weg beteiligten Variablen wird x_{pq} addiert. Die nicht am Weg beteiligten Variablen behalten ihren Wert. Mit $K := (K \setminus \{[p, q]\}) \cup \{[r, k]\}$ wird bei S2 fortgesetzt.

Bemerkung: Anstelle der Tabelle der Zielfunktionskoeffizienten zur Berechnung der Potentiale (vgl. S2) kann stets auch die Tabelle der aktuellen Optimalitätsindikatoren Δ_{ij} verwendet werden. Dabei wird die Lösung nicht verfälscht.

Eine gute Näherungsmethode ist die *Vogelsche Approximationsmethode* (›[a]).

Lit.: [30]

[a] VOGEL, W.: Lineares Optimieren. Akademische Verlagsgesellschaft Geest & Portig K.-G., Leipzig 1970.

Transportproblem ›Transportoptimierung
Transportproblem, allgemeines ›Optimierung auf Graphen

Transpositionstheoreme: Mitunter gebrauchte Bezeichnung für die ›Alternativsätze für lineare Ungleichungssysteme.

Transversalitätsbedingungen ›Variationsrechnung, ›optimale Prozesse
Trefftz-Funktional ›Trefftz-Verfahren
Trefftz-Lösung ›Trefftz-Verfahren
Trefftz-System ›Trefftz-Verfahren

Trefftz-Verfahren: Das T. kann als dual zum ›Ritz-Verfahren betrachtet werden (›[60], Bd. 3) und wurde von Trefftz (›[a]) selbst als Gegenstück zum Ritz-Verfahren bezeichnet. Während das Ritz-Verfahren ausgeht vom Minimumproblem

$$J(v) \to \min\,, \qquad v \in K\,, \tag{1}$$

beruht das T. auf der Untersuchung des zu (1) dualen Problems

$$G(v) \to \max\,, \qquad v \in M\,. \tag{2}$$

Hier sei der Einfachheit halber $K = \{v_0 + v : v \in V_0\}$ eine lineare Mannigfaltigkeit; V_0 sei ein in der *energetischen Norm* $|v| = (a(v, v))^{1/2}$ abgeschlossener Unterraum des Hilbert-Raumes V; $v_0 \in V$; $a(\cdot, \cdot) : V \times V \to \mathbb{R}$ sei eine symmetrische, auf V nichtnegative (d. h. $a(u, u) \geqq 0\ \forall u \in V$) und auf V_0 positive (d. h. $a(u, u) > 0\ \forall u \in V_0,\ u \neq 0$) Bilinearform. Das *Ritz-Funktional* $J(v)$ sei definiert durch $J(v) = a(v, v) - 2\langle F, v\rangle$ mit dem linearen, beschränkten Funktional F und dem Dualitätsprodukt $\langle \cdot, \cdot \rangle$, (›Ritz-Verfahren und ›Banach-Raum). Dann ist das konjugierte Funktional (*Trefftz-Funktional*) durch die Beziehung

$$G(v) = -a(v, v) + 2a(v_0, v) - 2\langle F, v_0\rangle$$

definiert. Die Menge $M = \{u_0 + v : v \in U_0\}$ wird eindeutig bestimmt durch eine Lösung $u_0 \in V$ des inhomogenen Problems

$$\textit{gesucht}\ u_0 \in V : a(u_0, v) = \langle F, v \rangle \qquad \forall v \in V_0 \tag{3}$$

und durch den Raum $U_0 = \{v \in V : a(v, w) = 0\ \forall w \in V_0\}$ der Lösungen des entsprechenden homogenen Problems. Damit ist M genau die lineare Mannigfaltigkeit aller Lösungen von (3).

Aus den gestellten Bedingungen folgt, daß (1) bzw. die zu (1) äquivalente Variationsgleichung

$$\text{Ges.: } u \in K : a(u, v) = \langle F, v \rangle \qquad \forall v \in V_0$$

eine eindeutig bestimmte Lösung $u_* \in K$ besitzt. Durch elementare Rechnungen erhält man

$$\begin{aligned} |u - w|^2 &= J(u) - G(w) && \forall u \in K \quad \forall w \in M\,, \\ |u - u_*|^2 &= J(u) - J(u_*) && \forall u \in K\,, \\ |w - u_*|^2 &= J(u_*) - G(w) && \forall w \in M\,, \quad M \cap K = \{u_*\}\,. \end{aligned} \tag{4}$$

Demzufolge werden Maximum und Minimum des Trefftz- bzw. Ritz-Funktionals genau für $u = w = u_*$ angenommen, und es gilt der starke Dualitätssatz (›Dualitätstheorie)

$$\max_{v \in M} G(v) = G(u_*) = J(u_*) = \min_{v \in K} J(v)\,.$$

Genau wie beim Ritz-Verfahren V_0 wird beim T. U_0 durch i. allg. endlichdimensionale Unterräume $U_{0h} \subseteq U_0$ approximiert ($h \in I$: Diskretisierungsparameter) und das Extremalproblem (2) durch das Näherungsproblem

$$\text{Ges.: } w_h \in M_h : G(w_h) = \max_{v_h \in M_h} G(v_h) \tag{5}$$

mit $M_h = \{w_h = u_0 + v_h : v_h \in U_{0h}\}$ ersetzt.

Für den Diskretisierungsfehler erhält man aus (4) sofort eine quasioptimale Fehlerabschätzung (›Galerkin-Verfahren) in der energetischen Norm

$$|w_h - u_*| \leqq \inf_{v_h \in M_h} |u_* - v_h|\,.$$

Wenn sowohl die *Ritz-Lösung* u_h (›Ritz-Verfahren) als auch die *Trefftz-Lösung* w_h bekannt sind, dann ergeben sich aus (4) die folgenden A-posteriori-Abschätzungen

$$\left.\begin{aligned} |u_h - u_*|^2 \\ |w_h - u_*|^2 \end{aligned}\right\} \leqq J(u_h) - G(w_h)\,.$$

Es sei $\{q_i : i \in \omega_h\}$ eine Basis in U_{0h} mit der Indexmenge ω_h. Dann ist das Näherungsproblem (5)

$$G(u_0 + \sum_{i \in \omega_h} w_i q_i) \to \max$$

äquivalent mit dem linearen Gleichungssystem (*Trefftz-System*)

$$\text{Ges.: } \boldsymbol{w}_h = (w_i)_{i \in \omega_h} : A_h \boldsymbol{w}_h = \boldsymbol{f}_h$$

mit $A_h = \big(a(q_i, q_j)\big)_{i,j \in \omega_h}$, $\boldsymbol{f}_h = \big(a(v_0 - u_0, q_j)\big)_{j \in \omega_h}$. Das Trefftz-System besitzt mindestens eine Lösung. Da die energetische Norm $\|\cdot\|$ zwar nach Voraussetzung in V_0 eine Norm, aber in V i. allg. nur eine Halbnorm (›lokalkonvexer Raum) ist, muß die Lösung nicht notwendig eindeutig sein.

Als Beispiel betrachten wir die Poisson-Gleichung mit den Dirichletschen Randbedingungen

$$-\Delta u = -\sum_{i=1}^{m} u_{x_i x_i} = f \quad \text{in } \Omega\,, \qquad u = 0 \quad \text{auf } \partial\Omega\,,$$

wobei $\Omega \subseteqq \mathbb{R}^m$ ein m-dimensionales beschränktes Gebiet mit lipschitzstetigem Rand $\partial\Omega$ und Δ der Laplace-Operator ist. Dann lautet das primale Problem (Ritz)

$$J(v) = \int_\Omega |\nabla v|^2 \,\mathrm{d}x - 2\int_\Omega fv \,\mathrm{d}x \to \min\,, \qquad v \in K;$$

$$K = V_0 = \mathring{\mathbf{W}}^{1,2}(\Omega) \subseteqq V = \mathbf{W}^{1,2}(\Omega)\,, \quad v_0 = 0; \quad \nabla v = (v_{x_1}, v_{x_2}, \ldots, v_{x_m})^{\mathrm{T}}.$$

Als duales Problem (Trefftz) ergibt sich

$$G(v) = -\int_\Omega |\nabla v|^2 \,\mathrm{d}x \to \max\,, \qquad v \in M;$$

$$M = u_0 + U_0 = \{u_0 + v : v \in U_0\}\,.$$

$$U_0 = \{v \in V = \mathbf{W}^{1,2}(\Omega) : \int_\Omega \nabla^{\mathrm{T}} v \nabla\varphi \,\mathrm{d}x = 0 \quad \forall \varphi \in V_0 = \mathring{\mathbf{W}}^{1,2}(\Omega)\}\,,$$

$$u_0 \in \mathbf{W}^{1,2}(\Omega) : \int_\Omega \nabla^{\mathrm{T}} u_0 \nabla\varphi \,\mathrm{d}x = \int_\Omega f\varphi \,\mathrm{d}x \qquad \forall \varphi \in \mathring{\mathbf{W}}^{1,2}(\Omega)\,.$$

Ein wesentlicher Nachteil des T. besteht darin, daß bei bekannter Lösung u_0 der inhomogenen Differentialgleichung alle Ansatzfunktionen $q_i(x)$ linear unabhängige Lösungen der homogenen Differentialgleichung sein müssen. Dieser Nachteil wird durch den Vorteil, daß die Ansatzfunktionen keine Dirichletschen Randbedingungen erfüllen müssen, i. allg. nicht kompensiert, so daß das T. in der Praxis nur auf entsprechend spezielle Probleme angewendet wird.

Seit Trefftz wurden die Dualitätstheorie und die dazugehörigen numerischen Verfahren entscheidend weiterentwickelt. Eine gute Zusammenstellung der Resultate findet man aus theoretischer Sicht in [14], [23] und unter numerischen Aspekten in [23]. Eine große Anzahl von Anwendungsbeispielen aus der Kontinuumsmechanik und der theoretischen Physik sind in [13] dargestellt.

Lit.: [13], [14], [23]

[a] TREFFTZ, E.: Ein Gegenstück zum Ritzschen Verfahren. Abhandl. d. 2. Internat. Kongreß für techn. Mech., in Zürich 1926, Zürich 1927, 131–136

Trennbarkeit: Zwei nichtleere Mengen A und B eines topologischen Vektorraumes (›lokalkonvexer Raum) E heißen *eigentlich trennbar* bzw. *stark trennbar*, wenn ein stetiges lineares Funktional (›Abbildung) $u \in E^*$, $u \neq 0$, und reelle Zahlen $\alpha \in \mathbb{R}$ und $\varepsilon > 0$ existieren, so daß gilt:

$$\begin{aligned} \forall a \in A: \quad & \langle u, a\rangle \leqq \alpha\,, \\ \forall b \in B: \quad & \langle u, b\rangle \geqq \alpha\,, \\ \exists c \in A \cup B: \quad & \langle u, c\rangle \neq \alpha\,, \end{aligned} \tag{1}$$

bzw.

$$\begin{aligned} \forall a \in A: \quad & \langle u, a\rangle \leqq \alpha - \varepsilon\,, \\ \forall b \in B: \quad & \langle u, b\rangle \geqq \alpha + \varepsilon\,. \end{aligned} \tag{2}$$

Geometrisch gesprochen bedeutet z. B. (1), daß es in E eine abgeschlossene Hyperebene H gibt, so daß A und B in je einem der von H bestimmten abgeschlossenen Halbräumen liegt, ohne daß beide Mengen vollständig in H enthalten sind.

Weitere Trennbarkeitsbegriffe, die stärkere oder schwächere Forderungen an die Mengen A und B stellen bzw. eine Ausdehnung auf endliche Mengenfamilien beinhalten, findet man etwa in [a], [b].

Lit.: [15], [24], [29], [39], [53]

[a] Deumlich, R., K.-H. Elster und R. Nehse: Recent results on separation of convex sets. Math. Operationsforsch. Statist. Ser. optimization **9** (1978) 2, 273–296.

[b] Klee, V.: Separation and support properties of convex sets — a survey. In Balakrishnan, A. V. (ed.): Control Theory and Calculus of Variations. Academic Press, New York 1969, 235–303.

Trennungssätze: T. (in der einfachen Form) befassen sich mit Aussagen über die ›Trennbarkeit von zwei nichtlinearen Mengen durch eine Hyperebene. Sie dienen in erster Linie als Beweishilfsmittel und stehen in engem Zusammenhang mit dem ›Hahn-Banach-Theorem (›[30]). Als bedeutsam erwiesen sich die folgenden beiden Trennungssätze.

Satz über eigentliche Trennbarkeit: Seien A und B nichtleere konvexe Mengen eines topologischen Vektorraumes E mit int $A \neq \emptyset$. A und B sind eigentlich trennbar (›Trennbarkeit) genau dann, wenn int A und B disjunkt sind.

Satz über starke Trennbarkeit: Seien A und B nichtleere konvexe Mengen eines ›lokalkonvexen Raumes E, A kompakt und B abgeschlossen. A und B sind stark trennbar (›Trennbarkeit) genau dann, wenn A und B disjunkt sind.

Die in den Sätzen geforderte Konvexität der Mengen bedeutet, wenn man von den Konsequenzen für die anderen Voraussetzungen absieht, keine Einschränkung, da zwei beliebige nichtleere Mengen A und B genau dann eigentlich bzw. stark trennbar sind, wenn ihre konvexen Hüllen conv A und conv B (›Hülle einer Menge) die entsprechende Eigenschaft aufweisen.

Für $E = \mathbb{R}^n$ erhält man die häufig benutzte Verschärfung der Aussage des Satzes über eigentliche Trennbarkeit: Seien A und B nichtleere konvexe Mengen des $\mathbb{R}^n$. A und B sind eigentlich trennbar genau dann, wenn r. i. A und r. i. B disjunkt sind. Verallgemeinerungen der Trennungssätze beziehen sich vor allem auf Erweiterungen in bezug auf

a) die Anzahl der zu trennenden Mengen,

b) die Struktur des Raumes E (z. B. ›Konvexitätsräume, projektive Räume),

c) die Art des zur Trennung benutzten geometrischen Gebildes (lineare Mannigfaltigkeit, Hyperflächen). Trennung mit nicht notwendig linearen Funktionalen erweist sich vor allem in der ›nichtkonvexen Optimierung als wichtig (›[a]).

Durch direkte Anwendung von Trennungsaussagen lassen sich z. B. Beziehungen zwischen dem folgenden Paar lagrangedualer (›Lagrange-Funktion) Optimierungsprobleme beschreiben:

$$f(x) \to \min\,, \qquad x \in \mathfrak{B}; \qquad (1)$$

$$\mathfrak{B} = \{x : x \in \mathbb{R}^n,\, g_i(x) \leqq 0,\, i = 1, \ldots, m\}\,,$$

wobei $f : \mathbb{R}^n \to \mathbb{R}$ und $g_i : \mathbb{R}^n \to \mathbb{R}$, $i = 1, \ldots, m$, und

$$\varphi(u) \to \max\,, \qquad u \in \mathfrak{B}^*;$$

$$\varphi(u) = \inf \{f(x) + u^{\mathsf{T}} g(x) : x \in \mathbb{R}^n\}\,, \qquad (2)$$

$$\mathfrak{B}^* = \{u \in \mathbb{R}^m : u^{\mathsf{T}} z \geqq 0\}\ \forall z \in \mathbb{R}^m_+ = \mathbb{R}^m_+$$

Benutzt man

$$A_\lambda = \{(g_1(x), \ldots, g_m(x), \alpha - f(x) - \lambda) : x \in \mathbb{R}^n\}\,, \qquad \lambda \in \mathbb{R}\,,$$

$$\alpha = \inf \{f(x) : x \in \mathfrak{B}\}\,, \qquad \beta = \sup \{\varphi(u) : u \in \mathfrak{B}^*\}\,,$$

sowie die Annahmen $\mathfrak{B} \neq \emptyset$, $\alpha > -\infty$, so gelten:

a) Es ist $\alpha = \beta$ genau dann, wenn für jedes $\lambda > 0$ ein $u_\lambda \in \mathfrak{B}^*$ existiert, so daß $(u_\lambda^{\mathsf{T}}, -1)$ das geordnete Paar $(A_\lambda, 0)$ mit $0 \in \mathbb{R}^m \times \mathbb{R}$ in folgendem Sinne trennt:

$$u_\lambda^{\mathsf{T}} g(x) - 1\big(\alpha - f(x) - \lambda\big) \geqq 0 \qquad \forall x \in \mathbb{R}^n\,.$$

Diese Aussage ist ein starker Dualitätssatz (›Dualitätstheorie).

b) Es ist $\alpha > \beta > -\infty$ genau dann, wenn zu wenigstens einem $\lambda > 0$ kein $u \in \mathfrak{B}^*$ existiert, so daß $(u^{\mathsf{T}}, -1)$ das Paar $(A_\lambda, 0)$ im obigen Sinne trennt, es aber gleichzeitig ein $\bar{\lambda} \geqq \lambda$ gibt, so daß für jedes $\mu > \lambda$ ein $u_\mu \in \mathfrak{B}^*$ existiert, so daß $(u_\mu^{\mathsf{T}}, -1)$ das Paar $(A_\mu, 0)$ im obigen Sinne trennt. Dies ist eine notwendige und hinreichende Aussage über die Dualitätslücke $\alpha > \beta$.

c) Es ist $\alpha > \beta = -\infty$ genau dann, wenn für kein $\lambda > 0$ ein $u \in \mathfrak{B}^*$ existiert, so daß $(u^{\mathsf{T}}, -1)$ das Paar $(A_\lambda, 0)$ im obigen Sinne trennt. Bedingungen über die Existenz optimaler Lösungen für (1) bzw. (2) lassen sich ebenso mittels der Trennbarkeit des Paares $(A_\lambda, 0)$ beschreiben.

Lit.: [30], [56]

[a] Deumlich, R., K.-H. Elster und R. Nehse: Recent results on separation of convex sets. Math. Operationsforsch. u. Statist., Ser. optimization 9 (1978) 2, 273–296.

[b] Klee, V.: Separation and support properties of convex sets — a survey. In Balakrishnan, A. V. (ed.): Control Theory and Calculus of Variations. Academic Press, New York 1969, 235–303.

Triangulationsverfahren ›Komplementaritätsproblem
Tschebyscheff-Approximation ›Approximationstheorie
Tschebyscheff-Iteration ›Verfahren zur Lösung von Gleichungssystemen
Tucker, Satz von ›Alternativsätze
Tucker-Lösung ›Struktur optimaler Lösungen
typische Indexmengen ›lineare parametrische Optimierung

U

Überdeckungsprinzip: Das Ü. ist eine Methode zur Verschärfung von Schnitten, insbesondere von ›Gomory-Schnitten in der ganzzahligen linearen Optimierung. Hat man zwei Schnitte zur gleichen stetigen Optimallösung, etwa

$$s^1 = -\{\alpha^1\} - \sum_{j \in N} \{\alpha_j^1\}(-x_j), \qquad s^2 = -\{\alpha^2\} - \sum_{j \in N} \{\alpha_j^2\}(-x_j),$$

wobei $\{\alpha\} = \alpha - [\alpha]$ und $[\alpha]$ der ganze Anteil von α ist, und gilt $\{\alpha^1\} > \{\alpha^2\}$ und $\{\alpha_j^1\} \leqq \{\alpha_j^2\}$ für alle $j \in N$ oder $\{\alpha^1\} \geqq \{\alpha^2\}$ und $\{\alpha_j^1\} < \{\alpha_j^2\}$ für alle $j \in N$, so sagt man, daß der erste Schnitt den zweiten überdeckt, letzterer kann dann durch Parallelverschiebung zu $s^{2\prime} = -\{\alpha^2\} - 1 - \sum_{j \in N} \{\alpha_j^2\}(-x_j)$ verschärft werden. Gegebenenfalls existieren auch Überdeckungen zwischen bereits verschärften Schnitten, und es sind weitere Verschärfungen möglich (›Schnitt).

Lit.: [46]

Übergangsrelation ›dynamische Optimierung
überlineare Konvergenz ›Konvergenzbegriffe
Überrelaxationsverfahren ›Verfahren zur Lösung von Gleichungssystemen
Umgebung ›lokalkonvexer Raum
Umkehrproblem der Variationsrechnung ›Extremalprinzipien der Physik
Umladeproblem ›Optimierung auf Graphen
Unabhängigkeitssystem ›Matroid
Unbestimmtheitsintervall ›Verfahren zur Minimierung einer Funktion einer reellen Veränderlichen
uneigentliches konvexes Polyeder ›Polyederzerlegung

ungarische Methode: Die u. M. ist eine spezielle Methode zur Lösung des Zuordnungsproblems (›Transportoptimierung), die auf einen graphentheoretischen Satz der ungarischen Mathematiker KÖNIG und EGERVÁRY beruht.

Lit.: [a] JUDIN, D. B., und E. G. GOLSTEIN: Lineare Optimierung I. Akademie-Verlag, Berlin 1968.

ungedämpftes ›Newton-Verfahren

Ungleichungssystem ›Alternativsätze

uniform konvex ›gleichmäßig konvex

unimodale Funktion ›erweiterte Konvexität

unitärer Raum ›Hilbert-Raum

Universum ›unscharfe Menge

unrestringierte ›Optimierungsaufgabe

unscharfe Menge: U. M. wurden von ZADEH [c] in Verallgemeinerung des klassischen Mengenbegriffs eingeführt. Sei X eine (klassische) Menge (= *Basismenge* = *Universum*) von zu bewertenden Objekten und $\mu : X \to [0, 1]$ eine reellwertige Funktion (*Zugehörigkeitsfunktion*). Die Menge aller geordneten Paare $\{(x, \mu(x))\}$ wird als u. M. (*fuzzy set*) bezeichnet. Die Zugehörigkeitsfunktion $\mu = \mu_A$ mit Definitionsbereich X ist eine Verallgemeinerung einer Indikatorfunktion (›Indikatorfunktional) über X und beschreibt mathematisch das Modell, daß man ein Element x einer gegebenen Teilmenge $A \subseteq X$ zurechnen $(\mu(x) = 1)$, nicht zurechnen $(\mu(x) = 0)$ oder „mit dem Grade $r \in (0, 1)$" zurechnen $(\mu(x) = r)$ will. Dieses Modell besitzt Verbindungen zur mathematischen Modellierung linguistischer Variabler (etwa „groß", „schnell", ...) sowie zur Wahrscheinlichkeitstheorie (vgl. [a]). In Verallgemeinerung entsprechender Formeln für gewöhnliche Mengen ist die Vereinigung $\tilde{C} = \tilde{A} \cup \tilde{B}$ zweier u. M. $\tilde{A}$, $\tilde{B}$ definiert durch die Zugehörigkeitsfunktion

$$\mu_{\tilde{C}}(x) = \max \{\mu_{\tilde{A}}(x), \mu_{\tilde{B}}(x)\}$$

und der Durchschnitt $\tilde{D} = \tilde{A} \cap \tilde{B}$ durch

$$\mu_{\tilde{D}}(x) = \min \{\mu_{\tilde{A}}(x), \mu_{\tilde{B}}(x)\}\,.$$

Entsprechend kann in Verallgemeinerung des Abbildungsbegriffes, bei dem die Abbildung $f : X \to Y$ als Teilmenge von $X \times Y$ aufgefaßt werden kann, eine *unscharfe Relation* $\tilde{f}$ definiert werden durch die Angabe einer Zugehörigkeitsfunktion

$$\mu_{\tilde{f}} : Z = X \times Y \to [0, 1]\,.$$

Wie sich dieses Konzept für die Darstellung von Optimierungsaufgaben verwenden läßt, demonstrieren wir an folgendem Beispiel: Gegeben ist die

Optimierungsaufgabe

$$f(x) \to \max\,, \qquad x \in \mathfrak{B} = \bigcap_{i=1}^{l} \mathfrak{B}_i\,.$$

$$\mathfrak{B}_i = \{x \in X : \varphi_i(x) \leqq 0\}\,.$$

In der Optimierung sucht man nun Werte $x \in \mathfrak{B}$, für die $f(x)$ ein Maximum ist. Das Konzept der u. M. gestattet die Formulierung einer Aufgabe, in der alle x gesucht sind, für die f möglichst groß ist und die die Restriktionen möglichst gut erfüllen. Man führt dazu unscharfe Mengen $\tilde{F}$ und $\tilde{\Phi}_i$ durch Zugehörigkeitsfunktionen etwa folgender Gestalt ein:

$$\tilde{F} : \mu_{\tilde{F}}(x) = \begin{cases} 0 & \text{für} \quad f(x) \leqq z_0 - a\,, \\ \mu(x, a) & \text{für} \quad z_0 - a < f(x) < z_0\,, \\ 1 & \text{für} \quad f(x) \geqq z_0\,, \end{cases}$$

$$\tilde{\Phi}_i : \mu_{\tilde{\Phi}_i}(x) = \begin{cases} 0 & \text{für} \quad \varphi_i(x) \geqq b_i\,, \\ \nu_i(x, b_i) & \text{für} \quad 0 < \varphi_i(x) < b_i\,, \\ 1 & \text{für} \quad \varphi_i(x) \leqq 0\,. \end{cases} \qquad i = 1, \ldots, l\,.$$

Dabei sind $z_0, a, b_i, i = 1, \ldots, l$, gewisse vorgegebene Werte und $\mu, \nu_i, i = = 1, \ldots, l$, Abbildungen von $X \times \mathbb{R}$ in $[0, 1]$. Waren in der gewöhnlichen Optimierung Elemente in $\{x : f(x) \geqq z_0\} \cap \bigcap_{i=1}^{l} \mathfrak{B}_i$ gesucht, so entspricht dieser Durchschnitt jetzt der Zugehörigkeitsfunktion

$$\mu_{\tilde{D}}(x) = \min\,\{\mu_{\tilde{F}}(x), \mu_{\tilde{\Phi}_1}(x), \ldots, \mu_{\tilde{\Phi}_l}(x)\}$$

der entsprechenden u. M. $\tilde{D}$ und die obige Aufgabe wird ersetzt durch

$$\mu_{\tilde{D}}(x) \to \max\,.$$

Auch Vektoroptimierungsaufgaben (›Optimierungsaufgabe) lassen sich nach diesem Konzept behandeln.

Bezüglich Beziehungen zur Intervallmathematik ›[b], zu verbandstheoretischen Aspekten ›[a].

Lit.: [a] Dubois, D., und H. Prade: Fuzzy sets and systems, theory and applications. Acad. Press, New Jersey 1980.

[b] Orlovskij, S. A. (Орловский, С. А.): Проблемы принятия. решений при нечеткой исходной информации. Наука, Москва 1981.

[c] Zadeh, L. A.: Fuzzy sets. J. Inf. Contr. 8 (1965) 338–353.

unscharfe Relation ›unscharfe Menge
unteres Subdifferential ›konjugierte Funktion
Untergraph ›Graphentheorie
unterhalbstetige Abbildung ›Punkt-Menge-Abbildung
unterhalbstetige Hülle ›Abbildung
unterhalbstetige ›Punkt-Menge-Abbildung

unterhalbstetiges Funktional ›Abbildung
Unterraummethode ›stochastische Suchverfahren
Uzawa-Algorithmus ›Lagrange-Methoden

V

Variable-Metrik-Verfahren ›Newton-Verfahren
Variation ›Variationsrechnung
Variation von der Ordnung *h* ›singuläre Steuerung
Variationsnorm ›Banach-Raum
Variationsproblem für mehrfache Integrale ›Variationsrechnung
Variationsproblem höherer Ordnung ›Variationsrechnung
Variationsproblem mit beweglichen Randpunkten ›Variationsrechnung

Variationsrechnung: Die V. ist eine klassische mathematische Disziplin zur Behandlung von Extremalaufgaben, bei denen aus einer Menge von Funktionen mit bestimmten Eigenschaften solche zu ermitteln sind, welche einem gegebenen Funktional einen kleinsten bzw. einen größten Wert erteilen. Zu den Eigenschaften der Funktionen gehören i. allg. Ableitbarkeit nach den unabhängigen Variablen bis zu einer gewissen Ordnung, das Erfülltsein von gegebenen (Differential-) Gleichungen, Randbedingungen u. a. Das erste Problem, welches die Entwicklung der V. einleitete, war die Aufgabe von JOHANN BERNOULLI (1696), in einer vertikalen Ebene zu zwei gegebenen Punkten eine solche Verbindungskurve (*Brachistochrone*) zu finden, daß ein reibungslos darauf gleitender Massenpunkt diese im Vergleich zu anderen in kürzester Zeit durchläuft.

Eine Weiterentwicklung erfährt die V. heute u. a. in der Theorie ›optimaler Prozesse, vgl. auch ›Steuerproblem.

1. *Das Grundproblem der V.*

Wir betrachten Vektoren $x, \dot{x} \in \mathbb{R}^n$ mit den Komponenten $x_i, \dot{x}_i$, eine Variable $t \in \mathbb{R}$ und eine einmal stetig ableitbare Funktion F ($C^{(1)}$-Funktion), definiert auf einer offenen Teilmenge M des $(t, x, \dot{x})$-Raumes. Gegeben seien $t_1, t_2 \in \mathbb{R}$, $t_1 < t_2$, und $x^1, x^2 \in \mathbb{R}^n$. In der Menge aller (stückweise) glatten Funktionen $x(\cdot)$ über $[t_1, t_2]$, welche die Randbedingungen $x(t_1) = x^1$, $x(t_2) = x^2$ und die Bedingungen $(t, x(t), \dot{x}(t \pm 0)) \in M$ für alle t erfüllen, d. h. in der Menge der zulässigen Lösungen $x(\cdot)$, ist eine solche zu finden, welche das (*Lagrange-*) *Funktional*

$$I(x) = \int_{t_1}^{t_2} F(t, x(t), \dot{x}(t))\, \mathrm{d}t \tag{1}$$

minimiert. (Die Maximierung kann auf die Minimierung des negativen Funktionalwertes zurückgeführt werden.)

Sei $x^0(\cdot)$ eine Lösung, d. h. $I(x^0) \leqq I(x)$ für alle weiteren zulässigen $x(\cdot)$, dann müssen notwendig für alle Stetigkeitsstellen t von $\dot{x}^0(\cdot)$ die folgenden Bedingungen gelten:

a) Die *Euler-Lagrangeschen Gleichungen* in Integralform

$$F_{\dot{x}}\big(t, x^0(t), \dot{x}^0(t)\big) = \int_{t_1}^{t} F_x\big(s, x^0(s), \dot{x}^0(s)\big)\, \mathrm{d}s + e\,, \tag{2}$$

$$F\big(t, x^0(t), \dot{x}^0(t)\big) - F_{\dot{x}}\big(t, x^0(t), \dot{x}^0(t)\big)\, \dot{x}^0(t) = \int_{t_1}^{t} F_t\big(s, x^0(s), \dot{x}^0(s)\big)\, \mathrm{d}s + e_0; \tag{3}$$

hier bezeichnet e einen gewissen konstanten Vektor und e_0 eine konstante Zahl, F_x und $F_{\dot{x}}$ sind die Gradienten von F bez. x bzw. $\dot{x}$ (einzeilige Jacobi-Matrizen).

b) Die *Euler-Lagrangeschen Differentialgleichungen*

$$\frac{\mathrm{d}}{\mathrm{d}t} F_{\dot{x}} = F_x\,, \qquad \frac{\mathrm{d}}{\mathrm{d}t}\,(F - F_{\dot{x}}\dot{x}) = F_t\,, \tag{4}$$

Argumente sind t, $x = x^0(t)$, $\dot{x} = \dot{x}^0(t)$.

c) Die *Weierstraßsche E-Bedingung* $E\big(t, x^0(t), \dot{x}^0(t), u\big) \geqq 0$ für alle $u \in \mathbb{R}^n$ der Eigenschaft $\big(t, x^0(t), u\big) \in M$, wobei

$$E(t, x, \dot{x}, u) = F(t, x, u) - F(t, x, \dot{x}) - F_{\dot{x}}(t, x, \dot{x})\,(u - \dot{x})\,. \tag{5}$$

d) Die *Legendresche Ungleichung*

$$F_{\dot{x}\dot{x}}\big(t, x^0(t), \dot{x}^0(t)\big)\, u^2 = u^{\mathrm{T}} F_{\dot{x}\dot{x}} u \geqq 0 \qquad \forall u \in \mathbb{R}^n \tag{6}$$

sofern F sogar zweimal stetig ableitbar (eine $C^{(2)}$-Funktion) ist; hier bedeutet $F_{\dot{x}\dot{x}}$ die Hesse-Matrix (›konvexe Funktion). $F_{\dot{x}\dot{x}}$ ist also an den Stellen $\big(t, x^0(t), \dot{x}^0(t)\big)$ positiv semidefinit.

e) Die *Hilbertsche Differenzierbarkeitsaussage*: Wenn F eine $C^{(m)}$-Funktion und $F_{\dot{x}\dot{x}}\big(t, x^0(t), \dot{x}^0(t)\big)$ eine nichtsinguläre Matrix ist, so ist $x^0(\cdot)$ in einer Umgebung von t m-mal stetig ableitbar.

f) Für die Unstetigkeitsstellen von $\dot{x}^0(\cdot)$ (*Eckpunkte* = *Knickstellen* von $x^0(\cdot)$) trifft die *Erdmann-Weierstraßsche Eckenbedingung* zu

$$F_{\dot{x}}\big(t, x^0(t), \dot{x}^0(t - 0)\big) = F_{\dot{x}}\big(t, x^0(t), \dot{x}^0(t + 0)\big); \tag{7}$$

desgleichen für $F - F_{\dot{x}}\dot{x}$ anstelle von $F_{\dot{x}}$.

An den Unstetigkeitsstellen t von $\dot{x}^0(\cdot)$ gelten die Weierstraßsche Bedingung c) und die Legendresche Bedingung d) mit den Grenzwerten $\dot{x}^0(t \pm 0)$ anstelle von $\dot{x}^0(t)$. Wenn die zulässigen Lösungen von vornherein glatt sein sollen, entfallen natürlich sämtliche Aussagen, welche Unstetigkeitsstellen betreffen.

Zur Gewinnung der notwendigen (Optimalitäts-) Bedingungen geht man von einer Lösung $x^0(\cdot)$ zu sogenannten *variierten zulässigen Lösungen* $x(\cdot, \varepsilon)$, die von einem (kleinen) Parameter ε abhängen, über und vergleicht die zugehörigen Funktionalwerte. Es wird $x^0(\cdot) = x(\cdot, 0)$ angenommen.

Falls $I(x(\cdot, \varepsilon))$ eine nach ε mehrfach ableitbare Funktion ist, muß z. B.

$$\frac{\mathrm{d}}{\mathrm{d}\varepsilon} I(x(\cdot, 0)) = 0, \qquad \frac{\mathrm{d}^2}{\mathrm{d}\varepsilon^2} I(x(\cdot, 0)) \geqq 0$$

sein. Beim Grundproblem der V. verwendet man u. a. die variierten zulässigen Lösungen $x(\cdot, \varepsilon) = x^0(\cdot) + \varepsilon h(\cdot)$, wobei $h(\cdot) : [t_1, t_2] \to \mathbb{R}^n$ eine beliebige (stückweise) glatte Funktion mit der Eigenschaft $h(t_1) = h(t_2) = 0$ ist. Die Größe $\delta^k I = \frac{\mathrm{d}^k}{\mathrm{d}\varepsilon^k} I(x(\cdot, 0))$ (manchmal mit $\frac{\varepsilon^k}{k!}$ multipliziert) bezeichnet man als *k-te Variation* von I (in $x^0(\cdot)$ bez. der Schar $x(\cdot, \varepsilon)$). Entsprechend wird $\delta^k x = \frac{\mathrm{d}^k}{\mathrm{d}\varepsilon^k} x(\cdot, 0)$ als *k-te Variation* von x in $x^0(\cdot)$ bezeichnet.

Zur *Messung des Abstandes* zwischen zwei zulässigen Lösungen $x(\cdot)$, $x^0(\cdot)$ dienen *Metriken* (›metrischer Raum), z. B.

$$d_1(x, x^0) = \max_{t_1 \leqq t \leqq t_2} |x(t) - x^0(t)|$$

und

$$d_2(x, x^0) = d_1(x, x^0) + \sup_{t_1 \leqq t \leqq t_2} \tfrac{1}{2} \left(|\dot{x}(t+0) - \dot{x}^0(t+0)| + |\dot{x}(t-0) - \dot{x}^0(t-0)|\right).$$

Ein $x^0(\cdot)$ heißt *starke* bzw. *schwache lokale Lösung*, wenn es eine Zahl $\varrho > 0$ gibt, so daß $I(x^0) \leqq I(x)$ wenigstens für alle zulässigen $x(\cdot)$ mit der Eigenschaft $d_1(x, x^0) < \varrho$ bzw. $d_2(x, x^0) < \varrho$ gilt. Eine eingangs gesuchte Lösung, d. h. eine *globale Lösung*, ist auch stets eine starke lokale, eine starke lokale immer auch eine schwache lokale Lösung. Die angegebenen Kriterien sind eigentlich Kriterien für lokale Lösungen (die Weierstraßsche Ungleichung für eine starke lokale, die übrigen für eine schwache lokale Lösung), da sie mit Hilfe von Scharen variierter zulässiger Lösungen $x(\cdot, \varepsilon)$, für die $d_j(x(\cdot, \varepsilon), x^0)$ mit $\varepsilon \to 0$ gegen 0 strebt ($j = 1, 2$), gewonnen werden.

Mit der 2. Variation von I (in $x^0(\cdot)$ bez. $x^0(\cdot) + \varepsilon h(\cdot)$) und ihrer Nichtnegativität hängt das folgende *akzessorische Variationsproblem* zusammen: In der Menge der (stückweise) glatten Vektorfunktionen $h : [t_1, t_2] \to \mathbb{R}^n$, welche den Randbedingungen $h(t_1) = h(t_2) = 0$ genügen, ist eine solche zu finden, die

$$J(h) = \int_{t_1}^{t_2} \left(h^\mathrm{T}(t)\, P(t)\, h(t) + 2h^\mathrm{T}(t)\, Q(t)\, \dot{h}(t) + \dot{h}^\mathrm{T}(t)\, R(t)\, \dot{h}(t)\right) \mathrm{d}t \qquad (8)$$

minimiert; hier bedeuten $P(t)$, $Q(t)$, $R(t)$ die Matrizen aus den zweiten partiellen Ableitungen $F_{x_i x_k}$, $F_{x_i \dot{x}_k}$, $F_{\dot{x}_i \dot{x}_k}$ für die Argumente t, $x = x^0(t)$, $\dot{x} = \dot{x}^0(t)$. Die Euler-Lagrangesche Differentialgleichung (4) des akzessorischen Variationsproblems $(Q^\mathrm{T} h + R\dot{h})^\cdot = Ph + Q\dot{h}$ (oder eine dazu äquivalente) heißt *Jacobische Gleichung*, mit der die *Jacobische Bedingung* formuliert wird: Wenn $x^0(\cdot)$ eine glatte Lösung des ursprünglichen Variationsproblems, F eine C^3-Funktion und $R(t)$ für alle t nichtsingulär ist, kann es keine nichttriviale Lösung $h(\cdot)$ der Jacobischen Gleichung geben, die an der Stelle $t = t_1$ und einer Stelle $t = c \in (t_1, t_2)$ verschwindet. Eine Stelle c, an der eine bei t_1 verschwindende, nichttriviale Lösung $h(\cdot)$ der Jacobischen Gleichung zu Null wird, heißt *konjugiert* zu t_1.

2. *Variationsproblem mit beweglichen Randpunkten*

Die Randpunkte (t_j, x_j), $j = 1, 2$, seien Punkte einer Anfangs- und einer Endpunktmenge. Sei $\sigma = (\sigma_1, \dots, \sigma_r)^T$ ein Parametervektor aus einer offenen Teilmenge $\Sigma \subseteq \mathbb{R}^r$, $t_j = t_j(\sigma)$, $x^j = x^j(\sigma)$ die stetig ableitbare Parameterdarstellung einer Anfangspunkt- ($j = 1$) und einer Endpunktmenge ($j = 2$) und $t_1(\sigma) < t_2(\sigma)$ für alle σ. Sei ferner eine C^1-Funktion G von σ gegeben. Die neue Aufgabe verlangt, aus der Menge der $\sigma \in \Sigma$ und der Menge der (stückweise) glatten Vektorfunktionen $x(\cdot)$ über $[t_1, t_2] = [t_1(\sigma), t_2(\sigma)]$ der Eigenschaft $x(t_j) = x^j(\sigma)$ ein solches Paar σ^0, $x^0(\cdot)$ zu finden, daß das *Bolza-Funktional*

$$I(x, \sigma) = G(\sigma) + \int_{t_1}^{t_2} F\big(t, x(t), \dot{x}(t)\big)\, dt \tag{9}$$

minimal wird. Wenn σ^0, $x^0(\cdot)$ eine Lösung ist, gelten mit $t_j = t_j(\sigma^0)$ und $x^j = x^j(\sigma^0)$ sämtliche für das Grundproblem angegebene Bedingungen. Hinzu kommen nun noch die *Transversalitätsbedingungen*

$$dG + [(F - F_{\dot{x}}\dot{x})\, dt_j + F_{\dot{x}}\, dx^j]_{j=1}^{j=2} = 0\,, \tag{10}$$

die folgendermaßen zu verstehen sind: dG, dt_j, dx^j sind die Differentiale von G, t_j, x^j an der Stelle σ^0, d. h.

$$\begin{aligned} dG &= G_\sigma(\sigma^0)\, d\sigma = \sum G_{\sigma_k}(\sigma^0)\, d\sigma_k\,, \qquad dt_j = t_{j\sigma}(\sigma^0)\, d\sigma\,, \\ dx^j &= \left(\frac{\partial x_i^j}{\partial \sigma_k}(\sigma^0)\right)_{\substack{i=1,\dots,n\\ k=1,\dots,r}} d\sigma\,. \end{aligned} \tag{11}$$

$d\sigma$ ist ein beliebiger Vektor aus dem $\mathbb{R}^r$, die Argumente von F, $F_{\dot{x}}$, ... lauten t, $x = x^0(t_j)$, $\dot{x} = \dot{x}^0(t_j)$, und $[\dots]_{j=1}^{j=2}$ bedeutet wie üblich die Bildung der Differenz des Klammerinhaltes zu $j = 2$ und $j = 1$. Aus (10) ergeben sich r Gleichungen, indem man $d\sigma$ nacheinander gleich den Einheitsvektoren des $\mathbb{R}^r$ setzt. Die Funktion G kann aus einer ursprünglichen Funktion g_0 von t_1, t_2, x^1, x^2 durch $G(\sigma) = g_0\big(t_1(\sigma), t_2(\sigma), x^1(\sigma), x^2(\sigma)\big)$ hergeleitet sein. Die Randpunktmengen können ursprünglich durch ein k-dimensionales Gleichungssystem $D(t_1, t_2, x^1, x^2) = 0$ implizit definiert sein. Wenn die Funktionalmatrix von D Vollrang besitzt, läßt sich aus der Gleichungsform eine parametrische Darstellung gewinnen. In (10) hat man dann

$$dG = g_{0t_1}\, dt_1 + g_{0t_2}\, dt_2 + g_{0x^1}\, dx^1 + g_{0x^2}\, dx^2 \tag{12}$$

zu setzen und unter den dt_1, dt_2, dx^1, dx^2 beliebige Lösungen des Systems

$$D_{t_1}\, dt_1 + D_{t_2}\, dt_2 + D_{x^1}\, dx^1 + D_{x^2}\, dx^2 = 0 \tag{13}$$

zu verstehen. Die Argumente in den Ableitungen von g_0 und D sind die Koordinaten t_1, t_2, x^1, x^2 der Randpunkte der Lösung.

3. *Das allgemeine Bolza-Problem*

Es seien f_i, $i = 0, 1, \ldots, p$, R_k, $k = 1, \ldots, m$, von $(t, x, \dot{x}) \in M$ abhängige, t_j, $j = 1, 2$, g_i, $i = 0, 1, \ldots, p$, von $\sigma \in \Sigma$ abhängige, stetig ableitbare Funktionen und x^j, $j = 1, 2$, n-dimensionale, stetig ableitbare Vektorfunktionen von $\sigma \in \Sigma$. Sei $m_1 \leqq m \leqq n$, $p_1 \leqq p$. Aus der Menge aller $\sigma \in \Sigma$ und (stückweise) glatten n-dimensionalen Vektorfunktionen $x(\cdot)$ über $[t_1, t_2] = [t_1(\sigma), t_2(\sigma)]$, welche den Nebenbedingungen

$$x(t_j) = x^j(\sigma)\,, \qquad j = 1, 2\,, \tag{13.1}$$

(für alle Stetigkeitsstellen t von $\dot{x}(\cdot)$)

$$R_i\big(t, x(t), \dot{x}(t)\big) \begin{cases} = 0\,, & i = 1, \ldots, m_1\,, \\ \leqq 0\,, & i = m_1 + 1, \ldots, m\,, \end{cases} \tag{13.2}$$

$$I_i(x, \sigma) = g_i(\sigma) + \int_{t_1}^{t_2} f_i\big(t, x(t), \dot{x}(t)\big)\,dt = 0\,, \qquad i = 1, \ldots, p_1\,, \tag{13.3}$$

(*isoperimetrische Bedingungen*)

$$I_i(x, \sigma) \leqq 0\,, \qquad i = p_1 + 1, \ldots, p\,, \tag{13.4}$$

genügen, d. h., aus der Menge der zulässigen Lösungen, ist ein solches Paar $\sigma^0, x^0(\cdot)$ zu ermitteln, welches das *Bolza-Funktional*

$$I_0(x, \sigma) = g_0(\sigma) + \int_{t_1}^{t_2} f_0\big(t, x(t), \dot{x}(t)\big)\,dt \tag{14}$$

minimiert. (Für $f_0 = 0$ spricht man von einem *Mayer-Funktional.*)

Sofern für alle Variablensysteme $(t, x, \dot{x}) \in M$, welche (13.2) erfüllen, der Rang der Funktionalmatrix (bez. $\dot{x}$) derjenigen R_i, welche als Gleichungen erfüllt sind, mit der Anzahl der erfüllten Gleichungen übereinstimmt, gilt die *Multiplikatorregel*: Wenn $\sigma^0, x^0(\cdot)$ eine Lösung des Variationsproblems ist, gibt es solche Zahlen λ_i, $i = 0, \ldots, p$, (Multiplikatoren) und stückweise stetige (zwischen den Unstetigkeitsstellen von $\dot{x}^0(\cdot)$ stetige) Funktionen $\mu_i(\cdot)$, $i = 1, \ldots, m$, daß die *Lagrange-Funktion*

$$F(t, x, \dot{x}) = F(t, x, \dot{x}; \lambda, \mu) = \sum_{i=0}^{p} \lambda_i f_i(t, x, \dot{x}) + \sum_{k=1}^{m} \mu_k(t)\, R_k(t, x, \dot{x})$$

die folgenden Bedingungen erfüllt: a) die *Eulerschen Bedingungen* (2)—(4); b) die *Erdmann-Weierstraßschen Bedingungen* (7); c) die *Weierstraßsche E-Bedingung* in der Form

$$E\big(t, x^0(t), \dot{x}^0(t), u; \lambda, \mu\big) \geqq \sum_{k=m_1+1}^{m} \mu_k(t)\, R_k\big(t, x^0(t), u\big) \tag{15}$$

für alle Stetigkeitsstellen t von $\dot{x}^0(\cdot)$ und für alle u, welche $(t, x^0(t), u) \in M$ und (13.2) mit $x^0(t)$ statt $x(t)$ und u statt $\dot{x}(t)$ erfüllen; d) die *Legendresche Ungleichung* (6) für alle u, welche

$$R_{k\dot{x}}(t, x^0(t), \dot{x}^0(t))\, u = 0\,, \qquad k = 1, \dots, m\,, \tag{16}$$

genügen, sofern $m_1 = m$ und jedes f_i, R_k zweimal stetig ableitbar ist; e) die *Transversalitätsbedingung* (10), wobei

$$G = \sum_{i=0}^{p} \lambda_i g_i \tag{17}$$

zu setzen ist. Ferner ist $(\lambda_0, \dots, \lambda_p, \mu_1(\cdot), \dots, \mu_m(\cdot)) \neq 0$

$$\lambda_0 \geqq 0\,, \quad \lambda_i \geqq 0 \quad \text{und} \quad I_i(x^0, \sigma^0)\, \lambda_i = 0\,, \qquad i = p_1 + 1, \dots, p\,, \tag{18}$$

$$\mu_k(t) \geqq 0 \text{ und } \mu_k(t)\, R_k(t, x^0(t), \dot{x}^0(t)) = 0\,, \qquad k = m_1 + 1, \dots, m\,, \tag{19}$$

für alle Stetigkeitsstellen t von $\dot{x}^0(\cdot)$.

Wegen der Homogenität der Lagrange-Funktion in den Multiplikatoren kann λ_0 stets gleich 0 oder 1 angenommen werden. Falls $\lambda_0 > 0$ ist, sagt man, daß der *Normalfall* vorliegt. *Phasenbeschränkungen* der Form $S(t, x(t)) = 0$ bzw. $\leqq 0$ werden wegen der Vollrangbedingung durch diese Multiplikatorregel nicht erfaßt. Eine Bedingung $S(t, x(t)) = 0$ kann man aber durch die Randbedingung $S(t_1, x(t_1)) = 0$ und die Differentialgleichung

$$R(t, x(t), \dot{x}(t)) = S_t(t, x(t)) + S_x(t, x(t))\, \dot{x}(t) = 0\,, \qquad t_1 \leqq t \leqq t_2\,,$$

ersetzen. Hinsichtlich der Beschränkungen der Art $S(t, x(t)) \leqq 0$ ›[27].

Unter der *Hamilton-Funktion* versteht man die Funktion H mit den Werten

$$H(t, x, p) = F_{\dot{x}}(t, x, \dot{x})\, \dot{x} - F(t, x, \dot{x})\,, \tag{20}$$

wobei $\dot{x}$ auf der rechten Seite gemäß der ›*Legendre-Transformation*

$$p = F_{\dot{x}}(t, x, \dot{x})$$

durch t, x, p auszudrücken ist. Die Eulerschen Differentialgleichungen (4) sind den *kanonischen Gleichungen*

$$\dot{x} = H_p(t, x, p)\,, \qquad \dot{p} = -H_x(t, x, p) \tag{21}$$

äquivalent.

5. *Variationsprobleme höherer Ordnung*

Variationsprobleme höherer Ordnung mit einem Funktional

$$\int_{t_1}^{t_2} F(t, y_1(t), \dot{y}_1(t), \dots, y_1^{(m_1)}(t), \dots, y_k(t), \dot{y}_k(t), \dots, y_k^{(m_k)}(t))\, dt \tag{22}$$

kann man durch die Substitutionen

$$x_1 = y_1, \quad x_2 = \dot{y}_1, \dots, x_{m_1} = y_1^{(m_1-1)}, \quad \dot{x}_{m_1} = y_1^{(m_1)}, \quad x_{m_1+1} = y_2, \quad x_{m_1+2} = \dot{y}_2, \dots,$$
$$x_n = y_k^{(m_k-1)}\,, \qquad \dot{x}_n = y_k^{(m_k)}$$

auf vorher betrachtete Variationsprobleme zurückführen. Zu den in $x_1, \ldots, x_n$ ausgedrückten Nebenbedingungen hat man nun die Differentialgleichungen

$$\begin{aligned} &x_2 - \dot{x}_1 = 0\,, \quad x_3 - \dot{x}_2 = 0, \ldots, \quad x_{m_1} - \dot{x}_{m_1-1} = 0\,, \\ &x_{m_1+2} - \dot{x}_{m_1+1} = 0, \ldots, \end{aligned} \tag{23}$$

hinzuzufügen.

6. *Parametrische (homogene) Variationsprobleme*

Bei vielen geometrisch motivierten Variationsproblemen (vgl. auch ›geometrische Optimierungsprobleme) bilden Linien (Kurven) im x-Raum, die in mannigfacher Weise durch Vektorfunktionen $x(\cdot)$ parametrisch dargestellt sein können, die zulässigen Elemente. Zwei Vektorfunktionen $x(\cdot)$, $y(\cdot)$ der Parameter t, s stellen die gleiche Linie dar, wenn sie durch eine Transformation $t = t(s)$ mit stetiger, positiver Ableitung $t'(s)$ ineinander übergehen. Damit die Integrale von der speziellen Parameterdarstellung unabhängig sind, müssen die Integranden $F(t, x, \dot{x})$, $f_i(t, x, \dot{x})$ von t unabhängig und in $\dot{x}$ positiv homogen sein. Aus diesem Umstand ergeben sich manche Besonderheiten (z. B., daß die n Eulerschen Differentialgleichungen nicht unabhängig voneinander sind, vgl. hierzu auch *Noethersche Sätze* (›[19], [56])). Jedes derartige parametrische Variationsproblem kann man jedoch zunächst wie vorher behandeln.

7. *Variationsprobleme für mehrfache Integrale*

Hierbei handelt es sich um Variationsprobleme mit mehreren unabhängigen Variablen $t_1, \ldots, t_m$ und dementsprechend Funktionalen des Typs

$$\int_\Omega F\big(t, x(t), x_t(t)\big)\,\mathrm{d}t;$$

$x_t(t)$ bezeichnet hier das System der partiellen Ableitungen (der Komponenten) der (Vektor-) Funktion $x(\cdot)$ nach $t_1, \ldots, t_m$ an der Stelle t und Ω ein Gebiet im t-Raum mit hinreichend glattem Rand $\partial\Omega$. Die zulässigen $x(\cdot)$ müssen einer gewissen Klasse $\mathbf{C}^1$, $\mathbf{W}_p^1$, ... (verallgemeinert) ableitbarer Funktionen angehören, auf $\partial\Omega$ gewissen Randbedingungen und in Ω gewissen (Differential-, isoperimetrischen u. a.) Gleichungen genügen je nach Problemstellung. Für solche mehrdimensionalen Variationsprobleme gibt es Analoga der vorher genannten notwendigen Bedingungen. Das Analogon der *Eulerschen Gleichung* beispielsweise lautet

$$\sum_{i=1}^{m} \frac{\partial}{\partial t_i} F_{x_{t_i}}\big(t, x(t), x_t(t)\big) - F_x\big(t, x(t), x_t(t)\big) = 0 \qquad \forall t \in \Omega\,. \tag{24}$$

Dieser partiellen Differentialgleichung muß eine Funktion $x(\cdot)$ genügen, wenn sie ein Integral obigen Typs in der Klasse der $\mathbf{C}^1$-Funktionen, die über $\partial\Omega$ mit einer gegebenen Randfunktion übereinstimmen, minimiert.

8. *Hinreichende (Optimalitäts-) Bedingungen*

Sie garantieren erst, daß eine zulässige Lösung $x(\cdot)$, die den notwendigen Bedingungen genügt, wirklich eine globale oder wenigstens lokale Lösung des Variationsproblems ist. Einige Möglichkeiten dazu sind folgende:

a) Man zieht die Theorie der ›konvexen Optimierung heran und versucht, die nötigen Konvexitätseigenschaften für den Integranden des Funktionals bzw. für die Lagrange-Funktion u. a. nachzuweisen.

b) Man benutzt die Theorie des Hilbert-Integrals. Sei eine (glatte) n-dimensionale (Feld-) Funktion P von t, x bekannt, so daß das *Hilbertsche Linienintegral*

$$\int_{(t_0, x^0)}^{(t, x)} \{[(F(t, x, P(t, x)) - F_{\dot{x}}(t, x, P(t, x))\, P(t, x))]\, dt + F_{\dot{x}}(t, x, P(t, x))\, dx\} = W(t, x) \tag{25}$$

nur von den Endpunkten abhängig, mithin eine Funktion W des oberen variablen Endpunktes (t, x) ist. Für jedes stückweise glatte $x(\cdot)$ mit den Endwerten $x^j = x(t_j)$, $j = 1, 2$, gilt die *Weierstraß-Formel*

$$\int_{t_1}^{t_2} F(t, x(t), \dot{x}(t))\, dt = W(t_2, x^2) - W(t_1, x^1) + \int_{t_1}^{t_2} E(t, x(t), P(t, x(t)), \dot{x}(t))\, dt\,. \tag{26}$$

Wenn $x(\cdot)$ der *Feldgleichung* $\dot{x} = P(t, x)$ genügt, verschwindet der Integrand mit der Weierstraß-Funktion E. Daraus ergibt sich für Variationsprobleme (etwa für das Grundproblem in 1.) mit festen Randpunkten (t_j, x^j), $j = 1, 2$, und verschwindenden g_i, $i = 0, \ldots, p$, beim Vorliegen des Normalfalles $\lambda_0 = 1$: Wenn $x^0(\cdot)$ den notwendigen Bedingungen (der Multiplikatorregel) und auch der Feldgleichung $\dot{x} = P(t, x)$ genügt, wenn $E(t, x(t), P(t, x(t)), \dot{x}(t)) \geqq 0$ für alle t und alle zulässigen $x(\cdot)$ (aus einer gewissen Umgebung von $x^0(\cdot)$) ist und F zusammen mit P ein wegunabhängiges Linienintegral (25) besitzt, dann folgt

$$\int_{t_1}^{t_2} f_0(t, x(t), \dot{x}(t))\, dt \geqq \int_{t_1}^{t_2} F(t, x(t), \dot{x}(t))\, dt \geqq \int_{t_1}^{t_2} F(t, x^0(t), \dot{x}^0(t))\, dt = \int_{t_1}^{t_2} f_0(t, x^0(t), \dot{x}^0(t))\, dt\,, \tag{27}$$

d. h., $x^0(\cdot)$ ist eine globale (bzw. lokale) Lösung des Variationsproblems. Man beachte, daß beim Fehlen von Differentialungleichungen $(m_1 = m)$ notwendigerweise $E(t, x^0(t), \dot{x}^0(t), u) \geqq 0$ für alle in Frage kommenden u (s. (15)) gilt und

$$E(t, x, \dot{x}, u) = F_{\dot{x}\dot{x}}(t, x, \dot{x} + \vartheta(u - \dot{x}))\, (u - \dot{x})^2 \quad \text{mit} \quad 0 < \vartheta < 1$$

ist, woraus mitunter durch Verschärfung auf $E(t, x(t), P(t, x(t)), \dot{x}(t)) \geqq 0$ geschlossen werden kann. Jedes $x(\cdot)$, welches der Feldgleichung genügt, ist eine Lösung der Eulerschen Gleichung. Eine Feldfunktion P kann man sich daher als *Richtungsfeld* (*Gefällfunktion*) einer n-parametrigen Schar von Lösungen der Eulerschen Differentialgleichung aufbauen. Ein anderer Weg, zu einer Feldfunktion P zu gelangen, ist, die *Hamilton-Jacobische Differentialgleichung*

$$W_t + H(t, x, W_x) = 0 \tag{28}$$

zu lösen und die Beziehung $W_x(t, x) = F_{\dot{x}}(t, x, P(t, x))$ nach $P(t, x)$ aufzulösen. Falls $\dot{x}^0(\cdot)$ Unstetigkeitsstellen besitzt, sind von REID behandelte Modifikationen (›[a]) zu berücksichtigen.

c) Die *Carathéodorysche Methode* in der Fassung von KLÖTZLER [31] sucht nach einer Funktion W von t, x, so daß

$$F(t, x, \dot{x}) - W_t(t, x) - W_x(t, x)\,\dot{x} \begin{cases} \geqq 0 \text{ für alle } (t, x, \dot{x}) \in M \\ = 0 \text{ für alle } t, x = x^0(t), \dot{x} = \dot{x}^0(t). \end{cases} \tag{29}$$

Wenn es eine solche gibt, so muß sie der *Hamilton-Jacobischen Differentialungleichung*

$$W_t + H(t, x, W_x) \leqq 0 \quad \text{für alle} \quad (t, x) \tag{30}$$

genügen und der zugehörigen Gleichung (28) für $t, x = x^0(t)$. Hieraus kann u. U. ein W durch einfache Lösungsansätze gewonnen werden. Es ergibt sich

$$\int_{t_1}^{t_2} F(t, x(t), \dot{x}(t))\,dt \geqq W(t_2, x^2) - W(t_1, x^1) \geqq \int_{t_1}^{t_2} F(t, x^0(t), \dot{x}^0(t))\,dt$$

für alle zulässigen $x(\cdot)$ mit den gleichen Randbedingungen $x(t_j) = x^j = x^0(t_j)$, $j = 1, 2$, woraus wie vorher auf die Optimalität von $x^0(\cdot)$ geschlossen werden kann.

Lit.: [6], [19], [27], [29], [31], [56]

[a] REID, W. T.: Discontinuous solutions in the non-parametric problem of Mayer in the calculus of variations. Amer. J. Math. **57** (1935), 69–93. Vgl. auch: REID, W. T.: Discontinuous solutions for a non-parametric variational problem. Appl. Anal. **1** (1971), 161–182.

Variationsungleichung ›Steueraufgaben mit Evolutionsgleichungen, ›Ritz-Verfahren

variierte Steuerung ›singuläre Steuerungen

variierte Trajektorie ›singuläre Steuerungen

variierte zulässige Lösungen ›Variationsrechnung

V-beschränkte Bilinearform ›Ritz-Verfahren

Vektorfunktion ›Abbildung

Vektoroptimierung: In der V. (= *Polyoptimierung*) werden Probleme mit mehreren, simultan gegebenen Zielfunktionen (›Optimierungsaufgabe), die i. allg. nicht gleichzeitig ihr Optimum über dem zulässigen Bereich $\mathfrak{B}$ annehmen, untersucht. Entscheidungsprobleme ökonomischer, technischer bzw. technologischer Herkunft lassen sich realistisch häufig nur als Optimierungsaufgabe mit mehreren Zielfunktionen (Gütekriterien) formulieren (›[d]). Unter Ausnutzung von $\inf_{x \in \mathfrak{B}} f_i(x) = -\sup_{x \in \mathfrak{B}} \left(-f_i(x)\right)$ kann ein solches Problem mit p Zielfunktionen ($p > 1$) zunächst in der Form

$$\begin{aligned} &f_1(x) \to \min\,, \\ &f_2(x) \to \min\,, \\ &\quad\vdots \\ &f_p(x) \to \min\,, \qquad x \in \mathfrak{B}\,, \end{aligned} \tag{1}$$

oder mit $f(x) = \left(f_1(x), f_2(x), \dots, f_p(x)\right)^{\mathsf{T}}$ in der Form

$$f(x) \to \min\,, \qquad x \in \mathfrak{B}\,, \tag{2}$$

geschrieben werden. Da i. allg. ein $x^0 \in \mathfrak{B}$ mit $f_i(x^0) \leqq f_i(x)$ $\forall x \in \mathfrak{B}$ nicht existiert (ein solches x^0 wird mitunter als *perfekte* Lösung bezeichnet), muß der Begriff der Lösung von (1) bzw. (2) erst festgelegt werden (›Optimierungsaufgabe). Dazu benutzt man i. allg. eine Halbordnung (›halbgeordneter linearer Raum) im Zielraum ›$\mathbb{R}^p$ (für allgemeinere Aufgaben ›[e]). Verwendet man in $\mathbb{R}^p$ die durch $\mathbb{R}^p_+$ induzierte Halbordnung, so versteht man unter der Forderung, (2) zu lösen, die Bestimmung der Menge

$$\min f(\mathfrak{B}) = \{v \in f(\mathfrak{B}) : \left(f(\mathfrak{B})\right) \cap (v - \mathbb{R}^p_+) = \{v\}\}\,. \tag{3}$$

Sie heißt die *Effizienzmenge* von (2) (Menge der *effizienten Punkte*, Menge der *pareto-optimalen Punkte* bzw. Menge der *minimalen Elemente*). Gleichwichtig ist die Bestimmung der Menge der *funktional-effizienten Punkte* von (2):

$$\arg\min f(\mathfrak{B}) = \{x \in \mathfrak{B} : f(x) \in \min f(\mathfrak{B})\}\,. \tag{4}$$

Legt man in $\mathbb{R}^p$ eine andere, z. B. durch einen konvexen ›Kegel K mit $K \cap (-K) = \{0\}$ induzierte Halbordnung zugrunde, so hat man anstelle von (3) die Menge

$$\min f(\mathfrak{B}) = \{v \in f(\mathfrak{B}) : \left(f(\mathfrak{B})\right) \cap (v - K) = \{v\}\} \tag{5}$$

zu bestimmen bzw. zu charakterisieren.

Den Gegenstand der V. bilden insbesondere:

1. Existenz- und Strukturaussagen für (3) bzw. (5). Z. B. gilt für (5): Wenn $f(\mathfrak{B}) \cap \{v \in \mathbb{R}^p : v^0 - v \in K\}$ für jedes $v^0 \in f(\mathfrak{B})$ kompakt ist, dann gilt $\min f(\mathfrak{B}) \neq \emptyset$.

2. Optimalitätskriterien, die häufig über ›Ersatzprobleme in der Vektoroptimierung und entsprechende Effizienzsätze hergeleitet werden. Z. B. gilt

für (3): Existiert ein $u \in \operatorname{int} \mathbb{R}_+^p$ derart, daß v^0 Lösung des skalaren Optimierungsproblems (Skalarisierung von (2))

$$u^{\mathsf{T}}v \to \min\,, \qquad v \in f(\mathfrak{B})\,, \tag{6}$$

ist, dann gilt $v^0 \in \min f(\mathfrak{B})$. In (6) werden die einzelnen Zielfunktionen f_i, $i = 1, \ldots, p$, mit u_i gewichtet. *Verschiedene Wichtungen* machen aus (6) eine Aufgabe der ›parametrischen Optimierung. Solche effizienten Punkte von (3), die Lösung der Aufgabe von (6) sind mit einem $u \in \operatorname{int} \mathbb{R}_+^p$, heißen *eigentlich-effizient* (bez. (3)). Die Menge der (in diesem Sinne) eigentlich-effizienten Punkte bildet i. allg. eine Untermenge der Effizienzmenge. Es gibt verschiedene (z. T. nicht äquivalente) Definitionen der eigentlichen Effizienz (›[c]).

3. ›Dualität in der Vektoroptimierung.

4. Algorithmen zur Bestimmung der Effizienzmenge bzw. der Menge der funktional-effizienten Punkte oder auch von Teilmengen dieser Mengen (›Lösungsverfahren für Vektoroptimierungsaufgaben).

Zu Arbeiten, die spezielle Fragestellungen der V. (auch in allgemeinen Räumen) verfolgen (›[a], [c]).

Lit.: [a] Achilles, A., K.-H. Elster, und R. Nehse: Bibliographie zur Vektoroptimierung (Theorie und Anwendungen). Math. Operationsforschung u. Statist., Ser. optimization **10** (1979) 2, 277–321.

[b] Chankong, V., und Y. Y. Haimes: Multiobjective decision making: Theory and methodology. North-Holland, Amsterdam–New York–Oxford 1983.

[c] Nehse, R.: Bibliographie zur Vektoroptimierung – Theorie und Anwendungen (1. Fortsetzung). Math. Operationsforschung u. Statist., Ser. Optimization **13** (1982) 4, 593–625.

[d] Peschel, M.: Ingenieurtechnische Entscheidungen. Modellbildung und Steuerung mit Hilfe der Polyoptimierung. Verlag Technik, Berlin 1980.

[e] Podinowski, W. W., und W. D. Nogin (Подиновский, В. В., и В. Д. Ногин): Парето-оптимальные решения многокритериальных задач. Nauka, Moskau 1982.

Vektoroptimierungsaufgabe ›Optimierungsaufgabe
Vektorraum = ›linearer Raum
V-elliptische Bilinearform ›Ritz-Verfahren
verallgemeinerte Ableitung ›Ableitungsbegriffe
verallgemeinerte Funktion ›Ableitungsbegriffe
verallgemeinerte Konvexität ›erweiterte Konvexität

verallgemeinerte Steuerung: Notwendige Optimalitätskriterien setzen die Existenz einer optimalen Steuerung (›optimale Prozesse) voraus. An einfachen realen Anwendungen zeigt sich aber, daß für Prozesse der Form

$$\dot{x} = f\big(t, x, u(t)\big)\,, \qquad u(t) \in U \quad \text{fast überall,} \tag{1}$$

ergänzt durch entsprechende Nebenbedingungen und ein Zielfunktional, die Existenz einer optimalen Steuerung nur unter stark einschränkenden Konvexitätsvoraussetzungen an f gesichert ist.

Man definiert daher v. S., um mit ihnen Existenzaussagen und Optimalitätskriterien zu gewinnen (↗[58], [59], [b]). Dazu benutzt man Carathéodory-Funktionen und Wahrscheinlichkeitsmaße. Sei $[t_0, t_1] \subseteqq \mathbb{R}$, $V \subseteqq \mathbb{R}^p$ ($p \in \mathbb{N}$). Eine Abbildung

$$\varphi : [t_0, t_1] \times V \to \mathbb{R}^m , \qquad m \geqq 1 ,$$

heißt *Carathéodory-Funktion*, wenn $\varphi(\cdot, v)$ lebesguemeßbar ist für alle $v \in V$ und $\varphi(t, \cdot)$ stetig ist auf V für fast alle $t \in [t_0, t_1]$. Sei U eine kompakte Teilmenge eines endlichdimensionalen euklidischen Raumes. Eine Familie (μ_t), $t \in [t_0, t_1]$, von nichtnegativen regulären Borel-Maßen über U heißt v. S. (relaxed control), wenn die folgenden Bedingungen erfüllt sind:

(i) $\mu_t(U) = 1$ fast überall,

(ii) $t \to \int_U \varphi(t, u)\, \mathrm{d}\mu_t(u)$ ist meßbar für beliebige Carathéodory-Funktionen $\varphi : [t_0, t_1] \times U \to \mathbb{R}$.

Beispiel: Für (1) werde gesetzt:

$$\dot{x}_1 = -(x_2)^2 + \big(u(t)\big)^2 , \qquad \dot{x}_2 = u(t) , \qquad 0 \leqq t \leqq 2 ,$$

$$|u(t)| \leqq 1 \quad \text{fast überall.}$$

Durch die Wahl einer geeigneten meßbaren Funktion $u(\cdot)$ soll eine Lösung $x(t) = \big(x_1(t), x_2(t)\big)^{\mathrm{T}}$, $t \in [0, 2]$, angegeben werden, für welche die Randbedingung $x(0) = 0$, $x_1(T) = 1$ erfüllt ist und der Endzeitpunkt $T \in [0, 2]$ minimal wird.

Wegen $x_1(T) = 1$ ist $T > 1$. Andererseits erhält man für eine Folge sogenannter oszillierender Steuerungen $u_n(\cdot)$, definiert auf einer äquidistanten Zerlegung des Intervalls $[0, 2]$ in Teilintervalle der Länge $1/n$ durch die Festsetzung $|u_n(t)| = 1$ für alle t, $u_n(t')\, u_n(t'') = -1$ für t' und t'' aus angrenzenden Teilintervallen und $u_n(0) = 1$,

$$\Big|\int_0^t u_n(s)\, \mathrm{d}s\Big| \leqq 1/n ,$$

woraus $x_1(t) \geqq t(1 - 1/n^2)$ folgt. Hieraus ergibt sich die Existenz eines Endzeitpunktes T_n mit $x_1(T_n) = 1$ und $1 < T_n \leqq 1/(1 - 1/n^2) \to 1$ bei $n \to \infty$. Der Infimalwert ist mithin $T = 1$, welcher durch keine zulässige Steuerung erreicht werden kann. Es existiert aber eine v. S.

$$\mu_t = \tfrac{1}{2}\, \delta_1 + \tfrac{1}{2}\, \delta_{-1} , \qquad t \in [0, 2] ,$$

wobei δ_1, δ_{-1} die Dirac-Distributionen bez. 1 bzw. -1 sind, die optimal ist, wenn man statt (1) das Differentialgleichungssystem

$$\dot{x} = \int_U f(t, x, u)\, \mathrm{d}\mu_t(u) = F(t, x, \mu_t) \quad \text{fast überall} \tag{2}$$

betrachtet. Das ursprüngliche System (1) und damit die ursprüngliche Aufgabenstellung erhält man durch die Wahl

$$\mu_t = \delta_{u(t)}, \qquad t \in [t_0, t_1].$$

Diese Erweiterung des Begriffs der Steuerung wird zudem gerechtfertigt durch die Tatsache, daß jede v. S. (μ_t) approximiert werden kann durch eine Folge üblicher Steuerungen $u_n(\cdot)$. Die Approximation versteht sich hier im Sinne der Konvergenz

$$\int_{t_0}^{t_1} \varphi(t, u_n(t))\, dt \to \int_{t_0}^{t_1} \int_U \varphi(t, u)\, d\mu_t(u)\, dt \quad \text{bei} \quad n \to \infty$$

für beliebige Carathéodory-Funktionen $\varphi : [t_0, t_1] \times U \to \mathbb{R}$ mit einer integrierbaren Majorante $m(\cdot)$, so daß $|\varphi(t, u)| \leqq m(t)$ für fast alle t und für alle $u \in U$.

V. S. gestatten die Herleitung von Existenzaussagen und notwendigen Optimalitätskriterien in besonders einfacher Weise. Es sei im weiteren $x \in \mathbb{R}^n$,

$$f : [t_0, t_1] \times \mathbb{R}^n \times U \to \mathbb{R}^n, \qquad g : [t_0, t_1] \times \mathbb{R}^n \to \mathbb{R}^m,$$
$$x^0 \in \mathbb{R}^n, \qquad h : [t_0, t_1] \times \mathbb{R}^n \to \mathbb{R}.$$

Als *zulässig* bezeichnet man eine Trajektorie $x(\cdot)$, eine v. S. (μ_t) und einen Endzeitpunkt $T \in [t_0, t_1]$, wenn $x(\cdot)$ absolutstetig ist auf $[0, T]$, die Differentialgleichung (2) mit (μ_t) auf $[0, T]$ erfüllt und den Randbedingungen $x(t_0) = x^0$, $g(T, x(T)) = 0$ genügt. Das *verallgemeinerte optimale Steuerproblem* besteht darin, zulässige $\bar{x}(\cdot)$, $(\bar{\mu}_t)$, $\bar{T}$ zu finden, die das Funktional $h(T, x(T))$ minimieren.

Existenzsatz: Zum verallgemeinerten Steuerproblem gebe es zulässige Lösungen. Die Funktionen g und h seien stetig, f sei eine Carathéodory-Funktion bez. t und (x, u). Es gebe eine integrierbare Funktion $m(\cdot)$, so daß

$$\|f(t, x, u)\| \leqq m(t)\,(\|x\| + 1) \quad \text{für fast alle } t \in [t_0, t_1] \text{ und alle } x \in \mathbb{R}^n,$$

$u \in U$ gilt. Dann besitzt das verallgemeinerte Steuerproblem eine optimale zulässige Lösung $\bar{x}(\cdot)$, $(\bar{\mu}_t)$, $\bar{T}$.

Bei gewöhnlichen Differentialgleichungen ist es möglich, sich auf v. S. der Form

$$\mu_t = \sum_{i=0}^{n} \alpha_i(t)\, \delta_{u_i(t)}, \qquad t \in [t_0, t_1],$$

zu beschränken, wobei $\alpha_i(t)$ nichtnegative meßbare Funktionen mit $\sum_{i=0}^{n} \alpha_i(t) = 1$ fast überall und $u_i(\cdot)$ U-wertige meßbare Funktionen sind. Tatsächlich folgt dies aus der Inklusion $F(t, \bar{x}(t), \bar{\mu}_t) \in \operatorname{conv} f(t, \bar{x}(t), U)$ fast überall, dem Satz von Carathéodory (›konvexe Menge) und einem Satz von Filippow über implizite meßbare Funktionen (›[58], [c]). V. S. dieser Art sind anfangs als *Gleitregime* bezeichnet worden (›[a], [56], [59]).

Für die optimale Lösung gelten (›[58]) folgende *notwendige Optimalitätskriterien*: Seien zusätzlich zu den Voraussetzungen des Existenzsatzes f, g und h stetig differenzierbar in den Argumenten t und x. Wenn $\bar{x}(\cdot)$, $(\bar{\mu}_t)$, $\bar{T}$ eine zulässige, optimale Lösung der obigen Aufgabe ist und für den Endzeitpunkt $t_0 < \bar{T} < t_1$ gilt, dann sind folgende Bedingungen erfüllt: Es gibt eine Zahl $\lambda_0 \geqq 0$, einen Vektor $\lambda \in \mathbb{R}^m$ $(|\lambda_0| + \|\lambda\| > 0)$ und eine Lösung ψ des linearen Differentialgleichungssystems $\dot{\psi}^{\mathsf{T}} = -\psi^{\mathsf{T}} F'_x(t, \bar{x}(t), \mu_t)$ fast überall und der Endbedingung

$$\psi^{\mathsf{T}}(\bar{T}) = \lambda_0 h'_x(\bar{T}, \bar{x}(\bar{T})) + \lambda^{\mathsf{T}} g'_x(\bar{T}, \bar{x}(\bar{T})) ,$$

so daß

$$\text{(i)} \quad \min_{u \in U} \left(\psi^{\mathsf{T}}(t)\, f(t, \bar{x}(t), u)\right) = \psi^{\mathsf{T}}(t)\, F(t, \bar{x}(t), \bar{\mu}_t) \quad \text{für fast alle } t \in [t_0, \bar{T}] ,$$

$$\text{(ii)} \quad \int_{t_0}^{\bar{T}} \left(\psi_0(t) + \psi^{\mathsf{T}}(t)\, F(t, \bar{x}(t), \bar{\mu}_t)\right) \mathrm{d}t = 0 ,$$

wobei

$$\psi_0(t) = \lambda_0 h'_t(\bar{T}, \bar{x}(\bar{T})) + \lambda^{\mathsf{T}} g'_t(\bar{T}, \bar{x}(\bar{T})) + \int_{t_0}^{t} \psi^{\mathsf{T}}(s)\, F'_t(s, \bar{x}(s), \bar{\mu}_s)\, \mathrm{d}s ,$$

$$t \in [t_0, \bar{T}]$$

(›[58], Satz VI.2.3, S. 391).

Lit.: [29], [56], [58], [59]

[a] GAMKRELIDSE, R. V. (Гамкрелидзе, Р. В.): О скользящих оптимальных режимах. ДАН СССР, **143** (1962) 6, 1243–1246.

[b] –: Основы оптимального управления. Изд. тбилиского университета, Тбилиси 1975.

[c] FILIPPOW, A. O. (Филиппов, А. О.): О некоторых вопросах теории оптимального регулирования. Вестник МГУ, сер. матем. мех. 2 (1959), 25–32.

verallgemeinerte Stützung ›erweiterte Konvexität
verallgemeinertes Pontrjaginsches Maximumprinzip ›Dualität in der Steuertheorie
verallgemeinertes Steuerproblem ›verallgemeinerte Steuerung
Verbindungsraum ›erweiterte Konvexität
Verfahren der äußeren (inneren) Zentren ›Zentrenverfahren
Verfahren der konjugierten Richtungen ›ableitungsfreie Verfahren
Verfahren der konkurrierenden Punkte ›stochastische Suchverfahren

Verfahren der zulässigen Richtungen: Die V. d. z. R. sind spezielle ›Abstiegsverfahren für restringierte Probleme, die zuerst von ZOUTENDIJK beschrieben wurden. Dabei wird in der Iterationsvorschrift

$$x^{k+1} = x^k + \alpha_k s^k$$

eine zulässige Abstiegsrichtung (›Abstiegsverfahren) s^k durch die Lösung eines speziellen Optimierungsproblems (*Richtungssuchproblem*) berechnet. Je nachdem, ob ein P1-Typ- oder ein P2-Typ-Verfahren verwendet wird, hat S1 im allgemeinen ›Abstiegsverfahren für restringierte Probleme folgende Form:

S1: (für P1-Typ-Verfahren): Berechne s^k und σ_k als Lösung von

$$\min \{\sigma : \nabla f(x^k)^\mathsf{T} s \leqq \sigma, \nabla g_i(x^k)^\mathsf{T} s \leqq \sigma \ \forall i \in I_{\varepsilon_k}(x^k), ||s|| \leqq 1\}. \quad (1)$$

S1: (für P2-Typ-Verfahren): Berechne s^k und σ_k als Lösung von

$$\min \{\sigma : \nabla f(x^k)^\mathsf{T} s \leqq \sigma, g_i(x^k) + \nabla g_i(x^k)^\mathsf{T} s \leqq \sigma \ \forall i \in I_{\varepsilon_k}(x^k), ||s|| \leqq 1\}. \quad (2)$$

Dabei bezeichnet $I_{\varepsilon_k}(x^k)$ die Indexmenge der in x^k ε_k-aktiven Restriktionen (›Abstiegsverfahren); für $||\cdot||$ kann eine beliebige Norm verwendet werden. Wählt man in (1) oder (2) speziell $||s|| = \max_{1 \leqq i \leqq n} |s_i|$, dann sind (1) und (2) Aufgaben der ›linearen Optimierung. Die Probleme (1) und (2) sind stets lösbar, und es gilt $\sigma_k \leqq 0$. Für lineare Restriktionen $g_i(x) = (a^i)^\mathsf{T} x - b^i \leqq 0$ sind in (1) bzw. (2) Modifikationen möglich. In (1) können dann z. B. die Restriktionen $\nabla g_i(x^k)^\mathsf{T} s \leqq \sigma$ durch $\nabla g_i(x^k)^\mathsf{T} s \leqq 0$ ersetzt werden, und man erhält das Richtungssuchproblem:

$$\min \{\nabla f(x^k)^\mathsf{T} s : (a^i)^\mathsf{T} s \leqq 0 \ \forall i \in I_{\varepsilon_k}(x^k), ||s|| \leqq 1\}. \quad (3)$$

Bei Problemen, in denen sowohl lineare als auch nichtlineare Restriktionen g_i vorkommen, empfiehlt es sich, z. B. in (1) die (ε_k-aktiven) linearen Restriktionen in der Form $(a^i)^\mathsf{T} s \leqq 0$ zu berücksichtigen. Das gilt analog für (2).

Unter geeigneten Voraussetzungen an das Ausgangsproblem (Konvexität der Zielfunktion und Restriktionsfunktionen, ›Regularitätsbedingungen an den zulässigen Bereich) läßt sich für V. d. z. R. zeigen, daß jeder Häufungspunkt der erzeugten Iterationsfolge ein Optimalpunkt des Ausgangsproblems ist.

Bei nichtkonvexen Problemen gilt i. allg. nur eine Teilfolgenkonvergenz gegen ›stationäre Punkte.

Lit.: [26], [49]

Verfahren des steilsten Abstiegs ›Gradientenverfahren

Verfahren für Aufgaben mit linearen Gleichungsrestriktionen: Dies sind Verfahren zur Lösung von Optimierungsaufgaben der Gestalt

$$f(x) \to \min, \qquad x \in \mathfrak{B} = \{x : Ax - b = 0\}, \quad (1)$$

$m \times n$-Matrix A, $x \in \mathbb{R}^n$, $b \in \mathbb{R}^m$, f nicht linear. Sie sind spezielle ›Abstiegsverfahren, wie z. B. ›Verfahren der zulässigen Richtungen, ›Newton-Verfahren für Aufgaben mit linearen Gleichungsrestriktionen, welche unter Verwendung von Abstiegsrichtungen und Schrittweitenalgorithmen nach folgendem Prinzip arbeiten:

S0: Bestimme einen Punkt $x^0 \in \mathfrak{B}$. Setze $k = 0$.

S1: Ist x^k optimal, dann ist das Verfahren beendet, sonst gehe zu S2.

S2: Bestimme die Abstiegsrichtung s^k.

S3: Ist $||s^k|| = 0$, dann ist x^k stationärer Punkt, sonst gehe zu S4.

S4: Bestimme α_k mit Hilfe eines ›Schrittweitenalgorithmus.

S5: Setze $x^{k+1} = x^k + \alpha_k s^k$, $k := k + 1$, gehe zu S1. (2)

Die Bestimmung der Abstiegsrichtungen erfolgt durch die Übertragung der Abstiegsverfahren für unrestringierte Minimierungsprobleme auf den linearrestringierten Fall. Entweder geschieht dies durch die Lösung eines Richtungssuchproblems (›Verfahren der zulässigen Richtungen) oder durch Iteration in den Koordinatenrichtungen der durch $Ax = b$ erklärten linearen Mannigfaltigkeit. Hierzu werden Matrizen S und Z mit den Eigenschaften

$$AS = I\,, \qquad AZ = 0\,, \qquad \text{die Matrix } (S, Z) \text{ ist nichtsingulär}\,,$$

eingeführt. Stellt x^k einen zulässigen Punkt (›Optimierungsaufgabe) bez. $\mathfrak{B}$ dar, so ist der Vektor

$$x = x^k + Zy \tag{3}$$

ebenfalls zulässig. Als äquivalente Aufgabe zu (1) ergibt sich hieraus das reduzierte Problem

$$\varphi(y) = f(x^k + Zy) \rightarrow \min\,. \tag{4}$$

Unter Verwendung des *reduzierten Gradienten*

$$\nabla_y \varphi(y) = Z^{\mathrm{T}} \nabla_x f(x)$$

bzw. der *reduzierten Hesse-Matrix* (›konvexe Funktion)

$$\nabla_y^2 \varphi(y) = Z^{\mathrm{T}} \nabla_x^2 f(x)\, Z$$

bestimmt man die Abstiegsrichtung s^k durch einen Iterationsschritt des gewählten Verfahrens der unrestringierten Minimierung zur Lösung der Aufgabe (4) und macht anschließend eine Transformation gemäß (3).

Insbesondere sind Verfahren des steilsten Abstiegs (›Gradientenverfahren), ›Newton-Verfahren und Verfahren der konjugierten Richtungen (›ableitungsfreie Verfahren) zur Lösung der Aufgabe (1) Vertreter der angegebenen Verfahrensklassen.

Bei der Lösung von (1) kann man auch von den ›Kuhn-Tucker-Bedingungen für (1) ausgehen: Ist x^* Optimallösung von (1), so existiert ein $u^* \in \mathbb{R}^m$ mit:

$$\nabla f(x^*) + A^{\mathrm{T}} u^* = 0\,, \qquad Ax^* - b = 0\,. \tag{5}$$

Zur Lösung von (5) lassen sich Näherungsverfahren zur Behandlung nichtlinearer Gleichungssysteme heranziehen (›Verfahren zur Lösung von Gleichungssystemen). Die in jedem Iterationsschritt erzeugten Verbesserungen

$s^k = x^{k+1} - x^k$ für eine Näherung von x^* stehen in engem Zusammenhang mit den durch unrestringierte Minimierungsaufgaben in der Mannigfaltigkeit $Ax = b$ erzeugten Richtungen. Neben den primalen Iterierten x^k werden durch die auf der Lösung von (5) beruhenden ›Lagrange-Methoden auch die dualen Iterierten u^k berechnet. Diese Methoden liefern i. allg. bessere Näherungen für u^k, als sie durch (5) erhalten werden.

Verfahren für Aufgaben mit linearen Ungleichungsrestriktionen: Zur Lösung von Optimierungsaufgaben der Gestalt

$$f(x) \to \min , \qquad x \in \mathfrak{B} = \{x : Ax - b \leqq 0\} , \tag{1}$$

lassen sich Verfahren für allgemeine nichtlineare Optimierungsaufgaben mit Ungleichungsrestriktionen anwenden (z. B. ›Abstiegsverfahren, ›Lagrange-Methoden, ›Approximationsverfahren). Daneben existieren spezielle Verfahren für linear restringierte Probleme zur Lösung der Aufgabe (1) (vgl. auch ›projizierte Gradientenverfahren, ›reduzierte Gradientenverfahren). Darüber hinaus sind zwei Vorgehensweisen zur Konzipierung von weiteren Verfahren wesentlich:

1. Lösung einer Folge von Ersatzproblemen

$$f_k(x) \to \min , \qquad x \in \mathfrak{B} = \{x : Ax - b \leqq 0\} , \tag{2}$$

deren Lösungen x^k Näherungen von x^* darstellen (›Approximationsverfahren).

2. Kombination eines ›Verfahrens für Aufgaben mit linearen Gleichungsrestriktionen mit Verfahren mit einer *Aktive-Restriktionen-Strategie*: Die Anwendung dieser Methoden erfordert im k-ten Schritt der Iteration, ausgehend vom Iterationspunkt x^k, die Bestimmung der Indexmenge

$$I_k = \{i : a_i^T x^k - b_i = 0\}$$

der ›aktiven Restriktionen. Sie dient dazu, die Optimierungsaufgabe mit Gleichungsrestriktionen

$$f(x^k + s) \to \min , \qquad a_i^T s = 0 , \qquad i \in I_k , \tag{3}$$

zu formulieren. Besitzt (3) die Lösung $s^k = 0$, so ist x^k Lösung der Aufgabe

$$f(x) \to \min , \qquad a_i^T x - b_i = 0 , \qquad i \in I_k . \tag{4}$$

Ist überdies der mit der aus den ›Verfahren für Aufgaben mit linearen Gleichungsrestriktionen gegebenen Matrix S erklärte Vektor

$$u^k = S \nabla f(x^k) \tag{5}$$

mit den Komponenten u_i^k $(i \in I_k)$ nichtnegativ, so stellt x^k eine Lösung der Aufgabe (1) dar. Mit den Regeln für den Wechsel der Indexmengen I_k ergibt sich die folgende Vorschrift:

S0: Gegeben ist ein Punkt x^0 mit $Ax^0 - b \leqq 0$, $k := 0$,

S1: Bestimme I_k.

S2: Test: $s^k = 0$ geeignete Näherungslösung von (3), wenn nicht, so gehe zu S6.
S3: Bestimme gemäß (5) die dualen Variablen u_i^k, $i \in I_k$.
S4: Ist $u_q^k := \min_{i \in I_k} u_i^k \geqq 0$, Stop. x^k ist Lösung von (1).
S5: Streiche q aus I_k.
S6: Bestimme s^k als Lösung von (3).
S7: Ermittle α_k aus

$$f(x^k + \alpha_k s^k) = \min_{0 \leqq \alpha \leqq \bar{\alpha}_k} f(x^k + \alpha s^k),$$

wobei

$$\bar{\alpha}_k = \min_{i \in \bar{I}_k} \left\{\frac{a_i^\mathsf{T} x^k - b_i}{a_i^\mathsf{T} s^k}\right\}, \qquad \bar{I}_k = \{i : i \notin I_k : a_i^\mathsf{T} s^k < 0\}.$$

Falls $\alpha_k = \bar{\alpha}_k$, bestimme p mit

$$\bar{\alpha}_k = \frac{a_p^\mathsf{T} x^k - b_p}{a_p^\mathsf{T} s^k}.$$

S8: Setze $I_{k+1} = I_k \cup \{p\}$.
S9: Setze $k := k + 1$; gehe zu S2.

Die exakte Lösung von (3) ist nur im Fall einer quadratischen Zielfunktion (›[63]) nach endlich vielen Rechenoperationen berechenbar. Deshalb verwendet man bei der Realisierung des Verfahrens eine „geeignete Näherungslösung". Ist die Güte dieser Näherung nicht ausreichend, kann es zu einem Oszillieren in der Menge der aktiven Restriktionen kommen. Die Iterierten zeigen ein *Zickzack-Verhalten* (›Abstiegsverfahren). Die Konvergenz erfolgt — falls überhaupt — nur linear (›Konvergenzbegriffe). Auf der anderen Seite ist es unzweckmäßig, unnötigen Aufwand für eine möglichst genaue Approximation der Lösung des Problems (3) zu betreiben, da diese zur Lösung von (1) einen großen Abstand haben kann. Überlegungen für einen geeigneten Kompromiß wurden u. a. von Rosen [b], Goldfarb [a] und Fletcher [18] unterbreitet.

Fletchers Strategie zeichnet sich durch Einfachheit aus. Sie läßt sich wie folgt beschreiben: Sei $(l(k))$ die Folge der Iterationsindizes, in welchen eine Restriktion von $I_{l(k)}$ entfernt wurde. Falls kein solcher Index existiert, ist $l(k) = 1$. Dann wird ein Punkt x^k akzeptiert, falls für die Größe

$$\Delta^k = \tfrac{1}{2} \nabla f^\mathsf{T}(x^k)\, Z \nabla^2 f(x^k)\, Z^\mathsf{T} \nabla f(x^k)$$

gilt

$$\Delta^k \leqq f(x^{l(k)}) - f(x^k).$$

Die Matrix Z stammt hierbei aus der verallgemeinerten Eliminationsmethode zur Lösung von (3) (›Verfahren für Aufgaben mit linearen Gleichungsrestriktionen). Bei der Anwendung der Aktive-Restriktionen-Strategie lassen sich mit Vorteil Aufdatierungsformeln (›Newton-Verfahren) zur Realisierung des

Übergangs von I_k zu I_{k+1} verwenden (›[18], [21]). Unter gewissen Regularitätsforderungen konvergiert die Folge der Näherungen überlinear (›[18], [21]).

Andere Möglichkeiten der Realisierung von Aktive-Restriktionen-Strategien werden von GROSSMANN/KLEINMICHEL [26] diskutiert.

Lit.: [18], [21], [26], [61], [63]

[a] GOLDFARB, D.: Extensions of Davidon's variable metric method to maximization under linear inequality and equality constraints. SIAM J. Appl. Math. **17** (1969), 739–764.

[b] ROSEN, J. B.: The Gradient-projection method for non-linear programming, Part. I. Linear constraints. SIAM J. Appl. Math. **8** (1960) 1, 181 bis 217.

Verfahren für nichtglatte Aufgaben: Optimierungsaufgaben, in welche nichtdifferenzierbare (aber meist richtungsableitbare (›Ableitungsbegriffe)) Funktionen eingehen, bezeichnet man als nichtglatte Aufgaben.

1. *Subgradientenverfahren*: nichtmonotones ›Abstiegsverfahren zur Minimierung einer lokal lipschitzstetigen Funktion (›Abbildung) unter einfachen Restriktionen: $f(x) \to \min$, $x \in \mathfrak{B}$. Bezeichne $f^* = \inf \{f(x) : x \in \mathfrak{B}\}$, wobei $\mathfrak{B} \subseteqq \mathbb{R}^n$, $\mathfrak{B}$ abgeschlossen, $f : \mathbb{R}^n \to \mathbb{R}$ und

$$P_{\mathfrak{B}}(x) = \{z \in \mathfrak{B} : ||z - x|| = \inf \{||y - x|| : y \in \mathfrak{B}\}\},$$

die Projektion von $x \in \mathbb{R}^n$ auf $\mathfrak{B}$, welche leicht errechenbar sei. Gegeben sei ein ›Schrittweitenalgorithmus, nach dem Schrittweiten $\alpha_k > 0$, $k = 1, 2, \ldots$, berechnet werden, und ein Startpunkt $x^0 \in \mathfrak{B}$ mit $f(x^0) < \infty$. Es bezeichne ∂f das Subdifferential (›Ableitungsbegriffe) von f. Algorithmus:

S1: $k := 0$.

S2: Berechne $g^k \in \partial f(x^k)$.

S3: Setze $x^{k+1} := P_{\mathfrak{B}}(x^k - \alpha_k g^k)$, bei $x^{k+1} = x^k$ Stop (x^k-optimale Lösung), sonst $k := k + 1$ und gehe zu S2.

Unter den Voraussetzungen

V1: f ist konvex im $\mathbb{R}^n$, eigentlich (›konvexe Funktion) und abgeschlossen, $\mathfrak{B} \subseteqq \operatorname{dom} f$, $\mathfrak{B}$ ist konvex und abgeschlossen;

V2: für die α_k und g^k gelte $\sum_{k=0}^{\infty} \alpha_k = \infty$, $\sum_{k=0}^{\infty} \alpha_k^2 \, ||g^k||^2 < \infty$;

endet das Verfahren entweder nach endlich vielen Schritten mit einer optimalen Lösung, oder für die nach ihm gewonnene Folge gilt $\liminf_{k\to\infty} f(x^k) = f^*$.

Im letzten Fall ist (x^k) dann und nur dann beschränkt, wenn $\mathfrak{B}^* = \{x \in \mathfrak{B} : f(x) = f^*\} \neq \emptyset$. Die Konvergenz ist sublinear (›Konvergenzbegriffe). Ist zusätzlich zu V1 und V2 noch $\mathfrak{B}^* \neq \emptyset$ erfüllt, so gilt für die gemittelte

Folge

$$y^n = \sum_{k=0}^{n} \beta_k x^k \quad \text{mit} \quad \beta_k = \alpha_k \Big(\sum_{s=0}^{n} \alpha_s\Big)^{-1}, \qquad n = 1, 2, \dots,$$

$$\lim_{n\to\infty} f(y^n) = f^*, \qquad \liminf_{n\to\infty} \{||y^n - z|| : z \in \mathfrak{B}^*\} = 0 .$$

Ersetzt man V1 und V2 durch

V1′: f ist konvex im $\mathbb{R}^n$, dom $f = \mathbb{R}^n$, $\mathfrak{B} = \mathbb{R}^n$, $\mathfrak{B}^* \neq \emptyset$, beschränkt,

V2′: $\alpha_k = \gamma_k \, ||g^k||^{-1}$, $\gamma_k > 0$, $\lim\limits_{k\to\infty} \gamma_k = 0$, $\sum\limits_{k=0}^{\infty} \gamma_k = \infty$,

so gilt die obige Konvergenzaussage ebenfalls.

Ist eine Schätzung $\hat{f} \geqq f^*$ bekannt, und für eine beliebige beschränkte Menge $M \subseteqq \mathfrak{B}$ existiert eine Konstante c_M, so daß $||g|| \leqq c_M \; \forall g \in \partial f(x)$, $x \in M$, dann gilt unter V1 mit $\alpha_k = \alpha\big(f(x^k) - \hat{f}\big) \, ||g^k||^{-2}$, :$0 < \alpha < 2$, daß das Verfahren entweder nach endlich vielen Iterationen einen Punkt $x^k \in M_{\hat{f}} = \{x \in \mathfrak{B} : f(x) \leqq \hat{f}\}$ erzeugt, oder es existiert ein Häufungspunkt $\bar{x}$ der Folge (x^k) mit $\bar{x} \in M_{\hat{f}}$.

Schor [d] hat Algorithmen vom Subgradiententyp beschrieben, die eine Variable-Metrik-Technik (›Newton-Verfahren) benutzen.

2. *Monotones Subgradientenverfahren* (›Abstiegsverfahren) zur Minimierung einer nicht überall differenzierbaren Funktion ohne Restriktionen (*Relaxationsverfahren von Lemarechal*). Betrachtet werde $f^* = \inf \{f(x) : x \in \mathbb{R}^n\}$, wobei f lokal lipschitzstetig (›Abbildung) ist. Gegeben sei ein $x^0 \in \mathbb{R}^n$, $g^0 \in \partial f(x^0)$. Es sei $\varepsilon > 0$, $\eta > 0$, $p := 0$. Dann lautet der Algorithmus:

S1: $s^0 = -g^0$, $k := 0$

S2: Berechne $t_k = \arg\min \{f(x^p + ts^k) : t \geqq 0\}$ und ein $g^{k+1} \in \partial f(x^p + t_k s^k)$ mit der Eigenschaft $\langle g^{k+1}, s^k \rangle = 0$.

S3: Wenn $f(x^p + t_k s^k) < f(x^p) - \varepsilon$, dann setze $x^{p+1} = x^p + t_k s^k$, $g^0 := g^{k+1}$ und gehe nach S1, andernfalls nach S4.

S4: Berechne $s^{k+1} = \arg\min \{||s|| : s \in \text{conv}\,\{-g^0, -g^1, \dots, -g^{k+1}\}\}$.

S5: Wenn $||s^{k+1}|| \leqq \eta$, dann Stop, andernfalls gehe nach S6.

S6: $k := k + 1$ und gehe nach S2.

Gegeben sei eine Folge (η_r) mit $\eta_r \to +0$, und $x(\eta_r)$ werde durch diesen Algorithmus erzeugt. Wenn $f : \mathbb{R}^n \to \mathbb{R}$ konvex und $\lim\limits_{||x||\to\infty} f(x) = \infty$ ist, dann gilt $\lim\limits_{r\to\infty} f\big(x(\eta_r)\big) \leqq f^* + \varepsilon$. Dieses Verfahren wurde auf schwach konvexe Funktionen (›[c]) und halbglatte Funktionen (›[b]) übertragen.

Lit.: [a] Demjanow, W. F., und L. W. Wasilew (Демьянов, В. Ф., и Л. В. Васильев): Недифференцируемая оптимизация. Nauka, Moskau 1981.

[b] Mifflin, R.: An algorithm for constrained optimization with semismooth functions. RR 77-3, International Institute for Applied Systems Analysis Laxenburg (Austria), RR 77-3 (1977).
[c] Nurminski, E. A. (Нурминский, Е. А.): Численные методы решения детерминированных и стохастических минимаксных задач. Naukowa Dumka, Kiew 1979.
[d] Schor, N. S. (Шор, Н. З.): Методы минимизации недифференцируемых функций и их приложения. Naukowa Dumka, Kiew 1979.

Verfahren mit Aktive-Restriktionen-Strategie ›Verfahren für Aufgaben mit linearen Ungleichungsrestriktionen

Verfahren von Pontrjagin: Zur Illustration dieses numerischen Lösungsverfahrens für ›Steuerprobleme wird das Steuerproblem

$$J(u) = \int_0^T f^0(t, x(t), u(t))\, dt \to \min\,, \quad \dot{x} = f(t, x, u)\,, \quad x(0) = x^0\,, \tag{1}$$

bei stückweise stetigen oder meßbaren Steuerungen $u(\cdot)$ mit $u(t) \in U$, $0 \leqq t \leqq T$, und isoperimetrischen Nebenbedingungen

$$\int_0^T \Phi^i(t, x(t), u(t))\, dt = 0\,, \qquad i = 1, \dots, m\,, \tag{2}$$

sowie fixierter Prozeßdauer T (›optimale Prozesse) betrachtet. Aus dem ›Maximumprinzip

$$H(t, x(t), u(t), \psi(t), g) = \max_{v \in U} H(t, x(t), v, \psi(t), g) \quad \text{fast überall}$$

mit

$$H(t, x, u, \psi, g) = \psi^\mathsf{T} f(t, x, u) - f^0(t, x, u) + \sum_{i=1}^m g_i \Phi^i(t, x, u)$$

lasse sich $u(t)$ (eindeutig) als Funktion V von t, x, ψ, g bestimmen: $u(t) = V(t, x, \psi, g)$. Dann stellen die Prozeßgleichung (3) und die adjungierte Gleichung (4) (›optimale Prozesse)

$$\dot{x} = f(t, x, V(t, x, \psi, g))\,; \qquad x(0) = x^0\,, \tag{3}$$

$$\dot{\psi}^\mathsf{T} = -\psi^\mathsf{T} f_x(t, x, V(t, x, \psi, g)) + f_x^0(t, x, V(t, x, \psi, g)) - \sum_{i=1}^m g_i \Phi_x^i(t, x, V(t, x, \psi, g))\,; \qquad \psi(T) = 0\,, \tag{4}$$

ein *Randwertproblem* für gewöhnliche Differentialgleichungen dar. An dessen Stelle löse man das entsprechende Anfangswertproblem, wobei die $(n + m)$ Parameter $\psi_1(0), \dots, \psi_n(0), g_1, \dots, g_m$ so gewählt werden, daß $\psi(T) = 0$ und

$$\int_0^T \Phi^i(t, x(t), V(t, x(t), \psi(t), g))\, dt = 0\,, \qquad i = 1, \dots, m\,,$$

ist. Dieses Gleichungssystem ($n + m$ Gleichungen für $n + m$ Unbekannte) ist nicht explizit gegeben, sondern nur über die numerische Lösung eines

Anfangswertproblems. Auf das Gleichungssystem kann das ›Newton-Verfahren angewandt werden, wobei die Ableitungen durch Differenzenquotienten zu ersetzen sind. Dazu sind wiederum $(n + m)$ Anfangswertprobleme zu lösen. Dazu wurden das einfache Schießverfahren und die Mehrzielmethode zur numerischen Behandlung von Randwertproblemen entwickelt (›[a], [b]).

Auf diesem Wege erhält man $x(\cdot)$, $\psi(\cdot)$ und folglich auch $u(\cdot)$. Für Probleme mit vorgegebenem Endpunkt x^T ist i. allg. $\psi(T) \neq 0$. Dann bestimme man die m Parameter $g_1, \dots, g_m$ und die unbekannten Anfangswerte $\psi_1(0), \dots$ $\dots, \psi_n(0)$ so, daß die Gleichungen

$$x_j(T) = x_j^T , \qquad j = 1, \dots, n ,$$

und

$$\int_0^T \Phi^i\big(t, x(t), V(t, x(t), \psi(t), g)\big)\, dt = 0 , \qquad i = 1, \dots, m ,$$

erfüllt sind. Aufgaben mit variabler Prozeßdauer werden in [47] betrachtet.

Es gibt keine allgemeingültigen Aussagen über den Erfolg dieser Methode.

Lit.: [47]

[a] Keller, H. B.: Numerical methods for two-point boundary value problems. Blaisdell, Waltham, Mass. 1968.

[b] Osborn, M. R.: On shooting methods for boundary value problems. J. Math. Anal. Appl. 27 (1969), 417–433.

Verfahren zur Lösung von Gleichungssystemen: Sie werden für die numerische Behandlung von ›Optimalitätsbedingungen eingesetzt. Wir betrachten das lineare Gleichungssystem

$$\text{Gesucht} \quad u \in \mathbb{R}^n : Au = f , \qquad f \in \mathbb{R}^m \quad \text{gegeben,} \tag{1}$$

mit n Unbekannten und m Gleichungen. Hierbei ist $u = (u_1, u_2, \dots, u_n)^T$ der gesuchte Vektor der Unbekannten, $f = (f_1, f_2, \dots, f_m)^T$ die gegebene rechte Seite und $A = (A_{ij})_{i=1,\dots,m;\, j=1,\dots,n}$ eine $m \times n$-Matrix mit den Koeffizienten $A_{ij} \in \mathbb{R}$.

Es werden drei Fälle unterschieden:

(i) $r(A) = r(A, f) < n$: *Unterbestimmtes Gleichungssystem.* (1) besitzt die Lösungsmannigfaltigkeit $L = \{u = u_* + v : v \in N(A)\}$, wobei u_* eine spezielle Lösung von (1) und $N(A) = \{v \in \mathbb{R}^n : Av = 0\}$ ist. Diejenige Lösung $\hat{u} \in L$ mit der kleinsten euklidischen Norm wird *normale* Lösung genannt: $\|\hat{u}\| = \min_{u \in L} \|u\|$.

(ii) $r(A) = r(A, f) = n$: (1) ist eindeutig lösbar.

(iii) $r(A) < r(A, f)$: *Überbestimmtes Gleichungssystem.*
(1) ist nicht lösbar. Ein Vektor $\bar{u} \in \mathbb{R}^n$ mit $\|A\bar{u} - f\| = \min_{u \in \mathbb{R}^n} \|Au - f\|$ heißt *Pseudolösung.* Methoden zur Behandlung über- und unterbestimmter Gleichungssysteme findet man z. B. in [a].

Im weiteren betrachten wir nur den Fall (ii) und setzen o. B. d. A. voraus, daß alle auftretenden Gleichungen linear unabhängig sind, d. h. $r(A) = r(A, f) = n = m$. Dann ist A quadratisch und invertierbar, und $u = A^{-1}f$ ist die eindeutig existierende Lösung von (1). Die meisten Verfahren zur Auflösung von (1) lassen sich den direkten oder den iterativen Verfahren zuordnen.

1. Direkte Verfahren liefern theoretisch in endlich vielen Schritten die exakte Lösung. Ein universelles direktes Verfahren zur Auflösung von (1) ist das *Gauß-Eliminationsverfahren* [b]. Wir interpretieren es im folgenden als *LU-Zerlegung*:

a) Zerlege A in das Produkt LU, wobei $L = (L_{ij})$ eine untere Dreiecksmatrix und $U = (U_{ij})$ eine obere Dreiecksmatrix ist, $i, j = 1, 2, \dots, n$:

$$L_{ij} = \begin{cases} 0, & \text{falls } i < j, \\ A_{ij} - \sum_{k=1}^{j-1} L_{ik} U_{kj}, & \text{falls } i \geqq j, \end{cases}$$
$$U_{ij} = \begin{cases} 0, & \text{falls } i > j, \\ 1, & \text{falls } i = j, \\ (A_{ij} - \sum_{k=1}^{i-1} L_{ik} U_{kj})/L_{ii}, & \text{falls } i < j. \end{cases} \tag{2}$$

b) Löse die Dreieckssysteme $Lv = f$ und $Ux = v$:

$$v_i = (f_i - \sum_{k=1}^{i-1} L_{ik} v_k)/L_{ii}, \qquad i = 1, 2, \dots, n,$$
$$x_i = v_i - \sum_{k=i+1}^{n} U_{ik} v_k, \qquad i = n, n-1, \dots, 1.$$

(Summen der Art $\sum_{k=1}^{0}$ und $\sum_{k=n+1}^{n}$ werden nach Definition Null gesetzt). Der Vektor $u = x$ ist die gesuchte Lösung von (1). Für die praktische Durchführbarkeit und die numerische Stabilität ist es i. allg. notwendig, die Zeilen und/oder die Spalten nach einer geeigneten Pivotstrategie umzuordnen. Für symmetrische Matrizen ist eine LDL^{T}- bzw. *$L^{\mathrm{T}}DL$-Zerlegung* von A möglich, wobei D eine Diagonalmatrix ist. Für Gleichungssysteme mit positiv definiten und symmetrischen Matrizen ist das *Cholesky-Verfahren* weit verbreitet. A wird dabei in ein Produkt der Art $L^{\mathrm{T}}L$ bzw. LL^{T} zerlegt. Dazu müssen n Wurzeloperationen durchgeführt werden. Einen Überblick über direkte Verfahren findet man in [b] Programme in [63].

2. Iterative Verfahren erzeugen eine Folge u^k von Näherungslösungen, von denen gefordert wird, daß sie für $k \to \infty$ gegen die exakte Lösung u von (1) konvergieren. In der numerischen Praxis werden vorzugsweise *zwei-* und *dreischichtige Iterationsverfahren* angewendet:

a) Kanonische Form zweischichtiger Iterationsverfahren:

$$\tau_{k+1}^{-1} B(u^{k+1} - u^k) + Au^k = f, \qquad k = 0, 1, \dots; \qquad u^0 \in \mathbb{R}^n; \tag{3}$$

b) Kanonische Form dreischichtiger Iterationsverfahren:

$$Bu^{k+1} = \alpha_{k+1}(B - \tau_{k+1}A)\, u^k + (1 - \alpha_{k+1})\, Bu^{k-1} + \alpha_{k+1}\tau_{k+1}f\,,$$
$$k = 1, 2, \ldots \qquad (4)$$
$$Bu^1 = (B - \tau_1 A)\, u^0 + \tau_1 f\,, \qquad u^0 \in \mathbb{R}^n\,.$$

Die Iterationsparameter τ_{k+1} und α_{k+1} werden aus A-priori-Informationen (z. B. beim Tschebyscheff-Verfahren) oder aus Variationsprinzipien (z. B. bei den ›konjugierten Gradientenverfahren) so bestimmt, daß in einer vorgegebenen Norm eine möglichst optimale Konvergenzgeschwindigkeit erreicht wird. Die Matrix B heißt *Vorkonditionierungsmatrix* oder *Regularisator* des Iterationsverfahrens und dient ebenfalls zur Verbesserung der Konvergenzeigenschaften. Wichtige Beispiele für Vorkonditionierungsmatrizen sind $B = I$ (Iterationsverfahren ohne Vorkonditionierung), $B = D$ (Jacobi-Vorkonditionierung), $B = D + A$ oder $B = D + A_+$ (Gauß-Seidel-Vorkonditionierung), $B = D + \omega A_-$ (SOR-Vorkonditionierung), $B = (D + \omega A_+) \times D^{-1}(D + \omega A_-)$ (SSOR-Vorkonditionierung), $B = (E + \omega A^+)\, E^{-1}(E + \omega A^-)$ (PTM-Vorkonditionierung) und $B = \tilde{L}\tilde{U}$ (unvollständige LU-Zerlegung), wobei $A = A_- + D + A_+ = A^- + A^+$ mit

$$D = \begin{pmatrix} A_{11} & & 0 \\ & \ddots & \\ 0 & & A_{nn} \end{pmatrix}, \quad A_- = \begin{pmatrix} 0 & & 0 \\ & \ddots & \\ A_{ij} & & 0 \end{pmatrix}, \quad A_+ = \begin{pmatrix} 0 & & A_{ij} \\ & \ddots & \\ 0 & & 0 \end{pmatrix},$$

$$A^- = \begin{pmatrix} A_{11}/2 & & 0 \\ & \ddots & \\ A_{ij} & & A_{nn}/2 \end{pmatrix}, \quad A^+ = \begin{pmatrix} A_{11}/2 & & A_{ij} \\ & \ddots & \\ 0 & & A_{nn}/2 \end{pmatrix}.$$

E ist eine geeignet gewählte Matrix (i. allg. eine Diagonalmatrix), und ω ist ein Iterationsparameter [c]. $\tilde{L}\tilde{U}$ entsteht durch unvollständige LU-Zerlegung von A oder einer zu A im spektralen Sinne „benachbarten“ Matrix, d. h., die Zerlegung nach (2) wird nur auf ausgewählten Elementen, der sogenannten Maske, durchgeführt. Alle anderen Elemente der Zerlegung werden Null gesetzt. In vielen praktischen Fällen wird die Zerlegung auf den Nichtnullelementen von A durchgeführt. Damit bleibt die Struktur der Matrix A auch in der Zerlegung $\tilde{L}\tilde{U}$ erhalten. Es gilt $A = \tilde{L}\tilde{U} + R$ mit einer i. allg. von der Nullmatrix 0 verschiedenen Matrix R. Wichtige klassische Iterationsverfahren sind z. B.

1. die *einfache Iteration*: (3) mit $B = I$ und $\tau_{k+1} = 2/(\gamma_1 + \gamma_2)$;
2. die *Tschebyscheff-Iteration*: (3) mit $B = I$ und $\tau_{k+1} \in M_m$, (Definition der Menge M_m und Auswahl der Iterationsparameter siehe [c, S. 280–283]);
3. das *Jacobi-Verfahren*: (3) mit $B = D$ und $\tau_{k+1} = 1$;
4. das *Gauß-Seidel-Verfahren*: (3) mit $B = D + A_-$ und $\tau_{k+1} = 1$;

5. das *SOR-Verfahren* (*Überrelaxationsverfahren*): (3) mit $B = D + \omega A_-$ und dem Relaxationsparameter $\tau_{k+1} = \omega \in (0, 2)$;
6. das klassische ›Gradientenverfahren: (3) mit $B = I$ und
$$\tau_{k+1} = (r^k, r^k)/(Ar^k, r^k)$$
mit $r^k = f - Au^k$;
7. die klassischen ›konjugierten Gradientenverfahren: (4) mit $B = I$ und
$$\tau_{k+1} = \frac{(r^k, r^k)}{(Ar^k, r^k)}, \qquad \alpha_{k+1} = \left(1 - \frac{\tau_{k+1}}{\tau_k} \frac{(r^k, r^k)}{(r^{k-1}, r^{k-1})} \frac{1}{\alpha_k}\right)^{-1},$$

wobei $(u, v) = u^\mathsf{T} v$ das Skalarprodukt der Vektoren u und v ist. Die Angabe der Iterationsparameter bezieht sich auf den Fall, daß die Matrix A symmetrisch und positiv definit ist. Dabei sind γ_1 der kleinste und γ_2 der größte Eigenwert von A oder Abschätzungen dieser entsprechend nach unten und nach oben. Das konjugierte Gradientenverfahren 7. liefert nach n Schritten theoretisch (d. h. ohne Rundungsfehler) die exakte Lösung (d. h. $u^n = u$) und kann somit als direktes Verfahren betrachtet werden. In vielen praktischen Fällen ist jedoch bereits u^k mit $1 < k \ll n$ eine hinreichend gute Näherung für u. Iterationsverfahren mit Vorkonditionierung in Form von unvollständigen Zerlegungen können auch erfolgreich zur Lösung von Gleichungssystemen mit indefiniter, symmetrischer Systemmatrix A, wie sie etwa im ›Lagrange-Newton-Verfahren entstehen, eingesetzt werden. Die unvollständige Zerlegung kann dabei von einer regularisierten Matrix gemacht werden [d]. Weitere Verfahren zur Lösung solcher Gleichungssysteme sind ›Regularisierungs- oder ›Strafverfahren und der Uzawa- bzw. Arrow-Hurwicz-Algorithmus (›Lagrange-Methoden) sowie Kopplungen dieser Verfahren. Eine allgemeine Theorie der Iterationsverfahren einschließlich Konvergenzabschätzungen findet man in [c]. Praktische Aspekte der Implementierung sowohl der direkten als auch der iterativen Verfahren (z. B. Berücksichtigung der Besetztheitsstruktur der Matrix A) sind in [e] und entsprechend FORTRAN-Programme in [f] dargestellt.

Zur Lösung *nichtlinearer Gleichungssysteme* der Art
$$\text{Ges. } u \in \mathbb{R}^n : A(u) = f, \qquad f \in \mathbb{R}^n \text{ gegeben,} \tag{5}$$
können die Iterationsverfahren (3) und (4) ebenfalls eingesetzt werden, wobei sich die Vorkonditionierungsmatrix B von Iterations- zu Iterationsschritt ändern kann, d. h. $B := B_{k+1}$. Wir betrachten im weiteren zur Lösung von (5) nur das zweischichtige Iterationsverfahren (3) mit $B := B_{k+1}$. Falls der nichtlineare Operator A : $\mathbb{R}^n \to \mathbb{R}^n$ differenzierbar ist, kann das ›Newton-Verfahren angewendet werden: (3) mit $B := B_{k+1} = A'(u^k)$ (Jacobi-Matrix) und $\tau_{k+1} = 1$. Unter geeigneten Voraussetzungen hat das Newton-Verfahren quadratische Konvergenzgeschwindigkeit (›[c], [30], [55]), ›Konvergenzbegriffe. Auf jedem Iterationsschritt des Newton-Verfahrens ist das lineare Gleichungssystem $A'(u^k)\, w^k = r^k$ (mit $r^k = f - Au^k$ und $u^{k+1} = u^k + w^k$) zu lösen. Dies kann direkt oder iterativ geschehen. Um die Lösung von Gleichungssystemen mit komplizierten Systemmatrizen zu umgehen, kann in (3) für

B_{k+1} anstelle von $A'(u^k)$ z. B. auch die SOR-, SSOR-, PTM- oder unvollständige LU-Zerlegung von $A'(u^k)$ oder $A'(u^0)$ verwendet werden. In all diesen Fällen ist τ_{k+1} geeignet zu wählen (i. allg. $\tau_{k+1} \neq 1$) und eine gesonderte Konvergenzanalyse durchzuführen (›[c]). Wird das lineare Gleichungssystem mit der Systemmatrix B_{k+1}, welches in jedem Iterationsschritt von (3) oder auch (4) entsteht, iterativ gelöst, so spricht man von zweistufigen Iterationsverfahren mit inneren und äußeren Iterationszyklen (›[c]). Weitere Lösungsverfahren werden z. B. in [c], [55] untersucht.

Lit.: [63]

[a] KUHNERT, F.: Pseudoinverse Matrizen und die Methode der Regularisierung. Teubner-Texte zur Mathematik, Bd. 1, BSB B. G. Teubner Verlagsgesellschaft, Leipzig 1976.

[b] FADDEJEW, D. K., und W. N. FADDEJEWA: Numerische Methoden der linearen Algebra. Fünfte Auflage, VEB Deutscher Verlag der Wissenschaften, Berlin 1978.

[c] SAMARSKI, A. A., und E. G. NIKOLAEW (Самарский, А. А., и Е. Г. Николаев): Методы решения сеточных уравнений. Nauka, Moskau 1977.

[d] AXELSON, O.: Preconditioning of indefinite problems by regularization. SIAM J. Numer. Anal. **16** (1979) 1, 58–69.

[e] SCHWARZ, H. R.: Methode der finiten Elemente. Teubner, Stuttgart 1980.

[f] SCHWARZ, H. R.: FORTRAN-Programme zur Methode der finiten Elemente. Teubner, Stuttgart 1981.

Verfahren zur Minimierung einer Funktion einer reellen Veränderlichen: Diese lösen die Aufgabe

$$f(x) \to \min\,, \qquad x \in \mathbb{R}\,, \tag{1}$$

und sind von grundlegender Bedeutung für viele Verfahren zur Lösung nichtlinearer Optimierungsaufgaben (›Abstiegsverfahren). Ein möglicher Lösungszugang besteht darin, daß die Gleichung

$$f'(x) = 0 \tag{2}$$

gelöst wird. Oft ist aber f nicht explizit gegeben bzw. nicht überall differenzierbar, oder der Wert $\bar{x}$, der die Gleichung (2) erfüllt, ist nicht unbedingt eine Lösung der Aufgabe (1). Deshalb ist die Betrachtung numerischer Verfahren zur Minimierung der Funktion f über einem Intervall sinnvoll (›[a]).

1. *Eindimensionale Suche ohne Verwendung von Ableitungen*

Unbestimmtheitsintervall: Da das genaue lokale Minimum von f auf [a, b] unbekannt ist, so heißt dieses Intervall Unbestimmtheitsintervall. Wenn in einem Suchprozeß aus diesem Intervall ein Teil ausgeschlossen werden kann, der nicht den Minimumpunkt enthält, so verkleinert sich das Unbestimmtheitsintervall. Ziel aller Suchverfahren ist die Einschränkung des Unbestimmtheitsintervalls mit wenigen Funktionswertberechnungen. Es gilt folgender *Satz*: Sei $f: \mathbb{R} \to \mathbb{R}$ streng quasikonvex (›erweiterte Konvexität) im Intervall [a, b]. Sei $x, y \in [a, b]$ und $x < y$. Wenn $f(x) > f(y)$, so ist $f(z) \geqq f(y)\ \forall z \in [a, x)$. Wenn $f(x) \leqq f(y)$, so gilt $f(z) \geqq f(x)\ \forall z \in (y, b]$, d. h., das Unbestimmtheitsintervall kann durch zwei Funktionswertberechnungen eingeschränkt werden.

Gleichmäßige Suche: Das Unbestimmtheitsintervall $[a, b]$ wird in Teilintervalle zerlegt mit dem Gitternetz $a + k\delta$ für $k = 1, \ldots, n$, wobei $b = a + (n + 1)\,\delta$. f wird in jedem der n Gitterpunkte berechnet. Sei $\bar{x}$ ein Gitterpunkt mit dem kleinsten Funktionswert. Wenn f streng quasikonvex ist, so liegt ein Minimumpunkt im Intervall $[\bar{x} - \delta, \bar{x} + \delta]$.

Dichotomische Suche: (*Eingabelungsverfahren*) zur Minimierung einer streng quasikonvexen Funktion auf dem Intervall $[a_1, b_1]$.

S0: Wähle eine Unterscheidungskonstante $2\varepsilon > 0$ und eine zulässige endliche Länge $l > 0$ des Unbestimmtheitsintervalls. Sei $[a_1, b_1]$ das Startintervall, $k := 0$.

S1: Wenn $b_k - a_k < l$, Stop: Minimumpunkt liegt im Intervall $[a_k, b_k]$. Andernfalls berechne

$$\lambda_k = \frac{a_k + b_k}{2} - \varepsilon\,, \qquad \mu_k = \frac{a_k + b_k}{2} + \varepsilon\,.$$

S2: Wenn $f(\lambda_k) < f(\mu_k)$, setze $a_{k+1} = a_k$ und $b_{k+1} = \mu_k$. Andernfalls setze $a_{k+1} = \lambda_k$ und $b_{k+1} = b_k$, $k := k + 1$, gehe zu S1.

Die Intervall-Länge zu Beginn der $(k + 1)$-ten Iteration beträgt

$$(b_{k+1} - a_{k+1}) = \frac{1}{2^k}(b_1 - a_1) + 2\varepsilon\left(1 - \frac{1}{2^k}\right).$$

Jeder Iterationsschritt erfordert die Berechnung zweier Funktionswerte.

Goldener Schnitt: zur Minimierung einer streng quasikonvexen Funktion auf einem Intervall $[a_1, b_1]$ (›[63]).

S0: Wähle eine zulässige endliche Länge $l > 0$ des Unbestimmtheitsintervalls. Das Startintervall ist $[a_1, b_1]$, setze

$$\lambda_1 = a_1 + (1 - \alpha)(b_1 - a_1) \quad \text{und} \quad \mu_1 = a_1 + \alpha(b_1 - a_1)\,,$$

wobei $\alpha \approx 0{,}618$ (positive Wurzel der Gleichung $\alpha^2 + \alpha = 1$) ist, berechne $f(\lambda_1)$ und $f(\mu_1)$, setze $k := 1$,

S1: Wenn $b_k - a_k < l$, Stop: Optimalpunkt liegt im Intervall $[a_k, b_k]$. Andernfalls, wenn $f(\lambda_k) > f(\mu_k)$ gehe zu S2,
wenn $f(\lambda_k) \leqq f(\mu_k)$ gehe zu S3.

S2: Setze $a_{k+1} = \lambda_k$, $b_{k+1} = b_k$, $\lambda_{k+1} = \mu_k$, $\mu_{k+1} = a_{k+1} + \alpha(b_{k+1} - a_{k+1})$, $f(\lambda_{k+1}) = f(\mu_k)$, berechne $f(\mu_{k+1})$, gehe zu S4.

S3: Setze $a_{k+1} = a_k$, $b_{k+1} = \mu_k$, $\mu_{k+1} = \lambda_k$, $\lambda_{k+1} = a_{k+1} + (1 - \alpha)(b_{k+1} - a_{k+1})$, $f(\mu_{k+1}) = f(\lambda_k)$. Berechne $f(\lambda_{k+1})$, gehe zu S4.

S4: Setze $k := k + 1$, gehe zu S1.

Außer in Schritt 1, wo zwei Funktionswertberechnungen notwendig sind, wird pro Iteration nur je ein Funktionswert benötigt.

Fibonacci-Suche: zur Minimierung einer streng quasikonvexen Funktion auf einem Intervall $[a_1, b_1]$. Im Unterschied zur dichotomischen Suche und zum Goldenen Schnitt ist hier die Anzahl n der Funktionswertberechnungen vorher zu wählen. Das folgt aus der Funktionswertberechnung in den Punkten

$$\lambda_k = a_k + \frac{F_{n-k-1}}{F_{n-k+1}}(b_k - a_k), \qquad k = 1, \dots, n-1, \tag{3}$$

oder

$$\mu_k = a_k + \frac{F_{n-k}}{F_{n-k+1}}(b_k - a_k), \qquad k = 1, \dots, n-1, \tag{4}$$

die von n abhängen, wobei

$$F_{k+1} = F_k + F_{k-1}, \qquad k = 1, 2, \dots, \qquad F_0 = F_1 = 1$$

die *Fibonacci-Zahlen* sind. Aus (3), (4) folgt, daß die Länge des Unbestimmtheitsintervalls im k-ten Schritt sich mit dem Faktor F_{n-k}/F_{n-k+1} verkürzt. Folglich, nach $n-1$ Iterationen, wobei n fest vorgegeben ist, verkleinert sich das Intervall von $(b_1 - a_1)$ zu $(b_n - a_n) = (b_1 - a_1)/F_n$. Hieraus ist n so zu wählen, daß $(b_1 - a_1)/F_n$ der gewünschten Genauigkeit genügt.

Algorithmus:

S0: Wähle eine zulässige endliche Länge $l > 0$ des Unbestimmtheitsintervalls und eine Unterscheidungskonstante $\varepsilon > 0$. Setze das Startintervall $[a_1, b_1]$ und wähle eine Zahl n der Funktionswertberechnungen so, daß $F_n > (b_1 - a_1)/l$. Setze $\lambda_1 = a_1 + (F_{n-2}/F_n)(b_1 - a_1)$ und $\mu_1 = a_1 + (F_{n-1}/F_n)(b_1 - a_1)$. Berechne $f(\lambda_1)$, $f(\mu_1)$, setze $k := 1$.

S1: Wenn $f(\lambda_k) > f(\mu_k)$, gehe zu S2, wenn $f(\lambda_k) \leqq f(\mu_k)$, gehe zu S3.

S2: Setze $a_{k+1} = \lambda_k$, $b_{k+1} = b_k$, $\lambda_{k+1} = \mu_k$,

$$\mu_{k+1} = a_{k+1} + (F_{n-k-1}/F_{n+k})(b_{k+1} - a_{k+1}).$$

Wenn $k = n - 2$, gehe zu S5, sonst berechne $f(\mu_{k+1})$ und gehe zu S4.

S3: Setze $a_{k+1} = a_k$, $b_{k+1} = \mu_k$, $\mu_{k+1} = \lambda_k$,

$$\lambda_{k+1} = a_{k+1} + (F_{n-k-2}/F_{n+k})(b_{k+1} - a_{k+1}).$$

Wenn $k = n - 2$, gehe zu S5, sonst berechne $f(\lambda_{k+1})$ und gehe zu S4.

S4: Setze $k := k + 1$, gehe zu S1.

S5: Setze $\lambda_n = \lambda_{n-1}$ und $\lambda_n = \mu_n + \varepsilon$. Wenn $f(\lambda_n) > f(\mu_n)$, so setze $a_n = \lambda_n$ und $b_n = b_{n-1}$. Andernfalls setze $a_n := a_{n-1}$ und $b_n = \lambda_n$. Stop: Optimalpunkt liegt in $[a_n, b_n]$.

Vergleich der Verfahren der eindimensionalen Suche ohne Ableitungen. Bei gegebener Länge l des Unbestimmtheitsintervalls ist die notwendige Anzahl n der Funktionswertberechnungen die kleinste positive ganze Zahl, die folgender Beziehung genügt:

gleichmäßige Suche: $n \geqq \frac{2(b_1 - a_1)}{l} - 1$,

dichotomische Suche: $\left(\frac{1}{2}\right)^{n/2} \geqq \frac{l}{b_1 - a_1}$,

Goldener Schnitt: $(0{,}618)^{n-1} \geqq \frac{l}{b_1 - a_1}$,

Fibonacci-Suche: $F_n \geqq \frac{b_1 - a_1}{l}$.

2. *Eindimensionale Suche mit Verwendung von Ableitungen*

Bisektionsverfahren: zur Minimierung einer pseudokonvexen (›erweiterte Konvexität), damit differenzierbaren Funktion f auf einem Intervall $[a_1, b_1]$.

S0: Sei $[a_1, b_1]$ das Startintervall, $l > 0$ die gewünschte Länge des Unbestimmtheitsintervalls, n die kleinste positive ganze Zahl, für die $(\frac{1}{2})^n \leqq l/(b_1 - a_1)$, setze $k := 1$.

S1: Setze $\lambda_k = \frac{1}{2}(a_k + b_k)$ und berechne $f'(\lambda_k)$. Wenn $f'(\lambda_k) = 0$, Stop: λ_k ist optimal.
Wenn $f'(\lambda_k) > 0$, gehe zu S2, wenn $f'(\lambda_k) < 0$, gehe zu S3.

S2: Setze $a_{k+1} = a_k$, $b_{k+1} = \lambda_k$, gehe zu S4.

S3: Setze $a_{k+1} = \lambda_k$, $b_{k+1} = b_k$, gehe zu S4.

S4: Wenn $k = n$, Stop: Minimumpunkt liegt im Intervall $[a_{n+1}, b_{n+1}]$. Sonst setze $k := k + 1$, gehe zu S1.

›*Newton-Verfahren*: (für $n = 1$)

3. *Interpolationsverfahren*

Sie benutzen einen quadratischen oder kubischen Abgleich für die Bestimmung einer geeigneten Näherung für $\bar{x} : f(\bar{x}) = \min \{f(x) : x \in \mathbb{R}\}$.

Quadratische Interpolation ist zu verwenden, wenn nur Funktionswertvergleiche möglich sind. Gegeben seien drei Argumentwerte x_1, x_2, x_3, dann berechnet sich der stationäre Punkt der quadratischen Näherung durch

$$x_{\text{stat.}} := \frac{1}{2}\left(\frac{u_{23}f(x_1) + u_{31}f(x_2) + u_{12}f(x_3)}{v_{23}f(x_1) + v_{31}f(x_2) + v_{12}f(x_3)}\right),$$

wobei $u_{ij} := x_i^2 - x_j^2$, $v_{ij} := x_i - x_j$.

Kubische Interpolation: unter Verwendung von Ableitungen 1. Ordnung läßt sich das relative Minimum eines Interpolationspolynoms 3. Ordnung zu den Stellen x_1, x_2 wie folgt berechnen:

$$x_{\text{lok.}} := x_2 - (x_2 - x_1) \left(\frac{f'(x_2) + u_2 - u_1}{f'(x_2) - f'(x_1) + 2u_2} \right)$$

mit

$$u_1 := f'(x_1) + f'(x_2) - 3 \left(\frac{f(x_1) - f(x_2)}{x_1 - x_2} \right)$$

$$u_2 := \left(u_1^2 - f'(x_1)\, f'(x_2)\right)^{1/2} .$$

Lit.: [55], [62], [63]
BAZARAA, M. S., und C. M. SHETTY: Nonlinear programming. John Wiley & Sons, New York 1970.

Verfolgungsspiel ›Spieltheorie
versteckte Konvexitäten ›konvexe Optimierung
Verteilungsproblem ›Optimierung auf Graphen
Verteilungsproblem der ›stochastischen Optimierung
verträgliche Topologie ›duale Räume, ›lokalkonvexer Raum

Verzweigungsprinzip: Das V. ist eine Strategie zur Entwicklung von Lösungsverfahren vor allem für Aufgaben der ›diskreten Optimierung. In der Literatur wird statt V. häufig als Synonym *branch-and-bound-Prinzip* benutzt.

Die Grundidee des V. kann grob folgendermaßen formuliert werden, wobei jedoch nur eine einfache spezielle Realisierungsmöglichkeit der Strategie erfaßt wird: Die zulässige Menge S der diskreten Optimierungsaufgabe

$$f(x) \to \min , \quad x \in S \quad \text{mit} \quad 0 < \operatorname{card} S < \infty , \tag{P}$$

wird durch eine endliche Menge S_{11} ersetzt, die mindestens eine Optimallösung x^* von (P) enthält. Diese Menge wird in Teilmengen zerlegt, und für jede solche Teilmenge wird eine untere Schranke für die Werte der Zielfunktion $f(x)$ bez. aller in der Teilmenge enthaltenen Elemente ermittelt. Danach wird eine der Teilmengen weiter zerlegt, und es werden auch für die neuen Teilmengen untere Schranken für $f(x)$ ermittelt. Auf diese Weise fährt man fort, bis mittels eines gewissen Kriteriums unter Benutzung der Schranken für $f(x)$ die Optimalität eines Elementes von S erkannt wird.

Die folgende detaillierte Darstellung gibt eine allgemeinere Formulierung des Verzweigungsprinzips. Für die Aufgabe (P) werden Ersatzaufgaben ν-ter Stufe

$$f_{j\nu}(x) \to \min , \quad x \in S_{j\nu} , \quad j = 1, 2, \ldots , m_\nu ; \quad \nu = 1, 2, \ldots \tag{$P_{j\nu}$}$$

betrachtet. Dabei sollen die $S_{j\nu}$ Teilmengen im oben erwähnten Sinn sein, und die $f_{j\nu}(x)$ sind auf den $S_{j\nu}$ reellwertige Funktionen. Die Aufgaben $(P_{j\nu})$ seien lösbar und $x^{j\nu}$ seien Optimallösungen.

Im Verlauf des Vorgehens werden Ersatzaufgaben durch solche höherer Stufe ersetzt. Durch die Aufteilung von $S_{j\nu}$ abgearbeitete Ersatzaufgaben $(P_{j\nu})$ und auch solche, für die bekannt ist, daß ihre zulässige Menge keine Optimallösung von (P) enthält, werden als *inaktiv* bezeichnet. Alle anderen Ersatzaufgaben nennen wir aktiv.

Für die Aufgaben $(P_{j\nu})$ werden die folgenden Eigenschaften gefordert:

(E1) Es existiert genau eine Ersatzaufgabe (P_{11}) $(\Rightarrow m_1 = 1)$ und S_{11} ist endlich.

(E2) Wird die Aufgabe $(P_{l\mu})$ durch Aufgaben $(P_{j\nu})$, $\nu > \mu$, $j = 1, 2, \dots, m_\nu$, $m_\nu \geqq 2$, ersetzt, so sind die $S_{j\nu}$ alle echte Teilmengen von $S_{l\mu}$.

(E3) Die Vereinigung der Mengen aller jeweils aktiven Ersatzaufgaben enthält wenigstens eine Optimallösung von (P).

(E4) Unter den jeweils aktiven Ersatzaufgaben $(P_{j\nu})$ existiert wenigstens eine solche $(P_{l\mu})$, für die

$$f_{l\mu}(x^{l\mu}) = f(x^*)$$

gilt.

(E5) Ist $S_{j\nu} = \{x^{j\nu}\} \subseteqq S$, dann gilt $f_{j\nu}(x^{j\nu}) = f(x^{j\nu})$. Mit $q = \max\ \{\nu : (P_{j\nu})$ ist aktiv$\}$ und $\Gamma_q = \{j\nu : (P_{j\nu})$ ist aktiv$\}$ gilt das folgende

Optimalitätskriterium: Gilt

$$f_{k\lambda}(x^{k\lambda}) = \min_{j\nu \in \Gamma_q} f_{j\nu}(x^{j\nu}) \,,$$

und ist ein $\tilde{x} \in S$ mit $f_{k\lambda}(x^{k\lambda}) = f(\tilde{x})$ bekannt, dann ist $\tilde{x}$ Optimallösung von (P).

Bei der Konstruktion eines auf dem V. basierenden Algorithmus sind Regeln bzw. Verfahren für die folgenden Operationen anzugeben.

a) Bildung von S_{11} und $f_{11}(x)$, d. h. von (P_{11}).

b) Verzweigungsregel: Auswahl der jeweils zu verzweigenden Ersatzaufgabe.

c) Bildung der die Aufgabe $(P_{l\mu})$ ersetzenden Aufgaben $(P_{j\nu})$, $\nu > \mu$, $j = 1, 2, \dots, m_\nu$, d. h. Bildung echter Teilmengen $S_{j\nu}$ von $S_{l\mu}$ und Wahl der $f_{j\nu}(x)$.

d) Erkennen von nichtverzweigten Ersatzaufgaben $(P_{j\nu})$, die in den Zustand „inaktiv" versetzt werden können.

e) Lösung der Ersatzaufgaben $f_{j\nu}(x^{j\nu}) = \min\limits_{x \in S_{j\nu}} f_{j\nu}(x)$.

Eine spezielle Möglichkeit zur Realisierung des V., die bisher oft benutzt wurde, ist durch die folgenden Vorschriften gegeben.

– $S_{11} = S$,

– $f_{j\nu}(x) = c_{j\nu}$ mit $c_{j\nu} \leqq f(x)$, $x \in S_{j\nu}$ und

$c_{j\nu} = f(x^{j\nu})$, falls $S_{j\nu} = \{x^{j\nu}\} \subseteqq S$.

– Wird $(P_{l\mu})$ durch die $(P_{j\nu})$, $\nu > \mu$, $j = 1, 2, \dots, m_\nu$, ersetzt, dann werden die $S_{j\nu}$ so gebildet, daß gilt

$$S_{i\nu} \cap S_{j\nu} = \emptyset \,, \quad i, j = 1, 2, \dots, m_\nu \,, \quad i \neq j \,, \quad \text{und} \quad S_{l\mu} = \bigcup_{j=1}^{m_\nu} S_{j\nu} \,.$$

Beispiele für spezielle Verzweigungsregeln:

— Es wird stets ein Teilproblem ($P_{k\lambda}$) mit
$$f_{k\lambda}(x^{k\lambda}) = \min_{j\nu \in \Gamma_q} f_{j\nu}(x^{j\nu})$$
verzweigt.

— Es wird stets ein Teilproblem (P_{kq}) der jeweils höchsten Stufe q mit
$$f_{kq}(x^{kq}) = \min_{j=1,\ldots,m_q} f_{jq}(x^{jq})$$
verzweigt.

— Es werden stets alle Teilprobleme der jeweils höchsten Stufe verzweigt, bevor zur nächsten Stufe übergegangen wird.

Eine ausführliche Darstellung und Begründung des ›branch-and-bound-Verfahrens ist in [57] enthalten. In [54] sind Beziehungen zwischen dem V. und dem ›Erweiterungsprinzip nachgewiesen.

Lit.: [54], [57]

Vogelsche Approximationsmethode ›Transportoptimierung
vollständig erreichbar ›Steuerbarkeit
vollständig steuerbar ›Steuerbarkeit
vollständige ›Enumerationsverfahren
Vorkonditionierungsmatrix ›Verfahren zur Lösung von Gleichungssystemen
Vorwärtsrechnung ›dynamische Optimierung

W

Weierstraß, Satz von ›Existenz optimaler Steuerungen, ›Existenz von Lösungen von Optimierungsaufgaben
Weierstraß-Formel ›Variationsrechnung
Weierstraßsche E-Bedingung ›Variationsrechnung
Wert eines Matrixspiels ›Spieltheorie
Wertebereich ›Abbildung
Wilson-Verfahren ›Approximationsverfahren
Wolfe, Satz von ›Lagrange-Funktion

Z

Zeitoptimale Aufgabe ›optimale Prozesse

Zentrenverfahren: Z. gehören zu der Klasse von Lösungsmethoden für nichtlineare Optimierungsaufgaben, die die Ausgangsaufgabe in eine Folge von nebenbedingungsfreien Optimierungsaufgaben überführen. Enge Zusammenhänge bestehen zu den ›Straf- bzw. den ›Barriereverfahren. Man unterscheidet innere und äußere Z. Betrachtet wird die Optimierungsaufgabe

$$f(x) \to \min\,, \qquad x \in \mathfrak{B} \subseteq \mathbb{R}^n\,,$$

wobei $f: \mathbb{R}^n \to \mathbb{R}$ eine stetige Funktion und $\mathfrak{B}$ eine abgeschlossene Menge ist.

Die Optimierungsaufgabe sei lösbar und besitze den optimalen Zielfunktionswert $f_{\min}$. Der Grundgedanke der Z. besteht in folgendem: Für einen gegebenen Parameter $t > f_{\min}$ wird die Niveaumenge $Q(t) = \{x \in \mathfrak{B} : f(x) \leqq t\}$ betrachtet. Gesucht wird ein Punkt $\bar{x} \in Q(t)$, der im Sinne einer gegebenen *Abstandsfunktion* (*Distanzfunktion*) d einen möglichst großen Abstand vom Rand der Menge $Q(t)$ hat, wobei dieser Punkt als *Zentrum* der Menge $Q(t)$ betrachtet werden kann. Anschließend wird mittels einer gegebenen *Parameterfunktion* P ein neuer Parameterwert $\bar{t} := P(t)$ $(t \geqq \bar{t} \geqq f_{\min})$ bestimmt.

1. *Verfahren der inneren Zentren.* Sei $\mathfrak{B} = \{x : g_i(x) \leqq 0,\ i = 1, \dots, m\}$ und $Q^0(t) = \{x : f(x) < t,\ g_i(x) < 0, i = 1, \dots, m\}$.

Eine Funktion $d : \mathbb{R}^n \times \mathbb{R} \to \mathbb{R} \cup \{\infty\}$ wird *innere Abstandsfunktion* genannt, wenn gilt:

(i) $d(x, t) < 0 \Leftrightarrow x \in Q^0(t)$,
(ii) $d(x, t)$ ist für festes t stetig in x,
(iii) $d(x, t)$ ist für festes $x \in \mathbb{R}^n$ nicht wachsend in t.

Eine Funktion $P : \mathbb{R} \to \mathbb{R}$ heißt *innere Parameterfunktion*, wenn für alle $t \geqq f_{\min}$ gilt $f_{\min} \leqq P(t) \leqq t$. Eine innere Parameterfunktion P heißt *verträglich mit der inneren Abstandsfunktion* d, wenn für jede Folge (t_k) mit $f_{\min} < t_{k+1} \leqq t_k$, $k = 1, 2, \dots$, und $\lim\limits_{k\to\infty} [P(t_k) - t_k] = 0$ gilt:

$$\lim_{k\to\infty} [\inf_{x \in \mathbb{R}^n} d(x, t_k)] = 0\,.$$

Damit ergibt sich für die Methode der inneren Zentren folgender Algorithmus

S1: Wähle einen Anfangsparameter $t_0 \geqq f_{\min}$ und eine nichtnegative Nullfolge (ε_k). Setze $k := 0$.

S2: Bestimme ein $x^k \in Q(t_k) = \{x \in \mathbb{R}^n : f(x) \leqq t_k,\ g_i(x) \leqq 0;\ i = 1, \dots, m\}$ mit

$$d(x^k, t_k) \leqq d(x, t_k) + \varepsilon_k \qquad \forall x \in \mathbb{R}^n\,.$$

S3: Setze $t_{k+1} := P(t_k)$ und $k := k + 1$. Gehe zu S2.

Es gilt dann die Aussage: Erfüllt die Menge $\mathfrak{B}$ die Slater-Bedingung (›Regularitätsbedingungen), ist d eine innere Abstandsfunktion und P eine mit d verträgliche innere Parameterfunktion, dann ist jeder Häufungspunkt x^* der durch das Verfahren der inneren Zentren erzeugten Folge (x^k) eine

Lösung des Ausgangsproblems. Typische Abstandsfunktionen sind:

$$d(x, t) = \max \{f(x) - t, g_1(x), \dots, g_m(x)\},$$

$$d(x, t) = \begin{cases} (f(x) - t) \prod_{j=1}^{m} |g_j(x)| & \text{für} \quad x \in Q(t), \\ 0 & \text{sonst}. \end{cases}$$

Für beliebiges $\lambda \in (0, 1]$ bildet die Funktion

$$P(t) = t + \lambda(f(x_\varepsilon(t)) - t)$$

eine mit den beiden genannten Abstandsfunktionen verträgliche Parameterfunktion. Dabei erfülle $x_\varepsilon(t)$ die Bedingung

$$d(x_\varepsilon(t), t) \leqq d(x, t) + \varepsilon(t) \quad \forall x \in \mathbb{R}^n; \quad \varepsilon(t) \geqq 0, \quad \varepsilon(t) \to 0 \text{ für } t \to f_{\min}$$

(entsprechend S2 des Verfahrens).

2. *Verfahren der äußeren Zentren.* Eine Funktion $d : \mathbb{R}^n \times \mathbb{R} \to \mathbb{R} \cup \{\infty\}$ wird *äußere Abstandsfunktion* genannt, wenn gilt

(i) $d(x, t) > 0 \Leftrightarrow x \notin Q(t)$,

(ii) $d(x, t)$ ist für festes t in x stetig,

(iii) $d(x, t)$ ist für festes $x \in \mathbb{R}^n$ nichtwachsend in t.

Eine Funktion $P : \mathbb{R} \to \mathbb{R}$ heißt *äußere Parameterfunktion*, wenn $t \leqq P(t) \leqq f_{\min}$ $\forall t \leqq f_{\min}$ gilt. Eine äußere Parameterfunktion P heißt *verträglich mit der äußeren Abstandsfunktion* d, wenn für jede Folge (t_k) mit $t_k \leqq t_{k+1} < f_{\min}$, $k = 1, 2, \dots$ und $\lim_{k\to\infty} [P(t_k) - t_k] = 0$ gilt

$$\lim_{k\to\infty} [\inf_{x \in \mathbb{R}^n} d(x, t_k)] = 0.$$

Damit ergibt sich für die Methode der äußeren Zentren folgender Algorithmus

S1: Wähle einen Anfangsparameter $t_0 \leqq f_{\min}$ und eine nichtnegative Nullfolge (ε_k). Setze $k := 0$.

S2: Bestimme ein $x^k \in \mathbb{R}^n$ mit

$$d(x^k, t_k) \leqq d(x, t_k) + \varepsilon_k \qquad \forall x \in \mathbb{R}^n.$$

S3: Setze $t_{k+1} := P(t_k)$ und $k := k + 1$. Gehe zu S2.

Es gilt dann die Aussage: Sei d eine äußere Abstandsfunktion und P eine mit d verträgliche äußere Parameterfunktion, dann ist jeder Häufungspunkt x^* der durch das Verfahren der äußeren Zentren erzeugten Folge (x^k) eine Lösung des Ausgangsproblems.

Eine typische äußere Abstandsfunktion ist

$$d(x, t) = \max \{f(x) - t, g_1(x), \dots, g_m(x)\}.$$

Ist $x(t)$ die optimale Lösung von $d(x, t) \to \min$, dann ist $P(t) = t + d(x(t), t)$ eine mit $d(x, t)$ verträgliche äußere Abstandsfunktion.

Lit.: [a] GROSSMANN, Ch., und A. A. KAPLAN: Strafmethoden und modifizierte Lagrangemethoden in der nichtlinearen Optimierung. Teubner-Texte zur Mathematik, Bd. 22, BSB B. G. Teubner Verlagsgesellschaft, Leipzig 1979.
[b] HUARD, P.: Resolution of mathematical programming with nonlinear constraints by the method of centres. In: ABADIE, J. (ed.): Nonlinear programming, North Holland Publ. Comp., Amsterdam 1967, 208 bis 219.

Zentrum ›Zentrenverfahren
Zickzack-Verhalten ›Abstiegsverfahren
Zielfunktion ›Optimierungsaufgabe
Zielfunktionssteuerung ›Dekompositionsverfahren
Zielfunktionsvektor ›lineare Optimierung
Zielprogrammierung ›Lösungsverfahren für Vektoroptimierungsaufgaben
Zoutendijk ›Verfahren der zulässigen Richtungen
Zugehörigkeitsfunktion ›unscharfe Menge
zulässige Abstiegsrichtung ›Abstiegsverfahren

zulässige Basislösung: Die z. B. ist ein Grundelement des ›Simplexverfahrens der ›linearen Optimierung (s. a. ›semi-infinite Optimierung). Ist $\mathfrak{B} = \{x \in \mathbb{R}^n : Ax = b,\ x \geqq 0\}$ eine nichtleere ›polyedrische Menge, $r(A) = m$, so heißt eine Lösung $\mathring{x}$ von $Ax = b,\ x \geqq 0$ eine z. B., falls für $n - m$ (Nichtbasis)-Variable $x_{i_{m+1}}, \dots, x_{i_n}$ gilt $\mathring{x}_{i_{m+1}} = \dots = \mathring{x}_{i_n} = 0$ und die zu den übrigen m (Basis)-Variablen $x_{i_1}, \dots, x_{i_m}$ gehörigen Spalten $a_{i_1}, \dots, a_{i_m}$ von A linear unabhängig sind. Der *algebraische* Begriff der z. B. gestattet die folgenden zwei *geometrischen* Deutungen, welche den geometrischen Deutungen des Simplexverfahrens zugrunde liegen:

Satz 1: $\mathring{x}$ ist eine z. B. von $Ax = b,\ x \geqq 0$ genau dann, wenn $\mathring{x}$ Ecke (›Extremalpunkt einer konvexen Menge) von $\mathfrak{B}$ ist.

Satz 2: Ist $\mathring{x}$ eine z. B. von $Ax = b,\ x \geqq 0$, so gibt es im konvexen Kegel $A\mathbb{R}^n_+ = \{y \in \mathbb{R}^m : y = Ax,\ x \geqq 0\}$ einen von m Strahlen erzeugten m-dimensionalen Teilkegel $K^+ = \text{cone}\,\{a_{i_1}, \dots, a_{i_m}\}$ mit $b \in K^+$ (›Hülle).

zulässige Lösung ›Optimierungsaufgabe
zulässige Richtung ›Abstiegsverfahren
zulässiger Bereich ›Optimierungsaufgabe
zulässiger Punkt ›Optimierungsaufgabe
zulässiger Teilprozeß ›dynamische Optimierung
zulässiges Element ›Optimierungsaufgabe
zulässiges Paar ›optimale Prozesse
Zulässigkeitsmenge ›(lineare) parametrische Optimierung
Zuordnungsproblem ›Transportoptimierung
Zustandsbereich ›Steuerprobleme vom Dieudonné-Rashevsky-Typ
Zustandsbeschränkungen ›Steuerprobleme vom Dieudonné-Rashevsky-Typ
Zustandsfunktion ›Steuerprobleme vom Dieudonné-Rashevsky-Typ

Zwei-Phasen-Methode: Methode zur Bestimmung einer ersten Basislösung für die Verwendung der ›Simplexverfahren bei der Lösung linearer Optimierungsaufgaben (›lineare Optimierung). Bei der Berechnung einer zulässigen Basislösung für die Aufgabe

$$\min \{c^T x : Ax = b, x \geqq 0\}, \qquad (1)$$

wobei $c \in \mathbb{R}^n$, $b \in \mathbb{R}^m$, A $m \times n$-Matrix, wird eine Aufgabe der *ersten Phase* gelöst:

$$\min \{\sum_{i=1}^{m} z_i : Ax + Iz = b, x \geqq 0, z \geqq 0\}, \qquad (2)$$

wobei z der Vektor der *künstlichen Variablen*, I die Einheitsmatrix m-ter Ordnung sind und o. B. d. A. $b \geqq 0$ vorausgesetzt wird. Dann ist für (2) sofort eine zulässige Basislösung gegeben durch $\begin{pmatrix} z \\ x \end{pmatrix} = \begin{pmatrix} x_B \\ x_N \end{pmatrix} = \begin{pmatrix} b \\ 0 \end{pmatrix}$ mit der Basismatrix $B = I$, und (2) kann mit dem primalen Simplexverfahren gelöst werden. Für die optimale Lösung von (2) können zwei Fälle eintreten:

a) Der z-Anteil der optimalen Lösung ist gleich dem Nullvektor, dann ist der x-Anteil eine zulässige Basislösung von (1), mit der dann in der zweiten Phase das Simplexverfahren zur Lösung der eigentlichen Aufgabe (1) gestartet werden kann.

b) Der z-Anteil der optimalen Lösung ist von Null verschieden, dann existiert keine Lösung x mit $Ax = b$, $x \geqq 0$, d. h., der zulässige Bereich von (1) ist leer.

zweischichtige Iterationsverfahren ›Verfahren zur Lösung von Gleichungssystemen
Zweistufenproblem ›stochastische Optimierung
Zyklenvektor ›Zyklus
zyklomatische Zahl ›Zyklus

Zyklus: In der ›Graphentheorie heißt jede einfache Kette μ eines Graphen $G = (X, U)$ mit $X = \{x_1, \dots, x_n\}$ und $U = \{u_1, \dots, u_m\}$, bei der Anfangs- und Endpunkt zusammenfallen, ein Z. von G. μ heißt *elementar*, wenn beim Durchlaufen der Bogenfolge kein Knotenpunkt mehrfach passiert wird. Jeder Z. kann in paarweise bogenfremde elementare Z. zerlegt werden. Nach Festlegung eines Durchlaufsinnes kann die Menge der Bögen von μ zerlegt werden in die Teilmengen μ^+ und μ^- der im bzw. entgegen dem Durchlaufsinn gerichteten Bögen. Im Falle $\mu^+ = \emptyset$ oder $\mu^- = \emptyset$ heißt μ ein *Kreis*.

Jedem Z. μ kann ein Vektor $\mu = (\mu_1, \dots, \mu_m)^T$ mit

$$\mu_i = \begin{cases} +1, & \text{falls } u_i \in \mu^+, \\ -1, & \text{falls } u_i \in \mu^-, \\ 0, & \text{falls } u_i \notin \mu \end{cases}$$

zugeordnet werden. Die Anzahl linear unabhängiger *Zyklenvektoren* (Dimension einer *Zyklenbasis*) ist gleich der *zyklomatischen Zahl* $k(G) = m - n + p$ (p die Anzahl der Komponenten von G).

Analoge Eigenschaften gelten für *Cozyklen* $\omega(A)$, $A \subset X$ (›Graphentheorie). Im Falle $\omega^+(A) = \emptyset$ oder $\omega^-(A) = \emptyset$ liegt ein *Cokreis* vor. Ein *Cozyklenvektor* $\omega(A) = (\omega_1, \ldots, \omega_m)^{\mathsf{T}}$ wird gemäß

$$\omega_i = \begin{cases} +1, & \text{falls} \quad u_i \in \omega^+(A)\,, \\ -1, & \text{falls} \quad u_i \in \omega^-(A)\,, \\ \ \ 0, & \text{falls} \quad u_i \notin \omega(A) \end{cases}$$

gebildet. Die *cozyklomatische Zahl* $l(G) = n - p$ gibt die Dimension einer *Cozyklenbasis* an.

Ein zusammenhängender zyklenfreier Graph (mit mindestens zwei Knotenpunkten) heißt ein *Baum*. Ist der Untergraph $H = (X, V)$ von $G = (X, U)$ ein Baum, so heißt H ein *Gerüst* von G. Dann ist $F = (X, U \setminus V)$ ein *Cogerüst* und enthält keinen Cozyklus von G. Diese Begriffe spielen bei Problemen der ›Optimierung auf Graphen eine wesentliche Rolle.

Lit.: [4]

Literaturverzeichnis

[1] BALAKRISHNAN, A. V., und L. NEUSTADT: Computing methods in optimization problems. Academic Press, New York—London 1964.

[2] BANK, B., J. GUDDAT, D. KLATTE, B. KUMMER und K. TAMMER: Non-linear parametric optimization. Akademie-Verlag, Berlin 1982.

[3] BAUER, H., und K. NEUMANN: Berechnung optimaler Steuerungen. Lecture Notes in Operations Research and Mathematical Systems, Bd. 17, Springer-Verlag, Berlin—Heidelberg—New York 1969.

[4] BERGE, C., und A. GHOUILA-HOURI: Programme, Spiele, Transportnetze. BSB B. G. Teubner Verlagsgesellschaft, Leipzig 1969.

[5] BERKOVITZ, L. D.: Optimal control theory. Appl. Math. Sci., Vol. 12. Springer-Verlag, Berlin—Heidelberg—New York 1974.

[6] BLISS, G. A.: Lectures on the calculus of variations. University of Chicago Press, Chicago 1946.

[7] BOLTJANSKI, V. G.: Mathematische Methoden der optimalen Steuerung. Akademische Verlagsgesellschaft Geest & Portig K.-G., Leipzig 1971.

[8] BOLTJANSKI, V. G.: Optimale Steuerung diskreter Systeme. Akademische Verlagsgesellschaft Geest & Portig K.-G., Leipzig 1976.

[9] BUTKOWSKI, A. G. (Бутковский, А. Г.): Теория оптимального управления системами с распределёнными параметрами. Nauka, Moskau 1965.

[10] CIARLET, P. H.: The finite element method for elliptic problems. North-Holland Publ. Co., Amsterdam—New York—Oxford 1978.

[11] CLARKE, F. H.: Optimization and nonsmooth analysis. John Wiley & Sons, New York—London—Sydney—Toronto 1983.

[12] DANTZIG, G. B.: Lineare Programmierung und Erweiterungen. Springer-Verlag, Berlin—Heidelberg—New York 1966.

[13] DUVAUT, G., und J. L. LIONS: Les inéquations en mécanique et en physique. Dunod, Paris 1972.

[14] EKELAND, I., und R. TEMAM: Convex analysis and variational problems. North-Holland Publ. Co., Amsterdam—New York—Oxford 1976.

[15] ELSTER, K.-H., R. REINHARDT, M. SCHÄUBLE und G. DONATH: Einführung in die nichtlineare Optimierung. BSB B. G. Teubner Verlagsgesellschaft Leipzig 1977.

[16] JEWTUSCHENKO, JU. G. (Евтушенко, Ю. Г.): Методы решения экстремальных задач и их применение в системах оптимизации. Nauka, Moskau 1982.

[17] FLEMING, W. H., und R. W. RISHEL: Deterministic and stochastic optimal control. Springer-Verlag, Berlin—Heidelberg—New York 1975.

[18] FLETCHER, R.: Practical methods of optimization. Vol. II, John Wiley & Sons, New York—London—Sydney—Toronto 1981.

[19] FUNK, P.: Variationsrechnung und ihre Anwendung in Physik und Technik. Springer-Verlag, Berlin—Göttingen—Heidelberg 1962.

[20] GAJEWSKI, H., K. GRÖGER und K. ZACHARIAS: Nichtlineare Operatorgleichungen und Operatordifferentialgleichungen. Akademie-Verlag, Berlin 1974.

[21] GILL, P. E., und W. MURRAY: Numerical methods for constrained optimization. Academic Press, New York—London 1974.

[22] GILL, PH. E., W. MURRAY und M. M. WRIGHT: Practical optimization. Academic Press, New York—London 1981.

[23] GLOWINSKI, R., J. L. LIONS und R. TREMOLIERES: Analyse numérique des inéquations variationelles. Dunod, Paris 1976.

[24] GÖPFERT, A.: Mathematische Optimierung in allgemeinen Vektorräumen. BSB B. G. Teubner Verlagsgesellschaft, Leipzig 1973.

[25] GOLSTEIN, E. G.: Dualitätstheorie in der mathematischen Optimierung und ihre Anwendung. Akademie-Verlag, Berlin 1975.

[26] GROSSMANN, CH., und H. KLEINMICHEL: Verfahren der nichtlinearen Optimierung, Teubner-Texte zur Mathematik, Bd. 6, BSB B. G. Teubner Verlagsgesellschaft, Leipzig 1976.

[27] HESTENES, M. R.: Calculus of variations and optimal control theory. John Wiley & Sons, New York—London—Sydney—Toronto 1966.

[28] HOLMES, R. B.: A course on optimization and best approximation. Lecture Notes in Mathematics, Vol. 257, Springer-Verlag, Berlin—Heidelberg—New York 1972.

[29] IOFFE, A. D., und V. M. TICHOMIROV: Theorie der Extremalaufgaben. VEB Deutscher Verlag der Wissenschaften, Berlin 1979.

[30] KANTOROWITSCH, L. W., und G. P. AKILOW: Funktionalanalysis in normierten Räumen. Akademie-Verlag, Berlin 1978.

[31] KLÖTZLER, R.: Mehrdimensionale Variationsrechnung. VEB Deutscher Verlag der Wissenschaften, Berlin 1971.

[32] KLUGE, R.: Nichtlineare Variationsungleichungen und Extremalaufgaben. VEB Deutscher Verlag der Wissenschaften, Berlin 1979.

[33] KNOBLOCH, H. W.: Higher order necessary conditions in optimal control theory. Lecture Notes in Control, Vol. 34, Springer-Verlag, Berlin—Heidelberg—New York 1981.

[34] KÖTHE, G.: Topologische lineare Räume I. Springer-Verlag, Berlin—Göttingen—Heidelberg 1960.

[35] KORBUT, A. A., und JU. JU. FINKELSTEIN: Diskrete Optimierung. Akademie-Verlag, Berlin 1971.

[36] KÜNZI, H. P., und W. KRELLE: Nichtlineare Programmierung. Springer-Verlag, Berlin—Göttingen—Heidelberg 1962.

[37] LAURENT, P. J.: Approximation et optimisation. Hermann, Paris 1972.

[38] LUENBERGER, D. G.: Optimization by vector space methods. John Wiley & Sons, New York 1969.

[39] MARTI, J. T.: Konvexe Analysis. Birkhäuser-Verlag, Basel—Stuttgart 1977.

[40] MICHLIN, S. G.: Partielle Differentialgleichungen in der mathematischen Physik. Akademie-Verlag, Berlin 1978.

[41] MOISSEEW, N. N. (Моисеев, Н. Н.): Численные методы в теории оптимальных систем. Nauka Moskau 1971.

[42] MÜLLER, P. H. (ed.): Lexikon der Stochastik. 4. Aufl., Akademie-Verlag, Berlin 1983.

[43] MÜLLER, P. H.: Steuerung stochastischer Prozesse. Akademie-Verlag, Berlin 1984.

[44] NOŽIČKA, F., J. GUDDAT und H. HOLLATZ: Theorie der nichtlinearen Optimierung, Akademie-Verlag, Berlin 1972.

[45] PIEHLER, J.: Ganzzahlige lineare Optimierung. BSB B. G. Teubner-Verlagsgesellschaft, Leipzig 1970.

[46] PIEHLER, J.: Algebraische Methoden in der ganzzahligen Optimierung. Teubner-Texte zur Mathematik, Bd. 51, BSB B. G. Teubner Verlagsgesellschaft, Leipzig 1983.

[47] PONTRJAGIN, L. S., V. G. BOLTJANSKI, R. V. GAMKRELIDSE und E. F. MIŠČENKO: Mathematische Theorie optimaler Prozesse. VEB Deutscher Verlag der Wissenschaften, Berlin 1964.

[48] PŠENIČNYJ, B. N.: Notwendige Optimalitätsbedingungen. BSB B. G. Teubner Verlagsgesellschaft, Leipzig 1972.

[49] PŠENIČNYJ, B. N., und JU. M. DANILIN: Numerische Methoden für Extremalaufgaben. VEB Deutscher Verlag der Wissenschaften, Berlin 1982.

[50] ROCKAFELLAR, R. T.: Convex analysis. Birkhäuser-Verlag, Basel—Stuttgart 1970.

[51] ROCKAFELLAR, R. T.: The theory of subgradients and its applications to problems of optimization. Heldermann-Verlag, Berlin 1981.

[52] SACHS, H.: Einführung in die Theorie der endlichen Graphen I, II. BSB B. G. Teubner Verlagsgesellschaft, Leipzig 1970 und 1972.

[53] SCHAEFER, H. H.: Topological vector spaces. The MacMillan Co., New York 1966.

[54] SCHOCH, M.: Das Erweiterungsprinzip und seine Anwendung. VEB Deutscher Verlag der Wissenschaften, Berlin 1976.

[55] SCHWETLICK, H.: Numerische Lösung nichtlinearer Gleichungen. VEB Deutscher Verlag der Wissenschaften, Berlin 1979.

[56] TICHOMIROV, V. M.: Grundprinzipien der Theorie der Extremalaufgaben. Teubner-Texte zur Mathematik, Bd. 30, BSB B. G. Teubner Verlagsgesellschaft, Leipzig 1982.

[57] TERNO, J.: Numerische Verfahren der diskreten Optimierung. Teubner-Texte zur Mathematik, Bd. 36, BSB B. G. Teubner Verlagsgesellschaft, Leipzig 1982.

[58] WARGA, J.: Optimal control of differential and functional equations. Academic Press, New York—London 1972.

[59] YOUNG, L. C.: Lectures on the calculus of variations and optimal control theory. W. B. Saunders. Philadelphia—London—Toronto 1969.

[60] ZEIDLER, E.: Vorlesungen über nichtlineare Funktionalanalysis I, II, III. Teubner-Texte zur Mathematik, Bd. 2, 9, 16, BSB B. G. Teubner Verlagsgesellschaft, Leipzig 1979/1978/1979.

[61] ZOUTENDIJK, G.: Methods of feasible directions, a study in linear and nonlinear programming. Elsevier Publ. Co., Amsterdam—London—New York—Princeton 1960.

Zusätze bei der Korrektur

[62] BACHEM, A., M. GRÖTSCHEL, und B. KORTE (eds.): Mathematical programming. The state of the art. Springer-Verlag, Berlin—Heidelberg—New York—Tokyo 1983.

[63] GRAUER, M., und C. RICHTER: Optimierungsverfahren und BASIC-Programme. Akademie-Verlag, Berlin 1987.

Fremdsprachiges Fachwörterverzeichnis

Das fremdsprachige Fachwörterverzeichnis besitzt Zugänge zu allen vier aufgenommenen Sprachen. Es umfaßt alle Begriffe, die im Lexikon als Stichworte enthalten sind. Es soll damit dem Benutzer, der von einer Fremdsprache aus Zugang zum Lexikon finden will, eine Hilfe geboten werden. Außerdem eignet sich dieser Teil als Fachwörterbuch für die Übersetzung eines Begriffes von einer der vier Sprachen in irgendeine andere.

Zunächst werden die englischen Fachwörter in alphabetischer Reihenfolge (und je Anfangsbuchstabe durchnumeriert) angegeben, dazu jeweils in der gleichen Zeile die entsprechenden französischen, deutschen und russischen Ausdrücke. Hierdurch ist, ausgehend von der englischen Sprache, ein Zugang zur deutschen, französischen und russischen Sprache gegeben.

Des weiteren werden in drei getrennten Teilen jeweils die französischen, deutschen und russischen Ausdrücke in alphabetischer Reihenfolge angegeben und mit der bzw. den Nummern der entsprechenden englischen Ausdrücke versehen. Dies ermöglicht, ausgehend von der französischen, deutschen bzw. russischen Sprache, den Übergang zur englischen Sprache und mit deren Hilfe zu den jeweils anderen Sprachen.

Wird zum Beispiel das deutsche Synonym des französischen Begriffs *problème d'ordonnencement* gesucht, dann ergeben sich zunächst aus dem alphabetischen Verzeichnis der französischen Sprache der Verweis auf M1, S24, S8 des alphabetischen Verzeichnisses der englischen Begriffe und, indem man in diesen Zeilen nach rechts geht, die gesuchten deutschen Fachwörter *Maschinenbelegungsproblem*, *Reihenfolgeproblem.*

viersprachig — englisch geordnet

A1	Abadie condition	condition d'Abadie
A2	accessibility (atteinability)	accessibilité, atteignabilité
A3	accessory variational problem	problème variationnel accessoire
A4	active restriction	contrainte saturée, contrainte active
A5	active set strategy	stratégie de contraintes saturées
A6	additive algorithm	algorithme additif
A7	adjoint equation	équation adjointe
A8	adjoint mapping	application adjointe, application transposée
A9	adjoint space	espace dual, espace adjoint
A10	adjoint system of differential equations	système adjoint d'équations différentielles
	admissible → F7	
A11	affine function	fonction affine
A12	affine hull	enveloppe affine
A13	affine linear function	fonction affin-linéaire
A14	affine set	ensemble affine
A15	aggregation	agrégation
A16	alternance	alternant
A17	antagonistic game	jeu antagoniste
A18	approximating set	ensemble approchant
A19	approximation	approximation
A20	approximation by cones	approximation par cônes
A21	approximation error	erreur d'approximation
A22	approximation methods in nonlinear programming	méthodes d'approximation de programmation nonlinéaire
A23	approximation theory	théorie d'approximation
A24	arc	arc
A25	Arrow-Hurwicz-algorithm	méthode de Arrow-Hurwicz
A26	artificial variable	variable artificielle
A27	assignment problem	problème d'affectation
A28	asymptotic algorithm	algorithme asymptotique
A29	asymptotic consistency	consistance asymptotique

A1	Abadie-Bedingung	условие Абади
A2	Erreichbarkeit	достижимость
A3	akzessorisches Variationsproblem	присоединенная (вторичная) вариационная задача
A4	aktive Restriktion	активное (существенное) ограничение
A5	Aktive-Restriktionen-Strategie	стратегия активного ограничения
A6	additiver Algorithmus	аддитивный алгоритм
A7	adjungierte Gleichung	сопряженное уравнение
A8	adjungierte Abbildung	сопряженное отображение, присоединенное отображение
A9	adjungierter Raum	сопряженное пространство, сопряженное (двойственное, дуальное, топологическое сопряженное) пространство, топологическое сопряженное
A10	adjungiertes Differentialgleichungssystem	сопряженная система дифференциальных уравнений
A11	affine Funktion	аффинная функция
A12	affine Hülle	аффинная оболочка
A13	affin-lineare Funktion	аффинно-линейная функция
A14	affine Menge	аффинное множество
A15	Aggregation	агрегация
A16	Alternante	альтернант
A17	antagonistisches Spiel	антагонистическая игра
A18	approximierende Menge	приближенное (приближаемое) множество
A19	Approximation	аппроксимация, приближение
A20	Kegelapproximation	приближение конусом
A21	Approximationsfehler	ошибка (погрешность) аппроксимации (приближения)
A22	Approximationsverfahren der nichtlinearen Optimierung	методы приближения для нелинейного программирования
A23	Approximationstheorie	теория приближений (функций), теория аппроксимации (функций)
A24	Bogen	дуга
A25	Arrow-Hurwicz-Algorithmus	алгоритм Эрроу-Гурвица
A26	künstliche Variable	искусственная переменная
A27	Zuordnungsproblem	задача о назначениях (сопоставлениях)
A28	asymptotischer Algorithmus	асимптотический алгоритм
A29	asymptotische Konsistenz	асимптотическая обусловленность, непротиворечивость, совместимость, консистенция, состоятельность

A30	asymptotic convergence	convergence asymptotique
A31	asymptotically feasible	asymptotiquement admissible
A32	autonomous control problem	problème autonome de contrôle (commande) optimale
B1	backward calculation	calcul en arrière
B2	Balakrishnan's ε-method	ε-méthode de Balakrishnan
B3	balanced game	jeu balancé
B4	Banach space	espace de Banach
B5	bang-bang control value	contrôle (commande) de type bang-bang
B6	barrier function	fonction de pénalisation intérieure
B7	barrier method	méthode de pénalisation intérieure
B8	barrier parameter	paramètre de pénalisation intérieure
B9	barrier shifting method	méthode de déplacement des barrières
B10	base of a cone	base de cône
B11	basic feasible solution	solution de base admissible
B12	basic index set	ensemble d'indices de base
B13	basic matrix	matrice de base
B14	basic problem in the calculus of variations	problème fondamental de calcul des variations
B15	basic set	ensemble de base
B16	basic solution	solution de base
	basic space → U10	
B17	basic variable	variable de base
B18	Beale method	méthode de Beale
B19	Bellman equations	équations de Bellman
B20	Bellman function	fonction de Bellman
B21	Bellman's optimality principle	principe d'optimalité de Bellman
B22	Berge, theorem of	théorème de Berge
B23	best approximation	meilleure approximation
B24	BFGS-method	méthode de Broyden/Fletcher/Goldfarb/Shanno
B25	bifunction	bifonction
B26	bipartite graph	graphe biparti
B27	bipolar	bipolaire
B28	bipolar theorem	théorème de la bipolaire
B29	bisection method	méthode de bisection
B30	Bolza functional	fonctionnelle de Bolza
B31	Bolza problem	problème de Bolza
B32	Boolean programming	programmation booléenne

A30	asymptotische Konvergenz	асимптотическая сходимость
A31	asymptotisch zulässig	асимптотически допустимый
A32	autonomes Steuerproblem	проблема автономного управления
B1	Rückwärtsrechnung	обратный счет, счет назад, обратный ход вычисления
B2	ε-Verfahren von Balakrishnan	ε-метод Балакришнана
B3	balanciertes Spiel	уравновешенная (сбалансированная) игра
B4	Banach-Raum	банахово пространство, B-пространство, пространство Банаха
B5	bang-bang-Steuerwert	значение двухпозиционного (релейного) регулирования (управления)
B6	Barrierefunktion	функция барьеров, барьерная функция
B7	Barriereverfahren	метод барьеров
B8	Barriereparameter	параметр барьеров
B9	Barriereverschiebungsverfahren	метод барьеров со сдвигом
B10	Kegelbasis	базис конуса
B11	zulässige Basislösung	допустимое базисное решение
B12	Basisindexmenge	множество базисных индексов
B13	Basismatrix	базисная матрица, опорная матрица
B14	Grundproblem der Variationsrechnung	основная проблема вариационного исчисления
B15	Basismenge	базисное множество
B16	Basislösung	базисное решение, опорный план
B17	Basisvariable	базисная переменная
B18	Beale-Verfahren	метод Била, метод ведущих переменных (Била)
B19	Bellmansche Gleichungen	уравнения Беллмана
B20	Bellman-Funktion	функция Беллмана
B21	Optimalitätsprinzip von Bellman	принцип Беллмана, принцип оптимальности Беллмана
B22	Berge, Satz von	теорема Бержа
B23	beste Approximation	наилучшая аппроксимация, наилучшее приближение
B24	BFGS-Verfahren (Broyden/Fletcher/Goldfarb/Shanno)	БФГШ-метод
B25	Bifunktion	бифункция
B26	paarer Graph	парный (двудольный, бихроматический) граф, биграф, простой (четный) граф, граф паросочетаний
B27	Bipolare	биполяра
B28	Bipolarensatz	теорема о биполяре
B29	Bisektionsverfahren	метод деления (рассечения) пополам
B30	Bolza-Funktional	функционал Больца
B31	Bolza-Problem	задача Больца
B32	Boolesche Optimierung	булево программирование

B33	bottleneck problem	problème d'étranglement, problème du goulot de bouteille
B34	boundary hyperplane	hyperplan limitant
B35	bounded bilinear form	forme bilinéaire bornée
B36	boundedly convex functional	fonctionnelle convexe bornée
B37	brachistochrone	brachistochrone
B38	branch and bound method	méthode „branch and bound"
B39	branch and bound principle	principe „branch and bound"
B40	Brouwer's fixed point theorem	théorème du point fixe de Brouwer
B41	Broyden-class	classe de Broyden
C1	calculus of variations	calcul des variations
C2	cancelling algorithm	algorithme d' elimination progressive
C3	canonical equations	équations canoniques
C4	Carathéodory function	fonction de Carathéodory
C5	Carathéodory methods	méthodes de Carathéodory
C6	Carathéodory theorem	théorème de Carathéodory
C7	Cauchy principle	principe de Cauchy
C8	Cea lemma	lemme de Cea
C9	centre	centre
C10	chain	chaîne
C11	chance-constrained programming	problème d'optimisation avec contraintes aléatoires
C12	characteristic function	fonction caractéristique
C13	characterization theorems	théorèmes de caractérisation
C14	chattering control	contrôl relaxé
C15	Chebyshev approximation	approximation au sens de Tschebycheff
C16	Chebyshev iteration	itération au sens de Tschebycheff
C17	Cholesky method	méthode de Cholesky
C18	Choquet theorem	théorème de Choquet
C19	circuit	circuit
C20	Clarke derivative	dérivée au sens de Clarke
C21	Clarke gradient	gradient au sens de Clarke
C22	closed convex function	fonction convexe fermée
C23	closed epigraph	épigraphe fermé
C24	closed functional	fonctionnelle fermée
C25	coalition	coalition
C26	cocircuit	cocircuit
C27	cocycle	cocycle
C28	cocyclomatic number	nombre cocyclomatique
C29	coefficient matrix	matrice des coefficients
C30	coercive mapping	application coercive
C31	column generation method	méthode de génération des colonnes

B33	Engpaßproblem	задача на узкие места
B34	begrenzende Hyperebene	ограничивающая гиперплоскость
B35	beschränkte Bilinearform	ограниченная билинейная форма
B36	beschränkt konvexes Funktional	ограниченно выпуклый функционал
B37	Brachistochrone	брахистохрона
B38	branch-and-bound-Verfahren	метод ветвления и ограничения
B39	Verzweigungsprinzip	принцип ветвления и ограничения
B40	Brouwer, Fixpunktsatz von	теорема Брауэра о неподвижной точке
B41	Broyden-Klasse	класс Бройдена
C1	Variationsrechnung	вариационное исчисление
C2	Streichungsalgorithmus	алгоритм вычеркивания
C3	kanonische Gleichungen	канонические уравнения
C4	Carathéodory-Funktion	функция Каратеодори
C5	Carathéodorysche Methoden	методы Каратеодори
C6	Carathéodory, Satz von	теорема Каратеодори
C7	Cauchy-Prinzip	принцип Коши
C8	Cea, Lemma von	лемма Cea
C9	Zentrum (Zentrenverfahren)	центр (метод центров)
C10	Kette	цепь
C11	Optimierungsproblem mit Wahrscheinlichkeitsrestriktionen	проблема оптимизации с вероятностными ограничениями
C12	charakteristische Funktion	характеристическая функция, индикаторная фунция
C13	Charakterisierungssätze	характеризующие теоремы, теоремы характеризации
C14	Gleitregime	скользящий режим
C15	Tschebyscheff-Approximation	приближение Чебышева
C16	Tschebyscheff-Iteration	итерационный метод Чебышева
C17	Cholesky-Verfahren	метод квадратного корня, метод Холеского
C18	Choquet, Satz von	теорема Шоке
C19	Kreis	круг, окружность, контур, цикл
C20	Clarke-Ableitung	производная Кларка
C21	Clarke-Gradient	градиент Кларка
C22	abgeschlossene konvexe Funktion	замкнутая выпуклая функция
C23	abgeschlossener Epigraph	замкнутый эпиграф (надграфик)
C24	abgeschlossenes Funktional	замкнутый функционал
C25	Koalition	коалиция, союз
C26	Cokreis	коконтур
C27	Cozyklus	коцикл
C28	cozyklomatische Zahl	коцикломатическое число
C29	Koeffizientenmatrix	матрица коэффициентов
C30	koerzitive Abbildung	коэрцитивное отображение
C31	Spaltengenerierungsverfahren	метод генерации столбцов

C32	combinatorial programming problem	problème d'optimisation combinatoire
C33	compatible topology	topologie compatible
C34	complementarity problem	problème de complémentarité
C35	complementary slack	écart complémentaire
C36	complementary slackness conditions	conditions des écarts complémentaires
C37	complementary variational problems	problèmes des variations complémentaires
C38	complete enumeration method	procédure d'énumération complète
C39	completely accessible	complètement atteignable
C40	completely controllable	complètement controlable
C41	complex programming	optimisation complexe
C42	complexity theory	théorie de complexité
C43	concave function	fonction concave
C44	concave quadratic programming problem	problème de programmation quadratique concave
C45	conceptions of derivatives	notions de dérivée
C46	condensing technique	technique de condensation
C47	condition number	nombre de condition
C48	conditions for non-degeneracy (non-degeneration)	conditions de non-dégénérescence (non-dégénération)
C49	cone	cône
C50	cone hull	enveloppe conique
C51	cone of adherent displacements	cône tangentiel
C52	cone of feasible directions	cône de directions réalisables
C53	cone of inner directions	cône de directions intérieures
C54	cone-convex operator	opérateur coniquement convexe
C55	conjugate direction	direction conjuguée
C56	conjugate function	fonction conjuguée (polaire)
C57	conjugate gradient method	méthode du gradient conjugué
C58	conjugate point	point conjugué
C59	conjugate variational problems	problèmes de variations conjugués
C60	consistency	consistance
C61	consistency conditions	conditions de consistance
C62	consistent approximation	approximation consistante
C63	constraint	contrainte
	constraint qualification → R13	
C64	continuous approximation	approximation continue
C65	continuous linear programming	programmation linéaire continue
C66	continuous problem (corresponding to a discrete programming problem)	problème continu pour un problème d'optimisation discret

C32	kombinatorisches Optimierungsproblem	задача комбинаторного программирования
C33	verträgliche Topologie	согласованная топология
C34	Komplementaritätsproblem	проблема о дополнительности
C35	komplementärer Schlupf	дополнительная нежесткость
C36	komplementäre Schlupfbedingungen	условия дополнительной нежесткости
C37	komplementäre Variationsprobleme	дополнительные (двойственные) вариационные проблемы
C38	vollständiges Enumerationsverfahren	полный метод пересчета
C39	vollständig erreichbar	вполне достижимо
C40	vollständig steuerbar	вполне управляемо
C41	komplexe Optimierung	комплексное программирование
C42	Komplexitätstheorie	теория сложности
C43	konkave Funktion	вогнутая функция
C44	konkave quadratische Optimierungsaufgabe	вогнутая квадратичная задача программирования
C45	Ableitungsbegriffe	понятия производных
C46	Condensing-Technik	техника составлений
C47	Konditionszahl	число обусловленности
C48	Nichtentartungsbedingungen	условия невырожденности
C49	Kegel	конус
C50	Kegelhülle	коническая оболочка
C51	Tangentenkegel	конус касательных направлений
C52	Kegel der zulässigen Richtungen	конус допустимых направлений
C53	Kegel der inneren Richtungen	конус внутренних направлений
C54	kegelkonvexer Operator	коническо-выпуклый оператор
C55	konjugierte Richtung	сопряженное направление
C56	konjugierte Funktion	сопряженная функция
C57	konjugiertes Gradientenverfahren	метод сопряженных градиентов
C58	konjugierter Punkt	сопряженная точка
C59	konjugierte Variationsprobleme	сопряженные вариационные проблемы
C60	Konsistenz	совместимость, состоятельность, консистенция
C61	Konsistenzbedingungen	условия совместимости
C62	konsistente Approximation	совместимое приближение
C63	Nebenbedingung	ограничение
C64	kontinuierliche Approximation	непрерывное приближение
C65	stetige lineare Optimierung	непрерывная линейная оптимизация
C66	stetiges Problem (zu einem diskreten Optimierungsproblem)	непрерывная проблема, соответствующая дискретной проблеме оптимизации

C67	continuous transportation problem	problème de transport continu
C68	control domain	domaine de contrôle
C69	control function	fonction de contrôle
C70	control problem	problème de contrôle
C71	control problem of Dieudonné-Rashevsky type	problème de contrôle au sens de Dieudonné-Rashevsky
C72	control problems with evolution equations	problème de contrôle avec équations d'évolution
C73	control restrictions (restraints)	contraintes pour des contrôles
C74	controllability	contrôlabilité, gouvernabilité
C75	convergence conceptions	notions de convergence
C76	convergence of a method	convergence d'une méthode
C77	convergence order	ordre (vitesse) de convergence
C78	converse duality theorem	théorème de dualité inverse
C79	convex analysis	analyse convexe
C80	convex body	corps convexe
C81	convex combination	combinaison convexe
C82	convex cone	cône convexe
C83	convex cone hull	enveloppe conique convexe
C84	convex dual problem	problème dual convexe
C85	convex extension (continuation)	prolongement convexe
C86	convex function	fonction convexe
C87	convex functional	fonctionnelle convexe
C88	convex hull	enveloppe convexe
C89	convex inequalities	inégalités convexes
C90	convex mapping (operator)	opérateur convexe
C91	convex optimization problem	problème de programmation convexe
C92	convex parametric programming	programmation convexe paramétrique
C93	convex polyhedron	polyèdre convexe
C94	convex programming	programmation convexe
C95	convex set	ensemble convexe
C96	convexity space	espace de convexité
C97	cooperative game	jeu coopératif
C98	coordinatewise relaxation	descente par coordonnés
C99	corner	sommet, coin
C100	corner polyhedron	polyèdre de sommets
C101	cost function	fonction coût, fonction objective
C102	coupling functional	fonction (fonctionelle) de couplage
C103	critical path	chemin critique
C104	cubic convergence	convergence cubique
C105	cubic interpolation	interpolation cubique
C106	cut	coupe

C67	stetige Transportaufgabe	непрерывная транспортная задача
C68	Steuerbereich	область управления
C69	Steuerfunktion	функция управления
C70	Steuerproblem	проблема управления
C71	Steuerprobleme vom Dieudonné-Rashevsky-Typ	проблемы управления типа Дьедонне-Рашевского
C72	Steueraufgaben mit Evolutionsgleichungen	задачи управления с эволюционными уравнениями
C73	Steuerbeschränkungen	ограничения на управление
C74	Steuerbarkeit	управляемость
C75	Konvergenzbegriffe	понятия сходимости
C76	Konvergenz eines Verfahrens	сходимость метода
C77	Konvergenzordnung (Konvergenzgeschwindigkeit)	порядок (скорость) сходимости
C78	inverser Dualitätssatz	обратная теорема двойственности
C79	konvexe Analysis	выпуклый анализ
C80	konvexer Körper	выпуклое тело
C81	Konvexkombination	выпуклая комбинация
C82	konvexer Kegel	выпуклый конус
C83	konvexe Kegelhülle	выпуклая коническая оболочка
C84	konvexe Dualaufgabe	выпуклая двойственная задача
C85	konvexe Fortsetzung	выпуклое продолжение
C86	konvexe Funktion	выпуклая функция
C87	konvexes Funktional	выпуклый функционал
C88	konvexe Hülle	выпуклая оболочка
C89	konvexe Ungleichungen	выпуклые неравенства
C90	konvexer Operator	выпуклый оператор
C91	konvexe Optimierungsaufgabe	задача выпуклого программирования
C92	konvexe parametrische Optimierung	выпуклое параметрическое программирование
C93	konvexes Polyeder	выпуклый многогранник
C94	konvexe Optimierung	выпуклое программирование
C95	konvexe Menge	выпуклое множество
C96	Konvexitätsraum	пространство выпуклости
C97	kooperatives Spiel	кооперативная игра
C98	koordinatenweiser Abstieg	покоординатный спуск
C99	Ecke	базисное решение, угол, крайняя точка
C100	Eckenpolyeder	многогранник крайних точек
C101	Kostenfunktion, Zielfunktion	функция стоимости, целевая функция
C102	Kopplungsfunktional	функционал связи (связывающий функционал)
C103	kritischer Weg	критический путь
C104	kubische Konvergenz	кубическая сходимость
C105	kubische Interpolation	кубическая интерполяция
C106	Schnitt	сечение (отсечение)

C107	cut strengthening	amélioration d'un coupe
C108	cutting plane method	méthode de coupe
C109	cutting principle	principe de coupe
C110	cycle	cycle
C111	cycle vector	vecteur de cycles
C112	cyclomatic number	nombre cyclomatique
D1	damped Gauss-Newton method	méthode de Gauss-Newton amortie
D2	damped Newton method	méthode de Newton amortie
D3	decision problem of stochastic programming	problème des décisions de la programmation stochastique
D4	decomposition method	méthode de décomposition
D5	deepest descent	descente la plus grande
D6	defect	défaut
D7	defect minimization	minimisation de défaut
D8	degenerate basic solution	solution de base dégénérée
D9	descent direction	direction de descente
D10	descent function	fonction de descente
D11	descent method	méthode de descente
D12	deterministic programming	optimisation déterministe
D13	DFP-method	méthode de Davidon/Fletcher/Powell
D14	dichotomic search	recherche dichotomique
D15	differential game	jeu différentiel
D16	direct duality theorem	théorème de dualité directe
D17	direct methods	méthodes directes
D18	direction search problem	problème de recherche de directions
D19	directional derivative	dérivée directionnelle
D20	directional field	champs de directions
D21	directional vector	vecteur de directions
D22	Dirichlet principle	principe de Dirichlet
D23	discrepancy principle	principe de défaut
D24	discrete approximation	approximation discrète
D25	discrete Newton method	méthode discrètisée de Newton
D26	discrete n-stage decision processes	processus séquentiels en n étapes à variables discrètes
D27	discrete processes	processus discrèts
D28	discrete programming	programmation discrète
D29	discrete solutions	solutions discrètes
D30	discretization error	erreur de discrétisation
D31	distance function	fonction de distance

C107	Schnittverschärfung	усиление сечения
C108	Schnittverfahren	метод сечения (отсечения)
C109	Schnittprinzip	принцип сечения (отсечения)
C110	Zyklus	цикл
C111	Zyklenvektor	вектор цикла
C112	zyklomatische Zahl	цикломатическое число
D1	gedämpftes Gauß-Newton-Verfahren	затухающий метод Гаусса-Ньютона
D2	gedämpftes Newton-Verfahren	затухающий метод Ньютона
D3	Entscheidungsproblem der stochastischen Optimierung	проблема принятия решения в стохастической оптимизации
D4	Dekompositionsverfahren	метод декомпозиции
D5	steilster Abstieg	наискорейший спуск
D6	Defekt	дефект, недостаток, невязка
D7	Defektminimierung	минимизация невязки
D8	entartete Basislösung	вырожденное базисное решение
D9	Abstiegsrichtung	направление спуска
D10	Abstiegsfunktion	функция спуска
D11	Abstiegsverfahren	метод спуска
D12	deterministische Optimierung	детерминированная оптимизация, детерминированное (детерминистическое) математическое программирование
D13	DFP-Verfahren (Davidon/Fletcher/Powell)	метод Давидона-Флетчера-Поуэлла, ДФП-метод
D14	dichotomische Suche	дихотомический поиск
D15	Differentialspiel	дифференциальная игра (преследования)
D16	direkter Dualitätssatz	прямая теорема двойственности
D17	direkte Verfahren	прямые методы
D18	Richtungssuchproblem	задача поиска направления
D19	Richtungsableitung	производная по направлению
D20	Richtungsfeld	поле направлений
D21	Richtungsvektor	вектор направления
D22	Dirichlet-Prinzip	принцип Дирихле
D23	Defektprinzip	принцип невязки
D24	diskrete Approximation	дискретное приближение
D25	diskretes Newton-Verfahren	дискретный метод Ньютона
D26	diskrete n-stufige Entscheidungsprozesse	дискретные n-ступенчатые (стадийные) процессы принятия решений
D27	diskrete Prozesse	дискретные процессы
D28	diskrete Optimierung	дискретное программирование
D29	diskrete Lösungen	дискретные решения
D30	Diskretisierungsfehler	погрешность дискретизации
D31	Abstandsfunktion, Distanzfunktion	функция расстояния

D32	distribution	distribution
D33	distribution problem	problème de répartition
D34	distribution problem in stochastic programming	problème de répartition de programmation stochastique
D35	distributional derivative	dérivée au sens de distributions
D36	dominance principle	principe de recouvrement
D37	dual cone	cône dual
D38	dual decomposition method	méthode duale de décomposition
D39	dual method	méthode duale
D40	dual problem	problème dual
D41	dual problem in parametric programming	problème dual de programmation paramétrique
D42	dual quadratic programming problem	problème dual de programmation quadratique
D43	dual simplex method	méthode duale simplexe
D44	dual (adjoint) spaces	espaces duaux
D45	duality	dualité
D46	duality gap	écart de dualité
D47	duality in control theory	dualité dans la théorie de contrôle
D48	duality in mathematical programming	dualité dans l'optimisation
D49	duality in multi-objective programming	dualité dans l'optimisation multicritère
D50	duality mapping	application de dualité
D51	duality pairing	produit de dualité
D52	duality principle	principe de dualité
D53	duality theorems	théorèmes de dualité
D54	duality theory	théorie de dualité
D55	dynamic constraints	contraintes dynamique
D56	dynamic programming	programmation dynamique
E1	Eaton-Neustadt iteration method	méthode itérative de Eaton-Neustadt
E2	edge	arête
E3	effective domain	domaine effectif
E4	efficiency set	ensemble des optimums de Pareto
E5	efficiency theorem	théorème d'efficacité
E6	efficient point	optimum de Pareto
E7	elimination of variables	élimination des variables
E8	ellipsoid method	méthode d'ellipsoïde
E9	enclosing method	procédé d'emboîtement
E10	energetic norm	norme énergétique
E11	enumeration method	méthode d'énumeration
E12	epigraph	épigraphe

D32	Distribution, verallgemeinerte Funktion	распределение, обобщенная функция
D33	Verteilungsproblem	задача распределения
D34	Verteilungsproblem der stochastischen Optimierung	задача распределения в стохастическом программировании
D35	distributionelle Ableitung	обобщенная производная
D36	Überdeckungsprinzip	доминирующий принцип
D37	Dualkegel	двойственный конус
D38	duales Dekompositionsverfahren	двойственный метод декомпозиции
D39	duale Methode	двойственный метод
D40	Dualproblem, duale Aufgabe	двойственная проблема (задача)
D41	Dualaufgabe bei parametrischer Optimierung	двойственная задача параметрической оптимизации
D42	duale quadratische Optimierungsaufgabe	двойственная задача квадратичного программирования
D43	duales Simplexverfahren	двойственный симплексный метод
D44	duale Räume	двойственные пространства
D45	Dualität	двойственность
D46	Dualitätslücke	лакуна двойственности
D47	Dualität in der Steuertheorie	двойственность в теории управления
D48	Dualität in der Optimierung	двойственность в теории оптимизации
D49	Dualität in der Vektoroptimierung	двойственность в векторной оптимизации
D50	Dualitätsabbildung	канонический изоморфизм двойственности
D51	Dualitätsprodukt	отношение (произведение) двойственности
D52	Dualitätsprinzip	принцип двойственности
D53	Dualitätssätze	теоремы двойственности
D54	Dualitätstheorie	теория двойственности
D55	dynamische Nebenbedingungen	динамические ограничения
D56	dynamische Optimierung	динамическое программирование

E1	Iterationsverfahren von Eaton und Neustadt	метод итераций Итона-Нейштадта
E2	Kante	ребро
E3	effektiver Definitionsbereich	эффективная область определения
E4	Effizienzmenge	множество эффективности
E5	Effizienzsatz	теорема эффективности
E6	effizienter Punkt	точка эффективности
E7	Elimination von Variablen	исключение переменных
E8	Ellipsoid-Verfahren	эллипсоид алгоритм
E9	Eingabelungsverfahren	метод двустороннего последовательного приближения
E10	energetische Norm	энергетическая норма
E11	Enumerationsverfahren	метод пересчета
E12	Epigraph	надграфик (эпиграф)

E13	ε-active constraint	contrainte ε-active
E14	ε-optimal control	contrôle ε-optimal
E15	ε-subdifferential	sous-différential à ε près
E16	ε-subgradient	sous-gradient à ε près
E17	equilibrium situation	situation d'équilibre
E18	equivalence conditions of cones	conditions d'équivalence pour des cônes
E19	Erdman-Weierstrass corner condition	condition de Weierstrass-Erdman
E20	Euclidean norm	norme euclidienne
E21	Euler conditions	conditions d'Euler
E22	Eulerian path (chain, line)	chemin eulérien
E23	Euler-Lagrange equations	équations d'Euler-Lagrange
E24	evolution equations	équations d'évolution
E25	evolution triple	triplet d'évolution
E26	exact penalty technique	méthode de pénalisation exacte
E27	existence of optimal controls	existence des contrôles optimaux
E28	existence of solutions of programming problems	existence des solutions de problèmes d'optimisation
E29	exposed point	point exposé
E30	extended convexity	convexité généralisée
E31	extended real functional	fonctionnelle réelle étendue
E32	extension principle	principe d'extension
E33	extension theorems	théorèmes de prolongement
E34	extremal principles in physics	principes d'extremum de la physique
E35	extreme point of a convex set	point extrémal d'un ensemble convexe
E36	extreme point solutions	solutions étant des points extrémaux
E37	extreme subspace	sous-espace extrémal
E38	extreme value function	fonction des valeurs extrémales
E39	extreme value problem	problème d'extremum
E40	extremum point	point d'extremum
F1	face	surface frontière
F2	Farkas lemma	lemme de Farkas
F3	feasibility set	ensemble d'admissibilité
F4	feasible descent direction	direction de descente admissible
F5	feasible direction	direction admissible
F6	feasible domain	domaine admissible
F7	feasible (admissible) element	élément admissible
F8	feasible pair	couple admissible

E13	ε-aktive Restriktion	ε-активное ограничение
E14	ε-optimale Steuerung	ε-оптимальное управление
E15	ε-Subdifferential	ε-субдифференциал
E16	ε-Subgradient	ε-субградиент
E17	Gleichgewichtssituation	ситуация равновесия
E18	Äquivalenzbedingungen von Kegeln	условия эквивалентности для конусов
E19	Erdman-Weierstraßsche Eckenbedingung	условие на углы Вейерштрасса-Эрдмана, угловое условие Вейерштрасса-Эрдмана
E20	euklidische Norm	евклидова норма
E21	Eulersche Bedingungen	условия Эйлера
E22	Eulersche Linie	эйлерова цепь (линия), эйлеров цикл, эйлеров контур
E23	Euler-Lagrangesche Gleichungen	уравнения Эйлера-Лагранжа
E24	Evolutionsgleichungen	эволюционные уравнения
E25	Evolutionstripel	тройка вложенных пространств, эволюционная тройка
E26	exakte Straftechnik	точный метод штрафов
E27	Existenz optimaler Steuerungen	существование оптимальных управлений
E28	Existenz von Lösungen von Optimierungsaufgaben	существование решений задач оптимизации
E29	exponierter Punkt	выступающая (достижимая) точка
E30	erweiterte Konvexität	обобщенная (расширенная) выпуклость
E31	erweitert reellwertiges Funktional	расширенно вещественнозначный функционал
E32	Erweiterungsprinzip	принцип расширения
E33	Fortsetzungssätze	теоремы о продолжении
E34	Extremalprinzipien der Physik	экстремальные принципы физики
E35	Extremalpunkt einer konvexen Menge	крайняя точка выпуклого множества
E36	Extremalpunktlösungen	крайние решения
E37	extremaler Unterraum	экстремальное подпространство
E38	Extremalwertfunktion	функция экстремального значения
E39	Extremalaufgabe	экстремальная задача, задача на экстремум
E40	Extremalstelle	экстремум, экстремальная точка
F1	Randfläche	грань
F2	Farkas, Lemma von	лемма Фаркаша
F3	Zulässigkeitsmenge	допустимое множество
F4	zulässige Abstiegsrichtung	допустимое направление спуска
F5	zulässige Richtung	допустимое направление
F6	zulässiger Bereich	допустимая область
F7	zulässiges Element	допустимый элемент
F8	zulässiges Paar	допустимая пара

F9	feasible point	point admissible
F10	feasible solution	solution admissible
F11	feasible subprocess	sous-processus admissible
F12	Fenchel conjugate (function)	conjuguée au sens de Fenchel
F13	Fenchel inequality	inégalité de Fenchel
F14	Fenchel's duality theorem	théorème de dualité de Fenchel
F15	Fermat principle	principe de Fermat
F16	Fermat problem	problème de Fermat
F17	Fibonacci numbers	nombres de Fibonacci
F18	Fibonacci search	recherche de Fibonacci
F19	field equation	équation de champ
F20	figuratrix	corps de figuratrice
F21	filter method	méthode de filtre
F22	finite dimensional problems	problèmes finis
F23	finite element method	méthode des éléments finis
F24	finite elements	éléments finis
F25	first order optimality conditions	conditions d'optimalité de premier ordre
F26	first variation	variation première
F27	fixed charge problem	problème de coûts fixes
F28	fixed point iteration	itération simple
F29	fixed point theorems	théorèmes du point fixe
F30	Fletcher method	méthode de Fletcher
F31	Fletcher-Reeves method	méthode de Fletcher-Reeves
F32	flow	flot, flux
F33	Ford-Fulkerson algorithm	algorithme de Ford-Fulkerson
F34	forward calculation	calcul en evance
F35	fractional programming	programmation d'un rapport
F36	Fréchet derivative	dérivée au sens de Fréchet
F37	Fréchet differential	différentielle au sens de Fréchet
F38	Fréchet gradient	gradient au sens de Fréchet
F39	free right end point	extrémité terminale libre
F40	function	fonction
F41	functional	fonctionelle
F42	functionally efficient point	point d'efficacité fonctionelle
F43	fundamental system of neighbourhoods	système fondamental de voisinages
F44	fuzzy programming	optimisation sur ensembles flous
F45	fuzzy relation	relation fluoe
F46	fuzzy set	ensemble flou
G1	Galerkin method	méthode de Galerkin
G2	Galerkin-Petrov method	méthode de Galerkin-Petrov
G3	game	jeu
G4	game theory	théorie des jeux
G5	γ-paraconvexity	γ-para-convexité

F9	zulässiger Punkt	допустимая точка
F10	zulässige Lösung	допустимое решение
F11	zulässiger Teilprozeß	допустимый подпроцесс
F12	Fenchel-Konjugierte	сопряженная по Фенхелю функция
F13	Fenchelsche Ungleichung	неравенство Фенхеля
F14	Fenchel, Dualitätssatz von	теорема двойственности Фенхеля
F15	Fermatsches Prinzip	принцип Ферма
F16	Fermat-Problem	проблема Ферма
F17	Fibonacci-Zahlen	числа Фибоначчи
F18	Fibonacci-Suche	метод поиска Фибоначчи
F19	Feldgleichung	дифференциальное уравнение поля
F20	Figuratrixkörper	фигуратриса
F21	Filtermethode	метод фильтра
F22	finite Aufgaben	конечные задачи
F23	Methode der finiten Elemente	метод конечных элементов
F24	finite Elemente	конечные элементы
F25	Optimalitätsbedingungen erster Ordnung	условия оптимальности первого порядка
F26	erste Variation	первая вариация
F27	Fixkostenproblem	задача с фиксированными доплатами
F28	einfache Iteration	метод простой итерации
F29	Fixpunktsätze	теоремы о неподвижной точке
F30	Fletcher-Verfahren	метод Флетчера
F31	Fletcher-Reeves-Verfahren	метод Флетчера-Ривса
F32	Strom, Fluß	поток
F33	Ford-Fulkerson-Algorithmus	алгоритм Форда-Фалкерсона
F34	Vorwärtsrechnung	счет вперед, прямый ход вычисления
F35	Quotientenoptimierung	дробное программирование, программирование отношения
F36	Fréchet-Ableitung	производная Фреше
F37	Fréchet-Differential	дифференциал Фреше
F38	Fréchet-Gradient	градиент Фреше
F39	freies rechtes Ende	свободный правый конец
F40	Funktion	функция
F41	Funktional	функционал
F42	funktional-effizienter Punkt	точка функциональной эффективности
F43	Fundamentalsystem von Umgebungen	фундаментальная система окрестностей
F44	fuzzy-Optimierung	нежесткая оптимизация
F45	unscharfe Relation	нежесткое отношение
F46	unscharfe Menge, fuzzy set	нежесткое множество
G1	Galerkin-Verfahren	метод Галёркина
G2	Galerkin-Petrov-Verfahren	метод Галёркина-Петрова
G3	Spiel	игра
G4	Spieltheorie	теория игр
G5	γ-Parakonvexität	γ-паравыпуклость

G6	Gâteaux derivative	dérivée au sens de Gâteaux
G7	Gâteaux differential ·	differentielle au sens de Gâteaux
G8	Gâteaux gradient	gradient au sens de Gâteaux
G9	Gauss approximation	approximation au sens de Gauss
G10	Gauss elimination	méthode d'élimination de Gauss
G11	Gauss-Newton method	méthode de Gauss-Newton
G12	Gauss-Seidel-method	méthode de Gauss-Seidel
G13	general transportation problem	problème de transport général
G14	generalized convexity	convexité généralisée
G15	generalized derivative	derivée généralisée
G16	generalized supporting	appui généralisée
G17	geometric convergence	convergence géométrique
G18	geometric programming	programmation géométrique
G19	geometric programming problems	problèmes de programmation géométrique
G20	global convergence	convergence globale
G21	global extreme value	valeur extrémale globale
G22	global extremum	extremum global
G23	global extremum point	point d'extremum global
G24	global Kuhn-Tucker conditions	conditions globales de Kuhn-Tucker
G25	global minimum	minimum global
G26	global optimality conditions	conditions globales d'optimalité
G27	global search methods	méthodes de recherche globales
G28	global solution	solution globale
G29	globalization of a method	globalisation d'une méthode
G30	goal coordination	coordination d'objectif
G31	goal programming	programmation par objectif
G32	golden mean, golden cut (section)	section dorée
G33	Goldstein principle	principe de Goldstein
G34	Goldstein-Armijo principle	principe de Goldstein-Armijo
G35	Gomory cut	coupe de Gomory
G36	Gomory method	méthode de Gomory
G37	Gordan theorem	théorème de Gordan
G38	gradient direction	direction de gradient
G39	gradient method	méthode de gradient
G40	gradient projection method	méthode de gradient projeté
G41	graph	graphe
G42	graph of a point-to-set mapping	graphe d'une multi-application
G43	graph theory	théorie des graphes
G44	greedy algorithm	greedy-méthode
G45	group equation	équation de groupe
H1	Hahn-Banach theorem	théorème de Hahn-Banach
H2	halfspace	demi-espace

G6	Gâteaux-Ableitung	производная Гато
G7	Gâteaux-Differential	дифференциал Гато
G8	Gâteaux-Gradient	градиент Гато
G9	Gauß-Approximation	приближение (аппроксимация) гауссовского типа, приближение Гаусса
G10	Gauß-Eliminationsverfahren	алгоритм Гаусса, метод (исключения) Гаусса
G11	Gauß-Newton-Verfahren	метод Гаусса-Ньютона
G12	Gauß-Seidel-Verfahren	метод Гаусса-Зейделя
G13	Transportproblem, allgemeines	общая транспортная задача
G14	verallgemeinerte Konvexität	обобщенная выпуклость
G15	verallgemeinerte Ableitung	обобщенная производная
G16	verallgemeinerte Stützung	обобщенная опорность
G17	geometrische Konvergenz	геометрическая сходимость
G18	geometrische Optimierung	геометрическое программирование
G19	geometrische Optimierungsprobleme	геометрические задачи программирования
G20	globale Konvergenz	глобальная сходимость
G21	globaler Extremalwert	глобальное экстремальное значение
G22	globales Extremum	глобальный экстремум
G23	globale Extremalstelle	точка глобального экстремума
G24	globale Kuhn-Tucker-Bedingung	глобальные условия Куна-Таккера
G25	globales Minimum	глобальный минимум
G26	globale Optimalitätsbedingungen	глобальные условия оптимальности
G27	globale Suchverfahren	глобальные методы поиска
G28	globale Lösung	глобальное решение
G29	Globalisierung eines Verfahrens	глобализация метода
G30	Zielfunktionssteuerung	управление с помощью целевой функции
G31	Zielprogrammierung	целевое программирование
G32	Goldener Schnitt	золотое сечение
G33	Goldstein-Prinzip	принцип Гольдштейна
G34	Goldstein-Armijo-Prinzip	принцип Гольдштейна-Армио
G35	Gomory-Schnitt	сечение Гомори
G36	Gomory-Verfahren	алгоритм Гомори
G37	Gordan, Satz von	теорема Гордана
G38	Gradientenrichtung	направление градиента
G39	Gradientenverfahren	градиентный метод
G40	projiziertes Gradientenverfahren	метод проекции градиента
G41	Graph	граф
G42	Graph einer Punkt-Menge-Abbildung	граф многозначного отображения
G43	Graphentheorie	теория графов
G44	Greedy-Algorithmus	пожирающий алгоритм
G45	Gruppengleichung	групповое равенство
H1	Hahn-Banach-Theorem	теорема Хана-Банаха
H2	Halbraum	полупространство

H3	Hamilton path (chain)	ligne hamiltonienne, chemin hamiltonienne
H4	Hamilton principle	principe de Hamilton
H5	Hamiltonian	Hamiltonien, fonction de Hamilton
H6	Hamilton-Jacobi differential equation	équation différentielle de Hamilton-Jacobi
H7	Hausdorff space	espace de Hausdorff
H8	Hausdorff-continuous point-to-set mapping	multi-application continue au sens de Hausdorff
H9	Helly theorem	théorème de Helly
H10	Hessian matrix (Hesse matrix)	matrice hessienne, matrice de Hesse
H11	higher order maximum principle	principe de maximum d'ordre supérieur
H12	higher order variational problems	problèmes variationnels d'ordre supérieur
H13	Hilbert invariant integral	intégrale curviligne de Hilbert
H14	Hilbert space	espace de Hilbert
H15	Hilbert theorem on differentiability	proposition de différentiabilité de Hilbert
H16	Hilbert's 20th problem	vingtième problème de Hilbert
H17	Hildreth-d'Esopo method	méthode de Hildreth-d'Esopo
H18	Hille-Yosida-Phillips theorem	théorème de Hille-Yosida-Phillips
H19	Hitchcock problem	problème de Hitchcock
H20	homogeneous variational problems	problèmes variationnels homogènes
H21	homotopy method	méthode d'homotopie
H22	H-ψ-convex	H-ψ-convexe
H23	hull of a set	enveloppe d'un ensemble
H24	Hungarian method	méthode hongroise
H25	hyperbolic programming	programmation hyperbolique
H26	hyperplane	hyperplan
H27	hypograph	hypographe
I1	identification of spaces	identification des espaces
I2	ill-conditioned problem	problème mal-conditionné
I3	imbedding	immersion, plongement
I4	improper convex polyhedron	polyèdre convexe impropre
I5	improperly posed problem	problème incorrect
I6	improperly posed programming problem	problème d'optimisation incorrect
I7	indefinite quadratic programming problem	problème d'optimisation quadratique indéfini

H3	Hamiltonsche Linie	гамильтонов цикл (путь, контур), гамильтонова цепь (линия)
H4	Hamilton-Prinzip	принцип Гамильтона
H5	Hamilton-Funktion	функция Гамильтона, характеристическая функция, гамильтониан
H6	Hamilton-Jacobische Differentialgleichung	дифференциальное уравнение Гамильтона-Якоби, уравнение Гамильтона-Якоби
H7	Hausdorff-Raum	пространство Хаусдорфа
H8	hausdorffstetige Punkt-Menge-Abbildung	непрерывное по Хаусдорфу многозначное отображение
H9	Helly, Satz von	теорема Хелли
H10	Hesse-Matrix	матрица Гессе
H11	Maximumprinzip höherer Ordnung	принцип максимума высшего порядка
H12	Variationsprobleme höherer Ordnung	вариационные проблемы высшего порядка
H13	Hilbertsches Linienintegral	инвариантный интеграл Гильберта
H14	Hilbert-Raum	гильбертово пространство
H15	Hilberts Differenzierbarkeitsaussage	высказывание Гильберта о дифференцируемости, теорема Гильберта о существовании второй производной
H16	Hilbertsches 20. Problem	20-я проблема Гильберта
H17	Hildreth-d'Esopo-Verfahren	метод Гилдрета-Десопо
H18	Hille-Yosida-Phillips, Satz von	теорема Хилле-Иосида-Филлипса
H19	Hitchcock-Problem	проблема Хичкока
H20	homogene Variationsprobleme	однородные вариационные задачи
H21	Homotopie-Verfahren	метод гомотопии
H22	H-ψ-konvex	H-ψ-выпукло
H23	Hülle einer Menge	оболочка множества
H24	ungarische Methode	венгерский метод
H25	hyperbolische Optimierung	дробно-выпуклое программирование, гиперболическое программирование
H26	Hyperebene	гиперплоскость
H27	Hypograph	гипограф
I1	Identifizierung von Räumen	идентификация пространств
I2	schlechtkonditionierte Aufgabe	плохо обусловленная задача
I3	Einbettung	вложение, погружение
I4	uneigentliches konvexes Polyeder	несобственный выпуклый многогранник
I5	inkorrekte (= nichtkorrekte) Aufgabe	некорректная задача
I6	nichtkorrektes Optimierungsproblem	некорректная задача программирования
I7	indefinite quadratische Optimierungsaufgabe	неопределенная квадратичная задача программирования

I8	independence system	système d'indépendance
I9	indicator function	indicatrice
I10	indicator functional	indicatrice
I11	inequality system	système d'inégalités
I12	infimum value	valeur d'infimum
I13	infinite problems	problèmes infinis
I14	infinite simplex algorithm	méthode du simplexe infinie
I15	infinitesimal generator	générateur infinitésimal
I16	initial state condition	condition de position initiale
I17	inner point conditions	conditions de point intérieur
I18	integer programming	optimisation (programmation) en nombres entiers
I19	interactive algorithm	méthode de résolution interactive
I20	interpolation method	méthode d'interpolation
I21	interpolation problem	problème d'interpolation
I22	interval of uncertainty	intervalle d'indétermination, intervalle d'incertitude
I23	int U-control	int U-contrôle
I24	inverse problem	problème inverse
I25	inverse problem of calculus of variations	problème inverse de calcul des variations
I26	irreducible point	point irréductible
I27	isolated minimum	point de minimum isolé
I28	isoperimetric conditions	conditions isopérimétriques
I29	isotonic property of cones	condition d'isotonie des cônes
J1	Jacobi condition	condition de Jacobi
J2	Jacobi equation	équation de Jacobi
J3	Jacobi form of the principle of least action	forme de Jacobi du principe de moindre action
J4	Jacobi method	méthode de Jacobi
J5	Jensen inequality	inéqualité de Jensen
J6	John theorem	théorème de John
J7	joint space	espace joint
K1	Kakutani's fixed point theorem	théorème du point fixe de Kakutani
K2	Kalman matrix	matrice de Kalman
K3	K-convexity	K-convexité
K4	Kelley method	méthode de Kelley
K5	Khachian algorithm	algorithme de Khachian
K6	knapsack problem	problème de knap-sack
K7	Kolmogoroff's characterization theorem	théorème de caractérisation de Kolmogorov
K8	Krejn-Milman theorem	théorème de Krejn-Milman

I8	Unabhängigkeitssystem	система независимости
I9	Indikatorfunktion	индикаторная функция
I10	Indikatorfunktional	индикаторный функционал
I11	Ungleichungssystem	система неравенств
I12	Infimalwert	инфимальное значение
I13	infinite Aufgaben	бесконечные задачи
I14	infinites Simplexverfahren	симплексный метод для задач полубесконечного типа
I15	infinitesimaler Erzeuger	инфинитезимальный генератор
I16	Anfangslagebedingung	условие начального положения
I17	Innere-Punkt-Bedingungen	условия внутренней точки
I18	ganzzahlige Optimierung	целочисленное программирование
I19	interaktives Lösungsverfahren	интерактивный метод решения
I20	Interpolationsverfahren	метод интерполяции
I21	Interpolationsproblem	задача интерполяции
I22	Unbestimmtheitsintervall	интервал неопределенности
I23	int U-Steuerung	управление со значениями во внутренности U
I24	inverse Aufgabe	обратная задача
I25	Umkehrproblem der Variationsrechnung	обратная проблема вариационного исчисления
I26	irreduzibler Punkt	неприводимая точка
I27	isolierte Minimalstelle	изолированная точка минимума
I28	isoperimetrische Bedingungen	изопериметрические условия
I29	Isotonieeigenschaft von Kegeln	свойства изотонности конусов
J1	Jacobische Bedingung	условие Якоби
J2	Jacobische Gleichung	уравнение Якоби
J3	Jacobische Form des Prinzips der kleinsten Wirkung	принцип наименьшего действия в форме Якоби
J4	Jacobi-Verfahren	метод Якоби
J5	Jensensche Ungleichung	неравенство Иенсена
J6	John, Satz von	теорема Джона
J7	Verbindungsraum	объединяющее пространство
K1	Kakutani, Fixpunktsatz von	теорема Какутани о неподвижной точке
K2	Kalman-Matrix	матрица Кальмана
K3	K-Konvexität	K-выпуклость
K4	Kelley-Verfahren	метод Келли
K5	Chatschijan-Algorithmus	алгоритм Хачияна
K6	Knapsack-Problem, Tornisterproblem, Rucksackproblem	задача о ранце
K7	Charakterisierungssatz von Kolmogoroff	характеризующая теорема Колмогорова, теорема характеризации по Колмогорову
K8	Krejn-Milman, Satz von	теорема Крейна-Мильмана

K9	Krylov-Chernousko iteration method	méthode itérative de Krylov-Chernousko
K10	Kuhn-Tucker conditions	conditions de Kuhn-Tucker
K11	Kuhn-Tucker point	point de Kuhn-Tucker
K12	Kuhn-Tucker point mapping	application de point de Kuhn-Tucker
K13	Kuhn-Tucker theorem	théorème de Kuhn-Tucker
L1	labelling algorithm	algorithme de marquage
L2	Lagrange dual problem	problème dual au sens de Lagrange
L3	Lagrange duality	dualité au sens de Lagrange
L4	Lagrange function (Lagrangean)	Lagrangien
L5	Lagrange function in the calculus of variations	Lagrangien en calcul des variations
L6	Lagrange functional	Lagrangien
L7	Lagrange method	méthode de Lagrange
L8	Lagrange multiplier estimation	estimation de multiplicateurs de Lagrange
L9	Lagrange multipliers	multiplicateurs de Lagrange
L10	Lagrange projection method	méthode de Lagrange projetée
L11	Lagrange regularity	régularité au sens de Lagrange
L12	Lagrange type multiplier condition	condition des multiplicateurs de Lagrange
L13	Lagrange-Newton method	méthode de Lagrange-Newton
L14	lattice point	point de la grille
L15	LDL^T-decomposition	LDL^T-décomposition
L16	least squares problem	problème de la moyenne quadratique
L17	Legendre inequality	inégalité de Legendre
L18	Legendre transformation	transformation de Legendre
L19	$\mathbf{L}_1$-approximation	$\mathbf{L}_1$-approximation
L20	$\mathbf{L}_1$-norm	$\mathbf{L}_1$-norme
L21	Lemarechal's relaxation method	méthode de relaxation de Lemarechal
L22	Lemke method	méthode de Lemke
L23	level set	ensemble de niveau
L24	lexicographic simplex method	forme lexicographique de la méthode du simplexe
	line search principle → R6	
L25	linear approximation methods	méthodes d'approximation linéaire
L26	linear complementarity system	problème de complémentarité linéaire
L27	linear convergence	convergence linéaire
L28	linear equality system	système d'équations linéaires
L29	linear hull	enveloppe linéaire
L30	linear inequality system	système d'inégalités linéaires
L31	linear parametric programming	programmation linéaire paramétrique

K9	Krylow-Chernousko, Iterationsverfahren von	итерационный метод Крылова-Черноусько
K10	Kuhn-Tucker-Bedingungen	условия Куна-Таккера
K11	Kuhn-Tucker-Punkt	точка Куна-Таккера
K12	Kuhn-Tucker-Punkt-Abbildung	отображение точки Куна-Таккера
K13	Kuhn-Tucker, Satz von	теорема Куна-Таккера
L1	Markierungsalgorithmus	алгоритм маркировки
L2	lagrangeduales Problem	двойственная по Лагранжу проблема
L3	Lagrange-Dualität	двойственность Лагранжа
L4	Lagrange-Funktion	лагранжиан, функция Лагранжа, лагранжева функция
L5	Lagrange-Funktion in der Variationsrechnung	функция Лагранжа в вариационном исчислении
L6	Lagrange-Funktional	функционал Лагранжа
L7	Lagrange-Methode	метод Лагранжа
L8	Lagrange-Multiplikator-Schätzung	оценка множителей Лагранжа
L9	Lagrange-Multiplikatoren	множители Лагранжа
L10	projizierte Lagrange-Methode	проецированный метод Лагранжа
L11	Lagrange-Regularität	регулярность Лагранжа
L12	Multiplikatorbedingung vom Lagrange-Typ	условие множителей типа Лагранжа
L13	Lagrange-Newton-Verfahren	метод Лагранжа-Ньютона
L14	Gitterpunkt	целевая точка, точка решетки, узел решетки, узел
L15	LDL^T-Zerlegung	LDL^T-разложение
L16	Quadratmittelproblem	проблема наименьших квадратов
L17	Legendresche Ungleichung	неравенство Лежандра
L18	Legendre-Transformation	преобразование Лежандра, лежандрово преобразование
L19	$\mathbf{L}_1$-Approximation	$\mathbf{L}_1$-приближение
L20	$\mathbf{L}_1$-Norm	норма в $\mathbf{L}_1$
L21	Lemarechal, Relaxationsverfahren von	релаксационный метод Лемаршаля
L22	Lemke-Verfahren	метод Лемке
L23	Niveaumenge	множество уровня
L24	lexikographisches Simplexverfahren	лексикографический симплексный метод
L25	lineare Approximationsverfahren	методы линейного приближения
L26	lineares Komplementaritätsproblem	линейная проблема о дополнительности
L27	lineare Konvergenz	линейная сходимость
L28	lineares Gleichungssystem	линейная система уравнений
L29	lineare Hülle	линейная оболочка
L30	lineares Ungleichungssystem	линейная система неравенств
L31	lineare parametrische Optimierung	линейное параметрическое программирование

L32	linear programming	programmation linéaire
L33	linear topological space	espace topologique linéaire
L34	linearizing cone	cône linéarisant
L35	Lipschitz continuous mapping	application lipschitzienne
L36	Ljapunov theorem	théorème de Ljapounov
L37	L-matrix	L-matrice
L38	local convergence	convergence locale
L39	local extreme value	valeur extrémale locale
L40	local extremum point	extremum local (point de . . .)
L41	local Kuhn-Tucker conditions	conditions de Kuhn-Tucker locales
L42	local minimal value	valeur minimale locale
L43	local minimum	minimum local
L44	local optimal value	valeur optimale locale
L45	local optimality conditions	conditions d'optimalité locale
L46	local reduction method	méthode de réduction locale
L47	local search method	méthode de recherche locale
L48	local solution	solution locale
L49	local stability regions	domaines de stabilité locaux
L50	locally convex space	espace localement convexe
L51	locational problem	problème de localisation
L52	lower semicontinuous functional	fonctionnelle semi-continue
L53	lower semicontinuous hull	enveloppe semi-continue inférieurement
L54	lower semicontinuous mapping	application semi-continue inférieurement
L55	lower semicontinuous point-to-set mapping	application multivoque semi-continue inférieurement
L56	lower subdifferential	sous-différentielle inférieure
L57	L-problem of moments	problème des moments
L58	LU-decomposition	LU-décomposition
M1	machine scheduling problem	problème d'ordonnencement
M2	Mackey topology	topologie de Mackey
M3	mapping	application
M4	marginal value function	fonction de valeur marginale
M5	marginal values	valeurs marginale
M6	matrix game	jeu matriciel
M7	matroid	matroid
M8	maximal flow problem	problème du flot maximum
M9	maximal monotone point-to-set mapping	application multivoque maximale monotone
M10	maximum norm	norme de maximum
M11	maximum point	point de maximum

L32	lineare Optimierung	линейное программирование
L33	linearer topologischer Raum	топологическое векторное пространство
L34	linearisierender Kegel	линеаризирующий конус
L35	lipschitzstetige Abbildung	непрерывное по Липшицу отображение
L36	Ljapunow, Satz von	теорема Ляпунова
L37	L-Matrix	L-матрица
L38	lokale Konvergenz	локальная сходимость
L39	lokaler Extremalwert	локальное экстремальное значение
L40	lokale Extremalstelle	локальная экстремальная точка
L41	lokale Kuhn-Tucker-Bedingungen	локальные условия Куна-Таккера
L42	lokaler Minimalwert	локальное минимальное значение
L43	lokales Minimum	локальный минимум
L44	lokaler Optimalwert	локальное оптимальное значение
L45	lokale Optimalitätsbedingungen	локальные условия оптимальности
L46	lokale Reduktionsmethode	метод локальной редукции
L47	lokales Suchverfahren	локальный метод поиска
L48	lokale Lösung	локальное решение (локальный план)
L49	lokale Stabilitätsbereiche	локальные области устойчивости
L50	lokalkonvexer Raum	локально выпуклое пространство
L51	Standortproblem	задача размещения
L52	unterhalbstetiges Funktional	полунепрерывный снизу функционал
L53	unterhalbstetige Hülle	полунепрерывная снизу оболочка
L54	unterhalbstetige Abbildung	полунепрерывное снизу отображение
L55	unterhalbstetige Punkt-Menge-Abbildung	полунепрерывное снизу многозначное отображение
L56	unteres Subdifferential	нижний субдифференциал
L57	L-Momentenproblem	L-проблема моментов
L58	LU-Zerlegung	LU-разложение
M1	Maschinenbelegungsproblem	задача выбора оптимальной последовательности
M2	Mackey-Topologie	топология Макки
M3	Abbildung	отображение
M4	Marginalwertfunktion	маргинальная функция
M5	Marginalwerte	маргинальные значения
M6	Matrixspiel	матричная игра
M7	Matroid	матроид
M8	Maximalstromproblem	задача о максимальном потоке
M9	maximal monotone Punkt-Menge-Abbildung	максимально монотонное многозначное отображение
M10	Maximumnorm	норма максимума
M11	Maximalstelle	точка максимума

M12	maximum principle	principe de maximum
M13	maximum principle in control theory	principe de maximum dans la théorie de contrôle
M14	maximum principle in stochastic control theory	principe de maximum dans la théorie de contrôle stochastique
M15	maximum problem	problème de maximum
M16	Mayer functional	fonctionnelle de Mayer
M17	membership function	fonction d'appartenance
M18	method of centres	méthode des centres
M19	method of competitive points	méthode des points compétitifs
M20	method of conjugate directions	méthode des directions conjuguées
M21	method of control variation	méthode de la variation de contrôle
M22	method of Dubovicky-Milyutin	méthode de Dubovitsky-Miljoutine
M23	method of feasible directions	méthode des directions réalisables
M24	method of inner centres	méthode des centres intérieurs
M25	method of outer centres	méthode des centres extérieurs
M26	method of quasi-solutions	méthode des quasi-solutions
M27	method of steepest (deepest) descent	méthode de plus grande descente
M28	method of variation in state space	méthode de la variation dans l'espace de phase
M29	methods for equality systems	méthodes pour la résolution des systèmes d'équations
M30	methods for nonsmooth problems	méthodes pour des problèmes non-différentiables
M31	methods for problems with linear equality restrictions	méthodes pour des problémes avec contraintes d'égalité
M32	methods for problems with linear inequality restrictions	méthodes pour des problèmes avec contraintes d'inégalité
M33	methods with active restriction strategy	méthodes avec une stratégie de contraintes actives
M34	methods without derivatives	méthodes sans utilisation de dérivées
M35	metric	métrique
M36	Meyers-Serrin theorem	théorème de Meyers-Serrin
M37	minimal distance	distance minimale
M38	minimal element method	méthode d'élément minimal
M39	minimal inequality	inégalité minimal
M40	minimal value	valeur minimale
M41	minimax point	point du minimax
M42	minimization methods for a function of one real variable	méthodes de minimisation d'une fonction d'une variable réelle

M12	Maximumprinzip	принцип максимума
M13	Maximumprinzip in der Steuerung	принцип максимума в теории управления
M14	Maximumprinzip in der stochastischen Steuerung	принцип максимума в стохастическом управлении
M15	Maximumproblem	проблема максимума
M16	Mayer-Funktional	функционал Майера
M17	Zugehörigkeitsfunktion	функция принадлежности
M18	Zentrenverfahren	метод центров
M19	Verfahren der konkurrierenden Punkte	метод конкурирующих точек
M20	Verfahren der konjugierten Richtungen	метод сопряженных направлений
M21	Methode der Variation der Steuerung	метод вариации управления
M22	Dubowitzky-Miljutin, Methode von	метод Дубовицкого-Милютина
M23	Verfahren der zulässigen Richtungen	метод возможных направлений
M24	Verfahren der inneren Zentren	метод внутренних центров
M25	Verfahren der äußeren Zentren	метод внешних центров
M26	Methode der Quasilösungen	метод квазирешений
M27	Verfahren des steilsten Abstiegs	метод скорейшего (наискорейшего, быстрейшего) спуска, метод спуска
M28	Methode der Variation im Phasenraum	метод вариации в фазовом пространстве
M29	Verfahren zur Lösung von Gleichungssystemen	методы решения систем уравнений
M30	Verfahren für nichtglatte Aufgaben	методы для негладких задач
M31	Verfahren für Aufgaben mit linearen Gleichungsrestriktionen	методы для задач с ограничениями в виде линейных равенств
M32	Verfahren für Aufgaben mit linearen Ungleichungsrestriktionen	методы для задач с ограничениями в виде линейных неравенств
M33	Verfahren mit Aktive-Restriktionen-Strategie	методы стратегии активных условий
M34	ableitungsfreie Verfahren	методы без использования производных
M35	Metrik	метрика
M36	Meyers und Serrin, Satz von	теорема Мейера-Серрина
M37	Minimalabstand	минимальное расстояние
M38	Methode des minimalen Elements	метод минимального элемента
M39	minimale Ungleichung	минимальное неравенство
M40	Minimalwert	минимальное значение
M41	Minimaxpunkt	точка минимакса
M42	Verfahren zur Minimierung einer Funktion einer reellen Veränderlichen	методы минимизации для функции одной вещественной переменной

M43	minimizing sequence	suite minimisante
M44	minimum point	point de minimum
M45	minimum problem	problème de minimum
M46	minimum spanning tree	arbre minimum
M47	Minkowski duality	dualité de Minkowski
M48	Minkowski functional	fonctionnelle de Minkowski
M49	Minkowski sum	somme de Minkowski
M50	Minkowski theorem	théorème de Minkowski
M51	minorizing function	fonction minorante
M52	Minty algorithm	méthode de Minty
M53	mixed extension of a game	extension mixte d'un jeu
M54	mixed integer programming	programmation en nombres mixtes
M55	mixed strategy	stratégie mixte
M56	modification of unrestricted minimization methods	modification des méthodes de minimisation sans contraintes
M57	modified Lagrange method	méthode de Lagrange modifiée
M58	modified Lagrangean	Lagrangien modifié
M59	modified simplex tableau	tableau du simplexe modifié
M60	moment problem	problème des moments
M61	monotone extension	extension monotone
M62	monotone separability	séparabilité monotone
M63	monotonicity of the sub-differential	monotonie de la sous-différentielle
M64	Morse theory	théorie de Morse
M65	Motzkin theorem	théorème de Motzkin
M66	Motzkin-Burger method	méthode de Motzkin-Burger
M67	multiindex	multiindice
M68	multiobjective programming	optimisation multicritère
M69	multiobjective programming problem	problème d'optimisation multicritère
M70	multiplier	multiplicateur
M71	multiplier method	méthode des multiplicateurs
M72	multiplier rule	règle des multiplicateurs
M73	multistage problem	problème en plusieurs étages
N1	negative norm	norme négative
N2	neighbourhood	voisinage
N3	neighbouring basic solution	solution de base voisine

M43	Minimalfolge	минимизирующая последовательность
M44	Minimalstelle	точка минимума
M45	Minimumproblem	проблема минимума
M46	Minimalgerüst	минимальный остов
M47	Minkowski-Dualität	двойственность Минковского
M48	Minkowski-Funktional	функционал Минковского
M49	Minkowski-Summe	сумма Минковского
M50	Minkowski, Satz von	теорема Минковского
M51	minorisierende Funktion	минорантная функция, миноранта, минорирующая функция
M52	Minty-Algorithmus	Минти алгоритм
M53	gemischte Erweiterung eines Spiels	смешанное расширение игры
M54	gemischt ganzzahlige Optimierung	частично (смешанно) целочисленное программирование
M55	gemischte Strategie	смешанная стратегия
M56	Modifizierung unrestringierter Minimierungsverfahren	модификация безусловных методов минимизации
M57	modifizierte Lagrange-Methode	модифицированный метод Лагранжа
M58	modifizierte Lagrange-Funktion	модифицированная функция Лагранжа
M59	modifizierte Simplextabelle	симплекс-таблица для модифицированного симплексного метода
M60	Momentenproblem	проблема моментов
M61	monotone Erweiterung	монотонное расширение (продолжение)
M62	monotone Separabilität	монотонная сепарабельность
M63	Monotonie des Subdifferentials	монотонность субдифференциала
M64	Morse-Theorie	теория Морса
M65	Motzkin, Satz von	теорема Моцкина
M66	Motzkin-Burger-Verfahren	метод Моцкина-Бургера
M67	Multiindex	мультииндекс
M68	Vektoroptimierung	векторная оптимизация (многоцелевое программирование)
M69	Vektoroptimierungsaufgabe	задача векторной оптимизации
M70	Multiplikator	множитель
M71	Multiplikatormethode	метод множителей
M72	Multiplikatorregel	правило множителей
M73	Mehrstufenproblem	многошаговая проблема
N1	negative Norm	норма в H^{-m}
N2	Umgebung	окрестность
N3	benachbarte Basislösung	соседнее базисное решение

N4	network theory	analyse des réseaux
N5	Newton direction	direction de Newton
N6	Newton method	méthode de Newton
N7	Newton method for problems with linear equality restrictions	méthode de Newton pour des problèmes aux contraintes d'égalité linéaires
N8	Nicholson principle	principe de Nicholson
N9	Noether theorems	théorèmes de Noether
N10	nonbasic variable	variable hors base
N11	nonconvex programming	optimisation non convexe
N12	noncooperative game	jeu non coopératif
N13	non-degenerate basic solution	solution de base non-dégénérée
N14	nondominated decisions	décisions non dominées
N15	nonlinear complementarity problem	problème de complémentarité non linéaire
N16	nonnegative	non négatif
N17	nonsmooth problem	problème non différentiable
N18	norm scalarization	scalarisation de la norme
N19	normal process	processus normal
N20	normal solution	solution normale
N21	normality of a programming problem	normalité d'un problème d'optimisation
N22	normality (relative to multipliers)	cas normal pour des multiplicateurs
N23	normed space	espace normé
N24	numerical methods	méthodes numériques
N25	numerical methods for control problems	méthodes numériques pour la résolution des problèmes de contrôle
O1	objective function, performance criteria, cost function	fonction objective
O2	objective function vector	vecteur de fonction objective
O3	observability	observabilité
O4	observation	observation
O5	obstacle problem	problème des obstacles
O6	one-sided approximation	approximation unilatérale
O7	one-sided directional derivative	dérivée directionnelle unilatérale
O8	operator	opérateur
O9	operator norm	norme d'un opérateur
O10	optimal basic solution	solution de base optimale
O11	optimal control	contrôle optimal, commande optimale
O12	optimal control of discrete systems	contrôle optimal de systèmes discrets
O13	optimal decision	décision optimale

N4	Netzplantechnik	теория сетевых графиков, сетевое планирование и управление, СПУ
N5	Newton-Richtung	направление Ньютона
N6	Newton-Verfahren	метод Ньютона
N7	Newton-Verfahren für Aufgaben mit linearen Gleichungsrestriktionen	метод Ньютона для задач с линейными ограничениями типа равенств
N8	Nicholson-Prinzip	принцип Никольсона
N9	Noethersche Sätze	теоремы Нётера
N10	Nichtbasisvariable	небазисная переменная
N11	nichtkonvexe Optimierung	невыпуклое программирование
N12	nichtkooperatives Spiel	некооперативная (бескооп.) игра
N13	nichtentartete Basislösung	невырожденное базисное решение
N14	nichtdominierte Entscheidungen	недоминантные решения
N15	nichtlineares Komplementaritätsproblem	нелинейная проблема о дополнительности
N16	nichtnegativ	неотрицательно
N17	nichtglatte Aufgabe	негладкая задача
N18	Normskalarisierung	скаляризация с нормой
N19	normaler Prozeß	нормальный процесс
N20	normale Lösung	нормальное решение
N21	Normalität eines Optimierungsproblems	нормальность проблемы оптимизации
N22	Normalfall (bei Multiplikatoren)	нормальный случай (у множителей)
N23	normierter Raum	нормированное пространство
N24	numerische Verfahren	численные методы
N25	numerische Verfahren zur Lösung von Steuerproblemen	численные методы решения задач управления
O1	Zielfunktion	целевая функция
O2	Zielfunktionsvektor	вектор целевой функции
O3	Beobachtbarkeit	наблюдаемость
O4	Beobachtung	наблюдение
O5	Hindernisproblem	задача о препятствии
O6	einseitige Approximation	одностороннее приближение
O7	einseitige Richtungsableitung	односторонняя производная по направлению
O8	Operator	оператор
O9	Operatornorm	норма оператора
O10	optimale Basislösung	оптимальный план (оптимальное базисное решение)
O11	optimale Steuerung	оптимальное управление
O12	optimale Steuerung diskreter Systeme	оптимальное управление дискретными системами
O13	optimale Entscheidung	оптимальное принятие решения, оптимальный план, оптимальное решение, оптимальная программа

O14	optimal processes	processus optimal
O15	optimal set	ensemble optimal
O16	optimal set mapping	application des ensembles optimaux
O17	optimal solution	solution optimale
O18	optimal value	valeur optimale
O19	optimal value function	fonction de valeur optimale
O20	optimality conditions	conditions d'optimalité
O21	optimization on graphs	optimisation sur graphes
O22	optimization theory	théorie d'optimisation
O23	optimum	optimum
O24	optimum point	point optimal
O25	order cone	cône d'ordre
O26	order of singularity	ordre de singularité
O27	Oren-Luenberger class	classe d'Oren-Luenberger
O28	overlinear convergence	convergence superlinéaire
O29	overrelaxation method	méthode de superrelaxation
P1	paraconvexity	para-convexité
P2	parameter set	ensemble paramétrique
P3	parametric linear complementarity problems	problèmes de complémentarité linéaires paramétriques
P4	parametric programming	optimisation paramétrique
P5	parametric quadratic programming	programmation quadratique paramétrée
P6	parametric variational problems	problèmes variationnels paramétriques
P7	paretooptimal points	points optimaux au sens de Pareto
P8	partial enumeration methods	méthodes d'énumération partielles
P9	partial graph	graphe partiel
P10	partial lattice point	point de la grille partielle
P11	partial order	pré-ordre
P12	partially ordered linear space	espace semi-ordonné linéaire
P13	partially ordered locally convex space	espace semi-ordonné localement convexe
P14	path	chemin
P15	pay-off function	fonction de gain (d'utilité)
P16	peak-type convexity	convexité en aiguille (aculéiformé)
P17	peak-type variation	variation en aiguille (aculéiforme)
P18	penalty function	fonction de pénalisation (de pénalité)
P19	penalty method	méthode de pénalisation
P20	penalty parameter	paramètre de pénalisation
P21	penalty-shifting method	méthode de déplacement des peines
P22	perfect solution	solution parfaite
P23	performance criteria, objective function	critère de performance, fonction objective
P24	PERT	PERT
P25	perturbation	perturbation

O14	optimale Prozesse	оптимальные процессы
O15	Optimalmenge	множество оптимальных решений
O16	Optimalmengenabbildung	отображение множества оптимальных решений
O17	optimale Lösung	оптимальное решение
O18	Optimalwert	оптимальное значение
O19	Optimalwertfunktion	функция оптимального значения
O20	Optimalitätsbedingungen	условия оптимальности
O21	Optimierung auf Graphen	оптимизация на графах
O22	Optimierungstheorie	теория оптимизации (т. мат. прогр.)
O23	Optimum	оптимум
O24	Optimalpunkt	оптимальная точка
O25	Ordnungskegel	порядковый конус
O26	Ordnung der Singularität	порядок особенности
O27	Oren-Luenberger-Klasse	класс Орена-Люнбергера
O28	überlineare Konvergenz	сверхлинейная сходимость
O29	Überrelaxationsverfahren	метод верхней релаксации
P1	Parakonvexität	паравыпуклость
P2	Parametermenge	множество параметров
P3	parametrische lineare Komplementaritätsprobleme	параметрические линейные проблемы о дополнительности
P4	parametrische Optimierung	параметрическое программирование
P5	quadratische parametrische Optimierung	квадратичное параметрическое программирование
P6	parametrische Variationsprobleme	параметрические вариационные проблемы
P7	paretooptimale Punkte	оптимальные по Парето точки
P8	partielle Enumerationsverfahren	частные методы пересчета
P9	Teilgraph	частный граф, подграф
P10	Halbgitterpunkt	полурешетчатая (полусетч.) точка
P11	Halbordnung	полуупорядочение
P12	halbgeordneter linearer Raum	полуупорядоченное векторное пространство
P13	halbgeordneter lokalkonvexer Raum	полуупорядоченное локально выпуклое пространство
P14	Bahn	путь
P15	Gewinnfunktion	функция выигрыша
P16	Nadeltyp-Konvexität	выпуклость игольчатого типа
P17	Nadelvariation	игольчатая вариация
P18	Straffunktion	функция штрафа
P19	Strafverfahren	метод штрафа
P20	Strafparameter	параметр штрафа
P21	Strafverschiebungsverfahren	метод штрафов со сдвигом
P22	perfekte Lösung	совершенное решение
P23	Gütekriterium, Zielfunktion	критерий качества, целевая функция
P24	PERT	метод PERT, PERT
P25	Störung	возмущение

P26	perturbation function	fonction de perturbation
P27	perturbation parameter	paramètre de perturbation
P28	perturbed problem	problème perturbé
P29	Petrov method	méthode de Petrov
P30	Φ-conjugate	Φ-conjuguée
P31	Φ-convexity	Φ-convexité
P32	Φ-subdifferentiability	Φ-sous-différentiabilité
P33	pivot column	colonne-pivot
P34	pivot row	ligne-pivot
P35	play of a game	partie d'un jeu
P36	player	joueur
P37	point-to-set function	fonction multivoque
P38	point-to-set mapping	application multivoque
P39	pointwise relaxation	relaxation ponctuelle
P40	Poisson equation	équation de Poisson
P41	Polak-Ribiére method	méthode de Polak-Ribiére
P42	polar cone	cône polaire
P43	polar of a set	polaire d'un ensemble
P44	policy	politique
P45	polyhedral cone	cône polyédrique
P46	polyhedral decomposition	décomposition polyédrique
P47	polyhedral set	ensemble polyédrique
P48	polyhedron (polytope)	polyèdre
P49	polynomial algorithm	algorithme polynômial
P50	polynom approximation	approximation polynômiale
P51	P1-type method	méthode de type P1
P52	Pontryagin function	fonction de Pontryaguine
P53	Pontryagin method	méthode de Pontryaguine
P54	Pontryagin variation	variation au sens de Pontryaguine
P55	Pontryagin's control problem	problème de contrôle de Pontryaguine
P56	Pontryagin's generalized maximum principle	principe de maximum de Pontryaguine généralisé
P57	Pontryagin's maximum principle	principe de maximum de Pontryaguine
P58	positive hull	enveloppe positive
P59	postoptimality analysis	analyse de post-optimalité
P60	posynom programming	programmation des posynomes
P61	potential	potentiel
P62	potential difference	tension
	potential method → S71	
P63	potential operator	opérateur de potentiel
P64	potential problem	problème de potentiel
P65	preconditioning matrix	matrice de préconditionnement
P66	pre-Hilbert space	espace préhilbertien

P26	Störfunktion	функция возмущения
P27	Störparameter	параметр возмущения
P28	gestörtes Problem	возмущенная проблема
P29	Petrow-Verfahren	метод Петрова
P30	Φ-Konjugierte	Φ-сопряженная
P31	Φ-Konvexität	Φ-выпуклость
P32	Φ-Subdifferenzierbarkeit	Φ-субдифференцируемость
P33	Pivotspalte	разрешающий (направляющий) столбец
P34	Pivotzeile	разрешающая (направляющая) строка
P35	Partie eines Spiels	партия игры (ход)
P36	Spieler	игрок
P37	Punkt-Menge-Funktion	многозначная функция
P38	Punkt-Menge-Abbildung	многозначное отображение
P39	punktweise Relaxation	поточечная релаксация
P40	Poisson-Gleichung	уравнение Пуассона
P41	Polak-Ribiére-Verfahren	метод Полака-Рибера
P42	Polarkegel	полярный конус
P43	Polare einer Menge	поляра множества
P44	Politik	политика
P45	polyedrischer Kegel	полиэдральный конус
P46	Polyederzerlegung	разложение многогранника
P47	polyedrische Menge	полиэдральное (многогранное) множество
P48	Polyeder	многогранник
P49	polynomialer Algorithmus	полиномиальный алгоритм
P50	Polynom-Approximation	многочленное приближение
P51	P1-Typ-Verfahren	метод П1-типа
P52	Pontrjagin-Funktion	функция Понтрягина
P53	Pontrjagin, Verfahren von	метод Понтрягина
P54	Pontrjagin-Variation	вариация Понтрягина
P55	Pontrjaginsches Steuerproblem	проблема управления Понтрягина
P56	Pontrjaginsches Maximumprinzip, verallgemeinertes	обобщенный принцип максимума Понтрягина
P57	Pontrjaginsches Maximumprinzip	принцип максимума Понтрягина
P58	positive Hülle	положительная оболочка
P59	Postoptimalitätsanalyse	постоптимальный способ анализа, анализ чувствительности
P60	Posynomoptimierung	программирование с позиномами
P61	Potential	потенциал
P62	Spannung	напряжение
P63	Potentialoperator	потенциальный оператор
P64	Potentialproblem	задача потенциалов
P65	Vorkonditionierungsmatrix	матрица предобусловливаний
P66	Prä-Hilbert-Raum	предгилбертово пространство

P67	primal decomposition method	méthode de décomposition primale
P68	primal programming problem	problème d'optimisation primal
P69	primal simplex method	méthode du simplexe primale
P70	primal-dual simplex method	méthode du simplexe primale-duale
P71	principal pivoting	pivotage principal
P72	process	processus
P73	process equation	équation du processus
P74	programming in abstract spaces	optimisation dans des espaces abstraits
P75	programming problem	problème d'optimisation
P76	programming problem under uncertainty	problème d'optimisation sous incertitude
P77	programming problem with restrictions	problème d'optimisation avec contraintes
P78	projected gradient	gradient projeté
P79	projection matrix	matrice de projection
P80	projection method	méthode de projection
P81	projector	projecteur
P82	proper functional	fonctionnelle propre
P83	proper polyhedron	polyèdre propre
P84	properly convex polyhedron	polyèdre convexe propre
P85	properly efficient point	optimum de Pareto propre
P86	pseudoconvexity	pseudo-convexité
P87	pseudosolution	pseudo-solution
P88	Pshenicni's linearization method	méthode de linéarisation de Pschenitschni
P89	P2-type method	méthode de type P2
P90	pure integer programming	programmation en nombres entiers
P91	pursuit game	jeu des poursuites
Q1	quadratic approximation methods	méthodes d'approximation quadratique
Q2	quadratic convergence	convergence quadratique
Q3	quadratic interpolation	interpolation quadratique
Q4	quadratic programming	programmation quadratique
Q5	quasi-convexity	quasi-convexité
Q6	quasi-differentiability	quasi-différentiabilité
Q7	quasi-Newton approximation	approximation quasi-newtonienne
Q8	quasi-Newton method	méthode quasi-newtonienne
Q9	quasi-optimal error estimation	estimation de l'erreur quasioptimale
Q10	Q-convergence	Q-convergence

P67	primales Dekompositionsverfahren	прямый метод декомпозиции
P68	primale Optimierungsaufgabe	прямая задача программирования
P69	primales Simplexverfahren	прямый симплексный метод
P70	primal-duales Simplexverfahren	метод сокращения невязок
P71	Hauptaustauschschritt-Verfahren	метод главного заменяющего шага
P72	Prozeß	процесс
P73	Prozeßgleichung	уравнение процесса
P74	Optimierung in allgemeinen Räumen	оптимизация в абстрактных пространствах
P75	Optimierungsaufgabe, Optimierungsproblem	задача оптимизации (математического программирования)
P76	Optimierungsproblem unter Unsicherheit	задача оптимизации с неполной информацией
P77	restringierte Optimierungsaufgabe	задача оптимизации с ограничениями
P78	projizierter Gradient	проекцированный градиент
P79	Projektionsmatrix	матрица проекции
P80	Projektionsverfahren	метод проекции
P81	Projektor	проектор (оператор проектирования)
P82	eigentliches Funktional	сообственный функционал
P83	eigentliches Polyeder	телесный многогранник
P84	eigentlich konvexes Polyeder	телесный выпуклый многогранник
P85	eigentlich-effizienter Punkt	точка собственной эффективности
P86	Pseudokonvexität	псевдовыпуклость
P87	Pseudolösung	псевдорешение
P88	Pšeničnyi, Linearisierungsverfahren von	метод линеаризации Пшеничного
P89	P2-Typ-Verfahren	метод П2-типа
P90	rein ganzzahlige Optimierung	чисто целочисленное программирование
P91	Verfolgungsspiel	игра преследования
Q1	quadratische Approximationsverfahren	методы квадратичного приближения
Q2	quadratische Konvergenz	квадратичная сходимость
Q3	quadratische Interpolation	квадратичная интерполяция
Q4	quadratische Optimierung	квадратичное программирование
Q5	Quasikonvexität	квази-выпуклость
Q6	Quasidifferenzierbarkeit	квази-дифференцируемость
Q7	Quasi-Newton-Approximation	квази-ньютоновское приближение
Q8	Quasi-Newton-Verfahren	квази-ньютоновский метод
Q9	quasioptimale Fehlerabschätzung	квазиоптимальная оценка погрешности
Q10	Q-Konvergenz	Q-сходимость

R1	Rademacher theorem	théorème de Rademacher
R2	radial-continuous mapping	application radialement continue
R3	range	ensemble des valeurs
R4	rank-one-correction matrix	rang-un-matrice de correction
R5	rank-two-correction matrix	rang-deux-matrice de correction
R6	ray minimization (= line search) principle	principe de minimisation sur rayons
R7	R-convergence	R-convergence
R8	reciprocal variational problems	problèmes variationnels inverses
R9	reduced gradient	gradient réduit
R10	reduced gradient methods	méthodes du gradient réduit
R11	reduced Hessian matrix	hessien réduit
R12	regularisator	régularisateur
R13	regularity conditions	conditions de régularisation
R14	regularization methods	méthodes de régularisation
R15	regularized solution	solution régularisée
R16	relatively algebraic interior of a set	intérieur algébriquement relatif d'un ensemble
R17	relatively algebraic open	algébriquement relativement ouvert
R18	relaxed control	contrôle généralisé
R19	Remes algorithm	algorithme de Remes
R20	representation theorems of convex compact sets	théorèmes de représentation pour des ensembles convexes compacts
R21	resource allocation	répartition des ressources
R22	resource vector	vecteur de ressources
R23	restart version	version de redémarrage
R24	restriction	contrainte
R25	restriction set mapping	application des ensembles de contraintes
R26	reverse posynom programming problems	problèmes revers de programmation des posynomes
R27	revised simplex tableau	tableau du simplexe révisée
R28	Riesz isomorphism	isomorphisme de Riesz
R29	Riesz theorem	théorème de Riesz
R30	Ritz functional	fonctionnelle de Ritz
R31	Ritz method	méthode de Ritz
R32	Ritz solution	solution de Ritz
R33	Ritz-Galerkin system	système de Ritz-Galerkin
R34	Robinson method	méthode de Robinson
R35	rotundity	rotondité
S1	saddle point	point-selle
S2	saddle point condition	condition de point-selle
S3	saddle point theorems	théorèmes de point-selle

R1	Rademachers Theorem	теорема Радемахера
R2	radialstetige Abbildung	радиально-непрерывное отображение, полунепрерывное (семинепрерывное) по радиусам отображение
R3	Wertebereich	область значений
R4	Rang-Eins-Korrekturmatrix	поправочная матрица первого ранга
R5	Rang-Zwei-Korrekturmatrix	поправочная матрица второго ранга
R6	Strahlminimierungsprinzip	принцип минимизации на луче
R7	R-Konvergenz	R-сходимость
R8	reziproke Variationsprobleme	обратные вариационные проблемы
R9	reduzierter Gradient	приведенный градиент
R10	reduzierte Gradientenverfahren	методы приведенного градиента
R11	reduzierte Hesse-Matrix	приведенный Гессиан
R12	Regularisator	регуляризатор
R13	Regularitätsbedingungen	условия регулярности (невырожденности)
R14	Regularisierungsmethoden	методы регуляризации
R15	regularisierte Lösung	регуляризованное решение
R16	algebraisch relativ Inneres einer Menge	алгебраически относительная внутренность множества
R17	algebraisch relativ offen	алгебраически относительно открыто
R18	verallgemeinerte Steuerung	обобщенное управление
R19	Remes-Algorithmus	алгоритм Ремеза
R20	Darstellungssätze konvexer kompakter Mengen	теоремы представления выпуклых компактных множеств
R21	Ressourcenzerlegung	распределение ресурсов
R22	Ressourcenvektor	вектор ресурсов
R23	Restart-Version	пересчет
R24	Nebenbedingung, Restriktion	ограничение
R25	Restriktionsmengenabbildung	отображение множества ограничений
R26	reverse Posynomoptimierungsprobleme	обратные задачи программирования с позиномами
R27	revidierte Simplextabelle	симплекс-таблица для модифицированного симплексного метода
R28	Rieszscher Isomorphismus	изоморфизм (отображение) Риса
R29	Riesz, Satz von	теорема Риса
R30	Ritz-Funktional	функционал Ритца
R31	Ritz-Verfahren	метод Ритца
R32	Ritz-Lösung	решение Ритца
R33	Ritz-Galerkin-System	система уравнений Ритца-Галёркина
R34	Robinson-Verfahren	метод Робинзона
R35	Rotundität	закругленность
S1	Sattelpunkt	седловая точка
S2	Sattelpunktbedingung	условие о седловой точке
SS	Sattelpunktsätze	теоремы о седловой точке

S4	salient point	point saillant
S5	scalar product	produit scalaire
S6	scalar programming	optimisation scalaire
S7	scalarization	scalarisation
S8	scheduling problem	problème d'ordonnencement
S9	Schwarz inequality	inégalité de Schwarz
S10	search method	méthode de recherche
S11	second order optimality conditions	conditions d'optimalité de second ordre
S12	selection functions	fonctions de choix
S13	self-scaling in variable metric method	SSVM-classe
S14	semicontinuous point-to-set mapping	multi-application semi-continue, application multivoque semicontinue
S15	semigroup	demi-groupe, semi-groupe
S16	semi-infinite programming	optimisation semi-infinie
S17	seminorm	semi-norme
S18	sensitivity analysis for programming problems	analyse de sensibilité pour des problèmes d'optimisation
S19	sensitivity function	fonction de sensibilité
S20	separability	séparabilité
S21	separable programming	optimisation séparable
S22	separated topological space	espace topologique séparé
S23	separation theorems	théorèmes de séparation
S24	sequencing problem	problème d'ordonnencement
S25	sequentially lower semi-continuous	séquentiellement semi-continu
S26	shadow price	prix fictif
S27	Shor algorithm	algorithme de Schor
S28	shortest path	plus court chemin
S29	signom programming	programmation des signomes
S30	simplex	simplexe
S31	simplex method	méthode du simplexe
S32	simplex tableau	tableau du simplexe
S33	simplexlike methods	méthode du type simplexe
S34	simplicial decomposition (subdivision)	décomposition simpliciale
S35	singular controls	contrôle singulier
S36	slack variable	variable d'écart
S37	Slater condition	condition de Slater
S38	Slater point	point de Slater
S39	slope function	fonction de pente
S40	slope limitation	restriction de pente
S41	Sobolev space	espace de Sobolev

S4	Knickstelle	точка излома
S5	Skalarprodukt	скалярное произведение
S6	skalare Optimierung	скалярная оптимизация
S7	Skalarisierung	скаляризация
S8	Reihenfolgeproblem	задача о последовательности
S9	Schwarzsche Ungleichung	неравенство Шварца
S10	Suchverfahren	метод (направленного перебора) поиска
S11	Optimalitätsbedingungen zweiter Ordnung	условия оптимальности второго порядка
S12	Auswahlfunktionen	функции выбора
S13	SSVM-Klasse	метод переменной метрики с самоскаляризацией
S14	halbstetige Punkt-Menge-Abbildung	полунепрерывное многозначное отображение
S15	Halbgruppe	полугруппа
S16	semi-infinite Optimierung	полубесконечная оптимизация
S17	Halbnorm	полунорма
S18	Sensitivitätsanalyse bei Optimierungsaufgaben	анализ чувствительности задач оптимизации
S19	Empfindlichkeitsfunktion	функция чувствительности
S20	Trennbarkeit	отделимость
S21	separable Optimierung	сепарабельное программирование, сепарабельная оптимизация
S22	separierter topologischer Raum	отделимое топологическое пространство
S23	Trennungssätze	теоремы отделимости
S24	Reihenfolgeproblem	задача о последовательности
S25	folgenunterhalbstetig	секвенциально полунепрерывно снизу
S26	Schattenpreis	теневая цена
S27	Schor-Algorithmus	алгоритм Шора
S28	kürzester Weg	кратчайший путь
S29	Signomoptimierung	программирование сигнома
S30	Simplex	симплекс
S31	Simplexverfahren	симплексный метод, симплекс-метод
S32	Simplextabelle	симплекс-таблица
S33	simplexartige Verfahren	симплексообразные методы
S34	simpliziale Zerlegung	разложение на симплексы
S35	singuläre Steuerungen	особые управления
S36	Schlupfvariable	дополнительная переменная
S37	Slater-Bedingung	условие Слейтера
S38	Slater-Punkt	точка Слейтера
S39	Gefällfunktion	функция наклона
S40	Gefällbeschränkung	ограничение наклона
S41	Sobolew-Raum	пространство Соболева

S42	solution methods for multi-objective programming problems	méthodes de résolution pour des problèmes d'optimisation multi-critères
S43	solution methods for programming problems	méthodes de résolution pour des problèmes d'optimisation
S44	solution of a game	solution d'un jeu
S45	solution of a programming problem	solution d'un problème d'optimisation
S46	solvability set	ensemble de solubilité
S47	SOR method	SOR-méthode
S48	space-dilatation operator	opérateur de dilatation spatiale (de l'espace)
S49	spanning cotree	coarbre partiel
S50	spanning tree	arbre partiel
S51	stability domain	domaine de stabilité
S52	stability of degree *k*	stabilité de degré *k*
S53	stability of programming problems	stabilité des problèmes d'optimisation
S54	stabilizator	stabilisateur
S55	stabilizing functional	fonctionnelle stabilisante
S56	stable	stable
S57	stable parametric programming problems	problèmes de programmation paramétrée stable
S58	stage	étape
S59	stage transformation	relation de transition
S60	standard perturbation	perturbation standard
S61	state constraints	contraintes d'état
S62	state domain	domaine d'état
S63	state function	fonction d'état
S64	state observation	observation d'un état
S65	static constraint	contrainte statique
S66	stationary point	point stationnaire
S67	steepest descent	descente la plus grande
S68	Steiner-Weber problem	problème de Steiner-Weber
S69	step length	pas
S70	step length (size) algorithm	algorithme d'itération (d'intervalle)
S71	stepping stone method, potential method	méthode de potentiel
S72	Stiemke theorem	théorème de Stiemke
S73	stochastic control problems	problèmes de contrôle stochastique
S74	stochastic programming	optimisation stochastique
S75	stochastic search method	recherche stochastique
S76	stochastic sensitivity analysis	analyse de sensibilité stochastique

S42	Lösungsverfahren für Vektoroptimierungsaufgaben	методы решения задач векторной оптимизации
S43	Lösungsverfahren für Optimierungsaufgaben	методы решения задач программирования
S44	Lösung eines Spiels	решение игры
S45	Lösung einer Optimierungsaufgabe	решение задачи программирования
S46	Lösbarkeitsmenge	множество разрешимости
S47	SOR-Verfahren	метод последовательной верхней релаксации
S48	Raumdilatationsoperator	оператор пространственного растяжения
S49	Cogerüst	кодеревья-остов
S50	Gerüst	деревья-остов
S51	Stabilitätsbereich	область устойчивости
S52	Stabilität vom Grade *k*	устойчивость порядка *k*
S53	Stabilität von Optimierungsproblemen	устойчивость задач оптимизации
S54	Stabilisator	стабилизатор
S55	stabilisierendes Funktional	стабилизирующий функционал
S56	stabil	устойчиво
S57	stabile parametrische Optimierungsaufgaben	устойчивые задачи параметрической оптимизации
S58	Stufe	ступень, стадия
S59	Übergangsrelation, Stufentransformation	функция переходов, ступенчатое (стадийное) преобразование
S60	Standardstörung	стандартное возмущение
S61	Zustandsbeschränkungen, Phasenbeschränkungen	фазовые ограничения, ограничения состояния
S62	Zustandsbereich	множество состояний
S63	Zustandsfunktion	фазовая функция, функция состояния
S64	Beobachtung eines Zustandes	наблюдение состояния
S65	statische Nebenbedingung	статическое ограничение
S66	stationärer Punkt	стационарная точка
S67	steilster Abstieg	наискорейший спуск
S68	Steiner-Weber-Problem	проблема Штейнера-Вебера
S69	Schrittweite	длина шага
S70	Schrittweitenalgorithmus	алгоритм вычисления длины шага
S71	Potentialmethode	метод потенциалов
S72	Stiemke, Satz von	теорема Штимке
S73	stochastische Steuerprobleme	стохастические проблемы управления
S74	stochastische Optimierung	стохастическое программирование
S75	stochastisches Suchverfahren	стохастический метод поиска
S76	stochastische Sensitivitätsanalyse	стохастический анализ чувствительности

S77	stochastically efficient decision	décision stochastiquement efficace
S78	strategy set	ensemble de stratégies
S79	strictly convex set	ensemble strictement convexe
S80	strong cut	coupe stricte
S81	strong duality theorems	théorèmes de dualité forte
S82	strongest topology	topologie la plus forte
S83	strongly continuous semigroup	demi-groupe fortement continu
S84	strongly convex functional	fonctionnelle fortement convexe
S85	strongly local solution	solution locale forte
S86	strongly monotone mapping	application fortement monotone
S87	structure of optimal solutions	structure des solutions optimales
S88	subdifferential	sous-différentielle
S89	subgradient	sous-gradient
S90	subgradient method	méthode de sous-gradient
S91	subgraph	sous-graphe
S92	sublinear convergence	convergence sous-linéaire
S93	sublinear function	fonction sous-linéaire
S94	submodular function	fonction sous-modulaire
S95	subspace method	méthode de sous-espace
S96	subvalue	sous-valeur
S97	superlinear convergence	convergence superlinéaire
S98	support function	fonction d'appui
S99	support functional	fonctionnelle d'appui, fonction d'appui
S100	supporting	(propriété d')appui
S101	supporting halfspace	demi-espace d'appui
S102	supporting hyperplane	hyperplan d'appui
S103	surrogate problems in multiobjective programming	problèmes auxiliaire dans la programmation multicritère
S104	symmetric bilinear form	forme bilinéaire symétrique
T1	tangent cone, cone of adherent displacements	cône tangentiel
T2	terminal functional	fonctionnelle terminale
T3	terminal time	temps final
T4	theorem of alternances	théorème d'alternants
T5	theorems of alternatives	théorèmes de l'alternative
T6	theorems of alternatives for convex inequalities	théorèmes de l'alternative pour des inégalités convexes
T7	three-level iteration methods	méthodes d'itération en 3 niveaux
T8	Tikhonov regularisation	régularisation au sens de Tikhonov
T9	time-optimal problem	problème à temps minimum
T10	topological space	espace topologique
T11	topological vector space	espace vectoriel topologique

S77	stochastisch effiziente Entscheidung	стохастическо эффективное принятие решения
S78	Strategiemenge	множество стратегий
S79	strikt konvexe Menge	строго выпуклое множество
S80	scharfer Schnitt	сильное сечение
S81	starke Dualitätssätze	теоремы о сильной двойственности
S82	stärkste Topologie	сильнейшая топология
S83	stark stetige Halbgruppe	сильно непрерывная полугруппа
S84	stark konvexes Funktional	сильно-выпуклый функционал
S85	stark lokale Lösung	сильно локальное решение
S86	stark monotone Abbildung	сильно монотонное отображение
S87	Struktur optimaler Lösungen	структура оптимальных решений
S88	Subdifferential	субдифференциал
S89	Subgradient	субградиент, обобщенный градиент
S90	Subgradientenverfahren	метод субградиентного спуска
S91	Untergraph	подграф
S92	sublineare Konvergenz	полулинейная сходимость
S93	sublineare Funktion	сублинейная функция
S94	submodulare Funktion	субмодулярная функция
S95	Unterraummethode	метод подпространств
S96	Subwert	значение обобщенной задачи
S97	superlineare Konvergenz	суперлинейная сходимость
S98	Stützfunktion	опорная функция
S99	Stützfunktional	опорный функционал, опорная функция
S100	Stützung	опорность
S101	stützender Halbraum	опорное полупространство
S102	Stützhyperebene	опорная гиперплоскость
S103	Ersatzprobleme in der Vektoroptimierung	вспомогательные проблемы в векторной оптимизации
S104	symmetrische Bilinearform	симметрическая билинейная форма
T1	Tangentenkegel	касательный конус, конус касательных направлений
T2	Terminalfunktional	терминальный функционал
T3	Endzeit	терминальное время
T4	Alternantensatz	теорема об альтернанте
T5	Alternativsätze	теоремы альтернативы
T6	Alternativsätze konvexer Ungleichungen	теоремы альтернативы о выпуклых неравенствах
T7	dreischichtige Iterationsverfahren	трёхслойные итерационные методы
T8	Tichonowsche Regularisierung	регуляризация по Тихонову
T9	zeitoptimale Aufgabe	оптимальная по времени задача, задача по быстродействию
T10	topologischer Raum	топологическое пространство
T11	topologischer Vektorraum	топологическое векторное пространство

T12	topology	topologie
T13	totally unimodular matrix	matrice totalement unimodulaire
T14	transportation network	réseau de transport
T15	transportation optimization	problème de transport
T16	transportation problem	problème de transport
T17	transposition theorems	théorèmes de transposition
T18	transshipment problem	problème du transfèrement
T19	transversality conditions	conditions de transversalité
T20	travelling salesman problem	problème du voyageur de commerce
T21	tree	arbre
T22	Trefftz functional	fonctionnelle de Trefftz
T23	Trefftz method	méthode de Trefftzè
T24	Trefftz solution	solution au sens de Trefftz
T25	Trefftz system	système de Trefftz
T26	triangulation method	méthode de triangulation
T27	Tucker solutions	solutions au sens de Tucker
T28	Tucker theorem	théorème de Tucker
T29	two-level iterative methods	méthodes d'itération en 2 niveaux
T30	two-phase-method	méthode à deux phases
T31	two-stage problem	problème en deux étages
T32	typical index sets	ensembles d'indices typique
U1	unconstrained programming problem	problème d'optimisation libre (sans contraintes)
U2	undamped Newton method	méthode de Newton non-amortie
U3	uniform search	recherche uniforme
U4	uniformly convex	uniformement convexe
U5	uniformly convex functional	fonctionelle uniformement convexe
U6	uniformly convex space	espace uniformement convexe
U7	unimodal function	fonction unimodale
U8	unitary space	espace unitaire
U9	univariate search	recherche unidimensionnel
U10	universe of discourse, basic space	univers
U11	updating formula	formule de mise à jour (de datation)
U12	upper semicontinuous point-to-set mapping	application multivoque semicontinue supérieurement
U13	utility function	fonction d'utilité
V1	valency (degree)	valence
V2	value of a matrix game	valeur d'un jeu matriciel
V3	variable metric method	méthode de métrique variable
V4	variation	variation
V5	variation of order h	variation d'ordre h
V6	variational inequality	inégalité variationnelle

T12	Topologie	топология
T13	total-unimodulare Matrix	вполне унимодулярная матрица
T14	Transportnetz	транспортная сеть
T15	Transportoptimierung	транспортная оптимизация
T16	Transportaufgabe (Transportproblem)	транспортная задача (проблема)
T17	Transpositionstheoreme	теоремы об альтернативах
T18	Umladeproblem	задача о перевозках
T19	Transversalitätsbedingungen	условия трансверсальности
T20	Rundreiseproblem	задача о коммивояжере
T21	Baum	дерево
T22	Trefftz-Funktional	функционал Треффца
T23	Trefftz-Verfahren	метод Треффца
T24	Trefftz-Lösung	решение Треффца
T25	Trefftz-System	система уравнений Треффца
T26	Triangulationsverfahren	метод триангуляции
T27	Tucker-Lösungen	решения Таккера
T28	Tucker, Satz von	теорема Таккера
T29	zweischichtige Iterationsverfahren	двухслойные итерационные методы
T30	Zwei-Phasen-Methode	двухфазовый метод
T31	Zweistufenproblem	двухшаговая проблема
T32	typische Indexmengen	множества типичных индексов
U1	freie (= unrestringierte) Optimierungsaufgabe	безусловная задача оптимизации
U2	ungedämpftes Newton-Verfahren	незатухающий метод Ньютона
U3	gleichmäßige Suche	равномерный поиск
U4	uniform konvex	равномерно выпукло
U5	gleichmäßig konvexes Funktional	равномерно выпуклый функционал
U6	gleichmäßig konvexer Raum	равномерно выпуклое пространство
U7	unimodale Funktion	унимодальная функция
U8	unitärer Raum	унитарное пространство
U9	eindimensionale Suche	одномерный поиск
U10	Universum	универсум, универсальное множество
U11	Aufdatierungsformel	формула подготовки данных
U12	oberhalbstetige Punkt-Menge-Abbildung	полунепрерывное сверху многозначное отображение
U13	Nutzensfunktion	функция полезности
V1	Valenz	валентность
V2	Wert eines Matrixspiels	значение матричной игры
V3	Variable-Metrik Verfahren	метод переменной метрики
V4	Variation	вариация
V5	Variation von der Ordnung h	вариация порядка h
V6	Variationsungleichung	вариационное неравенство

V7	variational norm	norme variationnelle
V8	variational problem for multiple integrals	probléme variationnel pour des intégrales multiples
V9	variational problems with free endpoints	problème variationnel aux extrémités libres
V10	varied admissible solutions	solutions admissibles variées
V11	varied control	contrôle variée
V12	varied trajectory	trajectoire varié
V13	V-bounded bilinear form	forme bilinéaire V-bornée
V14	vector function	fonction vectorielle
V15	vector of simplex multipliers	vecteur de multiplicateurs simplexes
V16	vector space	espace vectoriel
V17	V-elliptic bilinear form	forme bilinéaire V-elliptique
V18	vertex	sommet, noeud
V19	Vogel's approximation method	méthode d'approximation de Vogel
W1	weak derivative	dérivée faible
W2	weak duality theorem	théorème de dualité faible
W3	weak topology	topologie faible
W4	weakest topology	topologie la plus faible
W5	weakly analytic function	fonction faiblement analytique
W6	weakly local solution	solution locale faible
W7	weakly normal	faiblement normal
W8	weakly sequentially lower semi-continuous mapping	application faiblement séquentielle-ment semi-continue inférieurement
W9	weak-star topology	topologie faible, topologie de la convergence faible des fonctionnelles linéaires
W10	Weierstrass $\mathscr{E}$-condition	$\mathscr{E}$-condition de Weierstrass
W11	Weierstrass formula	formule de Weierstrass
W12	Weierstrass theorem	théorème de Weierstrass
W13	Wilson method	méthode de Wilson
W14	Wolfe theorem	théorème de Wolfe
Z1	zero sum game	jeu à somme nulle
Z2	zero-one programming	programmation booléenne
Z3	zig zagging	phénomène de zig-zag

V7	Variationsnorm	вариационная норма
V8	Variationsproblem für mehrfache Integrale	вариационная проблема для многократных интегралов
V9	Variationsprobleme mit beweglichen Randpunkten	вариационная проблема с подвижными концами
V10	variierte zulässige Lösungen	варьированные допустимые решения
V11	variierte Steuerung	варьированное управление, вариация управления
V12	variierte Trajektorie	варьированная траектория, вариация траектории
V13	*V*-beschränkte Bilinearform	*V*-ограниченная билинейная форма
V14	Vektorfunktion	вектор-функция
V15	Auflösungsvektor	разрешающий множитель
V16	Vektorraum	линейное (векторное) пространство
V17	*V*-elliptische Bilinearform	*V*-эллиптическая билинейная форма
V18	Knotenpunkt	узел
V19	Vogelsche Approximationsmethode	метод приближения Фогеля
W1	schwache Ableitung	слабая производная
W2	schwacher Dualitätssatz	слабая теорема двойственности
W3	schwache Topologie	слабая топология
W4	schwächste Topologie	слабейшая топология
W5	schwach analytische Funktion	слабо аналитическая функция
W6	schwache lokale Lösung	слабо локальное решение
W7	schwach normal	слабо нормально
W8	schwach folgenunterhalbstetige Abbildung	слабо секвенциально полунепрерывное снизу отображение
W9	schwache* Topologie	слабая* топология
W10	Weierstraßsche $\mathscr{E}$-Bedingung	условие Вейерштрасса, условие Вейерштрасса-Эрдмана, угловое условие Вейерштрасса-Эрдмана
W11	Weierstraß-Formel	формула Вейерштрасса
W12	Weierstraß, Satz von	теорема Вейерштрасса
W13	Wilson-Verfahren	метод Вильсона
W14	Wolfe, Satz von	теорема Волфа
Z1	Nullsummenspiel	игра с нулевой суммой
Z2	Null-Eins-Optimierung (0-1-Optimierung)	булево программирование, программирование (оптимизация) нуля или единицы
Z3	Zickzack-Verhalten	зигзагообразное поведение

Register — französisch

Register — deutsch

Register — russisch

optimization

a journal of mathematical programming and operations research

Herausgeg eben an der Sektion Mathematik, Rechentechnik und ökonomische Kybernetik der Technischen Hochschule Ilmenau unter Mitwirkung eines internationalen Wissenschaftlerkollektivs von K.-H. Elster

Die Zeitschrift „optimization" wendet sich an alle, die sich mit der mathematischen Optimierung, der Operationsforschung und den stochastischen Prozessen befassen. Speziell werden theoretische und angewandte Beiträge in Englisch, Russisch, Deutsch oder Französisch zu folgenden Gebieten publiziert: lineare, nichtlineare, stochastische, parametrische, diskrete und dynamische Optimierung, Steuerungstheorie, Spieltheorie, mathematische Modellierung von ökonomischen und technischen Prozessen, Lagerhaltungstheorie, Warteschlangentheorie, Zuverlässigkeitstheorie, Erneuerungstheorie, Netzwerkmethoden und verwandte Probleme.
Die „optimization" publiziert Arbeiten, in denen neue theoretische Ergebnisse oder Problemstellungen, Algorithmen, Programme oder wertvolle Erfahrungen von allgemeinem Interesse bei der Anwendung auf praktische Probleme dargestellt werden. Weiterhin sind Übersichten zu besonders aktuellen Problemen in allgemeinverständlicher, anwendungsreifer Form, Bibliographien, Rezensionen von Büchern und wichtigen Arbeiten sowie Informationen über Tagungen und dergleichen vorgesehen.
Die Zeitschrift wendet sich an Mathematiker und mathematisch Interessierte, die in Einrichtungen der Industrie, der Planung und Leitung, in Rechenzentren usw. die Methoden der mathematischen Optimierung, der Operationsforschung und aus dem Gebiet der stochastischen Prozesse anwenden bzw. propagieren oder in der Lehre und Forschung tätig sind. Für den in der internationalen Forschung stehenden Wissenschaftler bietet die Zeitschrift ein geeignetes Forum.

Erscheinungsweise:

Die Zeitschrift erscheint jährlich in einem Band zu 6 Heften. Sie wurde 1970 als „Mathematische Operationsforschung und Statistik" gegründet.
Heftumfang: 160 Seiten.
Format: 17 cm × 24 cm. Jahresinhaltsverzeichnis.
Jährlicher Bezugspreis 198,— DM; Preis je Heft 33,— DM.
Bestell-Nr.: 1093. ISSN 0233-1934.

Bezugsmöglichkeiten:

Bestellungen sind zu richten
- in der DDR an den Postzeitungsvertrieb unter Angabe der Kundennummer des Bestellenden oder an den Akademie-Verlag Berlin, Leipziger Straße 3—4, PF 1233, Berlin, DDR 1086;
- in den westeuropäischen Ländern an KUNST UND WISSEN, Erich Bieber GmbH, General Wille-Str. 4, CH-8002 Zürich.

AKADEMIE-VERLAG BERLIN
Deutsche Demokratische Republik
DDR-1086 Berlin, Leipziger Strasse 3-4 Postfach 1233

statistics

a journal of theoretical and applied statistics

Herausgegeben am Karl-Weierstraß-Institut für Mathematik der Akademie der Wissenschaften der DDR von Olaf Bunke unter Mitwirkung eines internationalen Wissenschaftlerkollektivs

Die Zeitschrift „statistics" veröffentlicht theoretische und angewandte Arbeiten zu den verschiedenen Gebieten der Mathematischen Statistik wie Regressions- und Varianzanalyse, Versuchsplanung, Grundlagen der statistischen Inferenz, statistische Entscheidungstheorie, Hypothesenprüfung, Parameterschätzung, nichtparametrische Methoden, sequentielle Verfahren, Zeitreihen und statistische Probleme für stochastische Prozesse, statistische Datenanalyse, multivariate Analyse, Stichprobentheorie, statistische Probleme in der Stereologie, bei Bedienungssystemen und bei Fragen der Zuverlässigkeits- und Qualitätskontrolle, wahrscheinlichkeitstheoretische Grundlagen der Mathematischen Statistik usw.

In Tagungsberichten, Übersichtsarbeiten und Buchbesprechungen werden die Leser über den aktuellen Stand und über die Entwicklungstendenzen auf dem Gebiet der Mathematischen Statistik informiert.

Interessenten sind in der Ausbildung und Forschung sowie in der Industrie tätige Mathematiker, Statistiker, Informatiker, Ingenieure, Biometer, Naturwissenschaftler sowie Wissenschaftler auf dem Gebiet der Medizin, Landwirtschaft und Ökonomie, die statistische Methoden anwenden; darüberhinaus Studenten höherer Semester auf den Gebieten der Statistik, Mathematik, Biometrie, Informatik, Regelungstechnik, Elektronik und Nachrichtentechnik.

Erscheinungsweise:

Die Zeitschrift erscheint jährlich in einem Band mit 4 Heften.
Sie wurde 1970 als „Mathematische Operationsforschung und Statistik" gegründet.
Heftumfang: 160 Seiten.
Format: 17 cm × 24 cm. Jahresinhaltsverzeichnis.
Jährlicher Bezugspreis 132,—, DM; Preis je Heft 33,— DM.
Bestell-Nr.: 1092. ISSN 0233-1888.

Bezugsmöglichkeiten:

Bestellungen sind zu richten

- in der DDR an den Postzeitungsvertrieb unter Angabe der Kundennummer des Bestellenden oder an den Akademie-Verlag Berlin, Leipziger Straße 3—4, PF 1233, Berlin, DDR 1086;
- in den westeuropäischen Ländern an KUNST und WISSEN, Erich Bieber GmbH, General Wille-Str. 4, CH-8002 Zürich.

AKADEMIE VERLAG BERLIN
Deutsche Demokratische Republik
DDR-1086 Berlin, Leipziger Strasse 3-4 Postfach 1233

FSC
www.fsc.org
MIX
Papier | Fördert
gute Waldnutzung
FSC® C083411

Kolibri 360 GmbH
Ferdinand-Jühlke-Straße 7
99095 Erfurt, Deutschland
produktsicherheit@kolibri360.de